Georg Walz (Hrsg.)

Handbuch der Sicherheitstechnik

Freigeländesicherung, Zutrittskontrolle, Einbruch- und Überfallmeldetechnik

Mit 255 Abbildungen

Springer-Verlag

Berlin Heidelberg New York
London Paris Tokyo
Hong Kong Barcelona Budapest

Herausgeber

Dipl. Ing. Georg Walz

Bereich Anlagentechnik (Sicherungs- und Meldetechnik)
der Siemens AG, München
Hofmannstr. 51
8000 München 70

Autoren

Josef Walter Steindl (Kapitel 1)
Georg Walz (Kapitel 2)
Dieter Kruse (Abschnitt 2.5.8)
Klaus Rehborn (Kapitel 3)
Helmut Hoyss (Abschnitt 3.13.7)

Alle Autoren sind Mitarbeiter des Bereichs
Anlagentechnik der Siemens AG, München

Die Deutsche Bibliothek – CIP-Einheitsaufnahme
Handbuch der Sicherheitstechnik : Freigeländesicherung,
Zutrittskontrolle, Einbruch- und Überfallmeldetechnik / hrsg.
von G. Walz. – Berlin ; Heidelberg ; New York ; London ;
Paris ; Tokyo ; Hong Kong ; Barcelona ; Budapest : Springer, 1992

NE: Walz, Georg [Hrsg.]

ISBN-13: 978-3-642-95684-3   e-ISBN-13: 978-3-642-95683-6
DOI: 10.1007/ 978-3-642-95683-6

Vorwort

Die Sicherheit eines Unternehmens und der dort beschäftigten Mitarbeiter ist heute eine unabdingbare Forderung und als wichtige Management-Aufgabe zu sehen, die nicht einzig auf das ständig steigende Risiko und die zunehmende Bedrohung zurückzuführen ist. Delikte, wie Werkspionage, Sabotage und Einbrüche gab es schon immer. Geändert haben sich allerdings die Vorgehensweisen und Methoden der Täter.

Die Aufgabe dieses Handbuches ist es, allen mit dem Thema Sicherheit befaßten Personen ein Nachschlagewerk an die Hand zu geben, das die technischen Möglichkeiten in leicht verständlicher Form darstellt und sie in die Lage versetzt, das sehr komplexe Thema Sicherheit zu beurteilen.

Der Sicherheitsverantwortliche muß die drei Säulen eines jeden Sicherungskonzeptes – bauliche, technische und organisatorische Maßnahmen – kennen.

Der Herausgeber dankt Herrn Direktor Gräber für die freundliche Unterstützung und die Übernahme der Schirmherrschaft für dieses Buch.

Die Autoren bedanken sich bei allen Firmen für die freundliche Unterstützung mit Text- und Bildmaterial.

Schließlich danke ich dem Verlag für das geduldige Verständnis, für die reibungslose Abwicklung der Druckarbeiten und für die traditionsgemäß gute Ausstattung des Buches.

Wolfratshausen, im August 1992   Georg Walz

Vorbemerkung

Die in diesem Buch wiedergegebenen Schaltungen und Verfahren werden ohne Rücksicht auf die Patentlage mitgeteilt. Sie sind ausschließlich für Amateure und Lehrzwecke bestimmt und dürfen nicht gewerblich genutzt werden.[1]

Alle Schaltungen und technischen Angaben in diesem Buch wurden von den Autoren mit größter Sorgfalt erarbeitet bzw. zusammengestellt und unter Einhaltung wirksamer Kontrollmaßnahmen reproduziert. Trotzdem sind Fehler nicht völlig auszuschließen. Der Verlag und die Autoren sehen sich deshalb gezwungen, darauf hinzuweisen, daß sie weder eine Garantie noch eine juristische Verantwortung oder irgendeine Haftung für Folgen, die auf fehlerhafte Angaben zurückgehen, übernehmen können. Für die Mitteilung eventueller Fehler sind der Verlag und die Autoren jederzeit dankbar.

---

[1] Bei gewerblicher Nutzung ist vorher die Genehmigung des möglichen Lizenzinhabers einzuholen.

Geleitwort

Es ist längst allgemeine Erkenntnis und allseits akzeptierte Praxis, daß der zunehmenden Bedrohung durch Terrorismus, Sabotage, Überfall sowie Einbruch nur dann erfolgversprechend und mit angemessenem wirtschaftlichen Aufwand begegnet werden kann, wenn für den Schutz der dadurch gefährdeten Personen und Sachwerte bauliche und organisatorische Maßnahmen in abgestimmter Form mit elektronischen Vorkehrungen ergänzt werden.

Der Herausgeber und seine Autoren des hier vorliegenden „Handbuches der Sicherheitstechnik" schlagen in klar gegliederter, sehr anschaulicher und allgemein verständlicher Form den Bogen von der Sicherheitsanlage für das Außenfeld eines Gebäudekomplexes bis hin zu den Schutzeinrichtungen einzelner Räume und Objekte. Freigeländesicherung, Zutrittskontrolle sowie Einbruch- und Überfallmeldetechnik sind in drei getrennten Abschnitten umfassend abgehandelt, wobei auf Praxisbezogenheit besonderer Wert gelegt wird.

Geltende Begriffe, gültige Vorschriften werden ebenso erläutert wie unterschiedliche technische Lösungsansätze durch die Wahl der am besten geeigneten Sensoren sowie System- und Anlagenkomponenten beschrieben. Planungshinweise ergänzen fundiert diese Darstellung.

Dieses Handbuch gibt dem Anwender, Planer und Entscheider in allen Branchen, sei es Industrie, Banken, Handel, Behörden oder der Privatbereich zielgerichtete Hilfestellung bei der Planung und Entscheidung über den zweckgemäßen Einsatz von elektronischen Sicherheitssystemen.

Den für die Sicherheit verantwortlichen Personen, sei es der Inhaber eines kleinen Betriebes selbst oder dem Sicherheitsbeauftragten eines Großunternehmens bietet das Handbuch eine gute Möglichkeit sich schnell detailliert und fachbezogen einen Einblick in die sicherheitsrelevanten Aspekte zu verschaffen und angemessene Lösungsansätze für die sie betreffende Problemstellung zu erhalten.

Durch die Verdichtung des zu bearbeitenden Stoffes auf die wesentlichen sicherheitstechnischen Belange spricht dieses Handbuch der Sicherheitstechnik einen großen Interessentenkreis an.

München, im August 1992   H. J. Gräber
Direktor der Siemes AG,
Bereich Anlagentechnik

Inhalt

1 Freigeländesicherung

1.1 Einleitung

In diesem Kapitel werden die technischen und mechanischen Komponenten beschrieben, die zur Absicherung schutzbedürftiger Objekte im Freien eingesetzt werden. Der Bedarf für derartige Einrichtungen entstand durch den Wunsch nach einer möglichst frühzeitigen Detektion von unerwünschten Besuchern. Die Entdeckung sollte schon an der Grundstücksgrenze einsetzen, um so möglichst viel Zeit für die Einleitung geeigneter Gegenmaßnahmen zu haben. Besonders in der Phase von zunehmenden Terrorismus war dieser Wunsch verständlich, denn die Täter waren dazu übergegangen, mit Sprengstoff und Brandsätzen Schaden anzurichten, ohne in Gebäude eindringen zu müssen. Zumal Aktionen dieser Art spektakulär und pressewirksam genug waren, um auf die Ziele dieser Gruppen aufmerksam zu machen.

Ein anderer Faktor für den Einsatz von Freigeländesicherungsanlagen ist die zunehmende Komplexität von Industrieanlagen. So kann zum Beispiel eine Raffinerie nicht nur mit konventioneller Einbruchmeldetechnik abgesichert werden, da sich die angreifbaren Punkte nicht alle im Gebäudeinneren befinden. In diesen Fällen muß versucht werden, potentielle Täter vom Zugang zu dem Objekt abzuhalten.

Aber nicht nur Sabotage und Anschläge spielen bei dem Wunsch nach Freigeländesicherung eine Rolle. Auch Diebstähle im großen Umfang können wirksam eingegrenzt werden. Besonders interessant ist dies für Firmen, die teures Material aufgrund des Platzbedarfes im Freien lagern müssen. Schließlich war die Erkenntnis, daß einerseits die lückenlose Überwachung eines Areals nur mit Personal schon allein aus Kostengründen nicht möglich ist, andererseits mechanische Barrieren aufgrund ihres Aussehens nur bis zu einem gewissen Grad einbaubar sind, auslösend für die Entwicklung von Sensoren zum Einsatz im Freigelände. Ursprünglich wurden Geräte aus der Innenraumsicherung, wie zum Beispiel Infrarotlichtschranken oder Erschütterungsmelder, für den Einsatz im Freien adaptiert. Inzwischen werden jedoch auch speziell für diesen Zweck gebaute Geräte angeboten.

Längst verschwunden ist die Euphorie, mit Perimetersystemen einen totalen Schutz erreichen zu können. Jedes System ist überwindbar, es ist nur eine Frage der zur Verfügung stehenden Zeit und der eingesetzten Hilfsmittel. Entscheidend ist die Anhebung des Sicherungsniveaus, die mittels dieser Einrichtungen erreicht werden kann. Dazu ist es notwendig, ein Paket aus

mechanischen, administrativen und elektrischen Maßnahmen zu schnüren. Während die Mechanik, wie Zäune, Tore und Mauern, für die Widerstandszeit verantwortlich ist, wird durch die Festlegung der administrativen Maßnahmen, also die Anzahl und die Ausstattung des Wachpersonals, die Eingreifzeit vorgegeben. Beide zusammen müssen in einem sinnvollen Verhältnis stehen, soll eine Perimeteranlage seinen Zweck erfüllen. Auf einen Nenner gebracht dient die Freigeländeüberwachung:
- der Erhöhung der Entdeckungswahrscheinlichkeit von Eindringversuchen,
- der ständigen und lückenlosen Überwachung der Abgrenzung,
- der Entlastung des Wachpersonals,
- der Risikominderung für das Wachpersonal.

1.2 Begriffe und Definitionen

Im folgenden werden die bei Freigeländeüberwachungsaufgaben verwendeten Begriffe erklärt. Enthalten sind der Vollständigkeit halber auch Hinweise auf technische Komponenten, die in anderen Abschnitten ausführlich behandelt werden. Die Begriffe sind logisch geordnet und führen so durch alle technischen und organisatorischen Bereiche der Freigeländesicherung.

1.2.1 Überwachungsbereich

Darunter versteht man die Fläche, auf der Maßnahmen zur personellen und/oder elektronischen Überwachung ergriffen sind. Zur elektronischen Erfassung von Ereignissen werden Sensoren eingebaut.

1.2.2 Sensoren

Das sind Melder gemäß DIN 57833 die nach unterschiedlichen physikalischen Prinzipien Signale aufnehmen und verarbeiten. In Perimetersystemen melden Sensoren den unerlaubten Zugang zum Sicherungsbereich.

1.2.3 Sicherungsbereich

Das ist der Bereich, zu dem der Zugang durch mechanische, technische und administrative Maßnahmen kontrolliert wird. Er wird von einem überwachten Geländestreifen umschlossen.

1.2.4 Überwachter Geländestreifen

Er umfaßt die bauliche Absicherung (Sicherheitszaun, Mauer) und deren unmittelbares Vorfeld. In diesem Geländestreifen sind die Sensoren installiert.

Durch einen Außenzaun sollte er vom freien Umfeld abgetrennt sein. Oft ist
der Geländestreifen aus Platzgründen nicht realisierbar, so daß der Sicherheitszaun gleichzeitig der Außenzaun ist. Der überwachte Geländestreifen
wird in Meldebereiche eingeteilt.

1.2.5 Meldebereich

Dieser dient zur Feststellung der örtlichen Lage einer Meldung. Er wird auch
als Zone bezeichnet. Die Länge eines Meldebereiches hängt von den örtlichen
Gegebenheiten, den Sicherheitsanforderungen und dem Wirkbereich eines
Sensors ab. Normalerweise wird er einen geradlinigen Teil eines überwachten
Geländestreifens umfassen und aus wirtschaftlichen Gründen eine Länge von
über 40 Meter haben. Auch muß der Streifen genügend breit sein, um die
Erfassung eines Eindringlings zu ermöglichen. Sie wird als deckungsfreie Zone
bezeichnet und sollte mindestens 5 Meter Busch- und Baumloses Gebiet
umfassen. Diese Maße stellen auch den Zusammenhang zur Fernbeobachtungsanlage her. In den drei Abb. 1.1, 1.2 und 1.3 werden die örtlichen
Zusammenhänge dargestellt.

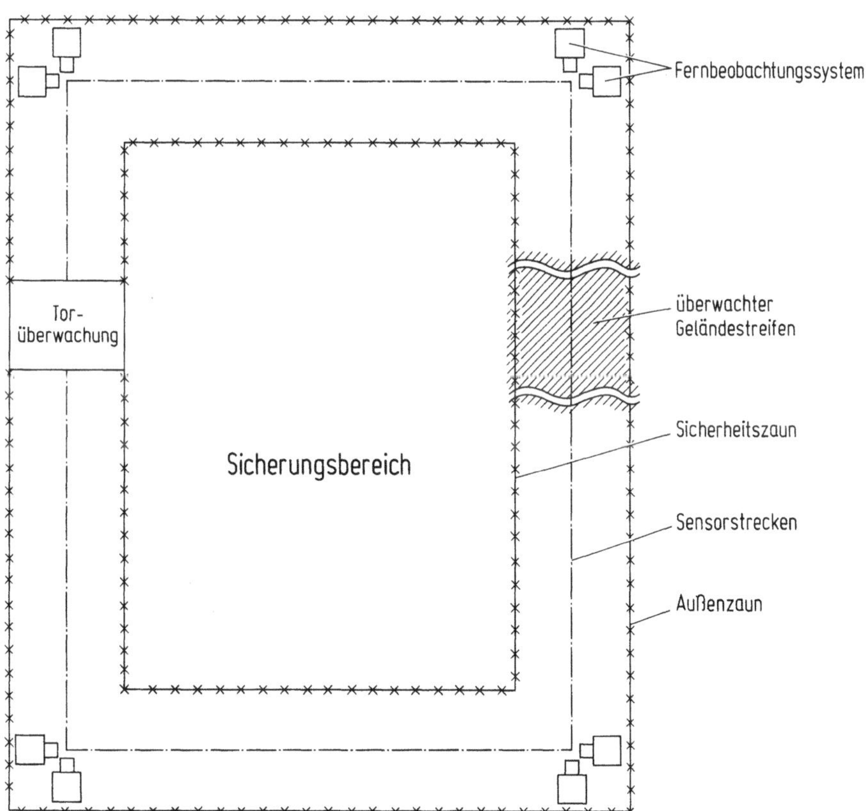

Abb. 1.1. Begriffe und Definitionen I

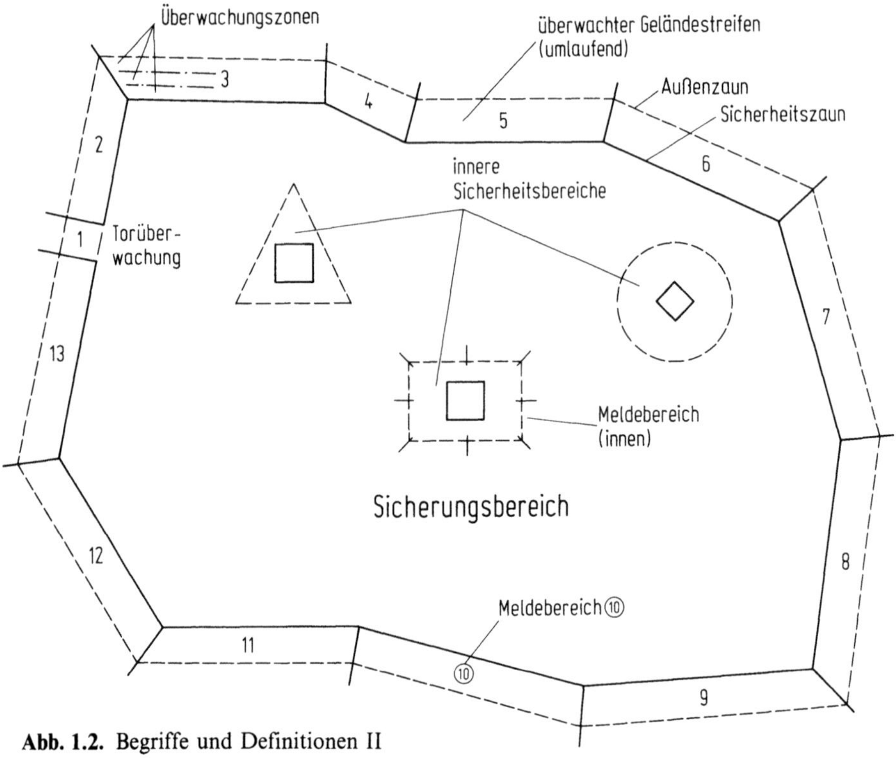

Abb. 1.2. Begriffe und Definitionen II

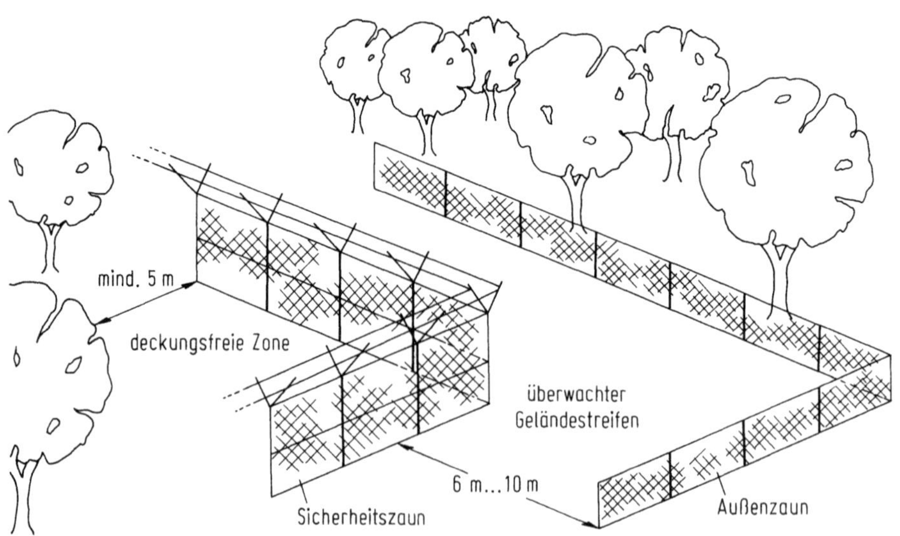

Abb. 1.3. Begriffe und Definitionen III

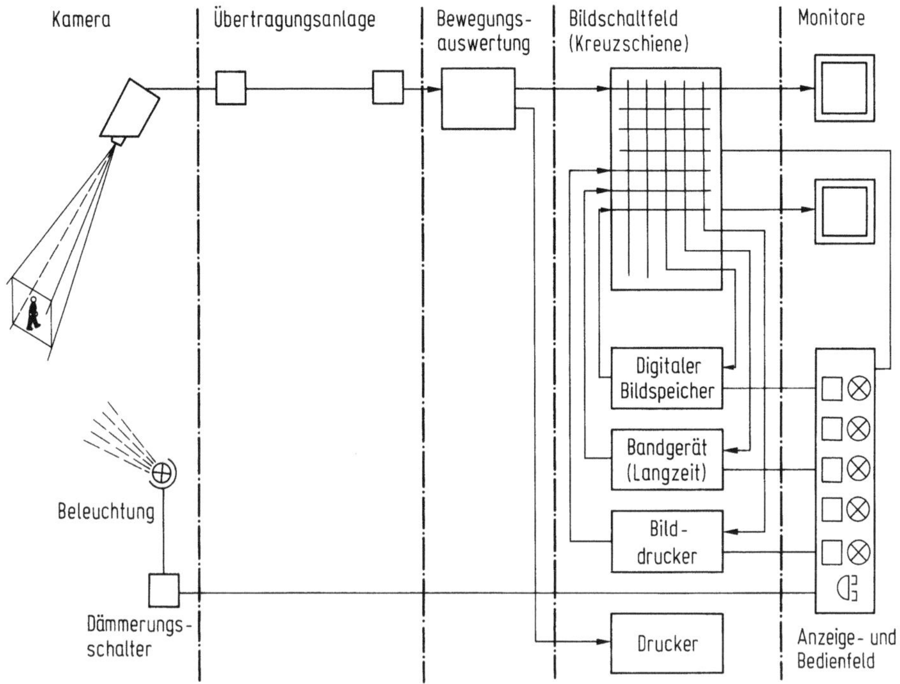

Abb. 1.4. Komponenten einer Fernbeobachtungsanlage

1.2.6 Fernbeobachtungsanlage

Vereinfacht wird sie als Kameraanlage bezeichnet. Sie dient dem Wachpersonal zur Erkennung der Meldungsursachen im überwachten Geländestreifen und ersetzt außerdem bis zu einem gewissen Grad den Rundgang des Wächters. Sie besteht aus fest oder beweglich installierten Kameras, der Übertragungstechnik und der Zentrale. Alle Komponenten sind auf Abb. 1.4 dargestellt.

1.2.7 Kamera

Sie nimmt laufend Bilder auf und setzt diese in elektrische Signale um. Während dazu früher Aufnahmeröhren verwendet wurden, ist heute fast ausschließlich ein elektronischer Baustein eingesetzt, der über mehrere hunderttausend lichtempfindliche Punkte verfügt. Sie werden daher auch Chip- oder CCD- (Charge Coupled Device) Kamera genannt. Die Kameras werden auf Masten, möglichst im überwachten Geländestreifen befestigt. Der Abstand der Kameras hängt ab von der Geländebeschaffenheit, vom Sicherheitsbedarf und von der Qualität der Kameras. Üblich sind etwa 40 bis 60 m.

1.2.8 Übertragungstechnik

Um die Informationen aus dem überwachten Geländestreifen zur vom
Wachpersonal besetzten Stelle zu bringen, sind Übertragungssysteme erforderlich. Meistens werden Meldungen, Daten von Sensoren und Bildinformationen
über Kupferkabel oder auch Lichtleiter gesendet.

1.2.9 Zentrale

Alle Daten laufen in einer ständig vom Wachpersonal besetzten Stelle
zusammen. Sie werden dort angezeigt, gespeichert und in entsprechende
Reaktionen umgesetzt. Eine Vielzahl von technischen Geräten unterstützt das
Personal bei der Arbeit. Die wichtigsten sind im Folgenden genannt:

Einbruchmeldeanlage (EMA). Sie überwacht die Übertragungsleitungen von
den Sensoren zur Zentrale, bringt Meldungen zur Anzeige und steuert die
Kreuzschiene. Außerdem erlaubt sie dem berechtigten Personal das Ein- und
Ausschalten (Scharf-/Unscharf-schalten) einzelner Meldebereiche. Ein ange-
schlossener Drucker hält alle Aktionen mit Datum und Uhrzeit fest.

Monitor. Auf ihm werden die von einer Kamera aufgenommenen Bilder
dargestellt.

Kreuzschiene. Da bei größeren Anlagen aus Gründen der Übersicht nicht jeder
Kamera ein Monitor zugeordnet werden kann, werden die Bilder von einem
elektronischen Verteiler – der Kreuzschiene – auf die Monitore verteilt. Welche
Kamera auf welchen Monitor geschaltet werden soll, wird entweder über ein
Bedienfeld gesteuert, oder im Alarmfall durch einen Befehl von der EMA
automatisch von der Kreuzschiene durchgeführt.

Bildspeichergerät. Um wichtige Szenen wiederholt ansehen zu können, werden
die Bilder im Alarmfall auf Speicher – zum Beispiel von einem Videorecorder
– aufgezeichnet.

Synoptiktableau oder Lageplantableau. Zur übersichtlichen Darstellung der
örtlichen Verhältnisse werden Tableaus benutzt, die mit Lämpchen (LED)
lagerichtig den Alarmort anzeigen.

Informationssystem. Das ist ein Computer mit Bildschirm, Tastatur und
Drucker, dessen Programme die Aufgabe haben, die Wachmannschaft im
Alarmfall mit den gerade benötigten Informationen zu versorgen. Bei größeren
Anlagen werden alle technischen Einrichtungen mit dem Computer gekoppelt,
so daß die Bedienung der kompletten Anlage über den Rechner erfolgt und
nicht jedes einzelen Teilsystem über ein eigenes Bedienfeld gesteuert werden
muß. Diese Einrichtung wird auch als Einsatzleitrechner bezeichnet.

	Art der Meldung	Ursache
Erwünschte Meldungen	Echte Meldung (True Alarm)	Eindringversuch durch Objekte bestimmter Mindestmaße in den von der EM überwachten Bereich
	Sabotagemeldung (Tamper Alarm)	Abheben von Verteilerdeckeln, Öffnen von Türen, Manipulation an Stromversorgung, Schlössern, Leitungen, Anlagen
	Betriebsmeldung (Operational Alarm)	Anormale Betriebsabläufe oder absichtlich herbeigeführte (Test-)Meldungen
	Störmeldung (Equipment Alarm)	Technischer Fehler in Komponenten, Geräten, Systemen und Übertragungswegen der EMA
Unerwünschte Meldungen	Falschmeldung (Nuisance Alarm)	Kleintiere im Detektionsbereich eines Sensors lösen unerwünschte Meldungen aus. Problem der Systemempfindlichkeit
	Umweltmeldung (Environmental Alarm)	Witterungsbedingungen, seismische Störungen oder elektromagnetische Einstrahlung
	Fehlmeldung (Unknown Alarm)	Ursache kann nicht eindeutig ermittelt werden

Anmerkung: Im angelsächsischen Sprachgebrauch wird Equipment Alarm neben Nuisance Alarm, Environmental Alarm und Unknown Alarm zu den Unerwünschten Meldungen (Unwanted Alarms) gezählt.

Abb. 1.5. Meldungsarten im Überblick

1.2.10 Meldung

Eine Meldung entsteht, wenn im System ein Zustand auftritt, der nicht der Norm entspricht. Die Meldung wird auf dem Bedienfeld der EMA und/oder auf dem Lagetableau angezeigt. Üblicherweise ist damit auch ein akustisches Zeichen verbunden. Bei angeschlossenem Informationssystem führt die Meldung zu entsprechenden Ausgaben auf dem Bildschirm und dem Drucker.

Meldungen werden in verschiedene Kategorien eingeteilt. Die Definition der Meldungsarten ist wichtig, um das Betriebsverhalten einer Anlage beurteilen zu können. Die Abb. 1.5 gibt einen Überblick.

1.2.10.1 Erwünschte Meldung

Erwünschte Meldungen sind solche, die die Aufmerksamkeit des Wachpersonals erfordern und zu einer Reaktion führen. Dies sind:
- Echte Meldung (Alarm): Es wird ein Eindringversuch in den überwachten Bereich gemeldet.

– Sabotagemeldung: Ein Manipulationsversuch an der Anlage (z. B. am Leitungsnetz) findet statt.
– Betriebsmeldung: Eine Testalarm (absichtlich ausgelöst) oder ein anormaler Betriebszustand (Nebelmeldung bei Infrarotschranken) wird angezeigt.
– Störmeldung: Es werden technische Fehler im System (wie Stromversorgung, Übertragungsleitungen oder andere) erkannt.

1.2.10.2 Unerwünschte Meldung

Diese werden vom System aufgrund von Umwelterscheinungen zur Anzeige gebracht. Sie werden oft allgemein als Fehlalarm bezeichnet und der Qualität des Sensors angelastet. Dies ist nicht immer richtig. Es werden unterschieden:
– Falschmeldung: Meldungen werden durch Täuschungsgrößen, wie Kleintiere, hervorgerufen. Der Sensor hat keine Parameter, diese von einem echten Eindringling zu unterscheiden.
– Umweltmeldung: Meldungen werden durch seismische Störungen, elektromagnetische Beeinflussung oder ganz allgemein durch Wetterbedingungen hervorgerufen.
– Fehlmeldung: Es ist keine Ursache für die Meldung erkennbar.

1.2.11 Widerstandszeit

Wird eine echte Meldung ausgelöst, muß der Täter eine gewisse Zeit aufgehalten werden, um ihn von seiner geplanten Tat abhalten zu können. Dies ist die Widerstandszeit, die durch mechanische Barrieren oder langen Wegstrecken zum bedrohten Objekt aufgebaut wird. Die Aufgabe der Widerstandszeit in einer Sicherungsanlage wird durch die Abb. 1.6 verdeutlicht.

1.2.12 Eingreifzeit

Umgekehrt benötigt auch die Wachmannschaft eine gewisse Zeit nach der Meldung, um die zur Verhinderung einer Tat nötigen Maßnahmen zu ergreifen. Diese wird als Eingreifzeit bezeichnet. Sie soll auf jeden Fall kürzer als die Widerstandszeit sein.

1.2.13 Überwindungszeit

Als solche wird die Zeit bezeichnet, die ein Täter braucht, um einen überwachten Geländestreifen unentdeckt zu überwinden.

1.2.14 Unentdeckte Überwindung

Damit sind Aktionen gemeint, die ein Täter ergreift, um einen überwachten Geländestreifen ohne Meldungsauslösung zu überwinden. Wie bereits er-

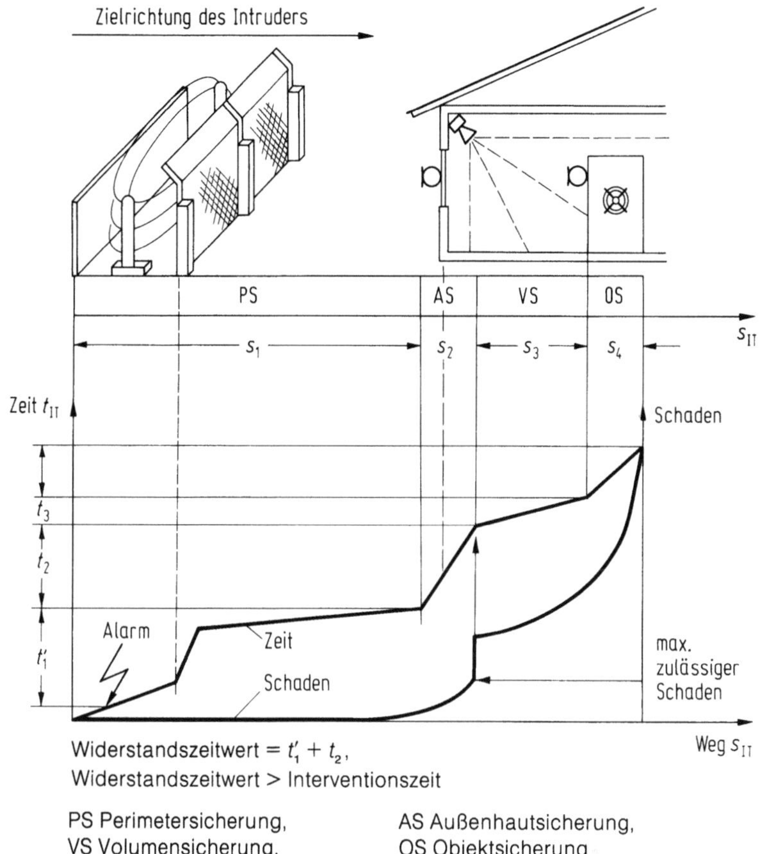

Widerstandszeitwert $= t'_1 + t_2$,
Widerstandszeitwert $>$ Interventionszeit

PS Perimetersicherung,   AS Außenhautsicherung,
VS Volumensicherung,   OS Objektsicherung

Abb. 1.6. Aufgabe der Widerstandszeit in einer Objektsicherungsanlage

wähnt, ist jedes Detektionssystem überwindbar. Im wesentlichen sind es drei
Risiken, die der Errichter und der Betreiber zu beachten haben:
- Manipulation. Darunter sind Maßnahmen elektronischer oder auch mechanischer Art zu verstehen, die ein Gerät oder System funktionsuntüchtig
  machen, ohne daß dies die Wachmannschaft merkt. Sie sind für einen Täter
  beim heutigen Stand der Technik zeitaufwendig und riskant; denn fast alle
  Manipulationen können durch entsprechenden Sabotageschutz zur Meldung gebracht werden.
- Umgehen. Der Wirkbereich eines Sensors wird mit geeigneten Hilfsmitteln
  umgangen, so daß keine Meldung ausgelöst wird. Je nach physikalischen
  Prinzip kann dies durch Übersteigen mit einer Leiter oder durch Untergra-
  ben oder ähnlichen Maßnahmen erfolgen.
- Täuschen. Der Sensor wird durch bestimmte Verhaltensweisen gegen das
  Durchdringen von einem Täter taub gemacht. Dabei bleibt der Sensor voll
  funktionsfähig, kann aber aufgrund seiner Physik einen Eindringling nicht
  erkennen.

1.2.15 Detektionswahrscheinlichkeit

Den Zusammenhang zwischen echter Meldung und unentdecktem Überwinden schafft die Detektionswahrscheinlichkeit. Sie gibt an, wie wahrscheinlich ein definierter Eindringversuch von einer Freigelände-Detektionsanlage erkannt wird. In der Praxis wird festgelegt, wieviel von hundert Versuchen zu einer echten Meldung führen. Der entscheidende Parameter für diese interessante Zahl ist die genaue Festlegung über Art und Weise des Eindringversuches. Es ist unsinnig, eine nicht vorhandene physikalische Eigenschaft eines Detektors testen zu wollen oder außerhalb der Grenzbereiche zu arbeiten. Die Beschreibung sinnvoller sensorspezifischer Tests ist deswegen bei der Darstellung der einzelnen Sensoren ein wichtiger Abschnitt.

Wie groß die Detektionswahrscheinlichkeit einer kompletten Freigelände-Sicherungsanlage ist, hängt natürlich in erster Linie vom Aufwand ab, der zur Sicherung eines Areals eingebaut wird. Wichtig in diesem Zusammenhang ist eine Bedrohungsanalyse, um die Größe einer Gefahr überhaupt erkennen und schließlich das Restrisiko beurteilen zu können.

1.2.16 Bedrohungsanalyse

Sie zeigt auf, welche Tatmotive und welche Tätertypen für ein bestimmtes Objekt als Gefahr eingestuft werden. Aufgrund dieser Analyse ist es möglich, den Nutzen einer Freigelände-Sicherungsanlage aufzuzeigen und schließlich auch nach wirtschaftlichen Grundsätzen zu bauen. Ein wesentlicher Bestandteil der Bedrohungsanalyse ist eine Istaufnahme zur Darstellung der vorhandenen Gefahrenherde und der Abwehrmaßnahmen.

1.3 Normen, Vorschriften, Richtlinien

Im folgenden soll aufgezeigt werden, welche rechtliche oder richtlinienmäßige Basis für die hier behandelten Systeme bestehen. Etwas ausführlicher eingegangen wird in diesem Zusammenhang auf besonders sicherheitsempfindliche Einrichtungen.

Generell ist festzustellen, daß es keine speziell für die Freigeländeüberwachung aufgestellten Normen, Vorschriften oder Richtlinien gibt. Jedoch werden diese Anlagen häufig in übergeordnete Systeme eingebunden, deren Richtlinien somit oft Anwendung finden, soweit dies dem Betreiber sinnvoll erscheint. In erster Linie ist dies die Bestimmung VDE 0833, die bezüglich Stromversorgung und Überbrückungszeit von Stromausfällen mit Hilfe einer Notstromeinrichtung herangezogen wird. Das Thema ist jedoch umstritten, denn oft wird zwar die Sensortechnik der Einbruchmeldeanlage (EMA) zugerechnet – hier ist VDE 0833 üblich –, nicht aber das Fernbeobachtungssystem inklusive der dafür erforderlichen Beleuchtung, obwohl diese für einen sinnvollen Betrieb einer kompletten Anlage ebenso notwendig sind.

Als teils mechanische, teils elektrische Anlagen unterliegen die eingesetzten Komponenten natürlich den üblichen Normen, wie zum Beispiel den Vorschriften über den Berührungsschutz. Des weiteren sind die Bestimmungen der Bundespost/Telecom bezüglich Abstrahlung relevant. Sensoren, die im Hochfrequenzbereich arbeiten, werden vom ZZF (Zentralamt für Zulassungen im Fernmeldewesen) in Saarbrücken getestet und zugelassen. Der Betrieb von verschiedenen Radargeräten muß bei der Telecom angemeldet werden und kostet Gebühren. Besonders zu erwähnen sind auch Blitzschutzbestimmungen wie VDE 0185. Darin sind festgelegt, welche Maßnahmen zum Potentialausgleich ergriffen werden müssen, wenn Leitungen aus dem Freien in Gebäude geführt werden.

Immer wieder haben sich Verbände der Hersteller bemüht, allgemein gültige Regeln, Definitionen und Einteilungen für die Komponenten der Freigeländeüberwachung zu bestimmen. Ein Beispiel dafür ist der ZVEI (Zentralverband der Elektrotechnik und Elektronikindustrie), dessen Fachabteilung Gefahrenmelde- und Signaltechnik ein Dokument mit dem Titel „Empfehlungen für Geländeüberwachungsanlagen" veröffentlicht hat. Viele Begriffe und Definitionen daraus sind heute allgemein gültig und wurden auch im vorliegenden Text verwendet. Ein anderes Beispiel ist von Zaunherstellern bekannt. Sie haben die „Gütegemeinschaft Drahtzaun e.V." gegründet und „Güte- und Prüfbestimmungen für Drahtzäune" erarbeitet, die vom Deutschen Institut für Gütesicherung und Kennzeichnung e.V. (RAL) anerkannt und unter „RAL – RG 602" veröffentlicht sind.

Auch verschiedene Anwenderkreise haben die Freigeländeüberwachung in ihre Sicherheitsempfehlungen für ihre Mitglieder mit einbezogen oder denken intensiv darüber nach, wie zum Beispiel Ver- und Entsorger.

Keine gesetzliche Regelung gibt es im Bereich der Nukleartechnik, obwohl es in dieser Sparte üblich ist, Freigelände-Überwachungssysteme einzusetzen. Zwar ergibt sich aus dem Atomgesetz der Zwang zur Bewachung, jedoch ist es der Genehmigungsbehörde überlassen, wie diese Bewachung auszusehen hat. Die Genehmigungsbehörde (üblich ist das regional zuständige Landesministerium für Umweltschutz) beauftragt einen Gutachter (wie den TÜV oder die Gesellschaft für Reaktorsicherheit – GRS) mit der Bewertung der vom Betreiber eingereichten Unterlagen. Daraus entsteht ein Gutachten, das die Qualität der vorgeschlagenen Technik bewertet und aus dem die zusätzlich notwendige Bewachung abgeleitet wird. Für den Betreiber ist es also wichtig, die richtige Mischung aus Elektronik und Personal zu finden, um einen kostengünstigen Betrieb der Anlage gewährleisten zu können.

Ein anderer Eigner von umfangreichen sicherheitsrelevanten Arealen ist die Bundeswehr. Besonders das BWB (Bundeswehrbeschaffungsamt) und dort eine der Wehrtechnischen Dienststellen – eine Art Prüfstelle – haben sich seit vielen Jahren mit Freigelände-Sicherungsanlagen beschäftigt und umfangreiche Erkenntnisse über die Qualität vor allem von Sensoren und Kameras erworben. Aus vielen verschiedenen Gründen wurden jedoch nur wenige Anlagen gebaut. Die relevanten Richtlinien der Bundeswehr sind in einem anderen Abschnitt aufgelistet.

1.4 Technische Systemkomponenten

Eine der Maßnahmen zur Absicherung im Freigelände ist der Einsatz von Technik. Sie wird im folgenden Abschnitt im Vordergrund stehen. Die im Abschnitt 1.2 Begriffe und Definitionen gewählten Überschriften sollen auch hier den Leitfaden bilden. So stehen die Sensoren am Anfang, die Fernbeobachtungsanlage und Übertragungstechnik folgen, und schließlich wird die Zentrale behandelt. Diese natürlich nur insoweit, als die Freigeländeüberwachung eigene technische Ansprüche stellt und nicht an anderer Stelle detaillierte Erläuterungen folgen.

1.4.1 Sensorsysteme

Die Sensoren werden in den überwachten Geländestreifen eingebaut, um Eindringversuche in den Sicherungsbereich zu entdecken. Die Anzahl der heute angebotenen Sensorentypen liegt weltweit bei mindestens 100. Nicht alle sind seriös, und nicht alle sind sinnvoll einsetzbar. Eine gewisse Einteilung war früher durch die Unterscheidung in physikalische Prinzipien gegeben. Durch die rasche Entwicklung ist dieses Kriterium heute nicht mehr zeitgemäß, da viele Sensoren bereits mehrere Prinzipien in Kombination verwenden. Deswegen wird im folgenden auch die Überwachungsart als Ordnungskriterium herangezogen. Die weiteren Abschnitte stellen in einer Übersicht die Funktionsprinzipien und die wichtigsten Anforderungen vor, die von den Anwendern gestellt werden. Es folgt dann eine Beschreibung der in Mitteleuropa üblichen Sensoren. Im Vordergrund steht eine technische Erläuterung des Detektionsprinzips. Es wird aber auch Wert gelegt auf Installationshinweise, Anwendungsbeispiele und sensorspezifische Testverfahren zur Feststellung der Detektionseigenschaften und der Detektionswahrscheinlichkeit.

1.4.1.1 Überwachungsarten

Das erste Ordnungskriterium ist also die Überwachungsart. Wir unterscheiden:

Sensorzäune. Das sind Zäune, die aus einem sensiblen Material gefertigt sind. In erster Linie werden dazu stromüberwachte Drähte oder auch Lichtwellenleiter verwendet. Die detektierbaren Überwindungsarten sind in der Abb. 1.8 dargestellt.

Zaunsensoren. Eine große Anzahl Sensoren ist dieser Art zuzuordnen. Es sind Melder, die Zäune als Medium brauchen, um ihre Wirksamkeit entfalten zu können. Sie werden in vielfältiger Weise in Zäune und Zaunpfosten eingebaut und haben die Aufgabe, anormale Vorgänge – also Attacken, wie Klettern, Schneiden und Aufhebeln – auf den Zaun zu erfassen (Abb. 1.9). Ebenso wie Sensorzäune haben Zaunsensoren den Nachteil, daß eine unentdeckte Überwindung immer möglich ist, solange der Zaun nicht berührt wird.

	Beispiele
Punktsensoren	Mechanische Schalter (Türsensoren, Sabotagemelder)
Liniensensoren	Aktive Infrarotschranken Koaxiale Längsschalter Spanndrahtsensoren
Flächensensoren	Seismische Sensoren Zaunsensoren Sensorzäume Infrarotzäune Druckschlauchsensoren
Volumensensoren	Mikrowellensensoren Magnetische Sensoren EM-Feld-Zäune Leckkabelsensoren Passive IR-Sensoren Abbildende Systeme mit Bildauswertung

Abb. 1.7. Einteilung der Sensoren

Abb. 1.8. Von Sensorzäunen detektierbare Überwindungsarten

Abb. 1.9. Von Zaunsensoren detektierbare Überwindungsarten

Abb. 1.10. Beispiel für eine volumetrische Überwachung: Kapazitiver Sensor

▲ **Abb. 1.11.** Detektionsverhalten von Infrarotschranken

Volumetrische Überwachung. Im Gegensatz dazu sind die räumlichen Detektionsgrenzen von volumetrischen Systemen nicht erkennbar. Diese Sensoren reagieren auf ein Volumen, das sich in einem bestimmten Umfeld bewegt. Die Höhe und Breite dieses Umfeldes sowie die Größe des Volumens und die Bewegungsgeschwindigkeiten sind die Bewertungskriterien. Eine Gemeinsamkeit dieser Detektoren ist ihr Platzbedürfnis. Als Beispiel ist in Abb. 1.10 ein kapazitiver Sensor dargestellt.

Lineare Überwachung. Unabhängig von Zäunen und ohne besonderen Platzbedarf sind lineare Detektoren. Sie erfassen das Hindurchbewegen durch eine oft unsichtbare Wand (s. Abb. 1.11).

1.4.1.2 Funktionsprinzipien

Auch die am häufigsten eingesetzten Funktionsprinzipien sollen zur besseren Übersicht kurz vorgestellt werden. Im wesentlichen werden damit die physikalischen Detektionsmöglichkeiten aufgezählt. Wie eingangs erwähnt, sind einige aus der Einbruchmeldetechnik abgeleitet.

Körperschallmelder. Sie verwandeln Erschütterungen, wie sie zum Beispiel in einem Zaun entstehen, in elektrische Signale, die einer Auswertung zugeführt werden. Es werden punktuelle und lineare Aufnehmer angeboten. Die linearen Sensoren werden auch als Mikrofonkabel bezeichnet, obwohl sie nicht Luftschall sondern nur Körperschall aufnehmen.

Vibrations- oder Erschütterungsmelder. Ebenso wie bei der Einbruchmeldetechnik sind auch bei der Freigeländeüberwachung diese Sensoren kaum noch in Gebrauch, da sie zu störanfällig sind. Sie haben die Aufgabe, Bewegungen in einem Zaun zu melden.

Schleifenmelder. Ein Draht wird von geringem Strom durchflossen. Wird dieser Strom durch einen Drahtbruch oder einen Kurzschluß verändert, kann dies ausgewertet werden. Diese Drähte werden als Spanndrähte in Zäune eingezogen oder komplett zu Zaunmatten verflochten.

Zugschalter. Stramm gespannte Drähte werden über einen elektronischen Wegaufnehmer geführt. Längenveränderungen des Drahtes durch Abschneiden oder Daraufsteigen erkennt der Sensor. Diese Systeme sind bei uns unter dem englischen Namen „Taut Wire" bekannt.

Lichtleitersensoren. Mit zunehmender Akzeptanz der Lichtleiter und der Vereinfachung im Anlagenbau (Spleiß-, Verstärkertechnik), werden auch die Anwendungen im Bereich der Sensortechnologie immer häufiger. In Anlagen zur Perimeterüberwachung wurden die Lichtleiter zuerst als Durchbruchmelder (Unterbrechung des Leiters), später auch als Übersteigmelder in Zäunen eingesetzt. Es werden dafür die Signalveränderungen, wie sie durch Verbiegen oder Erschütterung des Lichtleiters hervorgerufen werden, ausgenutzt.

Elektrische Zäune. Sie werden in Mitteleuropa seit der Wiedervereinigung der deutschen Staaten nicht mehr eingesetzt. Früher wurden diese „Hochspannungszäune" zum Schutz der NVA-Liegenschaften verwendet. An Hochspannungstrafos angeschlossene blanke Drähte wurden über Isolatoren geführt; bei Berührung eines Drahtes wurde ein tödlicher Stromschlag hervorgerufen. Die Widerstandsänderung gemessen gegen Erde führte auch – als Nebeneffekt – zu einer Meldung. Im übrigen wurde diese Technik auch in Frankreich erprobt und in Südafrika angewendet.

Infrarotschranken. Unsichtbares Licht im Infrarotbereich wird von Sendern, die in einer Säule eingebaut sind, abgestrahlt. In einem gewissen Abstand gegenüber sind Empfänger montiert, die diese Strahlen wieder aufnehmen. Wird der Strahl unterbrochen oder wesentlich verändert, so erkennt dies der Empfänger und löst nach bestimmten Kriterien Alarm aus.

Mikrowellenschranken. Von einem Sender wird ein scharf gebündeltes elektromagnetisches Feld im Gigaherz-Bereich erzeugt. Am anderen Ende der Strecke werden Änderungen dieses Feldes von einem Empfänger erkannt. Entsprechen die Änderungen nach Größe, Dauer und Geschwindigkeit bestimmten vorgegebenen Parametern, so wird Alarm ausgelöst.

Hochfrequenz-Bodensensoren. Ebenso wird von einem im Boden liegenden Koaxialkabel ein HF-Signal abgestrahlt, wenn die Abschirmung nicht dicht geschlossen ist. Ein zweites, in einem bestimmten Abstand liegendes, gleichartiges Kabel empfängt dieses Signal, das sich durch bewegte Gegenstände im Erfassungsbereich ändert, und führt dieses Signal einer Auswertung zu. Siehe dazu Abb. 1.12.

Kapazitive Sensoren. Zwischen parallel laufenden Drähten entsteht ein elektrisches Feld, wenn einer der beiden Drähte an einer Stromquelle angeschlossen ist. Feldänderungen durch Annäherung, aber auch Änderungen der Luftfeuch-

Abb. 1.12. Detektionsverhalten von Leckkabeln

tigkeit führen zu Stromänderungen in den Drähten. Die Ströme werden gemessen und in einer Signalverarbeitung ausgewertet.

Drucksensoren. Im Boden verlegte und mit einer Flüssigkeit oder mit Druckluft gefüllte Schläuche messen über eine Membrane Druckdifferenzen, die durch Belastungsänderungen im darüber liegenden Erdreich entstehen. Nach der Umwandlung in elektrische Signale übernimmt eine Elektronik die Auswertung. Andere Hersteller schweißen die Schläuche mäanderförmig in Matten ein und verlegen diese im Boden.

Magnetische Kabelsensoren. Über zwei im Boden verlegte Spezialkabel werden seismische Vorgänge (Bodenerschütterungen) wie auch Bewegungen von ferromagnetischen Gegenständen, die das Erdmagnetfeld verziehen, erfaßt. Derartige Systeme wurden in Europa aufgrund ihrer hohen Anforderungen an die Umgebung und ihrer Störanfälligkeit praktisch nicht eingesetzt.

Seismische Sensoren. Über Piezoelektrische Aufnehmer oder Geophone (diese nutzen die Bewegung einer Spule in einem Magnetfeld) werden seismische Wellen, die durch Schritte entstehen, aufgenommen und verarbeitet. Diese Sensoren sind heute praktisch vom Markt verschwunden.

Portable Sensoren. Zur Überwachung von temporär abgestellten Fahrzeugen oder Geräten werden Doppler-Radargeräte, Hochfrequenz-Kabelsysteme oder auch Laserscanner eingesetzt. Sie sind leicht transportabel und schnell auf- und abbaubar.

Videosensoren. Sie werten Änderungen aus, die in einem von einer Kamera aufgenommenen Bild, zum Beispiel durch einen durchgehenden Menschen, hervorgerufen werden. Dazu werden laufend die Videobilder mit einem abgespeicherten Referenzbild verglichen und Grauwertänderungen in bestimmten, sensibilisierten Bereichen bewertet. Die Entwicklung im Videosensorbereich ist sehr innovativ, so daß in sehr kurzen Zeitabschnitten immer wieder eine neue, verbesserte Generation auf den Markt kommt.

1.4.1.3 Anforderungen an Perimetersensoren

Anforderungen werden vom Nutzer gestellt. Er bestimmt aufgrund einer Bedrohungsanalyse seine Bedürfnisse. Die wichtigsten Anforderungen sind:
- hohe Überwindungs- und Umgehungssicherheit,
- kleine Geländeanforderungen,
- wenige unerwünschte Meldungen,
- gute Verfügbarkeit und
- richtiges Preis-/Leistungsverhältnis.

Da es den idealen Sensor für alle Anforderungen nicht gibt, ist eine Gewichtung notwendig. So ist der Anforderungsschwerpunkt für Hochsicherheitsanlagen, wie zum Beispiel für Kernkraftwerke, bei der Überwindungssicherheit zu sehen, während Anlagen zum Schutz von Privathäusern möglichst keine Fehlalarme produzieren dürfen. Eine weitere Anforderung – nämlich die nach der Unsichtbarkeit eines Systems – wurde hier ausgespart, denn diese ist keinem Kundenkreis fest zuzuordnen. Gerade daran ist erkennbar, wie wichtig eine präzise Formulierung der Bedürfnisse ist.

1.4.1.4 Beschreibungen der Perimetersensoren

Im folgenden werden die einzelnen Sensorsysteme vorgestellt. Der Schwerpunkt ist die Erläuterung des technischen Funktionsprinzips und der Einsatzmöglichkeiten. Schließlich werden auch die Detektionseigenschaften erklärt und Testmöglichkeiten dargestellt.

1.4.1.4.1 Zaunsensoren

Es werden Sensoren beschrieben, die für Ihre Funktion einen Zaun benötigen. Sie nehmen Erschütterungen oder Schwingungen auf und wandeln diese in elektrische Signale um, die schließlich in Auswerteschaltungen bewertet werden.

1.4.1.4.1.1 Sensorkabel

Sensorkabel nutzen Erschütterungen in einem Zaun. Sie werden mit Kabelbinder an den Maschen eines Maschendrahtzaunes oder an den Stäben eines Gitterzaunes befestigt. Die durch Erschütterungen im Zaun in den Kabeln hervorgerufenen Signale werden einer Auswertung angeboten, die schließlich über die Alarmauslösung entscheidet.

Es werden am mitteleuropäischen Markt drei Arten von Sensorkabel angeboten, wobei zwei davon sehr ähnliche Eigenschaften zeigen. Diese beiden nutzen zum einen den „Elektret"-, zum anderen den „Tribo"-Effekt; beide Entwicklungen sind bereits weit über zehn Jahre bekannt. Während die

Abb. 1.13. Aufbau eines Elektretkabels

technische Ausführung der Auswerteschaltung mehrmals modernisiert wurde, ist die Qualität der Auswertung praktisch unverändert. Das dritte Sensorkabel arbeitet nach dem Induktionsprinzip.

Am häufigsten werden Kabel eingesetzt, die den „*Elektret*"-*Effekt* nutzen. Das sind Koaxkabel, deren Dielektrikum bei der Fertigung elektrisch vorgespannt wird und somit polarisiert ist. Der Aufbau eines derartigen Koaxkabels ist in Abb. 1.13 dargestellt. Geringe Verformungen des Kabels, wie sie durch Bewegungen im Zaun entstehen, führen zur Freisetzung der elektrostatischen Spannungen. Schon Körperschall reicht aus, um ein auswertbares Signal zu erzeugen. Somit ist auch eine Detektion von Durchbruchversuchen an Betonmauern durchaus möglich. Das Signal besteht aus einem breiten Frequenzspektrum und wird einer Auswerteschaltung zugeführt. Je nach Art des Zaunes (oder Beton) werden dabei verschiedene Frequenzen unterschiedlich bedämpft. Die heute angebotenen Systeme nutzen dieses Merkmal jedoch nicht und ihre Auswerteeinheiten sind eigentlich nur auf das typische Frequenzspektrum von Maschendrahtzäune abgestimmt. Eine Ausführung mit verändertem Frequenzfilter wird zur Zeit nur von einer Firma für den Einsatz in Stahlgitterzäunen angeboten.

Die Kabel werden mit einem wetterfestem Teflonmantel umhüllt. Eine Lebensdauer von über 10 Jahren ist realistisch, wobei auch die sogenannte „Halbwertzeit" von etwa 40 Jahren – sie ist ein Maß für die Abnahme der Empfindlichkeit aufgrund der Alterung – genügend Spielraum bietet. Wenig aussagefähig sind die Hersteller, wenn nach dem Einfluß von Kälte auf die Empfindlichkeit des Kabels gefragt wird. Zweifellos ist er vorhanden, jedoch nicht signifikant. Auch ist es nicht möglich, Kabel mit gleichmäßiger Empfindlichkeit über eine größere Länge herzustellen. Da es darüber hinaus auch keine sinnvollen industriellen Testhilfen für die Kabelprüfung gibt, sind bei der Inbetriebsetzung ausreichende Empfindlichkeitstests, zum Beispiel durch „Abklopfen" des installierten Kabels in kurzen Abständen, angebracht.

Bis zu 300 m Kabel sind an eine Auswerteschaltung anschließbar. Eine Kombination aus zwei Zonenauswertern in einem Schrank wird ebenfalls angeboten, damit sind dann 600 m Kabel anschließbar. Diese Länge ist jedoch nicht mit der bewertbaren Zaunlänge identisch, da in der Praxis das Kabel in versteiften Zaunbereichen (z. B. in Ecken) zur Erhöhung der Empfindlichkeit mäanderförmig verlegt werden muß und „Serviceschleifen" eingebaut werden, um bei Kabelschäden eine einfache Reparatur durch Nachziehen des Kabels zu ermöglichen. Jeder Zonenauswerter verfügt über einen Schalter, der die für die Alarmauslösung notwendige Schwelle (Amplitude) vorgibt. Ferner wird über einen Impulszähler festgestellt, wie oft in einer gewissen Zeiteinheit die Alarmschwelle überschritten wird. Die Anzahl der zur Alarmauslösung notwendigen Impulse kann eingestellt werden. Damit wird erreicht, daß nicht jeder Schlag gegen den Zaun zu einem Alarm führt. Wird zum Beispiel bei einer Zählereinstellung von drei Impulsen nach der einmaligen Überschreitung der Alarmschwelle über einen bestimmten Zeitraum kein weiterer Alarmimpuls festgestellt, dann wird der Zähler wieder auf null gestellt. Das Zeitfenster ist übrigens fest vorgegeben und kann nicht frei eingestellt werden.

Das „*Tribo*"-Kabel ist ein geschirmtes Kabel, das bei Verbiegungen seine Kapazität ändert. Außerdem entsteht durch Reibungen des Schirms auf dem Innenleiter ein zusätzlicher Effekt, der ebenso elektrische Spannungen bewirkt. Die Elektronik bewertet diese, wobei die Empfindlichkeit über Schalter einstellbar ist. Jeweils bis zu 300 m Kabel können an eine Auswertung angeschlossen werden.

Weitere typische Merkmale sind auch hier die Doppelauswerteeinheit, die Einstellbarkeit des Alarmhubs und die Zählerfunktion. Ein Unterschied zum Elektret-System ist die getrennte Einstellmöglichkeit der Empfindlichkeit nach Kletter- und Schneidevorgang. Auch kann die Auswertung Klettern und Schneiden getrennt anzeigen. Weniger elegant gelöst ist die Möglichkeit, die „Zaungeräusche" (NF-Energie) über einen Audioausgang hörbar zu machen. Dies wird nur als Option angeboten, ist aber zur Inbetriebnahme und zur Fehlersuche unverzichtbar. Ebenso ist es nicht sinnvoll, diese Geräusche zur Sicherheitszentrale zu übertragen und im Alarmfall hörbar zu machen (dies wird bei beiden Systemen angeboten). Eine eindeutige Erkennung der Vorgänge am Zaun ist nur mit Hilfe von Kameras möglich, zusätzliche Geräusche in der Wache lenken nur ab.

Auf einen kritischen Punkt bei „Tribo"-Kabel soll am Rande noch verwiesen werden. Die erwünschten Effekte sind bei dieser Technologie aus dem allgemeinen Störpegel, wie er durch Einstreuungen aus der Umgebung oder durch Brummeinstreuen entsteht, kaum unterscheidbar. Unter Umständen kann die unerwünschte Meldungsrate relativ höher sein, als bei den anderen Sensorkabeln.

Nach dem *Induktionsprinzip* arbeitet schließlich das dritte Sensorkabel. Es besteht aus zwei halbkreisförmigen Permanentmagneten aus flexiblem, magnetischem Kunststoff, die zwei Kabelpaare umschließen. Die innen geführten Leiter sind mit einer Kunststoffisolierung ummantelt und dienen unter anderem dazu, einen definierten Abstand zwischen den beiden Magneten sicherzustellen. Die äußeren, nicht isolierten Leiter können sich in einem Spalt und damit in dem sie umgebenden Magnetfeld bewegen, so daß bei Erschütterungen des Kabels ein Induktionsstrom fließt. Dieser wird zur Messung der Erschütterungen herangezogen. Gegen Störungen von außen ist das Sensorkabel mit einer Aluminiumabschirmung geschützt. Schließlich hält ein halbstarrer, fester Polyäthylen-Kunststoffmantel Feuchtigkeit und mechanische Beschädigung ab.

Gegenüber den beiden anderen Kabeln weist das Sensorkabel eine höhere Festigkeit gegen elektromagnetische Vorgänge auf, was sich in stark elektrisch verseuchter Umgebung (z. B. Industriegelände mit schweren Maschinen) positiv auf die Rate unerwünschter Meldungen auswirkt oder bei den anderen Systemen nur mit erhöhten Aufwendungen zur Abschirmung (Filter) ausgeglichen werden kann. Andererseits ist das Kabel, bedingt durch seinen Aufbau, dicker und somit wesentlich auffälliger. Neben der schon bekannten Einstellbarkeit der Alarmschwelle und der Anzahl der Alarmschwellenüberschreitungen ist bei diesem System auch die Alarmzwischenspeicherzeit einstellbar. Dadurch kann zwar die Zeit, die für eine Überlistung notwendig ist, erhöht werden, jedoch verschlechtert sich dann auch die Rate unerwünschter Meldungen.

Ein wesentlicher Unterschied zu den beiden anderen Systemen ist die anschließbare Kabellänge. Sie beträgt aufgrund des geringen Leitungswiderstandes bis zu 1000 m pro Auswerteeinheit. Dadurch sind nicht nur längere Auswertezonen möglich, sondern es ist auch eine größere Flexibilität in der Absetzbarkeit der Auswertung vom Zaun gegeben. Die Übertragung der Meßwerte zwischen Zaun und Auswerteeinheit kann mit einem normalen Nachrichtenkabel erfolgen.

In den folgenden Absätzen sind die Gemeinsamkeiten der drei Systeme behandelt. Es wird unter anderem auf das Detektionsverhalten und das Fehlalarmverhalten eingegangen. Zur Beurteilung der Systemqualität ist es wichtig, einen Blick in den Auswerteschrank zu werfen. Nicht fehlen dürfen entsprechende Überspannungsschutzmaßnahmen. Sie haben die Aufgabe, die Auswerteelektronik vor Überspannungen, die zum Beispiel durch atmosphärische Störungen auf das Leitungsnetz induziert werden, zu schützen. Leider wird häufig das Augenmerk nur auf die Übertragungsleitungen gelegt, während die Stromversorgungsleitungen vernachlässigt werden. Gerade von dort aber droht die überwiegende Gefahr. Wichtig ist auch die Belüftung des Schrankes zur Vermeidung von Kondenswasser. Viele Auswerteschränke sind auch zu klein gewählt, so daß das Arbeiten beim Installieren und bei Wartungsarbeiten erheblich erschwert wird. Ein weiterer Punkt ist die Stromversorgung. Bei den meisten Systemen wird eine gesicherte Versorgung mit entsprechender Pufferbatterie in den Auswerteschrank gesetzt; deshalb ist mit erhöhtem Wartungsaufwand zu rechnen. Wird die Auswertung von einer zentralen Stelle gespeist, ist auf einen möglichst großen Eingangsspannungsbereich zu achten, damit der Spannungsabfall auch über eine Entfernung von einigen Kilometern überbrückt werden kann.

Zur Vermeidung von unerwünschten Meldungen sind einige Punkte bei der Installation der Kabel zu beachten. Wesentlich ist ein klapperfreier Zaun. Die kritischen Stellen sind beim Maschendrahtzaun die Befestigung des Geflechts an den Pfosten und in den Spanndrähten. Am günstigsten ist ein Verrödeln der Spanndrähte mit dem Geflecht oder eine Befestigung mit Drahtklammern (sog. C-Klammern), die in einem Abstand von etwa 50 cm gesetzt werden sollten. Diese Art ermöglicht es auch, vorhandene Zäune nachzubessern und so für eine einwandfreie Detektion zu sorgen. Weitere Fehlalarmquellen sind Türen und Tore, die in den Zaunverlauf integriert sind. Sie müssen mit Kunststoffauflagen entsprechend klapperfrei gemacht werden. Besonders zu achten ist auf Büsche und Bäume in der Nähe des Detektionszauns. Der Mindesabstand muß so gewählt sein, daß auch bei Sturm keine Äste gegen den Zaun schlagen können. Unerwünschte Meldungen können auch durch Kaninchen ausgelöst werden. Dies ist vermeidbar, wenn das Geflecht etwa 10 cm tief in ein Kiesbett eingegraben wird.

Detektiert werden Attacken auf den Zaun, wie zum Beispiel Klettern, Durchschneiden oder Aufhebeln. Bei richtiger Empfindlichkeitseinstellung wird eine sehr hohe Detektionswahrscheinlichkeit von über 97% erreicht. Wesentlich schlechter wird die Rate bei Anlehnen einer Leiter besonders im Pfostenbereich. Durch Abspringen von der Zaunkrone entsteht oft doch noch ein Alarm. Oft wird versucht, Stacheldrahtausleger in die Detektion mit einzubeziehen. Dazu ist es notwendig, das Sensorkabel in kurzen Abständen an den Stacheldrähten zu befestigen. Mit einer Erhöhung der Rate unerwünschter Meldungen ist jedoch zu rechnen.

Wie schon erwähnt, ändert sich das Detektionsverhalten mit der Art des Zaunes. Stahlgitterzäune zeigen vor allem beim vorsichtigen Anlegen von Leitern kaum eine Reaktion. Das Klettern wird mit einer Wahrscheinlichkeit von über 70% detektiert. Diese Rate kann durch mechanische Maßnahmen, die das Klettern erschweren (z. B. mit Stahlgittermatten versehener Ausleger), noch erhöht werden. Bei Schweißversuchen war erkennbar, daß im Stahlgitterzaun eine Detektion nur in Ausnahmefällen erfolgt, in Maschendrahtzäunen kann durch eine entsprechende Kabelführung eine ausreichende Sicherheit erreicht werden. Das Abbrennen der üblichen PVC-Kabelbinder, mit denen das Sensorkabel im Geflecht befestigt ist, darf nicht dazu führen, daß das Kabel über eine größere Strecke aus dem Zaun entfernt wird. Dies läßt sich verhindern, wenn das Kabel im Abstand von etwa 1 m immer wieder durch die Maschen gezogen wird.

Die angeführten Merkmale bezüglich Fehlalarmverhalten und Detektionssicherheit sind für alle drei Kabeltypen ähnlich, so daß auf eine einzelne Betrachtung verzichtet werden kann.

1.4.1.4.1.2 Punktuelle Körperschallaufnehmer

Diese Systeme nutzen ebenso wie die zuvor beschriebenen Kabel den Körperschall in einem Zaun, der durch Attacken hervorgerufen wird. Jedoch werden keine „langgestreckten" Mikrofone (Kabel) verwendet, sondern punktuelle Aufnehmer, die in oder auf Zaunpfosten oder auf den Zaunmatten befestigt werden. Schon vor etwa fünfzehn Jahren wurde dieses Prinzip eingesetzt, konnte sich damals aber aufgrund der nicht ausgereiften Auswertetechnik nicht durchsetzen. Erst als sich der Hersteller auf eine bestimmte Zaunart spezialisierte und die Auswertealgorythmen genau auf diesen Zauntyp festlegte, wurden vernünftige Ergebnisse erzielt. Der dafür gewählte Zaun war ein Streckmetallzaun. Diese Zaunart setzt einem Eindringling einen sehr hohen Widerstand entgegen, da er mit Bolzenschneider nicht angreifbar und nur sehr schwer zu überklettern ist. Darüber hinaus fängt dieser Zaun auch hohe

Abb. 1.14. Beispiel für einen Streckmetallzaun mit Kamera und Infrarotstrahler (Werkfoto Dornier)

Aufprallkräfte (z. B. von dagegenfahrenden Autos) auf, da er sehr flexibel reagiert. Da die Kosten wesentlich höher als bei anderen Zäunen sind und außerdem das Aussehen umstritten ist (ehemaliger DDR-Grenzzaun), konnte er sich nicht auf breiter Front durchsetzen. Die Abb. 1.14 zeigt allerdings einen Streckmetallzaun, der sehr unscheinbar und gefällig wirkt, weil er mit einer schwächeren Materialstärke ausgeführt ist. Aufgrund der Merkmale wird er besonders in der Wehrindustrie und -forschung eingesetzt. Zur Detektion an den Streckmetallzäunen werden Körperschallaufnehmer (Melder) eingesetzt. Es werden bei uns drei verschiedene Systeme angeboten. Während zwei von ihnen mehrere Melder in Serie setzen und so ein Summensignal aus einer längeren Zaunstrecke bewerten, wird beim dritten System das Signal von jedem einzelnen Melder der Auswertung zugeführt. Die ersten beiden unterscheiden sich auch sonst nur in Details, so daß auf eine getrennte Beschreibung verzichtet werden kann.

Die Melder werden im Abstand von etwa 10 m in die Zaunpfosten eingesetzt (also in jeden vierten Pfosten) und sind dadurch nicht erkennbar. Über ein Koaxkabel werden die Melder an die wasserdichte Anschlußdose angeschlossen und damit in die Sammelleitung eingeschleift. Die Versorgung der Melder wird ebenfalls über diese einadrige Koaxleitung sichergestellt. Bis zu zehn Melder werden zu einer Zone zusammengefügt, so daß Zonenlängen bis zu 100 m entstehen. Die Auswertung ist zentral aufgebaut, die Signale werden über Koaxkabel vom Zaun bis zur Auswertung geführt, wobei

Kabellängen bis zu 1500 m zulässig sind. Die Auswertebaugruppen werden zusammen mit der notwendigen Stromversorgungseinheit in Schränke eingebaut. Die Systeme verfügen über mehrere Kalibriermöglichkeiten zur Empfindlichkeitseinstellung. Für eine zwischen Detektion und Fehlalarmverhalten richtig abgestimmte Einstellung ist aufgrund der vielen Möglichkeiten erhebliche Erfahrung notwendig.

Ein typisches Merkmal der Signalanalysatoren ist die Verknüpfung mehrerer Zonen, um Störsignale, die gleichmäßig über eine längere Zaunstrecke auftreten, eliminieren zu können. Dabei werden die Meßergebnisse von mindestens zwei nicht unmittelbar hintereinanderliegenden Zonen verglichen. Zeigen die Werte eine gewisse Übereinstimmung, so wird davon ausgegangen, daß eine Wettererscheinung für den hohen Störpegel verantwortlich ist, und der Alarm wird unterdrückt. Der – theoretische – Zuwachs an Sabotagemöglichkeiten kann vernachlässigt werden.

Ein weiteres Merkmal der Auswertung ist die Anzeige eines Voralarms. Diese auch bei anderen Sensorsystemen immer wieder angebotene Möglichkeit soll durch ein Warnsignal bei Erreichen eines bestimmten Prozentsatzes der Alarmschwelle die Aufmerksamkeit des Wachpersonals erhöhen. In der Praxis ist dies wenig hilfreich, da eine Unterscheidung zwischen „Alarm" und „beinahe Alarm" nicht sinnvoll ist.

Das dritte der angesprochenen Systeme ist bezüglich Auswertetechnologie zweifellos das modernste. Als Detektor wird ein piezoelektrischer Beschleunigungsaufnehmer genutzt, ähnlich wie er in hohen Stückzahlen in der Autoindustrie (z. B. als Auslöser von Airbags) oder in militärischen High-Tech Bereichen („Horchminen") eingesetzt wird. Der Sensor ist in Abb. 1.15 zu sehen. Der eigentliche Unterschied zu den beiden zuvor erwähnten Systemen liegt jedoch darin, daß zur Bewertung das Signal von jedem Sensor herangezogen wird. Jeweils bis zu 16 Sensoren werden auf eine Auswertung geführt, die allwetterfest ausgeführt ist und autonom arbeiten kann. Sie überwacht so maximal 180 m Zaun und hat auch eine Anschlußmöglichkeit für Alarmkontakte von fremden Sensoren sowie Steuerausgänge zur Ansteuerung, zum Beispiel von Schließeinrichtungen. Die in den Einheiten gewonnenen Daten können bei größeren Anlagen über ein Bussystem zu einem übergeordnetem Auswerteprozessor – einem Industrie-PC – übertragen und weiterverarbeitet werden. Der Vorteil liegt in der Verknüpfbarkeit der Sensordaten und damit in der Unterscheidung von punktförmigen (Attacken) und flächenförmigen (Wetter)

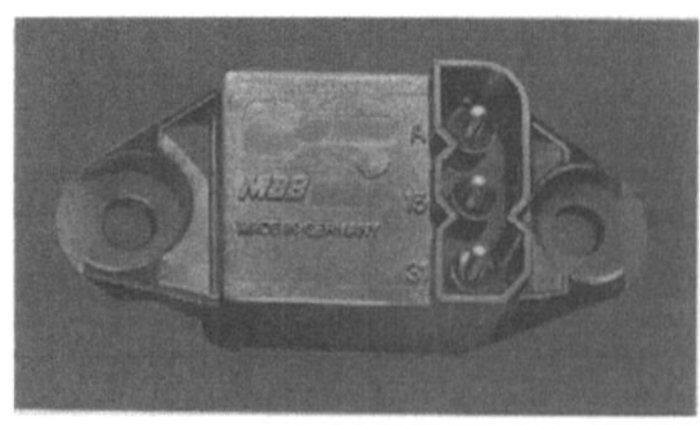

Abb. 1.15. Zaunsensor, eingebaut in einem wetterfesten und störstrahlungssicheren Gehäuse (Werkfoto MBB)

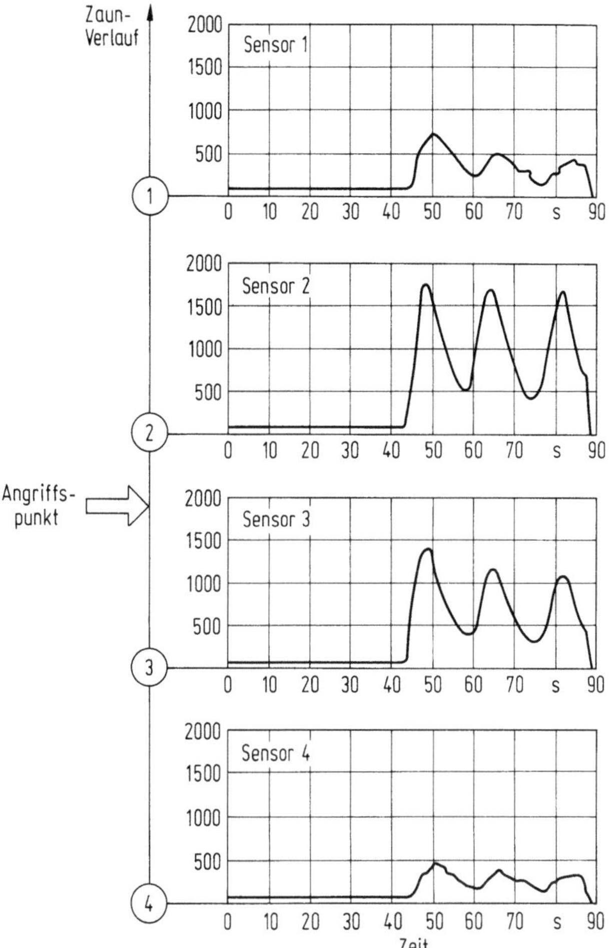

Abb. 1.16. Durch Musterauswertung und Vergleich der Sensordaten ist eine präzise Ortung des Alarms möglich

Ereignissen am Zaun. Natürlich lassen sich auch dadurch nicht alle unerwünschten Meldungen ausscheiden, jedoch wird ein sehr gutes Verhältnis zwischen Detektionswahrscheinlichkeit und Fehlalarm erzielt. Auch ist eine höhere Anpaßbarkeit an die Zaunarten durch entsprechende Softwareänderungen gegeben. Die eingangs erwähnte Beschränkung auf Streckmetallzäune ist bei diesem System nicht notwendig. Die durch die Einzelbewertung der Sensoren denkbare „metergenaue" Detektion von Eindringvorgängen ist zwar möglich aber nicht sinnvoll anwendbar, da zur Ansteuerung der Kameras immer eine definierte Strecke benötigt wird. Auch ist zu berücksichtigen, daß die Auswertung mit zunehmender Anzahl der Melder besser wird. Der Hersteller spricht von zehn Sensoren, die miteinander verknüpft werden sollen. Abbildung 1.16 zeigt ein Beispiel für die verknüpfte Auswertung.

Die Auswertung über Softwareverfahren bringt noch weitere Vorteile und zeigt generell den Weg zur möglichen Verbesserung der Leistungseigenschaften von Perimetersensoren. Die Vernetzbarkeit vieler Daten bringt Vorteile:
- bei der Verfügbarkeit wird der Ausfall eines Sensors von den benachbarten Sensoren aufgefangen;
- bei der Detektionswahrscheinlichkeit werden auch bei hohen Störpegeln durch die relative Alarmschwelle Intrusionsversuche erkannt;
- bei einfacher Ergänzung mit zusätzlichen Leistungsmerkmalen werden objektspezifische Ergänzungen, wie tageszeitliche Bewertungen, nach der Installation eingebracht.

Gerade der letzte Punkt läßt dieses System als zukunftssicher erscheinen. Über diesen „Weg in die Zunkunft" wird bei einigen anderen Sensoren noch zu sprechen sein.

Ein Nachteil soll nicht unerwähnt bleiben. Durch den Systemaufbau entsteht ein zusätzlicher Verkabelungsaufwand, der kostensteigernd wirkt. Der zweite Nachteil, nämlich ein erheblicher Betreuungsaufwand in der Einschaltphase, ist durch die komplexe Auswertesoftware gegeben, die kaum Standards erlaubt. Zu prüfen ist auch vom Anwender, ob der Anbieter eine entsprechende Softwarepflege über einen längeren Zeitraum gewährleisten kann und ob die notwendige Präsenz vor Ort gegeben ist.

Alle drei Systeme zeigen keine wesentlichen Unterschiede in Bezug auf die möglichen Fehlalarmursachen zu den vorher beschriebenen Sensorkabeln. Auch hier sind die Klapperfreiheit des Zauns, der Bewuchs und die Kleintiere zu beachten. Die Detektionswahrscheinlichkeit ist praktisch genauso hoch wie bei den durch Sensorkabel gesicherten Zäunen. Allenfalls ist durch die hohe Widerstandszeit der oftmals mit den Detektoren in Kombination eingesetzten Streckmetallzäune eine hohe Überwindungssicherheit gegeben.

1.4.1.4.2 Erschütterungsmelder

Nur am Rande erwähnenswert ist diese Meldeart. Die Sensoren arbeiten nach einem mechanisch-elektrischen Prinzip. Einer der Melder nutzt eine Kugel, die beweglich auf einem Ring gelagert ist. Beide zusammen ergeben einen elektrischen Kontakt der in einer Ruhestromschleife liegt. Bei Zaunerschütterungen wird die Kugel aus seiner Ruhelage gebracht und der Kontakt mit dem Ring unterbrochen, so daß die Ruhestromschleife geöffnet und Alarm erkannt wird. Üblich ist eine Kette von bis zu zwanzig Meldern in einer Schleife. Sie werden in die Zaunpfosten montiert oder am Zaungeflecht befestigt. Diese Montagemöglichkeit zeigt Abb. 1.17. In ihrer Empfindlichkeit sind sie zwar durch mechanische Einschränkungen der Beweglichkeit der Kugel geringfügig verstellbar, jedoch ist die Rate der unerwünschten Meldungen durch Zaunerschütterungen, wie sie durch Tiere, Lastwagenverkehr oder Wind hervorgerufen werden, einfach zu hoch. Weil bei diesen Meldern im Gegensatz zu den vorher beschriebenen Körperschallaufnehmern und Kabelsensoren kein Analogsignal zur Bewertung zur Verfügung steht, sind auch keine Verbesserungen in der Auswertung zu erwarten.

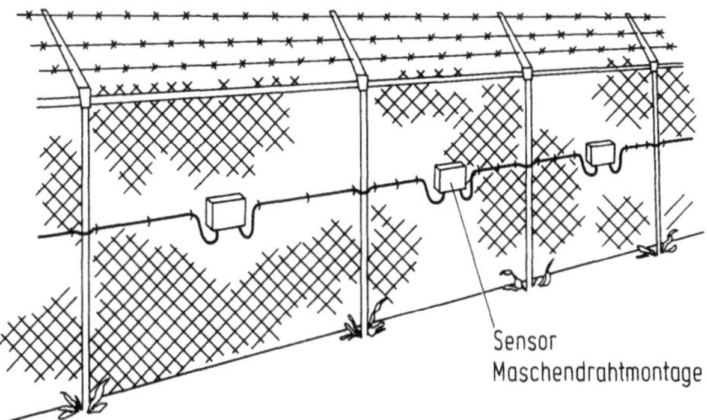

Abb. 1.17. Montagemöglichkeit von Erschütterungsmelder

1.4.1.4.3 Meldezäune

Als Meldezäune werden Zäune oder zaunähnliche Einheiten bezeichnet, die aus dem Meldemedium gebaut sind. Es werden dazu stromführende Drähte, Glasfasern oder über Schalter geführte Stahldrähte verwendet.

1.4.1.4.3.1 Schleifenmelder

Schleifenmelder sind Sicherheitsdrähte, die entweder in vorhandene Zäune eingezogen werden oder zu Drahtgeflechten verarbeitet werden. Kennzeichnend ist die Art der Auswertung. Es wird der Schleifenwiderstand eines Drahtes gemessen, der von einem geringen Strom durchflossen wird. Bewegt sich der Widerstand der Drahtschleife aus einem vorgegebenen Fenster, dann wird Alarm ausgelöst. Widerstandsänderungen werden zum einen durch Temperaturunterschiede – diese werden durch verschiedene Maßnahmen ausgefiltert –, zum anderen durch Manipulationen an den Drähten hervorgerufen.

Drei Systeme, die sich im Aufbau wesentlich unterscheiden, sind bei uns in Gebrauch. Der erste Sicherheitsdraht besteht aus vier Einzeldrähten, die durch eine mehrfache Stahlarmierung und einen PVC-Mantel geschützt werden. Jeweils ein isolierter Widerstandsdraht aus einer Kupfer-Nickel-Legierung und ein isolierter Kupferdraht bilden eine Schleife und werden zu einer Widerstandsbrücke zusammengeschaltet. Zwei Pärchen werden zu einem Leiterelement verseilt und können durch ihr gleiches Aussehen praktisch nicht sabotiert (überbrückt) werden. Durch das Nebeneinanderliegen der beiden Schleifen des Leiterelementes werden Widerstandsänderungen durch Temperaturschwankungen automatisch kompensiert, da beide Brückenzweige sich gleichzeitig ändern; auf diese Weise wird die Brücke im Gleichgewicht gehalten. Das Leiterelement wird mit einer Isolierung umgeben und mit Trägerdrähten aus verzinktem Stahl spiralförmig umwickelt und somit stabilisiert. Schließlich wird der Draht mit einem Außenmantel aus PVC umspritzt, wobei die typischen Zaunfarben Grün und Grau verwendet werden. Der Draht hat dann

einen Durchmesser von ca. 5 mm und ist für eine Zugbelastung von max.
1000 kg geeignet. Die Temperaturbeständigkeit wird mit $-30\,°C$ bis $+70\,°C$
angegeben.

Der Draht wird in verschiedenen Ausführungen angeboten. Der einfachste
Fall ist das Einziehen des Sicherheitsdrahtes als eine Art Spanndraht in einen
vorhandenen Zaun. Dadurch wird das Zerstören des Zaungeflechtes detek-
tiert, jedoch nur, wenn der überwachte Spanndraht zerstört wird. Der
Sicherheitsdraht wird auch als Stachelband angeboten und wie ein solcher
eingesetzt. Schließlich wird der Draht auch weiterverarbeitet zu einem
Geflecht, das ähnlich wie normale Zaunmatten eingesetzt werden kann.
Dadurch ist es möglich, jeden Schnitt in dem so gebauten Zaun zu detektieren.
Ein anderer Anwendungsfall ist die Detektion von Durchbruchversuchen an
Decken oder Mauern, die mit einem Sicherheitsdrahtgeflecht versehen sind.
Gegenüber den sonst verwendeten Alarmdrahttapeten haben die Geflechte den
Vorteil, daß sie wesentlich unempfindlicher gegenüber mechanischer Bean-
spruchung sind. Bedingt durch diese Anwendung hat dieses System auch eine
Zulassung der Versicherer als Durchbruchmelder – eine Ausnahme auf dem
Sektor der Freigeländedetektoren.

Das zweite System unterscheidet sich wesentlich in der Philosophie. Bei
diesem Melder wurde höchstes Augenmerk auf die äußere „Schale" und
weniger auf die Sabotagesicherheit des Sicherheitsdrahtes gelegt. Das System
besteht aus einem tefzelisolierten Kupferleiter, der in ein Stahlröhrchen
eingelegt ist. Der Aufbau geht aus Abb. 1.18 hervor. Der Leiter ist an eine
Auswerteeinheit angeschlossen, die die Stromschleife innerhalb eines Widerstandsfensters auf Kurzschluß und Drahtbruch überwacht. Die Umhüllung
dieses Leiters besteht aus einem nichtrostendem Stahlrohr, das maschinell um
den Draht gelegt wird. Der Durchmesser des Sicherheitsdrahts inklusive
Stahlmantel beträgt 3 mm. Besonders auffallend ist die hohe Zerreißfestigkeit
($> 2000\,N$) und die große Chemikalienbeständigkeit sowie die Belastbarkeit
mit hohen Temperaturen bis zu $200\,°C$. Dies zeichnet den Draht als umweltbe-
ständiges Sicherheitssystem für die Anwendung in rauher Umgebung aus.
Selbst der Einsatz unter Wasser wie zum Beispiel im Kühlwasserzulauf eines
Kraftwerks, ist damit möglich. Aber auch der innenliegende Draht weist
erstaunliche Merkmale auf. Besonders wichtig ist die hohe Durchschlagsfestig-
keit der Isolation. Sie wird vor der Fertigung mit einer Prüfspannung von
10 KV getestet und nach der Verarbeitung mit dem Stahlröhrchen erfolgt ein
weiterer Test mit 5 KV. Werden diese Tests positiv abgeschlossen, so ist
sichergestellt, daß die Isolation sehr gute Eigenschaften aufweist und keine

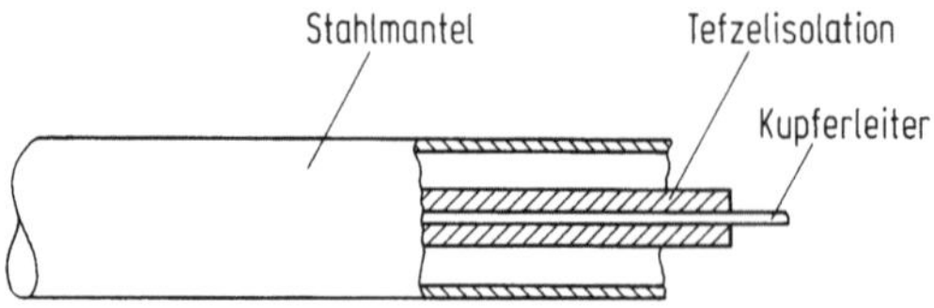

Abb. 1.18. Aufbau eines mit Ruhestrom überwachten Spanndrahts

versteckten „Leckstellen" beinhaltet, die später zu unerwünschten Meldungen führen würden. Zur bereits angesprochenen Sabotagesicherheit ist festzustellen, daß durch den äußerst widerstandsfähigen Stahlmantel der eigentliche Sensordraht nur sehr schwierig erreicht werden kann und somit eine Sabotage erheblichen Zeitaufwand erfordert.

Auch bei diesem System gibt es sehr unterschiedliche Formen. Die Grundausführung ist wieder der Spanndraht. Er wird benutzt, um die Zerstörung einer kompletten Zaunanlage, die z. B. ausgeübt wird, wenn größere Gegenstände aus einem umzäunten Bereich abtransportiert werden sollen, melden zu können. Eine Variante bildet das Maschengeflecht, das aus einem kontinuierlichen Sicherheitsdraht hergestellt wird. Es wird aus Mäander, die ineinander gehängt werden, vor Ort gefertigt. Diese beiden Ausführungsarten sind in Abb. 1.19 dargestellt. Die Maschenweite beträgt knapp 20 cm. In dieser Form stellt es eine robuste und unscheinbare vertikale Barriere dar, die jeden Durchbruchversuch meldet. Schließlich ist es auch möglich, Übersteigversuche zu detektieren. Zusätzlich werden Ausleger eingesetzt, die beweglich gelagert sind. Bei einer definierten Krafteinwirkung auf den Ausleger wird ein durch die Scherstelle gezogener Sicherheitsdraht gequetscht bzw. abgeschert. Somit entsteht durch Überklettern oder auch durch das Anlehnen einer Leiter ein Alarm. Eine besonders elegante Art ist es, die Zaunpfosten mit einem beweglichen Ausleger, der senkrecht aufgesetzt wird, zu ergänzen. Wird die Scherstelle mit einer Abdeckung kaschiert und außerdem das normale Zaungeflecht bis zur Pfostenspitze hochgezogen, ist diese Sicherungsmaßnahme praktisch nicht erkennbar.

Andere Ausführungen als Stacheldraht, Stachelband oder Stacheldrahtrollen ergänzen das Spektrum.

Ein wichtiges Detail am Rande ist die Störfestigkeit, die der Auswerteeinheit durch technische Maßnahmen verliehen wird. Die durch die bis zu mehreren Kilometer langen Ruhestromschleifen in elektrisch gestörter Umgebung aufgefangenen Störspitzen oder Brummspannungen werden auch bei hohen Pegeln, wie zum Beispiel bei Blitzeinwirkung, durch die ausgefeilten Überspannungsmaßnahmen vollständig unterdrückt.

Dem dritten System schließlich liegt wieder ein anderer Gedanke zugrunde. Oberstes Entwicklungsziel war es, einen Zaun zu schaffen, der praktisch nicht

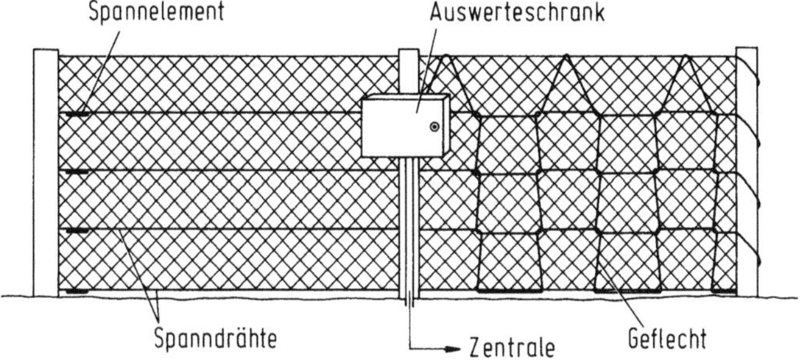

Abb. 1.19. Montagebeispiele für Schleifenmelder

von „normalen" Zäunen zu unterscheiden ist. Dazu wird ein Draht verwendet, der nur aus einem kunststoffummantelten Innenkern besteht. Dieser wird – anders als bei den ersten beiden Systemen – von Wechselstrom durchflossen. Damit sollen die Korrosionserscheinungen an den Verbindungsstellen des Geflechts minimiert werden. Für die Herstellung eines Zaungeflechts werden nämlich die Drähte oben und unten elektrisch verbunden und anschließend in das Isoliermaterial getaucht. Dadurch entstehen über 40 000 Verbindungsstellen pro Zaunkilometer, was sicher kein Vorteil für das System ist. Eine Folge daraus ist sicher die Auswertung. Sie zeigt nicht nur den Unterbruch – das Durchschneiden des Drahtes – an, sondern auch eine „Inspektionsmeldung", die bereits bei einer Widerstandsabweichung von 50 % gegenüber dem Sollwert auftritt. Dadurch werden Erdschlüsse erkannt, bevor sie noch zu einem Alarm führen. Diese Erdschlüsse entstehen durch die gegenüber den beiden anderen Systemen geringere Festigkeit, die sich besonders bei feuchtem Wetter und hohen Temperaturschwankungen negativ auswirkt.

Auf Sabotagesicherheit wurde bei diesem Melder kein Wert gelegt. Da die Systemphilosophie heißt: „nicht von einem normalem Zaun unterscheidbar", ist dies nur konsequent.

Alle drei hier beschriebenen Systeme weisen eine sehr hohe Flexibilität in der Zonenlänge auf. Dies ist durch die Anpassung des auszuwertenden Widerstandsfensters mit Abschlußwiderständen möglich. So können Schleifen selbst mit mehreren Kilometern auf eine einzige Auswertung geschaltet werden. Ein gemeinsames Merkmal ist auch die hohe Unempfindlichkeit gegenüber den Störbeeinflußungen von der Bepflanzung oder von Tieren. So ist es durchaus möglich, einen überwachten Zaun in Hecken zu verstecken oder entsprechend bewachsen zu lassen. Die möglichen Fehlalarmquellen wurden bereits aufgezeigt.

Wichtig ist bei diesen Systemen die Reparaturfreundlichkeit. Entsteht ein Schaden im Zaungeflecht, so soll die Behebung natürlich so einfach und so schnell wie möglich erfolgen. Melder, die den Austausch größerer Zaunflächen erforderlich machen, sind natürlich schlechter zu bewerten als Zäune, die mit einfachen Spleißwerkzeugen zu reparieren sind.

1.4.1.4.3.2 Zugschalter

Ursprünglich wurden mit einer Feder vorgespannte Drähte vor einen Zaun gesetzt und über einen einfachen Zugschalter befestigt. Wird an dem Draht gezogen oder wird er durchschnitten, so löst der Schalter Alarm aus. Das Prinzip wird immer noch angewendet, doch hat sich der Schalter wesentlich geändert. Heute werden die Zugdrähte über elektronische Wegaufnehmer geführt. Diese haben die Aufgabe, Längenveränderungen der Spanndrähte zu erfassen und an eine Auswertung weiterzuleiten. Durch die Möglichkeit, Analogwerte für die Auswertung heranziehen zu können, hat sich die Qualität dieser Systeme sowohl in bezug auf die Detektionssicherheit wie auch im Fehlalarmverhalten wesentlich verbessert.

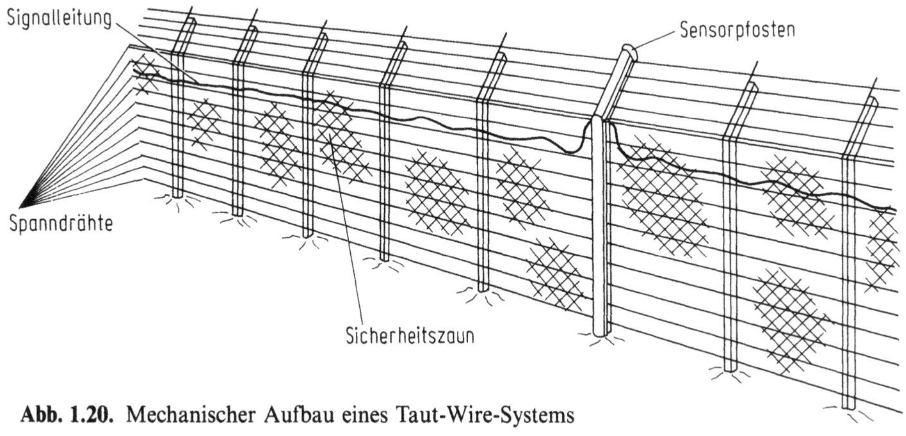

Abb. 1.20. Mechanischer Aufbau eines Taut-Wire-Systems

Der mechanische Aufbau kennt eine zaungebundene und eine freistehende Variante. Der Unterschied ist, daß für das freistehende System eigene Pfosten notwendig sind, während das zaungebundene System die Pfosten eines Zaunes zum Tragen der Sensorelemente verwendet. Die Elemente werden je nach Sicherheitsrisiko in einem Abstand von mindestens zwölf Zentimeter übereinander angeordnet. Diese enge Führung der Spanndrähte ist erforderlich, um Durchstiegversuche sicher detektieren zu können. Ebenfalls aus diesem Grund müssen kurze Pfostenabstände von drei Meter gewählt werden. Diese Pfosten werden als Führungselemente benötigt. Der mechanische Aufbau ist in Abb. 1.20 erkennbar. Die Zonenlängen sollen 60 m nicht überschreiten, damit die Längenänderungen der Spanndrähte durch sehr große Temperaturunterschiede ausgeglichen werden können. Die schwierigen Stellen für den mechanischen Aufbau sind Ecken und Unebenheiten (Steigungen, Gefälle) im Gelände. Diese Stellen erhöhen den Aufwand ganz beträchtlich oder erfordern zusätzliche Erdarbeiten.

Die Überwindungssicherheit der Spanndrahtsensoren hängt zum einen von dem schon erwähnten Spanndrahtabstand ab, zum anderen natürlich von der Höhe der Anordnung; schließlich ist auf eine ausreichende Unterkriechsicherheit zu achten. Um diese herzustellen, sind normalerweise mechanische Maßnahmen, wie Fundamentstreifen oder Plattenwege notwendig. Ein Schwachpunkt ist die Sabotierbarkeit derartiger Systeme durch das Abfangen der Zugkräfte eines Spanndraht mit Hilfe von mechanischen Vorrichtungen und anschließendem gefahrlosen Durchschneiden. Die Hersteller überlegen, die Spanndrähte auf Durchschneiden zu überwachen – zum Beispiel mit Hilfe von Lichtleitern –, doch bisher ist keine ausgereifte Lösung auf dem Markt.

Die Systeme arbeiten mit einer sehr niedrigen Rate unerwünschter Meldungen. Nur größere Tiere und extreme Witterungsverhältnisse verursachen die seltenen Fehlalarme.

1.4.1.4.3.3 Lichtleitersensoren

Obwohl die Entwicklungsfortschritte bei der Lichtleitertechnik in den letzten Jahren gewaltig waren, hat sich dies auf die Sensortechnik nur wenig ausgewirkt. Seit Jahren schon werden zwei Varianten angeboten, die nur unwesentlich verändert wurden. In Aufbau und Wirkungsweise unterscheiden sie sich jedoch. Das eine System kann nur die Unterbrechung des Lichtleiters erkennen, das andere reagiert auch auf Verbiegung. Bei beiden Systemen ist die Lichtleiterfaser in ein biegbares Stahlband eingebettet, das auch als Stachelband und auch kunststoffbeschichtet angeboten wird.

Aus den genannten Trägermaterialien werden Zusatz- oder auch freistehende Zäune errichtet, die bei dem erstgenannten System nur aus vertikal gespannten Stahl- oder Stachelbänder bestehen. Bis zu 32 Lichtleiter werden an eine Auswertung angeschlossen, die codierte Lichtsignale erzeugt, diese einspeist und wieder empfängt sowie Änderungen und Unterbrechungen erkennt. Die Abschnitte können bis zu 200 m lang sein. Für dieses System wird ein „Abscherausleger" angeboten, wie schon im Kapitel Schleifenmelder beschrieben. Sie zerschneiden bei einer bestimmten Belastung den integrierten Lichtleiter und lösen somit Alarm aus.

Das zweite der eingangs erwähnten Systeme wird als kompletter Zaun angeboten. Dazu wird ein plastifiziertes Stahlröhrchen mit innenliegendem Lichtleiter zu einem Maschengeflecht verarbeitet, das an Zaunpfosten befestigt wird. Die Oberkante der Zaunmatten ragt etwa 30 cm über die Pfostenoberkante hinaus, so daß beim Klettern oder beim Anlehnen einer Leiter eine starke Verbiegung der Matten erfolgt. Alle Lichtleiteranschlüsse werden zu einer zentralen Auswertung geführt, die nicht nur Unterbrechungen des codierten Lichtstrahles erkennt, sondern auch Beeinflussungen (Bedämpfungen), wie sie durch Verbiegen des Lichtleiters hervorgerufen werden. Dadurch wird ein sehr unscheinbarer Aufbau mit hoher Detektionssicherheit gekoppelt. Allerdings ist der beschriebene Aufbau sehr aufwendig und damit entsprechend teuer.

Der Vorteil der Lichtleiter ist die Sabotagesicherheit und die hohe Störfestigkeit gegen elektrische und elektromagnetische Beeinflussungen wie Funk, Überspannungen und anderes. Die Detektionssicherheit hängt bei den einfacheren Systemen vom Abstand der Detektionsdrähte, von der Systemhöhe und von den Maßnahmen zur Unterkriechsicherheit ab. Ein weiteres Kriterium ist die Befestigung der Lichtleiter an den Pfosten. Versuche, den Leiter zu lösen, müssen zu dessen Zerstörung führen. Das zweite System ist schwieriger unentdeckt zu überwinden und auch besser getarnt, jedoch ungleich teurer und mit einer höheren unerwünschten Alarmrate verbunden.

Neuerdings wird ein System angeboten, dessen Lichtleiter nur plastifiziert ist und sich kaum von einem normalen Zaun – Spanndraht unterscheidet. Der Draht wird ähnlich wie die beschriebenen Sensorkabel in ein Maschendrahtgeflecht eingezogen und löst bei Erschütterung Alarm aus. Dies wird dadurch bewirkt, daß an einem Ende des Kabels ein optisches Signal eingespeist wird, welches am anderen Ende über einen Empfänger einer Auswertung zugeleitet wird. Diese erkennt Signaländerungen (Bedämpfung, Phasenverschiebung), wie sie durch Intrusionsversuche hervorgerufen werden. Erste Tests sind sehr vielversprechend verlaufen. Das Kabel wird auch als Drucksensor angeboten. In dieser Anwendung reagiert der Detektor auf die Bodenbelastung, die ein Eindringling durch sein Gewicht auf die im Boden liegenden Lichtleiter hervorruft. Erkannt werden vom Empfänger Modulationsänderungen des eingespeisten Signals. Projektierungsdaten und Erkenntnisse liegen dem Verfasser noch nicht vor.

1.4.1.4.3.4 Elektrische Zäune

Als „Relikt" aus der Vergangenheit sollen die elektrischen Zäune nur am Rande kurz beschrieben werden. Diese Technik hatte in der ehemaligen DDR eine große Verbreitung, über 600 km NVA-Gelände waren damit gesichert. Es wurden sechs Drähte über Isolatoren geführt, die an bis zu 20 m auseinanderstehenden Pfosten befestigt waren. Die Drähte waren an einer Hochspannungsquelle angeschlossen und führten bei Berührung zu einem tödlichen Stromschlag. Die größte Wirkung ging von der Abschreckung aus, die eigentliche Detektionssicherheit war nicht sehr hoch einzuschätzen. In den letzten zwei NVA-Jahren wurde mit dem Umbau der Anlagen begonnen. Die Stromstärke wurde wesentlich reduziert, so daß schließlich eine Art „Weidezaun" entstand. Detektiert wurde eine Berührung durch den Stromeinbruch, der durch die Ableitung zur Erde entstand. Heute sind die Systeme weitgehend abgeschaltet, da diese umgebauten Systeme ziemlich wirkungslos waren und der Pflegeaufwand zu hoch wurde.

Erwähnt werden muß noch, daß diese Art der Technik nicht verboten ist, solange ein ausreichender Berührungsschutz durch Einzäunung und Warnschilder gegeben ist.

1.4.1.4.4 Infrarot-Melder

Am weitesten verbreitet sind Infrarotbarrieren. Sie werten Leistungsänderungen eines Infrarotstrahls aus, der von einem Sender zu einem Empfänger gesendet wird. Solche Infrarotschranken werden auch im Innenbereich zur Überwachung von langen Gängen oder von Fensterfronten eingesetzt.

Im Freien werden die Infrarotsender und -empfänger in Säulen eingebaut, die aus einem Aluminium-Druckgußprofil und einer Abdeckung bestehen. Diese enthält Fenster, die mit undurchsichtigen, aber Infrarot durchlässigen Makrolon- oder Acrylglasscheiben abgedeckt sind (Abb. 1.21). Diese Säulen werden je nach baulichen Gegebenheiten und nach Sicherheitsanforderungen in Längen von einem halben bis zu 6 m angeboten. Die Profile werden an Pfosten (Abb. 1.22) oder an Mauern befestigt. Andere Säulen werden auf Betonsockeln aufgebaut. Abhängig vom Sicherheitsrisiko ist auch der Abstand der Strahlen. Im einfachsten Fall werden nur wenige Strahlen – zum Beispiel mit einem Abstand von 1 m und mehr – eingesetzt, in Hochsicherheitsanlagen sind im bodennahen Bereich 25 cm, im Bereich ab 1 m Höhe etwa 50 cm üblich. Die modernen Säulenprofile sind so ausgelegt, daß die Strahlen in einem

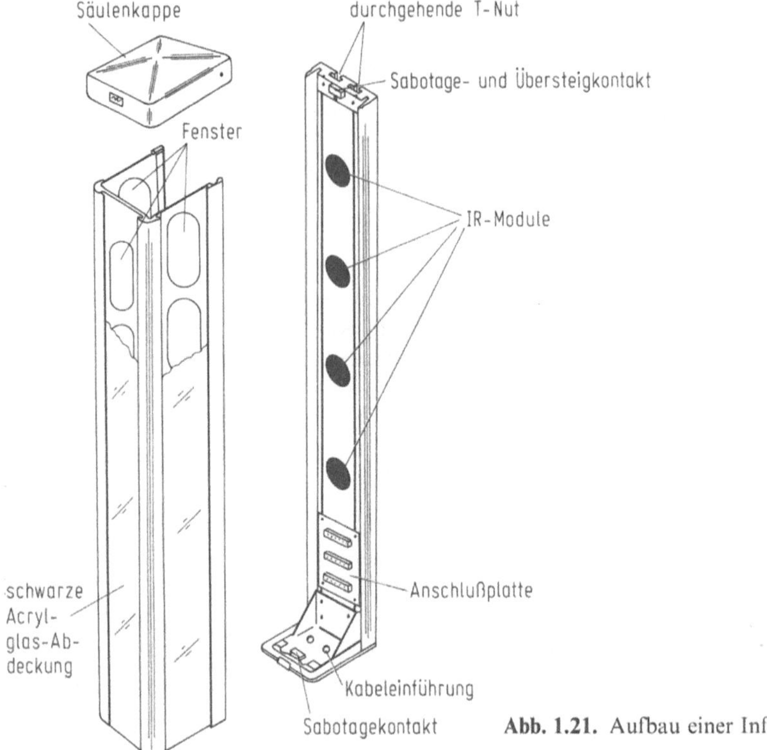

Abb. 1.21. Aufbau einer Infrarotsäule

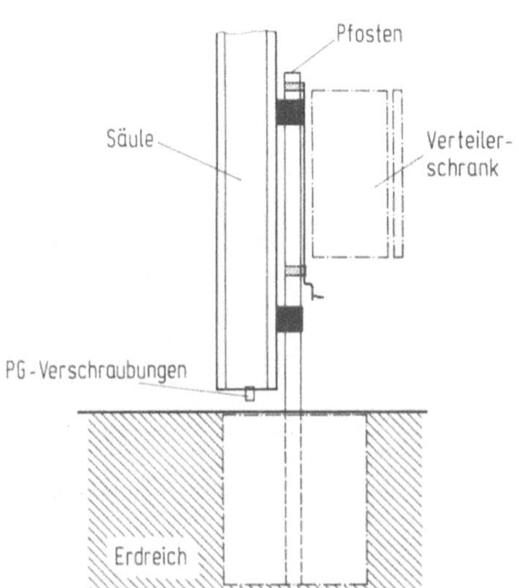

Abb. 1.22. Befestigung einer Infrarotsäule

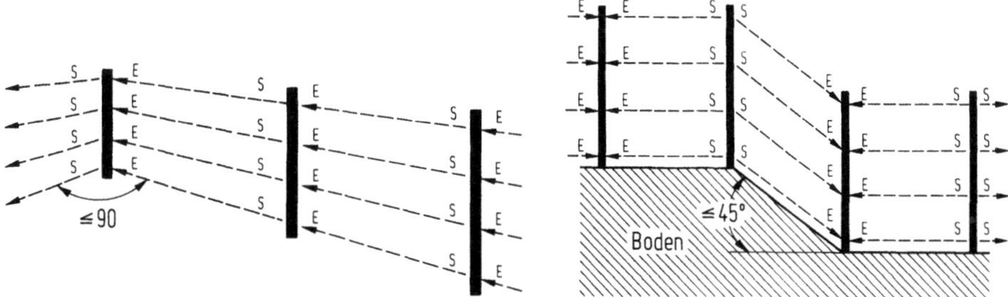

Abb. 1.23. Projektierungsbeispiele für die Anwendung von Infrarotschranken

Bereich von bis zu 200 °C horizontal und bis zu 90 °C vertikal geschwenkt werden können. Geländeneigungen bis 45 °C können so überbrückt werden. Dies ist durch die Beweglichkeit der Optik und durch Ausschnitte, sogenannten „Fenstern", auf drei Seiten der Säulen möglich. Dadurch sind Geländeformationen, wie in Abb. 1.23 dargestellt, einfach zu bewältigen. Da die Profile aus zwei Teilen, der Trägersäule und der Abdeckung mit dem Acrylglas, bestehen, sind Sabotagekontakte zur Sicherung gegen unbefugtes Abnehmen der Abdeckung eingebaut. Auch das Übersteigen wird bei qualitativ guten Systemen durch einen Drucksensor in der Dachabdeckung detektiert.

Die Funktion der Infrarot-Sender und -Empfänger unterscheidet sich praktisch nicht von den Innenraumsensoren. Ein von einer Diode erzeugter gepulster Lichtstrahl trifft nach Fokussierung durch ein optisches System auf einen optoelektrischen Wandler, der ein elektrisches Signal erzeugt. Der Lichtstrahl hat eine Wellenlänge von rund 900 nm und ist somit unsichtbar, da er im Infrarotbereich liegt. Die Abstrahlenergie beträgt einige 10 mW. Die Auswerteelektronik prüft dieses Signal und löst Alarm aus, wenn der Strahl unterbrochen wird. Der heute übliche Durchmesser der Optik ist 45 mm. Größere Linsen mit 90 mm wurden früher angeboten, haben aber an Bedeutung verloren, da die Sender und Empfänger dann aufgrund ihrer Baugröße deutlich sichtbar werden. Die Auswertung des Signals erkennt die Bedämpfung des Strahls und löst erst dann Alarm aus, wenn diese nahe bei 100 % liegt, was einer fast vollständigen Abdeckung der Linse bedeutet. So ist es erklärbar, daß ein Stock, der in einen Infrarotstrahl gehalten wird, oder einzelne Blätter keinen Alarm auslösen. Hier ist auch der Vorteil von größeren Linsen erkennbar; sie bewirken eine bessere Fehlalarmsicherheit, da die Gegenstände zur Abdeckung des Empfängers noch größer sein müssen, um einen Alarm auszulösen.

Um Manipulationsversuche oder auch umweltbedingte Beeinflussungen durch Sonne und Autoscheinwerfer auszufiltern, sind spezielle Meß- und Auswerteverfahren eingebaut. Bei verschiedenen Geräten werden Multiplexverfahren eingesetzt, um die Strahlen vor Fremdbeeinflussung zu sichern, andere synchronisieren Sender und Empfänger über eine Drahtleistung, so daß der vom Sender gepulste Strahl nur vom zugehörigen Empfänger erkannt werden kann.

Ein weiteres Merkmal der im Freien eingesetzten Systeme ist eine „Disqualifikationsschaltung". Diese bewirkt, daß eine Verschmutzung der Scheibe oder auch witterungsbedingte Einflüsse (dichter Regen, Schneefall oder starker Nebel), die eine unerwünschte Meldung zur Folge hätten, sicher erkannt und als „technische Meldung" and die Zentrale weitergeleitet werden. Ausgewertet wird die Bedämpfung des am Empfänger auftreffenden Strahles. Die Disqualifikation bewirkt bei langsamer Bedämpfung ab einer einstellbaren Größe die Auslösung einer „Warnmeldung", bevor noch die Alarmschwelle erreicht wird. Die schnelle Unterbrechung, z. B. durch das Durchlaufen eines Menschen hervorgerufen, bringt dagegen eine Alarmmeldung. Wichtig an diesem Detail ist, daß die Unterscheidung zwischen Alarm und technischer Meldung eine völlig andere Abhandlung einer Meldung in der Zentrale erlaubt. Während die Alarmmeldung eine Zurückstellung unbedingt erfordert, ist die technische Meldung ein Hinweis, daß die Funktionsfähigkeit des Systems nicht mehr gegeben ist. Die Meldung verlöscht selbsttätig, sobald der Meldungsgrund (zum Beispiel Nebel) nicht mehr vorhanden ist. Ein weiteres Hilfsmittel zur Reduzierung von unerwünschten Meldungen sind Heizelemente, die die Betauung oder Vereisung der Optik und der Ein- und Austrittsfenster verhindern.

In diesem Zusammenhang ist auch die Reichweite – also die mögliche Zonenlänge – zu sehen. Die manchmal genannten Werte von 100 m und mehr sind natürlich kein Problem, solange die Wetterverhältnisse sehr gut sind. Bei zunehmender Verschlechterung durch Regen, Schnee und Nebel tritt dann eben schon wesentlich früher der oben beschriebene „Disqualifikationsfall" ein. Untersuchungen haben ergeben, daß bei einem Abstand von 100 m zwischen Sender und Empfänger mit über 100 h Ausfall innerhalb eines Jahres gerechnet werden muß. Ein guter Kompromiß zwischen Verfügbarkeit und Wirtschaftlichkeit ist eine Zonenlänge von 50 m.

Infrarotsysteme stellen die höchsten Anforderungen an die Verkabelung. Für den Anwender ist es deswegen wichtig, den Aufwand zu erkennen. Durch den hohen Stromverbrauch sind unterschiedliche Spannungen für Geräte und Heizungen üblich. Das bedeutet den Einsatz mehrerer Versorgungsleitungen. Auch erfordern die Maßnahmen zur Verbesserung der Sabotagesicherheit, wie Multiplexverfahren oder Synchronisation, eine Verkabelung zwischen Sender- und Empfängersäule. Die große Anzahl an ankommenden und abgehenden Kabeln mit verschiedenen Querschnitten kann praktisch nicht in der Säule abgefangen werden, sondern benötigt eigene Verteilermaßnahmen außerhalb der Säulen. Die Aufnahme großer Leitungsquerschnitte sollte ebenso möglich sein, wie die flexible Gestaltung der Versorgung aus einer gesicherten Gleichspannung oder aus einer Wechselstromquelle.

Die Umgebungsbedingungen für Infrarotsysteme sind schnell umrissen. Das Gelände muß eben sein, Hügel und Senken müssen ausgeglichen werden. Außerdem darf kein Bewuchs die optische Kopplung zwischen Sender und Empfänger stören. Ein Beispiel für eine Infrarotanlage ist in Abb. 1.24 dargestellt. Besonders schwierig beherrschbar ist das Problem „Kleintiere". Einerseits muß der unterste Strahl möglichst tief liegen, um ein Unterkriechen

Abb. 1.24. Aufbau von Infrarotsäulen in einer sterilen Zone, die weißen Streifen im Boden kennzeichnen den Strahlengang (Werkfoto Warning)

detektieren zu können, andererseits sind genau in diesem Bereich die Kleintiere aktiv. Da der Intrarotstrahl nicht erkennen kann, wer ihn unterbricht, sind unerwünschte Meldungen nicht zu vermeiden. Eine Verbesserung ist zwar durch mechanische Maßnahmen (Betonsockel in der optischen Achse) erreichbar, jedoch ist dies aufwendig und deutlich sichtbar. Etwas günstiger sind die Aussichten, Meldungen, die durch Vogelflug entstehen, zu minimieren. Zum einen können „schnelle" Vögel durch eine Alarmverzögerung ausgeblendet werden, zum anderen wird die Unempfindlichkeit durch eine Abhängigkeitsschaltung von zwei Strahlen – d.h., Alarm wird nur ausgelöst, wenn zwei Strahlen zur gleichen Zeit unterbrochen werden – erreicht. Eine weitere Möglichkeit besteht darin, dünne Fäden zwischen den Säulen zu spannen und so den Vogelflug einzuschränken. Diese Maßnahme ist jedoch in der Pflege sehr aufwendig.

Bei der Abnahme von Infrarotsystemen sollte besonderes Augenmerk auf die Unterkriechsicherheit gelegt werden. Dies kann durch Aufstellen von entsprechenden Holzbrettern an kritischen Stellen getestet werden. Das Testen der Alarmverzögerung mittels Durchspringen sollte keine Probleme bereiten. Interessant ist ein Test der Ansprechempfindlichkeit der Qualifikation. Diese wird am Empfänger durch Vorhalten eines Testfilters, der eine definierte Dämpfung bewirkt, festgestellt.

Außer den oben beschriebenen aktiven Infrarotschranken werden auch passive Infrarotgeräte zur Detektion im Freien eingesetzt. Sie spielen allerdings im Gegensatz zur Innenraumsicherung als Perimetersensoren keine große Rolle. Die technische Wirkungsweise wird an anderer Stelle beschrieben, so daß hier nur kurz die speziellen Merkmale bei Einsatz dieser Sensoren im Freien aufgezeigt werden sollen. Zu unterscheiden ist zwischen den heute weit verbreiteten „Lichtschaltern", die überwiegend im Privathausbereich (Terassen, Eingänge, Garagen) eingesetzt werden und einem „echten" Perimeter-Sensor, der zur Überwachung von längeren Zaunstrecken Verwendung findet. Dieses Gerät ist in einer Art Fernrohr eingebaut und beinhaltet eine beheizte Optik sowie mehrere phyroelektrische Differentialsensoren zur Aufnahme der Infrarotstrahlung. Die Auswerteelektronik enthält eine automatische Detektionsschwellenanpassung, die bis zu einer gewissen Grenze Störungen, z. B. Luftturbulenzen, bewegte Pflanzen oder wechselnde Lichteinstreuungen, ausgleicht. Ist jedoch nur wenig Temperaturunterschied zwischen Hintergrund und Zielobjekt vorhanden, nimmt das Detektionsvermögen rapide ab.

Der Wirkbereich des Sensors liegt bei über 100 m und erreicht dann eine Breite von etwa 3 m. In Abb. 1.25 ist der Wirkbereich eines Gerätes mit zwei definierten Überwachungssegmenten dargestellt. Zu beachten ist der tote Winkel unterhalb des Gerätes (8 m bei einer Installationshöhe von 4 m) und die Notwendigkeit, die Reichweite zu begrenzen. Um Überreichweiten zu vermeiden, benötigt der Melder einen definierten Hintergrund. Vielfach werden zwei

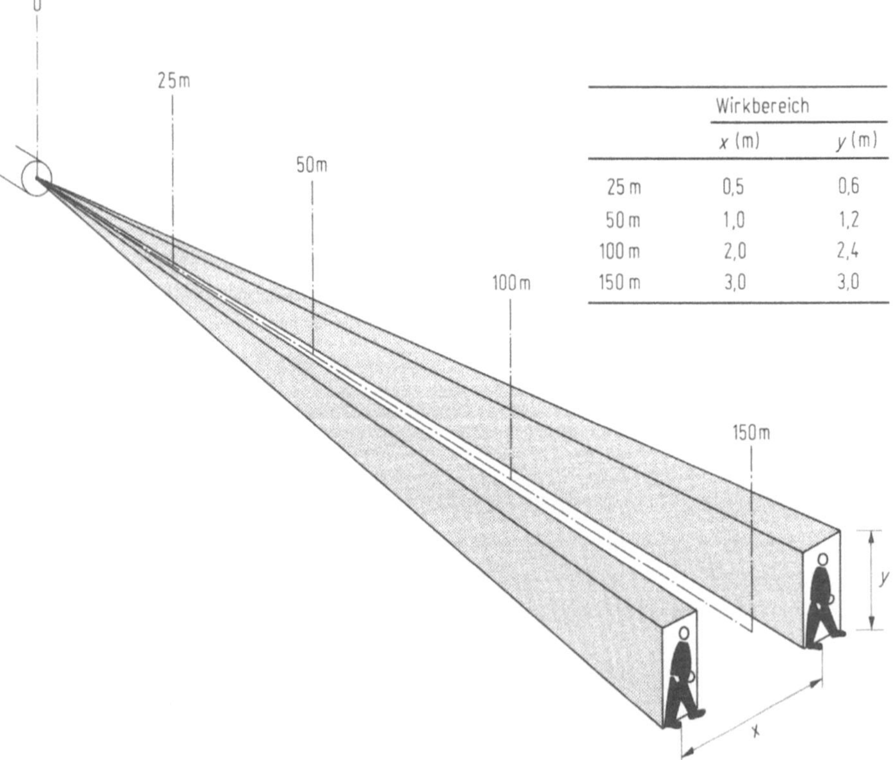

Abb. 1.25. Wirkbereich eines passiv-Infrarot Perimetermelders

Melder gegenläufig aufgebaut und in einer UND-Verknüpfung betrieben, um eine höhere Sicherheit gegenüber Fehlalarme zu erreichen.

1.4.1.4.5 Mikrowellensensoren

Mikrowellensensoren werden in drei Gruppen eingeteilt:
- bistatische Sensoren,
- monostatische Sensoren,
- Geländefolgesensoren.

Bei bistatischen Systemen sind Sender und Empfänger getrennt angeordnet und bilden so eine Mikrowellenschranke.

Monostatische Sensoren benutzen praktisch den gleichen Antennenstandort. Sie arbeiten nach dem Reflexionsprinzip (Radar) und werden überwiegend im Innenbereich eingesetzt.

Geländefolgesensoren verfügen über besondere Antennenkonfigurationen, die bewirken, daß das Strahlungsfeld dem tatsächlichen Geländeverlauf folgt. Sie verwenden allerdings ein Frequenzband, das in Deutschland für diesen Zweck nicht zulässig ist.

Da bei uns nur bistatische Systeme von Bedeutung sind, liegt der Schwerpunkt der folgenden Beschreibung bei dieser Technik.

In Deutschland ist nur der Bereich um 9,35 Gigaherz (GHz) als Betriebsfrequenzen für Mikrowellensensoren freigegeben. Grundvoraussetzung für den Betrieb der Geräte sind deswegen die fernmeldetechnische Zulassung (ZZF-Nummer) und die Genehmigung für den Betriebsort, die separat eingeholt werden müssen.

Bistatische Mikrowellensensoren, auch Mikrowellen-Richtstrecken genannt, bestehen aus einem Sender und einem Empfänger, die sich an den Enden einer Sichtlinie gegenüberstehen. Der Sender erzeugt mit einem FET-Oszillator ein moduliertes Hochfrequenzsignal, das über eine Planarantenne gebündelt abgestrahlt wird. Um mehrere Strecken ohne gegenseitige Beeinflussung in unmittelbarer Umgebung miteinander betreiben zu können, wird das Signal getriggert; der Sender strahlt also alle 1,5 ms ein rund 90 µs langes Signal ab. Diese Aktivierungszeit wird dem Empfänger über Kabel mitgeteilt, so daß er nur während dieser Zeit das ankommende Signal auswertet.

Das vom Empfänger aufgenommene Signal ist die Summe aus der direkt auftretenden und aus der vom Boden und von seitlichen Objekten reflektierten Strahlung. Eine Veränderung dieses Summensignals durch Bewegungen von Objekten im Strahlungsfeld wird ausgewertet. Ein Durchdringversuch eines Menschen bewirkt anfangs infolge zusätzlicher Reflektionen einen ansteigenden Pegel, bei der Bewegung durch die optische Achse durch die Abschattung einen abfallenden und anschließend wieder einen ansteigenden Pegel. Dieser Rhythmus der Feldänderung wird in ein zeitliches Verhältnis gesetzt und führt bei entsprechender Übereinstimmung zu einem Alarm. Dadurch werden unerwünschte, u. a. durch Witterungseinflüsse und Kleintiere hervorgerufene Meldungen weitgehend ausgeschlossen.

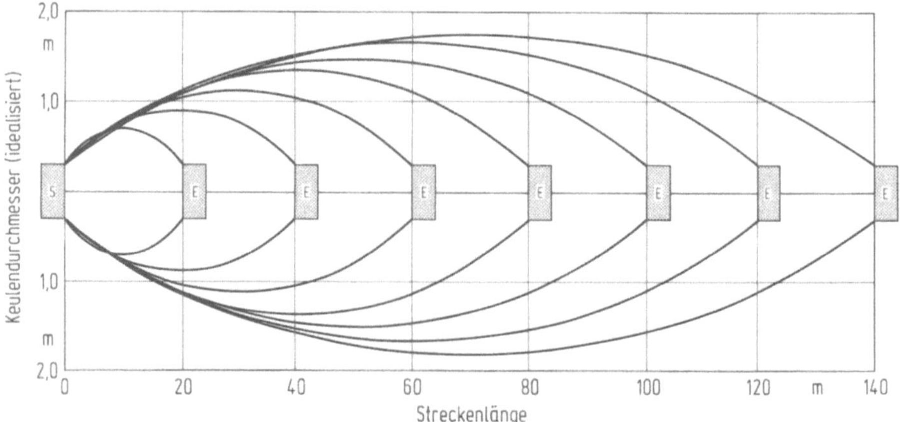

Abb. 1.26. Darstellung der theoretischen Keulendurchmesser in Abhängigkeit von der Streckenlänge eines bistatischen Mikrowellensensors

Aufgrund der Eigenschaften des elektromagnetischen Feldes wird ein bestimmtes Volumen entlang der direkten Sichtlinie erfaßt. Der idealisierte Keulendurchmesser in Abhängigkeit von der Streckenlänge ist in Abb. 1.26 dargestellt. Der größte Querschnitt des Detektionsbereichs liegt in der Mitte zwischen Sender und Empfänger, der geringste ist unmittelbar im Umfeld der beiden Antennen. Dadurch verringert sich der nutzbare Abstand zwischen Sender und Empfänger gegenüber dem geometrischen Abstand, da in der Nähe der Antennen der Erfassungsbereich nicht bis zum Boden reicht und auch Höhe fehlt. Dies erfordert bei der Planung der Strecken äußerst genaues Arbeiten, um die „Totzonen" abdecken zu können. Typische Werte für eine ausreichende Überlappung sind Abb. 1.27 zu entnehmen.

Der theoretische Keulendurchmesser ist berechenbar, jedoch immer Einflüssen – z. B. reflektierenden Zäunen – ausgesetzt. Deswegen soll nur auf typische Werte Bezug genommen werden:
– Keulendurchmesser etwa 3 m Breite und 2 m Höhe in der Mitte der Strecke,
– sinnvolle Streckenlänge 60 bis 100 m,
– Bodendeckung frühestens nach 4 m ab Antenne, das ergibt einen Überlappungbereich von mindestens 8 m!

Größere Detektionshöhen werden durch das Übereinandersetzen von zwei Mikrowellensystemen erreicht. Eine derartige Konfiguration ist in Abb. 1.28 zu sehen. Die Abmessungen des Detektionsbereiches für diese Geräteanordnung kann Abb. 1.29 entnommen werden. Weitere Parameter, die das Detektionsverhalten beeinflussen, sind die Art der Bodenoberfläche (verschiedene Reflexionsfaktoren bei Gras, Schotter oder Asphalt), Unebenheiten des Geländes oder auch Reflexionseigenschaften der Umgebung und Bedämpfung durch Niederschlag.

Die Vielzahl an Parametern macht deutlich, daß Mikrowellenschranken sehr hochwertige Detektionssysteme sind, die aber große Anforderungen an

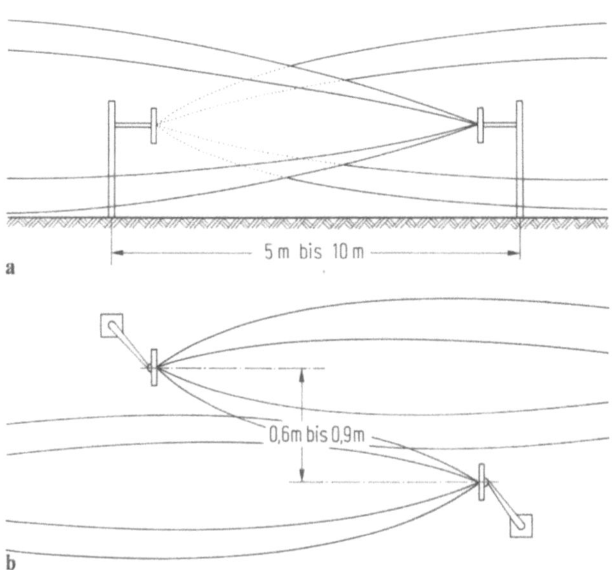

a

b

Abb. 1.27 a, b. Anordnung von Mikrowellensender und -empfänger bei einer Überlappung.
a Seitenansicht; **b** Draufsicht

Abb. 1.28. Die Anordnung von zwei Mikrowellensensoren übereinander vergrößert die
Detektionshöhe und Detektionssicherheit (Werkfoto Hörmann)

die Umgebung (Infrastruktur) stellen. Besonders der Platzbedarf und die
Auffälligkeit („Todesstreifen") sind von Nachteil. Diese Argumente haben
dazu geführt, daß Mikrowellenschranken nur bei idealen Voraussetzungen –
z. B. bei langen, geraden und ebenen Detektionsstrecken – eingesetzt werden.
Der Vorteil ist andererseits eine hohe Detektionswahrscheinlichkeit und eine
gute Überwindungssicherheit.

Besonders ausgeprägt sind die Testmöglichkeiten für Mikrowellensensoren. Dies hängt mit dem Anwenderkreis zusammen, der überwiegend aus dem

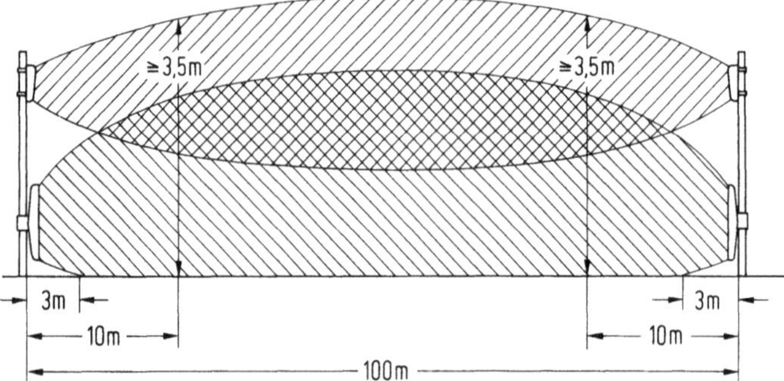

Abb. 1.29. Typische Abmessungen der Detektionsbereiche einer doppelstöckigen Mikrowellenschranke

Hochsicherheitsbereich kommt. So stellen Betreiber von kerntechnischen Anlagen an die Überprüfbarkeit und die Reproduzierbarkeit von Empfindlichkeitseinstellungen besondere Anforderungen, die im Falle der beschriebenen Mikrowellensensoren auch mit vielen theoretischen Untersuchungen unterstützt werden. Wichtigstes Hilfsmittel dafür ist eine metallische oder metallisierte Kugel von ca. 30 cm Durchmesser als Testkörper, die mit unterschiedlichen Geschwindigkeiten durch den überwachten Raum gezogen wird. Die Kugel bildet mit ihrem Reflexionsverhalten einen Menschen nach, hat aber gegenüber diesem den Vorteil, gleichmäßig bewegbar zu sein und außerdem reproduzierbare Ergebnisse zu liefern. Der wirksame Querschnitt eines Menschen in Abhängigkeit von seiner Bewegungsart ist auf Abb. 1.30 dargestellt. Die Durchziehgeschwindigkeit der Kugel ist den Bewegungsmöglichkeiten des Menschen angepaßt. Sie fängt bei etwa 5 cm pro Sekunde (sehr langsam) an und endet bei einigen Metern pro Sekunde (Durchsprinten). Die Kugel sollte vor allem in der Nähe der Antennen mehrfach durchgezogen werden, um den Beginn der Bodendeckung einwandfrei erfassen zu können. Wichtig ist auch, die Keulenhöhe mit diesem Testverfahren festzustellen. Gerade die Unterstellung auch komplizierter Hilfsmittel zur unentdeckten Überwindung, wie knickbare Leitern, erfordern in den kritischen Überschneidungszonen besonders aufmerksame Tests.

Art der Bewegung	Wirksamer Querschnitt (bei ca. 10 GHz)
Aufrechter Gang	$0{,}38-0{,}49$ m^2
Aufrechter Lauf	$0{,}24-0{,}4$ m^2
Gebückter Gang	$0{,}36-0{,}6$ m^2
Kriechen (auf Händen und Füßen)	$0{,}46-0{,}5$ m^2
Robben quer zum Strahl	$0{,}07-0{,}3$ m^2
Robben parallel zum Strahl	$0{,}03-0{,}1$ m^2

Abb. 1.30. Wirksamer Querschnitt eines Menschen in Abhängigkeit von der Bewegungsart

Ein weiteres Testmittel ist ein Metallgitter, das die Abschirmungsmöglichkeiten des Detektionsfeld sichtbar werden läßt. Dieses Gitter sollte eine Abmessung von mindestens 2 m Länge und 1 m Breite haben. Wird das Gitter im Detektionsfeld quer zur optischen Achse langsam aufgerichtet, ohne einen Alarm zu verursachen, so kann die Mikrowellenstrecke aufgrund der Abschirmung direkt entlang des aufgerichteten Gitters überwunden werden. Das heißt, der sich bewegende Körper ruft keine Alarm auslösende Feldänderung hervor. Diese Testmethode zeigt die Schwäche des Systems, nämlich die Überlistungsmöglichkeit mittels besonders langsamer Veränderungen im Detektionsbereich. Hinzuweisen bleibt in diesem Zusammenhang jedoch auf die Tatsache, daß jedes Detektionsmittel überwindbar ist; es ist nur eine Frage der Hilfsmittel und der Zeit, die unterstellt wird.

Vielfältig sind die Möglichkeiten, unerwünschte Meldungen auszulösen. Die häufigsten Ursachen sind Kleintiere, wie Vögel oder Hasen, sehr starker Regen oder Schnee, zu hoher Bewuchs und schlecht gespannte Zäune. Auch bei guter Pflege ist mit mindestens einem Alarm pro Tag und Kilometer (im Schnitt über ein Jahr gerechnet) zu kalkulieren.

Der Anwenderkreis für Mikrowellensensoren ist sehr klein geworden. Der Einsatz beschränkt sich in erster Linie auf Bereiche, die ein ideales Gelände bieten können. Dazu zählen z. B. Justizvollzugsanstalten, die sehr oft lange, gerade Außenmauern bieten. Schon die Annäherung aus einem größeren Abstand soll zu einer Meldung führen. Bei entsprechenden Platzverhältnissen ist die Mikrowellenrichtstrecke das ideale Detektionssystem.

1.4.1.4.6 Kapazitive Sensoren

Die grundlegenden Entwicklungen auf diesem Sektor wurden in den USA geleistet. In den letzten Jahren sind jedoch die entscheidenden Weiterentwicklungen aus Deutschland gekommen. Dies hat zu einer hohen Akzeptanz des deutschen Systems auch durch amerikanische Testinstitute geführt, so daß inzwischen mehrere Atomkraftwerke in den USA mit diesem System gesichert sind. Die folgende Beschreibung stützt sich also im wesentlichen auf das heute modernere System.

Ein Kapazitiver Sensor besteht aus einer Reihe parallel über Isolatoren geführter Drähte und der Auswerteeinheit. Einige Drähte sind an einer Wechselstromquelle mit 10 kHz angeschlossen. Durch die kapazitive Kopplung fließen in allen Drähten Ströme bestimmter Größe und es entsteht ein elektrisches Feld. Werden die Feldlinien beeinflußt, ändern sich auch die Ströme sowohl in den Sende- wie auch in den Empfangsdrähten. Die Stromänderungen werden von der Auswerteeinheit gemessen und digitalisiert. Die Daten werden einem Mikrocomputer zugeleitet, dessen Programme diese Daten nach verschiedenen Kriterien auswerten. Da die verschiedenen Erscheinungen immer zu charakteristischen Stromänderungen führen, kann man von einer Strommusterauswertung sprechen. Dadurch ist erkennbar, ob ein aufsitzender Vogel, Regen oder die Annäherung eines Menschen die Ursache für die Feldänderung ist. Natürlich ist dies stark vereinfacht dargestellt. Im

Detail ist es sehr schwierig, mehrere auf den Drähten umherhüpfende Vögel oder ein vorbeifahrendes Fahrzeug von einem Menschen zu unterscheiden. Wie bei allen computergesteuerten Auswertungen liegt jedoch der Vorteil beim einfachen Einbringen von Programmänderungen, die auf Grund neuer Erkenntnisse durchgeführt werden.

Ein sehr wichtiger Programmteil ist die Regenkompensation. Diese ist für ein gleichmäßiges Detektionsverhalten bei Feuchtigkeitsänderungen der Luft und der damit verbundenen Kopplungsänderungen verantwortlich. Allerdings braucht die Kompensation eine gewisse Anlaufzeit, da im Prinzip eine Absenkung der Alarmschwelle damit verbunden ist. Diese theoretische Reduktion der Empfindlichkeit wirkt sich in der Praxis nicht aus, da das System auch auf einen sich nähernden von Regen durchnäßten Menschen empfindlicher reagieren würde (bessere Ankopplung zur Erde). Andere Komponenten des Auswerteprogrammes sind zum Beispiel für den Ausgleich der Langzeitdrift, für Programmüberwachung („Watch Dog") oder für die Erkennung von Drahtrissen zuständig.

Die Auswerteeinheit ist für zwei Zonen ausgelegt. Sie beinhaltet eine Analog- und eine Digitalplatine sowie Stromversorgung und Überspannungsschutz. Die Verbindung zu den Anschlußisolatoren erfolgt mit Koaxkabel, die möglichst kurz gehalten werden müssen, da sie zusätzliche, beeinflußbare Kapazitäten darstellen. Die Zonenlänge hängt von der Systemvariante und den Längen der Koaxkabel ab und liegt zwischen 60 bis maximal 150 m.

Die wichtigsten mechanischen Komponenten sind die Isolatoren und der Sensordraht. Es wird zwischen Stütz- und Anschlußisolatoren unterschieden. Die Stützisolatoren haben die Aufgabe, den Draht zu führen, während er mit den Anschlußisolatoren abgespannt wird. Sie haben auch die Aufgabe, den einwandfreien Übergang von den Koaxkabeln auf die Sensordrähte herzustellen. Die Haltebügel dieser Isolatoren sind dabei so ausgelegt, daß sie als Feder für die Drahtspannung auch bei unterschiedlichen Temperaturen wirken. Mit Hilfe dieser beweglichen Bügel ist es möglich, den Sensordraht um Ecken zu führen. Die Isolatorkörper mit den Mäandern sind mit einer Edelstahlkappe umhüllt, die mit der Erdung verbunden ist. Dadurch ist selbst bei extremen Umweltbedingungen ein konstanter Isolationswert sichergestellt. Auch der Sensordraht ist aus einer speziellen Legierung gefertigt, die auf eine lange Lebensdauer und hohe Verschleißfestigkeit ausgelegt ist. Im übrigen besteht der Sensordraht aus zwei mit einem Schlag pro Meter verdrallten Drähten.

Die Isolatoren werden mit Bandschellen an Pfosten befestigt, die im Abstand von maximal 6 m aufgestellt sind. Die Isolatoren werden von Pfosten zu Pfosten um ein Grad versetzt, damit durch die Kapillarwirkung des vertwisteten Drahtes die Wassertropfen ablaufen können. Diese würden bei Abfallen durch einen Windstoß oder einen aufsitzenden Vogel die Fehlalarmgefahr beträchtlich erhöhen.

Es ist möglich, als Trägersystem die Pfosten eines Zaunes zu benutzen und die Isolatoren in diesem Fall über Abstandshalter etwa 50 cm vor dem Zaun zu führen. Der Zaun schirmt das Feld ab und verhindert so unbeabsichtigte und ungewollte Alarmauslösungen durch eine Annäherung von der gesicherten

Seite aus. Außerdem erhöht er die Widerstandszeit für einen Eindringling. Zur mechanischen Ausführung gehört außerdem auch ein Außenzaun, um die Empfindlichkeit auch in diese Richtung einzugrenzen und um Kleintiere abzuhalten.

Es gilt unterschiedliche Varianten des mechanischen Aufbaus. Für eine sinnvolle Auswertung werden mindestens vier Drähte benötigt. Damit läßt sich eine Detektionshöhe von etwa 1,6 m erreichen. Dies ist zur Überwachung von Mauerkronen oder in Kombination mit Zaunsensoren als Zaunkronenüberwachung geeignet. Die Vierdraht-Version wird auch als Ausbruchüberwachung angeboten. Das System wird für diese Anwendung waagerecht in einer Höhe von 4 bis 5 m an den Gefängnismauern angebracht. Die Isolatoren sind in Träger eingebaut, deren Befestigung nur mit einem Scherbolzen gesichert ist. Dadurch wird verhindert, daß die Träger als Übersteighilfe Verwendung finden. Die fünfdrähtige Variante ist aufgrund der Detektionshöhe von über 2 m als freistehendes System geeignet. Eine weitere Ausführung arbeitet mit sieben Sensordrähten und erreicht eine Detektionshöhe von über 4 m. Es wird davon eine freistehende und eine zaungebundene Variante angeboten. Montagebeispiele zeigt Abb. 1.31.

Die Qualität des Systems hängt sehr eng mit den Erdungsmaßnahmen zusammen. Alle elektrisch leitenden Teile im Umfeld von etwa 5 m zur Drahtebene müssen an eine Erdungsleitung angeschlossen und miteinander verbunden werden, so daß innerhalb eines Auswertebereichs (zwei Zonen) ein Potentialausgleich besteht. Der Grund ist, daß die Feldlinien eine stabile Bezugserde brauchen, um indifferente Zustände zu vermeiden. Werden Feldlinien durch ungeerdete leitende Teile je nach Feuchtigkeit schwächer oder stärker abgeleitet, so wird das System anfälliger für Falschmeldungen. In diese Erdungsmaßnahmen müssen natürlich auch die Zäune mit einbezogen werden. Aufgrund der günstigeren Voraussetzungen dafür werden verschweißte Stahlgitterzäune empfohlen. Maschendrahtzäune können nur kapazitiv geerdet werden, d. h. durch Einziehen von zusätzlichen geerdeten Spanndrähten.

Wichtig ist auch der Abstand zur Bepflanzung. Ein Abstand von etwa 4 m zu Büschen und Bäumen ist einzuhalten. Steht das Detektionssystem am Boden, so ist auch der Grasbewuchs kurz zu halten. Besser noch sind Waschbetonplatten unter der Drahtebene.

Der beschriebene kapazitive Sensor zeichnet sich durch eine sehr hohe Überwindungs-, und Umgehungssicherheit aus. Wie schon beschrieben, wird das System zur Absicherung im nukleartechnischen Bereich oder in Gefängnissen eingesetzt. Beide Anwender sind in erster Linie an den oben erwähnten Leistungsmerkmalen interessiert. Zu deren Überwachung werden Tests von Gutachtern wie dem TÜV, der Gesellschaft für Reaktorsicherheit oder von Spezialeinheiten der Länder-Innenministerien für Justizvollzugsanstalten durchgeführt. Die Testmethoden sind normalerweise sehr praxisbezogen. Es werden z. B. mit einer 10 m langen, knickbaren Leiter Übersteigversuche durchgeführt (gilt natürlich nur für das sieben-Draht-System); es wird versucht, den untersten Draht mit einer Holzvorrichtung vom Boden wegzuspreizen oder den obersten Draht nach unten zu ziehen, um so die Detektions-

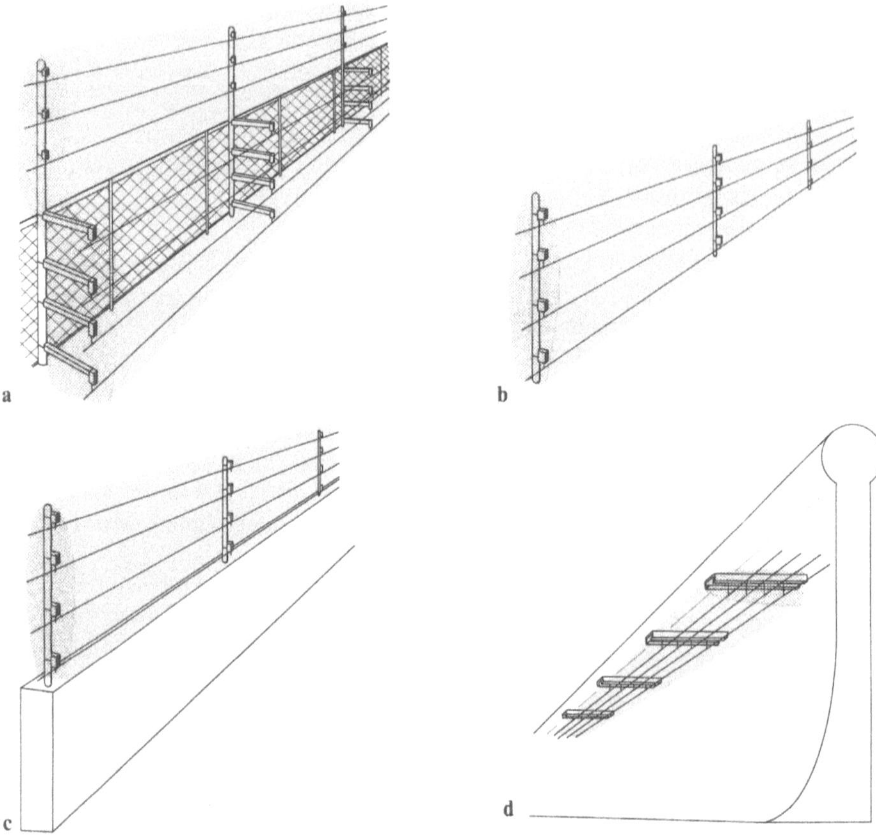

Abb. 1.31 a–d. Montagebeispiele von kapazitiven Sensoren

höhe zu beeinflussen. Eine weitere Testmethode ist das Durchziehen eines leitenden Körpers mit verschiedenen Geschwindigkeiten durch das Detektionsfeld. Mit dieser leicht reproduzierbaren Maßnahme werden die Grenzgeschwindigkeiten erfaßt, die gerade noch zu einem Alarm führen. Der Bereich liegt zwischen 2 cm und 7 m pro Sekunde. Im Unterschied zu Mikrowellen-Systemen hat jedoch das Detektionsvolumen überall den gleichen Querschnitt. Es entfallen daher langwierige Durchziehversuche an mehreren Stellen innerhalb einer Zone. In diesem Zusammenhang ist auch von Vorteil, daß viele Systemdaten in der Auswertung gespeichert werden und von Zeit zu Zeit über einen Hand-Held-Computer ausgelesen werden können. Dadurch sind Abweichungen von den Ursprungswerten, z. B. durch Verschmutzung der Isolatoren, frühzeitig erkennbar. Da bei gleichbleibenden Werten auch gleiche Detektionseigenschaften unterstellt werden können, entfallen bei den in den kerntechnischen Einrichtungen üblichen jährlichen Wiederholungsprüfungen langwierige Testprozeduren. Deshalb sind die Betriebskosten gegenüber Mikrowellen-Anlagen wesentlich günstiger.

Die beschriebenen Tests ergeben eine Detektionswahrscheinlichkeit von über 99 %. Das System gilt in Fachkreisen mit den erwähnten Methoden als nicht überwindbar. Trotzdem auch hier der Hinweis: mit entsprechenden Hilfsmitteln (Autokran) kann auch dieses System überwunden werden.

Natürlich erzeugen auch kapazitive Sensoren unerwünschte Meldungen. Besonders kritisch ist der unterste Bereich, da dieser einerseits die höchste Empfindlichkeit aufweisen muß (Unterkriechsicherheit!), andererseits jedoch durch Kleintiere am stärksten gefährdet ist. Katzen und Karnickel sind programmtechnisch praktisch nicht beherrschbar. Auch plötzlich einsetzender, starker Regen kann nicht kompensiert werden und führt zu einer erhöhten Fehlalarmbereitschaft. Bereits angedeutet wurde die Notwendigkeit einer sorgfältigen Bewuchspflege. Im übrigen ist dies, wie bei anderen Sensoren auch, ein beträchtlicher Faktor bei den laufenden Betriebskosten. Die erreichbare Rate an unerwünschten Meldungen hängt von der eingesetzten Version ab. Sie beginnt bei einer Meldung pro Woche und Kilometer bei der Gefängnisversion und reicht bis zu einer Meldung pro Tag und Kilometer bei der am Boden stehenden sieben-Draht-Version. Wie immer sind diese Werte bezogen auf den Jahresdurchschnitt.

1.4.1.4.7 Leckkabelsensoren

Eine andere Detektionsmöglichkeit auf der Basis von Feldänderungen ist die Nutzung von Leckkabeln. Diese haben den Mikrowellensystemen Marktanteile abgenommen, da sowohl die Infrastrukturaufwendungen wie auch die Sichtbarkeit für die Leckkabel-Systeme sprechen.

Die Basis sind Koaxkabel, deren Abschirmung Schlitze oder Löcher beinhaltet. Dadurch wird über die gesamte Kabellänge hochfrequente Energie abgestrahlt bzw. wieder aufgenommen. Ein Sende- und ein Empfangskabel werden in einem Abstand von einem bis maximal 2 m im Boden bis zu einer Tiefe von 30 cm vergraben. Ausgenutzt wird das aufgrund der festen geometrischen Zuordnung gegebene elektromagnetische Feld zwischen den beiden Kabeln. Wird diese Kopplung durch einen eindringenden Menschen verändert, führt dies zu einer Alarmmeldung. Selbstverständlich bedarf es dazu einer Auswertung der Signale, die sich jeweils am Ende der Kabel befindet. Die physikalische Basis ist die wesentlich andere Dielektrizitätskonstante von menschlichen Körpern gegenüber Luft.

Der Detektionsbereich entspricht etwa einer Ellipse, die quer zu den beiden Kabeln liegt. Abbildung 1.32 zeigt die Ausprägung der Detektionszone. Über die wirksame Breite und Höhe wird noch zu sprechen sein.

Es werden zwei sehr unterschiedliche Systeme angeboten. Das eine System verwendet gepulste Hochfrequenzenergie, das andere arbeitet im „Dauerstrichverfahren". Interessanterweise wurden beide im selben Labor entwickelt. Eine Trennung der beiden „Philosophien" in zwei Firmen über mehrere Jahre führte zuerst zu vielen Prozessen und schließlich zu einem typisch amerikanischen Vergleich: nämlich zur Zusammenführung der beiden Wege in einer jetzt wieder gemeinsamen Firma.

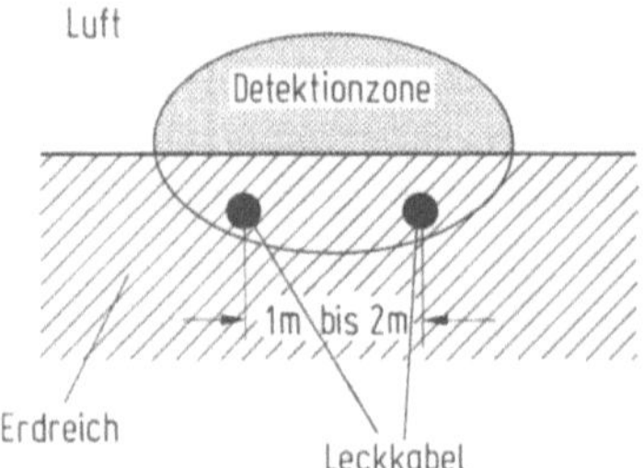

Abb. 1.32. Detektionsbereich eines Leckkabelsystems

Einer der Unterschiede liegt in der Lokalisierungsmöglichkeit von Eindringlingen. Das gepulste System arbeitet wie ein kabelgeführtes Raster und kann deswegen eine ziemlich genaue Lokalisierung anbieten. Wichtiger am Markt ist jedoch eine große Systemflexibilität, die den Einsatz der gleichen Systemkomponenten in völlig unterschiedlichen Anlagenkonfigurationen erlaubt. So hat sich das Dauerstrichsystem durchgesetzt, während das gepulste System so gut wie verschwunden ist.

Die Konzentration auf das Dauerstrichsystem im folgenden versteht sich daher von selbst. Es basiert auf der Philosophie, einer Auswerteeinheit relativ kurze Kabelstücke zuzuordnen und diese Bereiche auf Feldänderungen zu überwachen. Dazu werden folgende Systemkomponenten eingesetzt:
- Leckkabel als Sende- und Empfangskabel. Außerdem dienen sie der Energie- und der Datenübertragung.
- Auswerteeinheiten, die bis zu 200 m lange Kabelstrecken (entspricht Zonenlänge) in jeweils zwei Richtungen überwachen.
- Eine Zentraleinheit zur Steuerung und Versorgung von bis zu sechzehn Auswerteeinheiten. Die maximale Detektionslänge beträgt 4800 m.

Im einzelnen: Die Kabel sind von außen nicht von normalen Koaxkabeln zu unterscheiden. Jedoch ist bei Leckkabeln der unmittelbar innerhalb der äußeren Hülle aus PVC-Material liegende Flechtmantel (die Abschirmung) nicht geschlossen. Diese Umflechtung hat bei normalen Koaxkabeln die Aufgabe, das Signal im Kabel zu halten. Die Öffnungen im Leckkabel bewirken, daß das Hochfrequenzsignal absichtlich nach außen dringen und ein elektrisches Feld entstehen kann. Entsprechend wird im Mittelleiter eines Leckkabels Wechselstrom induziert, wenn es sich in einem elektrischen Feld befindet. Sende- und Empfangskabel sind also gleich gestaltet. Um die Dämpfung einer längeren Kabelstrecke auszugleichen, werden die Öffnungen mit zunehmendem Abstand von der Auswerteeinheit größer.

Das Sende-/Empfangsmodul erzeugt ein Hochfrequenzsignal, das sich entlang des Sendekabels als elektromagnetische Oberflächenwelle ausbreitet. In dieser befindet sich das Empfangskabel, das das induzierte Signal wieder der Auswerteeinheit zuführt. Normalerweise sind zwei Kabelpaare an ein Modul angeschlossen. Jedes Paar bildet eine Zone, die mit einem Abfragetakt von 18 Hz bearbeitet werden. Dadurch werden gegenseitige Beeinflussungen von nebeneinander liegenden Zonen ausgeschlossen. Das Empfangssignal wird verstärkt, gefiltert und mit dem Sendesignal verglichen. Die Filter sind sehr schmalbandig, so daß Störsignale von anderen Sendern eliminiert oder erkannt werden. Ein Eindringling wird erkannt, wenn sowohl die Amplitude wie auch die Phasenlage des Empfangssignal signifikante Unterschiede zum Ruhesignal aufweist. Diese Änderungen werden durch die Leitfähigkeit des menschlichen Körpers hervorgerufen. Signaländerungen durch kleinere Eindringlinge werden unterdrückt, wobei die eingestellte Alarmschwelle die Größe des detektierbaren Körpers bestimmt. Da diese Änderungen im Vergleich zu Umwelterscheinungen schnell eintreten, können entsprechende Filter wirksam zur Bedämpfung von Signaländerungen, wie sie durch Wetterbeeinflussungen entstehen, eingesetzt werden. Hauptsächlich treten diese langsamen Signalverschiebungen durch die Änderung im Feuchtigkeitsgehalt des Bodens auf. Damit diese keine Alarme auslösen, wird die Ansprechschwelle entsprechend angehoben. Es werden verschiedene Modelle von Sende-/Empfangsmodulen angeboten. Es gibt Stand-Alone Einheiten, die nur für die Bearbeitung von zwei Zonen ausgelegt sind und Einheiten, die über ein Synchronisationskabel verbunden werden und so zu größeren Anlagen mit bis zu vier Modulen (acht Zonen) ausgebaut werden können. Die Alarme werden über Kontakte an den Auswerteeinheiten abgegriffen und zur Zentrale übertragen. Die dritte Variante benutzt die Leckkabel zur Übertragung der Meldungen. Dazu enthält das Auswertemodul einen Zusatz, der die Datenverbindung mit einer speziellen Zentrale herstellt. Bis zu 16 Einheiten (32 Zonen) können so über die Leckkabel zu einer Anlage zusammengefügt werden. Zur Datenübertragung wird eine Trägerfrequenz von 153 kHz verwendet. Dieser werden die Adressen und die Meldungen der einzelnen Auswerteeinheiten aufgetriggert. Die Zentraleinheit ruft diese Daten in einem Zyklus ab, der eine zweimalige Übertragung der Informationen pro Sekunde sicherstellt. Es werden dazu sowohl Empfangs- wie auch Sendekabel verwendet, so daß eine Redundanz erreicht wird. Die Versorgung der Auswerteeinheiten wird ebenfalls über die Leckkabel sichergestellt. Dazu wird ein mit 18 Hz getaktetes 60 V-Signal verwendet, das in der Auswerteeinheit zu den benötigten Gleichspannungen umgewandelt wird. Der Wandler arbeitet auch noch mit 30 V, so daß der Spannungsabfall entlang der bis zu 5 km langen Detektionstrasse kein Problem ist. Tiefpaßfilter an den Kabelübergängen zwischen zwei benachbarten Zonen verhindern, daß die Datenverbindung (153 kHz) oder die Erkennungsfrequenz (40,6 MHz) gestört wird. Eine solche Systemkonfiguration zeigt Abb. 1.33. CM bedeutet Zentraleinheit, TM Auswerteeinheit. Zwischen den Auswerteeinheiten befinden sich die Filter.

Das Übertragungs- und Versorgungssystem wird noch weiter genutzt. Über Erweiterungsbausteine in den Auswerteeinheiten ist es möglich, auch systemfremde Detektoren zu betreiben. Dazu stehen acht Eingänge zur Aufnahme von Meldungen zur Verfügung und eine geregelte Gleichspannung von 12 V mit maximal 100 mA zur Speisung. Dadurch ist es z. B. möglich, parallel zum Leckkabelsystem ein Zaunmeldesystem zu betreiben, ohne zusätzliche Kabel verlegen zu müssen.

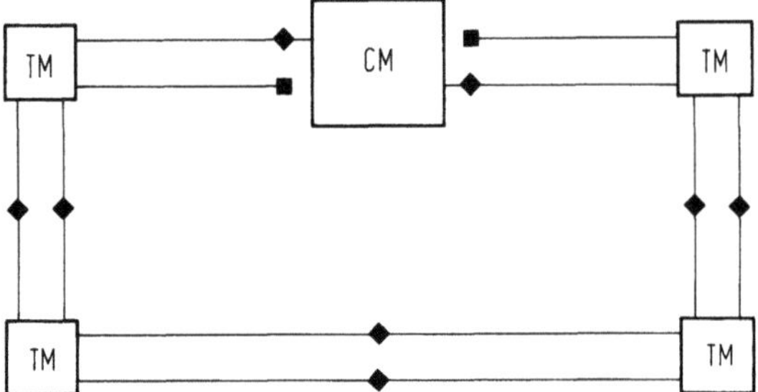

Abb. 1.33. Systemkonfiguration eines Leckkabelsystems

Für die Steuerung des Datenverkehrs und die Versorgung der Auswertemo-
dule wird eine Zentraleinheit eingesetzt. Sie wird über zwei geschlossene – also
„normale" – Koaxkabel mit dem Anfang der ersten Zone verbunden. Ein
Netzteil stellt die getaktete 60 V-Rechteckspannung zur Verfügung, die redun-
dant über die beiden Kabel eingespeist werden. Der Steuerungsteil ermöglicht
den Empfang der Alarm- und Störungsmeldungen aus den Auswertemodulen
und leitet diese weiter an die Anzeige- und Bedieneinheit. Außerdem können
die Meldungen über Relais oder auch über eine Datenschnittstelle an ein
übergeordnetes System weitergeleitet werden. Über die Datenübertragung
werden jedoch auch weitere Informationen aus den Auswertemodulen an die
Steuereinheit gemeldet, die dazu dienen, den Systemzustand zu überwachen.
Dazu zählen Schwellwerteinstellungen, Ruhesignale sowie Zählwerte bei
Schwellwertüberschreitungen. Die Übertragungstechnik ist ebenfalls redun-
dant ausgelegt, so daß es auch nach einer Unterbrechung eines der beiden
Kabel funktionsfähig bleibt. Nur die betroffene Zone ist in diesem Fall außer
Betrieb.
    Zur Überprüfung der Funktionsfähigkeit kann ein Testalarm ausgelöst
werden. Dazu wird in unmittelbarer Nähe des Auswertemoduls ein Kabel
zwischen den Sende- und Empfangskabeln installiert. Dieses sendet, ausgelöst
durch die Steuereinheit, eine Störfrequenz. Der dadurch ausgelöste Alarm wird
in der Zentrale angezeigt.
    Der Anwenderkreis von Leckkabelsystemen ist sehr breit. Besonders
Bereiche, die keine sichtbaren Mittel vertragen, sind prädestiniert für diese Art
von Detektion. Dies sind z. B. Repräsentationsbauten, Rechenzentren, Mini-
sterien o. ä. Durch die flexible Verlegungsart kann die Detektionstrasse sehr gut
den Gegebenheiten angepaßt werden. Selbst eine Bepflanzung mit Boden-
deckern ist möglich.
    Grundsätzlich ist auch eine Verlegung in Asphalt oder Beton möglich.
Dabei ist eine Straßenüberquerung von einigen Metern innerhalb einer Zone
möglich, während längere Strecken in Asphalt oder Beton eine eigene Zone
erfordern. Dies ist auch bei anderen Änderungen der Bodenverhältnisse
notwendig, damit keine ungleichmäßigen Detektionseigenschaften durch die
unterschiedliche Ankopplung der Oberflächenwelle innerhalb einer Zone
auftreten. Des weiteren ist beim Verlegen der Kabel der zulässige Biegeradius

und der Abstand zu Zäunen und anderen metallischen Gegenständen sowie zu fließendem Wasser zu beachten.

Für das Feststellen der gleichmäßigen Empfindlichkeit wird ein Gehtest entlang der Trasse zwischen den beiden Kabeln durchgeführt. Die Beeinflussung wird auf einem Schreiber festgehalten. Durch Höher- oder Tieferlegen der Leckkabel können kleinere Unterschiede in der Empfindlichkeit innerhalb einer Zone ausgeglichen werden.

Während für Mikrowellensysteme viele Möglichkeiten zum Testen der Detektionssicherheit bekannt sind und auch sinnvoll angewendet werden können, sollten Leckkabelsysteme nur mit „praxisnahen" Methoden getestet werden. Das sind Durchlaufen, Durchrobben durch oder auch Springversuche über das Detektionsfeld. Dabei ist zu beachten, daß die genaue Trasse einem Eindringling nicht bekannt ist. Entscheidend für die richtige Einschätzung des Systems ist die Fallenwirkung. Geht sie verloren, so ist es mit einfachen Hilfsmitteln überwindbar. Natürlich kann auch die Höhe und Breite der Detektionselipse ausgetestet werden, jedoch ist dies für das Detektionsverhalten in der Praxis nicht relevant. Werden die Durchdringtests nach dem beschriebenen Verfahren durchgeführt, dann ist eine Detektionswahrscheinlichkeit von über 98 % zu erwarten.

Die Rate an unerwünschten Meldungen ist bei Einhalten der Installationshinweise sehr günstig. Beeinflußt wird sie durch eine größere Anzahl von Kleintieren in einer Zone oder durch fließendes Wasser nach starken Regengüssen. Auch sehr schnelle Änderungen der Bodenfeuchtigkeit können zu Fehlalarmen führen. Im Extremfall ist in solchen Fällen der Austausch der entsprechenden Bodenschicht notwendig. Bei guten Voraussetzungen lassen sich unerwünschte Meldungen auf eine pro Woche und Kilometer reduzieren.

1.4.1.4.8 Druck-Bodensensoren

Ähnlich wie die Leckkabel-Bodensensoren liegt der Vorteil dieser Sensor-Technologie in der Unsichtbarkeit. Allerdings ist der empfindliche Bereich keine Ellipse sondern eine Fläche.

Im Prinzip wird eine Schlauchschleife mit einer nicht frierenden Flüssigkeit (mit Glykol) gefüllt, die unter Überdruck steht. Am Umkehrpunkt der Schleife befindet sich ein Druckausgleichsventil, das einen konstanten, in beiden Schleifenzweigen gleichen Druck von etwa 2 atü garantiert. Auf der anderen Seite sind die beiden Schläuche an eine Auswerteeinheit angeschlossen, die bei ungleichmäßigem Druck auf die Schlauchhälften Alarm auslöst. Diese Differenzmessung erfolgt über eine Membrane, die den mechanischen Druck in ein elektrisches Signal umwandelt. Dieses Signal wird über ein Kabel der Auswertezentrale zugeführt und dort nach verschiedenen Kriterien bewertet. Eine Gleichtaktunterdrückung kann bis zu einem gewissen Grad gleichförmige Schwingungen im Boden, hervorgerufen durch Straßen- oder Eisenbahnverkehr, ausblenden. Die Meldungen werden über ein Bedienfeld oder über eine Kontaktschnittstelle ausgegeben.

An eine Sensoreinheit können zwei Schlauchringe angeschlossen werden. Diese werden als zwei Zonen (nach links und nach rechts verlegt) ausgewertet oder in Abhängigkeit (beide Schlauchringe liegen in der gleichen Richtung) mit einer UND-Schaltung verknüpft. Eine Zone kann bis zu 200 m lang sein. Die Zonenenden müssen überlappt werden. Die Schläuche werden in einer Tiefe von etwa 30 cm und in einem seitlichen Abstand von 1–1,5 m bei einfacher Verlegung vergraben. Dies ergibt eine Detektionsbreite von 4–5 m, die jedoch stark von den Bodenverhältnissen abhängt und mit diesen schwankt. Es kann notwendig sein, den Boden bei Trockenheit zu befeuchten. Das System kann auch in Asphalt verlegt werden.

Grundsätzlich ist jedoch ein inhomogener Boden der Schwachpunkt des Systems. Er führt zu unterschiedlicher Bedämpfung des Schrittschalls und deshalb zu Un- oder Überempfindlichkeiten. Natürlich führt auch ein streng gefrorener Boden in Kombination mit einer Schneeauflage zu Unempfindlichkeit bis zu völliger Taubheit des Systems.

Bei der Installation ist u.a. auf den Biegeradius der Schläuche, auf genügend Abstand von Zäunen, Abspannungen, Masten, Bäumen und ähnlichen bewegten Gegenständen oder auf mögliche Bodenerosionen zu achten. Im übrigen ist das System erst einige Wochen nach Fertigstellung der Bodenarbeiten betriebsfähig, da sich der Boden zuerst verfestigen muß.

Aus den oben erwähnten Einbaukriterien sind auch schon die Umstände, die zu unerwünschten Meldungen führen, erkennbar. Ideal ist der Einbau des Systems in ein 5 m breites Kiesbett. Damit sind allerdings erhebliche Kosten verbunden und der eigentliche Vorteil – die Unsichtbarkeit – geht weitgehend verloren. Deswegen werden Druckschlauchsysteme häufig in Kombination mit anderen Detektionssystemen als Unterkriechsicherung verwendet. Andere Anwendungsmöglichkeiten sind Bereiche mit sehr starken elektrischen Feldern oder Bereiche, die keine „strahlenden" Systeme vertragen, z. B. militärische Horchposten.

Außer dem beschriebenen System wird ein weiteres Schlauchsystem angeboten, das an Stelle der Schlauchschleifen Druckmatten verwendet. Jede Matte besteht aus einem mäanderförmig zwischen zwei Kunststoffplatten eingeschlossenen Schlauch, der mit Luft gefüllt ist und unter Überdruck steht. Die Standardgröße der Platten beträgt 3 m × 50 cm. Ein Druckdifferenzialwandler vergleicht den Druck zwischen zwei Matten oder einer Matte und dem Systemdruck. Im Gleichgewichtszustand wird ein elektrischer Kontakt über einem Kolben geschlossen gehalten. Eine plötzliche Druckänderung bewirkt die Verschiebung des Kolbens und damit die Öffnung des Kontakts. Für den Ausgleich von langsamen Änderungen wird ein Bypass-Schlauch verwendet. Zur Druckluftversorgung wird eine Membranpumpe eingesetzt, die bis zu 300 Matten versorgt. Die Verbindungen zwischen den Matten und dem Druckdifferenzialwandler wird mit Kunststoffschläuchen hergestellt. Die Systemkonfiguration einer Druckmattenanlage ist in Abb. 1.34 dargestellt.

Die Matten können mit Erde, Sand, Kies oder Gehwegplatten abgedeckt werden. Der entscheidende Unterschied zum Druckschlauchsystem liegt darin, daß das Mattensystem nur auf vertikalen Druck reagiert. Eine Matte muß also

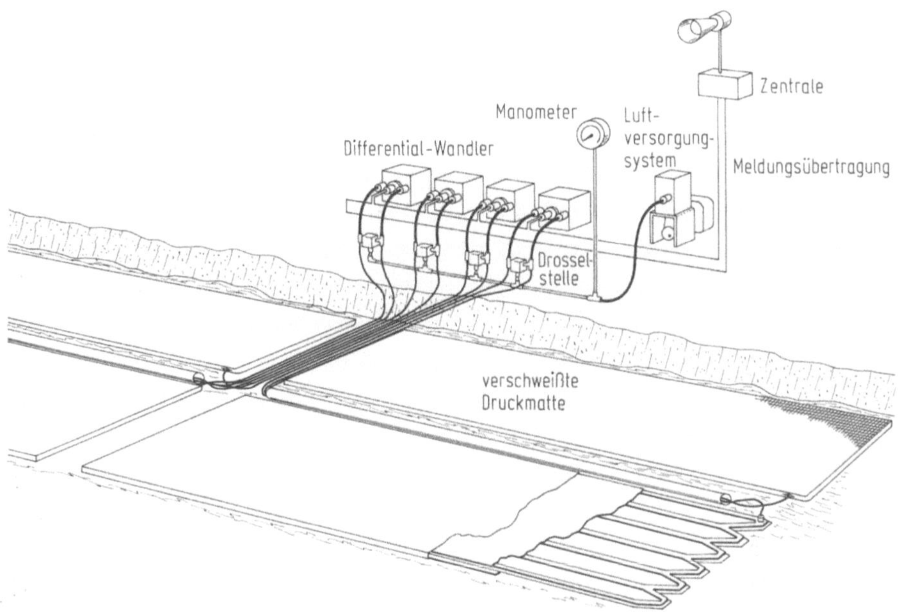

Abb. 1.34. Systemkonfiguration einer Druckmattenanlage

mit entsprechendem Gewicht belastet werden, um Alarm auslösen zu können. Dadurch ist entweder die Detektionsbreite wesentlich kleiner oder die Kosten sind durch das parallele Verlegen mehrerer Matten wesentlich höher. Andererseits sind die Beeinflussungen durch unterschiedliche Bodenbeschaffenheiten nicht relevant.

Das beschriebene Druckluftprinzip wird in sehr verschiedenen Varianten angeboten. Neben der eigentlichen Perimeterüberwachung im Boden gibt es folgende Ausführungen:

- zur Detektion von Anlehnen einer Leiter an Dach oder Mauerkanten wird ein Druckschlauch hinter einer beweglichen Blechabdeckung installiert, diese Möglichkeit ist aus Abb. 1.35 zu erkennen;
- zwischen zwei Fensterscheiben wird ein Überdruck aufgebaut und überwacht, bei Durchbruchversuchen wird Alarm ausgelöst;
- zur Überwachung von Ausbruchversuchen aus Justizvollzugsanstalten werden die Fenstergitter mit Druckluft gefüllt und überwacht.

Diese Flexibilität und eine solide Verarbeitung haben dazu geführt, daß dieses Drucksystem gerne zur Ergänzung an Stellen eingesetzt wird, die mit anderen Sensoren nur schwer abgedeckt werden können; siehe dazu Abb. 1.36, die folgende Möglichkeiten aufzeigt:

1. Lichtschacht-Gitterroste,
2. Fenster und Lichtkuppeln,
3. Sensormatten,

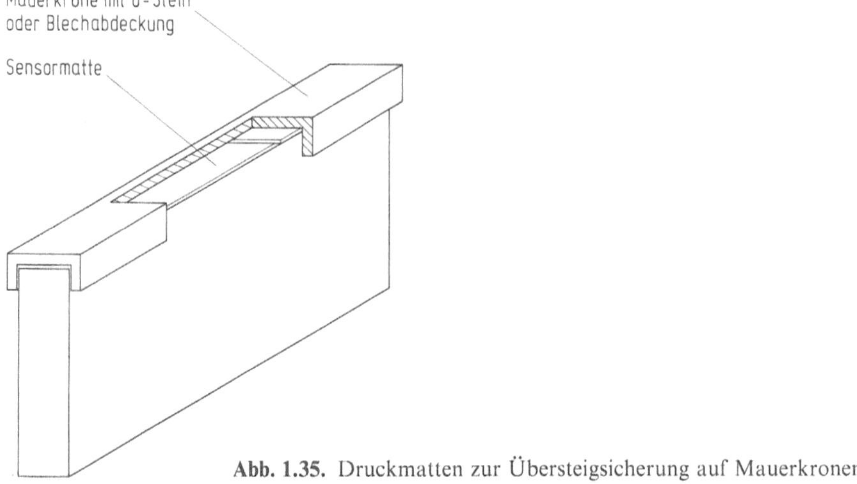

Abb. 1.35. Druckmatten zur Übersteigsicherung auf Mauerkronen

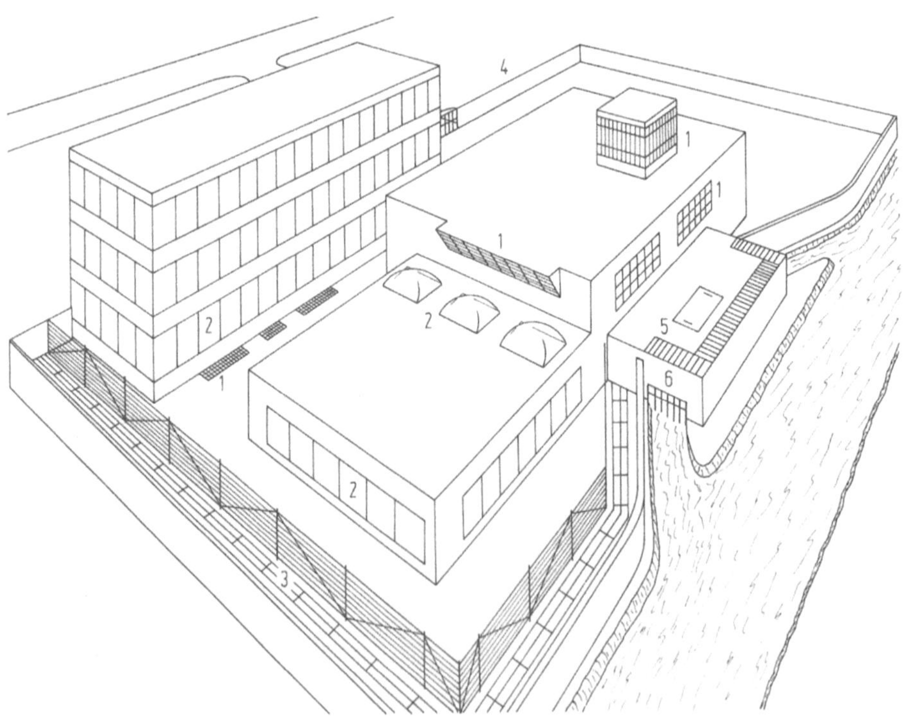

Abb. 1.36. Sicherungsmöglichkeiten mit pneumatischen Drucksystemen

4. Mauerkronen,
5. Flachdachüberwachung,
6. Gitterüberwachung im Wasserein- und Auslauf.

1.4.1.4.9 Andere Bodensensoren

In diesem Abschnitt sind magnetische und seismische Sensoren zusammengefaßt. Sie spielen am Markt keine Rolle und sollen nur kurz erwähnt werden.

Magnetische Bodensensoren nehmen Störungen des Erdmagnetfeldes durch die Bewegung von ferromagnetischen Gegenständen auf. Dazu wird eine Leiterschleife im Erdboden parallel zur Oberfläche verlegt und an eine Auswertung angeschlossen. Bei dem Versuch, den Schleifenbereich mit Waffen oder Werkzeug zu überwinden, löst das in der Schleife induzierte Signal über die Auswertung Alarm aus. Die Schwierigkeit besteht darin, einen geeigneten Platz für die Installation eines derartigen Systems in Mitteleuropa zu finden. Es sind nämlich erhebliche Abstände zu stromführenden Leitungen, metallischen Leitern, z. B. Wasserleitungsrohren, Telefonleitungen und anderen sich bewegenden ferromagnetischen Gegenständen einzuhalten.

Zur Detektion von seismischen Wellen werden piezoelektrische oder elektrodynamische Aufnehmer (Geophone) eingesetzt. Der piezoelektrische Effekt wird bei verschiedenen Kristallen durch die definierte Verformung an bestimmten Flächen erzeugt. Werden diese Kristallelemente im Abstand von jeweils einem Meter zu einer Kette verschaltet, so können sie zur Aufnahme von Trittschall verwendet werden.

Elektrodynamische Aufnehmer nutzen die Bewegung zwischen einer Spule und einem Permanentmagneten zur Erzeugung einer elektrischen Spannung. Die Bewegungen werden durch Eindringversuche ausgelöst, die seismische Wellen verursachen. Die Melder werden in bis zu 100 m langen Ketten zusammengeschaltet. Es sind Ausführungen für die Installation in Böden oder an Zäunen bekannt. Eine hohe unerwünschte Meldungsrate hat dazu geführt, daß diese Art von Detektor heute fast nicht mehr angeboten wird.

1.4.1.4.10 Portable Sensoren

Im folgenden werden einige Sensoren beschrieben, die spezielle, eng begrenzte Aufgaben erfüllen.

Für die Überwachung von Objekten, die im Freien abgestellt sind, werden gepulste Radar-Dopplersysteme angeboten, die im Bereich von 13,45 GHz arbeiten. Diese nur etwa 10 kg schweren Geräte legen eine unsichtbare, kreisförmige Alarmzone um die zu schützende Einheit. Der Entfernungsbereich vom Sensor aus kann in Schritten von 6 m zwischen 8 und 70 m eingestellt werden. Die Höhe der Alarmzone ergibt sich aus dem Antennenöffnungswinkel von $7°$ und der eingestellten Entfernung. Mit zunehmender Entfernung wird somit die Detektionshöhe größer, bei 20 m ergibt sich eine Höhe von knapp 3 m. In Abb. 1.37 sind diese Zusammenhänge erkennbar. Die Entfer-

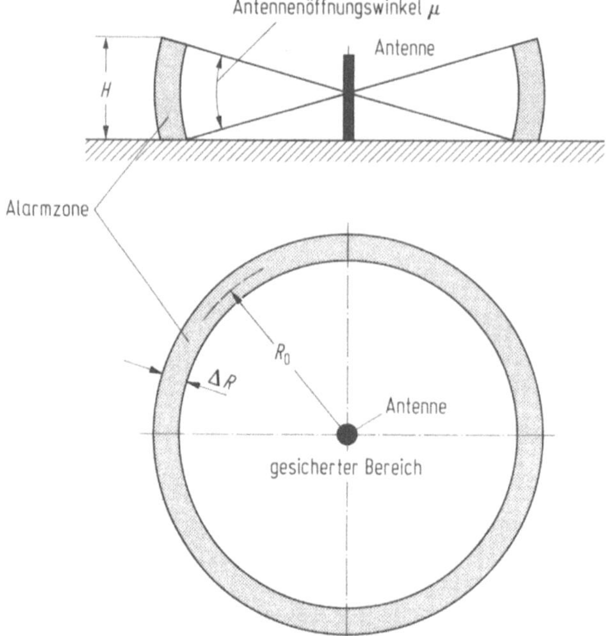

Abb. 1.37. Ausprägung der Alarmzone bei portablen Radar-Dopplersystemen

nung und die Empfindlichkeit werden mit einem einfachen Programmiergerät eingestellt.

Ein Alarm wird erzeugt, wenn sich in der Alarmzone ein Erfassungsziel in radialer Richtung bewegt. Dadurch werden schwankende Gegenstände, z. B. Äste, weitgehend ausgeschlossen. Die Alarme werden über einen Kontakt, der z. B. eine Sirene ansteuert, abgegeben.

Ein typischer Anwendungsfall ist die Überwachung von abgestellten Flugzeugen. In Abb. 1.38 ist ein Radar-Objektschutzsensor erkennbar, der gerade programmiert wird. Gut sichtbar sind die Größenverhältnisse. Abzuleiten ist daraus, daß dieser Sensor sehr unscheinbar wirkt.

Ein anderes System für die temporäre Überwachung von beweglichen Objekten kommt von dem kanadischen Hersteller, der auch die Leckkabelsysteme erzeugt. Gegenüber dem vorher beschriebenen Radar-Melder hat dieses Hochfrequenz-Sensorkabel den Vorteil, auch im unebenen Gelände arbeiten zu können. Das System ist so ausgelegt, daß es sehr einfach transportiert werden kann. Die Auswerteeinheit ist in einer Tragetasche eingebettet, die auch die beiden Kabel für eine 100 m lange Detektionszone auf einer Kabelrolle enthält. In einer Segeltuchtasche befinden sich die restlichen mechanischen Teile, wie Hammer, Kunststoffstangen, Kabelführungen und Abspannungen. Beide Taschen wiegen zusammen etwa 20 kg. Die Stangen werden in Abständen von bis zu 10 m in den Boden geschlagen. Oben und unten werden die beiden Kabel

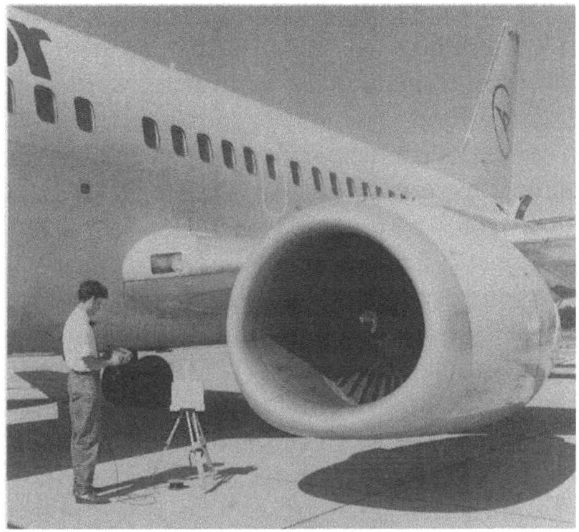

Abb. 1.38. Ein portables Radar-Dopplersystem wird für die Überwachung eines Flugzeuges programmiert

geführt und am Anfang und Ende der Detektionsstrecke gespannt. Das obere Kabel wird an einem Ende mit einem Hochfrequenzsender verbunden, das andere Ende ist an die Auswertung angeschlossen. Über das Kabel läuft eine Oberflächenwelle, die ein Feld bildet. Das untere Kabel bildet eine Phantomerde, die das Kabel gegen die Erde abschirmt. Detektiert werden Bewegungen in einem Umkreis von etwa 1 m um das Sensorkabel. Der mechanische Aufbau und der Detektionsbereich sind aus Abb. 1.39 erkennbar. Die Detektionseigen-

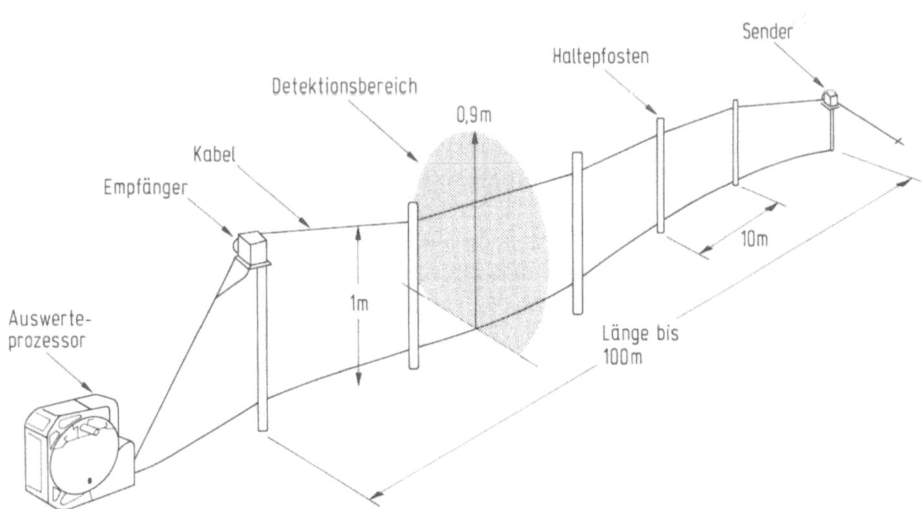

Abb. 1.39. Komponenten eines portablen Feld-Systems

schaften wie Objektgröße und -geschwindigkeit werden beeinflußt von der in der Auswertung einstellbaren Empfindlichkeit. Ein Alarm wird über einen Kontakt ausgegeben und kann entsprechend weiterverarbeitet werden. Die Auswerteeinheit und der Sender werden aus Batterien gespeist, die eine Betriebsdauer von etwa einem Monat sicherstellen. Der Aufbau eines Systems mit 100 m Detektionslänge dauert etwa eine Stunde. Damit ist es für die Absicherung von temporär abgestellten Fahrzeugen oder Geräten, z. B. bei Gefechtsübungen, besonders geeignet. Für den Einsatz in Deutschland ist zu beachten, daß die bei diesem System verwendete Frequenz von 40,6 MHz für Fernsteuerungen und Walkie-Talkies freigegeben ist und dadurch mit einer erhöhten unerwünschten Meldungsrate zu rechnen ist.

Ein völlig neuer Weg zur Detektion von Freigeländeflächen, Flachdachbereiche oder Gebäudefassaden wird mit einem Laserscanner beschritten. Ein Anwendungsbeispiel zeigt Abb. 1.40. Im Prinzip ist der Sensor ein Abstandsmeßgerät, dessen rotierender Kopf die Umgebung zweidimensional abtastet. Dazu strahlt das Gerät einen unsichtbaren und ungefährlichen Laserlichtfächer ab, der von Flächen oder Gegenständen reflektiert und vom Empfänger wieder aufgenommen wird. Durch das Initialisierungsprogramm werden die Entfernungssollwerte bei der Inbetriebnahme eingelesen und während der Überwachung mit den gemessenen Werten verglichen. Ein Optimierungsprogramm läßt Bewegungstoleranzen bei beweglichem Hintergrund, z. B. Büsche, zu. Auftretende Differenzen zum Sollwert werden durch einen Rechner analysiert. Bewegungen im überwachten Bereich außerhalb der programmierten Toleranzen werden als Alarm erkannt und zur Anzeige gebracht. Die Darstellung kann aufgrund der Winkel- und Entfernungsmessung auf einem Bildschirm maßstabgetreu dargestellt werden. Der Weg des Zielobjektes kann so verfolgt werden.

Die Aktionsweite des Systems liegt bei maximal 100 m und nimmt – ähnlich wie bei Infrarotlichtschranken – mit schlechten Wetterverhältnissen ab. Der Abtastwinkel beträgt 276°, wobei die Überwachungsebenen zwischen 0 und 90° – also von horizontal bis vertikal – eingestellt werden können. Der Abtastwinkel kann übrigens in bis zu 99 Sektoren eingeteilt werden. Es werden 10 000 Messungen pro Sekunde ausgeführt. Maximal acht Sensoren können über einen Rechner betrieben und vernetzt werden.

Über die Vor- und Nachteile der Laserscanner für diese Anwendung kann zur Zeit nur theoretisiert werden, da noch zu wenig Erfahrungswerte vorliegen. Kritische Punkte werden die mechanische Abnutzung der Achse des rotierenden Kopfes und die Abnahme der Detektionssicherheit bei Verschlechterung der Wetterverhältnisse sein. Auf jeden Fall wird diese sehr innovative Lösung die Fachwelt in den nächsten Jahren beschäftigen.

1.4.1.4.11 Videosensoren

Dieses ebenfalls noch junge Sensorprinzip hat die höchste Innovationsrate. In kurzen Abständen erscheinen immer neue Ausführungen von Videosensoren. Dies ist erklärbar, da die Verbesserungen nur im Softwarebereich stattfinden

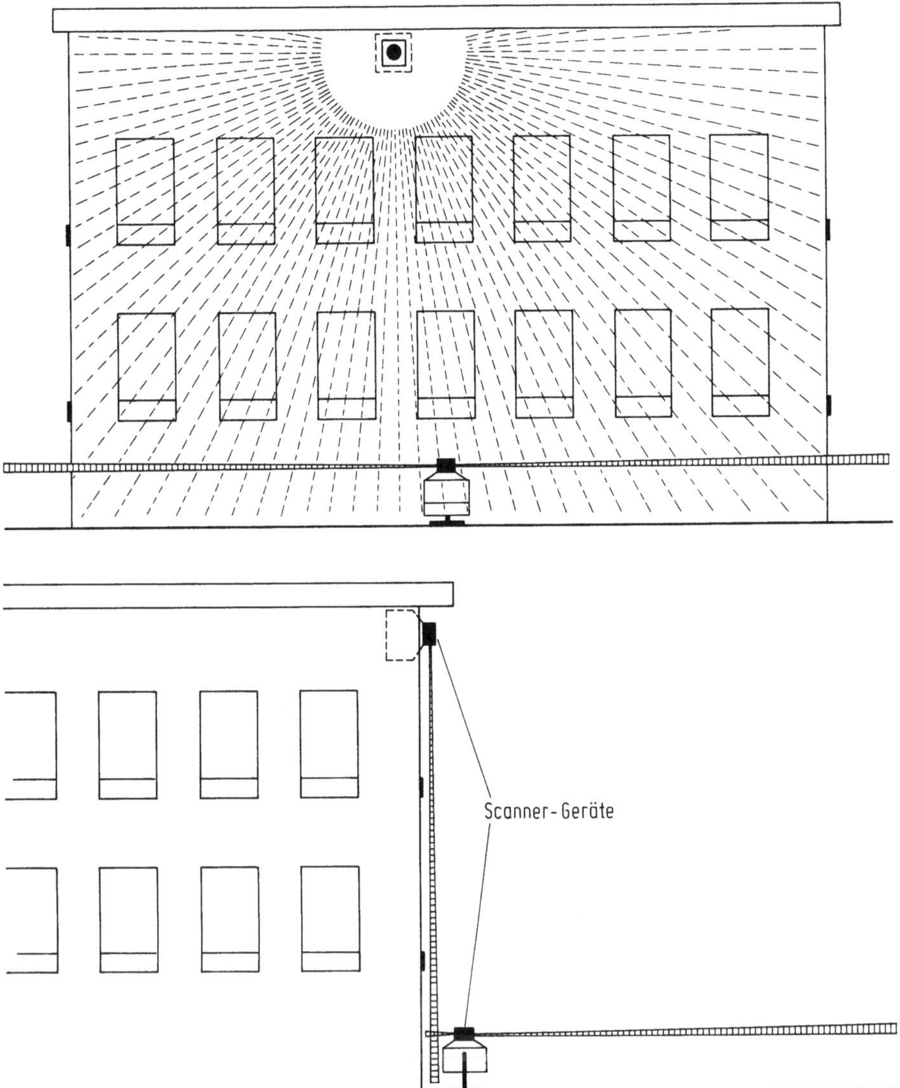

Abb. 1.40. Beispiel einer Fassaden- und Vorfeldüberwachung mit Laser-Scanner

und keine umfangreichen Hardwareänderungen bei den Installationen im Freien notwendig sind. Der Wettbewerb ist hier auch größer als bei anderen Sensorarten, weil die Entwicklungen aus den traditionell mit einer großen Anzahl an Anbietern besetzten Video-Branche kommen.

Das Prinzip klingt einfach. Das von einer Kamera aufgenommene Bild wird zu einer Auswerteeinheit übertragen und dort als Referenzbild in einem Speicher abgelegt. Die nachfolgenden Bilder werden periodisch mit dem abgespeicherten verglichen. Bewegungen im Bild werden als Grauwertände-

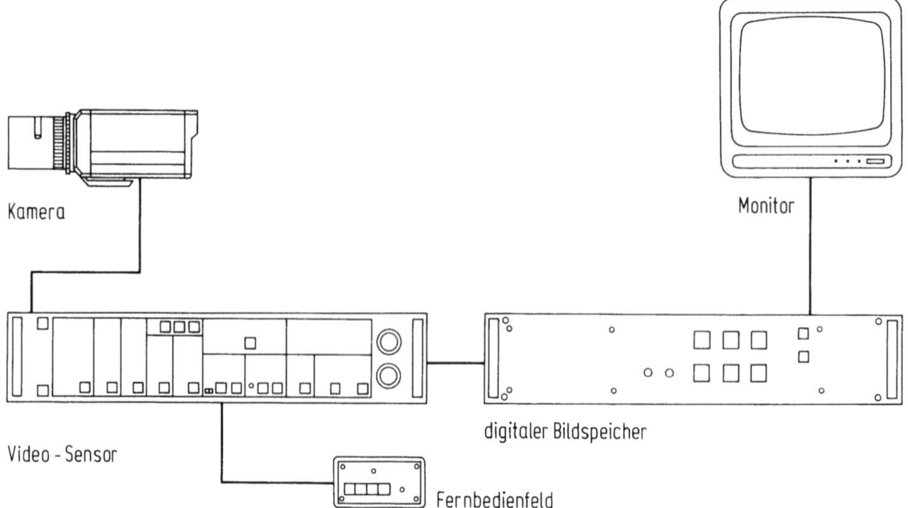

Abb. 1.41. Konfiguration einer Einkanal-Videosensoranlage

rungen bestimmter Bildausschnitte erkannt und nach verschiedenen Algo-
rythmen ausgewertet. Abbildung 1.41 zeigt den Aufbau einer Einkanal-
Videosensoranlage.

Die ersten Ausführungen von Videosensoren waren bezüglich unerwünschter Meldungsrate erheblich schlechter als die üblichen Perimetersensoren. Sie
konnten nur als ein „Aufmerksamkeitssignal" für einen Wachmann verstanden werden, der stundenlang vor einer Bildschirmwand sitzen mußte und
Veränderungen in den oft zahlreichen Kamerabildern erkennen sollte. Der
Videosensor brachte immerhin die Erleichterung, nicht ständig die Monitore
beobachten zu müssen. Unter dieser Prämisse hatten die Geräte eine durchaus
sinnvolle Aufgabe. Leider wurden oft zu hohe Ansprüche geweckt, in dem
Videosensoren als vollwertige Perimetersensoren verkauft wurden. Dies ru-
inierte für lange Zeit den Ruf der Sensoren. Erst in letzter Zeit ist eine gewisse
Ernüchterung eingekehrt, die dazu führte, die Technik richtig einordnen zu
können. Dies ist zum einen bedingt durch die zahlreichen Verbesserungen im
Fehlalarmverhalten und zum anderen in der „nüchternen" Betrachtungsweise
der Leistungseigenschaften von Perimetersensoren allgemein begründet.

Die Verbesserungen wurden mit der Einführung von zusätzlichen Algo-
rythmen erreicht. Das Fernsehbild wurde in Alarmfelder eingeteilt, die
entsprechend aktiviert oder deaktiviert werden können. Dadurch ist es
möglich, nur die Stellen „scharfzuschalten", die bei Bewegungen einen Alarm
erzeugen sollen. Ausgeblendet werden Bereiche, in denen Änderungen im
Bildinhalt zugelassen sind (Bäume, Straßen, Gehwege). In Abb. 1.42 sind die
Alarmfelder eingeblendet. Der nächste Schritt war die Verknüpfung der
Alarmfelder. Abbildung 1.43 zeigt eine typische Verknüpfung von zwei Alarmebenen. Ein Alarm wird nur ausgelöst, wenn bestimmte sensibilisierte Felder in

Abb. 1.42. Eingeblendete Alarmfelder zur Absicherung eines Gebäudeeingangs

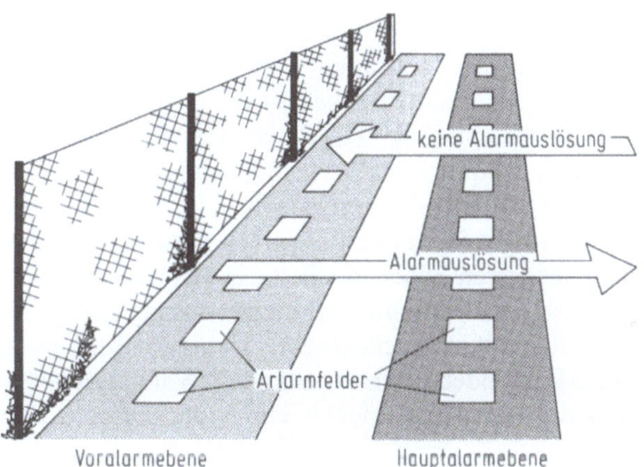

Abb. 1.43. Typische Verknüpfung von Alarmfeldern zur Bestimmung der Alarmrichtung

der programmierten Reihenfolge beeinflußt werden, wodurch eine richtungs-abhängige Detektion erreicht werden konnte. Ein Alarm wird also nur generiert, wenn die Bewegung in der vorprogrammierten Richtung innerhalb eines parametrierbaren Zeitfensters stattfindet. Die Reduktion von uner-wünschten Meldungen durch Kleintiere wird dadurch erheblich verbessert. Eine weitere Programmkomponente ermöglicht die perspektivische Auswer-tung durch eine höhere Empfindlichkeit im oberen Bildschirmbereich, der die weiter entfernten Bereiche zeigt, während im Vordergrund die Empfindlichkeit niedriger ist. Die Auswertung unterscheidet außerdem zwischen Tag- und Nachtbetrieb. Auch die Alarmebenen können mit einer Umschaltung umge-legt werden. Auf diese Weise kann man tageszeitabhängig bei einem Tor nur einfahrende oder nur ausfahrende Fahrzeuge zur Anzeige bringen. Weitere einstellbare Parameter sind der Aktualisierungszyklus für das Referenzbild oder das Setzen von Lichtmeßfeldern zur Erkennung von unterschiedlichen Lichtverhältnissen innerhalb eines Bildes.

Natürlich sind nicht bei jedem System alle beschriebenen Auswertekomponenten in gleicher Ausprägung vorhanden. Wesentliche Unterschiede gibt es vorwiegend bei der Anzahl und der Eingabe der Alarmfelder. Die Anzahl reicht von einem in der Größe veränderbaren bis 1024 kleinen, die zu größeren Feldern zusammengebaut werden können. Die eleganteste Eingabemethode ist die mit einem „Lichtgriffel". Der Anwender markiert mit einem elektronischen Lichtstift die Fläche auf dem Monitor mit dem Kamerabild, die bei einem Ereignis später zu einem Alarm führen soll.

Videosensoren können die Alarme über Relais an eine übergeordnete Zentrale ausgeben oder direkt über ein Bedienfeld mit Summer das Ereignis anzeigen. Oft wird das Alarmbild über einen digitalen Speicher festgehalten, die ausgelösten Alarmfelder werden besonders hinterlegt, so daß die Alarmursache schnell erkannt werden kann. Einige Videosensoren können über einen Drucker die Alarme mit Datum und Uhrzeit ausgeben.

Bei der Installation von Videosensor-Anlagen muß sehr sorgfältig vorgegangen werden. Oft wird nur eine vorhandene Beobachtungsanlage mit Sensoren ergänzt, was häufig zu schlechten Ergebnissen führt. Bereits bei der Planung der Kamerastandorte sollte die Lage der Auswertefelder genau überlegt werden, um störende Bäume oder Verkehrsflächen auszuschließen. Wichtig sind auch ausreichende Überlappungsflächen, damit keine toten Zonen entstehen. Trotz sorgfältiger Planung ist es jedoch notwendig, während einer Einschaltphase von mehreren Wochen die Lage der Alarmfelder zu optimieren, um möglichst viele unerwünschte Meldungen auszuschalten. Auch ist bei wechselnden Jahreszeiten mit unterschiedlichen Lichtverhältnissen (z. B. durch Bäume mit oder ohne Laub oder durch den Stand der Sonne) zu rechnen, was zur Beeinträchtigung der Leistungsfähigkeit von Videosensoren führen kann.

Auch bei Berücksichtigung dieser Installationshinweise bleibt noch eine erhebliche Menge an unerwünschten Meldungen übrig. Sie werden durch Kleintiere, Spinnen vor dem Objektiv oder Licht- und Schattenwechsel über den Alarmfeldern hervorgerufen. Die Anzahl liegt beträchtlich über der der anderen Sensoren.

Die Detektionssicherheit ist bei guten Wetterbedingungen hoch. Dazu tragen die für einen Täter unsichtbaren sensibilisierten Felder wie auch die Detektionshöhe bei, die durch das zweidimensionale Darstellen eines dreidimensionalen Ereignisses entsteht. Videosensoren sind außerdem selbst überwachend. Ausfälle durch Fremdeinwirkung wie das Zusprühen der Optik oder das Abschneiden von Kabeln, aber auch technisches Versagen werden sofort erkannt, da der Vergleich zwischen gespeichertem und aktuellem Bild negativ ausfällt. Negativ wird die Detektionswahrscheinlichkeit durch das Wetter beeinflußt. Mit zunehmendem Regen oder Schneefall und besonders bei Nebel nimmt der Kontrast rapide ab und ein sich darin bewegender Mensch ruft keine ausreichenden Grauwertänderungen hervor. Einige Systeme erkennen zwar diesen Zustand, an der Tatsache der fehlenden Detektionsmöglichkeit ändert dies – ebenso wie bei Infrarotschranken die Disqualifikation – nichts. Natürlich spielt der Abstand der Kameras und damit die zu überwachende Strecke eine Rolle. Allerdings sind dem auch wirtschaftliche Grenzen gesetzt.

Mit dem Videosensor ist der Abschnitt „Sensoren" abgeschlossen und gleichzeitig der Übergang zum nächsten Kapitel geschaffen. Ein wichtiger Bestandteil dieser letzten Sensorart sind nämlich Kameras, die im folgenden beschrieben werden.

1.4.2 Videokameras

Videokameras werden bei Perimeterüberwachungsanlagen zur Fernbeobachtung eingesetzt. Sie wandeln optische Signale in elektrische um und senden diese zur Zentrale, wo sie auf Monitore wieder als Bilder dargestellt werden. Kameras sind ein wichtiger Bestandteil der Detektionsanlagen. Das Personal in der Sicherheitszentrale kann sich einen schnellen Überblick im Alarmfall verschaffen, ohne sich selbst zu gefährden.

1.4.2.1 Signalaufnehmer

Als Signalwandler wurden früher Vakuumröhren eingesetzt, deren lichtempfindliche Schicht mit einem Elektronenstrahl abgetastet wurde. Unterschiedliche Anforderungen führten zu verschiedenen Röhrentypen, die unter den Namen Plumbikon, Ultrikon oder Newvikon bekannt wurden. Sie unterschieden sich durch die Lichtempfindlichkeit, durch eine mehr oder weniger große Empfindlichkeit im Infrarotbereich, durch die Anpaßfähigkeit an stark wechselnde Beleuchtungsverhältnisse oder durch die Unterdrückung von Nachzieheffekten. Die Röhren waren das Verschleißteil der Kamera, die Lebensdauer lag je nach Röhrentyp bei rund 10 000 Stunden. Danach nahm die Bildqualität stark ab, so daß ausgetauscht werden mußte.

Inzwischen wurde die Röhrentechnologie durch den Halbleitersensor abgelöst. Dabei wurde von den Röhren nur das Maß der Rechteckdiagonale übernommen. Das ist die Diagonale der rechteckig abgetasteten Fläche des Röhrendurchmessers, wobei das Seitenverhältnis 4:3 ist. Man unterscheidet so ein-, zweidrittel- und einhalbzoll Sensoren entsprechend der Diagonale. Das für die Abbildung auf der Signalplatte zur Verfügung stehende Bildfeld ist in Originalgröße in Abb. 1.44 dargestellt.

Das Abtastprinzip ist bei den meistens als MOS-Schaltung aufgebauten Halbleiterbausteinen jedoch völlig anders. Über die Fläche des Sensors verteilt sind Fotoelemente und darunterliegend die Leiterbahnen der Abfragematrix. Je nach Helligkeitsverteilung werden die Ladungen aus einer oder mehreren Zeilen in einen Speicher geschoben und über einen Prozessor ausgelesen. So entsteht das weiter nutzbare Videosignal, wie es auch die Röhrenkameras als

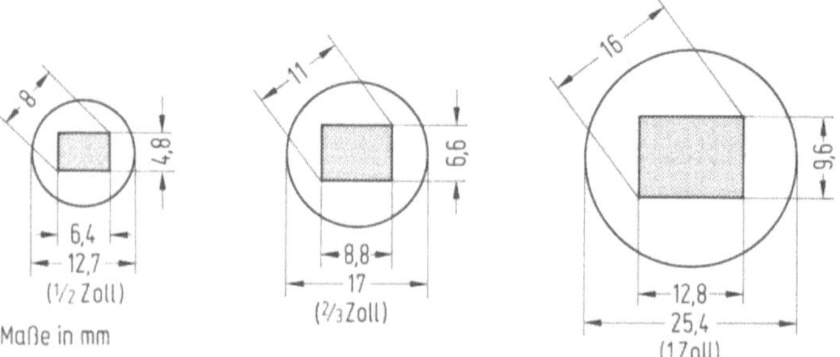

Abb. 1.44. Bildfeldgröße in mm für $^1/_2''$, $^2/_3''$ und 1″ Bildaufnehmer

Ergebnis ausgeben. Es werden zwei Arten von Sensoren entsprechend ihrer Arbeitsweise unterschieden:
- (Inter)-Line-Transfer (ILT) Sensoren = zeilenweises Auslesen der Bildinformation,
- Frame-Transfer (FT) Sensoren = halbbildweises Auslesen der Bildinformation,

ILT-Sensoren haben einige Vorteile, speziell im Shutter-Betrieb, und werden deswegen häufiger als Frame-Transfer-Sensoren eingesetzt.

Die Fotoelemente werden als Pixel bezeichnet. Üblicherweise wird die Anzahl der senkrechten und der waagrechten Fotosensoren einfach multipliziert und diese Zahl als ein Maß für die Qualität der Auflösung herangezogen. Dies muß allerdings nicht immer richtig sein, da verschiedene Hersteller mehrere Pixel gleichzeitig für die Erzeugung eines Bildpunkts heranziehen. Gute Kameras für die Fernbeobachtung arbeiten heute mit rund 500 000 Bildpunkten.

Ein Detail sei noch am Rande erwähnt. In unserem Einsatzfall ist eine gewisse Empfindlichkeit im Infrarotbereich durchaus von Vorteil, um auch bei schlechten Lichtverhältnissen noch ein akzeptables Bild zu erhalten, bzw. mit einer Infrarotbeleuchtung arbeiten zu können. Dieser Effekt war bisher bei den Sensoren üblich. Auf Abb. 1.45 ist die relative spektrale Empfindlichkeit eines CCD-Bildsensors dargestellt. Der Infrarotbereich beginnt bei etwa 780 nm. Die Hersteller versuchen jedoch, die Infrarotempfindlichkeit zu unterdrücken, da er im Consumer-Bereich unerwünscht ist. Auch dieser Punkt muß bei der Planung berücksichtigt und bei jeder neuen Kamera, die auf den Markt kommt, überprüft werden.

Zusammengefaßt haben die Halbleitersensoren gegenüber den Aufnahmeröhren folgende Vorteile:
- Einbrennfestigkeit, keine Beschädigung durch Überbelichtung,
- kein „Blooming", (Aufblühen durch Spitzlichter),
- keine Nachzieheffekte,
- keine geometrische Verzerrung des Bildes,
- unempfindlich gegen magnetische und elektrische Störfelder,

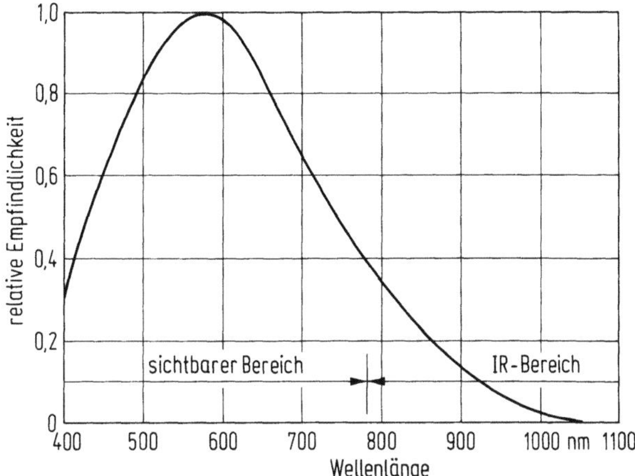

Abb. 1.45. Relative spektrale Empfindlichkeit eines CCD-Bildsensors

- niedrige Leistungsaufnahme, kompakte Bauform,
- und schließlich eine wesentlich längere Lebensdauer ohne Wartungsaufwand.

Aufgrund dieser Vorteile ist es nicht verwunderlich, daß die Aufnahmeröhren innerhalb von nur vier Jahren fast völlig vom Markt verdrängt wurden.

1.4.2.2 Objektive

Vor dem Sensor ist die Optik angebracht. Mit der Auswahl des Kameraobjektives wird eine qualitätsbestimmende Entscheidung getroffen. Objektive werden mit unterschiedlichen Brennweiten angeboten, erzeugen die Schärfentiefe und sind mit der Blendenregelung auch für die Lichtmenge, die auf den Sensor fällt, zuständig. Der Abbildungsmaßstab, d. h. das Größenverhältnis zwischen dem Aufnahmeobjekt und seinem Bild auf dem Sensor werden durch die Brennweite bestimmt. Dieser Zusammenhang ist in Abb. 1.46 dargestellt. G ist die Größe, g die Entfernung des Aufnahmeobjektes, b ist die Bildweite und B die Bildgröße auf dem Sensor, α ist schließlich der Bildfeldwinkel. Die Schärfentiefe ist ein subjektiv definierter Bereich, innerhalb dessen Gegenstände noch mit einem vertretbaren Verlust an Details abgebildet werden. Sie werden also unscharf. Die Qualität der Optik ist zu einem Teil für die Schärfentiefe zuständig. Je billiger die Objektive, desto mehr nimmt die Schärfe zusätzlich auch noch zu den Rändern hin stark ab. Brauchbare Bilder sind dann nur mehr innerhalb einer kreisförmigen Fläche zu erhalten.

Mit der Blende ist die Lichtmenge, die auf den Aufnehmer fällt, regelbar. Je nach Lichteinfall muß die Blende eingestellt werden. Dabei werden folgende Methoden angewendet:
- Handeinstellung,
- fernbedienbare Motorblende,

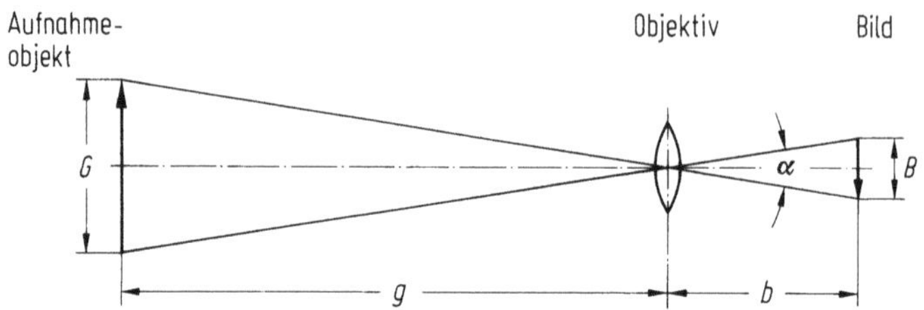

Abb. 1.46. Optische Abbildung eines Objektes auf dem Bildaufnehmer

– automatische Motorblende mit Regelverstärker in der Optik,
– automatische Motorblende mit Regelverstärker in der Kamera,
– festeingestellte Blende mit „Shutter".

Die automatischen Blenden werden als videogesteuert bezeichnet, wobei das Ausgangssignal abhängig vom einfallenden Licht, gemessen vor dem Sensor, gesteuert wird. Die neuesten Kameras haben Sensoren, die durch eine veränderbare Austastung eine Art Verschlußeffekt erzielen. Durch diesen „Shutterbetrieb" mit Verschlußzeiten zwischen 1/50 und 1/10000 s ist es möglich, den ganzen Regelbereich einer konventionellen Blendensteuerung zu überdecken. Dadurch könnte eigentlich auf regelbare Blenden verzichtet werden, was sowohl einen Kostenvorteil bedeutet (es können billigere Objektive eingesetzt werden) wie auch günstigere Wartungszyklen ermöglicht. Ein weiterer Vorteil ist, gute Lichtverhältnisse vorausgesetzt, die Verringerung von Unschärfen bei bewegten Objekten. Der Nachteil ist, daß die Blende beim Shutterbetrieb völlig geöffnet sein muß; dadurch nimmt die Schärfentiefe ab.

Schließlich wird mit der Brennweite festgelegt, ob mit der Kamera der Nahbereich vor der Kamera scharf erfaßt werden soll, oder ob eher ein schmalerer, aber langer Bereich wichtig ist. Die Brennweite beschreibt das Verhältnis der Bildgröße auf dem Sensor zur Objektgröße in der Abhängigkeit von der Entfernung zum Objekt. Mit größerer Brennweite nimmt der Öffnungswinkel ab, so daß der sichtbare Bereich immer schmaler wird. Objektive mit großer Brennweite werden als Teleobjektive, mit kleiner Brennweite als Weitwinkelobjektive bezeichnet. Eine Brennweite von 16 mm gilt bei 2/3-Zoll-Aufnahmer als Normalobjektiv. Bei dieser Brennweite steht noch ein horizontaler Blickwinkel von 30° zur Verfügung. Umgerechnet bedeutet dies, daß in einem Abstand von 30 m vor der Kamera die erkennbare Bildbreite nur 16 m ist. Erschreckend wenig, wenn wir dies mit den Möglichkeiten des menschlichen Auges vergleichen. Die Abb. 1.47–1.49 zeigen die Zusammenhänge zwischen Brennweite und horizontalen und vertikalen Bildfeldwinkel für die gängigsten Aufnahmesensoren. Um diese Einschränkung nicht zu unterschätzen, ist es wichtig, auf einem Plan mit einer Winkelschablone den sichtbaren Bereich einzuzeichnen, oder besser, sich mit einem Brennweitensucher die tatsächlichen Verhältnisse vor Ort anzusehen.

In der Freigeländesicherung werden überwiegend fest montierte Kameras eingesetzt, die mit Objekten mit fester Brennweite, abgestimmt auf die Umgebung, ausgestattet sind. Dadurch ist sichergestellt, daß der Betrachter in

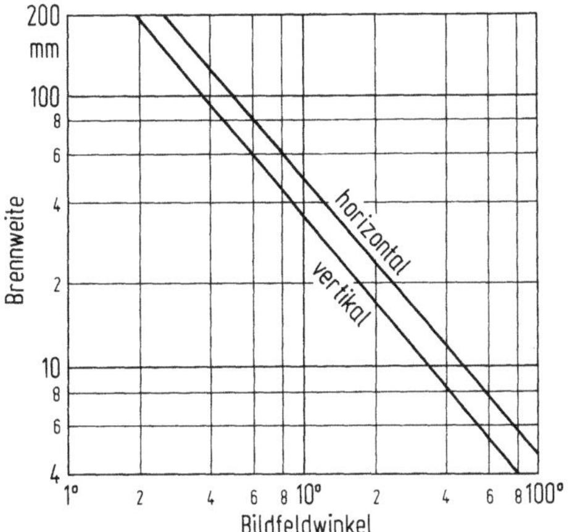

Abb. 1.47. Bildfeldwinkel in Abhängigkeit von der Brennweite bei $^2/_3''$ Bildaufnehmer

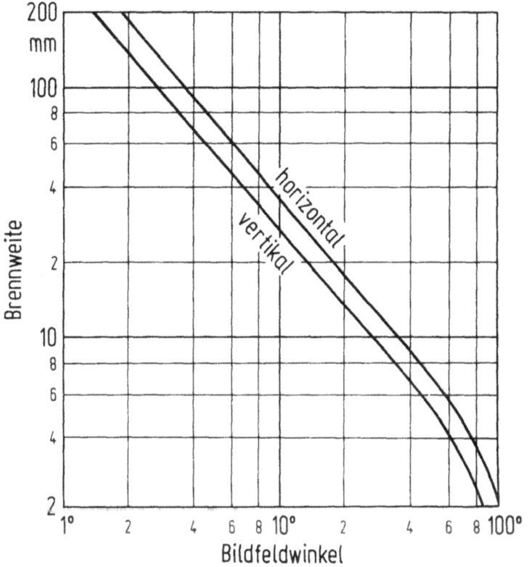

Abb. 1.48. Bildfeldwinkel in Abhängigkeit von der Brennweite bei $^1/_2''$ Bildaufnehmer

der Zentrale im Alarmfall immer den selben Bildausschnitt auf dem Monitor vorfindet. Darauf wird die gesamte Fernbeobachtung abgestimmt, es werden immer die Kamerabilder aufgeschaltet, die einen bestimmten Alarmabschnitt zeigen. Diese Philosophie hat sich durchgesetzt. Allerdings gibt es auch Anwender, die Objektive mit variabler Brennweite bevorzugen („Varioobjektiv"). Die Veränderung der Brennweite wird mit einem Motor, der von der Zentrale aus gesteuert wird, erzielt. Diese Varioobjektive ergeben nur in Verbindung mit beweglichen, also mit Schwenk/Neige-Einrichtung ausgestatteten, Kameras einen Sinn. Der große Vorteil ist, daß die Kamera genau auf das interessierende Objekt ausgerichtet und dies auch praktisch „verfolgt" werden kann. Dazu bedarf es jedoch einer sehr gut geschulten und disziplinierten

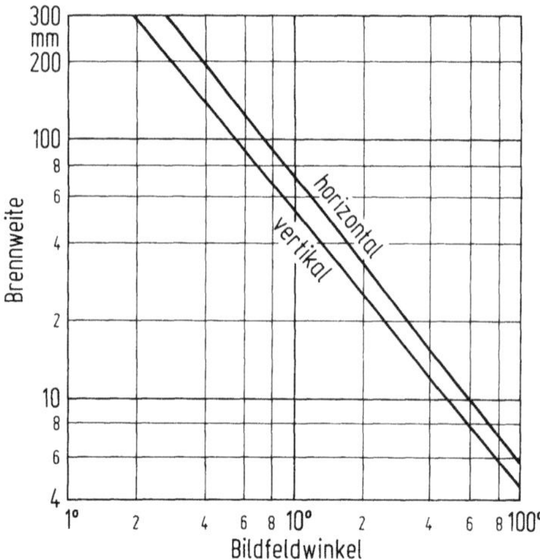

Abb. 1.49. Bildfeldwinkel in Abhängigkeit von der Brennweite bei 1″ Bildaufnehmer

Mannschaft in der Sicherheitszentrale. Um im Alarmfall das Suchen einer geeigneten Ausgangsposition zu vermeiden, wird das Motorzoom ebenso wie die Schwenk/Neige-Einrichtung automatisch in eine Null-Position gesteuert.

Eine weitere Kenngröße für Objektive ist die Lichtstärke. Sie ist das Verhältnis von Objektiv-Innendurchmesser zur Objektivlänge, oder, anders ausgedrückt, das Verhältnis der Brennweite zur Blendenöffnung. Je kleiner diese Zahl ist, desto größer ist die Lichtstärke des Objektivs. Für die Berechnung der Beleuchtung ist diese Kennzahl wichtig.

1.4.2.3 Kameragehäuse und Befestigungen

Signalaufnehmer, Auswerteelektronik, Objektiv und „Zubehör" wie Spannungswandler und Übertragungsbaustein werden in ein gemeinsames Gehäuse eingebaut. Werden die Kameras durch den Einsatz der Halbleiteraufnehmer auch immer kleiner, der Baugröße von Gehäusen, die die Kamera für den Einsatz im Freien ertüchtigen, sind durch die Größe der Objektive Grenzen gesetzt. Konnte man früher von einer Kamera mit Objektiv sprechen, so ist es heute, bezogen auf die Größe, umgekehrt. Besonders Varioobjektive brauchen spezielle Gehäuse um ihren vollen Leistungsbereich zur Geltung zu bringen.

Überwiegend werden als Kameraschutzgehäuse Metallgehäuse eingesetzt. Sie unterscheiden sich auf den ersten Blick nur in kleinen Details, die jedoch wichtige Funktionen haben. Solche Merkmale sind:
- die einfache Austauschbarkeit der Kamera (Servicefreundlichkeit),
- wetterfeste Kabelverschraubungen,
- nichtrostendes Material zumindest der Muttern und Schrauben,
- thermostatisch geregelte Beheizung der Scheibe und des Objektives,
- langgezogene Schute zum Schutz der Scheibe vor schrägen Regen und Schneefall.

Die Gehäuse sollen übrigens nicht hermetisch dicht sein, da dadurch die Schwitzwasserbildung und damit die Betauung gefördert wird. In letzter Zeit werden auch Gehäuse angeboten, die eine verdeckte Kabelführung erlauben. Dies ist nicht nur für das Aussehen gut, sondern verhindert auch die Sabotage durch das Abschneiden der Kabel.

Die Kamera wird in ihrem Gehäuse im Freigelände überwiegend auf Pfosten montiert. Für ein ruhiges Bild ist eine entsprechende Stabilität erforderlich, wobei die Windlast auch bei großen Windgeschwindigkeiten zu berücksichtigen ist. Besondere Anforderungen stellen in dieser Beziehung Videosensoren. Die Montagehöhe soll bei fest montierten Kameras etwa 3 bis 4 m betragen. Damit sind sie zum einen außer Griffweite, zum anderen ist eine ausreichende Montagefreundlichkeit gegeben. Der dritte Punkt ist der mit der Montagehöhe verbundene tote Winkel. Da ein Objektiv auch einen vertikalen Öffnungswinkel hat, der im Verhältnis von 3:4 (entsprechend dem Seitenverhältnis des Bildes) zum horizontalen Winkel steht, ist unterhalb des Kamerastandortes ein toter Raum, der von einer anderen Kamera abgedeckt werden muß. Je höher der Montageort, desto größer ist dieser Bereich. Bei 4 m Montagehöhe und einem 16 mm-Objektiv ergeben sich immerhin 8 m. Außerdem ist bei der Kameramontage zu berücksichtigen, daß die Oberkante des Bildes nicht über den Horizont reichen soll. Durch die größere Helligkeit des Himmels gegenüber der Bepflanzung oder Mauerflächen werden die Blenden heruntergeregelt. Der Effekt ist, daß die eigentliche Betrachtungsfläche im Dunkeln liegt. Besonders beim Einsatz von Videosensoren führt dies zu erheblichen Einbußen an Detektionswahrscheinlichkeit, da bei dunkler Kleidung eines Eindringlings kein Kontrast gegenüber dem Hintergrund erzielbar ist. Die Zusammenhänge sind in Abb. 1.50 dargestellt.

Zur Montage von beweglichen Kameras werden Schwenk/Neigeköpfe eingesetzt. Diese erlauben innerhalb eines bestimmten Drehwinkels die horizontale und vertikale Bewegung der Kamera. Zusammen mit einem Varioobjektiv kann damit ein erheblich größerer Bereich eingesehen werden als mit fest montierten Kameras. Damit sind allerdings wesentlich höhere Investitions- und Betriebskosten verbunden. Gesteuert werden die Schwenk/Neige-Köpfe über eine Fernbedienung in der Zentrale.

Abschließend noch eine kurze Einschätzung zum Thema „Farbfernsehen im Objektschutz". Die heute angebotene Technologie an Halbleitersensoren

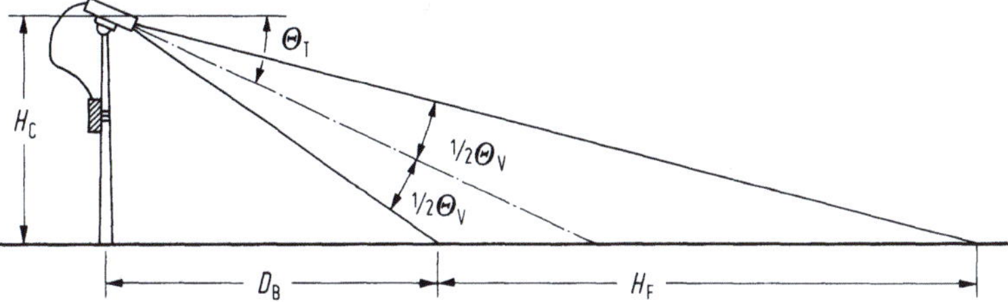

Abb. 1.50. Abhängigkeit für den vertikalen Bildausschnitt. D_B Totzone (m), H_C Kamerahöhe (m), H_F Vertikaler Bildausschnitt (m), θ_T Neigungswinkel der Kamera (°), θ_V Bildwinkel des Objektives (°)

läßt ohne Probleme und große Kosten die Aufnahme von Farbbildern zu, trotzdem werden Farbkameras praktisch nicht zur Fernbeobachtung in der Freigeländesicherung eingesetzt. Der Grund liegt bei den hohen Kosten, die für die Infrastruktur eingesetzt werden müssen. Dazu zählen die Objektive, die um Faktoren höheren Anforderungen an die Ausleuchtung der Szene, das breitere Frequenzband, das Übertragen und von der Kreuzschiene durchgeschaltet werden muß, und schließlich die teureren Monitore und Speichertechnik. Dagegen stehen keine wesentlichen Vorteile für den Betrachter in der Sicherheitszentrale. Unter diesen Umständen ist klar, daß die Farbfernsehtechnik noch keinen Einzug in die Freigeländesicherung gehalten hat.

1.4.2.4 Möglichkeiten der Szenenbeleuchtung

Das an sich sehr umfangreiche Kapitel „Beleuchtung" wird hier nur im Zusammenhang mit den Anforderungen, die durch den Einsatz von Videokameras entstehen, behandelt.

Viele Faktoren spielen bei der Auswahl der Beleuchtung eine Rolle. Grundsätzlich ist zwischen offener und verdeckter Beleuchtung zu unterscheiden. Von offener Beleuchtung spricht man, wenn das Licht sichtbar ist. Der Vorteil besteht darin, daß patrouillierende Wachen günstigere Verhältnisse bei der Arbeit vorfinden und ein gewisser Abschreckungseffekt gegeben ist. Es werden dazu in erster Linie Quecksilberdampf-Hochdrucklampen oder Natriumdampflampen eingesetzt. Dies ist die preisgünstigste Methode einer Dauerbeleuchtung. Mit speziell für die Freigeländesicherung entwickelten Hochspannungszündgeräten ist es möglich, bei kurzen Stromschwankungen die sofortige Wiederzündung zu garantieren.

Der Abstand der Beleuchtungskörper hängt von den Reflektoren, von der Leuchtpunkthöhe und von der Leistung der Lichtquelle ab. Wichtig für gute Kamerabilder ist eine möglichst gleichmäßige Ausleuchtung am Boden, schädlich sind helle Flecken. Für die Berechnung des richtigen Verhältnis zwischen Ausleuchtung – also der Lichtdichte –, Leuchtenabstand und Leuchtpunkthöhe benutzen die Anbieter Computersimulationen. Generell ist festzuhalten, daß der Leuchtenabstand bei abnehmender Leuchtpunkthöhe kleiner werden muß. Grundsätzlich ist bei offener Beleuchtung die Umgebung mit einzubeziehen, da Beeinflussungen des Verkehrs oder Belästigungen von Nachbarn vermieden werden müssen. Einige grundlegende Regeln der Beleuchtungstechnik im Zusammenhang mit Kameraanlagen sollen festgehalten werden. Kameras brauchen eine gewisse Lichtstärke am Sensor, um ein ausreichendes Bild erzeugen zu können. Ohne auf den Begriff „ausreichend" einzugehen, kann eine Mindestlichtstärke von kleiner als 0,1 Lux (lx) bei heute gebräuchlichen Kameras für unseren Anwendungsfall ausgegangen werden. Zwischen der auf dem Sensor auftreffenden Lichtstärke und dem Scheinwerfer liegt ein weiter Weg. Zuerst nimmt die Beleuchtungsstärke im Quadrat zur Entfernung ab. So wird aus 10 000 lx, gemessen an der Lichtquelle, an einer 5 m entfernten Betonmauer nur mehr 500 lx. Die Betonmauer reflektiert nur 50%, so verbleiben noch 200 lx. Wieder tritt die quadratische Abnahme bis zur

Kamera in Kraft, so daß am Objektiv einer 10 m entfernten Kamera nur 2 lx ankommen. Hier wirkt noch der Transmissionsfaktor der Optik. Der Reflextionsfaktor schwankt übrigens zwischen 7 % bei Asphaltflächen und 75 % bei Schnee.

Die Beleuchtungsstärke ist nur ein Faktor in der Betrachtungsweise. Die Spektralempfindlichkeit ist der nächste. Der Vorteil der Kameras gegenüber dem menschlichen Auge ist das erweiterte Spektrum. Während das Auge Helligkeit zwischen rund 400 nm (Ultraviolett) und etwa 850 nm (Infrarot) empfindet und die Empfindung an den Flanken sehr stark abnimmt, ist die Spektralempfindlichkeit von Halbleitersensoren gleichmäßiger und im Infrarotbereich dem Auge weit überlegen. Das bedeutet, daß eine Kamera noch ein Bild erzeugt, wenn das Auge fast nichts mehr wahrnehmen kann. Dieser Effekt wird durch den Einsatz von Infrarotlicht abstrahlenden Beleuchtungskörpern verstärkt. Diese werden als verdeckte Beleuchtung bezeichnet, da sie für das menschliche Auge kaum oder nicht sichtbar sind. Früher wurden dazu Halogenscheinwerfer verwendet, die eine nur Infrarotlicht durchlässige Filterscheibe vorgesetzt hatten. Inzwischen hat sich eine neue Lichtquelle, nämlich Strahler mit Infrarotlicht emittierenden Dioden, durchgesetzt. Sie bieten erhebliche Vorteile. Die wichtigsten sind die Lebensdauer – Halogenlampen halten nur maximal einige tausend Stunden – und der wesentlich geringere Energieverbrauch. Während Halogenstrahler mit meist 500 W arbeiten, kommen die „LED-Strahler" schon mit 40 W aus. Dies macht sich nicht nur bei den Investitionskosten bemerkbar, sondern vor allem bei den Betriebskosten. Noch günstigere Ergebnisse werden erreicht, wenn die LED's mit der Shutter-Steuerung der Kamera synchronisiert werden. Alle Steuerungsmöglichkeiten werden in Abb. 1.51 vorgestellt; die erzielbare Ausleuchtung wird in Abb. 1.52 gezeigt. Das Ergebnis von derartig aufeinander abgestimmter Kamera, Optik und Beleuchtung sind verblüffende Bilder bezüglich Schärfentiefe und Kontrast, obwohl keine Beleuchtung sichtbar ist. Ein Beispiel für die Kombination aus Videokamera und Infrarotscheinwerfer, eingebaut in einen Pfosten, ist auf Abb. 1.53 zu sehen.

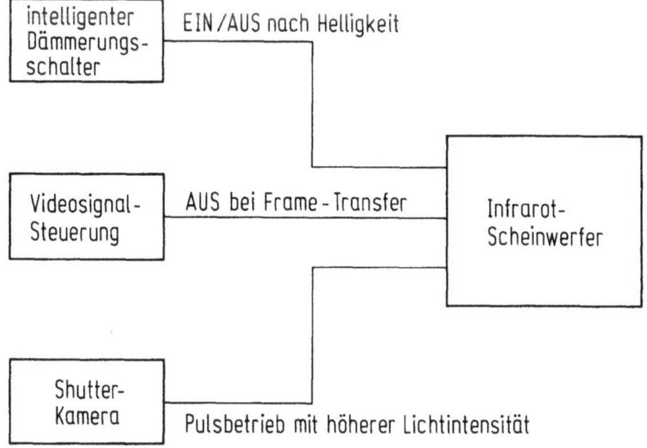

Abb. 1.51. Möglichkeiten der Infrarot-Scheinwerfersteuerung

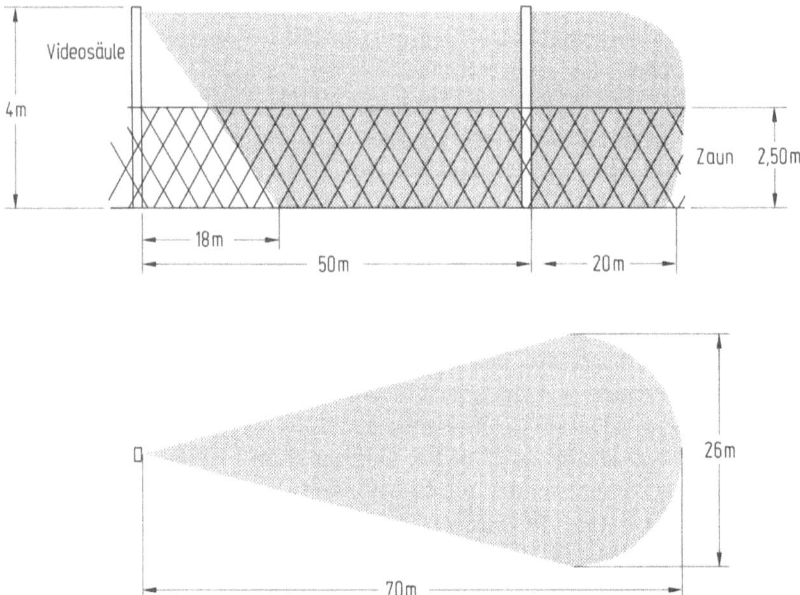

Abb. 1.52. Möglichkeiten der Ausleuchtung mit einem Infrarot-Scheinwerfer

Abb. 1.53. Video-Kamera und Infrarot-Scheinwerfer, verdeckt eingebaut in einen Zaunpfosten (Werkfoto MBB)

1.4.3 Übertragungstechnik

Für die Verbindung zwischen den peripheren Geräten und der Zentrale sind Leitungen notwendig, über die Meldungen, Bilder, Befehle und schließlich die Versorgungsspannungen übertragen werden. Überwiegend werden dazu Kupferdrähte eingesetzt, jedoch finden zunehmend auch Lichtwellenleiter vor allem zur Übertragung der Bilder Verwendung.

Grundsätzlich werden zwei Sensortypen unterschieden, die völlig unterschiedliche Übertragungsarten zur Folge haben. Ein Großteil der Sensoren arbeitet mit Auswerteeinheiten, die „vor Ort", also im Freien installiert werden. Diese Geräte setzen Meldungen hauptsächlich über Relais an die Zentrale ab. Für jede Meldungsart, wie Alarm, Sabotage oder Funktionsstörung, wird ein Adernpaar benötigt. Abhängig von der EMA in der Zentrale werden diese Drähte auf verschiedene Art überwacht, zum Beispiel auf Widerstandsänderungen in einem bestimmten Toleranzbereich. So wird sichergestellt, daß jede Störung oder Manipulation von der Zentrale erkannt wird. Diese einfachste Art der Übertragung ist am weitesten verbreitet und hat aufgrund der Robustheit große Vorteile. Da ein langes und verzweigtes Leitungsnetz wie eine Empfangsantenne für elektromagnetische Störungen wirkt, werden hauptsächlich geschirmte und verdrallte Kupferleitungen mit einem Durchmesser von mindestens 0,8 mm eingesetzt. Durch die Abschirmung werden kapazitive und durch das paarweise Verdrallen induktive Einkopplungen auf ein Minimum reduziert.

Die überbrückbaren Entfernungen sind allerdings nicht sehr groß. Sie liegen im Bereich von einigen Kilometern. Bei größeren Abständen zwischen Zentrale und Zaun werden Tonfrequenzsysteme eingesetzt. Über eine Zweidrahtleitung in der Qualität einer Telefonleitung werden im Sprachband zwischen 50 und 5000 Hz bis zu 30 verschiedene Frequenzen als Ruhemeldung gesendet. Tritt ein Alarm oder eine Störung auf, so wird die zugeordnete Frequenz unterbrochen. Die Zentrale erkennt die fehlende Frequenz und zeigt die Meldung an. Mit dieser adernsparenden Technik sind Entfernungen bis zu 10 km überbrückbar. Andere adernsparende Übertragungssysteme, z. B. Bustechnik, werden aufgrund der geringen zu übertragenden Datenmengen kaum angewandt. Hinsichtlich der Kosten sind nämlich durch die Reduzierung der Adernzahl keine meßbaren Vorteile zu erzielen, da der wichtigste Kostenfaktor beim Außenkabelnetz die Tiefbauarbeiten sind.

Völlig andere Übertragungsverfahren werden bei zentraler Sensorauswertung angewendet. In erster Linie sind es analoge Meßwerte, die in diesem Fall über das Kabelnetz zur Zentrale gesendet werden. Dazu müssen die Kabel besser geschützt sein, gegen Störbeeinflussungen z. B. durch andere, parallel verlaufende oder kreuzende Kabel. Überwiegend werden Koaxleitungen für diesen Zweck verwendet. Die Verkabelungsart ist wesentlich aufwendiger als die oben beschriebene Verkabelung mit Nachrichtenkabeln. Digitale Übertragungsverfahren werden nur bei wenigen Systemen angewendet, da zu diesem Zweck die Meßwerte am Zaun aufbereitet werden müssen, was natürlich Geld kostet. Eine gleichzeitige Nutzung eines Kabels als Sensor und Medium zur Meldungsübertragung bieten die Leckkabelsysteme. Diese Kombination wurde an anderer Stelle bereits ausführlich beschrieben.

Für die Übertragung der Kamerabilder werden aufgrund der zu übertragenden Datenmengen andere Verfahren angewendet. Für die Anwendung in Freigelände-Überwachungsanlagen sind drei Techniken relevant. Am weitesten verbreitet ist die Übertragung mit Koaxkabeln. Abhängig von dem verwendeten Innendurchmesser des Kabels können damit Entfernungen

zwischen 1 und 6 km überbrückt werden. Für längere Strecken sind Entzerrer
erforderlich. Die Bildqualität am Ende der Übertragungsstrecke hängt von
vielen Faktoren ab, so von der Übertragungsbandbreite, der Abgleichgenauigkeit und dem Signal-Rauschabstand. Außerdem ist von Bedeutung, wieviele
Entzerrer hintereinander geschaltet werden können. Viele Monitore haben
übrigens bereits einen Entzerrer eingebaut.

Billiger als Koaxkabel sind Nachrichtenkabel. Für die Übertragung eines
Kanals ist eine symetrische, galvanisch durchgestaltete Zweidrahtleitung
notwendig. Es ist jedoch ein spezielles Zweidraht-Übertragungssystem dafür
erforderlich. Auch für diese Geräte gelten die schon oben genannten Qualitäts-
merkmale, wie Entzerrerstufen, Abgleichgenauigkeit, Gleichtaktunterdrük-
kung, Übertragungsbandbreite und Kaskadierbarkeit. Die überbrückbaren
Leitungslängen liegen entsprechend der Isolierung und des Aderndurchmes-
sers zwischen 1 und 2 km. Für größere Entfernungen muß das Signal
„aufgefrischt" werden. Dazu sind Zwischenverstärker notwendig. Diese
enthalten einen Empfänger zur Entzerrung und einen Sender, der das Signal
wieder auf die Zweidrahtleitung gibt. Damit sind Leitungslängen bis zu
maximal 10 km zulässig. Abbildung 1.54 zeigt die vielfältigen Möglichkeiten
der Zweidrahtübertragung.

Das dritte System benutzt Lichtwellenleiter zur Übertragung von Videosignalen. Dazu werden Sender und Empfänger eingesetzt, die die Signale in die
Faser ein- bzw. auskoppeln. Üblich sind heute Gradientenfasern mit
50/150 µm Kern/Außendurchmesser, die mit 1300 nm Wellenlänge arbeiten.
Obwohl die 860-nm-Technik einfacher zu verarbeiten ist, wird aufgrund der
größeren Marktpräsenz die zuvor genannte bevorzugt. Bei mehrfaserigen
Kabeln sind optische Anschlußadapter bei den Kameras zur unterbrechungs-
freien Aufteilung des Fasenbündels notwendig. Die überbrückbare Entfernung
ist 6 km bei einer oberen Grenzfrequenz von 7 MHz. Zum Vergleich: bei
Zweidrahtsystemen werden nur 5 MHz übertragen. Auch bei Lichtwellenleiter
ist der Einsatz eines Zwischenverstärkers möglich, der die überbrückbare
Entfernung verdoppelt. Der größte Vorteil dieser Technik ist, daß die
Übertragung völlig unempfindlich gegenüber elektrischen und magnetischen
Störungen ist. Während dieses Argument für die Übertragung der Meldungen

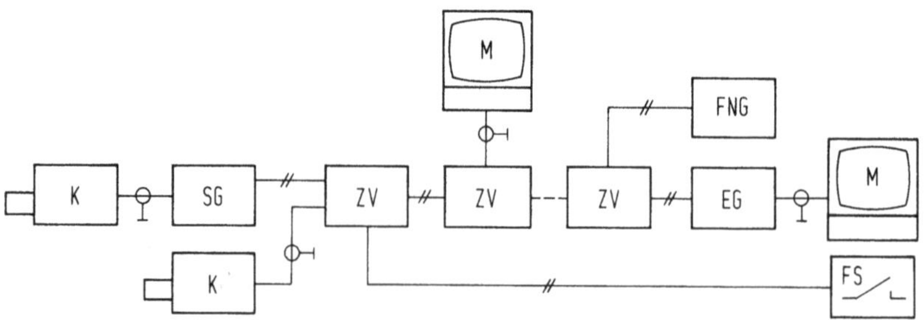

Abb. 1.54. Beispiel für eine Zweidraht-Übertragungsanlage. *EG* Empfangsgerät, *FNG* Fern-
sehspeisenetzgerät, *FS* Fernschaltung, *K* Kamera, *M* Monitor, *SG* Sendegerät, *ZV* Zwischenverstärker

aus den Sensoren nicht relevant ist, da die geringen Datenmengen genug Redundanz gegen diese Störungen zulassen, haben Lichtwellenleiter für die Bildübertragung einen hohen Stellenwert. Auch bei den Kosten können sich durchaus Vorteile für diese Technologie ergeben. Dies ist jedoch für jedes Projekt anders und kann nicht generell festgelegt werden. Im übrigen gibt es auch Mehrkanal-Übertragungsverfahren, die eine gleichzeitige Übertragung von bis zu zwölf Videosignalen über einen Lichtwellenleiter zulassen. Diese Systeme sind jedoch preislich nur interessant bei sehr langen Übertragungsstrecken.

Ein weiteres Übertragungsverfahren muß im Zusammenhang mit Freigeländeüberwachung kurz angesprochen werden. Immer wieder gibt es Objekte, deren Überwachung wünschenswert ist, die aber nicht ständig besetzt sind. Um trotzdem Meldungen und Bilder zu einer abgesetzten Sicherheitszentrale wirtschaftlich übertragen zu können, werden Slow-Scan-Verfahren eingesetzt. Dieses „Langsam-Übertragungssystem" besteht aus einem Sender, an dem eine oder mehrere Kameras angeschlossen werden, und einem Empfänger in der Zentrale, der am Monitor bzw. an den Speichergeräten (Recorder oder Videodrucker) angeschlossen ist. Die Verbindung zwischen Sender und Empfänger erfolgt über das öffentliche oder ein privates Fernsprech-Wählnetz. Ausgelöst wird der Verbindungsaufbau durch einen Alarmkontakt, der z. B. von einem Videosensor gesteuert wird. Im Alarmfall hält der Sender in einem digitalen Bildspeicher das Alarmbild fest, wählt den Empfänger an und sendet diesem das gespeicherte Bild innerhalb von 10 bis 30 s (je nach Qualitätsanspruch) zu. Der Empfänger übergibt dieses Standbild dem Monitor und auf Wunsch auch dem Videoprinter. Die Konfiguration einer Slow-Scan-Übertragungsanlage ist in Abb. 1.55 dargestellt. In umgekehrter Richtung ist der Empfänger in der Lage, bis zu 20 Sender anzuwählen und Bilder abzurufen oder auch Befehle, z. B. Licht einschalten, zu senden. Der Nachteil dieser Geräte ist, daß die Bildqualität nicht besonders hochwertig ist. Es sollten zumindest kurze Kameraabstände gewählt werden, um eine vernünftige Auflösung zu erreichen.

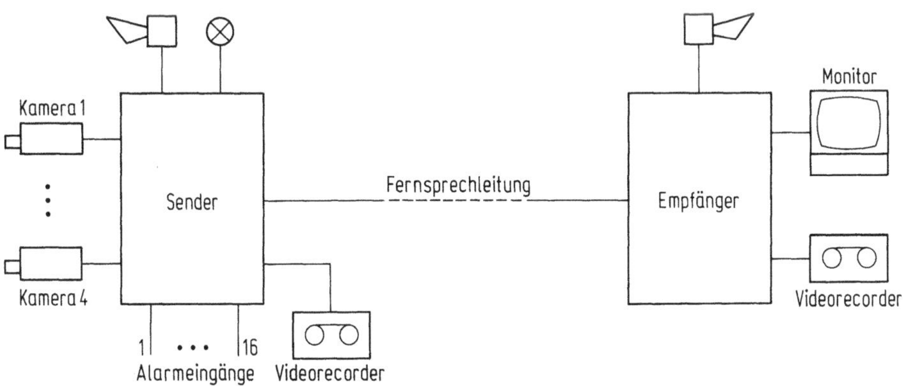

Abb. 1.55. Konfiguration einer Slow-Scan-Übertragungsanlage

1.4.4 Zentrale

Kommen wir zum „Herz" der Anlage, der Zentrale. Alle Fäden laufen hier zusammen; aus den an der Peripherie entstandenen Meldungen werden Aktionen, auf technische Meldungen folgen menschliche Aktionen. In unserem modernen Sprachgebrauch heißt das „Mensch/Maschine-Schnittstelle". Je nach Größe der Sicherungsanlage sind verschiedene technische Anlagen in der Zentrale zu finden. Diese Anlagen werden in den nächsten Abschnitten beschrieben. Ein wichtiger Aspekt ist dabei das Zusammenspiel der einzelnen Komponenten.

Die Zentrale wird in der ständig besetzten Sicherungszentrale untergebracht. Arbeitsplätze und Technik sollten in getrennten Räumen aufgebaut sein. Auch die Abtrennung von Bereichen mit Publikumsverkehr ist ratsam. Dafür sprechen sicherheitsrelevante Überlegungen – die Anzeigen sollten nicht einsehbar und damit ausspionierbar sein –, aber auch die Tatsache, daß in Streßsituationen ein möglichst störungsfreies Arbeiten garantiert sein muß.

1.4.4.1 Gefahrenmeldeanlage

Die Gefahrenmeldeanlage bearbeitet die Meldungen, die von den Sensorsystemen ausgelöst werden. Sie hat die Aufgaben:
- die Leitungswege von den Sensoren zur Zentrale auf Funktionsfähigkeit zu überwachen,
- die auftretenden Meldungen akustisch und optisch auf den Bedieneinheiten zur Anzeige zu bringen,
- die Meldungen über Schnittstellen an weitere Systeme zu leiten,
- die Bearbeitung, wie Quittieren und Rücksetzen, von Meldungen zu ermöglichen,
- Befehle wie Ein- und Ausschalten von Meldebereichen durchzuführen,
- alle Systemzustände ständig zu überwachen und auf Anforderung anzuzeigen.

Die Basis für diese Tätigkeiten ist die Einbruchmeldeanlage (EMA). Die technischen Ausführungen und organisatorischen Möglichkeiten werden an anderer Stelle ausführlich behandelt. Für den Einsatz in Perimeteranlagen gibt es einige Besonderheiten, die im folgenden aufgezeigt werden sollen.

Der wichtigste Unterschied zu Standard-Einbruchmeldeanlagen ist die organisatorische Abhandlung von Meldungen. Während Sicherungszentralen im hier beschriebenen Sinne ständig besetzt und die Meldebereiche eingeschaltet sind, werden die Anlagen z.B. in Bankfilialen erst dann aktiv geschaltet, wenn alle überwachten Bereiche verlassen sind und der Standort der Zentrale unbesetzt ist. Das „Scharf-Unscharfschalten" ist durch Auflagen vom Verband der Sachversicherer und von Polizeibehörden genau geregelt; für das Einschalten gilt eine „Zwangsläufigkeit", die das ungewollte Auslösen von Alarmen verhindern soll. Unerwünschte Meldungen haben nämlich zur Folge, daß Alarme zu hilfeleistenden Dienststellen abgesetzt werden und dort zu kostenträchtigen Reaktionen führen.

Anders der Ablauf in einer Werkschutz- oder Sicherheitszentrale in unserem Sinne. Mit Ausnahme der ständig begangenen Bereiche (Gebäudezugänge, Tore) sind alle anderen ständig „scharfgeschaltet". Bei Auftreten einer Alarmmeldung werden unverzüglich Aktionen eingeleitet. Eine automatische Alarmweiterleitung z. B. an die Polizei ist nicht üblich, sie wird über Telefon- oder Funkverbindung vom Werkschutzpersonal im Ernstfall hinzugezogen. Diese Abwicklung macht Zwangsläufigkeiten und Blockschlösser überflüssig. Viele Einbruchmeldeanlagen sind dafür nicht ausgelegt und daher für die Anwendung in Werkschutzzentralen nicht geeignet. Oft beginnt damit das Dilemma: einerseits wird eine Zulassung durch den Verband der Sachversicherer gefordert, andererseits sind die im Regelwerk der Versicherer festgeschriebenen Anforderungen für Freigelände-Überwachungsanlagen oft nicht sinnvoll anwendbar. Hier ist nur der pragmatische Weg hilfreich. Für den Anwender ist nur wichtig, was dem Werkschutzpersonal ein unkompliziertes und flexibles Arbeiten ermöglicht. Dies kann nur durch eine einfache Bedienung mit wenigen Tasten und einer übersichtlichen Darstellung aller Meldungszustände erreicht werden.

1.4.4.2 Videozentrale

Die Videozentrale besteht aus mehreren Bausteinen. Eine Komponente wird als Kreuzschiene bezeichnet und verteilt die Videosignale, die von den Kameras kommen, auf Ausgangskanäle. Hinter diesen Ausgängen befinden sich Monitore zur Anzeige und Speichergeräte zur Aufzeichnung der Bilder. Die Steuerung der Kreuzschiene erfolgt über Bedieneinheiten und über Eingänge, die von der Gefahrenmeldeanlage gesetzt werden. Diese Schnittstellen sind je nach Größe der Anlage als Kontaktschnittstelle oder auch als Datenschnittstelle vorhanden. Die Einbindung der Kreuzschiene in die Video-Überwachungsanlage ist in Abb. 1.56 zu sehen.

Ein Maß für die Größe der Kreuzschiene ist die Zahl der Eingänge und der Ausgänge. Die Einheit für die Verknüpfung der Ein- und Ausgänge heißt Koppelmodul oder -feld. Die Koppelpunkte werden durch einen Mikrorechner über Busleitungen gesetzt. Modernste Schaltelemente garantieren heute die verzögerungsfreie Durchschaltung der üblichen Videobandbreite von 10 MHz und eine ausreichende Übersprechdämpfung zwischen zwei Videoeingängen von 50 dB bei 5 MHz. Dies garantiert, daß eine gegenseitige Beeinflussung von zwei Videoleitungen nicht erkennbar ist.

Zum Vergleich verschiedener Fabrikate werden folgende weitere Parameter herangezogen:
- Störspannungsabstand,
- Klirrfaktor,
- Rückflußdämpfung der Ein- und Ausgänge,
- Differenzielle Verstärkung.

Die Bewertung der von den Herstellern genannten Daten ist sehr schwierig. Die heute üblichen Angaben differieren nur in engen Grenzen, so daß sichtbare

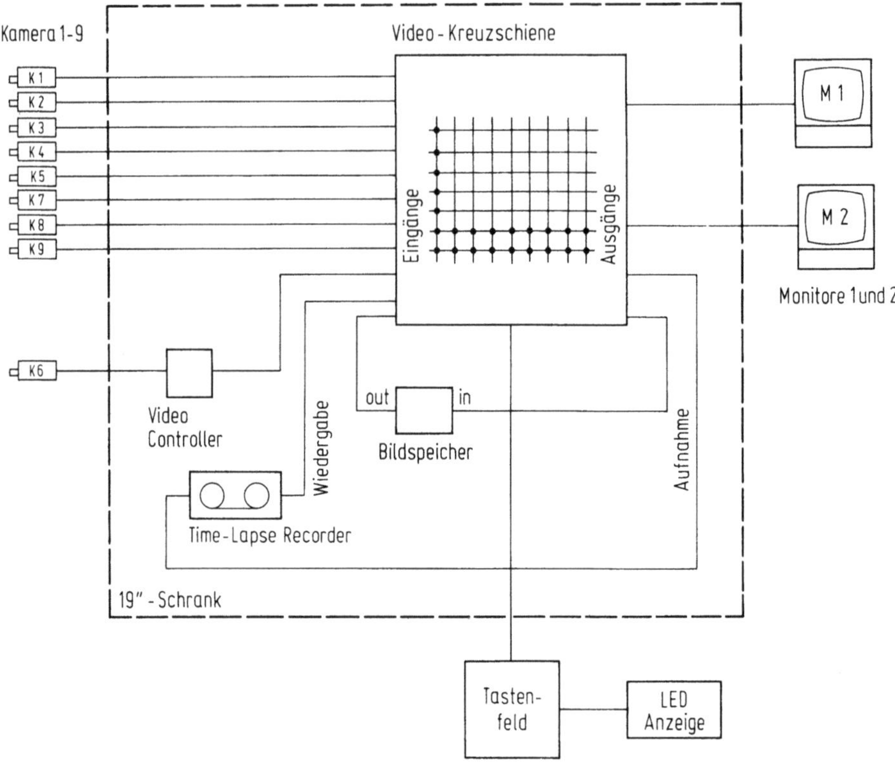

Abb. 1.56. Blockschaltbild einer Video-Überwachungsanlage

oder z. B. im Zeitverhalten erkennbare Unterschiede nur bei extremen Betriebs-
bedingungen unterscheidbar werden.

Andere Unterscheidungsmerkmale beziehen sich auf Kriterien, die einen
echten Kundennutzen darstellen. Dies sind unter anderem:

Schrifteinblendung. Damit werden dem Videoausgang Texte zugeordnet, die
eine Ergänzung des Livebildes darstellen. Sie ermöglichen dem Betrachter eine
schnelle Zuordnung zu bestimmten Ordnungskriterien (Beispiel: Kameranum-
mer oder eine Beschreibung des einsehbaren Bereiches wie „Tor 1") oder das
rasche Wiederauffinden von abgespeicherten Sequenzen (Beispiel:
Datum/Uhrzeiteinblendung). Für eine Bewertung der Qualität der Schrifteinblendung ist die Freizügigkeit der Textversorgung und der Änderungsmög-
lichkeiten ausschlaggebend.

Bedienmöglichkeiten. Je nach Aufgabenstellung müssen verschiedene Bedienfelder zur Verfügung stehen. Merkmale sind unter anderem die Absetzbarkeit
von der Zentraleinheit, die Steuerungsmöglichkeiten wie numerische Anwahl
der einzelnen Kameras, die Zusammenfassung von mehreren Kameras auf
Gruppen, die Kamerapositionierung (Bedienung von Schwenk-/Neigeköpfen
und Varioobjektiven), und das Schalten von Funktionen wie sequenzieller

Kameraumlauf oder Recorder Start/Stop. Wichtig ist auch, wieviele Bedieneinheiten anschließbar sind und welche Parallelbedienung beziehungsweise gegenseitige Verriegelungen (Vorrangbedienungen) möglich sind.

Alarmeingänge. Das Durchschalten der Koppelpunkte soll nicht nur über die Bedienfelder möglich sein, sondern auch über Kontakte oder Schnittstellen aus Alarmzentralen. Das Setzen eines Kontaktes oder Befehls muß das Aufschalten einer oder mehrerer Kameras auf vorgegebene Monitore zur Folge haben. Auch hier ist wieder wichtig, welche Hilfsmittel und welche Bedienschritte für die Zuordnung der Kameras und Monitore zu den Alarmeingängen notwendig ist. Angeboten werden Hardwarelösungen, wie Wrapverbindungen oder Softwarelösungen angefangen von nur vom Hersteller änderbaren PROMs bis zu menuegeführten PC-Versorgungsprogrammen. Die Größe der Anlage und der damit verbundene Änderungsbedarf ist ausschlaggebend für die Wahl der Mittel.

Die Kreuzschiene ist das „Schaltfeld" der Videozentrale. Ihr zugeordnet sind weitere technische Komponenten, vergleichbar z. B. mit einer Protokolliereinheit der Gefahrenmeldeanlage. Bilder werden jedoch nur in Ausnahmefällen mit Drucker festgehalten; üblich sind Bildspeicher. Die einfachsten Geräte für diesen Zweck sind Videorecorder. In ihrer „Consumer-Ausstattung" haben sie aber Mängel, die sie für unsere Anwendung unbrauchbar machen. Zu den negativen Merkmalen zählt der Verschleiß des Aufzeichnungskopfes, die Anlaufzeit nach dem Startbefehl oder die begrenzte Aufzeichnungszeit. Diese Nachteile werden bei Einsatz professioneller Langzeit-Aufzeichnungsgeräten („Time-Lapse-Recorder") minimiert. Sie laufen ständig mit reduzierter Geschwindigkeit – z. B. wird nur ein Bild alle 7 s aufgezeichnet –, die nur durch einen Impuls, verursacht z. B. durch einen Alarm, auf normale Bandgeschwindigkeit hochgeschaltet wird. Nach einer einstellbaren Zeit wird die Geschwindigkeit wieder reduziert. Diese Methode verkürzt die Bandhochlaufzeit und reduziert den Kopfverschleiß wesentlich. Aufzeichnungszeiten bis zu 960 h, abhängig von der Alarmhäufigkeit, werden angeboten. Allerdings sind diese Geräte etwa zwei- bis dreimal so teuer wie handelsübliche Videorecorder der oberen Preisklasse. Die Aufzeichnungsqualität reduziert den von der Kamera gelieferten und der Kreuzschiene geschalteten Bildinhalt leider erheblich, es werden nur etwa 400 Zeilen geboten, während die horizontale Auflösung von guten CCD-Kameras bei 570 Zeilen liegt.

Trotz Time-Lapse-Betrieb bleibt eine Anlaufzeit, die vom Videorecorder nicht oder nur in sehr schlechter Qualität aufgezeichnet wird. Zur Überbrückung dieser Phase werden digitale Bildspeicher eingesetzt. Ihre Aufgabe ist es, im Alarmfall ein „Standbild" unverzüglich festzuhalten und dieses dem Recorder zur Aufzeichnung zuzuspielen. So wird die Hochlaufzeit des Recorders überbrückt und die wichtigste Sequenz, nämlich die Phase der Alarmauslösung, aufgezeichnet. In kritischen Szenen bleibt die alarmauslösende Ursache jedoch aufgrund der Standbildqualität „im Dunklen". Schnell erkennbar wird, welch wichtiger Vorteil durch „bewegte Bilder" bei schwierigen Licht- oder Größenverhältnissen entsteht.

Die ersten handelsüblichen Digitalspeicher hatten nur Kapazität für ein Halbbild. Die Qualitätsverluste dieser Ausführung führte sehr schnell zur Entwicklung von Ganzbildspeichern (beide Halbbilder werden festgehalten), die eine dem Fernsehstandbild vergleichbare Auflösung boten. Der Aufzeichnung dieses Bildes auf dem Recorder fehlte noch immer die Bewegung. Deswegen werden immer häufiger Geräte eingesetzt, die längere Sequenzen nicht mehr auf den üblichen Bandspeichern aufzeichnen, sondern in digitaler Form auf Halbleiterspeicher oder Festplatten. Sie bieten die Möglichkeit, größere Datenmengen (mehrere Bilder) festzuhalten und wiederzugeben. So lassen sich durch ein „Schieberegisterverfahren" Bildsequenzen aufzeichnen, die zeigen, wie ein Alarm entstanden ist. Erreicht wird dies durch die Speicherung einer Bildfolge von mehreren Sekunden, deren älteste Inhalte zugunsten der neuesten immer wieder gelöscht werden. Durch einen Alarm wird dieser Ablauf unterbrochen. Werden die letzten Bilder vor dem Stop abgerufen, so kann daraus die Entwicklung, die zum Alarm geführt hat, abgeleitet werden. Diese faszinierende Möglichkeit wird zur Zeit noch in der Anwendung gebremst durch eine „unhandliche" Bedienung. Abrufbar ist der Speicherinhalt nur über relativ komplexe Bedienschritte, die für die Anwendung in einer Werkschutzzentrale noch ungeeignet sind.

Für eine Kostengegenüberstellung ist die Erkenntnis wesentlich, daß die Auslösung eines Alarms immer zur Aufschaltung mehrerer Kameras führt. Geländeform aber auch organisatorische Überlegungen und Kostengründe führen zur Zuordnung von mehreren Kameras zu einer Alarmzone. Zur Aufzeichnung ist die gleiche Anzahl von Recorder notwendig. Da außerdem mit mehreren Alarmen kurz hintereinander gerechnet werden muß und deren zugeordnete Kamerabilder auch aufgezeichnet werden sollen, erfordert die „Recorderlösung" erheblichen Aufwand. Durch den Einsatz geeigneter digitaler Video-Bildspeicher sind alle Möglichkeiten bezüglich der Rückverfolgung von Alarmursachen sowie der Speicherung von Bildinhalten mehrerer Kamerabilder offen gehalten. Der Nachteil, wie schon erwähnt, ist die Bedienbarkeit solcher Geräte, die eigentlich ein schnelles Wiederauffinden der interessanten Sequenzen ermöglichen sollen. Leider braucht man für den Großteil dieser Anlagen Bedienerschulung in erheblichem Umfang, so daß der gewünschte Effekt der Arbeitserleichterung nur wenig zum Tragen kommt.

Die nächste Komponente der Videozentrale ist für die Darstellung der Bilder zuständig. Dazu werden Monitore benötigt. Für den Anwender wichtig ist die Größe des Bildschirms. Angegeben wird als Maß die Bildschirmdiagonale in Zoll oder Zentimeter. Die Standardausführungen haben 23, 31 und 44 cm, in Ausnahmefällen werden auch Monitore mit 61 cm eingesetzt. Welche Monitorgröße eingesetzt wird, hängt weitgehend vom Betrachtungsabstand des Bewachungspersonals ab. Die richtige Wahl hat wesentlichen Einfluß auf die Ermüdung des Betrachters, der vor allem die Zeilenstruktur des Bildschirms nicht wahrnehmen soll. Dafür ist eine gewisse Qualität des Monitors erforderlich und ein Abstand von etwa dem 5- bis 7-fachen der Bildschirmdiagonale. Daraus sind Abstände von etwa 1,5 bis 3 m ableitbar.

Für die Berechnung der Darstellungsgröße eines Objektes auf dem Monitor gilt die bereits beschriebene Formel. Es müssen Brennweite, Diagonale des Bildaufnehmers, der Objektabstand und die Objektgröße sowie die Monitordiagonale bekannt sein. Diese Berechnung sollte immer wieder angestellt werden zur Vergegenwärtigung der Größe eines Menschen auf dem Monitor in einem Abstand von 50 m zur Kamera. Um ein Beispiel zugeben: ein 2 m großer Gegenstand ist auf einem 31 cm-Monitor nur knapp 3 cm groß, wenn er von einer Halbzoll-Kamera mit einem Objektiv mit 16 mm Brennweite aufgenommen wird und sich in 50 m Entfernung von der Kamera befindet.

Die schon im Abschnitt über die Kameras festgehaltenen Nachteile der Farbtechnik bei der Freigeländeüberwachung erhalten durch die Anzeigetechnik zusätzliche Argumente. Beim heutigen Stand der Technik ist die Detailerkennbarkeit (Auflösung) und die Lichtempfindlichkeit der Farbkameras wesentlich geringer und damit die Anzeige auf den Monitoren in der Zentrale entsprechend schlechter erkennbar.

1.4.4.3 Sonstige Zentraleinbauten

In der Sicherungszentrale sind noch weitere Komponenten zur Abhandlung von Alarmen eingebaut. Dazu zählen Alarmierungs- und Kommunikationsmittel sowie Tableaus zur Darstellung der Alarmsituation. Sie dienen dem Bedienungspersonal zur besseren Übersicht im Ernstfall. Dargestellt wird üblicherweise der Überwachungsbereich mit den Meldebereichen in einem der Raumgröße und dem Betrachtungsabstand angepaßten Maßstab. Die Anzeige der Alarme erfolgt mit roten LEDs, weitere Systemzustände, wie „Eingeschaltet" oder „Abgeschaltet", werden mit anderen Farben dargestellt. Anstatt der Tableaudarstellung werden bei größeren Anlagen heute Informationssysteme auf PC-Basis genutzt. Die Programme haben die Aufgabe, im Alarmfall dem Personal in der Zentrale möglichst schnell alle für die Alarmabhandlung wesentlichen Daten zur Verfügung zu stellen, so daß ein streßfreies Arbeiten möglich ist.

Über die Alarmierungs- und Kommunikationsmittel hält das Personal in der Sicherheitszentrale Kontakt mit den Einsatzkräften. Die im Bereich der Standard-, Einbruch- und Überfallmeldetechnik eingesetzten Alarmierungsmittel, wie Blitzlicht, Sirene und Polizei-Hauptmelder finden allerdings hier keine Anwendung, da es sich um ständig besetzte Zentralen handelt. Die wichtigsten Hilfsmittel sind Funkgeräte. Sie erlauben es der Zentralenbesatzung, den Einsatz der eingreifenden Mannschaft zu koordinieren und zu leiten. Vielfach werden diese Geräte auch zur Wächterkontrolle benutzt, da sie bei den üblichen Rundgängen als Kommunikationsmittel mitgeführt werden. Der zeitliche und örtliche Ablauf des Rundganges wird zu diesem Zweck in einem PC eingespeichert. Über eine Schnittstelle ist dieser mit der Empfangszentrale der Funkanlage verbunden. Geht der Wachmann an den Kontrollstellen vorbei, so wird ein automatischer Funkruf an die Zentrale abgesetzt, der die Kennung des Gerätes und der Kontrollstelle enthält. Das Überwachungsprogramm vergleicht die Daten mit den abgespeicherten Werten und löst bei

Abweichungen Alarm aus. Längst werden diese Einrichtungen nicht mehr zur Kontrolle der Wächter eingesetzt, sondern zu deren Schutz. Viele Funkgeräte sind außerdem mit einer „Totmannschaltung" ausgestattet. Sie löst einen Notruf zur Zentrale aus, wenn das Gerät in eine bestimmte Lage gebracht wird. Diese Funktion stellt einen weiteren Schutz des Wachpersonals bei Überfällen dar.

Weitere Hilfsmittel zur Kommunikation sind Gegensprech- und Personenrufanlagen sowie Lautsprecheranlagen zur Alarmierung des Personals.

Die Stromversorgungseinrichtungen können ebenfalls diesem Kapitel zugeordnet werden. Sie haben die Aufgabe, alle Komponenten der Freigeländesicherung mit Energie zu versorgen. Um gegen Ausfälle sicher zu sein, werden verschiedene Notstrom-Konzepte angeboten. Je nach Wunsch des Anwenders besteht die Möglichkeit, nur bestimmte Teile, wie Sensoren und EMA, oder auch die komplette Anlage mit Kameras und Beleuchtung vom öffentlichen Netz unabhängig zu betreiben. Dazu werden im einfachsten Fall Batterien verwendet oder bei größerem Umfang unterbrechungslose Stromversorgungen mit einer Kombination aus Gleich- und Wechselrichter – USV genannt – eingesetzt. Häufig stehen auch Notstrom-Aggregate (dieselmotorgetriebene Generatoren) zur Verfügung. In diesem Fall muß nur die kurze Zeitspanne zwischen Stromausfall und Hochlauf des Diesels überbrückt werden. Wichtig ist, daß die angeschlossenen Geräte von dem Ausfall nichts merken, also verzögerungsfrei auf den Notbetrieb umgeschaltet wird, da es sonst zu unerwünschten Meldungen oder anderen Störungen kommt.

1.4.4.4 Zusammenwirken der Komponenten

Die oben beschriebenen Geräte müssen über Schnittstellen miteinander verknüpft werden, um einen sinnvollen Ablauf sicherzustellen. Wichtig ist vor allem das Zusammenspiel von Gefahrenmeldeanlage und Kreuzschiene. Eine Übersicht über das Zusammenwirken aller Komponenten ist Abb. 1.57 zu entnehmen.

Am besten lassen sich die Zusammenhänge am Beispiel eines Alarmes erläutern. Hat der Sensor am Zaun einen Alarm sicher erkannt, so wird dieser durch das Setzen eines Kontaktes der Gefahrenmeldeanlage übermittelt. Diese informiert das Bedienungspersonal optisch und akustisch über die Gefahrensituation. Gleichzeitig übergibt sie über verschiedene Schnittstellen die Alarminformation an weitere Komponenten. Dies ist z. B. ein Protokolldrucker, der die Meldung mit Datum und Uhrzeit festhält, sowie das Tableau, auf dem der Alarmort mit einer roten LED gekennzeichnet wird. Außerdem wird die Kreuzschiene angesteuert. Sie hat einprogrammiert, welche Kameras aufgrund der Alarmmeldung aufzuschalten sind und schaltet sofort diese auf die dafür vorgesehenen Monitore. Ferner bewirkt die Meldung den Start der Time-Lapes-Recorder, die die Alarmsequenz abspeichern. Je nach installierter Beleuchtungsart können bei Bedarf auch Leuchten durch die Meldeanlage eingeschaltet werden.

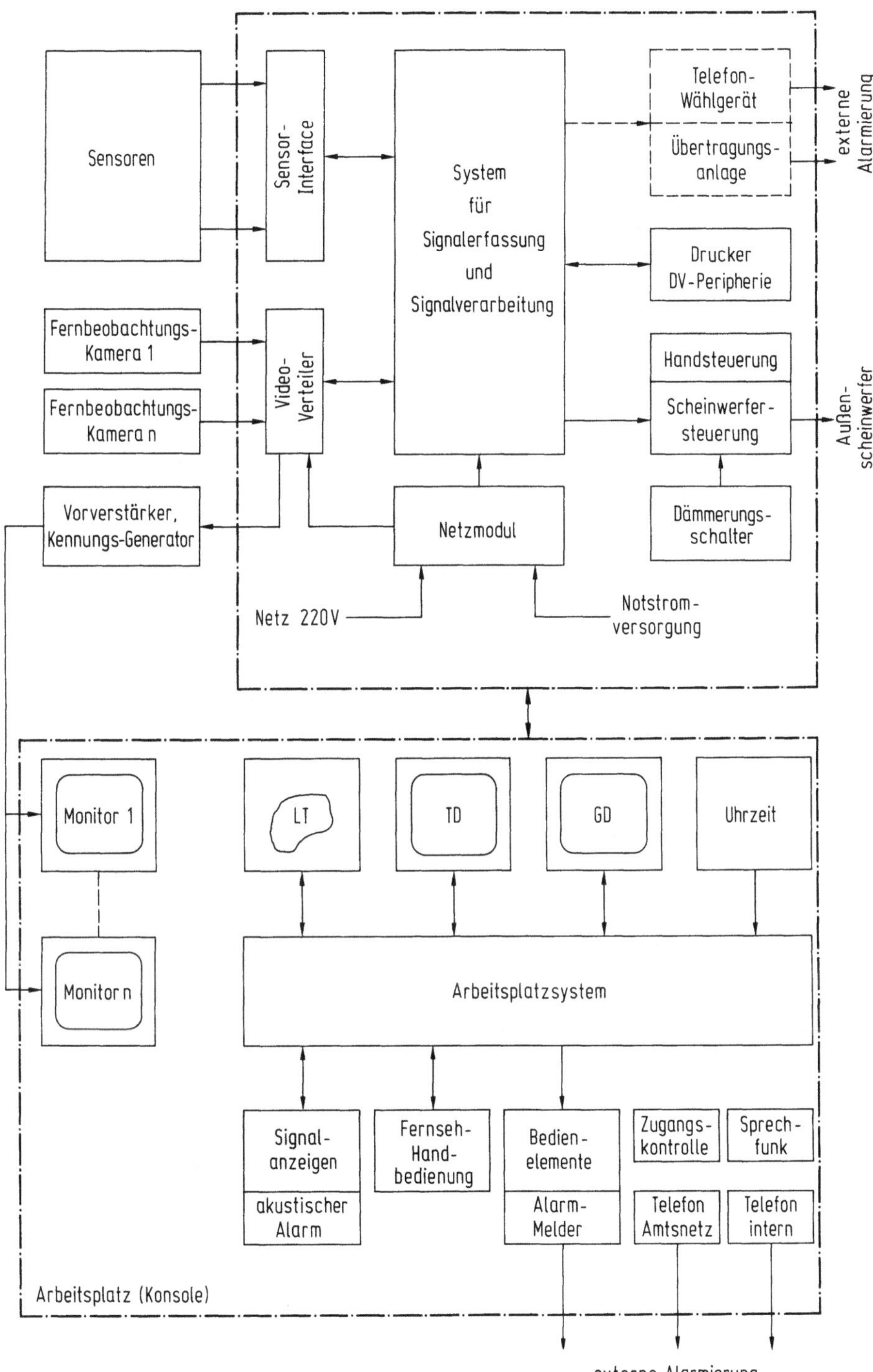

Abb. 1.57. Zusammenwirken der Komponenten in einer Zentrale. *LT* Lageplantableau, *TD* Textdarstellung, *GD* Grafische Darstellung

1.5 Ausführung von Freigelände-Überwachungsanlagen

Nach der Darstellung aller technischen Komponenten sind sehr viele Ausgangsdaten bekannt. Um eine Freigeländeüberwachungsanlage bauen zu
können, fehlt noch die Behandlung der organisatorischen Gesichtspunkte. Aus
der Sicht des Anwenders muß plausibel geklärt werden, welche der vielen
technischen Möglichkeiten angemessen zu realisieren ist. Dazu ist in der
Planungsphase die Bedrohungsanalyse festzulegen, in der Ausführungsphase
auf eine entsprechende Bauleitung zu achten und schließlich in der Betriebsphase für die Pflege der Systeme zu sorgen. Dieser Ablauf ist im folgenden
Abschnitt der Leitfaden.

1.5.1 Planung

Zwei Faktoren sind für die Planungsphase bestimmend: zum einen muß eine
Istaufnahme den tatsächlichen Zustand aller sicherheitsrelevanten Einrichtungen in technischer und organisatorischer Hinsicht klären; zum anderen legt
eine Bedrohungsanalyse fest, welche Risiken in eine Aktivität zur Verbesserung
einbezogen werden müssen. Die folgenden Hinweise sind als eine Art
Checkliste zu verstehen, die jeder Anwender bei der Planung einer Freigeländesicherungsanlage seinen Überlegungen zugrunde legen kann. Abbildung 1.58 zeigt den Zusammenhang der einzelnen Planungsschritte. Für die
Unterstützung in diesen Fragen stehen einige wenige Ingenieurbüros und
Fachfirmen zur Verfügung. Durch die Enge des Marktes konnten sich nur
wenige Fachleute in diesem Bereich etablieren. Ein wichtiges Kriterium bei der
Auswahl einer beratenden Fachfirma ist die Breite des angebotenen Produktspektrums. Eine Firma, die nur ein einziges Produkt herstellt und anbietet ist
sehr schnell bereit, alle anstehenden Aufgaben mit diesem einen Produkt zu
lösen. Wie an anderer Stelle beschrieben, gibt es den idealen, alle Ansprüche
befriedigenden Sensor nicht, so daß Kompromisse festgelegt werden müssen.
Die Einbeziehung von einem auf diesem Sektor spezialisierten Ingenieurbüro
oder einer Fachfirma mit entsprechend breitem Wissen ist sicher zweckmäßig.
   Die Istaufnahme muß folgende Problemkreise berücksichtigen (vgl. auch
Abb. 1.59):
- personelle Resourcen, Ausbildungsstand des Werkschutzpersonals;
- Anzahl und Art der Zugänge und Personaleinsatz zur Kontrolle;
- Art und Zustand der Umzäunung und Bestreifung;
- vorhandene technische Hilfen wie Zugangskontrollsysteme, Brandmeldeanlagen, Kameras;
- vorhandene organisatorische Vorsorgen, wie Besucherbetreuung, Behandlung firmenfremder Arbeitskräfte oder Risk-Management in Katastrophenfällen.

Diese und weitere Punkte zeigen sehr schnell Mängel im Sicherheitsbereich
einer Firma auf. Um ein Beispiel herauszugreifen: In einem Metallbetrieb kann

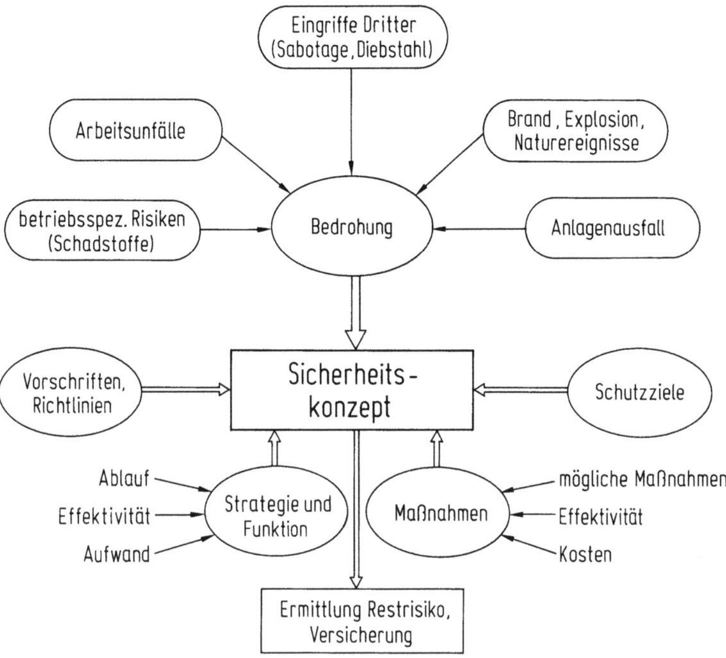

Abb. 1.58. Planung komplexer Sicherheitssysteme

Abb. 1.59. Checkliste zur Konzepterstellung

die Überflutung der Abwasseraufbereitung eine Fertigung sehr schnell stillegen. Wenn die Pumpenanlagen in einem Keller an der äußeren Umgrenzung des Werkes liegt, das Kellerfenster nicht gesichert ist und daneben ein leicht zugängiger Hydrant sich befindet, dann ist es Glücksache, wenn noch keine Schäden eingetreten sind. Es gibt immer interessierte Kreise, die der Umgebung aufzeigen wollen, wie schnell ein Industriebetrieb die Umwelt schädigen kann und schon ist das Verhältnis zu den Anreinern gestört. Zur Erkennung solcher Sicherheitslücken bedarf es einer Kombination von Personen aus der Firma, die den Funktionsablauf des Betriebes und die Folgen einer Störung beherrschen und Sicherheitsfachleute, die den richtigen Blick für Mängel im baulichen oder organisatorischen Bereich haben.

Die Vorbereitungen münden schließlich in eine Ausschreibung. Über den Inhalt bestehen sehr unterschiedliche Meinungen. Der möglichst präzise Text steht einer rein funktionellen Ausschreibung gegenüber. Die funktionelle Methode beschränkt sich auf eine Beschreibung des erwünschten Ergebnisses und überläßt es dem Anbieter, welchen Weg er dahin vorschlägt. Es setzt ein erhebliches Vertrauen zwischen den beiden Partnern und viel Fachwissen beim Anbieter voraus. Auch ist der Arbeitsaufwand für den Anbieter größer, muß er doch selbst die Massen und Stückzahlen ermitteln. Für den Auftraggeber hat das Verfahren Vorteile. Er legt sich nicht vorschnell auf ein physikalisches Detektionsprinzip – und damit häufig auch auf ein Produkt sowie auf einen Anbieter fest, sondern ist offen für viele technische Lösungen. Allerdings sind viele Ingenieurbüros überfordert mit dieser Ausschreibungsart, da das Formulieren von Funktionen, wie Detektionssicherheit oder -wahrscheinlichkeit, oft schwerer ist, als die reine Benennung einer bestimmten Anzahl von Komponenten. Da jedoch der Preisvergleich zwischen den verschiedenen Anbietern anhand einer präzisen Liste von Geräten, Kabeln, Betonsockeln und anderen wesentlich einfacher ist, bleibt diese Methode im Vordergrund.

1.5.2 Errichtung und Abnahme

Hat sich der Auftraggeber entschieden, beginnt der Bau der Anlage. Oft fängt dies mit dem Roden oder Ausschneiden von Schneisen zur Schaffung von deckungsfreien Zonen an. Heute sind dafür entsprechende Genehmigungen vorher einzuholen und Absprachen mit Gemeindeverwaltungen, Polizei oder auch Nachbarn zu treffen. Der Bau der Anlage selbst wird mit wenigen Ausnahmen durch die entsprechenden Fachfirmen durchgeführt. Für eine gewisse Baubegleitung muß jedoch der Auftraggeber in jedem Falle sorgen und entsprechend fachlich geeignetes Personal stellen. Durch die Beauftragung eines Generalunternehmers wird sichergestellt, daß für alle Gewerke nur ein Gesprächspartner auf der Auftragnehmerseite dem Auftraggeber gegenübersteht. Er hat dann auch die Aufgabe, alle Schnittstellen zu koordinieren und entlastet so den Nutzer.

Schließlich wird die Bauphase mit der Abnahme abgeschlossen. Die sensorbezogenen Tests, wie Schneide- und Kletterversuche oder sonstige Überwindungsversuche wurden bereits beschrieben. Zur Abnahme zählen jedoch auch das Austesten der Übertragungsleitungen, die Kontrolle der Schnittstellenfunktionen der Meldeanlage (werden z. B. im Alarmfall die richtigen Kameras aufgeschaltet?) und das Nachvollziehen von Sabotagemöglichkeiten. In einem Protokoll werden die Ergebnisse festgehalten und sind so nachvollziehbar. Besonders für die folgende Phase der Instandhaltung sind diese Aufzeichnungen wichtig.

Zur Verifizierung der Rate unerwünschter Meldungen ist ein Betrieb über einen längeren Zeitraum notwendig. Der zeitliche Ablauf und die vom

Errichter geforderte Betreuung der Anlage in dieser Phase ist in der Ausschreibung entsprechend festzulegen.

Schließlich ist noch die Schulung des Personals in der Anlagenbedienung sicherzustellen. Dazu sind entsprechende Unterlagen vom Auftragnehmer bereitzustellen. Sie sind Teil der Dokumentation, die einen unentbehrlichen Bestandteil einer Freigeländedetektionsanlage darstellt.

1.5.3 Instandhaltung

Als Instandhaltung wird die Summe aller Maßnahmen zur Bewahrung und Wiederherstellung der Funktionsbereitschaft sowie zur Feststellung des Istzustandes eines Systems bezeichnet. Die Maßnahmen umfassen:
- Wartung,
- Inspektion,
- Instandsetzung,

und schließlich die Abstimmung der Instandhaltungsziele und das Festlegen der entsprechenden Strategien ein.

Für die Wartung sind die Vorgaben der Hersteller maßgebend. Sie müssen mit den betrieblichen Gegebenheiten abgestimmt werden, da i. allg. für die Tätigkeiten die Systeme abgeschaltet werden müssen.

Die Inspektion umfaßt die Maßnahmen zur Feststellung und Beurteilung des Istzustandes der Anlage. Dazu müssen z. B. die Detektionseigenschaften überprüft werden. Am einfachsten ist die Wiederholung der Abnahme oder Teile daraus. Zur Inspektion zählt aber auch die Sichtkontrolle der Zäune oder der Test der Übertragungseinrichtungen. Wartung und Inspektion werden überwiegend in einem Schritt ausgeführt. Wichtig für den Betreiber ist eine saubere Dokumentation der Ergebnisse, damit Veränderungen frühzeitig entdeckt werden.

Mit dem Abschluß eines Wartungsvertrages ist für den Betreiber jedoch nur die Pflege der Technik gesichert. Genauso wichtig für die Anlagen zur Freigeländesicherung ist die Pflege des Geländes. Dieser Punkt wird in seinem Umfang häufig unterschätzt. Oft ist auch nur eine schlechte oder mißverständliche Absprache zwischen Auftraggeber und Auftragnehmer die Ursache für Funktionsmängel einer Anlage. Empfehlenswert ist daher eine präzise Formulierung der Arbeiten. Dies gilt für die Pflege des Zauns (Nachspannen, Entfernen von Ästen o. ä.) ebenso wie für notwendige Einstellungen an den Systemen bei Änderung der Bodenverhältnisse.

1.6 Betrachtungen zu Kosten und Nutzen

Zuerst zu den Kosten. Es ist relativ einfach, die Preise der Detektoren miteinander zu vergleichen oder die Preise der einzelnen Komponenten zusammenzuzählen. Dennoch wird sich jeder Anlagenbauer zurückhalten, wenn es um Pauschalaussagen über einen Preis pro Meter für ein bestimmtes Projekt geht. Was ist so schwierig daran? Es ist einfach die Gefahr, daß „Äpfel mit Birnen" verglichen werden und somit ein falsches Bild über Kosten und Nutzen einer Perimeterdetektionsanlage entsteht. Um dies auszuschließen, muß zuerst die Aufgabe richtig definiert werden. Dazu zählt die Vorgabe der Detektionssicherheit ebenso wie eine klare Vorstellung über die zulässige Falschalarmrate.

Natürlich gibt es Anhaltspunkte. Für einen Kostenvergleich ist ein einheitliches Modell mit idealisierten Rahmenbedingungen notwendig. Dadurch werden jedoch geländespezifische Vor- und Nachteile der einzelnen Systeme relativiert und über den Sicherungsnutzen nichts ausgesagt. Wie erwähnt, müssen diese Punkte objektspezifisch festgelegt werden. Für den auf Abb. 1.60 dargestellten Kostenüberblick wurden folgende Rahmenbedingungen als Basis für das Grundstück gewählt: ebenes Rechteck, eine zentrale Zu- und Ausfahrt mit 15 m Breite, Abmessungen 125 × 75 m (enspricht 400 m Zaunlänge).

Eingerechnet sind folgende Komponenten:
- Zentrale: Gefahrenmeldeanlage mit allen Komponenten, Verteiler, Stromversorgung, Überspannungsschutz, Protokolldrucker, Lageplantableau, Kreuzschiene, Bildaufzeichnung und Monitore.
- Sensor: alle Sensorkabel oder -drähte, Auswerteeinheiten, Fundamente und sonstiges Zubehör.

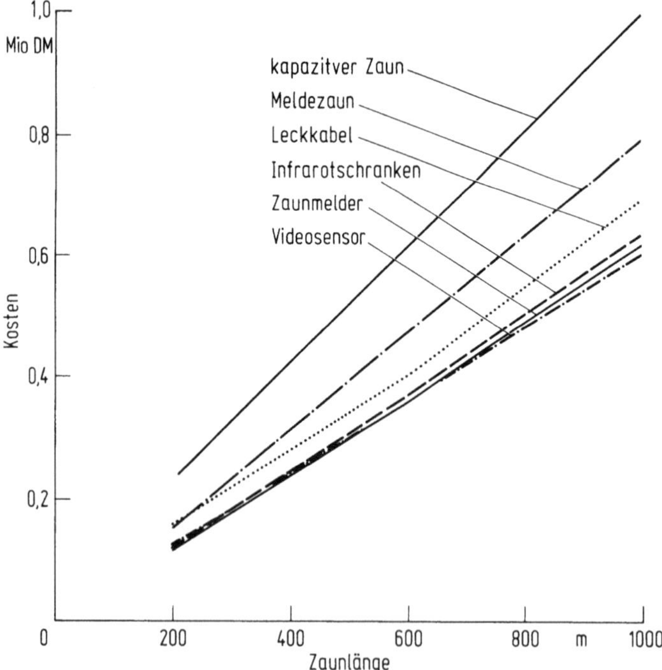

Abb. 1.60. Kosten einer Freigelände-Sicherungsanlage

- Fernbeobachtung: CCD-Kameras mit Wetterschutzgehäuse und Zweidrahtsender, feuerverzinkte Masten mit 5 m Länge über Grund, mit Fundament, es ist ein Kameraabstand von etwa 40 m vorgegeben.
- Verkabelung: Es sind alle für die Verkabelung der Sensoren und der Videoanlage notwendigen Kabel und Arbeiten inclusive der Tiefbauarbeiten eingerechnet.
- Zaun: Stahlgitterzaun, Gitterweite 50 × 200 mm, die Höhe ist 2 m über Grund, Ausleger einseitig, 50 cm lang, mit Stacheldrähte belegt, mit Fundamente fachgerecht gebaut.

Mit diesen Basisdaten wurde ein Kostenvergleich für sechs Sensorarten erstellt. Folgende Vorgaben wurden zugrunde gelegt:
- Videosensor: Es ist keine Gefahrenmeldeanlage eingerechnet. Die Alarmanzeige und -bearbeitung erfolgt über das Bedienfeld der Videosensorzentrale.
- Zaunmelder: Es wurde eine Sensorkabelversion gewählt.
- Infrarotschranken: Es sind Säulen mit 2,5 m Höhe und vier Strahlen berücksichtigt.
- Leckkabel: Für die Meldungsübertragung ist kein eigenes Kabelnetz vorgesehen, da die Übertragung über die Leckkabel erfolgen kann.
- Meldezaun: Es ist kein zusätzlicher Zaun eingerechnet. Das Modell enthält einen 2 m hohen Sensorzaun mit 60 cm langen Auslegern, die bei Belastung einen Alarm auslösen.
- Kapazitiver Zaun: Dafür ist eine Doppelzaunanlage eingerechnet. Der Innenzaun ist zugleich Trägerzaun für die Mechanik des Feldsystems. Beide Zäune sind mit 2 m Höhe angenommen. Das Überwachungssystem ist mit einer Detektionshöhe von 4 m ausgestattet. Diese Variante unterscheidet sich durch die Doppelzaunanlage und die Überwachungshöhe qualitativ erheblich von den anderen.

Der Kostenüberblick zeigt, daß die Systeme in einem engen Rahmen zusammenliegen. Natürlich gibt es zwischen den Produkten der einzelnen Anbieter Unterschiede, die aber im Gesamtumfang einer kompletten Anlage nicht zu wesentlichen Verschiebungen führen. Es ist immer von einer Größenordnung von 600 000 DM/km mindestens auszugehen, wenn die Anlage seinen Sinn und Zweck erfüllen soll. Der relativ enge Preisrahmen sollte um so mehr ein Grund sein, nicht den Preis des einzelnen Detektors als erste Entscheidungsgrundlage zu wählen, sondern den Nutzen der kompletten Anlage, zugeschnitten auf die Bedürfnisse des speziellen Objektes.

Die Kosten sind somit aufgezeigt, was ist der Nutzen? Darüber wurde in der Vergangenheit viel Sinnvolles und auch Unsinniges gesagt und geschrieben. Bei einer Analyse des Unsinnigen fällt auf, daß immer wieder drei „Binsenwahrheiten" vergessen wurden:
- Jeder Detektor ist mit entsprechenden Hilfsmitteln und Zeit überwindbar. Es gibt also keinen absoluten Schutz!
- Der Mensch entscheidet, ob ein Alarm eine Bedrohung darstellt und wie darauf zu reagieren ist. Die Technik kann unterstützen, ersetzt aber den Menschen nicht!

– Ein Detektor alleine bringt nichts. Gefordert ist ein Paket aus einer abgestimmten Mischung mit mechanischen, administrativen und elektrischen Maßnahmen.

In der Folge wurden oft überzogene Forderungen gestellt und von den Anbietern nicht vorhandene Leistungsmerkmale zugesagt. Mit anderen Worten: die Grenzen der Systeme wurden verkannt. Viele Anwender reagierten daher in letzter Zeit häufig mit Skepsis, wenn es um das Thema Freigeländesicherung ging.

Nun hat sich die Bedrohungslage in den vergangenen Jahren verändert. Politisch motivierte Anschläge auf Behörden oder Firmeneinrichtungen sind seltener in den Schlagzeilen zu finden. Jedoch sind viele „unscheinbarere" Ereignisse bekannt, die zwar nicht auf den Titelseiten stehen, jedoch für die Betroffenen äußerst unangenehme Folgen haben können. Ob es das Neuwagenlager, das von organisierten Banden als „Selbstbedienungsladen" genutzt wird, oder der kommunale Fuhrpark ist, der von einem entlassenen Mitarbeiter eingeäschert wurde, es sind zum einen nur schwer versicherbare Werte, zum anderen nicht errechenbarer Ärger, Verluste an Image und beeinträchtigtes Kundenvertrauen.

Natürlich kann man nicht behaupten, daß diese Fälle mit den beschriebenen Detektionssystemen auf jeden Fall verhindert worden wären. Doch jeder, der für Sicherheit verantwortlich ist und Fürsorgepflicht für Einrichtungen und Mitarbeiter übernimmt, wird sich fragen, ob alles unternommen wurde, was zur Verhinderung solcher und ähnlicher Ereignisse notwendig ist. Die erwähnten Fälle sind Vergangenheit, aber nur auf den Zufall zu hoffen und nach dem Motto „uns ist so etwas noch nie passiert...." zu verfahren, hieße, aus dem Schaden (anderer) nicht lernen zu wollen! Die technischen Möglichkeiten zu nutzen und damit das Sicherungsniveau anzuheben ist immer besser, als sich auf mehr oder weniger vorhandene bauliche Maßnahmen oder die personelle Bewachung zu verlassen. Daß es nur eine Reduktion des Risikos gibt, wurde bereits mehrfach erwähnt (vgl. dazu Abb. 1.61).

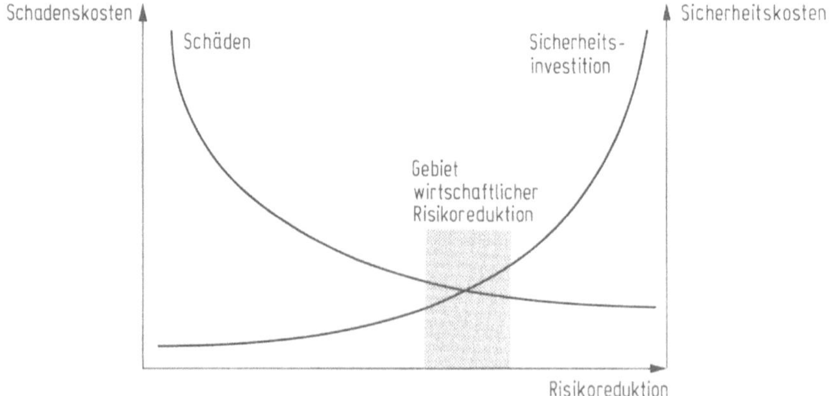

Abb. 1.61. Risikoreduktion durch Sicherheitsinvestition

Durch den Einsatz von Elektronik ist eine lücken- und pausenlose Überwachung an der Grundstücksgrenze möglich. Diesen entscheidenden Nutzen kann weder ein Zaun noch eine Bewachung alleine erbringen. Es gibt also hinreichend gute Gründe, die Technik zur Geländeüberwachung einzusetzen.

1.7 Ausblick

Was hat der Anwender in der nächsten Zeit Neues zu erwarten? Zunächst werden die schon mehrfach angesprochenen verbesserten Auswertealgorythmen der einzelnen Sensoren im Vordergrund stehen. Dazu wird der Austausch der Software oder Firmware in den Auswerteeinheiten ausreichen. Seltener wird der Anwender an Leistungsgrenzen stoßen, die einen teuren Hardware-Austausch zur Folge haben, oder sogar die Resignation von Hersteller und Nutzer vor den Problemen mit Detektionssicherheit und unerwünschten Meldungen führen. Der nächste Schritt ist die intelligente Verknüpfung mehrerer verschiedener Sensor-Meßwerte. Abbildung 1.62 zeigt

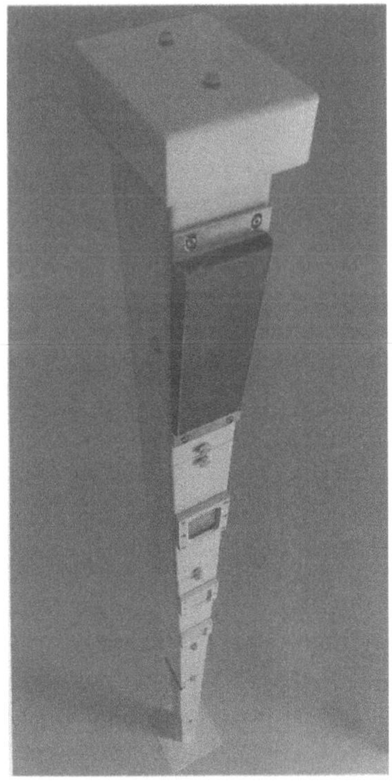

Abb. 1.62. Beispiel für eine moderne technische Lösung: Kamera, Infrarotscheinwerfer und Zaunkronen-Überwachung (Passiv-Infrarot-Melder) in Kombination (Werkfoto MBB)

die Kombination aus mehreren Sensoren mit Kamera und Beleuchtung in einer Säule zusammengefaßt. Begünstigt durch immer preisgünstigere Aufnehmer, wie Laser-Scanner, Lichtwellenleiter oder Passiv-Infrarot-Elemente, wird der Schwerpunkt auf die leicht änderbare softwaremäßige Auswertung in immer mächtigeren Rechnern verschoben. Als besonders innovativ wird sich die Kameraaufnahme- und Übertragungstechnik erweisen. Durch den riesigen Consumer-Markt sind die Kamerakosten in ständiger Bewegung nach unten, ebenso die Übertragungskosten bei Einsatz der Lichtwellenleitertechnik. Die Lösungen für zwei Problemfelder können daraus abgeleitet werden. Zum einen liegt die Verbesserung der Videosensorik durch die Einführung der Dreidimensionalität nahe. Dies kann durch den Einsatz mehrerer Kameras, die die gleiche Szene aus verschiedenen Blickwinkeln beobachten, erreicht werden. Erkennbar und meßbar wird dadurch das Objektvolumen und die relative Bewegungsgeschwindigkeit. Zum anderen ist eine Vermischung der anspruchsvollen Bildübertragung mit der simplen Meldungsübertragung in einem System die logische Konsequenz. Das sind nur einige wenige Ausblicke in die Zukunft. Bei aller Faszination darf jedoch nicht der Zweck der Anlagen vergessen werden. Sie dienen der Entlastung des Menschen und sollen ihn in seiner Entscheidung unterstützen, sie können und sollen ihm aber diese nicht abnehmen.

1.8 Literatur

1. Empfehlungen für Geländeüberwachungsanlagen, Zentralverband Elektrotechnik- und Elektronikindustrie (ZVEI), Fachabteilung Gefahrenmelde- und Signaltechnik im Fachverband Informations- und Kommunikationstechnik, Frankfurt/M. 1986
2. Schiffl P (1988) Elektronische Sicherungstechnik, Boorberg, Stuttgart, Hannover, München
3. Den Dooven L (1988) Perimeterschutz. Maschinenmarkt Nr.94, Vogel Würzburg
4. Steindl JW (1989) Perimeterdetektion. Defence Report Nr. 28
5. Steindl JW (1990) Unter Kontrolle. Maschinenmarkt Nr. 10, Vogel Würzburg
6. Pühl H (1991) Projektierung von Video-Überwachungsanlagen. W und S Nr. 10

2 Zutrittskontrolle

Intelligenztäter klettern heutzutage nicht mehr heimlich nachts über Zäune und brechen Türen auf oder steigen in Fenster ein. Sie tarnen sich bevorzugt als Mitarbeiter oder harmlose Besucher eines Unternehmens und versuchen, sich auf diese Weise in Dienststellen und Betriebe einzuschleusen, um ihrem kriminellen Gewerbe nachzugehen. Dabei helfen ihnen sicheres und gewandtes Auftreten, kühle Berechnung und eine gehörige Portion Unverfrorenheit und Unverschämtheit.

Das Risiko, Opfer dieser kriminellen Aktivitäten zu werden, steht in keinem unmittelbaren Zusammenhang zur eigentlichen Größe des Unternehmens. Wie in allen industriellen Großbetrieben ist auch in Unternehmen, die für den militärischen Sektor arbeiten, eine effektive Zutrittskontrolle schon lange ein unerläßliches Muß und nur eine der zahlreichen und wichtigen Aufgaben des Werkschutzpersonals. Eine elektronische Zutrittskontrolle entlastet die Wachkräfte und bietet nicht nur den Unternehmen einen zusätzlichen und wirksamen Schutz, sondern schützt auch die Sicherheitskräfte selbst, da diese keiner unmittelbaren und überraschenden Bedrohung mehr ausgesetzt sind.

Doch auch mittelständische Unternehmen und Kleinbetriebe, bevorzugt High-Tech-Betriebe mit neuen innovativen Entwicklungen und Softwarehäuser, sind interessante und lohnende Objekte für Saboteure und Werkspione. Das trifft auch auf öffentliche Dienststellen und Ämter mit regem oder auch nur gelegentlichem Publikumsverkehr zu. Die dort beschäftigten Mitarbeiter oder das Wachpersonal wären überfordert, alle Mitarbeiter persönlich kennen oder harmlose Besucher vom böswilligen Intruder unterscheiden zu müssen. Sabotage und Werkspionage können für ein Unternehmen existenzgefährdend sein.

Ein neues Produkt, das nicht rechtzeitig auf den Markt kommt oder dessen Markteinführung soweit verzögert wird, daß ein konkurrierendes Unternehmen gleichzeitig oder vielleicht sogar früher ein ähnliches Produkt auf den Markt bringen kann, kostet unter Umständen nicht nur sehr viel Geld, sondern zieht auch den Verlust von entscheidenden Marktanteilen nach sich, vom enormen Imageverlust ganz zu schweigen. Derselbe Effekt tritt ein, wenn es durch Werkspionage gelingt, einem interessierten Konkurrenzunternehmen wichtige Forschungs- und Entwicklungsergebnisse zugänglich zu machen. In diesem Fall kann die Konkurrenz, durch die Ersparnis an Personal- und Entwicklungskosten dasselbe Produkt unter einem anderen Namen weitaus kostengünstiger vertreiben und seine Absatzchancen erhöhen.

Gelingt es einem Saboteur, jahrlangen Forschungs- und Entwicklungsaufwand zunichte zu machen oder eine termingerechte Fertigstellung und Markteinführung zu verhindern, ist das Resultat gleichfalls verheerend.

Auch wenn diese durchaus realistischen worst case nicht eintreten, so kostet es ein Unternehmen immense Summen, wenn wichtige Firmenunterlagen verschwinden oder vernichtet werden.

Bedenkt man zudem, daß die Durchführung einer Sabotageaktion auch Menschenleben gefährden kann, so ist es heute unerläßlich, den Zutritt zu Gebäuden, und innerhalb derselben besonders wichtige und schützenswerte Bereiche, durch ein Zutrittskontrollsystem zu sichern und die zeitlichen und personellen Begehungen durch eine elektronische Zutrittskontrollanlage zu regeln und zu kontrollieren. Eine besondere Rolle kommt dabei auch der Überwachung der Begehungen besonders sensitiver Räume zu, in denen vertrauliche, streng vertrauliche, geheime, streng geheime oder auch nur firmenwichtige Unterlagen aufbewahrt werden. Dieses Sichern, Überwachen und Kontrollieren der Begehungen wird heutzutage sinnvollerweise durch eine elektronische Zutrittskontrolle wahrgenommen.

Im Sinne des Betriebs- und Datenschutzes fallen darunter alle Maßnahmen, die den Zutritt zu bestimmten Räumen oder Bereichen nur einer ausgewählten Personengruppe zugänglich machen und gleichzeitig eine Protokollierung der Bewegungsvorgänge innerhalb der Sicherheitsbereiche vornehmen.

Gehen wir bis zu Anfängen der Geschichtsschreibung zurück, so finden sich immer wieder Beispiele, die verhindern sollten, daß unerwünschte oder nicht berechtigte Personen in Bereiche gelangen, in denen sie nicht erwünscht waren. Als herausragende Beispiele des menschlichen Erfindungsgeistes lassen sich die verworrenen Labyrinthe und geheimnisvollen Türmechanismen der Pyramiden anführen, die vielfach verhindert haben, daß Grabräuber bis zu den Grabkammern der Pharaonen vordrangen. Im Laufe der Zeit haben findige und einfallsreiche Menschen diese Verfahren und Methoden dann immer mehr verfeinert und perfektioniert. Auch die Festungen und Burgen im Mittelalter waren mit einer wirksamen Zutrittskontrolle ausgerüstet. Das Burgtor und die Wachposten auf den Burgzinnen sind durchaus mit den heutigen Türen, den Pförtnern oder dem Werkschutzpersonal vergleichbar. Mechanische Schließsysteme, die in den Anfängen groß und unförmig waren, wurden durch den Einsatz neuer Materialien und perfektionierter Schlüssel immer kleiner und sicherer und haben sich bis in die heutige Zeit, wenn auch in veränderter Form, gehalten und sind in Schließanlagen mit General- oder Hauptschlüsselsystemen ein wirksamer Schutz gegen unbefugtes Eindringen.

In der jüngeren Vergangenheit wurden die Ziele einer wirkungsvollen Zutrittskontrolle durch den Einsatz von General- und Hauptschlüsselsystemen in Verbindung mit einem zusätzlichen menschlichen Kontrollorgan – dies war ein Pförtner oder eine Wachmannschaft – erreicht. Die stark gestiegene Zahl dieser möglichen Kontrollstellen und die Unzulänglichkeit des kontrollierenden Organs Mensch erforderten in zunehmendem Maße den Einsatz von elektronischen Zutrittskontrollanlagen, die durch die rasch fortschreitende Miniaturisierung, den Preisverfall bei elektronischen Komponenten und vor allem durch den Einzug der Mikroelektronik erreicht werden konnte. Durch die Einführung von Mikroprozessoren in die Zutrittskontrollanlagen wurde erreicht, daß die Geräte immer kleiner und leistungsfähiger wurden. Der übergeordnete Konzentrator und Personal-Computer oder bei größeren Systemen die Workstation oder der Hostrechner führten dazu, daß auch eine große Personenanzahl mit den Systemen verwaltet werden und an die unterschiedlichsten Anforderungen angepaßt werden kann. Es entstanden Systeme, die durch ihre mechanischen Abmessungen nur einen geringen Platzbedarf benötigen und bei relativ niedrigen Anschaffungskosten ein Höchstmaß an Informationssicherheit, Flexibilität und Betriebssicherheit gewährleisten.

Zutrittskontrollanlagen werden heute zur Absicherung von Banken, Kraftwerken, Industriebetrieben, Behörden, Rechenzentren und Forschungslaboratorien, um nur einige wenige Beispiele zu nennen, eingesetzt.

Sie haben die Aufgabe, die Wahrscheinlichkeit eines materiellen, immateriellen oder humanen Verlustes als Folge eines kriminellen Akts zu verringern und weitestgehend zu verhindern. Diese Schutzmaßnahme wird jedoch nur dann von den betroffenen Personen akzeptiert, wenn das Zutrittskontrollsystem möglichst unauffällig arbeitet und die Bewegungsfreiheit der berechtigten Personen nicht wesentlich einschränkt. Es ist daher unerläßlich, bereits bei der Planung eines Zutrittskontrollsystems die eigene interne Organisation und alle innerbetrieblichen Belange zu berücksichtigen. Die Zutrittsbeschränkungen müssen so geplant werden, daß sie den Sicherheitsbedürfnissen des jeweiligen Bereiches angemessen sind. Der Zutritt für bestimmte Personen zu bestimmten Räumen und zu bestimmten Zeiten darf die Zutrittsberechtigten nicht wesentlich behindern, sondern er muß bequem und einfach zu handhaben sein.

2.1 Einleitung

Zutrittskontrollsysteme haben die Aufgabe, zum Zutritt berechtigte Personen von nicht berechtigten Personen zu unterscheiden; d. h. einerseits einen reibungslosen Zutritt eines Personenkreises zu bestimmten Gebäuden und Räumen zu gewährleisten, andererseits das Betreten Unbefugter zu verhindern. Dies muß schnell, ohne großen und zusätzlichen Personalaufwand und ohne Störung der innerbetrieblichen Abläufe geschehen. In manchen Hochsicherheitsbereichen ist es zwingend erforderlich in jedem Fall dafür zu sorgen, daß keine weiteren Personen miteingeschleust werden können. Dies wird durch eine Zwangsvereinzelung erreicht. Eine relativ einfache Lösung könnte eine Drehsperre sein, die dafür sorgt, daß immer nur eine einzelne Person passieren kann. In Bereichen mit höchster Sicherheit, in denen auch ein Überklettern oder Unterkriechen von Sperren ausgeschlossen sein muß, erfolgt die Realisierung durch ein Schleusensystem mit zwei in Abhängigkeit voneinander geschalteten Türen. Die zweite Türe wird nur dann freigegeben, wenn die erste Türe berechtigt geöffnet wurde und sich eine Einzelperson innerhalb der

Kabine befindet. Die Durchgangssperre ist sowohl beim Drehkreuz als auch bei der Schleuse solange blockiert bis erneut eine berechtigte Person den Mechanismus aktiviert. Durch eine Speicherung der Begehungszeiten in Verbindung mit einer Ein-/Ausgangskontrolle kann exakt festgehalten werden, welche Personen sich zu welchen Zeiten in welchen Räumen aufgehalten haben.

In allen Firmen gibt es schützenswerte Bereiche. Personal-oder Finanzabteilung, Rechenzentren, Computerräume, Forschungs- und Entwicklungsabteilungen müssen in jedem Fall besser geschützt und die Begehungen besser geregelt sein als die nicht so sensiblen und überlebenswichtigen Abteilungen und Räume eines Unternehmens. Da viele Mitarbeiter diese Bereiche mehrmals täglich betreten und verlassen müssen, darf das Zutrittskontrollsystem nur eine zumutbare Änderung in den innerbetrieblichen Abläufen mit sich bringen; denn seine Akzeptanz durch die Mitarbeiter ist von entscheidender Bedeutung. Kommt es zu Stauungen und häufigen Störungen wird es nicht ausbleiben, daß die Türen sehr bald einen Spalt offen stehen und wiederum jedermann diese Räume willkürlich und unkontrolliert betreten kann. Es ist daher unerläßlich, auch die organisatorischen Maßnahmen rechtzeitig zu überdenken und eventuell der Zutrittskontrollanlage anzupassen. Je aufwendiger ein Zutrittskontrollsystem ist, desto länger sind die Kontrollzeiten. Lange Kontrollzeiten führen zu Engpässen und Stauungen. Dies wierum erregt den Unmut der Mitarbeiter und erschwert die Systemakzeptanz. Man wird daher die Sicherheitsstufe immer individuell den Gegebenheiten anpassen müssen und auch durch eine ausreichende Anzahl von Kontrollstellen dafür Sorge tragen, daß die Mitarbeiter z. B. zum Arbeitsbeginn rechtzeitig an ihren Arbeitsplatz gelangen und beim Arbeitsende ohne Verzögerung die Firma wieder verlassen können.

2.2 Begriffe und Definitionen

Zutrittskontrolle, Zugangskontrolle, Zugangssicherung – 3 Begriffe, ein gemeinsamer Sinn?

In der Vergangenheit führte der Gebrauch von unterschiedlichen Begriffen immer wieder zur Verwirrung der Anwender. Die unterschiedlichsten Begriffe wurden für ein und dieselbe Funktion verwendet. Gab es noch keinen Begriff, so versuchte jeder Gerätehersteller die Funktion auf seine Weise zu erklären oder erfand einen völlig neuen Begriff für eine Funktion, die es schon lange gab, nur um sich vom Mitwettbewerber werbewirksam abzuheben.

Seit dem Jahre 1990 gibt es eine internationale Arbeitsgruppe (working group 8), die es sich zur Aufgabe gemacht hat, eine internationale ISO-Norm für „Access-Control-Systems" zu schaffen. Diese Bemühungen kommen aber nur sehr langsam voran. Bis zu einer endgültigen Einigung und Verabschiedung dieser Norm werden sicherlich noch einige Jahre vergehen.

Da die Normungsbestrebungen mit dem Gelbdruck der DIN 08 30, Teil 41 in Deutschland am weitesten, im Gegensatz zu den meisten übrigen Ländern, fortgeschritten ist, kann in der Übergangszeit mit dem vorliegenden Entwurf bis zu einer endgültigen Verabschiedung einer internationalen Norm gearbeitet werden. Doch auch dies hat seine Tücken.

In langer Arbeit ist es dem national zuständigen Normenausschuß gelungen, sich im Mai 1991 auf ein vorläufiges gemeinsames Papier, in dem die wichtigsten Begriffe festgeschrieben und vereinheitlicht wurden, zu verständigen. Bereits im Oktober desselben Jahres wurde das Papier in überarbeiteter Form erneut vorgelegt. Der im Frühjahr festgeschriebene Begriff „Zugang" wurde wieder durch den bereits fest eingebürgerten Begriff „Zutritt" ersetzt. Daran ist zu erkennen, daß sich auch die mit der Materie beschäftigten Fachleute sehr schwer tun, die Vorstellungen von allen Beteiligten unter einen Hut zu bringen und sich dazu durchzuringen, die wichtigsten Begriffe eindeutig und unmißverständlich zu beschreiben und zu definieren.

Eine einheitliche Begriffswelt und eine gemeinsame Sprache sind unerläßlich! Sie sind die Voraussetzung dafür, daß – sofern sich alle Beteiligten, Hersteller, Planer und Betreiber gleichermaßen an diese Begriffe und Definitionen halten – die Anwender und Betreiber von Zutrittskontrollanlagen die Systeme verschiedener Hersteller sowie ihre wichtigsten Leistungsmerkmale miteinander vergleichen und beurteilen können.

Deshalb sind die wichtigsten Begriffe zum besseren Verständnis und um zu einem allgemein gültigen Sprachgebrauch zu kommen, in Anlehnung an den Normenentwurf kurz erläutert. Bei den nicht in der Norm festgelegten Begriffen wurde versucht eine allgemein übliche und gebräuchliche Definition zu wählen.

2.2.1 Organisatorischer Bereich

- *Bereich.* Siehe Raumzone.

- *Feiertagsregelung.* Zutrittsberechtigungen, die von dem normalen Tages- und Wochenprogramm abweichen.

- *Personenvereinzelung.* Räumliche Anordnung von Türen, die dafür sorgt, daß immer nur eine einzelne berechtigte Person einen Zutrittskontrollpunkt passieren kann.
Drehkreuze sind ohne besondere zusätzliche bauliche Maßnahmen nicht geeignet, eine Personenvereinzelung durchzuführen, da sie überklettert oder unterkrochen werden können.

- *Raumzonen.* Raumzonen sind Teilbereiche eines Sicherungsbereiches. Sie können aus einem einzelnen oder aber auch mehreren Räumen bestehen. Ebenso können sie einen oder mehrere Ein- und/oder Ausgänge haben.

- *Sicherungsbereich.* Ein Sicherungsbereich umfaßt die Überwachung in sich abgeschlossener Objekte, abgeschlossener Teilbereiche von Objekten und abgegrenzte Räume. Eine Zutrittskontrollanlage kann einen oder mehrere Sicherungsbereiche enthalten, allerdings darf ein Sicherungsbereich immer nur einer Zutrittskontrollanlage angehören.

- *Unberechtigte Begehung.* Passieren eines Zutrittskontrollpunktes (z. B. Tür- oder Drehkreuz) ohne Freigabe durch die Zutrittskontrollanlage.

- *Zeitzonen.* Dies sind festgelegte Zeitintervalle; innerhalb dieser Intervalle haben berechtigte Personen Zutritt zu den Raumzonen.

- *Zutritt.* Werden Gelände, Gebäude, Bereiche oder einzelne Räume betreten oder befahren, so spricht man von einem Zutritt.
  Für diese Definition stand bisher der Begriff Zugang. Dieser erhielt nunmehr eine neue Definition: Darunter versteht man jetzt die Einleitung zur Nutzung eines Informationssystems oder eines Netzes. Dieser Zugang kann über Leitungen, Terminals oder Geräte erfolgen. Dabei handelt es sich immer um einen physikalischen Zugang. Erfolgt der Zugang durch ein Programm so spricht man von einem logischen Zugang.
  Der Begriff Zugriff regelt die Benutzung von Datenbeständen im Sinne von Lesen, Schreiben, Verändern und Löschen.

- *Zutrittsberechtigung.* Kombination aus zeitlicher und räumlicher Berechtigung. Die Erlaubnis eine bestimmte Raumzone innerhalb der Gültigkeit einer bestimmten Zeitzone berechtigt zu betreten.

- *Zutrittskontrolle.* Ein Vorgang der Zutrittsberechtigungen kontrolliert und steuert.

- Zutrittskontrollanlage. Dies ist der rein apparative Teil eines Zutrittskontrollsystems.

- *Zutrittskontrollsystem.* Ein System, das alle für eine Zutrittskontrolle notwendigen baulichen, apparativen und organisatorischen Gegebenheiten umfaßt.

- *Zutrittskontrollzentrale.* Der Teil einer Zutrittskontrollanlage, der Zutrittsberechtigungsdaten speichert; der Identifikationsmerkmal-Informationen ebenso wie Meldungen empfängt und auswertet; der Ereignisdaten speichert und an Ausgabeeinrichtungen weiterleitet; der die Freigabe des Zutritts steuert und Funktionsüberwachungen durchführt.

2.2.2 Daten

Daten, die für die Funktion und Verwaltung eines Zutrittskontrollsystems notwendig sind.

- *Alarmdaten.* Alle Informationen über unzulässige Zustände einer Zutrittskontrollanlage oder manuell eingegebene Informationen für den direkten Hilferuf von Personen.

- *Änderungsdaten.* Informationen über die Änderung von Systemdaten und Zutrittsberechtigungsdaten.

- *Bedrohungskode.* Siehe Überfallkode

- *Bewegungsdaten.* Alle in einer Zutrittskontrolle erfaßten Informationen über berechtigte Zutritte.

- *Kodierung.* Nach einem bestimmten Muster angeordnete magnetische, induktive, kapazitive, optische oder andere physikalisch meßbare Eigenschaften eines Identifikationsmerkmalträgers.

- *Ereignisdaten.* Ereignisdaten sind alle Informationen über Alarmdaten, Änderungsdaten, Bewegungsdaten und Störungsdaten.

- *Firmenkennung.* Teil der Kodierung, der die Zugehörigkeit der Identifikationsmittel zu einer bestimmten Zutrittskontrollanlage festlegt und für alle gleich ist. Jede Zutrittskontrollanlage hat eine eigene Firmenkennung.

- *Historische Daten.* Ereignisdaten, die zum Zwecke der Archivierung auf einem Langzeitspeicher, z. B. Magnetband, abgelegt werden.

- *Identifikationsmerkmale.* Sie erlauben eine eindeutige Identifizierung eines Identifikationsmerkmalträgers. Identifikationsmerkmale können sein:
  - physikalisch dargestellte und mit meßtechnischen Mitteln nachweisbare Informationen (Kodierungen),
  - persönliche Identifikations-Nummern (PIN),
  - personenspezifische Merkmale oder Eigenschaften (biometrische Merkmale).

- *Kartennummer.* Individueller Teil der Kodierung eines Identifikationsmittels, der innerhalb einer Zutrittskontrollanlage nur einmal vorhanden ist.

- *PIN (Persönliche Identifikationsnummer).* Wird über eine Tastatur eingegeben und kann alleiniges Identifikationsmerkmal oder zusätzlich zu einem Identifikationsmerkmalträger (z. B. ID-Karte oder Person) verwendet werden.

- *Prüfziffer.* Daten, die Teil der Kodierung eines Identifikationsmerkmalträgers sind. Sie dienen der Fälschungs-, Lese- und Übertragungssicherheit.

- *Stammdaten.* Persönliche Daten einer der Zutrittskontrollanlage bekannten Person, z. B. sein Name, Vorname und seine Personalnummer.

- *Störungsdaten.* Informationen, die Abweichungen von einem vorgegebenen Sollzustand liefern.

- *Systemdaten.* Daten, die das Zusammenwirken der einzelnen Komponenten einer Zutrittskontrollanlage festlegen.

- *Überfallkode.* Eingabe einer besonders festgelegten PIN, die bei einer persönlichen Bedrohung einen stillen Alarm auslöst.

- *Versionsnummer.* Zusatzziffer, üblicherweise zweistellig, die die Version des Identifikationsmittels angibt. Die Versionsnummer wird bei Verlust einer ID-Karte erhöht, so daß die Kartennummer gleichbleiben kann.

- *Zutrittsberechtigungsdaten.* Diese sind den Identifikationsmerkmalen zugeordnet und enthalten Festlegungen über die zeitlichen und räumlichen Zutrittsberechtigungen.

2.2.3 Funktionen

- *Anwesenheitskontrolle.* Erlaubt das Abfragen, welche Personen sich zur Zeit in welchen Raumzonen aufhalten.

- *Aufbruchalarm.* Meldetechnische Maßnahme zur Überwachung eines Zutritts auf Aufbruch.

- *Aufenthaltsdauerüberwachung.* Maßnahme zur Überwachung der für eine Raumzone vorgegebenen Aufenthaltsdauer. Eine Überschreitung löst eine meldetechnische Maßnahme aus.

- *Automatikfunktionen.* Die Zutrittskontrollanlage führt zu vorgebbaren Zeiten Leistungen selbständig aus. Dies können das Freigeben oder Sperren von Identifikationsmerkmal-Erfassungseinheiten oder von Zutrittskontroll-stellgliedern sein.

- *Bereichsummeldung.* Siehe Raumzonenwechselkontrolle.

- *Bereichsverletzung.* Vom Zutrittskontrollsystem verwehrter Versuch, eine Raumzone zu betreten, für die keine Zutrittsberechtigung besteht.

- *Besucherverwaltung.* Komfortable Verwaltung von Besucherausweisen, die an Nichtmitarbeiter eines Unternehmens ausgegeben werden, und die das zeitlich und räumlich eingegrenzte Begehen von Bereichen durch das Zutrittskontrollsystem erlaubt.

- *Dezentrale Intelligenz.* Zutrittskontrollanlage, die die Entscheidung über die Zutrittsberechtigung in der Identifikationsmerkmal-Erfassungseinheit oder einer nachgelagerten Kontrolleinheit vornimmt. Vollständiger Off-line-Betrieb.

- *Doppelbenutzungssperre.* Mit Hilfe dieser Funktion wird verhindert, daß ein Zutrittsberechtigter Raumzonen betritt oder verläßt, in denen er bereits als anwesend oder abwesend geführt wird.

- *Eingeschränkter Off-line-Betrieb.* Betriebsart eines Zutrittskontrolltermi-nals, bei der im Off-line-Betrieb nur eine eingeschränkte Überprüfung der Zutrittsberechtigung vorgenommen wird. Dies kann die Prüfung der Firmenkennung sein. Im Falle des Off-line-Betriebs wird daher der Sicher-heitslevel eingeschränkt.

- *Freischaltung über Zeitzone.* Dauerhafte Freischaltung des Zutritts gemäß den in einer Zeitzone festgelegten Zeitspannen.

- *Manipulationsalarm.* Meldetechnische Maßnahme, die bei einer festgelegten Anzahl von zeitlich aufeinanderfolgenden Zutrittsversuchen ohne zeitliche oder räumliche Berechtigung einen Alarm auslöst.

- *Mehr-Personen-Anwesenheitskontrolle.* Diese stellt sicher, daß in einer Raumzone zu keinem Zeitpunkt eine Person allein anwesend ist.

- *Raumzonenwechselkontrolle.* Sie verhindert den Zutritt zu einer benachbar-ten Raumzone, wenn der Zutrittsberechtigte in der Raumzone, in der er sich gerade befindet, als nicht anwesend geführt wird.

– *Sabotagealarm.* Meldetechnische Maßnahme, die beim Aufbrechen einer Identifikationsmerkmal-Erfassungseinheit oder einer Zutrittskontrollanlage, eine Meldung oder einen Alarm erzeugt.

– *Stiller Alarm.* Durch den Überfallkode ausgelöste Meldung, die von der bedrohenden Person nicht bemerkt wird – der Zutritt wird gewährt –, jedoch eine geeignete Stelle über die akute Gefahr informiert.

– *Offenzeitüberwachung.* Überwachung mit Auslösung einer meldetechnischen Maßnahme der in einer Zutrittskontrollanlage vorgegebenen Offenzeiten.

– *Unberechtigte Begehung.* Passieren eines Ein- oder Ausgangs ohne Freigabe durch die Zutrittskontrollanlage.

– *Zeitzonenverletzung.* Vom Zutrittskontrollsystem verwehrter Versuch, eine Raumzone zu betreten, für die keine zeitliche Berechtigung besteht.

– *Zutrittswiederholsperre.* Es wird verhindert, daß innerhalb einer vorgebbaren Zeit mit demselben Identifikationsmittel ein Zutritt mehrfach in eine Richtung erfolgt.

– *Zwei-Personen-Anwesenheitskontrolle.* Es wird sichergestellt, daß in einer Raumzone zu keinem Zeitpunkt eine Person allein anwensend ist.

– *Zwei-Personen-Zutrittskontrolle.* Diese Funktion stellt sicher, daß die Freigabe eines Ein-oder Ausgangs erst dann erfolgt, wenn innerhalb einer vorgegebenen Zeitspanne zwei Personen ihre Zutrittsberechtigung nachgewiesen haben.

2.2.4 Geräte

– *Anzeigeeinrichtung.* Einrichtung zur Anzeige von optischen, akustischen oder gedruckten Informationen und Alarmen.

– *Ausweis.* Identifikationsmerkmalträger

– *Ausweisleser.* Identifikationsmerkmal-Erfassungseinheit

– *Ausweiskarte.* Identifikationskarte

– *Bedienungseinrichtung.* Mit Hilfe einer Bedienungseinrichtung (z. B. Tastatur) werden anlagenspezifische Informationen eingegeben oder abgefragt.

– *Biometrisches Erkennungssystem.* Identifikationsmerkmal-Erfassungseinheit, die zur meßtechnischen Erfassung und Auswertung von biometrischen Merkmalen geeignet ist.

– *Drehkreuze.* Mechanische Einrichtung zur Personenvereinzelung. Bei Freigabe durch die Zutrittskontrollanlage wird sichergestellt, daß bei jeder Freigabe eine berechtigte Person passieren kann.

– *Durchzugsleser.* Identifikationsmerkmal-Erfassungseinheit bei der der Identifikationsmerkmalträger (ID-Karte) durch eine Führungsschiene gezogen und dabei am Lesekopf vorbeigeführt wird.

- *Einsteckleser.* Identifikationsmerkmal-Erfassungseinheit, in die der Identifikationsmerkmalträger von Hand bis zum Anschlag eingeführt werden muß.

- *Einzugsleser.* Identifikationsmerkmal-Erfassungseinheit die den Identifikationsmerkmalträger, der von Hand in den Einschubschlitz eingeführt wird, motorisch weitertransportiert und am Lesekopf vorbeiführt.

- *Einzugsleser mit Karteneinbehalt,* siehe Einzugsleser. Zusätzlich kann die Karte vom Leser einbehalten werden.

- *Expander.* Zutrittskontroll-Übertragungseinrichtung.

- *Identifikationskarte (ID-Karte).* Karte, die eine Identifizierung ihres Inhabers ermöglichst.

- *Identifikationsmerkmal-Erfassungseinheit.* Funktionseinheit einer Zutrittskontrollanlage (z. B. Kartenleser, Tastatur) mit deren Hilfe Identifikationsmerkmale der Identifikationsmerkmalträger erfaßt werden und die diese Informationen zur weiteren Auswertung an die Zutrittskontrollzentrale weiterleitet.

- *Identifikationsmerkmalträger.* Dies können Identifikationsmittel (ID-Karte) und Personen sein (PIN oder biometrische Merkmale).

- *Identifikationsmittel.* Identifikationsmittel sind sowohl Identifikationskarten (ID-Karten) als auch Gegenstände, die maschinell auslesbare Informationen im Sinne von Identifikationsmerkmalen enthalten.

- *Konzentrator.* Zutrittskontroll-Übertragungseinrichtung.

- *Schleuse.* Räumliche Anordnung von Türen und Drehkreuzen, mit denen das Zutrittsverhalten und die Bewegungsrichtung von Personen automatisch durch eine Zutrittskontrollanlage oder manuell durch einen Pförtner oder das Wachpersonal gesteuert werden kann. Eine Personenvereinzelung kann nur dann durch ein Drehkreuz realisiert werden, wenn sichergestellt ist, daß das Drehkreuz nicht umgehbar (z. B. Unterkriechen oder Überklettern) ist.

- *Schleusensteuerung.* Ablaufsteuerung, die auf elektronischer oder elektromechanischer Basis die Funktionen einer Schleuse regelt oder überwacht.

- *Türkontakt.* Mechanisch betätigter Schalter zur Überwachung des Offenzustands einer durch eine Zutrittskontrollanlage überwachten Türe.

- *Türöffner.* Mechanische Einrichtung, die stromgesteuert die Öffnung einer Türe freigibt (Zutrittskontrollstellglied).

- *Türöffnungstaster.* Elektromechanischer Taster, der die Öffnung einer durch die Zutrittskontrollanlage überwachten Türe erlaubt.

- *Zentraleinheit.* Oberste Rechnerebene einer Zutrittskontrollanlage.

- *Zutrittskontrollstellglied.* Eine mechanische oder elektromechanische Einrichtung, die den Zutritt freigibt. Dies können elektrische Türöffner, Motorschlösser, Drehkreuze und Schranken sein. Sie erkennen den Öffnungs- und Schließzustand und melden den jeweiligen Zustand zurück.

- *Zutrittskontrollterminal.* Apparativer Teil der Zutrittskontrollanlage, die mit einer übergeordneten Zentraleinheit (PC, work station) und mit den untergeordneten Identifikationsmerkmal-Erfassungseinheiten verbunden ist. Die Zutrittskontrollstellglieder werden durch sie gesteuert.
- *Zutrittskontroll-Übertragungseinrichtung.* Einrichtung zur Übertragung zwischen der Zentraleinheit und den Zutrittskontrollterminalls.

2.3 Identifikationsverfahren

Bei automatisierten Zutrittskontrollanlagen sind die kennzeichnenden Merkmale, mit denen sich berechtigte Personen gegenüber dem System ausweisen, in der Regel in Kodeform auf ID-Karten oder Kennungsgebern festgelegt. Im Gegensatz dazu wird bei biometrischen Zutrittskontrollanlagen die Überprüfung von originären Merkmalen der Person selbst vorgenommen.

2.3.1 Identifikation und Authentifikation

Eine zuverlässige und sichere Identifikation macht den Nachweis erforderlich, daß eine Person, die einen Raum begehen will, auch tatsächlich die Person ist, die sie vorgibt zu sein. Dieser Nachweis wird durch den Besitz einer Kodekarte oder der Kenntnis eines Kodes und der Eingabe desselben allein noch nicht erbracht.

Erst durch eine Authentifikation, bei der bestimmte Merkmale der Person selbst überprüft werden, kann mit absoluter Sicherheit davon ausgegangen werden, daß die zutrittsbegehrende Person auch die Person ist, für die sie sich ausgibt. Bei diesen Merkmalen einer Person unterscheidet man zwei Arten:
- den zugewiesenen Merkmalen und
- den originären Merkmalen.

Unter die zugewiesenen Merkmale fallen zum einen all die Dinge und Gegenstände, die eine Person besitzen kann. Dies können z. B. Identifikationskarten, Kennungsgeber, Schlüssel, oder etwas sein, was die Person weiß, wie beispielsweise die Kenntnis eines Geheimkodes, eines Paßworts etc.

Der Nachteil der zugewiesenen Merkmale ist, daß sie verloren, weitergegeben, nachgeahmt oder auch nur schlicht vergessen werden können.

Im Gegensatz dazu ist ein originäres Merkmal untrennbar mit der betreffenden Person verbunden. Es ist charakteristisch und wesenseigen, und es kann auch nicht auf eine weitere Person übertragen oder vergessen werden. Unter den Begriff „originäre Merkmale" fallen Finger- und Stimmabdrücke, der Augenhintergrund, die Handgeometrie und die Unterschriftsdynamik.

Die Überprüfung dieser originären Merkmale einer Person durch eine Zutrittskontrollanlage bietet eine sehr hohe Sicherheit. Allerdings darf auch hierbei nicht übersehen werden, daß die Übertragung dieser originären

Merkmale durch die Aufnahmeeinheit zur Auswerte- oder Zentraleinheit als Bitmuster erfolgt und bei nicht entsprechendem manipulationssicherem und sabotagesicherem Aufbau auf dem Übertragungsweg veränder- und manipulierbar ist.

Zudem erfordert die Überprüfung originärer Merkmale einer Person einen höheren Zeitaufwand als die Überprüfung von zugewiesenen Merkmalen. Auch sind diese Zutrittskontrollanlagen, bedingt durch den höheren technischen Aufwand, noch relativ teuer.

Bei der überwiegenden Anzahl der Zutrittskontrollanlagen, bei denen es nicht auf höchste Sicherheit ankommt, nimmt man daher den Nachteil des Verlustes, die eventuelle Nachahmung oder den Diebstahl der zugewiesenen Merkmale in Kauf und versucht diese Nachteile durch organisatorische Maßnahmen zu minimieren. Ein maßgebender Faktor für diese Entscheidung sind vor allem geringere Anschaffungs- und Unterhaltungskosten, die einfachere Handhabung und die sehr kurzen Reaktionszeiten des Systems.

2.3.2 Identifikationsdaten

Die Identifikationskarte und der Kennungsgeber enthalten die für eine automatische Identifikation erforderlichen Echtheitsmerkmale in Form kodierter Daten. Diese kodierten Daten werden von den Identifikationsmerkmal-Erfassungseinheiten aufgenommen. Die kodierten Informationen bestehen mindestens aus:
- der Firmenkennung,
- der Ausweisnummer,
- der Versionsnummer,
- dem Paritätsbit und
- der Prüfziffer

2.3.2.1 Firmenkennung

Die Firmenkennung dient der Unterscheidung von Zutrittskontrollanlagen desselben Fabrikats der verschiedenen Unternehmen und verhindert, daß sich ID-Karten wahlweise in Anlagen desselben Herstellers verwenden lassen. Diese Firmenkennung ist systemspezifisch und die Hersteller von Zutrittskontrollanlagen tragen selbst dafür Sorge, daß eine Firmenkennung nicht mehrfach vergeben wird. Bestellt ein Betreiber einer Zutrittskontrollanlage neue oder Ersatz-ID-Karten, so hat er anhand eines zu seiner Anlage gehörenden Sicherungsscheins nachzuweisen, daß er berechtigt ist, ID-Karten mit dieser Firmenkennung nachzubestellen.

2.3.2.2 Ausweisnummer

Die Ausweisnummer ist die individuelle Ausweis-Erkennungsnummer. Ihre Stellenzahl ist abhängig von der Anzahl der vom Zutrittskontrollsystem

Abb. 2.1. Unterschiedliche Anordnungen der Ausweisnummer

verwaltbaren Personen. Aus sicherheitstechnischen Gründen muß sich die Ausweisnummer von der Personalnummer des Karteninhabers unterscheiden.

Dies hat auch den Vorteil, daß ein Rückschluß von der häufig auf der ID-Karte aufgedruckten Personalnummer keinerlei Rückschluß auf die Ausweisnummer selbst gegeben ist. Auch werden die Ausweisnummern von den Zutrittskontrollsystemen fortlaufend vergeben. Sie bilden relative Adressen zu den im System abgelegten Personenstammsätzen. Der Vorteil dabei ist, daß zeitintensive Suchvorgänge im System entfallen und vom System Reaktionszeiten im quasi Echtzeitverhalten möglich sind.

Die Ziffern-Anordnung der Ausweisnummern unterliegt keinen festen Regeln. Sie sind von System zu System unterschiedlich. Ebenso unterliegt die Reihenfolge der Ziffern keinerlei Festlegung. So kann durch Vertauschen oder Verschachtelung der Ziffernfolge das Herausfinden der richtigen Ziffern erschwert werden. Abbildung 2.1 zeigt unterschiedliche Darstellungen der Ausweisnummer. Im Fall a wird die Ausweisnummer in der herkömmlichen und lesbaren Art, im Fall b in genau umgekehrter und im Fall c in völlig durcheinandergewürfelter Form kodiert.

2.3.2.3 Ausweis-Versionsnummer

Die Versionsnummer einer ID-Karte kann ein- oder zweistellig sein und bei zwei Stellen Werte im Bereich 0 bis 99 annehmen. Das Aufbringen der Ausweis-Versionsnummer hat den entscheidenden Vorteil, daß bei Verlust einer ID-Karte nicht die komplette Ausweisnummer inklusive des zugehörigen Datenstammsatzes gesperrt werden muß, sondern daß lediglich die Ausweis-Versionsnummer um den Faktor 1 erhöht wird. Dadurch sperrt das System automatisch die alte Ausweis-Versionsnummer und ein etwaiger Finder der verlorengegangenen ID-Karte kann mit dieser keinerlei Begehung vornehmen.

Anhand eines praktischen Beispieles soll der Vorgang näher erläutert werden. Dem Inhaber der ID-Karte mit der Ausweisnummer 50 und der Versionsnummer 0 ist seine ID-Karte abhanden gekommen. Er bemerkt den Verlust und meldet ihn unverzüglich der verwaltenden Stelle. Von ihr erhält er eine neue ID-Karte, die wiederum mit der Ausweisnummer 50 kodiert ist. Allerdings wird die Versionsnummer auf der ID-Karte um den Faktor 1 erhöht. Die Kodierung der ID-Karte trägt nun die Ausweisnummer 50 und die Versionsnummer 1. Zugleich wird im Datensatz der Zutrittskontrollanlage als neue gültige Versionsnummer eine 1 eingetragen. Alle übrigen Personendaten und Berechtigungsdaten bleiben wie bisher erhalten. Ab diesem Zeitpunkt verliert der abhanden gekommene Ausweis mit der Versionsnummer 0 seine Gültigkeit für die Zutrittskontrollanlage und kann nicht mehr benutzt werden. Etwaige Versuche mit der alten ID-Karte führen zu keinem Zutritt.

2.3.2.4 Paritätsbit

Paritätsbits dienen der Erkennung von Lesefehlern. Sie können an jeder Stelle oder bei jedem Zeichen auf der Ausweiskarte als Kontrollinformation hinzugefügt sein.

2.3.2.5 Prüfziffer

Auf ID-Karten, die ein Verändern der abgespeicherten Informationen zulassen (z. B. Magnetkarte) wird zusätzlich eine Prüfziffer gebracht. Diese Prüfziffer ist das Ergebnis einer Rechenvorschrift, die auf bestimmte auf dem Ausweis abgelegte Daten angewandt wird. Vom Gerätehersteller werden dem Ausweishersteller die zu den jeweiligen Ausweisnummern gehörenden Prüfziffern in einer anlagenspezifischen Prüfzifferntabelle zur Kenntnis gegeben. Anhand dieser Prüfzifferntabelle ist der Ausweishersteller in der Lage, auf der ID-Karte die zugehörige Prüfziffer mit abzulegen.

Nach jedem Lesevorgang wird diese Rechenvorschrift auf die eingelesene Informationsfolge angewandt und das Ergebnis mit der ebenfalls von der ID-Karte abgelesenen Prüfziffer verglichen. Da der Rechenalgorithmus geheim gehalten wird, können Veränderungen und Manipulationen durch Unbefugte, die den Algorithmus nicht kennen, auf der ID-Karte festgestellt werden. Zudem ist die Ermittlung und der Vergleich dieser Prüfziffer eine zusätzliche Kontrolle, die die Lese- und Übertragungssicherheit erhöht.

ID-Karten, die richtungsabhängig zu benutzen sind, enthalten neben den eben erwähnten Daten noch zusätzlich eine Richtungserkennung. ID-Karten mit Magnetstreifen enthalten als Zusatzinformationen noch ein Anfangs- und ein Endezeichen.

2.4 Identifikationskarten und Kennungsgeber

Heutzutage werden Identifikationskarten in den verschiedensten Bereichen eingesetzt, und es gehört heute zum guten Ton, neben dem etablierten Kreditkartenmarkt, daß Vereine, Clubs, Hotels, Mietwagenfirmen und ähnliche Institutionen, ihre eigenen Privilegienkärtchen an ihre Mitglieder ausgeben, die sich dadurch ausweisen und gewisse Vorteile in Anspruch nehmen können. ID-Karten werden aber ebenso bei der Datenerfassung und bei automatisierten Zutrittskontrollanlagen verwendet. Mit ihrer Hilfe offerieren sie den Zugriff (Zugang) zu besonders gesicherten und geschützten Geräten und Programmen oder den Zutritt zu Räumen und Bereichen.

ID-Karten ermöglichen eine Identifikation ihres Inhabers oder weisen ihn als Angehörigen einer bestimmten Personengruppe aus. Zudem können die Karteninhaber zur Inanspruchnahme definierter Leistungen durch den Besitz der ID-Karte berechtigt werden.

Das wichtigste Einsatzgebiet der ID-Karte ist der personengebundene Identitätsnachweis. Als Werks-, Firmen- oder Dienstausweis weist sie ihren Inhaber als Angehörigen eines Unternehmens oder einer Behörde aus. Vor allem Dienstleistungsunternehmen, wie beispielsweise Elektrizitäts-, Gas- und Wasserwerke, geben ihren Außendienstmitarbeitern damit eine eindeutige Legitimation an die Hand, die eine zweifelsfreie Identifizierung ihres Inhabers zuläßt. Mit einem Photo des Ausweisinhabers versehen, in Verbindung mit den maschinenlesbaren Daten der ID-Karte, ist die Ausweiskarte in all ihren Einsatzbereichen ein universelles Medium, in denen es auf Sicherheit und klare Information ankommt. Die zweite Form der ID-Karte ist als generelle Berechtigungskarte zu sehen. Sie muß nicht personengebunden sein, sondern ermöglicht dem jeweiligen Inhaber, die Inanspruchnahme klar definierter und auf die Karte bezogener Leistungen.

Ebenso wie sich Mitarbeiter von Behörden bei ihren Kunden legitimieren, kann die ID-Karte mit Photo als Firmenausweis bereits für die klassische Form der Zutrittskontrolle eingesetzt werden, indem ein Pförtner oder ein Mitarbeiter des Werkschutzpersonals die Übereinstimmung von Ausweisbild und zugangsbegehrender Person überprüft. Ein weiteres wichtiges Einsatzgebiet der ID-Karte ist seine Nutzung als Besucherausweis. Hierbei bietet sich ein breites Feld von Anwendungen. Es reicht vom Sicherheitsausweis, den ein Besucher offen tragen muß, um sich als berechtigte Person ausweisen und sich somit auf dem Firmengelände aufhalten bzw. sich innerhalb gewisser Zonen frei bewegen zu können, bis zur Erkennung, wenn sich ein Besucher in einer Sicherheitszone bewegt, die er nicht betreten darf.

Eine Unterscheidung von ID-Karten ist nach folgenden Merkmalen möglich:
- Format,
- Informations- und Datendarstellung,
- Werkstoff,
- Sicherheits- und Echtheitsmerkmale,
- Identifizierungsart und
- Verwendungszweck.

Selbstverständlich sind Kombinationen dieser Merkmale möglich, sofern sie sich nicht gegenseitig ausschließen.

Da Identifikationskarten für Zutrittskontrollsysteme heute fast ausschließlich nach DIN 9781 Teil 1 (ID 1) in Anwendung kommen, soll in diesem

Tabelle 2.1. Kurzbezeichnung und Formate von ID-Karten

Kurzbezeichnung	Format
ID 1	85,6 mm × 54,0 mm
ID 2	A 7
ID 3	B 7

Zusammenhang der Hinweis auf die beiden anderen Formate A 7 und B 7 nach DIN 476 genügen. Die Tabelle 2.1 zeigt einen Überblick über die Formate und die zugehörigen Kurzbezeichnungen.

Zusätzlich ist in dieser Norm auch die Kartendicke und die Prägehöhe festgelegt. Die Kartendicke ungeprägter ID-Karten beträgt 0,76 mm, die Prägehöhe über der Kartenoberfläche darf 0,48 mm betragen. Der zulässige Temperaturbereich, in dem sich die Karten störungsfrei verwenden lassen, liegt zwischen $-20\,°C$ und $+50\,°C$.

2.4.1 Informations- und Datendarstellung

Informationen und Daten lassen sich auf dem Kartenträgermaterial in vielfältiger Weise aufbringen und visuell oder maschinenlesbar auslesen und auswerten:
- handschriftliche Informationen,
- gedruckte Informationen,
- geprägte Informationen,
- phototechnisch aufgebrachte Informationen,
- gravierte Informationen,
- mittels Laserstrahl eingebrachte Informationen,
- durch Lochung dargestellte Daten,
- mit magnetisch lesbaren Daten,
- mit optisch lesbaren Daten (Infraroteinlage),
- durch Strichkode dargestellte Daten und
- ID-Karte mit integriertem Schaltkreis

Obwohl nicht mehr alle Varianten für die Anwendung bei der Zutrittskontrolle relevant sind, werden sie der Vollständigkeit halber aufgeführt.

2.4.2 Identifikationsarten

ID-Karten lassen sich zudem nach der Identifikationsart einteilen. Die Identifikationskarte mit Lichtbild als Legitimations- oder Firmenausweis ist die bekannteste.

Betrachten wir die Eurochequekarte, so vereinigt diese drei unterschiedliche Identifikationsarten, die von Fall zu Fall zur Anwendung kommen. Beim

Einlösen eines Eurocheques, verlangen die Banken im Beisein eines Bankangestellten die Leistung einer Unterschrift auf dem Scheckvordruck, der dann mit
der auf der Karte erbrachten Unterschrift visuell verglichen wird. Im Ausland
wird dabei meistens zusätzlich ein Personalausweis oder Reisepass gefordert.
Die ID-Karte ist in diesem Fall nur mit einem zweiten Dokument gültig. Will
man mit der Karte an einem Geldautomaten Geld abheben, so können diese
Maschinen heute weder die Echtheit einer Unterschrift, noch die Echtheit und
Gültigkeit eines zusätzlich erforderlichen amtlichen Dokumentes überprüfen.
In diesem Fall wird eine weitere Identifikationsart wirksam – die ID-Karte mit
Kennwort oder Geheimnummer. Diese zugehörige PIN-Nummer kann von
der Maschine erkannt und überprüft werden. Auch bei Zutrittskontrollanlagen ist diese Überprüfung technisch leicht durchführbar, wie wir später anhand
des Beispiels Leser in Kombination mit Tastatur zur PIN-Eingabe noch sehen
werden.

Selbstverständlich kann eine weitere Einteilung nach der Identifikationsart
vorgenommen werden, indem auf den Identifikationskarten zusätzlich noch
originäre Merkmale des Karteninhabers, wie z. B. ein Fingerabdruck, ein
Sprachmuster oder das Muster der Netzhaut, aufgebracht sind.

Diese Art der zusätzlichen Überprüfung des ID-Karten-Inhabers macht bei
elektronischen Zutrittskontrollanlagen aber nur dann einen Sinn, wenn das
Referenzmuster vom System ausgelagert wird und somit auch Systemmanipu-
lationen unterbunden werden können. Heutige kostengünstige und mit kurzen
Reaktionszeiten ausgestattete Systeme bieten diese Möglichkeit nicht.

Identifikationskarten dienen somit allgemein der Identifizierung. Nach
einer bloßen Sichtkontrolle – Prüfung der Übereinstimmung von Photo mit
dem Ausweisträger –, oder nach Überprüfung von auf der Karte aufgebrachten
Kodeinformationen durch ein elektronisches System, kann sich eine Person als
Berechtigter ausweisen und bestimmte Leistungen, z. B. Betreten besonders
geschützter Bereiche zu bestimmten Zeiten, in Anspruch zu nehmen.

2.4.3 Aufbau und Werkstoffe

Für die Herstellung von ID-Karten sind die unterschiedlichsten Materialien
und Werkstoffe denkbar. Von der einfachen verstärkten Papierkarte bis hin zur
aufwendigen, mehrschichtigen Plastikkarte sind alle Arten denkbar. In der
Regel werden ID-Karten heute in drei Varianten hergestellt:
1. Vollkunststoff-Identifikationskarte. Die ID-Karte besteht aus einer einzelnen Kunststoffschicht
2. Kunststofflaminierte ID-Karte. Aufbau aus mehreren Kunststoffschichten
3. Kunststofflaminierte ID-Karte mit Papiereinlage. Aufbau aus mehreren
   Kunststoffschichten und einer oder mehreren Papiereinlagen.

Man unterscheidet bei ID-Karten nach verschiedenen Sicherheitsstufen für das
Material zur Herstellung von Echtheitsmerkmalen (s. hierzu Tabelle 2.2) und
nach Sicherheitsstufen für das Herstellungsverfahren selbst (Tabelle 2.3).

Tabelle 2.2. Sicherheitsstufen für das Material zur Herstellung der Echtheitsmerkmale

Sicherheitsstufe	Material für die Herstellung von Echtheitsmerkmalen
1	Werkstoff, den sich jedermann leicht beschaffen kann.
2	Werkstoff, der nur schwer zu beschaffen ist und der zudem eine Häufung charakteristischer Materialeigenschaften aufweist.
3	Werkstoff, dessen Zusammensetzung geheimgehalten wird. Der nicht im freien Handel erhältlich ist und dessen Herstellung und Verteilung einer Registrierpflicht unterliegt.

Tabelle 2.3. Sicherheitsstufen für das Herstellungsverfahren

Sicherheitsverfahren	Herstellungsverfahren
1	ID-Karte, deren Herstellung leicht nachahmbar ist.
2	ID-Karte, deren Herstellung Fachkenntnisse erfordert und voraussetzt
3	ID-Karte, die nur mit aufwendigen Herstellungseinrichtungen und -methoden herzustellen ist, beziehungsweise Sonderkonstruktionen voraussetzt.

Den vielfältigen Einsatzmöglichkeiten und Anwendungsbereichen entsprechend, werden an Identifikationskarten unterschiedliche Anforderungen gestellt. ID-Karten für Zutrittskontrollsysteme mit erhöhten Sicherheitsanforderungen müssen schwer nachahmbar und schwer reproduzierbar sein. Es muß so gut wie ausgeschlossen sein, eine Ausweiskarte zu doppeln, eine Kopie der Identifikationskarte zu erstellen oder aus einer durch Zerschneiden scheinbar unbrauchbar gemachten Karte eine benutzbare ID-Karte wiederzugewinnen. Ebenso dürfen Identifikationskarten für höhere Sicherheitsanforderungen nicht manipulierbar oder veränderbar sein. Bei höchsten Sicherheitsanforderungen werden zusätzliche organisatorische Maßnahmen des Betreibers unumgänglich. In diesem Fall ist ein lückenloser Nachweis über die Ausgabe, den Verbleib und einen eventuellen Verlust aller zum Zutrittskontrollsystem gehörenden ID-Karten zwingend notwendig.

2.4.4 Echtheitsmerkmale

Da auf einer Identifikationskarte, abhängig vom Einsatzbereich, sehr unterschiedliche Echtheitsmerkmale aufgebracht sein können, unterscheidet man diese zunächst nach der Art der Kontrollmöglichkeiten. Echtheitsmerkmale lassen sich durch eine Sichtprüfung oder durch eine automatisierte Erfassung und Auswertung der Echtheitsmerkmale überprüfen. Ein Firmenausweis, der

Abb. 2.2. ID-Karte mit personenspezifischem äußerem Echtheitsmerkmal (Fingerabdruck) des Karteninhabers (Werkfoto Intraproc)

mit einem Photo seines Inhabers versehen ist, läßt sich im Rahmen einer Sichtprüfung durch einen Pförtner oder durch das Werkschutzpersonal überprüfen.

2.4.4.1 Sichtprüfung

Für eine Sichtprüfung werden auf einer Identifikationskarte
- allgemeine äußere Echtheitsmerkmale, z. B. ein Firmenlogo, ein spezieller Farbdruck usw.,
- personenspezifische äußere Echtheitsmerkmale, wie z. B. ein Photo der Person,
- spezielle personenspezifische äußere Echtheitsmerkmale für erhöhte Sicherheitsanforderungen, wie z. B. den Fingerabdruck des Karteninhabers (Abb. 2.2)

aufgebracht. Da diese zusätzlichen Echtheitsmerkmale der ID-Karte eine zusätzliche Sicherheit darstellen, ist auch der Begriff „Sicherheitsmerkmale" geläufig.

Die Herstellungsverfahren lassen es zu, daß eine ID-Karte entsprechend den Sicherheitsanforderungen und den speziellen Wünschen des Anwenders im Ein- oder Mehrfarbendruck mit nahezu unnachahmbaren Sicherheitsdrucken versehen wird. Zusätzlich können in den Sicherheitsdruck für das menschliche Auge nicht erkennbare und unsichtbare Merkmale eingearbeitet werden. Diese können dann nur mit einem Kontrollgerät erkannt werden. Ebenso ist es möglich, weitere allgemeine Echtheitsmerkmale, wie Wasserzeichen, Sicherheitsfaden oder Hologramm, in die Identifikationskarte einzubringen. In Verbindung mit dem Firmenlogo bilden diese allgemeinen Echtheitsmerkmale die firmenspezifische Kennung.

Auf dem Karteninlett lassen sich zusätzlich zu einer firmenspezifischen Kennung auch äußere personenbezogene Echtheitsmerkmale aufbringen. Dies können
- gedruckte Informationen,
- handschriftliche Informationen,
- phototechnisch aufgebrachte Informationen,

Abb. 2.3. ID-Karte mit Guillochendruck

– mit einem Laserstrahl aufgebrachte Informationen oder
– geprägte Informationen sein.

In der Regel sind an personenspezifischen Merkmalen auf der Identifikationskarte der Vor- und Zuname, die Personalnummer oder eine fortlaufende
Nummer aufgebracht. Abbildung 2.3 zeigt eine ID-Karte, die mit einem
speziellen Sicherheitsdruck (Guillochendruck) versehen ist.

Für eine weitere Erhöhung der Sicherheit kann die Identifikationskarte
auch mit personenspezifischen äußeren Echtheitsmerkmalen ausgestattet sein,
die für jede Person besonders charakteristisch sind. Dazu zählen beispielsweise
der Fingerabdruck, der Stimmabdruck, das Abbild des Karteninhabers usw.

Abbildung 2.4 gibt eine ID-Karte wieder, die mit personenspezifischen
Merkmalen und einem zusätzlichen personenbezogenen äußeren Echtheitsmerkmal, dem Abbild der Karteninhaberin, ausgestattet ist. Den Wünschen
und dem Sicherheitsbedrüfnis der Betreiber sind hier nahezu keine technischen
Grenzen gesetzt. Doch sollte nicht vergessen werden, daß jeder Wunsch und
jede zusätzliche Sicherheit zu einem höheren Kartenpreis führen. Deshalb
sollte stets abgewogen werden, ob das Sicherheitsempfinden nicht zu hoch
angesetzt ist und den Herstellungsaufwand wie auch den Preis noch rechtfertigt.

Abb. 2.4. ID-Karte mit personenspezifischen Merkmalen und personenbezogenen äußeren
Echtheitsmerkmalen (Werkfoto Rexroth)

2.4.4.2 Automatische Prüfung

Bei automatisierten Identifikationssystemen, wie den elektronischen Zutrittskontrollanlagen, müssen in die Identifikationskarten und Kennungsgebern die
Echtheitsmerkmale in einer maschinenlesbaren Form eingearbeitet werden.
Lese- und Empfangsgeräte müssen in der Lage sein, die aufgebrachten Daten
und Informationen selbständig zu lesen, vor Ort (stand alone) weiterzuverar-
beiten und Entscheidungen zu treffen oder an einen übergeordneten Controller
weiterzugeben, der dann diese Entscheidungen trifft. Sieht man von älteren
Zutrittskontrollanlagen ab, die gelegentlich noch mit ID-Karten arbeiten, auf
die ein Loch- oder Barkode aufgebracht ist, so sind die Kodeinformationen auf
der Identifikationskarte heutzutage für das menschliche Auge nicht sichtbar
aufgebracht.

Laut DIN VDE 0830, Teil 41 dürfen Identifikationsmerkmale in Identifikationsmitteln visuell nicht erkennbar sein. Deshalb entsprechen Zutrittskontrollsysteme, die ID-Karten mit visuell erkennbaren Identifikationsmitteln
aufweisen, wie z. B. Barkode oder Kode in Lochform, nicht mehr den neuesten
Vorschriften.

Eine Kombination von maschinenlesbaren Identifikationskarten mit zusätzlich aufgebrachten Echtheitsmerkmalen für eine Sichtprüfung ist der
Firmen- oder Betriebsausweis. Nachteilig dabei ist, daß ein verlorener Ausweis
eindeutig einem Unternehmen zugeordnet werden kann. Deshalb gehen immer
mehr Anwender für allerhöchste Sicherheit dazu über, einen Blankoausweis zu
verwenden, auf dem lediglich eine personenbezogene Nummer aufgebracht ist.
Eine derartige Identifikationskarte läßt keinen Rückschluß auf die Firma, die
Person oder das System zu. Ein Mißbrauch durch den Finder der Karte ist
somit auch vor einer eventuellen Verlustentdeckung fast völlig ausgeschlossen.

Bei der automatisierten Erfassung von Echtheitsmerkmalen werden drei
Arten unterschieden:
- passive Identifikationskarten und Kennungsgeber,
- halbaktive Identifikationskarten und Kennungsgeber und
- aktive Kennungsgeber.

Alle passiven Identifikationskarten müssen grundsätzlich zum Lesen der
aufgebrachten Echtheitsmerkmale von einer entsprechenden Leseeinrichtung,
je nach Verfahren berührend oder berührungslos, abgetastet werden. Sie
senden keine Informationen aus und müssen daher in eine für das jeweilige
Prinzip ausgelegte Identifikationsmerkmal-Erfassungseinheit (IME) eingesteckt (Einsteckleser), von einem Motor eingezogen (Motoreinzugsleser),
durch einen Leseschlitz (Durchzugsleser) gezogen oder in die Nähe eines
Sensors gebracht werden.

Im Gegensatz dazu strahlen halbaktive Identifikationskarten oder Kennungsgeber die eingespeicherten Echtheitsmerkmale ab, sobald sie in die Nähe
einer Erfassungsstation gebracht werden. Sie haben keine eigene Energiequelle.
Daher muß die Empfangsstation als Aufforderung zur Datenübertragung
ständig ein hochfrequentes Signal aussenden. Dieses Signal wird von einer
Induktionsschleife in der ID-Karte oder dem Kennungsgeber aufgenommen

Abb. 2.5. Kennungsgeber einer berührungslos arbeitenden Zutrittskontrollanlage (Werkfoto Cotac)

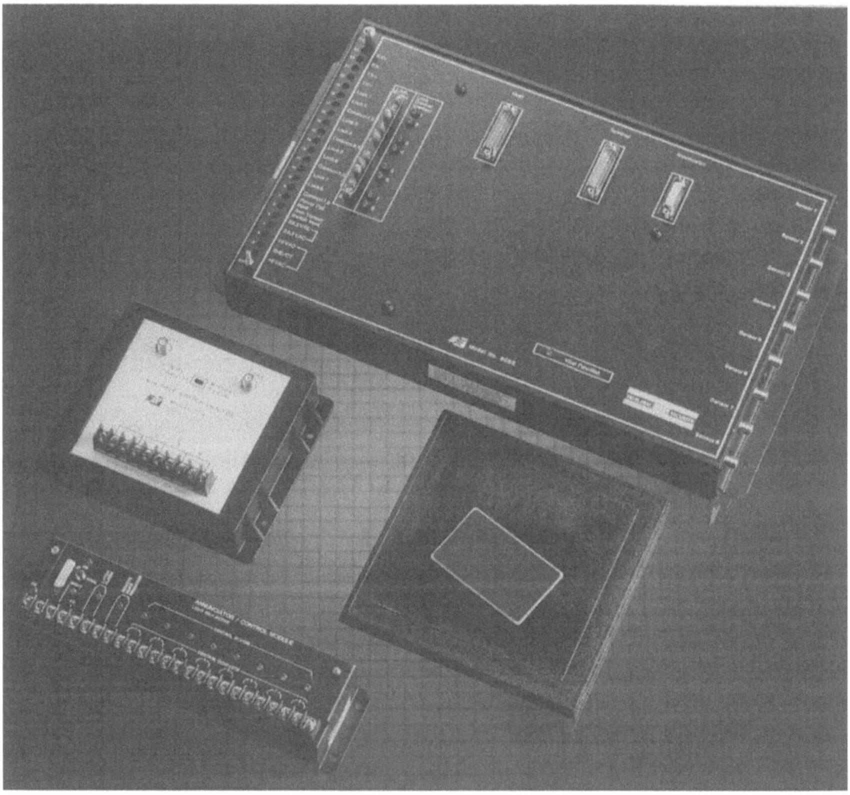

Abb. 2.6. Einzelkomponenten mit Sensoreinheit einer berührungslos arbeitenden Zutrittskontrollanlage (Werkfoto Telelarm Security)

und zur Energieversorgung des Abstrahlvorganges genutzt. Während des Übertragungsvorganges der Echtheitsmerkmale zeigen halbaktive Kennungsgeber kurzzeitig ein aktives Verhalten.

Aktive Kennungsgeber sind hingegen mit einer eigenen Energiequelle (Batterie) ausgestattet und liefern ständig ein hochfrequentes Signal geringer Energieleistung, das den zugehörigen Kode überträgt. In der Empfangsstation genügt daher ein Empfänger, der in der Lage ist, dieses Signal aufzufangen, sobald der aktive Kennungsgeber nahe genug herangebracht wird. Nachteilig dabei wirkt sich aus, daß die Energiequelle eines aktiven Kennungsgebers von Zeit zu Zeit überprüft und gegebenenfalls ausgetauscht werden muß. Der Vorteil liegt in der höher erzielbaren Reichweite.

Abbildung 2.5 zeigt den badge einer berührungslos arbeitenden Zutrittskontrollanlage, Abb. 2.6 die Komponenten einer berührungslos arbeitenden Zutrittskontrollanlage.

2.4.5 Identifikationskarten für Zutrittskontrollsysteme

An ID-Karten für Zutrittskontrollanlagen werden besonders hohe Anforderungen gestellt. Bei einer normalen Beanspruchung der Karte muß die Haltbarkeit für mindestens 3 Jahre oder 10000 Betätigungen ausgelegt sein. Die Identifikationsmerkmale dürfen visuell nicht erkennbar sein. Die Fälschungs- und Verfälschungssicherheit muß durch die Anwendung geeigneter physikalischer und mathematischer Verfahren zur Herstellung und Erzeugung der Identifikationsmerkmale hoch oder zumindest wesentlich erschwert sein. Sie müssen der Schutzart IP 66 entsprechen und in einem Umgebungstemperaturbereich von $-25\,°C$ bis $+65\,°C$ störungsfrei arbeiten.

In der heutigen Technik der Zutrittskontrollsysteme werden überwiegend die folgenden Identifizierungskarten eingesetzt:
- Magnetkarte,
- Infrarotkarte,
- Induktivkarte,
- Kapazitivkarte,
- Wiegandkarte,
- Chipkarte und die
- berührungslose Karte.

Die Kodierung einer passiven ID-Karte kann energielos oder energiebehaftet sein. Um auf einem Magnetstreifen mit Hilfe eines Schreibkopfes die Informationsfolge aufzubringen, müssen die aufgebrachten Magnetteilchen in einer bestimmten Richtung ausgerichtet sein. Dazu muß der Schreibkopf ein starkes Magnetfeld abstrahlen, das sich nur durch die Zuführung von elektrischer Energie aufbaut. In diesem Fall handelt es sich um eine energiebehaftete Kodierung. Diese in eine bestimmte Richtung ausgerichteten Magnetpartikel können durch äußere Einflüsse, in diesem Falle ein magnetisches Feld, entmagnetisiert werden. Dabei kann die gespeicherte Information teilweise oder ganz zerstört werden.

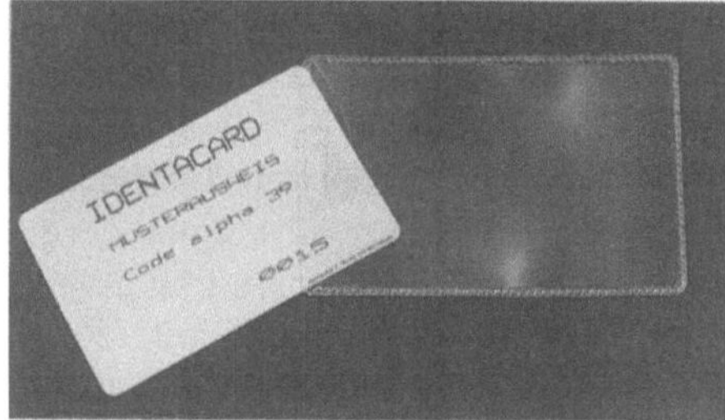

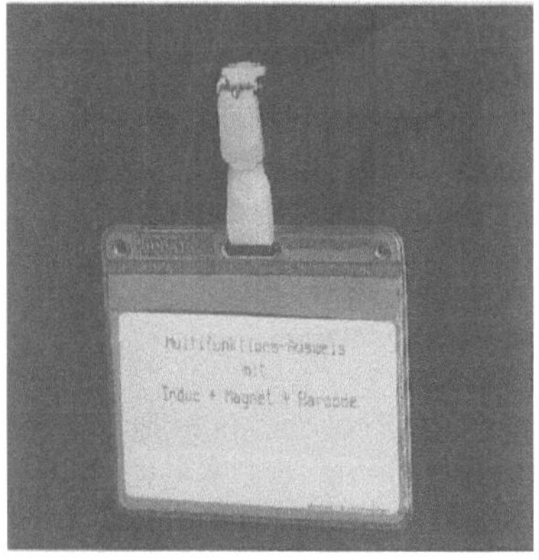

Abb. 2.7. Tragetaschen für ID-Karte
(Werkfoto Identa)

Die Induktivkodierung ist als energielos zu werten. Die in der ID-Karte enthaltene Metalleinlage, die eine bestimmte Anordnung von Reflexionsstellen und Löchern aufweist, kann nachträglich durch äußere Einflüsse nur schwer verändert werden, wenn man von der mutwilligen Zerstörung der ID-Karte selbst absieht.

2.4.6 Prüfung von Identifikationskarten

Die Prüfung von Identifikationskarten kann nach folgenden Gesichtspunkten erfolgen:
- mechanische Beanspruchung
- Umwelteinflüsse und
- Erfüllung von Datensicherheitsanforderungen

Identifikationskarten werden von den Ausweisinhabern in der Brieftasche, in der Geldbörse, in der Hosen- oder Jackettasche oder im Auto mitgeführt. Obwohl für ID-Karten diverses Ausweiszubehör als Schutz vor evtl. Beschädigungen existiert, werden diese nur dann angenommen, wenn seitens des Unternehmens eine Verpflichtung besteht, die Identifikationskarte als Firmenausweis im Unternehmen und auf dem Firmengelände als Sichtausweis offen zu tragen.

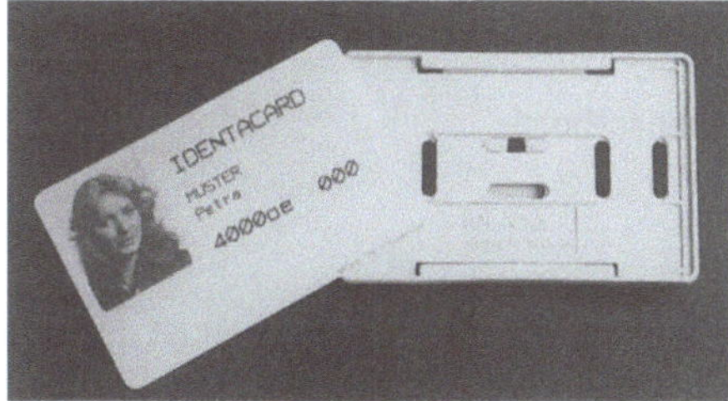

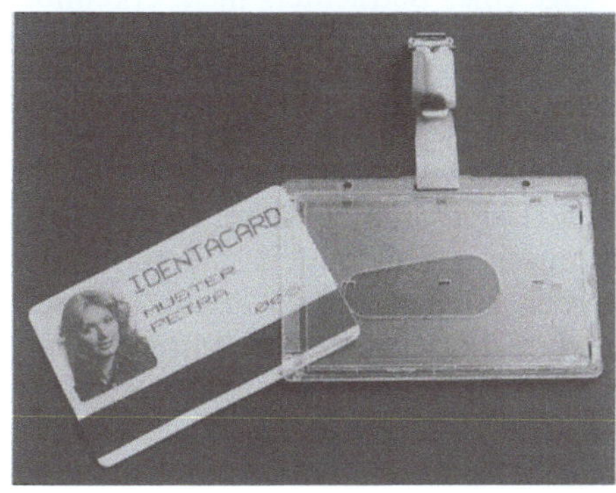

Abb. 2.8. Card-Dispenser
(Werkfoto Identa)

Ist dies nicht der Fall, so sind die Identifikationskarten beträchtlichen Beanspruchungen ausgesetzt. Abhängig von der Anbringung der Leseeinheit können sie kurzzeitig Regen ausgesetzt sein. Wird die ID-Karte als Parkberechtigungsausweis verwendet, so verbleibt sie im Auto, um nicht vergessen zu werden und vor verschlossener Schranke zu stehen. Im Sommer ist sie daher der Sonneneinwirkung und der Hitze, im Winter hingegen der Kälte und dem Frost ausgesetzt.

2.4.6.1 Prüfung nach DIN 32753

Identifikationskarten (ID 1) aus Kunststoff oder konststofflaminiertem Werkstoff werden daher nach den in der DIN 32753, Teil 1 festgeschriebenen Prüfpunkten und Prüfverfahren untersucht. Diese Untersuchungen umfassen die Prüfung nach:
- Temperaturverhalten,
- Verhalten bei Feuchteeinwirkung,
- Kartenwölbung,
- statische Biegung in Längsrichtung,
- statische zweiachsige Verformung,
- Restwölbung von Karten mit Magnetstreifen bei definierter Belastung,
- einseitige dynamische Dauerbiegebeanspruchung,
- Biegesteifigkeit,
- Zugprüfung,

- Opazität,
- Entflammbarkeit und
- Maße (Länge, Breite, Dicke und Eckenradien).

2.4.6.2 Prüfung auf Datensicherheit

Eine Untersuchung der ID-Karten in bezug auf die Datensicherheit ist anhand von Minimalanforderungen möglich, die erfüllt werden müssen. Die kodierte Information darf visuell dem bloßen Auge eines Betrachters nicht erkennbar sein, sie muß vielmehr unsichtbar aufgebracht werden. Diese Information darf mit einfachen technischen Hilfsmitteln nicht sichtbar gemacht oder sogar ausgelesen werden. Bei einem unberechtigten Manipulieren der Information muß sichergestellt sein, daß diese Manipulation vom System erkannt wird und keine Begehung mit dieser manipulierten ID-Karte möglich ist. Ebenso ist zu gewährleisten, daß mit einfachen technischen Hilfsmitteln die ID-Karten weder nachgeahmt noch dupliziert werden können. Durch organisatorische Maßnahmen muß sichergestellt sein, daß die verwendeten Informationen nicht mehrfach vergeben werden. Unter Umständen ist es auch sinnvoll das äußere Erscheinnungsbild einer ID-Karte so zu gestalten, daß keinerlei Rückschluß auf das Unternehmen möglich ist.

2.4.7 Eigenerstellung und Kodierung von ID-Karten

Identifikationskarten werden von speziellen Herstellerfirmen für ID-Karten oder den Herstellern der Zutrittskontrollanlagen selbst gebrauchsfertig geliefert. Es ist jedoch auch möglich und wird in der Praxis von einigen Anwendern auch so gehandhabt, daß sie Kartenrohlinge beziehen und die Fertigstellung und die Kodierung der ID-Karten selbständig direkt am Einsatzort vornehmen. Maßgebliche Faktoren, die bei der Entscheidung und der Wahl des Herstellungsortes berücksichtigt werden müssen, sind:
- die an die Karte gestellten Sicherheitsanforderungen,
- die Komplexität des Herstellverfahrens und des Kodierverfahrens der ID-Karte,
- die Forderung der sofortigen Verfügbarkeit einer Ersatzkarte sowie
- wirtschaftliche Überlegungen.

Werden erhöhte Sicherheitsanforderungen an die Identifikationskarten gestellt, so müssen die ID-Karten beim Hersteller gefertigt werden. Die sorgfältige Auswahl der Rohstoffe und aufwendige Fertigungsmethoden können bei den Anwendern selbst nicht ausgeführt werden. Bei der Herstellung werden in diesem Fall gewerbeunübliche Verfahren und Geräte eingesetzt, die auf dem freien Markt nicht käuflich zu erwerben sind. Zudem garantieren die Hersteller dieser speziellen Identifikationskarten, daß in allen Fertigungsstufen ständig Kontrollen durchgeführt werden und die an die Betreiber ausgelieferten ID-Karten in ihrer Fertigungsstückzahl begrenzt sind und genauestens registriert werden. Ebenso muß sichergestellt sein, daß die Zusammensetzung der verwendeten Materialien und die Kenntniss über die Herstellungsmethoden nicht in die Hände von Unbefugten fallen. Dies gilt auch für Blanketten und die Inletts dieser ID-Karten.

Identifikationskarten müssen vom Hersteller auch dann gebrauchsfertig bezogen werden, wenn komplizierte Kodierungsverfahren einen hohen technischen Geräteaufwand erforderlich machen, deren Anschaffung für den Anwender nicht rentabel sind.

In der Praxis hat es sich gezeigt, daß Identifikationskarten mit geringen Sicherheitsanforderungen und vertretbarem technischen Aufwand auch von den Anwendern selbst aus Kartenrohlingen gefertigt und Identifikationskarten mit Magnet- oder Induktivkodierung auch selbständig kodiert werden können. Abbildung 2.9 illustriert den Fertigstellungsprozeß vom Laminatset bis zur fertig kodierten Identifikationskarte.

Diese Maßnahme kann für einen Anwender dann lohnend sein, wenn kurzfristig neue ID-Karten eingesetzt werden müssen. Dies ist der Fall, wenn ein Großunternehmen die Identifikationskarte gleichzeitig als Firmenausweis mit einem Lichtbild versieht und ein neuer Ausweis oder ein Ersatzausweis schnell verfügbar sein muß. Es können aber auch wirtschaftliche Überlegungen dafür maßgebend sein, daß sich ein Unternehmen entschließt, die ID-Karten in

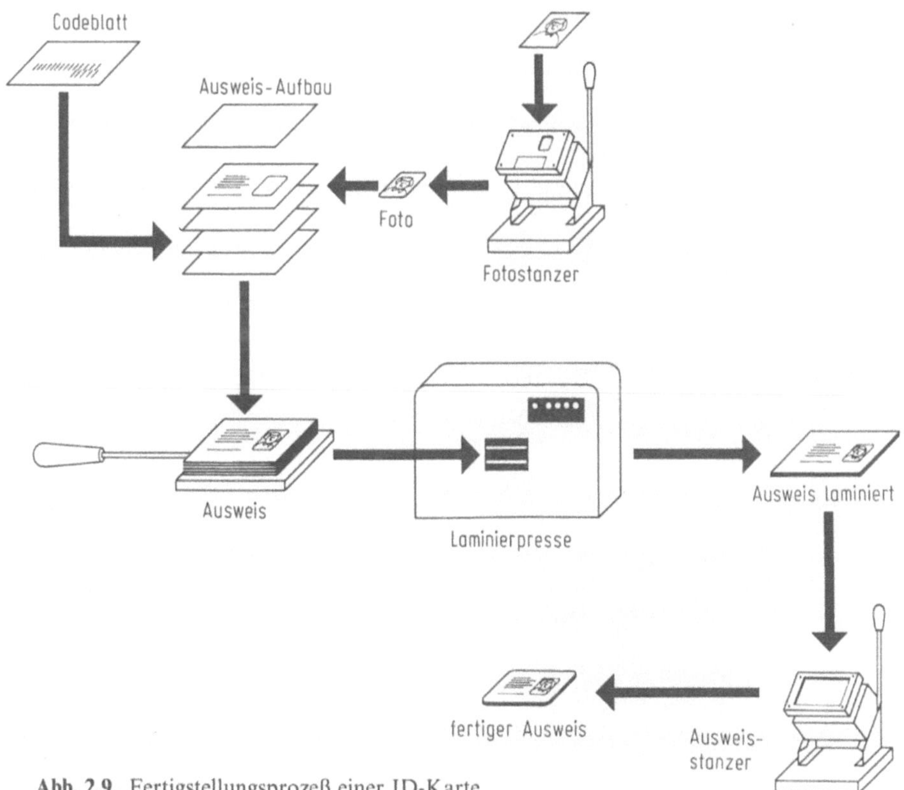

Abb. 2.9. Fertigstellungsprozeß einer ID-Karte

Eigenregie aus den Rohlingen herzustellen. Die Anschaffung der dazu notwendigen Geräte, der Bezug der ID-Karten-Laminate und die Eigenfertigstellung können unter Umständen gegenüber einem Fremdbezug kostengünstiger sein.

Voraussetzung dafür ist jedoch in jedem Fall, daß an das Kartenmaterial und die Herstellungsverfahren nur geringere Sicherheitsanforderungen gestellt werden.

Zur Herstellung kunststofflaminierter ID-Karten werden Laminatsets in Form von mehrteiligen Heftchen von den Kartenherstellern angeboten. Diese bestehen aus einem glasklaren Ober- und Unterlaminat und einem Inlett. Auf dem Inlett können nach Wunsch des Anwenders bereits visuell erkennbare Echtheitsmerkmale, wie Firmenlogo, Sicherheitsdruck usw., aufgebracht sein. Ebenso enthält es die später unsichtbar kodierten Informationen. Auch ein

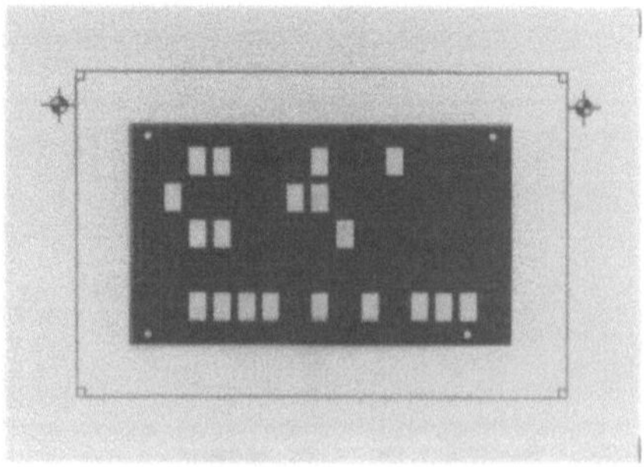

Abb. 2.10. Laminatset mit bedrucktem Inlett und Induktivkodiereinlage

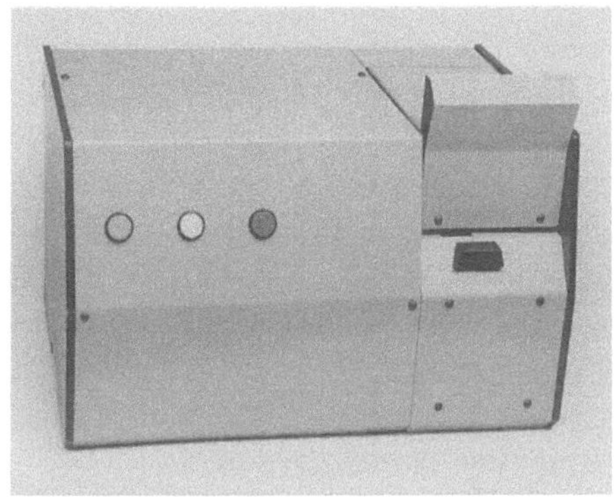

Abb. 2.11. ID-Karten Laminator
(Werkfoto Interlock)

Feld für das Einbringen eines Photos des Ausweisinhabers kann ausgespart werden.

Bei ID-Karten für Magnetkodierung ist auf dem Unterlaminat schon der Magnetstreifen enthalten. Abbildung 2.10 zeigt einen Kartenrohling (Laminatset) mit bedrucktem Firmeninlett und Induktivkodiereinlage. Diese Ausweisrohlinge werden unter hohem Druck und bei hohen Temperaturen zu mechanisch untrennbaren ID-Karten verschweißt. Man nennt dieses Verfahren laminieren. Abbildung 2.11 präsentiert ein Gerät, mit dem ID-Kartenrohlinge laminiert werden können.

Danach müssen die verschweißten Kartenrohlinge noch auf das genaue Kartenendformat gebracht werden. Hierzu ist eine spezielle Kartenstanze notwendig. Abbildung 2.12 zeigt eine Kartenstanze, die von Hand zu bedienen

Abb. 2.12. Handkartenstanze (Werkfoto Identa)

Abb. 2.13. Elektrische Kartenstanze
(Werkfoto Intraproc)

Abb. 2.14. Cliplochstanze Tischgerät
(Werkfoto Identa)

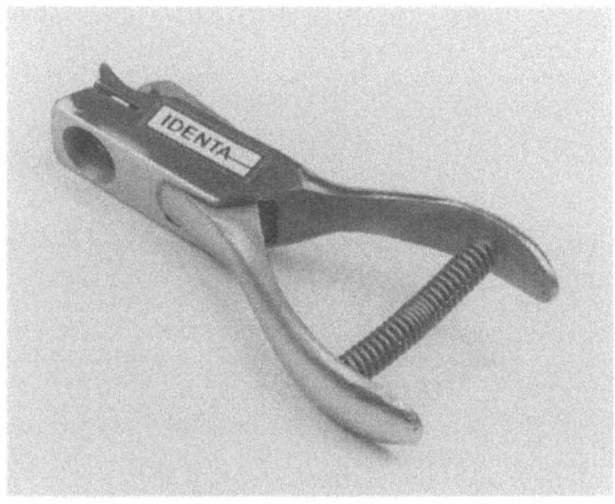

Abb. 2.15. Cliploch-Handzange
(Werkfoto Identa)

ist, während in Abb. 2.13 eine elektrische Kartenstanze dargestellt ist. Beide
Kartenstanzen sind Präzisionswerkzeuge zum Ausstanzen des Kartenrohlings.
Die Kartenrohlinge sind mit speziellen Markierungen versehen. Über eine an
den Geräten angebrachte Justiereinrichtung wird der Kartenrohling einfach
und genau in die richtige Position gebracht. Ein Knopf- oder Hebeldruck reicht
aus, um die ID-Karte paßgenau aus dem Kartenrohling auszustanzen. Über
einen Elektronikzusatz, der mit elektrischen Sensoren ausgestattet ist, können
Induktiv-Sets exakt und lagerichtig justiert werden. Erst dadurch ist gewährleistet, daß das erforderliche Kartenformat, sowie die exakte Positionierung des
Magnetstreifens oder der eingebrachten Induktiv-Kodiereinlage präzise eingehalten wird. Nur durch das Einhalten der genauen äußeren Abmessungen der
Identifikationskarte und die exakte Positionierung der Kodiereinlagen ist
gewährleistet, daß die ID-Karte von den Leseeinrichtungen immer problemlos
ohne Lesefehler gelesen und die Informationen ausgewertet werden können.

Laminarpressen werden ebenso wie Kodiergeräte von den Geräteherstel-
lern fortlaufend numeriert, und der Verbleib der Geräte wird einschließlich der
zugehörenden Nummer registriert. In den Abb. 2.14 und 2.15 sind Cliploch-
stanzen dargestellt.

Als zusätzliche Einrichtungen sind vom Anwender gegebenenfalls noch
eine Sofortbildkamera zur Aufnahme der Photos (Abb. 2.16) und eine zugehörige Photoschneideinrichtung (Abb. 2.17) anzuschaffen.

2.4.7.1 Induktiv-Kodierautomat

Abbildung 2.18 zeigt einen Automaten, mit dem Induktiv-Kupferfolien kodiert werden können. Über die Tastatur werden die Daten eingegeben, im
Gerät abgespeichert und in einem Display gezeigt. Mit diesem Kodiergerät
können 13 Spalten in 5 Zeilen gelocht werden. Über das Tastenfeld werden die 4
Bits der Zeilen 1 bis 5 eingegeben. Das 5. Bit wird automatisch als Paritätsbit
vom Gerät mitangefügt, wobei der Anwender am Gerät die Wahl zwischen
geradem, ungeradem oder keinem Paritätsbit hat. Die Induktiv-Kupferfolie
wird im Gerät durch zwei Lageerkennungslöcher fixiert. Optional ist zu diesem
Gerät eine Rechnerschnittstelle erhältlich.

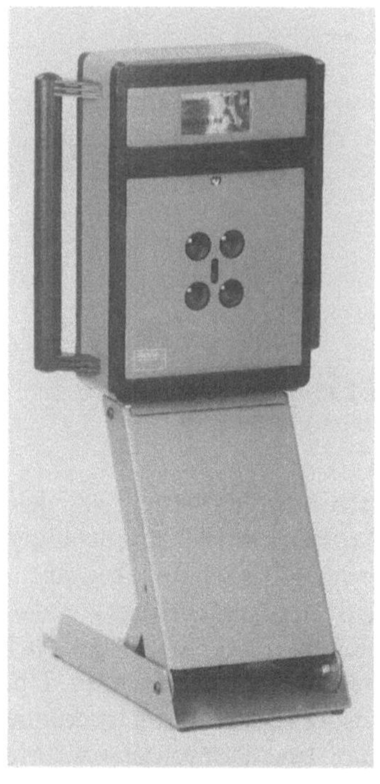

Abb. 2.16. Sofortbildkamera
(Werkfoto Identa)

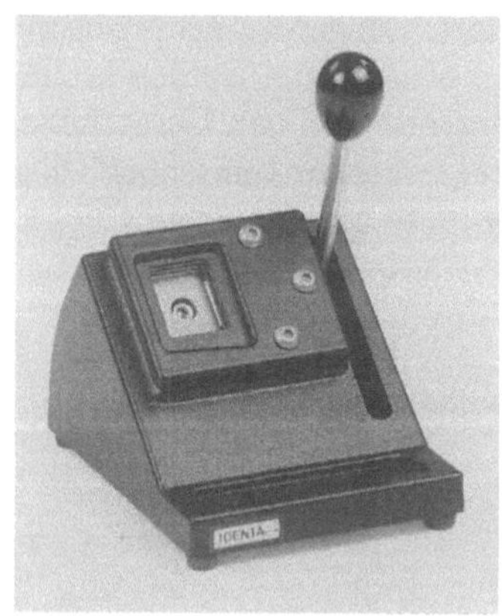

Abb. 2.17. Fotoschneideeinrichtung
(Werkfoto Identa)

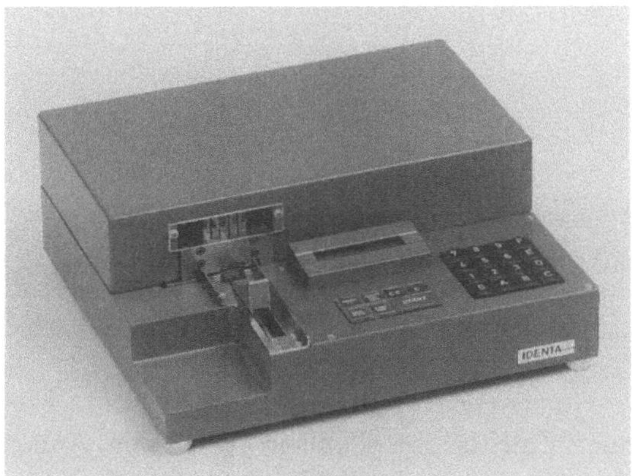

Abb. 2.18. Induktiv-Kodierautomat (Werkfoto Identa)

Für einfache Kodierungen im BCD-Kode mit Paritätsspur werden Hand-
kodierer verwendet.

2.4.7.2 Magnetkarten-Kodiergeräte

Nur Identifikationskarten mit Magnetstreifen können nach Fertigstellung aus
den Laminarsets oder bei Bezug von unkodierten fertigen ID-Karten nachträglich durch den Anwender noch mit Hilfe eines Kodiergerätes kodiert werden.
Die heute auf dem Markt verfügbaren Magnetkarten-Kodiergeräte werden
üblicherweise von den Herstellern der Zutrittskontrollanlagen speziell für ihre
Kartensysteme angeboten. Das Kodieren einer ID-Karte für ein Fremdsystem
ist normalerweise ausgeschlossen, da die Systemhersteller ihre Sicherheitskodierung nicht offenlegen und jedes System die Informationen in etwas anderer
Form auf den Magnetstreifen aufbringt. Diese Kodiergeräte werden über eine
serielle Schnittstelle an einen Personal-Computer angeschlossen und mit einem
auf dem PC ablaufenden Softwareprogramm komfortabel bedient. In den
Abb. 2.19 und 2.20 sind Magnetkarten-Kodiergeräte vorgestellt, die die

Abb. 2.19. Magnetkarten-Kodiergerät (Werkfoto Siemens)

Abb. 2.20. Magnetkartenkodierer
(Werkfoto Identa)

Betreiber vom Hersteller einer Zutrittskontrollanlage für dessen Anlagen
beziehen können.

Abbildung 2.21 und 2.22 enthalten zwei Bildschirmmasken der zugehörigen Software zur Bedienung des Magnetkarten-Kodiergerätes. Mit diesem
Magnetkarten-Kodiergerät können ID-Karten mit Magnetstreifen wahlweise
nach DIN oder einer speziellen Sicherheitskodierung kodiert werden. Ebenso
ist es möglich, die Informationen einer beschriebenen ID-Karte zur Kontrolle
auszulesen oder gegebenenfalls zu verändern. Wie aus der Abb. 2.22 ersichtlich
ist, kann das Kodiergerät wahlweise die Spuren 2 oder 3 oder beide in einem
Arbeitsgang kodieren. Der Softwarezugriff ist durch ein Paßwort geschützt, so
daß nicht heimlich Unbefugte ID-Karten duplizieren, aufgebrachte Kodierungen verändern oder sich neue Ausweise kodieren können.

2.4.7.3 Sicherheitsgravurkarte

Bei den bisherigen Betrachtungen wurden die äußeren sichtbaren Echtheitsmerkmale, wie Name, Vorname, Unterschrift und Photo des ID-Karteninhabers, auf photo- oder drucktechnischen Weg auf die ID-Karte aufgebracht.

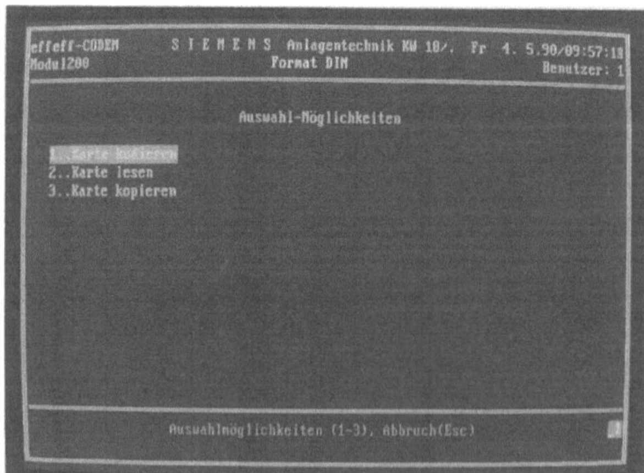

Abb. 2.21. Software-Menü (Werkfoto Siemens)

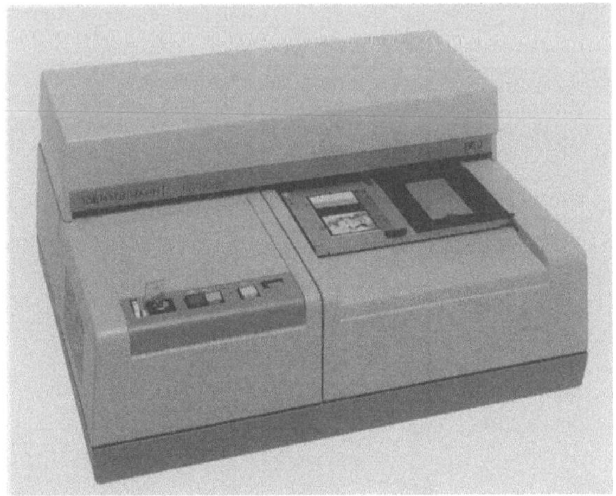

Abb. 2.22. Kodierungen der Spur 2 und Spur 3 (Werkfoto Siemens)

Abbildung 2.23 zeigt ein Gerät mit dem diese Sicherheitsmerkmale auf photomechanischem Weg auf einen speziell vorbereiteten ID-Kartenrohling (Abb. 2.24) übertragen werden. Gleichzeitig ist in der Abb. 2.24 das Endprodukt dargestellt. Grundlage dieses Verfahrens ist eine beschriftete Datenkarte nach Abb. 2.25, auf der alle auf die Karte zu übertragenden persönlichen Daten des Karteninhabers gespeichert sind. Diese Datenkarte kann mit einer Schreibmaschine beschriftet oder als Endlosformular mit einem Drucker der Textverarbeitung bearbeitet werden. Die Personaldaten können in kurzer Zeit übertragen werden. Nachdem ein Paßphoto an der dafür vorgesehenen Stelle der Datenkarte befestigt ist, der Karteninhaber seine Unterschrift geleistet hat und bestimmte Sonderzeichen, wie Werkszugehörigkeit und Berechtigungs-

Abb. 2.23. Identograph (Werkfoto Intraproc)

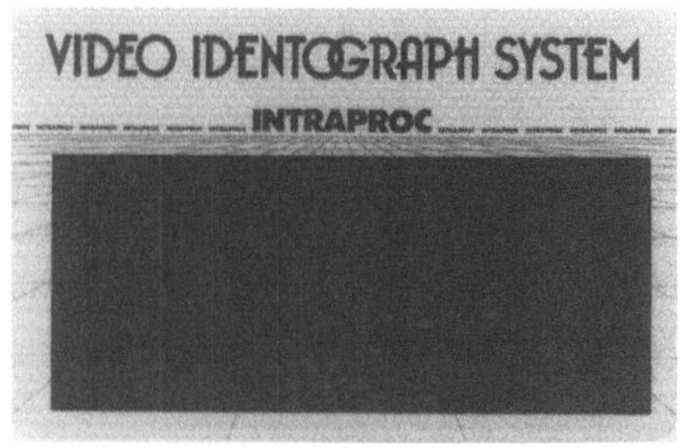

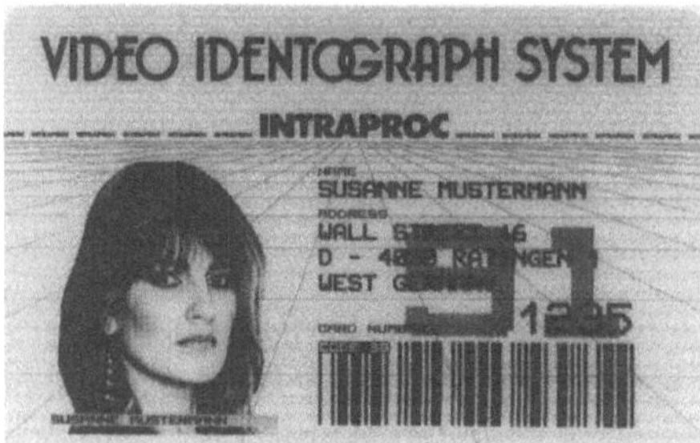

Abb. 2.24. ID-Kartenrohling mit spezieller Beschichtung zur Übertragung der Sicherheits-merkmale auf photomechanischem Weg und gravierte ID-Karte (Werkfoto Identa)

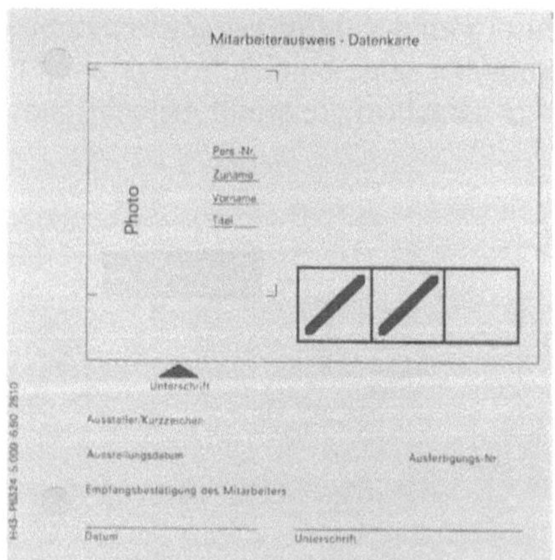

Abb. 2.25. Datenkarte als Übertragungsgrundlage

hinweise, aufgebracht sind, ist die Datenkarte fertig zur Reproduktion auf den ID-Kartenrohling. Alle Informationen der Datenkarte, wie Text, Unterschrift und Abbild der Person, werden Punkt für Punkt zu einer exakten Kopie der Datenträgervorlage. Diese Übertragung von der Datenkarte auf den ID-Kartenrohling geschieht auf photomechanischem Weg. Das Reflexlicht, das durch einen Lichtstrahl erzeugt wird und auf die Vorlage fällt, wird von einer Photodiode abgetastet und ausgewertet. Die von der Photodiode erzeugten Spannungssignale steuern über eine Elektronik einen Stahl- oder Diamantstichel, der die überflüssigen Stellen der Deckschicht auf dem ID-Kartenrohling wegschneidet. Die bei dem Gravurvorgang anfallenden Späne werden automatisch abgesaugt.

Der äußeren Gestaltung der ID-Karte sind bei der heutigen Drucktechnik keine Grenzen gesetzt. Guillochen oder andere Sicherheitsmerkmale können zusätzlich aufgebracht werden. Je nach den gewünschten Anforderungen können die ID-Karten mit Magnetstreifen oder anderen gängigen Kodierungsarten versehen sein.

Anstelle der Datenkarte als Gravurvorlage kann die Datenerfassung und Verarbeitung über einen Personal-Computer mit einer speziellen Software vorgenommen werden. Die individuellen Personaldaten des Karteninhabers werden in eine Datenbank eingegeben und direkt auf dem Monitor mit der Kartenvorlage abgebildet (Abb. 2.26). Mit einer Still-Video-Kamera wird das Abbild des ID-Karteninhabers erfaßt und auf einer Photo-Diskette abgespeichert. Das Porträt wird an den Personal-Computer übertragen und am Bildschirm in die dafür vorgesehene Stelle der ID-Kartenvorlage eingeblendet. Ist auf der ID-Karte zusätzlich die Unterschrift des Karteninhabers erforderlich, so wird diese ebenfalls von einer Videokamera erfaßt, digitalisiert, an das System übertragen und an der richtigen Stelle eingeblendet. Alle ausweisbezogenen Daten, einschließlich Photo und Unterschrift, können jederzeit abge-

Abb. 2.26. Video Identograph System (Werkfoto Itraproc)

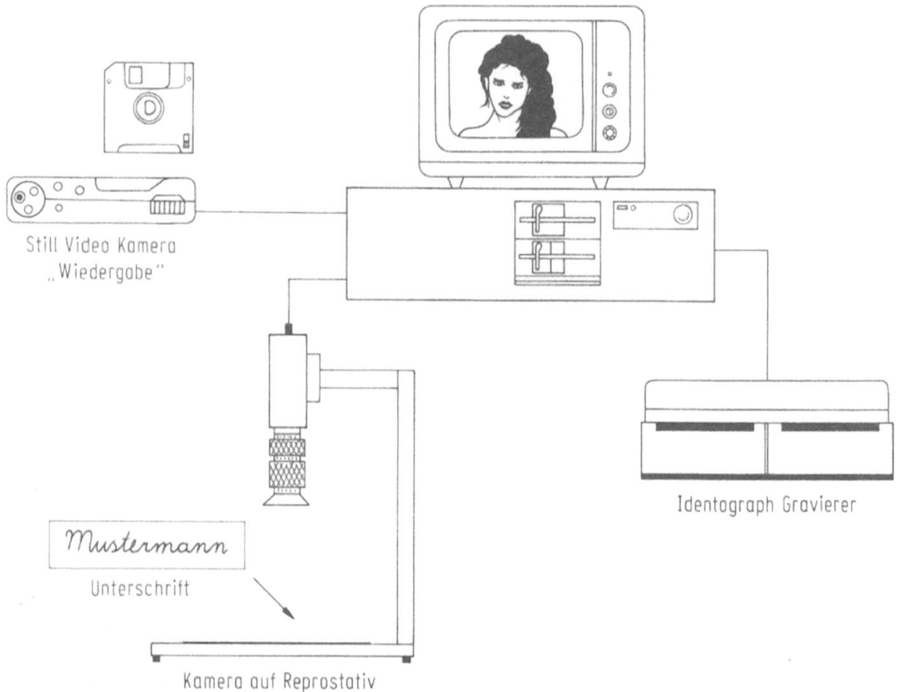

Abb. 2.27. Ablaufdiagram (nach Unterlagen der Firma Intraproc)

rufen, geändert oder gelöscht werden. Die gespeicherten Ausweisvorlagen werden mit Registriernummern versehen und können über die Registriernummer oder andere vorzugebende Suchkriterien, wie Name, Personalnummer usw., jederzeit wieder schnell aus der Datenbank abgerufen werden.

Die digitalisierten und gespeicherten Informationen werden über eine Schnittstelle an das Graviergerät übergeben und auf die ID-Karte übertragen (Abb. 2.27).

2.4.7.4 Digitales Video-ID-Karten-System

Identifikationskarten, in die ein Photo des Karteninhabers als zusätzliches äußeres Echtheitsmerkmal eingebracht ist, sind als Kombination von Firmenausweis und maschinenlesbarem Zutrittskontrollausweis weit verbreitet.

Für die Aufnahme der Photos werden Sofortbildkameras verwendet, die eine herkömmliche Aufnahme auf Photopapier erstellen. Photopapier und Plastik sind allerdings keine ideale Materialpaarung. Das Portraitphoto bildet mit dem Plastik der ID-Karte keine 100%ige homogene Einheit.

Renommierte Hersteller haben daher die Vorteile der Videobildtechnik und die Color-Thermotransfer-Druck-Technologie zu einem in der Handhabung unkomplizierten Verfahren zur Erstellung farbiger Photo-Ausweiskar-

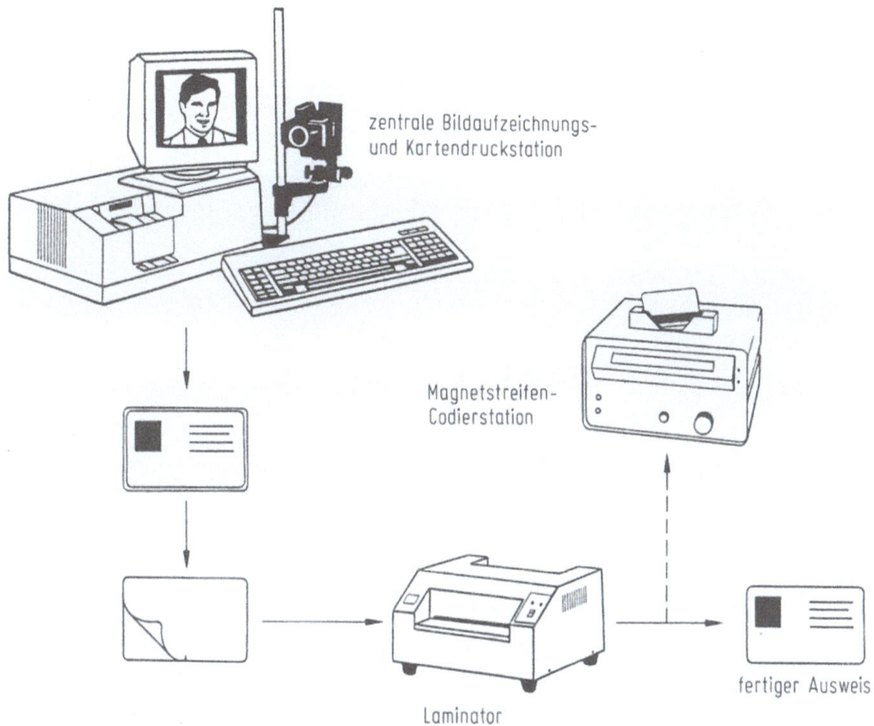

Abb. 2.28. Aublaufdiagramm zur Erstellung von ID-Karten mit Hilfe der Videoaufnahme-
technik und der Thermo-Transfer-Drucktechnologie (nach Unterlagen der Firma Kodak)

ten kombiniert. Abbildung 2.28 zeigt das Ablaufdiagramm des Erstellungs-
prozesses, Abb. 2.29 die zugehörige Geräteausstattung.

Der Vorteil dieser Systeme liegt darin, daß direkt farbig auf Plastikausweise
gedruckt werden kann und vollständig homogen laminierte, haltbare Sicher-
heitsausweise erstellt werden können.

Zur Erstellung einer ID-Karte wird das Abbild der Person über eine CCD-
Videokamera auf den Bildschirm eines Monitors übertragen und eingefroren.
Dieser Vorgang kann ohne Schwierigkeiten so oft hintereinander ausgeführt
werden, bis der Karteninhaber mit seinem Porträt einverstanden ist. Danach
wird das digitalisierte und komprimierte Videobild zusammen mit den
zugehörigen Personenkenndaten, wie Name, Vorname, Personalnummer,
Ausweisnummer usw., in einer Datenbank abgespeichert, aus der es jederzeit wieder zur weiteren Bearbeitung geholt werden kann. Über ein spezielles
Softwareprogramm kann die Gestaltung der ID-Kartenvorlage frei mit
Firmenlogo und eventuellen Sicherheitsmerkmalen gestaltet werden. Dieses
einmal erstellte ID-Kartenlayout kann immer wieder mit den auf die ID-Karte
zu übertragenden Daten einschließlich dem zugehörigen Abbild des Karteninhabers aus der Datenbank abgerufen werden. Auf dem Bildschirm erscheint
somit die komplette Vorlage für den Ausweis. Durch einen einfachen

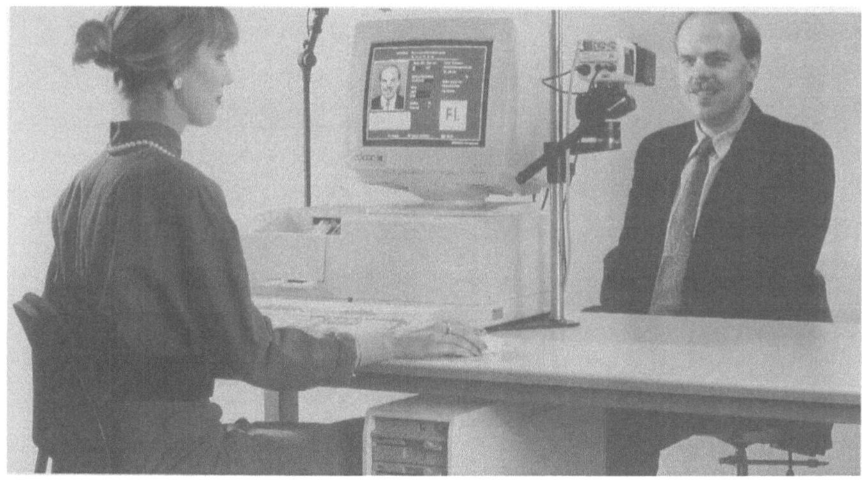

Abb. 2.29. Video ID-Kartensystem mit Laminator und Magnetkodierer (Werkfoto Kodak)

Knopfdruck wird der Druckvorgang gestartet, der diese auf dem Bildschirm zusammengesetzte Vorlage auf dem farbigen Thermotransferdrucker ausdruckt.

Für die Gestaltung ergeben sich nahezu unbegrenzte Möglichkeiten. Dies wird durch die elektronische Gestaltung und Kombination von verschiedensten Schriftarten, Grafikprogrammen für das Firmenlogo, Portraits und Texten in Verbindung mit unterschiedlichsten Safe Card Sets, mit oder ohne konventionellem Farbdruck, wahlweise mit verschiedenen Kodierungen, wie Magnet- und Induktiv-Kodierung, erreicht.

2.4.8 Kennungsgeber

Außer den ID-Karten werden zur Identifikation auch Kennungsgeber mit abweichenden Formen und Formaten eingesetzt. Die bekanntesten sind Plastikmünzen und Kunststoffschlüssel. Sie enthalten ebenso wie die Identifikationskarten unsichtbare Echtheitsmerkmale, die von entsprechenden Identifikationsmerkmal-Erfassungseinheiten gelesen und ausgewertet werden können. Diese Datenträger werden gelegentlich auch als badges bezeichnet.

Die Zufahrten zu Parkplätzen und Tiefgaragen lassen sich mit ihrer Hilfe vorteilhaft kontrollieren. Wird der Kennungsgeber in Form einer Münze in die Aufnahmeeinheit einer elektronisch gesteuerten Schranke eingeworfen, so gibt die Schranke die Zufahrt frei. Auch Kombinationen von ID-Karten- und Münzenleser sind vielfältig im Einsatz. Die Beschäftigten eines Unternehmens können anhand ihrer ID-Karte berechtigt sein, den Parkplatz zu benutzen, die Münzen sind Besuchern oder gelegentlichen Nutzern der Parkplätze vorbehalten.

Bei den Kennungsgebern haben alle zutreffenden Merkmale, herstellungs- und sicherheitstechnischen Aspekte und Forderungen wie bei den Identifikationskarten Gültigkeit.

2.5 Kodierverfahren

Im Laufe der Zeit wurden die unterschiedlichsten Kodierverfahren und die dafür geeigneten Leseprinzipien entwickelt. Die in den Anfängen der Zutrittskontrolltechnik verwendeten Lochkodierungen und die Barcode-Kodierung waren visuell erkennbar und deshalb sehr leicht nachahmbar. Unter Berücksichtigung des Sicherheitsaspekts ist daher leicht einzusehen, daß heute nur noch Kodierverfahren Verwendung finden, die mit dem bloßen Auge des Betrachters nicht mehr erkennbar sind und keinerlei Rückschlüsse auf die Kodeinformationen zulassen.

2.5.1 Magnetkodierung

Identifikationskarten aus Kunststoff oder kunststofflaminiertem Werkstoff mit Magnetstreifen sind heute bei Zutrittskontrollanlagen mit normalem Sicherheitsbedürfnis das Standardprinzip.

Der Informationsträger aus magnetisierbarem Material wird in Streifenform auf das Kartenträgermaterial aufgebracht. Auf diesem Magnetstreifen werden die Kode-Informationen elektromagnetisch abgespeichert.

Um den Magnetstreifen auf den Kartenträger aufzubringen werden zwei grundsätzliche Verfahren benutzt:
- *Das roll-on-Verfahren.* Bei diesem Verfahren wird der Magnetstreifen auf den fertigen Kartenrohling aufgesiegelt.
- *Das Verpress-Verfahren.* Es werden Magnetbänder oder Dispersions-Magnetstreifen auf einer Folie innerhalb der einzelnen Kartenschichten verpreßt.

Die mechanischen und elektromagnetischen Eigenschaften des Magnetstreifens sind in DIN 9785, Teil 1 festgelegt. Teil 2 dieser Norm gibt Auskunft über die Lage des Magnetstreifens und die Aufzeichnung auf demselben.

Laut dieser Norm ist der Magnetstreifen in drei Spuren aufgeteilt. Dabei sind die Spuren 1 und 3 besonderen Zwecken vorbehalten. Abbildung 2.30 zeigt die Lage des Magnetstreifens und die einzelnen Spurlagen.

Die Echtheitsmerkmale für Zutrittskontrollanlagen werden im Normalfall auf der inneren Spur 2 aufgezeichnet. Die Aufzeichnungsdichte für die Spur 2 beträgt 75 Bit per inch. Daraus ergibt sich eine mittlere Bit-Dichte von 3 Bit pro mm. Bei einer Aufzeichnung der Informationen im ISO-7-Bit-Kode kann auf der Spur 2 bei dieser Aufzeichnungsdichte ein Zeichenvorrat von 26 Zeichen abgespeichert werden. Zieht man die 5 Steuerzeichen ab, so verbleiben für die Nutzerinformation 21 Zeichen.

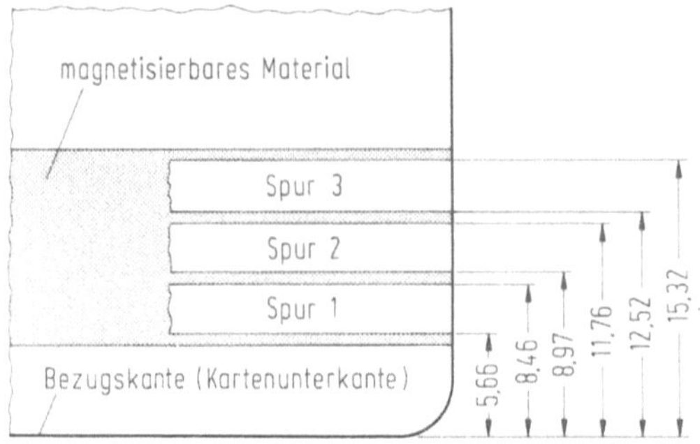

Abb. 2.30. Lage der Magnetspuren

Die Aufzeichnungsdichte auf den Spuren 1 und 3 beträgt 210 bpi.

Da es sich bei diesem Kode um einen Sicherheitskode handelt, sollen an dieser Stelle nur die groben Informationen wiedergegeben werden, wie eine gespeicherte Zeichenfolge aussehen könnte, um von einer elektronischen Zutrittskontrollanlage gelesen und weiterverarbeitet werden zu können.

Im Regelfall besteht die Zeichenfolge aus einem Startzeichen, einer gerätespezifischen Kennzahl, der Versionnummer, der Kartennummer, dem Endezeichen und einem Paritätsprüfbit (Abb. 2.31).

Lange Zeit wurden nur weichmagnetische oder normalkoerzitive Magnetstreifen mit einer Koerzitivkraft von 300 Oerstedt (Oe) verwendet. Die Informationen auf diesen Magnetstreifen können relativ leicht bewußt oder versehentlich gelöscht oder verändert werden. Hinzu kommen noch die Umwelteinflüsse in Form von Magnetfeldern. Die Gefahr einer versehentlichen Löschung der Informationen dadurch, daß die Karte in die Nähe eines stromdurchflossenen Leiters gelangt, ist sehr gering. Eine Löschung oder Unbrauchbarmachung der gespeicherten Information durch andere magnetische Felder ist jedoch sehr leicht möglich.

Deshalb werden heute vor allem hartmagnetische oder hochkoerzitive Magnetstreifen verwendet. Man spricht im Fachjargon von einer HICO-Magnetkarte. Die magnetisierbare Schicht weist eine Koerzitivkraft von 4000 Oe auf. Es ist eine etwa 10mal höhere Feldstärke zum Beschreiben des HICO-Magnetstreifens im Gegensatz zum LOCO-Magnetstreifen notwendig. Dies setzt einen Spezialschreibkopf voraus, der einen Strom von ca. 1 Ampere (A) erreicht. Die Lesespannungen sind bei beiden Magnetstreifen etwa gleich groß. Es können daher sowohl LOCO-kodierte ID-Karten, als auch HICO-kodierte ID-Karten mit derselben Leseeinrichtung ausgelesen

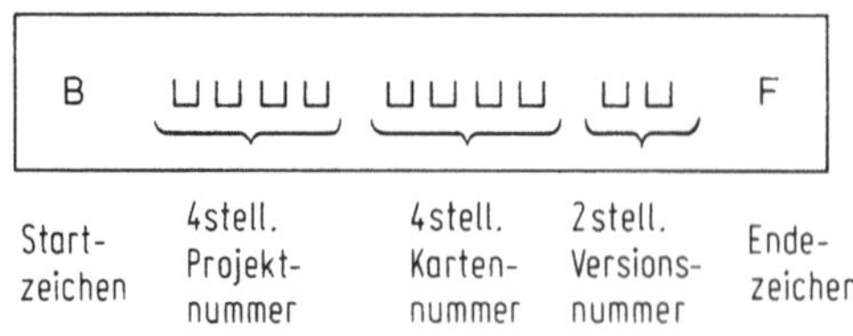

Abb. 2.31. Magnetkarten-Kodierung

werden. Ein versehentliches Löschen der Informationen auf einem HICO-Magnetstreifen ist nicht möglich.

Anders verhält es sich mit dem Duplizieren und Verändern der Information auf dem Magnetstreifen. Auch hier wurde wieder bei der Eurocheque-karte in eindringlicher Weise demonstriert, wie mit den heutigen technischen Mitteln Manipulationen durchgeführt werden können. Es bedarf nur eines Personal-Computers mit Schnittstelle zu externen Peripheriegeräten und eines Magnetkarten-Kodiergerätes, das im einschlägigen Fachhandel für jedermann erhältlich ist, und schon kann jeder halbwegs versierte PC-Freak mit nur geringen Softwarekenntnissen die Daten auf einer Magnetkarte manipulieren oder die Informationen auf der Karte duplizieren.

Eine gewisse zusätzliche Sicherheit bietet hierbei die ID-Karte mit HICO-Magnetstreifen. Die zum Kodieren notwendigen Spezialschreibköpfe sind nicht so ohne weiteres im Fachhandel erhältlich, da sie aber keiner Absatz-kontrolle unterliegen, muß damit gerechnet werden, daß kriminelle Subjekte Mittel und Wege finden, sich diese zu besorgen.

Die erhöhte Sicherheit der ID-Karte mit HICO-Magnetstreifen gegenüber einer ID-Karte mit LOCO-Magnetstreifen basiert auf folgenden Gegebenhei-ten:
- mit üblichen Mitteln kann die Information weder beabsichtigt noch unbeabsichtigt gelöscht oder unbrauchbar gemacht werden;
- mit konventionellen Schreib-/Lesegeräten kann die Information nicht verändert oder dupliziert werden;
- ein thermisches Duplizieren ist nicht möglich.

Die Vorteile, eine ID-Karte mit HICO-Magnetstreifen als Identifikations-merkmalträger für ein Zutrittskontrollsystem auszuwählen, liegen zum einen im geringen Preis der Karte selbst, zum anderen aber auch darin, daß die meisten Hersteller von Zutrittskontrollanlagen ihren Kunden Werkzeuge in die Hand geben, mit deren Hilfe sich diese ihre Karten selbst kodieren, ja sogar im Bausatzverfahren durch entsprechenden Kartenrohlinge selbst fertig-stellen können.

Ein weiterer Nachteil der Magnetkarte ist die Tatsache, daß der Magnet-streifen in einem sehr kurzen Abstand am Lesekopf vorbeigeführt werden muß. Dies führt im Laufe der Zeit zu einer gewissen Abnutzung des Magnet-streifens. Vor allem schlecht eingestellte Leseeinrichtungen, dabei vor allem Durchzugsleser, sind sehr schnell an einem spanabhebenden Betrieb zu erkennen.

Die Forderung nach einer höheren Sicherheit der Magnetspur ist verständ-lich. Da ein Kopierschutz von magnetisch gespeicherten Informationen auf physikalischer Ebene mit vertretbarem Aufwand nicht möglich ist, lag es nahe, nach Maßnahmen auf logischer Ebene zu suchen. Dies führte zu einem Verfahren bei dem identische Informationen sowohl auf der Magnetkarte als auch in der Zutrittskontrollanlage mit jeweils verändertem Merkmal nach jedem Lesevorgang abgespeichert werden. Die Magnetkodierung enthält ein Zahlenfeld, dessen numerischer Wert der Anzahl der Lesungen entspricht. Bei der Initialisierung wird dieser Zähler auf Null gesetzt. In der Zutrittskontroll-anlage wird ebenfalls der Wert Null abgespeichert.

Bei jeder Lesung wird nun der Zahlenwert auf der Magnetkarte mit dem Zahlenwert im System verglichen. Stimmen die beiden Werte überein, so ist dies eine der Voraussetzungen für eine berechtigte Zutrittsfreigabe. Danach wird der Zähler um den Faktor 1 inkrementiert, und der neue Wert wird sowohl auf die Magnetkarte als auch in den Speicher der Anlage selbst zurückgeschrieben. Damit wird erreicht, daß bei jeder Lesung ein verändertes Merkmal zur Verfügung steht.

Stimmen die beiden Werte nicht überein, so handelt es sich entweder um eine duplizierte Magnetkarte, der eine Lesung mit der Original-Magnetkarte vorausging, oder um die Original-Magnetkarte, der eine Lesung mit einer duplizierten Magnetkarte vorausging. In beiden Fällen wird von der Zutritts-kontrollanlage erkannt, daß mindestens zwei ID-Karten in Gebrauch sind; folglich können die entsprechenden Gegenmaßnahmen eingeleitet werden. Ist die Zutrittskontrollanlage mit Motoreinzugslesern mit Karteneinbehalt ausge-rüstet, so können die ID-Karten direkt einbehalten werden. Ist dies nicht der Fall, so muß durch organisatorische Maßnahmen sichergestellt werden, daß die tatsächlich berechtigte Person wiederum eine gültige ID-Karte erhält.

2.5.1.1 Dual-Layer-Magnetstreifen

Eine Erhöhung der Sicherheit bietet eine Magnetkarte, die mit einem zweischichtigen Magnetstreifen ausgestattet ist. Bei dieser Dual-Layer-Mag-netstreifenkarte besitzt die oben gelegene Magnetschicht dieselben magneti-schen und physikalischen Eigenschaften wie der normale LOCO-Magnetstrei-fen. Die darunterliegende Magnetschicht ist im Gegensatz dazu magnetisch hart und in Form eines HICO-Magnetstreifens ausgebildet. Die untere Magnetschicht ist daher nur mit 4000 Oe zu beschreiben, wogegen die obenliegende Magnetschicht mit 300 Oe beschrieben werden kann. Von den normalen Leseeinrichtungen können beide Magnetstreifen gelesen werden. Für die Sicherheitsüberprüfung wird die Information auf dem LOCO-Magnetstreifen vor dem Lesen gelöscht; die in dem HICO-Magnetstreifen gespeicherten Informationen bleiben jedoch erhalten. Der Vorteil eines Dual-Layer-Magnetstreifens liegt darin, daß folgende Fälschungsmethoden unwirk-sam sind:

– Thermisches Duplizieren,
– Magnetfeld-Kontrakt-Duplizieren und
– Kopieren/Verändern mit konventionellem Schreib- und Lesegerät.

2.5.1.2 Watermark-Magnetstreifen

ID-Karten mit HICO- oder LOCO-Magnetstreifen haben gegenüber den anderen Ausweistypen den Vorteil, daß die auf den Magnetstreifen aufgebrach-te Information jederzeit wieder gelöscht, bzw. verändert werden können. Für das Lesen und Beschreiben dieser ID-Karten mit Magnetstreifen gibt es handelsübliche Kodiergeräte.

Diesem Vorteil der jederzeitigen Veränderbarkeit steht der Nachteil des Sicherheitsaspektes gegenüber. Es sind mehrere Verfahren bekannt, wie die Informationen einer Karte auf eine nicht kodierte Karte übertragen werden können. Soll verhindert werden, daß durch Kopieren oder Duplizieren eine Magnetkarte mißbräuchlich genutzt wird, so sind zusätzliche Sicherungsmaßnahmen im Gesamtsystem erforderlich. Alle bekannten Verfahren können einen Mißbrauch zwar erschweren, aber nicht völlig ausschließen.

Durch den Einsatz spezieller ID-Karten mit Watermark-Magnetstreifen, deren Watermark-Information nicht löschbar oder veränderbar ist und den zugehörigen speziellen Watermark-Magnetstreifen-Lesern, die nur Watermark kodierte ID-Karten akzeptieren, werden alle bekannten Duplizier- und Kopierverfahren ausgeschlossen.

Wie der Name schon aussagt, handelt es sich hierbei um eine Art von Wasserzeichen. Allerdings um ein magnetisches Wasserzeichen, das auf einen Magnetstreifen aufgebracht ist. Durch dieses Verfahren ist es zwar möglich eine aufgebrachte Soft-Kode-Information zu löschen und den Magnetstreifen neu zu beschreiben. Die erhöhte Sicherheit liegt allerdings in einer zusätzlichen nicht löschbaren magnetischen Information. Diese nicht löschbare Watermark-Kodierung kann nicht mit herkömmlichen Magnetlesern ausgelesen werden, sondern ist nur mit Hilfe des speziellen Watermark-Magnetstreifen-Lesers zu erkennen.

Prinzipiell handelt es sich bei diesem Magnetstreifen um die identische Beschichtung, die auch für herkömmliche Magnetstreifen verwendet wird. Vor dem Trocknen der flüssigen Magnetschicht auf der Trägerfolie wird eine Zahlenfolge magnetisch aufkodiert. Nach dem endgültigen Trocknungsvorgang enthält das Magnetband eine Molekularstruktur, die magnetisch nicht mehr verändert werden kann.

Diese nicht löschbare Zahlenfolge kann nur mit einem speziellen Lesekopf ausgelesen werden. Karten mit normalen Magnetstreifen werden von dieser Leseeinheit zurückgewiesen. Es ist daher in einem Watermark-Leser nicht möglich, eine nach den bekannten Verfahren duplizierte ID-Karte mit Magnetkodierung mißbräuchlich zu benutzen.

Identifikationskarten mit Watermark-Struktur können wie normale Magnetkarten mit Magnetkodiergeräten kodiert und von normalen Leseeinrichtungen ausgelesen werden. Daher ist es erforderlich Leseeinheiten mit zwei Leseköpfen auszurüsten, wenn die Watermark-Information zusätzlich gelesen werden soll. Ein Lesekopf liest dabei die fälschungssichere Watermark-Kodierung, der andere Lesekopf die normalen Kodeinformation.

Bisher wird durch diese Maßnahme allerdings nur verhindert, daß die ID-Karte nicht dupliziert werden kann. Um auch zu verhindern, daß die Kodierung auf der Original-Watermark-ID-Karte nicht unberechtigt verändert werden kann, wird die Softmagnetisierung durch eine Sicherheitszahlenkombination ergänzt. Diese wird nach einem geheim gehaltenen Algorithmus aus der Watermark-Zahlenkombination und der aufgebrachten Softkodierung errechnet. Da in der Identifikationsmerkmal-Erfassungseinheit derselbe Algorithmus angewandt wird, ergibt sich auch die gleiche Zahlenkombination, die überprüft wird.

Eine Veränderung der Softkodierung um nur ein Bit, würde nach sich ziehen, daß die Sicherheitszahlenkombination nicht mehr stimmt. Erst eine Entschlüsselung des Algorithmus würde hierbei eine berechtigte Veränderung zulassen.

2.5.2 Infrarotkodierung

Bei dem Verfahren der Infrarot-Kodierung werden im Inneren des Ausweises die Kodepunkte in Form einer Matrix stufenweise mit unterschiedlicher Infrarotdurchlässigkeit angeordnet. Man spricht auch von einem Infrarot-Transparent-Kode. Abbildung 2.32 zeigt in einer Schnittdarstellung, wie diese Opazitäts-Kodierung durch einen mehrschichtigen Aufbau von Einzelfolien erfolgen kann. Die Technik der Ausweisherstellung ist heute in der Lage, auf dem Ausweis bis zu 55 Kodepunkte und bis zu 10 Transparentstufen unterzubringen. Der Nachteil eines infrarotkodierten Ausweises liegt darin, daß bei der äußeren Gestaltung der ID-Karte die innere Kodierung berücksichtigt werden muß. Kodepunkte dürfen nicht durch die Einlage von Fotos oder durch einen infrarotlicht undurchlässigen Aufdruck verdeckt werden.

Das Auslesen der kodierten Informationen geschieht beim Einschieben der Infrarotkarte in einen entsprechenden Leser durch Infrarot-Lichtschrankenzeilen. Abbildung 2.33 zeigt das Prinzip des Leseverfahrens einer infrarotlicht durchlässigen ID-Karte mit Sender-Empfänger-Zeile.

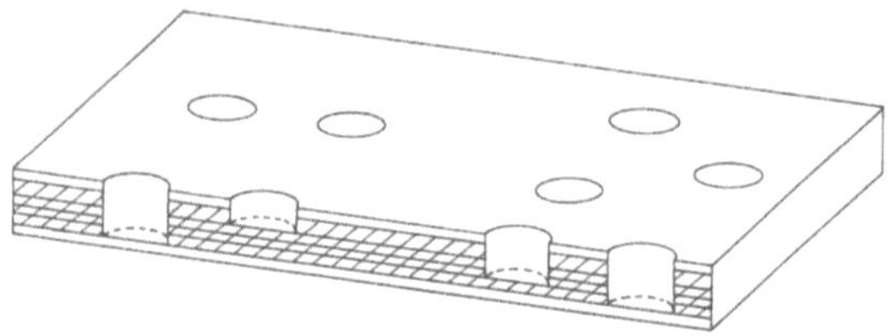

Abb. 2.32. Aufbau einer mehrschichtigen Infrarotkarte mit Opazität

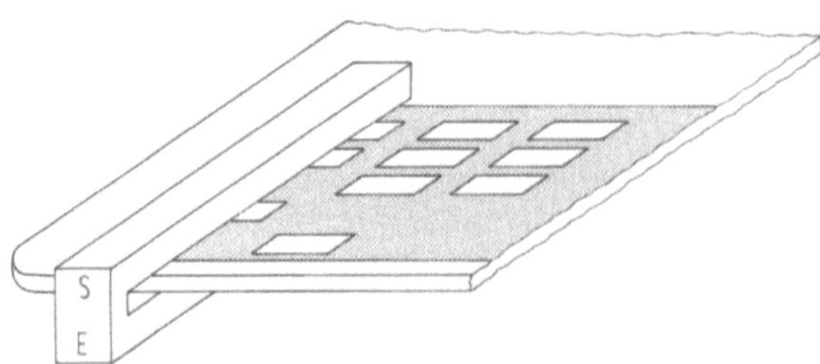

Abb. 2.33. Prinzipielles Leseverfahren einer Infrarot-kodierten ID-Karte

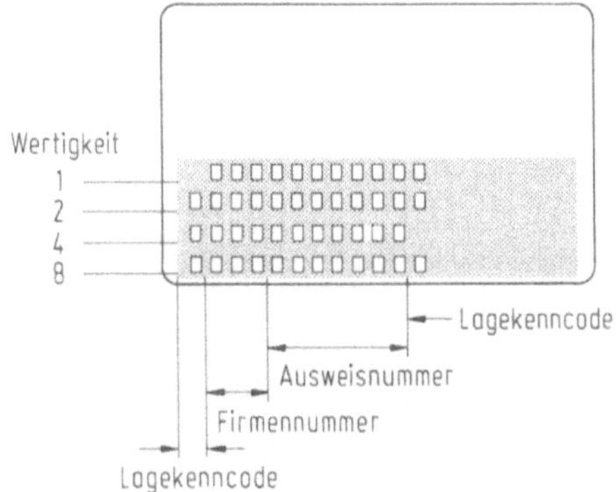

Abb. 2.34. Infrarot Einfach-Kodiereinlage

Auch bei Kenntnis der Kodierung ist die Nachahmung und Herstellung einer Infrarot kodierten Karte sehr schwierig, da es ohne aufwendige technische Hilfsmittel so gut wie nicht möglich ist, die Kodepunkte und die Transparentstufen exakt zu reproduzieren.

Es gibt auch Infrarot kodierte ID-Karten, die auf den mehrlagigen Aufbau und die Messung der Opazität verzichten. Dabei wird eine infrarotlicht undurchlässige Folie in das Kartenträgermaterial eingebracht, das die Aussparungen in Lochform enthält. Abbildung 2.34 zeigt eine derartige Infrarot-Kodiereinlage.

ID-Karten, die ein Lesen ihrer auf der Karte für das menschliche Auge nicht sichtbar enthaltenen Informationen opto-elektronisch mittels Infrarotstrahlung vornehmen können durch die Einlage eines Spektralfilters noch erheblich gegen Fälschung und Nachahmung gesichert werden. Erschwerend kommt dabei hinzu, daß die Beschaffung und die Auswertung des Spektralfilters ebenso schwierig ist wie die Analyse seiner Charakteristik.

Bei der Auswertung wird mit optoelektronischen Mitteln die Charakteristik des eingepreßten Spektralfilters untersucht. Dabei wird nicht nur die abgestrahlte Wellenlänge gemessen, sondern es wird ein Teilstück der Filterkurve genutzt, um das Filter exakt zu klassifizieren. Durch diese Messung ist es möglich, zwischen dem Originalfilter und einem in bezug auf die Spektrallänge und Kurvenfolge nachgeahmten Filter zu unterscheiden.

Selbstverständlich kann ein Spektralfilter auch in ID-Karten mit anderen Informationsdarstellungen eingesetzt werden. Auch hierbei erhöht sich die Sicherheit gegen Verfälschung und Duplizieren. Allerdings macht dies nur dann einen Sinn, wenn auch die Leseeinheit zusätzlich mit der entsprechenden Elektronik für die Messung und Auswertung des Filters ausgestattet ist.

2.5.3 Induktivkodierung

Identifikationskarten, deren Informationen induktiv auf der Karte abgespeichert sind, enthalten eine eingeschweißte Metallfolie als Kodiereinlage. Die

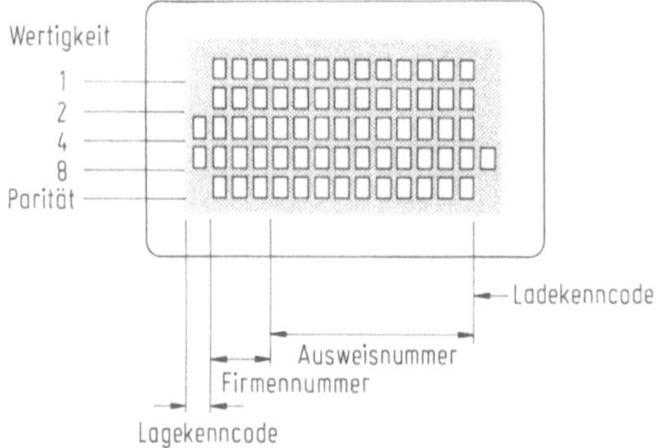

Abb. 2.35. Induktiv-Kodiereinlage mit 65-Bit-Kodierung

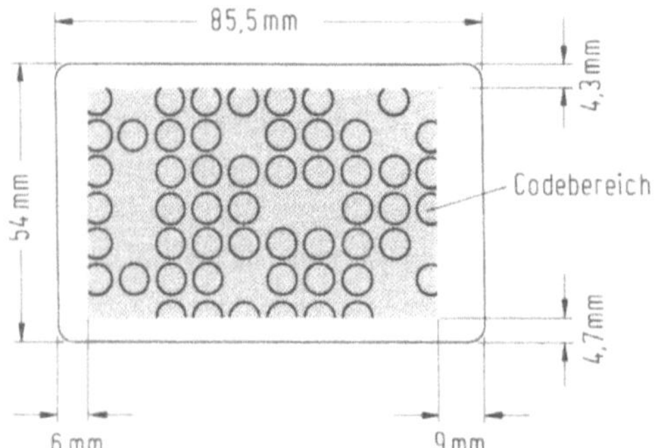

Abb. 2.36. Induktiv-Kodiereinlage mit 96-Bit-Kodierung (nach Unterlagen der Firma Inter-lock)

Informationsdarstellung auf dieser Kodiereinlage ist durch in Zeilen und Spalten eingeteilte Aussparungen vorgenommen. Abbildung 2.35 enthält eine Induktiv-Kodiereinlage mit einer Kodierungsmöglichkeit für 65 bit. Bei dem in dieser Abbildung dargestellten Muster können 13 numerische Zeichen kodiert werden. Die verbleibende restliche Spalte wird für die Paritätsprüfung verwendet. Mit Hilfe des Paritätsbits werden die Lochmarkierungen jeder einzelnen Zeile auf eine ungerade Anzahl vervollständigt.

Abbildung 2.36 zeigt eine Induktiv-Kodiereinlage, auf der 96 bit kodiert werden können. Die Informationsdarstellung der Kodiereinlage kann mit einem magnetischen Spiegel verglichen werden, der an der ausgestanzten Stellen Löcher enthält.

Beim Lesen der induktiv gespeicherten Informationen werden im Lesekopf enthaltene Schwingkreise verstimmt oder Spulen bedämpft. Wird die Karte in den Leser eingeschoben, so werden an den entsprechenden Stellen die Schwingkreise durch das Metall verstimmt oder bei den ausgestanzten

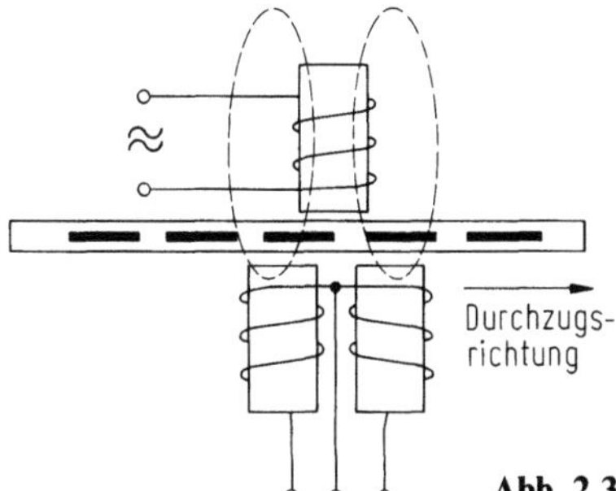

Abb. 2.37. Funktionsprinzip des Induktiv-Koppelverfahren

Freistellen nicht verstimmt. Über nachgeschaltete Demodulatoren kann der Karteninhalt auf diese Weise ausgelesen werden.

Ein weiteres Ausleseverfahren ist das induktive Kopplungsverfahren. Bei diesem Verfahren werden im Karteninneren Spulelemente (Kurzschlußwindungen) im Ätz- oder Siebdruckverfahren aufgebracht. Im Ausweisleser ist eine entsprechende Anzahl von Hochfrequenzsendespulen jeweils Differential-Empfangsspulen zugeordnet, deren Ausgangssignal sich im Ruhezustand gegenseitig aufhebt. Wird nun der kodierte Ausweis eingeschoben, so koppelt er abwechselnd die Sendespule mit der linken oder rechten Differentialwicklung der Empfangsspule (Abb. 2.37). Nach der Demodulation des Empfangssignals ergibt sich ein auswertbarer Leseimpuls.

Bei dieser Form der auf der ID-Karte enthaltenen Information handelt es sich um eine passive Informationsdarstellung. Die Information kann nach der Fertigstellung der ID-Karte nachträglich nicht mehr verändert werden, ohne daß die ID-Karte dabei zerstört wird.

Bei induktiv kodierten ID-Karten kann die Sicherheit gegen Durchleuchten durch die Einlage einer Spezialfolie in das Inlett erhöht werden. Man spricht in diesem Zusammenhang dann von einem Durchleuchtschutz.

2.5.4 Kapazitivkodierung

Auch bei der kapazitiven Kodierung handelt es sich um eine nicht sichtbare Kodierung. Die Kodierung selbst ist wieder energielos. Während sie stattfindet werden innerhalb des Ausweises kleine Metallflächen mit einer in der Ausweismitte angeordneten größeren Bezugsfläche entweder leitend verbunden oder nicht verbunden. Abbildung 2.38, die die Anordnung der Karten-Kapazitäten illustriert. Beim Lesevorgang werden die unterschiedlichen Kapazitäten der Teilchen erkannt und ausgewertet. Besteht eine metallische Verbindung zur inneren Bezugsflächenelektrode, so entsteht eine relativ hohe Kapazität gegenüber den Kopplungselektroden. Im anderen Fall bleibt eine kleine Kapazität, ähnlich dem nicht eingeschobenen Ausweis bestehen. Abbildung 2.39 zeigt die zugehörige Auswerte-Elektronik für einen einzelnen Kapazitätspunkt.

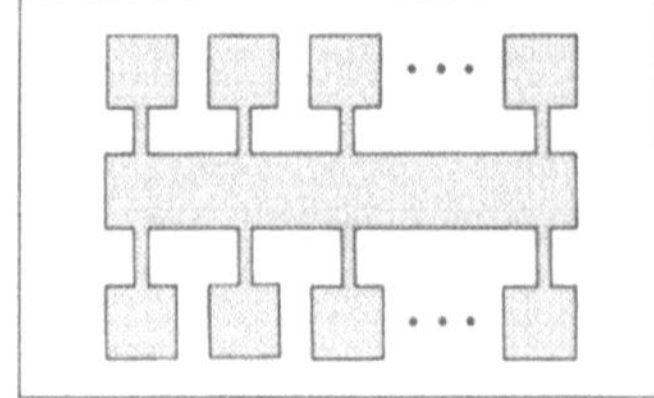

Abb. 2.38. Kapazitive Kodierung

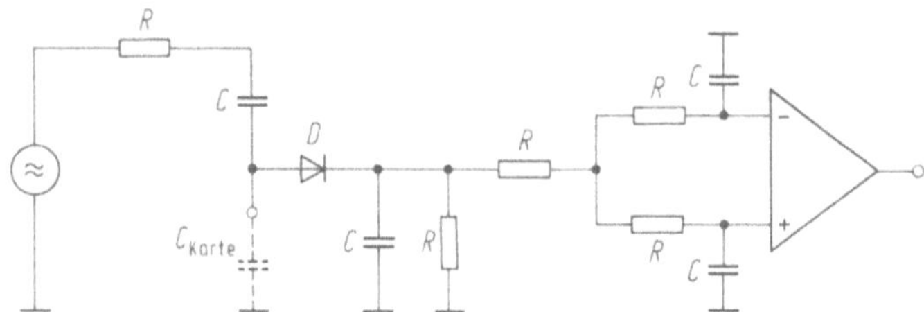

Abb. 2.39. Auswerte-Elektronik für die Karten-Kapazitäten

2.5.5 Wiegandkodierung

Eine andere Form der Informationsdarstellung, die sowohl für das menschliche Auge nicht erkennbar als auch energielos ist, ist die Ausnutzung des
Wiegandeffektes. In die Identifikationskarte wird dabei ein Kunststoffstreifen
miteingeschweißt, der in zwei übereinanderliegenden Reihen die Wieganddrähtchen enthält (Abb. 2.40). Durch die entsprechende Anordnung dieser
Wieganddrähtchen kann eine Informationsfolge von Nullen und Einsen erzielt
werden. Diese Wieganddrähte sind magnetisch bistabil. Werden diese Drähtchen in ein Magnetfeld gebracht, so ändern sie ihre Magnetisierungsrichtung.
Führt man sie kurz danach an einem Lesekopf vorbei, so kann dieser Lesekopf
durch das Induzieren von Impulsen erkennen, ob er gerade an einer Stelle mit
Drähtchen oder einer drahtlosen Stelle ist. Abbildung 2.41 beschreibt die
Anordnung von E-Spule zur Vormagnetisierung der Wieganddrähte und den

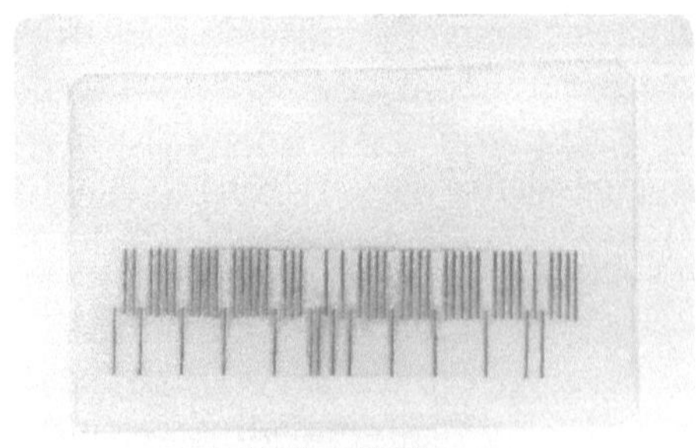

Abb. 2.40. Wiegand-Kodierung

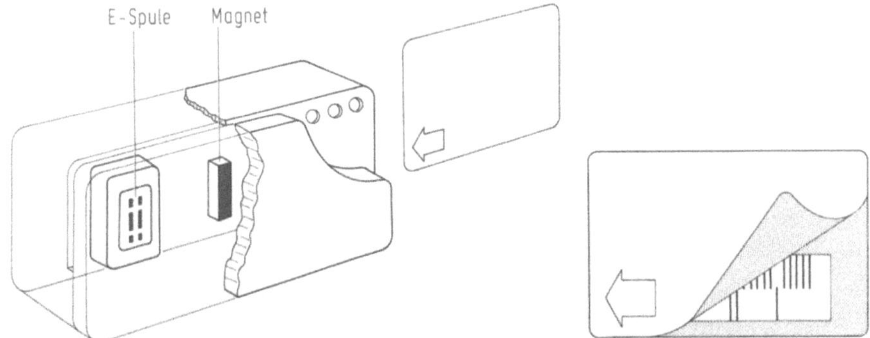

Abb. 2.41. Schnitt durch einen Wiegandkartenleser (nach Unterlagen der Firma Inform)

Magnetkopf zum Auslesen in einem Wiegandleser, der für Wiegandkodekarten mit 40 bit geeignet ist.

Die Wieganddrähtchen behalten ihr magnetisches Verhalten praktisch über eine unbegrenzte Zeit bei. Daher ist der Informationsgehalt der Wiegandkarte zeitlich beständig und kann auch nicht so ohne weiteres manipuliert werden.

2.5.6 Holographische Kodierung

Die Echtheitsmerkmale können auf die ID-Karte in Form eines Hologramms aufgebracht werden. Ein Hologramm entsteht beim optischen Abtasten der Information durch Interferenz zweier Lichtquellen. Die Kodeinformation wird vor dem Abtastvorgang in der Regel noch verschlüsselt. Die auf der ID-Karte in Form eines Hologramms aufgebrachten Echtheitsmerkmale sind nicht sichtbar. Ohne die Kenntnis des Kodes und des Verschlüsselungsalgorithmus kann die Information nicht zurückgewonnen werden.

Beim Lesevorgang tasten zwei optische Signale den holographischen Streifen auf der ID-Karte ab. Durch eine Überlagerung der beiden Signale und die nachfolgende Entschlüsselung wird die Information für eine weitere Auswertung zurückgewonnen. Über eine zusätzliche Synchronisationsspur wird der Lesetakt und eine Angabe über die Bewegungsrichtung der Karte gewonnen.

2.5.7 Berührungslose Verfahren

Bei den berührungslos arbeitenden Zutrittskontrollsystemen müssen die unsichtbar kodierten Identifikationskarten nicht in eine Identifikationsmerkmal-Erfassungseinheit eingesteckt, durch einen Motor eingezogen oder durch einen Leseschlitz an der Leseeinheit vorbeigezogen werden. Bei diesen Systemen genügt es, die ID-Karte oder den Kennungsgeber in einem bestimm-

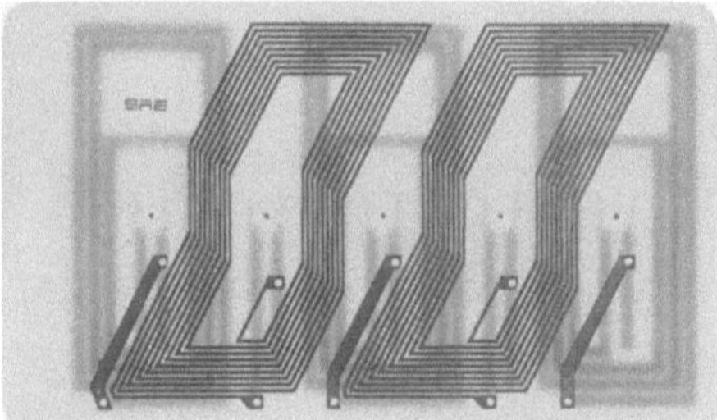

Abb. 2.42. Innenleben einer berührungslos lesbaren passiven ID-Karte mit 5 Schwingkreisen (Werkfoto Telelarm Security)

ten vom System abhängigen und vorgegebenen Abstand vor die Aufnahmeeinrichtung zu halten oder an dieser vorbeizuführen. Bei berührungslos arbeitenden Systemen können abhängig von der Art der Informationsdarstellung die Kennungsgeber ein passives, ein halbaktives oder ein aktives Verhalten haben.

Berührungslose Leser haben im Bereich der Zutrittskontrolle eine wichtige Rolle übernommen. Die Leseeinheit und die Empfangsspule können versteckt oder unter Putz installiert werden. Sie sind dadurch gegen Sabotage und Vandalismus geschützt und nicht erkennbar.

2.5.7.1 Passive Kodierung

Passive berührungslose Ausweise arbeiten nach dem Passiv-Resonator-Prinzip. Dabei befinden sich innerhalb des Ausweises gedruckte Schwingkreise unterschiedlicher Frequenz (Abb. 2.42). Bringt man diese Schwingkreise in die Nähe einer kombinierten Sende-Empfangsspule, deren abgestrahlte Frequenz kontinuierlich oder stufenweise im Bereich der Resonanzfrequenzen der Schwingkreise des Ausweises gewobbelt wird, so ergeben sich empfangsseitig Spannungserhöhungen, die dekodiert werden. Abhängig von den Resonanzfrequenzen der im Ausweis enthaltenen Schwingkreise ergeben sich unterschiedliche Ausweisinformationen, die sich dekodieren lassen.

2.5.7.2 Halbaktive Kodesender

Halbaktive berührungslose Kennungsgeber enthalten keine eigene Stromversorgung, sondern sie empfangen die für die Übertragung der Kodeinformationen notwendige Energie aus dem magnetischen Feld der Empfangsschleife der Auswerteeinheit.

Abbildung 2.43 zeigt das Innenleben eines halbaktiven berührungslosen Ausweises, der nach dem Induktionsverfahren arbeitet. Deutlich erkennbar ist die Empfangsspule und die hochintegrierte Schaltung, die den gespeicherten Kode überträgt. Diese Informationsfolge ist derart verschlüsselt und zuverlässig, daß eine Entschlüsselung praktisch unmöglich ist. Der Kode wird induktiv zur Empfangsschleife der Identifikationsmerkmal-Erfassungseinheit übertragen.

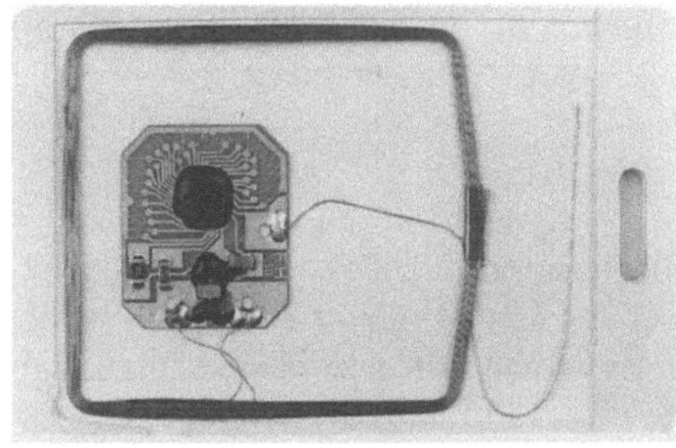

Abb. 2.43. Innenleben einer halbaktiven ID-Karte nach dem Induktionsverfahren (Werkfoto Siemens)

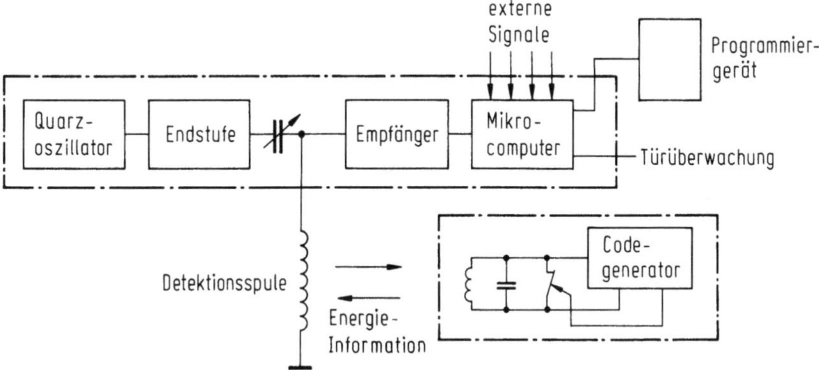

Abb. 2.44. Prinzipschaltbild einer berührungslosen Empfangsstation und des zugehörigen Kennungsgebers (nach Unterlagen der Firma Nedap)

In der Empfangseinheit wird eine Trägerfrequenz erzeugt, die durch eine unsichtbar montierte Empfangsschleife abgestrahlt wird. Wenn der Ausweis in das Feld dieser Trägerfrequenz gebracht wird, empfängt er über seine integrierte Empfangsspule die Anregungsenergie. Er wird kurzzeitig aktiv und strahlt über seine Spule den eingespeicherten Kode ab. Die Empfangseinheit empfängt die übertragenen Kodeinformationen und leitet sie an den eingebauten Mikroprozessor weiter. Dieser entschlüsselt und überprüft den Kode. Bei positiver Prüfung wird die Türe freigegeben. Abbildung 2.44 zeigt das Funktionsschaltbild einer Empfangsstation mit Detektionsspule, den Pocket Pass und die Wege der Energie- und Informationsübertragung.

2.5.7.3 Aktive Kodesender

Das Funktionsprinzip der aktiven Kodesender weicht völlig von den bisher bekannten Prinzipien und der Form der üblichen Ausweise ab. Es handelt sich dabei um kleine, kompakte Handsender. Diese Sender benötigen eine eigene Energieversorgung und strahlen ihre Kodeinformationen ständig oder auf Knopfdruck an die Auswerteinheit ab. Wird dieser Sender in den Empfangsbereich einer Empfangseinrichtung gebracht, so empfängt diese das abgestrahlte Signal und dekodiert es.

2.5.7.4 Leseabstände

Ein gewichtiges Kriterium bei berührungslosen Zutrittskontrollanlagen ist der Leseabstand zwischen Kennungsgeber und Empfangseinrichtung. Obwohl fast alle Hersteller von berührungslosen Systemen mit dem Slogan "hands free" werben, verdienen nur einige wenige dieses Prädikat tatsächlich.

Muß der Identifikationsmerkmalträger bewußt in die Nähe der Empfangsspule der Identifikationsmerkmal-Erfassungseinheit gehalten werden, dies ist bei Entfernungen zwischen etwa 10–50 cm der Fall, so ist dies zwar ein berührungsloses Erfassungssystem, aber man kann nicht unbedingt von einem händefreien System sprechen.

Nur wenn man in Abständen ab etwa 60–70 cm an der Empfangsspule vorbeigehen kann und der Kennungsgeber auch gelesen wird, wenn er offen an der Kleidung, in der Kleidung verdeckt oder in einer Tasche getragen wird, so kann man von einer Zutrittskontrollanlage sprechen, die ihrem Namen "hands free" auch tatsächlich gerecht wird.

Abbildung 2.45 gibt die Abmessungen einiger Detektionsspulen mit den zugehörigen erzielbaren Erfassungsreichweiten wieder. Dabei müssen von den Anlagen selbstverständlich die einschlägigen Bestimmungen der Post bezüglich Zulassung und Störstrahlung erfüllt werden.

Leseabstände von mehr als 1 m können nur mit leistungsstarken Miniatursendern, die auch die dafür notwendige Energiequelle zur Verfügung haben, oder mit großen Feldern überbrückt werden. Bei diesen großen Feldstärken, die ja nicht nur auf den Kennungsgeber, sondern auch auf die Menschen einwirken, die durch ihren Wirkungsbereich gehen, sind in jedem Falle Personen zu berücksichtigen, die beispielsweise als lebenserhaltendes Gerät einen Herzschrittmacher tragen müssen. Etwaige unkontrollierte Einflüsse der magnetischen Felder der Detektionsspulen oder der Miniatursender einer berührungslosen Zutrittskontrollanlage könnten fatale Folgen haben.

Zusätzlich ist bei Anlagen, die über größere Entfernungen die Kodeinformationen empfangen können, auch noch wichtig, wie sich das System verhält,

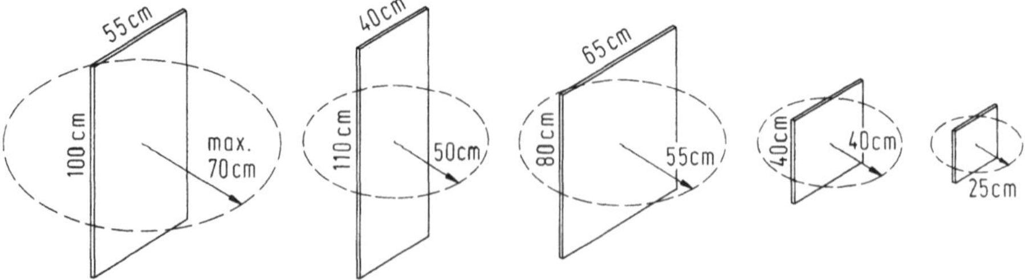

Abb. 2.45. Detektionsspulenabmessungen mit den zugehörigen erzielbaren Erfassungsreichweiten (nach Unterlagen der Firma Nedap)

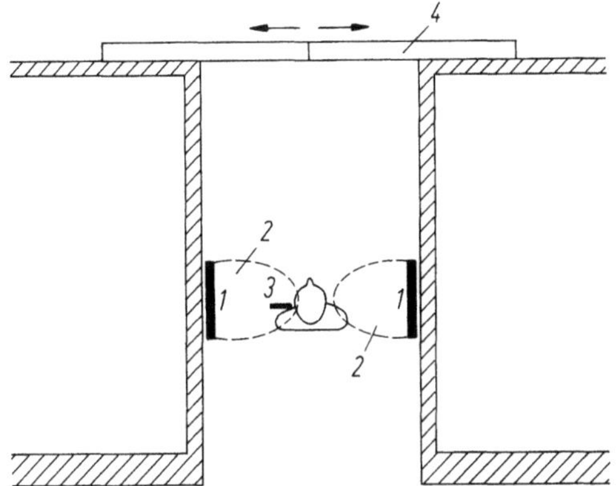

Abb. 2.46. Räumliche Anordnung zweier Detektionsspulen zur Erhöhung der Empfangsreichweite. *1* Detektionsspule, *2* Erfassungsbereich, *3* Kennungsgeber, *4* Schiebetüre

wenn gleichzeitig zwei oder mehrere berechtigte Kennungsgeber in den Erfassungsbereich gebracht werden.

Einer der wichtigsten Vorteile der „hands-free"-Zutrittskontrollanlagen ist die Tatsache, daß Außenstehende nicht so ohne weiteres erkennen können, weshalb die Türen für sie verschlossen bleiben, sich für andere aber wie von Geisterhand selbsttätig öffnen. Ein weiterer Vorteil liegt in der Tatsache, daß die Hände des Nutzers frei bleiben und er nicht mit einem Berg von Akten noch umständlich seine ID-Karte herausfummeln und in eine Leseeinheit einstecken muß. Ein wesentlicher Nachteil läßt sich bildlich sehr gut beschreiben. Stelle man sich einen langen Gang mit mehreren Türen vor. Ein Berechtigter geht diesen Gang entlang und darf von seiner Berechtigungsstufe in jeden Raum hineingehen. Natürlich wird er der Reihe nach sämtliche Türen berechtigt entriegeln. Hierbei haben wieder die Systeme Vorteile, deren Kennungsgeber in die unmittelbare Nähe einer Empfangsspule gebracht werden müssen.

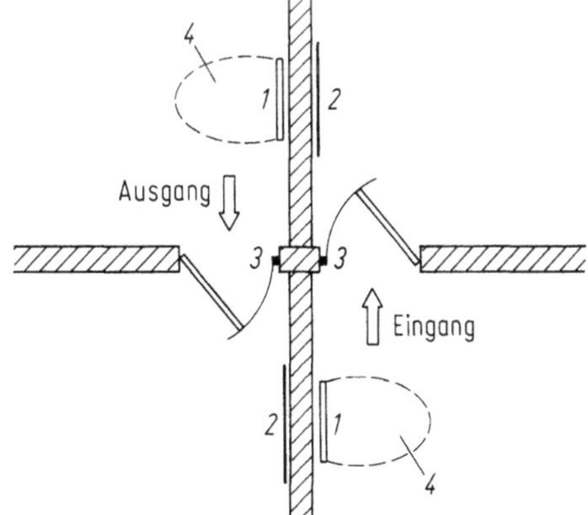

Abb. 2.47. Durchgangskontrolle an zwei Türen. *1* Detektionsspule, *2* Metallabschirmung, *3* Türöffner, *4* Erfassungsbereich

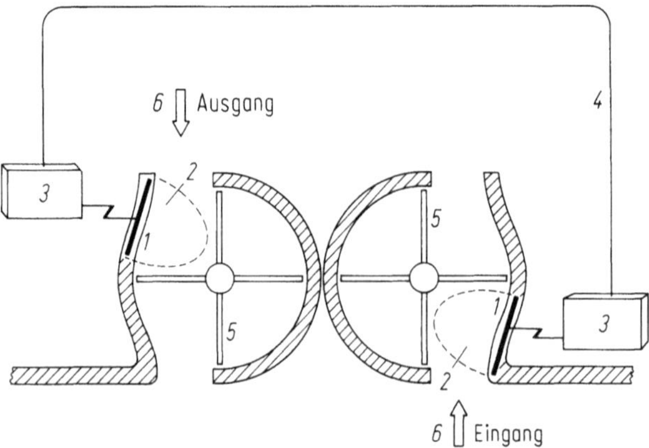

Abb. 2.48. Zu- und Abgangsüberwachung mit zwei Drehflügeltüren. *1* Detektionsspule, *2* Erfassungsbereich, *3* Zutrittskontrollanlage, *4* Datenleitung, *5* Drehflügeltüre, *6* Begehungsrichtung

Es ist deshalb sehr wesentlich beim Einsatz und der Planung einer berührungslosen Zutrittskontrollanlage darauf zu achten, daß immer nur die Tür freigegeben werden kann, durch die der Nutzer tatsächlich gerade gehen möchte.

In den Abb. 2.46, 2.47 und 2.48 werden Anwendungsbeispiele mit Anordnung der Detektionsspulen vorgeführt, wie berührungslose Zutrittskontrollanlagen wirkungsvoll eingesetzt werden können.

2.5.8 Chipkarte

Vielleicht nicht bis zu den Anfängen der Menschheit, aber doch sehr weit zurück geht die Geschichte der Ausweise. Von Tätowierungen über Indianeramuletts bis hin zu den heute üblichen fälschungssicheren Personalausweisen. Leider dient der Fortschritt der Technik nicht nur den Ausweisherstellern, sondern auch den Ausweisfälschern. Modernste Methoden und Raffinessen von Fälschern verlangen immer neue Sicherungsverfahren der regulären Ausweishersteller. Unter dem Motto :,,Betrügern immer einen Schritt voraus", wurde die Prozessor-Chipkarte zu einem Ausweis der neuen Dimension. Die Chipkarte kann nicht gefälscht, manipuliert oder dupliziert werden. Sie kann an den rechtmäßigen Inhaber gebunden werden und ist damit allen anderen Ausweisen weit überlegen. Auf einem normalen Ausweis sind die Persönlichkeitsmerkmale sofort ersichtlich. Für einen Mißbrauch ist es deshalb nur notwendig, eine Person den Merkmalen anzugleichen und das ist heute selbst für das Aussehen nicht mehr so schwierig.

Die Chipkarte kann zwar für einfache Sichtkontrollen auf dem äußeren Gravurfeld ebenfalls das Photo und persönliche Daten des Inhabers enthalten, aber das wichtigste Identitätsmerkmal, die Personenidentifikationsnummer (personal identifications number = PIN), ist unsichtbar im Speicher der Karte verwahrt und nur dem Inhaber bekannt. Der Ausweis reagiert nur auf die PIN des Karteninhabers.

2.5.8.1 Vorteile und Anwendungsmöglichkeiten

Chipkarten sind sicher, zuverlässig, multifunktional, vielseitig einsetzbar und benutzerfreundlich. Sie sind gegen Fälschung geschützt und können nicht dupliziert werden. Chipkarten können an den Inhaber gebunden sein. Das bedeutet, daß nicht nur die Echtheit des Ausweises (der Chipkarte) geprüft werden kann, sondern auch die Identität des Benutzers, z. B. durch die PIN.

Der Zutritt zu Hochsicherheitsbereichen kann von biometrischen Merkmalen (Fingerabdruck, Schreibdynamik, Sprachfrequenz) abhängig gemacht werden. Die Referenzwerte sind in der Chipkarte gespeichert, so daß die Authentifikation off-line erfolgen kann.

Ein in der Chipkarte integrierter Mikroprozessor kann Programme und kryptographische Verfahren mit den zugehörigen Algorithmen ausführen. Dadurch lassen sich umfangreiche Sicherheitsdienste realisieren. Dies können sein:
- Geheimhaltung von Nachrichten,
- elektronische Unterschrift,
- Nachweis der Unversehrtheit der Daten,
- Nachweis der Echtheit (Authentizität) von Informationen und Absendern oder
- eine zuverlässige Ausweisprüfung, die sich nicht nur auf das statistische Abfragen und Vergleichen von Daten beschränkt, sondern bei der die Echtheit des Ausweises in einem dynamischen Verfahren geprüft werden kann.

Die Karte ist durch ihre Computerintelligenz unabhängig von einem Rechner, also off-line fähig. Dies hat am Beispiel der Zutrittskontrolle große Vorteile. Am Eingangstor ist ein Chipkartenleser angebracht. Die Steuerelektronik kann sich im gesicherten Bereich, im Inneren des Gebäudes oder Areals befinden. Ein Zentralrechner ist gar nicht oder nur zeitweilig notwendig. Differenzierte Berechtigungen können in der Karte festgelegt und kontrolliert werden, wie Gültigkeitsdauer und örtliche oder zeitliche Zutrittsbeschränkungen (z. B. Labor und Tresorraum nie in der Nacht oder an den Wochenenden).

Die Chipkarte ist multifunktional. Eine Karte kann mehrere Anwendungen enthalten. So läßt sich die Zutrittskontrolle mit der Anwesenheitszeiterfassung oder der Zugangskontrolle zu Telefonanlagen, Rechnern und Service-Einrichtungen kombinieren. Die Chipkarte kann auch als „Geldbörse" für die Kantine oder den Firmenshop genutzt werden.

2.5.8.2 Geschichte

Geradezu revolutionär war die Entwicklung der elektronischen Bauelemente in den letzten Jahrzehnten. Die steigende Integrationsdichte führt zu immer kleineren aber immer leistungsfähigeren Chips. Radios, Meßgeräte und Taschenrechner konnten in Miniformaten hergestellt werden, und es war eigentlich eine logische Folge, einen solchen Chip auch als transportablen Speicher einzusetzen. Die ersten Chipkarten, also Plastikkarten mit eingebettetem Mikrochip, gab es bereits 1970 in Japan. In Europa waren es der deutsche Erfinder Jürgen Dethloff und der französische Wirtschaftsjournalist Roland Moreno, die die großen Möglichkeiten der Chipkarte erkannten und sich wesentliche Funktionen patentieren ließen.

Hersteller von Chipkarten und Lesegeräten warten wegen der Lizenzgebühren schon auf das Auslaufen von einigen dieser Patente.

2.5.8.3 Arten von Chipkarten und Chips

Der Begriff Chipkarte ist sehr umfassend und nicht eindeutig definiert. Chipkarte ist nicht gleich Chipkarte. Einheitlich ist nur das äußere Format. Bis auf einige Ausnahmen, z. B. bei den in der industriellen Fertigung und im Mobilfunk eingesetzten Chipkarten, sind die Abmessungen einheitlich – wie auch bei Scheck- oder Kreditkarten –: 85,6 mm lang, 53,9 mm breit und 0,76 mm dick.

Ansonsten unterscheiden sich die Chipkarten ganz wesentlich, und zwar nach der

Leistungsfähigkeit des eingebauten Chips:
- Speicherchip,
- intelligenter Speicherchip,
- Prozessorchip;

Art der Daten- und Energieübertragung:
- durch Kontakte,
- kontaktlos;

Lage der Kontakte:
- mit Randkontakten,
- mit Kontakten entsprechend der Normung (ISO 7816),
- mit „französischer" Kontaktlage.

Hinsichtlich der Leistungsfähigkeit von Chips gibt es diverse Arten. Die Leistungsfähigkeit hängt von den im Chip integrierten Bauteilen und deren Kapazität ab. Dies können sein:
- ROM (Read only memory). Maskenprogrammierter Speicher mit unveränderbarem Betriebssystem;
- RAM (Random access memory). Schneller Arbeitsspeicher für Rechenoperationen und zum Puffern der Ein- und Ausgabedaten;
- EPROM, EEPROM. Diese nichtflüchtigen Speicher behalten ihre Informationen auch im stromlosen Zustand. Sie sind damit eine der wichtigsten Voraussetzungen für die transportablen Chipkarten.
- EPROM (Electrically Programmable Read Only Memory). Ist der Speicher vollgeschrieben, kann er durch UV-Licht gelöscht und wieder neu beschrieben werden. Das UV-Licht kann jedoch nur dann wirken, wenn das Chipfenster freiliegt. Im eingebetteten Zustand ist kein Löschen möglich,

und eine EPROM-Chipkarte ist nach dem Beschreiben nicht mehr verwendbar. Für Chipkarten ist deshalb ein elektrisch partiell löschbarer PROM (EEPROM) vorteilhafter.
- EEPROM (Electrically Erasable Programmable Read Only Memory). Dieser Speicherbaustein kann mindestens 10 000mal neu beschrieben werden und hat eine Lebensdauer von rund 10 Jahren, so daß sich die Mehrkosten dieses Chips schnell amortisieren.
- Steuerelektronik. Speicherchips enthalten eine Hardware-Logik, die zur Steuerung des Datenverkehrs und von Sicherheitsabläufen dient.
- Mikroprozessor. Nur mit einem im Chip integrierten Mikroprozessor sind die anspruchsvollen Sicherheitsfunktionen auf Basis kryptographischer Algorithmen realisierbar. Derzeit sind für Chipkartenchips 8-bit-Mikroprozessoren üblich.

Entsprechend der eingebauten Chips sind folgende Karten zu unterscheiden:
- *Speicherchipkarten.* Speicherchipkarten haben eine hohe Speicherkapazität, die deutlich höher ist als die von Magnetstreifen- oder anderen Plastikkarten. Außerdem sind die Daten im Chip vor Umwelteinflüssen und anderen äußeren Einwirkungen (Verkratzen, Magnetisieren usw.) besser geschützt.
- *Intelligente Speicherchipkarten.*
  Neben dem nichtflüchtigen Speicher enthalten die Chips dieser Karten eine festverdrahtete Sicherheitslogik, die einfache Sicherungsfunktionen ermöglicht. Es sind dies:
  - Speicherschutz bestimmter Bereiche,
  - Überwachung karteninterner Abläufe,
  - Feststellung der Identität des Kartenbenutzers durch Abfragen einer Geheimzahl,
  - Fehlbedienungszähler zur Verhinderung von Mißbrauch.

Die intelligente Speicherchipkarte wird in großer Zahl als Telefonchipkarte eingesetzt.
- *Prozessorchipkarten.*
  Die in diesen Karten integrierten Chips enthalten
  - einen Mikroprozessor,
  - einen Maskenspeicher (ROM),
  - einen Arbeitsspeicher (RAM) und
  - einen nichtflüchtigen Datenspeicher (EPROM oder EEPROM).

  Der Prozessorchip gehört zum Standard einer im Sicherheitsbereich eingesetzten Chipkarte, weil nur der Prozessor optimalen Kartenschutz und Rechenoperationen ermöglicht, wie sie für eine Sicherheitskarte unabdingbar sind. Deshalb ist in den folgenden Kapiteln mit Chipkarte immer die Prozessorchipkarte gemeint.

2.5.8.4 Kontakte

Damit die Chipkarten mit externen Einheiten kommunizieren können, führen vom Mikrochip Leitungen zur Chipoberfläche und enden hier in Kontakten,

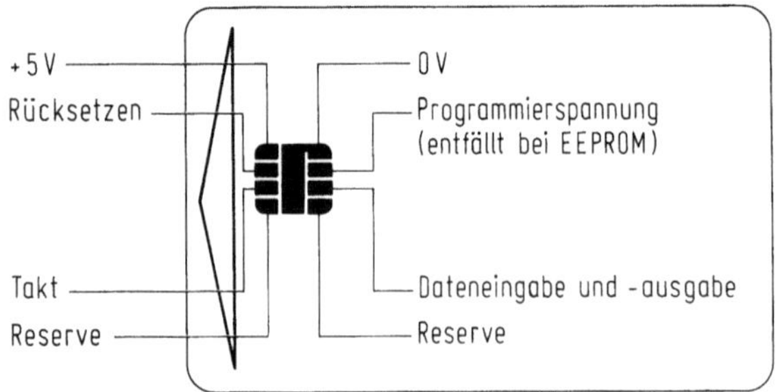

Abb. 2.49. Kontaktbelegung der Chipkarte

über die Daten und Energie übertragen werden. Zur optimalen Leitfähigkeit
und zum Schutz vor Korrosion sind die Kontakte meist vergoldet. Abbildung 2.49 illustriert die Kontaktbelegung der Chipkarte. Es sind Karten mit
unterschiedlichen Kontaktlagen im Einsatz:
- *Karten mit Randkontakten.* Diese werden in speziellen Bereichen, z. B. zum
  Laden von Zeichensätzen bei Druckern, verwendet.
- *Karten mit genormten Kontakten.* Nachdem häufig Magnetstreifen mit Chips
  kombiniert wurden, war es notwendig, den Chip unterhalb des Magnet-
  streifens anzubringen, also, von vorne betrachtet, in der Mitte links. Diese
  Kontaktanordnung ist zum internationalen Standard (ISO 7816) erklärt
  worden, und die Lesegeräte sind entsprechend konstruiert.
- *Karte mit französischer Kontaktlage.* In Frankreich und einigen anderen
  Ländern gibt es Chipkarten, bei denen die Kontakte in der linken oberen
  Ecke angebracht sind. Im Zuge der internationalen Anpassung und der
  Vereinheitlichung der Lesegeräte wird es in naher Zukunft aber nur noch
  Chipkarten mit genormter Kontaktlage geben, da sich bis Ende 1990 alle
  Länder der Standard-Kontaktlage anpassen sollten.

Bei *kontaktlosen Chipkarten* erfolgt der Datenverkehr nicht durch eine feste
Verbindung über Kontakte, sondern durch induktive oder kapazitive Kopplung. Dazu sind in der Chipkarte und in den entsprechenden Lesegeräten je ein
Empfänger und ein Sender eingebaut. Auch die Betriebsenergie wird kontaktlos übertragen. Hierfür gibt es mehrere Verfahren, welches sich letztendlich
durchsetzen wird, ist noch offen. Kontaktlose Chipkarten werden überall
dort eingesetzt, wo die Gefahr starker Verschmutzung oder mechanischer Abnutzung der Kontakte groß ist.

Die *Hybridkarte* kann neben dem Chip noch einen Magnetstreifen
enthalten. Sie ermöglicht einen reibungslosen Übergang (Migration) von
Systemen mit Magnetstreifenkarten zu Chipkartenanlagen. Außerdem können
dadurch in einer Zutrittskontrollanlage auch auf längere Zeit beide Kartenar-
ten eingesetzt werden:
- Magnetstreifen für einfache Anwendungen mit niedrigen Sicherheitsanforderungen und
- Chipkarten für sensible Aufgaben und Hochsicherheitsbereiche.

Die *Superchipkarte*, auch Super Smartcard genannt, enthält neben dem Chip mit Prozessor und Speicher noch eine Anzeige und eine Tastatur. Die Stromversorgung erfolgt durch eine extrem flache Folienbatterie. Der Vorteil der Superchipkarte ist die große Sicherheit bei der PIN-Prüfung. Die PIN wird nicht nur in der Karte gespeichert und geprüft, sondern vom Karteninhaber auch direkt über die Kartentastatur zur Prüfung eingegeben. Dadurch entfällt der Unsicherheitsfaktor einer PIN-Eingabe an einem Terminal, das eventuell manipuliert sein könnte. Außerdem werden durch die in den Chipkarten vorhandene Tastaturen die Lesegeräte vereinfacht und dadurch verbilligt.

Bei nüchterner Betrachtung sieht es im Einsatzbereich der Zutrittskontrollanlagen aber eher so aus, daß die allernächste Zukunft den Prozessorchipkarten gehört.

2.5.8.5 Multifunktionalität und Sicherheit

Zu den wichtigsten Eigenschaften und Vorteilen der Chipkarte gehört deren Multifunktionalität. In einer Karte können mehrere Anwendungen integriert sein. Dies verhindert ein Weiteransteigen der Kartenflut, spart Kosten und vereinfacht die Benutzung für den Karteninhaber. Verschiedene Anwendungen in einer Chipkarte können sein:
- Zutrittskontrolle,
- Zugangskontrolle zu Rechnern,
- Zugriffskontrolle zu Daten und Programmen,
- Anwesenheitszeiterfassung,
- Kantinenbenutzung,
- Tankstellenbenutzung,
- Bankkarte für Geldautomaten und andere Serviceeinrichtungen,
- Bargeldloses Einkaufen ohne Schecks (Point of sale – POS),
- Telefonieren ohne Kleingeld,
- BTX und andere Dienste,
- Geldbörse für Kleinbeträge (Fahrkarten, andere Automaten),
- Gesundheitskarte.

Die Sicherheitseigenschaften der Chipkarte, die von allen Anwendern genutzt werden können, sind:
- PIN-Prüfung innerhalb der Karte,
- sicherer Speicher für Daten, Programme und Geheimschlüssel,
- Schutz vor unberechtigtem Auslesen, Ändern und Duplizieren,
- Durchführung von kryptographischen Funktionen für Authentifizierungen, Verschlüsselungen und Integritätsprüfungen und
- Protokollierung von sicherheitsrelevanten Vorgängen als Beweismittel.

Selbstverständlich sind die einzelnen Anwendungen in der Chipkarte streng getrennt. Die Werkschutzabteilung darf nicht über personalbezogene Daten, z. B. Gehälter, informiert sein. Umgekehrt darf auch die Personalabteilung keinen Zugriff auf sicherheitsrelevante Daten (Berechtigungsprofile) haben.

Die Speicher einer Chipkarte sind wie folgt aufgeteilt:
- gemeinsames Datenfeld – Common date file CDF für die allgemeinen
  Daten (z.B. Karten-Identität, Daten des Herausgebers, Chipherstellers
  usw.);
- Anwenderdatenfelder – Application data file ADF, für die anwendungsspe-
  zifischen Parameter wie Name der Anwendung, Zugriffsrechte auf die ADF-
  Daten, und Geheimschlüssel.

Abbildung 2.50 beschreibt den logischen Aufbau einer multifunktionalen
Prozessorchipkarte. Jeder Anwendung können dabei eigene Sicherheitsmerk-
male zugeordnet werden, so daß sich das Sicherheitsniveau je nach den
speziellen Erfordernissen variabel gestalten läßt, vergleichbar einem Schließsy-
stem, das verschiedene Sicherheitsstufen ermöglicht. Als Beispiele für die
Benutzung einer Chipkarte in verschiedenen Sicherheitsbereichen lassen sich
anführen:
- Parkplatz, Haupteingang, öffentliche Räume,
- Bereiche mit Zutritt nur nach Identifizierung und
- Hoch- und Höchstsicherheitsbereiche.

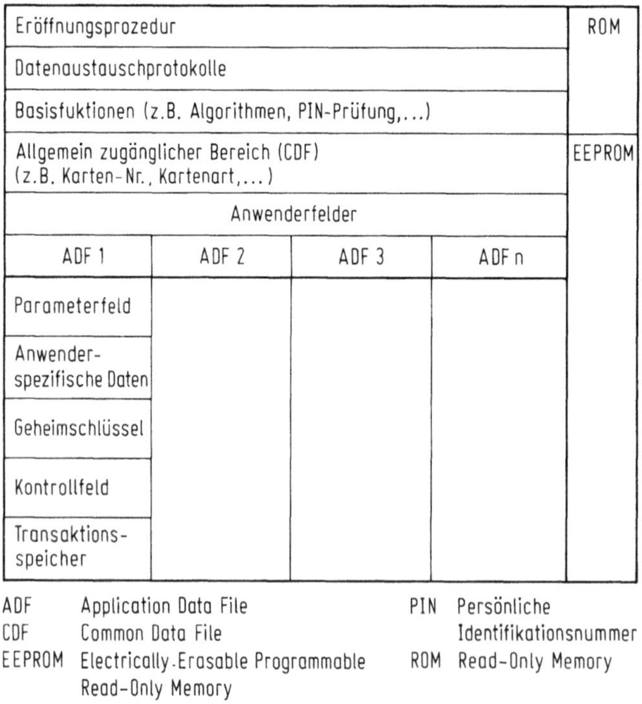

Eröffnungsprozedur				ROM
Datenaustauschprotokolle				
Basisfuktionen (z.B. Algorithmen, PIN-Prüfung,...)				
Allgemein zugänglicher Bereich (CDF) (z.B. Karten-Nr., Kartenart,...)				EEPROM
Anwenderfelder				
ADF 1	ADF 2	ADF 3	ADF n	
Parameterfeld				
Anwender- spezifische Daten				
Geheimschlüssel				
Kontrollfeld				
Transaktions- speicher				

ADF   Application Data File   PIN   Persönliche
CDF   Common Data File   Identifikationsnummer
EEPROM Electrically-Erasable Programmable   ROM   Read-Only Memory
        Read-Only Memory

Abb. 2.50. Logischer Aufbau einer multifunktionalen Prozessorchipkarte mit verschiedenen
Anwenderfeldern. ADF Application Data File, CDF Common Data File, EEPROM
Electrically Erasable Programmable Read-Only Memory, PIN Persönliche Identifikations-
nummer, ROM Read-Only Memory

Für die Realisierung und Prüfung der unterschiedlichen Berechtigungen können natürlich auch verschiedene Schlüssel für die je nach Sicherheitserfordernis ablaufenden kryptographischen Prüfprozeduren in der Karte gespeichert sein.

2.5.8.6 Physikalische und logische Sicherheit

Bei der physikalischen Sicherheit der Chipkarte schützen spezielle Schichten den Speicherinhalt vor einer Analyse. Selbst wenn es gelingen sollte, sämtliche Schutzschichten zu entfernen und das Silizium unbeschädigt freizulegen, kann der Speicherinhalt nicht ausgelesen werden, weil im Elektronenmikroskop oder bei Annäherung einer Sonde die geringen Ladungsmengen, die im Speichergate des EEPROM die Information darstellen, sofort verlorengehen. Bei neuen Technologien sind die Bauelemente innerhalb des Siliziums in mehreren Lagen angeordnet. Befinden sich die Sicherheitsspeicher in einer unteren Schicht, so können sie niemals ausgelesen werden, wenn die obere Siliziumschicht weggeätzt worden ist, weil die Speicherdaten nur dynamisch und bei voller Funktionalität des Chips gelesen werden können. Die Funktionsfähigkeit ist aber nicht mehr gegeben, wenn obere Siliziumschichten fehlen.

Außer der physikalischen Sicherheit verfügen Chipkarten auch über logische Sicherheiten. Der im Chip integrierte Mikroprozessor übernimmt die logische Kontrolle über die einzelnen Speicherbereiche und sichert sie vor einem unberechtigten Auslesen und Verändern. Das im Speicher abgelegte Programm teilt den Datenspeicher in Bereiche mit unterschiedlichen Zugriffsmöglichkeiten ein, die von frei zugänglich bis zu nur für interne Operationen lesbar reichen. Eine Änderung des Chipkartenprogramms und der Zugriffsparameter ist nicht möglich.

2.5.8.7 Das PIN-Verfahren

Die PIN ist der Schlüssel zur Chipkarte. Ohne Kenntnis dieses Schlüssels bleiben die sicherheitsrelevanten Anwendungsdaten verschlossen. Diese PIN ist im logisch und physikalisch gesicherten EEPROM des Chips gespeichert und kann nicht ausgelesen werden. Bei der Identifikation des Benutzers wird die PIN in der Chipkarte geprüft und muß nicht über angreifbare Leitungen zu einer entfernten Auswerte-Einheit geleitet werden. Ein Ausprobieren der PIN wird durch einen in die Chipkarte integrierten Fehlbedienungszähler (FBZ) verhindert. Der FBZ kann z. B. so eingestellt werden, daß sich die Chipkarte nach dreimaliger Falscheingabe sperrt. Das Rücksetzen dieses FBZ ist nur an einem autorisierten Terminal möglich. Die PIN kann vom Benutzer selbst gewählt und jederzeit geändert werden. Diese Änderung kann an den dafür von der Anlage vorgesehenen Geräten, z. B. am Chipkartenleser, PIN-PAD oder Personalisierungssystem, vorgenommen werden, wenn sich der Karteninhaber durch die Kenntnis der ursprünglichen PIN ausgewiesen hat. Die PIN ist nur der Chipkarte und ihrem Benutzer bekannt. Eine als hohes Sicherheitsrisiko anzusehende PIN- oder Paßwortdatei ist bei Chipkartensystemen überflüssig.

2.5.8.8 Kryptographie

Kryptographie – das klingt noch immer nach altertümlicher Geheimschrift oder nach Chiffriercodes aus dem Spionagemilieu. Doch die Anwendung der Kryptographie gehört mittlerweile zu den modernsten Methoden einer sicheren Informationstechnik. Schnelle Rechner erlauben den Einsatz komplexer Verschlüsselungsalgorithmen und langer Schlüssel bei geringen Performanceverlusten. Schon längst geht es nicht nur um das Verschlüsseln zur Geheimhaltung. Mit kryptographischen Methoden können
– Teilnehmer authentifiziert,
– Daten auf Integrität und Authentizität geprüft,
– Daten zur Geheimhaltung verschlüsselt und
– elektronische Unterschriften gebildet werden.

Die Chipkarte ist das Medium, mit dem kryptographische Sicherheitsfunktionen auch auf breiter Ebene, also außerhalb von Großrechnern, durchgeführt werden können. Chipkarten können Algorithmen speichern, Parameter berechnen und auch Schlüssel in ausreichender Länge, je nach gefordertem Sicherheitsniveau, sicher verwalten.

Es gibt eine große Anzahl von verschiedensten Algorithmen, die in symmetrische und asymmetrische Algorithmen unterschieden werden. Bei einem symmetrischen Algorithmus benutzen Sender und Empfänger denselben Schlüssel. Als Vorteile sind zu sehen:
– einfache Generierung von Zufallsschlüsseln,
– schnelle Verschlüsselung,
– flexible Schlüsseländerung und
– wenig erforderlicher Speicherplatz.

Die Nachteile sind:
– eigene Schlüssel für jedes Teilnehmerpaar (dadurch Vielzahl von Schlüsseln),
.– Schlüssel müssen geheim übertragen werden.

Der am weitesten verbreitete und angewendete Algorithmus ist der in den USA entwickelte DES (Data encryption standard). Die Sicherheit des DES läßt sich zwar mathematisch nicht beweisen, aber seit 1976 ist es trotz intensiver Versuche nicht gelungen, ohne Kenntnis des Schlüssels aus dem verschlüsselten Text den Originaltext herauszufinden, bzw. bei Kenntnis von unverschlüsseltem und verschlüsseltem Text auf den Geheimschlüssel zu schließen. Vom Standpunkt der Sicherheit aus betrachtet, gibt es aber besonders bei der Anwendung der elektronischen Unterschrift einen Nachteil. Bei symmetrischen Algorithmen können Sender und Empfänger die elektronische Unterschrift erzeugen, so daß im Streufall nicht nachweisbar ist, wer tatsächlich die Unterschrift erzeugt hat.

Asymmetrische Algorithmen haben diesen Nachteil nicht. Asymmetrie bedeutet, daß Sender und Empfänger verschiedene, zueinander komplementäre Schlüssel benutzen, von denen einer geheim, einer öffentlich sein kann. Als vorteilhaft erweisen sich hier eine große Sicherheit und die Nachweismöglichkeit, wer die Unterschrift geleistet hat. Nachteile sind:

– asymmetrische Algorithmen benötigen relativ viel Speicherplatz,
– die Verarbeitungszeit ist lang und
– Schlüsselpaare für asymmetrische Verfahren sind aufwendig zu generieren.

Zur Zeit am meisten verbreitet ist der RSA Algorithmus, benannt nach seinen Erfindern Rivest, Shamir und Adleman.

Algorithmen für Chipkarten müssen der begrenzten Speicherkapazität des ROM angepaßt sein. Zu berücksichtigen bei der Wahl des Algorithmus ist auch die Verarbeitungszeit.

Der RSA-Algorithmus kann derzeit auf Chipkarten kaum eingesetzt werden, weil die Schlüssel aus langen Bitfolgen bestehen und sich in dem 8-bit-Prozessor nicht oder nur bei relativ großem Zeitaufwand verarbeiten lassen.

Dem heutigen Stand der Technik entsprechend werden deshalb überwiegend symmetrische Algorithmen eingesetzt. Als Beispiele sind der DES oder der von Siemens speziell für Chipkartenanwendungen entwickelte SCA 85, der nur 200 Byte Speicher belegt, zu nennen.

Wichtiger Bestandteil eines Kryptosystems sind die Schlüssel. Vertreiber von Chipkartensystemen stellen im allgemeinen auch ein Schlüsselmanagement zur Verfügung, in dem die kryptographischen Schlüssel von der Erzeugung bis zur späteren Vernichtung verwaltet werden.

Kryptographische Funktionen für Sicherheitsdienste sind:
– Challenge and Response-Methode für die dynamische Authentifizierung,
– Message Authentification Code (MAC) zur Prüfung der Datenintegrität,
– Verschlüsselung für die Vertraulichkeit von Daten,
– Elektronische Unterschrift für die Verbindlichkeit eines Dokumentes.

Die für diese kryptographischen Methoden notwendigen Algorithmen und Schlüssel sind in der Chipkarte und in Sicherheitsmodulen in der Identifikationsmerkmal-Erfassungseinheit oder im steuernden Rechner gespeichert. Weder Schlüssel noch andere Geheimdaten müssen über die Verbindungsleitungen gesendet werden.

2.5.8.9 Dynamische Authentifizierung

Die bisher übliche Form der elektronischen Ausweisprüfung beschränkt sich auf das Auslesen von Daten und den Vergleich mit den im Ausweisleser oder Rechner gespeicherten Referenzwerten. Es handelt sich also um eine Prüfung statischer Werte und das bedeutet ein erhebliches Sicherheitsrisiko. Gelingt es einer nicht berechtigten Person in den Besitz eines solchen Datensatzes zu gelangen, kann er diesen auf dem anderen Ausweis aufbringen oder einfach durch Einspielen (Replay Attack) eine Berechtigung vortäuschen, um dadurch den Zutritt zu Gebäuden oder Räumen zu erreichen.

Beim Chipkartenverfahren erfolgt die Echtheitsprüfung dynamisch, d. h., mit sich ständig ändernden Werten in einem sog. Challenge and Response Verfahren. Der Rechner sendet eine Zufallszahl an die Chipkarte, die vom Mikroprozessor nach dem gespeicherten Algorithmus mit den im EEPROM gespeicherten Schlüssel verschlüsselt wird. Der sich daraus ergebende Parameter wird an den Rechner übertragen. Der Rechner prüft

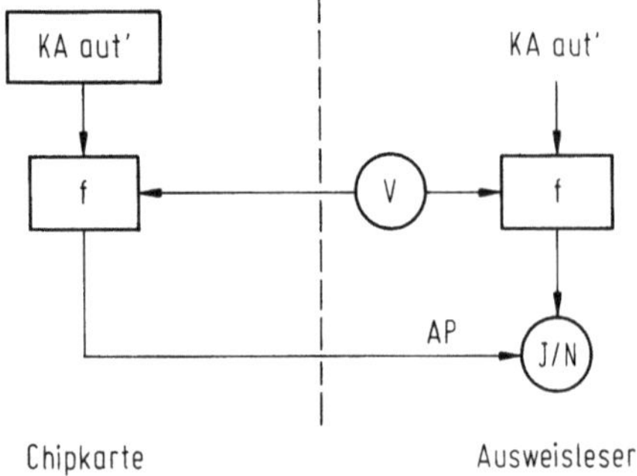

Abb. 2.51. Challenge and Response-Verfahren. KA aut' Kartenschlüssel, f Algorithmus, AP Autorisierungsparameter, V Zufallszahl

diesen Parameter, indem er die Zufallszahl nach demselben Verfahren wie die Chipkarte verschlüsselt. Durch Vergleich der Parameter läßt sich feststellen, ob die Chipkarte über den richtigen Geheimschlüssel verfügt, also echt ist, und zum System gehört. Da die Zufallszahl sich bei jedem Authentifizierungsvorgang ändert, ergibt sich jedesmal ein anderer Parameter und es ist zwecklos, die Logon-Daten abzufangen, weil sich damit keine zum System gehörende Karte simulieren läßt. Wegen der komplexen Algorithmen läßt sich aus dem abgefangenen Datensatz auch nicht der Geheimschlüssel analysieren. Abbildung 2.51 beschreibt das Challenge and Response-Verfahren.

2.5.8.10 Datenintegrität

Unentbehrlich für die Sicherheit in der Informationstechnik ist die Unversehrtheit von übertragenen oder gespeicherten Daten. Nun läßt sich zwar eine Veränderung von Daten durch technische Störungen oder menschliche Manipulationen auch bei noch so gesicherten Leitungen oder noch so oft überprüften Mitarbeitern nie völlig ausschließen; doch um Schäden durch Verarbeitung falscher Daten zu vermeiden, ist es wichtig, daß Veränderungen sofort erkannt werden. Im internen Bereich werden deshalb bei dem geringsten Verdacht auf Manipulationen oder auch routinemäßig alle Programme und Dateien durch direkten Vergleich mit sicheren Backup- oder Ur-Dateien geprüft. Für die externe Datenkommunikation sind solche Prüfungen aber nicht möglich. Dafür läßt sich der Message Authentication Code – MAC einsetzen. Der MAC wird mit der Nachricht erzeugt, übertragen und der Empfänger kann durch den MAC die Unverfälschtheit der Nachricht prüfen. Das Verfahren läuft wie folgt ab. Der Absender komprimiert die Nachricht nach einem bestimmten Algorithmus (Hash-Funktion). Die dadurch verkürzte Information wird mit einem zwischen Sender und Empfänger vereinbarten Schlüssel verschlüsselt, und der dadurch entstehende Kode (MAC) wird der Nachricht angehängt. Der Empfänger der Nachricht verfährt nach derselben Methode und vergleicht seinen errechneten Kode mit dem empfangenen MAC. Wurde, auch nur eine wodurch auch immer hervorgerufene Kleinigkeit, ein Buchstabe oder ein Bit, geändert, weggelassen oder hinzugefügt, ergibt sich ein

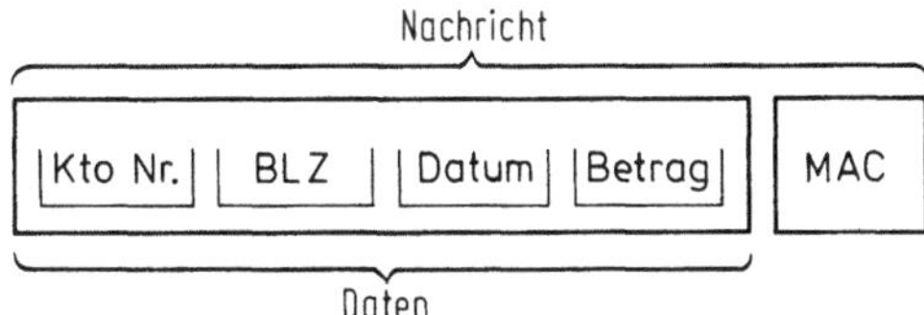

Abb. 2.52. Message Authentication-Code am Beispiel einer Banktransaktion. Kto Nr. Konto-Nummer, BLZ Bankleitzahl, MAC Message Authentication Code

anderer MAC. Abbildung 2.52 stellt den Message Authentication-Code am Beispiel einer Banktransaktion vor.

2.5.8.11 Verschlüsselung

Informationen, die über Leitungen übertragen werden oder sich in einem Rechner befinden, zu dem viele Personen Zugang haben, können nicht mechanisch geschützt werden. Wenn sie trotzdem vertraulich bleiben sollen, müssen sie kryptographisch verschlüsselt werden. Durch die Verschlüsselung kann erreicht werden, daß Informationen nur einer Person oder einer Personengruppe zugänglich sind. Die berechtigten Personen müssen über die Schlüssel zum Ver- oder Entschlüsseln dieser geschützten Informationen verfügen. Auch hier ist die Chipkarte als Träger für die Schlüssel das ideale Instrument.

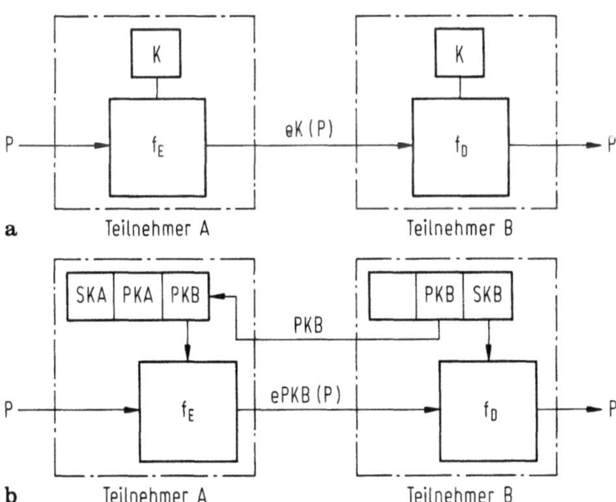

Abb. 2.53. Datenverschlüsselung. K Key (Schlüssel), P Plain text (unverschlüsselter Text), f_E Algorithmus zum Verschlüsseln, f_D Algorithmus zum Entschlüsseln, $eK(P)$ bzw. $ePKB(P)$ der verschlüsselte Text P, SKA bzw. PKA Secret key bzw. Public key des Teilnehmers A, SKB bzw. PKB Secret key bzw. Public key des Teilnehmers B)

Verschlüsselungsverfahren werden im sogenannten Sicherheits-PC eingesetzt, bei dem eine transparente Fileverschlüsselung erfolgt. Der Benutzer stellt
dem internen Kryptoalgorithmus den persönlichen Schlüssel über seine
Chipkarte zur Verfügung. Danach werden alle Dateien des Benutzers automatisch mit seinem persönlichen Schlüssel beim Schreiben verschlüsselt und beim
Lesen entschlüsselt. Eine zweite Person hat keinen Zugriff auf diese Daten.

Eine weitere Anwendung ist die Nachrichtenverschlüsselung, bei der
zwischen zwei Stellen, z. B. Terminal und Host, Informationen vertraulich
übermittelt werden sollen. In diesem Fall müssen Sender und Empfänger die
entsprechenden Schlüssel zum Ver- und Entschlüsseln der Informationen besitzen. Abbildung 2.53 zeigt eine Datenverschlüsselung.

2.5.8.12 Elektronische Unterschrift

Die elektronische Unterschrift stellt zusätzlich zur Datenintegrität eine Wil-
lenserklärung dar. Der Absender bestätigt, daß er mit dem Inhalt und dem
Versand einer Nachricht einverstanden ist. In einem asymmetrischen Krypto-
system besitzt jeder Teilnehmer einen geheimen Schlüssel (secret key) und
einen öffentlichen Schlüssel (public key). Die Unterschrift kann ähnlich der
Handschrift nur von einer Person erzeugt, aber von vielen auf Echtheit geprüft
werden. Der Mechanismus ist in Abb. 2.54 dargestellt.

2.5.8.13 Sicherheit beim Herstellungsverfahren

Die Herstellung der Chipkarte erfolgt in gesicherter Umgebung. Während der
Fabrikation finden laufend Prüfungen statt, die die spätere Funktionsfähigkeit

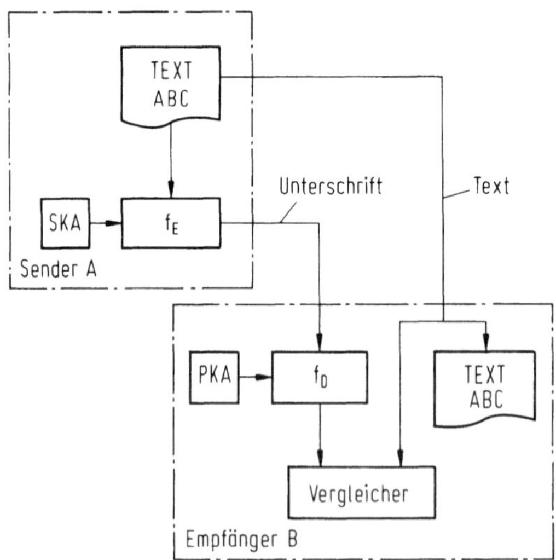

Abb. 2.54. Elektronische Unterschrift mit asymmetrischem Schlüsselsystem. f_E Algorithmus
zum Verschlüsseln, f_D Algorithmus zum Entschlüsseln, *SKA* Secret key des Senders *A*, *PKA*
Public key des Senders *A*

und Qualität der Chips garantieren. Alle Fertigungsschritte werden aufgezeichnet, z. B. wird die Anzahl der fehlerfreien und Ausschußchips protokolliert, damit keine Chips in falsche Kanäle gelangen.

Für später nicht mehr zugängliche Speicherbereiche gibt es spezielle Testroutinen, die nach erfolgter Prüfung unwirksam gemacht werden, um ein späteres unbefugtes Verändern von geheimen Speicherbereichen zu verhindern. Weiterhin wird jeder Chip für spätere Sicherheitsprüfungen gekennzeichnet durch:

- unveränderbare Herstellerkenndaten, über die sich jederzeit der Chiphersteller nachweisen läßt;
- geheime Herstellerschlüssel, ohne deren Kenntnis sich die Chips nicht personalisieren lassen; deshalb werden diese Schlüssel nur der zur Personalisierung autorisierten Stelle mitgeteilt.

Firmen, die das Einbetten durchführen, müssen über ein großes Know-how und Erfahrungen verfügen, damit sich die physikalischen und elektrischen Eigenschaften des empfindlichen Chips durch die Montage in der Plastikkarte nicht verändern. Erster Schritt ist meist die Herstellung eines Moduls, d. h., das Siliziumplättchen, das den Chip darstellt, wird auf eine Metallfläche gebracht und auf dieser mit den Anschlußkontakten, die später auf der Chipkarte sichtbar sind, verbunden. Dieses nur wenige Quadratmillimeter große Modul wird anschließend in die vorbereitete Plastikkarte eingebettet.

Für die Personalisierung gelten strenge Sicherheitsbestimmungen, da die Personalisierungsdaten vertraulich sind; es muß verhindert werden, daß unloyale Mitarbeiter mit eigennützig personalisierten Chipkarten Mißbrauch treiben.

Personalisieren bedeutet:
- die Karte einem bestimmten Benutzer zuordnen,
- die für die vorgesehenen Anwendungen notwendigen Daten in die Karte schreiben.

Die für die Personalisierung notwendigen Geräte und Programme werden in der Regel von den Herstellern von Chipkartensystemen bereitgestellt.

Für die Einführung eines Chipkartensystems unter Verwendung kryptographischer Algorithmen sind Geheimschlüssel notwendig. Um Manipulationen, Nötigung und Erpreßbarkeit von Personen von vornherein auszuschließen, ist ein Schlüssel-Management als geschlossenes Sicherheitssystem erforderlich, in dem die Schlüssel vollautomatisch erzeugt und verteilt werden, so daß niemand unverschlüsselte Schlüsselinformationen zu Gesicht bekommt. Das Key-Management gliedert sich in:
- *Schlüsselerzeugung.* Globalschlüssel werden im Sicherheitsmodul generiert und verschlüsselt auf Schlüsselkarten geschrieben. Aus diesen Globalschlüsseln werden später die individuellen Kartenschlüssel abgeleitet und in die Benutzerchipkarten geschrieben.
- *Schlüsselverteilung.* Die in Schlüsselkarten gespeicherten Globalschlüssel werden in die Sicherheitsmodule der Zielsysteme geladen.

– *Schlüsselspeicherung*. Zur Sicherheit, falls Sicherheitsmodule oder Schlüsselkarten beschädigt werden, erstellt das Key-Management Backup-Schlüsselkarten mit den Globalschlüsseln.

Außerhalb der Sicherheitsmodule sind die geheimen Schlüssel niemals im
Klartext. Auf den Schlüsselkarten sind sie verschlüsselt. Die Globalschlüssel
werden auf zwei Schlüsselkarten verteilt, so daß sie von zwei Personen gehandhabt werden können (Vier-Augen-Prinzip).

2.6 Originäre Merkmale

Mit allen bisher erläuterten Einrichtungen wird grundsätzlich die Identifikation anhand zugewiesener Merkmale vorgenommen. Die Überprüfung dieser
Merkmale beruht gewöhnlich auf zwei Fragen:
1. Was besitzt eine Person? Dies kann eine ID-Karte oder ein Kennungsgeber
   sein, dessen Echtheitsmerkmale von einer Leseeinheit erfaßt und ausgewertet werden.
2. Was weiß eine Person? Dies kann ein personenbezogener oder ein türbezogener Kode sein, der über ein Tastenfeld eingetippt und vom System auf
   Übereinstimmung mit dem gespeicherten Kode geprüft wird.

In Hoch- und Höchstsicherheitsbereichen kann diese Überprüfung der zugewiesenen Merkmale nicht ausreichend sein. Unter gewissen Umständen muß
auch sichergestellt werden, daß eine Person auch tatsächlich die Person ist, für
die sie sich ausgibt. In Kernkraftwerken, im militärischen Bereich, kurz: in
allen Bereichen in denen geheime Unterlagen aufbewahrt werden, hochbrisantes Material lagert oder auch nur ein großer materieller, immaterieller und
personeller Schaden angerichtet werden kann, ist dieser Nachweis unerläßlich.

In diesem Fall muß anhand originärer Merkmale des Menschen selbst, vom
Zutrittskontrollsystem festgestellt werden ob die vorgelegten Merkmale mit
dem im System abgespeicherten Merkmalmuster übereinstimmen. Solche
physischen Merkmale, die auf Übereinstimmung untersucht werden können,
sind
– die Handgeometrie,
– der Fingerabdruck,
– die Stimme,
– die Unterschrift,
– die Unterschriftsdynamik,
– der Augenhintergrund und
– das Aussehen
einer Person.

Es kann eine Einteilung der Verfahren in dynamische und statische Verfahren
vorgenommen werden. Wird eine anatomische Eigenschaft gemessen, so
spricht man von einem statischen Verfahren. Statische Verfahren sind die
Messung des Fingerabdruckes, die Vermessung der Handgeometrie oder des

Augenhintergrundes. Hingegen handelt es sich um ein dynamisches Verfahren, wenn die Messung das Ergebnis einer Handlung ist. Dynamische Verfahren sind daher die Unterschriftenerkennung und die Sprecherverifikation. Diese dynamischen Verfahren sind auch dadurch gekennzeichnet, daß Veränderungen über längere Zeiträume auftreten können und sie auch kurzfristigen psychisch und physisch bedingten Schwankungen unterliegen. Bei statischen Verfahren kommt es hingegen nur zu Veränderungen des biometrischen Merkmales über längere Zeiträume.

Allen biometrischen Systemen ist eines gemeinsam. Die originären Merkmale der Person müssen erst einmal erfaßt und im System abgespeichert werden.

2.6.1 Prinzip und Grundstruktur biometrischer Verfahren

Alle biometrischen Verfahren zur Verifikation der Identität basieren auf biologischen Merkmalen, die von Mensch zu Mensch variieren. Für eine Person sind sie hingegen eindeutig. Die Identität einer bestimmten Person ist daher mittels dieses in der Regel sehr komplexen Merkmales ziemlich eindeutig zu verifizieren. Zur Erfassung eines biometrischen Merkmales sind drei Komponenten notwendig. Ein Sensor erfaßt das biometrische Merkmal einer Person, das danach in einen elektronischen Datensatz umgesetzt wird. Bei der erstmaligen Erfassung wird das für spätere Vergleiche erforderliche Referenzmuster erfaßt und abgespeichert. Bei allen Verifikationsvorgängen wird das biometrische Merkmal erneut erfaßt. Danach findet ein Vergleich zwischen dem aktuell erfaßten Muster und dem gespeicherten Referenzmuster statt. Bei manchen Verfahren, die auf dynamischen, d.h. veränderlichen Eigenschaften beruhen, z.B. die Unterschrift oder die Stimme, werden die Referenzmuster nach einem positiven Vergleich aktualisiert. Diese Referenzmusteradaption ist eine notwendige Voraussetzung für in der Praxis taugliche Verfahren.

Bei der Realisierung biometrischer Verfahren sind eine Fülle von technischen Voraussetzungen zu erfüllen. Der erfaßte Datensatz muß signifikant und umfangreich genug sein, damit eine eindeutige Beziehung zum biologischen Merkmal gegeben ist. Der Umfang der Datensätze muß sich aber in einer vernünftigen Größenordnung bewegen, damit die Speicherkapazität so gering wie möglich gehalten werden kann und die Bearbeitungszeit minimiert wird.

Wesentlich aufwendiger als die Erfassung und die Speicherung der Daten gestaltet sich der Vergleich zwischen dem aktuell erfaßten Muster und dem Referenzmuster. In der Praxis sind diese beiden Werte so gut wie nie gleich. Betrachten wir die Fingerprinterkennung, so wird die Position des aufgelegten Fingers immer variieren. Es genügt daher kein einfacher direkter Vergleich, sondern es sind sehr komplexe Auswertemechanismen notwendig. Diese prüfen die Korrelation der beiden Muster und stellen mit einer gewissen Wahrscheinlichkeit fest, ob sie von ein und derselben Person stammen. Bei dieser Korrelation kann es zu Fehlern kommen.

2.6.1.1 Fehlerarten

Ein wichtiges Beurteilungskriterium für die Güte eines biometrischen Systemes ist die Zuverlässigkeit, mit der Berechtigte und Unberechtigte unterschieden werden.

Es lassen sich zwei Fehlerarten unterscheiden:
- *Typ 1-Fehler.* Abweisung von Berechtigten, der zugehörige prozentuale Wert wird auch als False Reject Rate (FRR) bezeichnet.
- *Typ 2-Fehler.* Zulassung von Unberechtigten, der zugehörige prozentuale Wert wird auch als False Accept Rate (FAR) bezeichnet.

Es besteht ein logischer Zusammenhang zwischen den beiden Fehlerarten. Man erhält in praktisch realisierten biometrischen Systemen für die FRR und die FAR qualitative Kurvenverläufe, wie sie in Abb. 2.55 dargestellt sind. Auf der Abszisse sind die normalisierten Schwellenwerte eingetragen. Ein fester Schwellenwert gibt die maximal zulässige Abweichung zwischen aktuellem Muster und Referenzmuster an, bei der noch eine Anerkennung der zu verifizierenden Person erfolgt.

Betrachtet man die Kurve für die FRR, also die Abweisung berechtigter Personen durch das System, so erkennt man, daß bei der Eingabe eines Schwellenwertes von 0 alle Berechtigten abgewiesen werden. Die Wahl des Schwellenwerts 0 läßt keine Abweichung vom Referenzwert zu und der aktuell gemessene Wert wird nie exakt mit dem Referenzwert übereinstimmen. Die FRR beträgt in diesem Fall 100 %. Wird der Toleranzschwellwert (Schwellenwert) erhöht, so hat diese Maßnahme eine Senkung der FRR zur Folge. Ab einem gewissen Schwellenwert wird kein Berechtigter abgewiesen. Eine Einstellung oberhalb dieses Wertes hätte zur Folge, daß es nie zu einer Abweisung eines Berechtigten durch das System kommen würde. In der Praxis spricht gegen diese Maßnahme die gegenläufige Kurve der FAR. Bei der maximalen Toleranz würde jeder Unberechtigte zugelassen werden. Hierbei

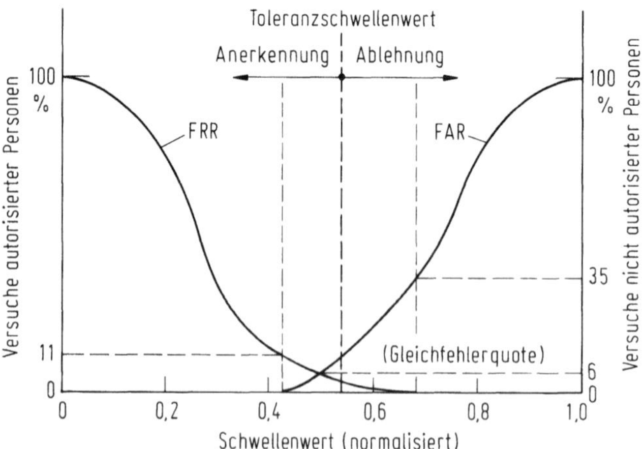

Abb. 2.55. Typischer Verlauf von FAR und FRR für ein biometrisches Verifikationssystem

beträgt die FAR 100 %. Eine Einschränkung der Toleranz hat eine Senkung der FAR zur Folge. Unterhalb einer bestimmten Einstellung würde kein Unberechtigter vom System zugelassen werden. Der Nachteil dabei ist, daß bei diesem Schwellenwert der FAR die FRR etwa 10 % beträgt. Es ist daher sehr wichtig, für die Einstellung des Schwellenwertes einen Kompromiß zu finden, für den beide Werte den Anforderungen der Anwendung genügen. Für die Praxis bedeutet dies: ist die Abweichung zwischen Referenzmuster und aktuellem Muster kleiner als der Schwellenwert, so wird die Person vom System als berechtigt erkannt. Ist die Abweichung hingegen größer als der Schwellenwert, so wird die Person abgewiesen.

Der Verlauf der FRR- und der FAR-Kurve, besonders im Bereich um den Schnittpunkt der beiden Kurven ist sehr wichtig. Ohne diese Kenntnis ist die Einstellung des geeigneten Toleranzschwellenwerts nicht möglich. Die Gleichfehlerquote (equal error rate) gibt die Fehlerrate am Schnittpunkt der beiden Kurven an. Je geringer die Gleichfehlerquote ist, desto besser ist das zugehörige System. Im Idealfall würde dieser Wert bei 0 liegen. Dies ist der Fall, wenn sich die FRR- und FAR-Kurven nicht schneiden.

In Abb. 2.56 wird der idealtypische Verlauf für die Güte eines biometrischen Verifikationssystems demonstriert. Qualitativ unterscheidet sich diese Kurve von dem realtypischen Verlauf dadurch, daß es einen Bereich gibt, in dem weder eine Abweisung Berechtigter noch eine Zulassung unberechtigter Personen auftritt. Wird der Toleranzschwellwert innerhalb dieses Bereiches eingestellt, so ist sowohl die FRR als auch die FAR gleich 0 %. Da es keine Überschneidung der beiden Kurven gibt, liegt auch die Gleichfehlerquote für ein derartiges System bei 0 %. Das Ziel bei der Entwicklung eines biometrischen Systems muß sein, dies so zu konzipieren, daß es zu einer Trennung der beiden Fehlerraten kommt.

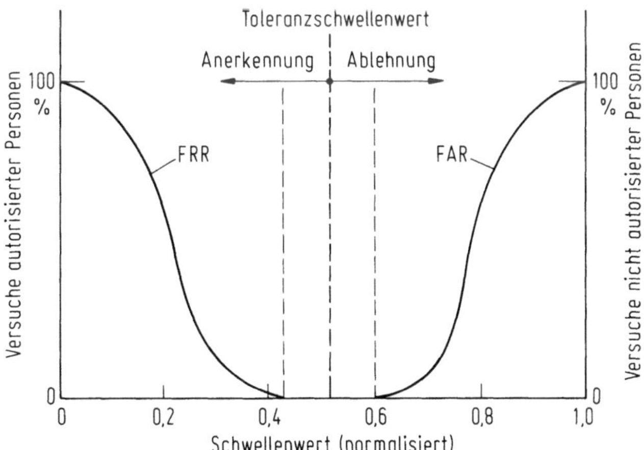

Abb. 2.56. Idealtypischer Verlauf von FAR und FRR

2.6.2 Handdatenvergleich

Menschen haben unterschiedliche Hände. Es gibt große „Schaufelbaggerähnliche", kleine zierliche Hände und alle Nuancen dazwischen. Doch nicht nur hinsichtlich der Proportionen kann eine Unterscheidung vorgenommen werden, auch in ihren Maßen und Fingerwinkeln gleicht keine Hand der anderen. Abbildung 2.57 führt die charakteristischen Merkmale der Handproportionen auf.

Findige Entwickler haben sich diese Eigenschaft zunutze gemacht und Geräte entwickelt, mit denen die Handgeometrie vermessen, erfaßt, abgespeichert und vergleichend mit neu eingelesenen Handdaten ausgewertet werden kann. Abbildung 2.58 zeigt eine Handgeometrie-Erfassungseinheit.

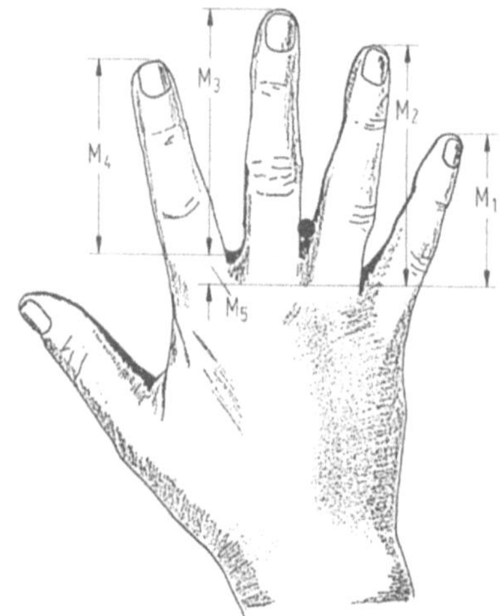

Abb. 2.57. Charakteristische Merkmale der Handproportionen

Abb. 2.58. Biometrische Handdaten-Erfassungseinheit

Es sind zwei Vorgänge zu unterscheiden:
- die Ersterfassung der Handdaten und Ablage der ermittelten Daten im Systemspeicher und
- die immer wiederkehrende, aktuelle Erfassung der Handdaten und Identifikation unter Zugrundelegung der bei der Ersterfassung abgespeicherten Daten.

Bei der Ersterfassung werden die Handdaten gelesen, digitalisiert und im Systemspeicher abgelegt. Der Vorgang der Ersterfassung kann beliebig oft wiederholt werden. Es können dabei wahlweise eine oder beide Hände einer Person erfaßt werden.

Bei dieser Ersterfassung wird abhängig von der Anlagenkonfiguration den abgelegten Handdaten entweder eine PIN-, eine ID-Kartennummer oder beides zugeordnet.

Bei der eigentlichen Identifikation legt die Person, nach Eingabe der richtigen PIN oder Erfassung der berechtigten ID-Karte die Hand auf die Meßfläche des Handgeometrie-Datenerfassungsgerätes an die dafür vorgesehenen Anlagepunkte an (Abb. 2.59). Über einen kapazitiven Schalter, der sich auf der Auflagefläche befindet, wird der Verifiziervorgang eingeleitet. Die Hand wird daraufhin von einer Lampe beleuchtet. Der Schattenwurf ergibt auf der Meßplatte die charakteristischen Umrisse der Hand. Dieses Schattenbild wird mittels eines optischen Verfahrens ausgewertet und liefert die Daten für den Vergleich mit den im Systemspeicher bei der Ersterfassung registrierten Daten der zutrittsberechtigten Person. Die Zuordnung zu den richtigen Daten erfolgt über die PIN oder die Kartennummer der ID-Karte, so daß das System nicht die aktuell erfaßten Daten mit allen im System gespeicherten Daten der Reihe nach vergleichen muß, um die zugehörigen zu finden. Der Zutritt wird nur dann freigegeben, wenn eine Übereinstimmung festgestellt wird.

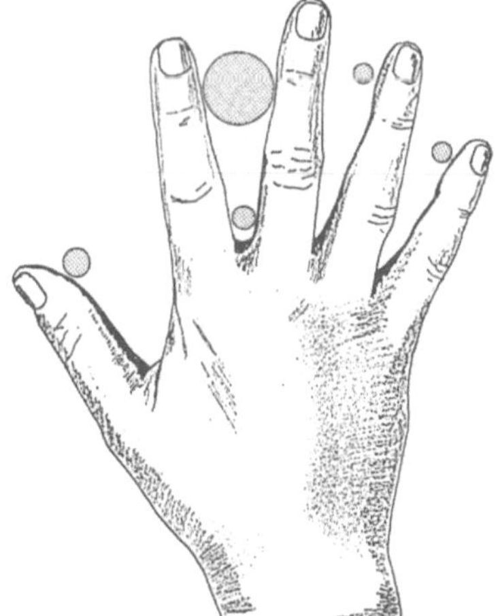

Abb. 2.59. Anlagepunkte einer dreidimensionalen Handdatenidentifizierung zur Vermessung der Fingerlängen, Fingerstärken und Fingergeometrie

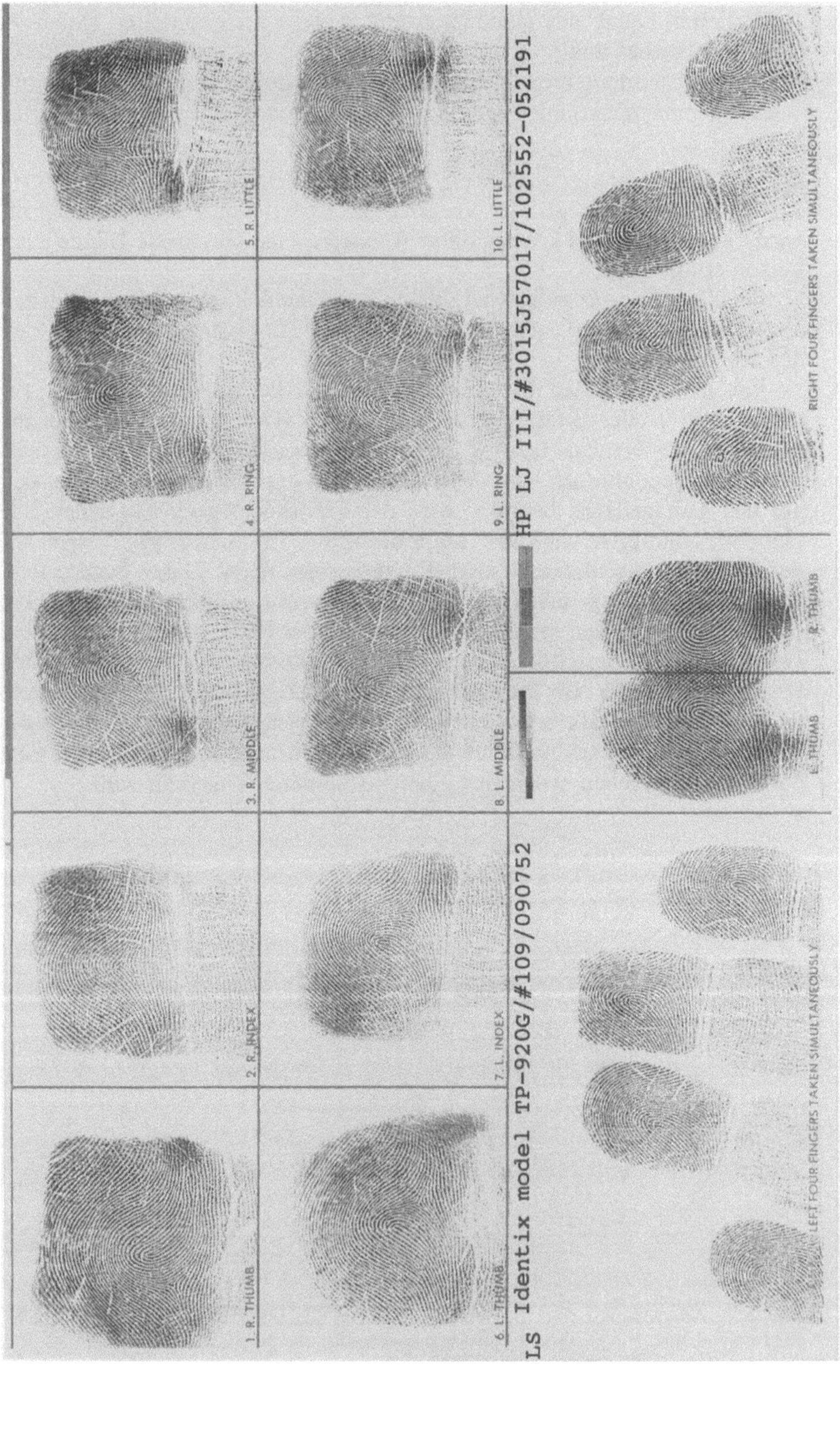

Abb. 2.60. Fingerprintblatt einer Versuchsperson (Werkfoto Identix Incorporated)

Der Vorteil einer dreidimensionalen Erfassung gegenüber einer zweidimensionalen Überprüfung der Handdaten liegt darin, daß das System nicht durch Hilfsmittel, wie z. B. durch ein aus einem Karton zurechtgeschnittenem Handabbild einer berechtigten Person ausgetrickst werden kann.

2.6.3 Fingerprinterkennung

Die Fingerabdruckerkennung ist schon lange bekannt und wird vor allem in kriminaltechnischen Bereichen mit großem Erfolg angewandt (Abb. 2.60). Kein Fingerabdruck einer Person gleicht dem anderen; diese Erkenntnis macht man sich auch in elektronischen Zutrittskontrollanlagen zunutze.

2.6.3.1 Abtastung über Scanner

Die bisher übliche Methode der dreidimensionalen Abtastung des Fingers mit Weißlicht (Abb. 2.61) hat zwar den Vorteil, daß sie nicht mit Hilfe von Photos zu überlisten ist. Sie erkennt allerdings nicht, oder der in das Gerät eingelegte Finger einer lebenden Person gehört.

Diesem Nachteil wird durch eine Abtastung mit Farblicht, durch ein Lebendfingerspektrogramm, entgegengewirkt. Sie basiert auf einer Spektrogrammauswertung des roten Blutfarbstoffes; Abb. 2.62 erklärt das Prinzip.

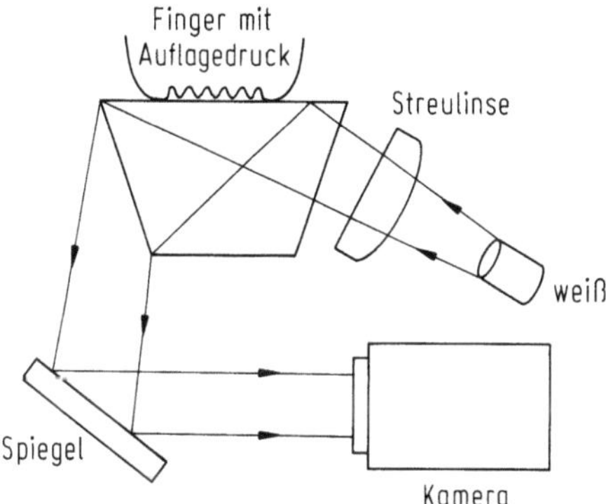

Abb. 2.61. Optisches Abtastverfahren des Fingerprints

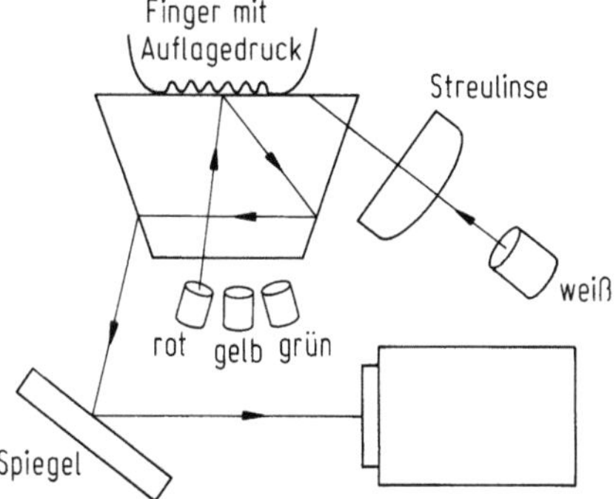

Abb. 2.62. Abtastverfahren mit Farblicht (Spektrogramm) für die Lebendfingererkennung

2.6.3.2 Realer Fingerprint

Systeme, die den Vergleich mit einem real abgespeicherten Fingerprint
vornehmen, haben den Nachteil, daß sie ein personenbezogenes Datum im
Sinne des § 2 BDSG (Bundesdatenschutzgesetz) darstellen. Dieses personenbezogene Datum unterliegt gewissen gesetzlichen Beschränkungen, die zu
beachten sind.

Deshalb werden nicht die Daten eines realen Fingerprints einer Person
abgespeichert und für den Vergleich herangezogen, sondern es wird das von der
CCD-Kamera aufgenommene dreidimensionale topographische Bild des entsprechenden Fingermusters (finger pattern) analysiert, auf eine digitalisierte,
einzigartige mathematische Charakteristik (template) von etwa 1 kB reduziert
und im System abgespeichert (Abb. 2.63). Dieses Basisraster ist dann im Sinne
des § 2 BDSG kein personenbezogenes Datum mehr und unterliegt auch
keinerlei Beschränkungen, da sich der reale individuelle Fingerabdruck daraus
nicht rekonstruieren läßt. Das Basisraster kann sowohl in einer internen
Datenbank des biometrischen Zutrittskontrollsystems abgespeichert werden,
als auch vom eigentlichen System ausgelagert und in einer für diese Zwecke
geeigneten ID-Karte, z. B. der Chip-Karte, abgelegt sein.

In beiden Fällen wird das Basisraster des aktuell erfaßten Fingerprints mit
dem gespeicherten Basisraster auf Übereinstimmung überprüft.

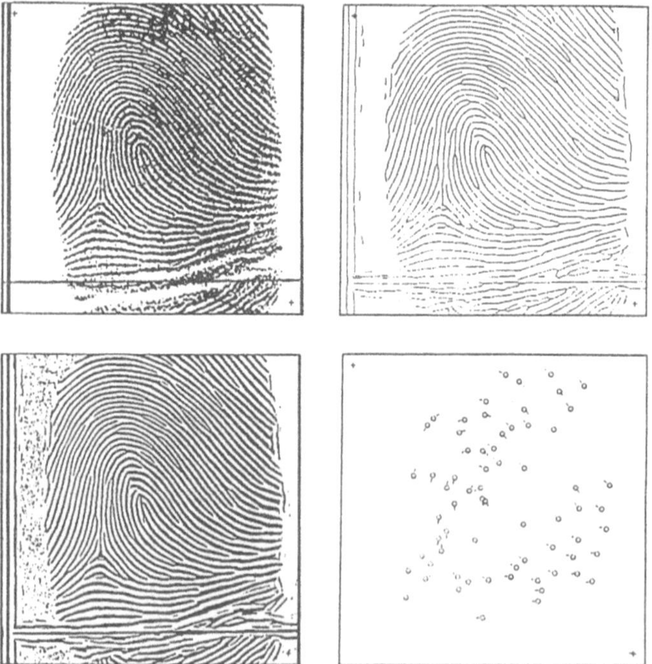

Abb. 2.63. Vom realen Fingerprint zu einem Basisraster

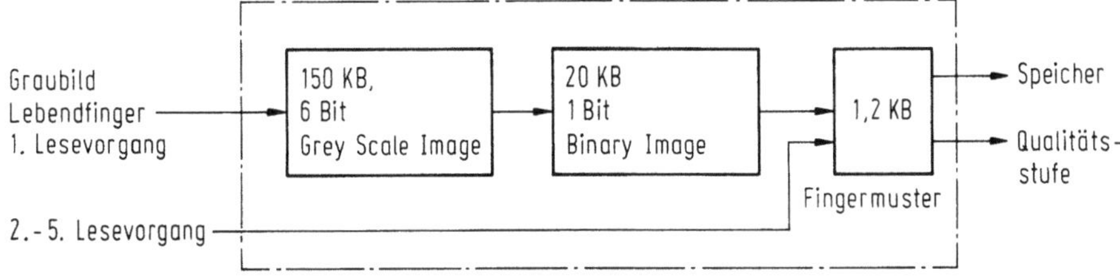

Abb. 2.64. Erfassungsvorgang

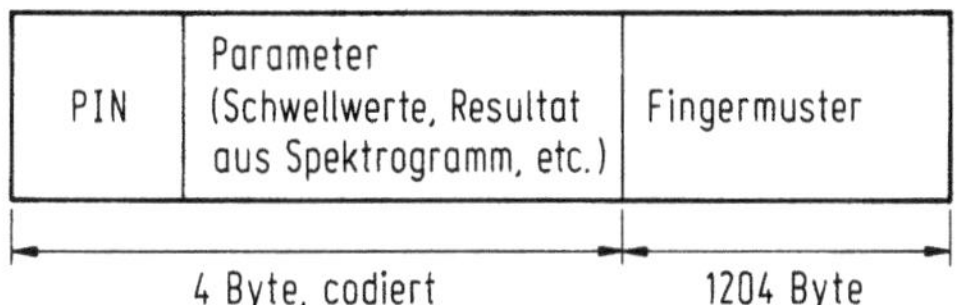

Abb. 2.65. Ablage der Daten im Speicher

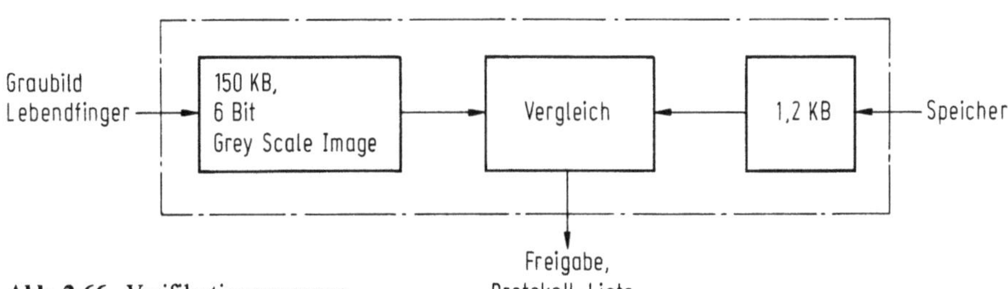

Abb. 2.66. Verifikationsvorgang

Über Abtasten, Digitalisieren und Speichern des charakteristischen dreidimensionalen Fingerabdruckmusters, das aus Linien und Vertiefungen der Fingerhaut besteht, ist dem biometrischen System ein Basisraster bekannt. Abbildung 2.64 zeigt den Vorgang beim Speichern der Fingerprintmusters. In einem ersten Abtastvorgang wird das grundsätzliche Fingermuster (Graubereiche und Lebendfingererkennung) vorbereitet. In den weiteren 2.–5. Abtastvorgängen werden die Charakteristika des Fingermusters weiter verbessert und verfeinert. Beim Abspeichern werden das Basisraster des Fingermusters und die zugehörigen Parameter nacheinander im Speicher abgelegt (Abb. 2.65). Dieses im System abgespeicherte und bekannte Muster kann dann immer wieder mit den templates von aktuellen finger pattern verglichen und auf Übereinstimmung überprüft werden (Abb. 2.66). Das Verfahren des dreidimensionalen Erfassens der Fingerkuppe verhindert ein Überlisten des Systems mit Photos oder kopierten Fingerabdrücken.

Abbildung 2.67 zeigt ein Fingerprinterkennungssystem, das eine dreidimensionale Erfassung des Fingers zuläßt und eine Lebendfingerüberprüfung

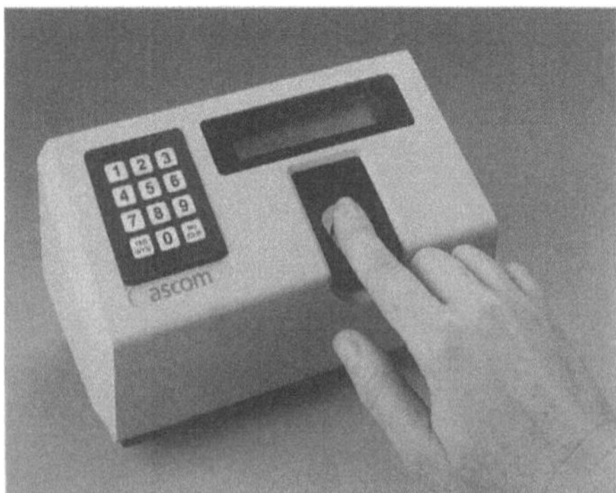

Abb. 2.67. Fingerprintverifikationssystem (Werkfoto Ascom)

vornimmt. Es bietet dank seiner einzigartigen und äußerst genauen Messung des Fingerabdrucks eine sichere Personenidentifikation. Laut Herstellerangaben beträgt die fehlerhafte Zulassung weniger als 0,0001 % bei lediglich 1,4 % fehlerhaften Zurückweisungen von berechtigten Personen. Die Genauigkeit einer Verifikation hängt davon ab, wie hoch die Schwelle der Sicherheitsstufen eingestellt wurde: je höher der Schwellwert, desto genauer die Prüfung.

Die Verifikation selbst nimmt nur 1–2 s in Anspruch. Während der Erfassung, die etwa 40 s benötigt tastet der Leser den Fingerabdruck mit einer sehr hohen Auflösung ab. Bis zu 250 000 Einzelinformationen werden dabei analysiert, digitalisiert und in ein mathematisch aufgebautes Vergleichsmuster umgewandelt. Jeder Benutzer erhält bei der Erfassung eine persönliche Kenn-Nummer, eine Berechtigungsstufe, sowie örtliche und zeitliche Zutrittsberechtigungen. Eine zweistellige LCD-Anzeige führt den Benutzer durch die Aufnahme und die Identitätskontrolle. Über einen Mikroschalter an der Glasplatte wird der Abtastvorgang beim Auflegen des Fingers ausgelöst. Im Grundausbau läßt das System die Speicherung von 48 Fingerprints zu. Die Kapazität kann auf mehr als 800 Vergleichsmuster durch Speicher-Erweiterungskarten erhöht werden. Zusätzlich zu diesem Lesemodul ist ein elektronisches Steuergerät erforderlich. In ihm sind der Hauptprozessor, die Stromversorgung, das Türfreigabe- und das Alarmrelais, serielle Schnittstellen und acht Alarmeingänge untergebracht.

Die Antwortzeiten bei den heutigen Fingerprintsystemen liegen im Sekundenbereich und kommen damit den Reaktionszeiten von Zutrittskontrollanlagen mit herkömmlichen Lesern sehr nahe. Betrachtet man eine Kombination von ID-Kartenleser und Tastatur für die PIN-Eingabe, so ist die Durchsatzzeit durchaus vergleichbar, wobei das biometrische System allerdings die weitaus höhere Sicherheit aufweist. Nachteilig wirkt sich noch der relativ hohe Preis für die Fingerprintsysteme aus, die einen Einsatz auf die Fälle beschränken, in denen das Sicherheitsempfinden wirklich sehr hoch angesetzt wird.

2.6.4 Spracherkennung

Durch die Entwicklung kostengünstiger hochintegrierter Hardwarebausteine
ist die automatische Sprachverarbeitung heute realisierbar und auch anwend-
bar geworden. Der Komplex der Sprachverarbeitung läßt sich in vier
Teilbereiche einteilen:
- Sprachkodierung,
- Spracherkennung,
- Sprachsynthese und
- Sprechererkennung.

Das letztgenannte Thema Sprechererkennung mit den zu erwartenden Einsatzmöglichkeiten führten dazu, daß in den letzten Jahren intensive Anstren-
gungen unternommen wurden, um die individuellen Ausformungen der
Stimme und des Sprachverhaltens als Schlüssel zur Erlangung von Zutrittsberechtigungen zu nutzen. Diesem Trend entspricht auch die an die Einsatzmöglichkeiten gestellte Erwartung, daß die damit Hand in Hand gehenden
Probleme leichter zu lösen sind als beispielsweise die Schwierigkeiten bei der
Erkennung laufender Sprache. Durch die Einzigartigkeit des persönlichen
Sprachbildes einer Person bietet ein gesprochenes Wort alle Vorteile eines
personengebundenen Schlüssels.

Grundsätzlich ist zwischen zwei Arten der Sprechererkennung zu unter-
scheiden:
- Sprecheridentifikation und
- Sprecherverifikation.

Obwohl man bei Spracherkennungssystemen oft von einer Sprecheridentifizie-
rung spricht, ist dieser Sprachgebrauch nicht korrekt. Beiden gemeinsam ist
das Ziel zu erkennen, wer gesprochen hat.

Sprecheridentifikationssysteme haben die Aufgabe die Sprachprobe einer
zunächst unbekannten Person einem bereits bekannten Sprecher aus einer
Personengruppe zuzuordnen. Dies ist vor allem im Bereich der Verbrechensbe-
kämpfung von Interesse. Hierbei verhält sich der Sprecher nicht kooperativ. Er
wird versuchen, seine Stimme zu verstellen, so daß seine Identität nicht erkannt
werden kann. Diese zunächst unbekannte Stimmprobe muß mit vielen in Frage
kommenden gespeicherten Stimmustern verglichen werden, wobei die Wahrscheinlichkeit einer Fehlklassifikation mit der Zahl der Vergleichsmuster steigt.

Im Gegensatz dazu besteht die Aufgabe eines Sprecherverifikationssystems
darin, eine Person, die vorgibt eine bestimmte Person zu sein, anhand eines
Vergleichs einer aktuellen Sprachprobe mit dem von der betreffenden Person
gespeicherten Sprachmuster, zu überprüfen.

Bei Sprecherverifikationssystemen geht die Initiative immer vom Sprecher
selbst aus. Er verhält sich kooperativ, da er Zutritt erlangen möchte. Die
unbekannte Stimme muß vom System mit nur einem gespeicherten Muster
verglichen werden. Die Fehlerwahrscheinlichkeit des Systems ist dabei in erster
Näherung unabhängig von der Anzahl der Systembenutzer.

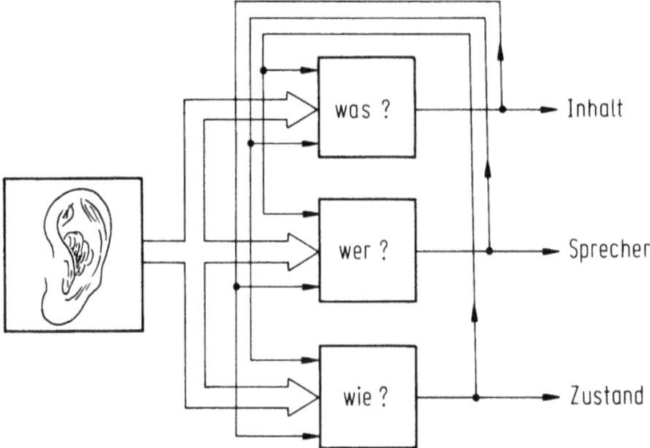

Abb. 2.68. Verarbeitung von akustischen Informationen beim Menschen

2.6.4.1 Grundlagen der Spracherkennung

Bei der Sprache handelt es sich um ein Schallereignis. Die Sprache enthält neben der inhaltlichen Information auch Informationen über die Identität eines Sprechers, sowie über dessen physiologischen und emotionalen Zustand. Zuhörer sind in der Lage, aus diesem Sprachsignal zu extrahieren, was gesprochen wird, wer spricht und wie diese Person spricht. Dieser Vorgang der Spracherkennung und die Interpretation des gesprochenen Wortes basiert einerseits auf einem Auswerten akustisch-phonetischer Informationen, zum anderen spielt dabei aber auch die Interpretation des Kontextes eine wesentliche Rolle.

Abbildung 2.68 verdeutlicht die Verarbeitung der akustischen Informationen beim Menschen. Dabei können die dazu notwendigen Mustererkennungsprozesse voneinander unabhängig ablaufen. So kann man einen Ausländer an der Sprache erkennen, auch wenn man selbst dessen Sprache nicht kennt und den Sinn der Worte nicht versteht. Ebenso kann der Gemütszustand eines Menschen anhand der Sprechweise und der Sprechlage beurteilt werden. Neben akustischen und phonetischen Merkmalen sind auch komplette Redewendungen, die bevorzugte Verwendung bestimmter Wörter und Satzstellungen sprechertypisch.

2.6.4.2 Sprachsignalerzeugung

Zum Sprachtrakt des Menschen zählen Kehlkopf, Rachen-, Mund- und Nasenraum. Beim Sprechen wird durch Muskelkraft Druck auf die Lunge ausgeübt. Die in der Lunge gespeicherte Luft strömt durch die Luftröhre an den Stimmbändern vorbei in den Rachenraum. Je nach Stellung des Gaumensegels wird der Luftstrom entweder durch den Mund, die Nase oder durch beide geleitet. Zur Erzeugung stimmhafter Laute werden die Stimmbänder über dem Vokaltrakt (Kehlkopf) durch Schwingungen angeregt. Abbildung

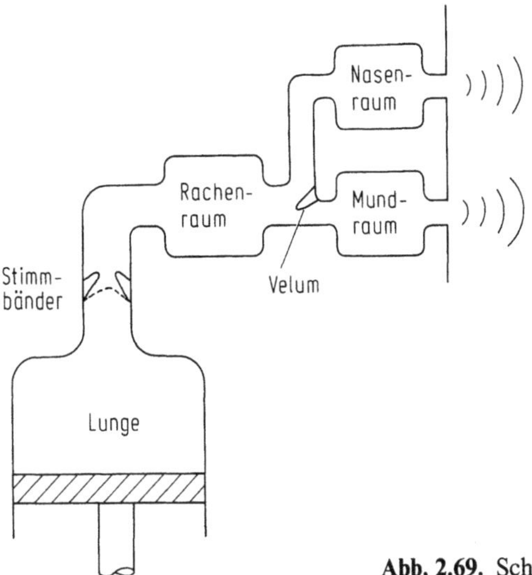

Abb. 2.69. Schematische Darstellung des Vokaltraktes

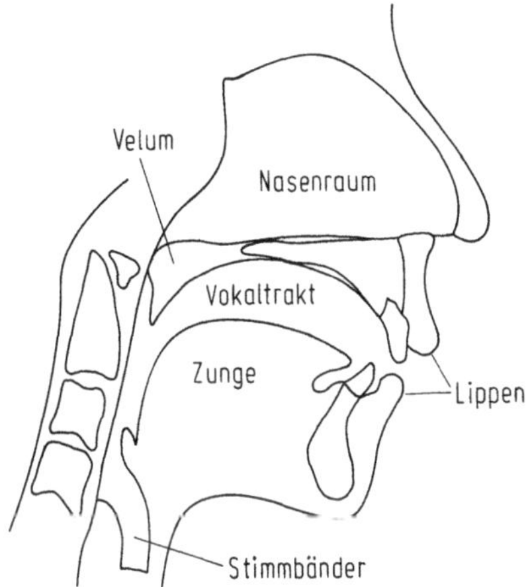

Abb. 2.70. Querschnitt durch den Vokaltrakt

2.69 zeigt die schematische Darstellung, Abb. 2.70 den Querschnitt des Vokaltraktes.

Die Grundfrequenz des Sprachsignales ist abhängig von den Abmessungen der Stimmbänder, der Spannung der Stimmbänder und dem subglottalen Luftdruck. Die Öffnung zwischen den Stimmbändern wird als Glottis bezeichnet. Durch die Abmessungen der Stimmbänder ist der absolute individuelle Variationsbereich vorgegeben. Durch die beiden anderen Parameter kann mit gewissen Einschränkungen das Sprachsignal bewußt beeinflußt und kontrolliert werden.

Stimmlose Laute werden durch Turbolenzen an einer Engstelle im Vokaltrakt erzeugt. Hingegen muß der Vokaltrakt an einer Stelle vollständig abgeschlossen sein, um Explosivlaute zu erzeugen. Wird der an diesem Punkt aufgebaute Druck plötzlich abgelassen, so wird der Vokaltrakt durch die dabei entstehende Schockwelle angeregt.

Insgesamt kann der Vokaltrakt näherungsweise als akustisches System von gekoppelten Röhren mit veränderbarem Durchmesser betrachtet werden.

Die Sprache besteht aus einer begrenzten Anzahl von unterscheidbaren Kodesymbolen. Sie werden als linguistische Grundelemente oder Phoneme bezeichnet. Diese Phoneme können akustisch variiert werden. Diese Variationen bezeichnet man dann als Allophone, Phone oder einfach als Sprachlaute.

Durch die anatomischen Merkmale, die von Mensch zu Mensch unterschiedlich sind, und durch die Entwicklung eines für jeden Menschen charakteristischen Sprachverhaltens unterliegen die Sprachlaute einer individuellen Ausformung und können zudem in gewissen Grenzen sprechertypisch beeinflußt werden. Alle statischen Eigenschaften des Sprachsignals werden durch die jedem Menschen vorgegebenen anatomischen Eigenschaften und zum Teil auch durch das Sprechverhalten bestimmt. Eine wesentliche Ausnahme bilden hierbei die nicht beeinflußbaren Resonanzfrequenzen des unbeweglichen Nasaltraktes.

Hingegen werden alle dynamischen Eigenschaften des Sprachsignals, wie z. B. die Sprechgeschwindigkeit, die Melodie der Sprache, die Lautübergänge und die Koartikulation (Abhängigkeit zeitlich benachbarter Sprachlaute), vollständig durch das charakteristische Sprachverhalten jedes Menschen bestimmt.

Das Sprachverhalten ist nur zum Teil willkürlich veränderbar, da ein Teil des im Kindesalter erlernten Sprechverhaltens der bewußten Manipulation dem Erwachsenen entzogen ist. Typisch sind hierbei Dialektmerkmale, die sich trotz größter Bemühungen nicht vollständig verheimlichen lassen. Ebenso ist Sprache nicht reproduzierbar. Kein Mensch ist in der Lage, dasselbe Wort zweimal völlig gleich auszusprechen. Es genügt daher nicht, zur Erzeugung eines sprechertypischen Referenzsignals, nur eine einzige Sprachprobe zu verwenden. Auch bei Sprecherverifikationssystemen ist es daher notwendig, daß mehrfache Sprachproben desselben Wortes aufgenommen werden und dann vom System zu einem mittleren Merkmalsvektor verarbeitet werden. Es hat sich dabei herausgestellt, daß die optimale Zahl der Sprachproben und die Zeit zwischen den einzelnen Aufnahmen sehr stark von dem jeweiligen Verifikationsverfahren abhängig sind.

Ebenso ist das Sprachverhalten natürlichen Lern- und Erfahrungsprozessen unterworfen. Es verändert sich stetig im Laufe der Zeit. Auch sind die anatomischen Eigenschaften einem Alterungsprozeß unterworfen. Diese Vorgänge beeinflussen das Sprachsignal allerdings in wesentlich geringerem Umfang als Zufallsschwankungen. Stimmungsschwankungen, die durch die seelische Verfassung einer Person ausgelöst werden, verändern in starkem Maße die Sprechgeschwindigkeit, die mittlere Intensität, die Grundfrequenz und die Formantlage. Der Vorteil bei Sprecherverifikationssystemen liegt darin, daß diese Einflüsse durch psychologische Maßnahmen verhältnismäßig gut kontrollierbar sind.

Probleme bereiten hierbei Veränderungen des Sprachsignals, die durch Krankheiten hervorgerufen werden. Ein sehr schwieriges Thema sind die häufig auftretenden Erkältungskrankheiten. Ihre Auswirkung auf die statischen, bzw. anatomischen Eigenschaften betreffen sowohl die Anregung als auch die Übertragung. Im besonderen Maße ist das ansonsten sehr aussagekräftige Resonanzverhalten des Nasaltraktes davon betroffen. Diese Veränderungen sind kaum zu berücksichtigen, da sie je nach Art und Schwere der Erkältung sehr verschieden sind. Systeme, die sich vor allem auf die dynamischen Merkmale abstützen, werden mit diesem Problem noch am ehesten fertig.

Pathologische Veränderungen, wie das Stottern, führen sogar gänzlich zu einem Versagen des Systems.

Bei Sprecherverifikationssystemen muß berücksichtigt werden, daß sowohl bei der Erstellung der Sprachprobe selbst, als auch beim Einsatz ständig wechselnde Störquellen zu berücksichtigen sind. Aufnahmen, die in einem schalltoten Raum aufgenommen wurden, mögen für das Referenzsignal ja noch möglich sein, im alltäglichen Gebrauch sind sie allerdings nicht praktikabel. Es ist daher vorteilhaft, auch die Referenzprobe unter den nachher beim Einsatz realistischen Umgebungsbedingungen zu erstellen, damit das Sprecherverifikationssystem auch die örtlichen und räumlichen Schallgegebenheiten mitabspeichern kann.

2.6.4.3 Sprecherverifikationssysteme

An Sprecherverifikationssysteme werden erhöhte Sicherheitsanforderungen gestellt. Es sind dabei zwei mögliche Fehlerarten zu berücksichtigen. Zum einen kann es zu einer Zurückweisung berechtigter Personen kommen, zum anderen kann das System natürlich auch nicht berechtigte Personen akzeptieren. Wobei im ersten Fall die zwar berechtigte aber abgewiesene Person nicht erfreut über das Systemverhalten sein wird, ist der Schaden bei einem sich nicht wiederholenden Ereignis relativ begrenzt. Anders verhält es sich, wenn das System eine unberechtigte Person akzeptiert und zuläßt. In diesem Fall kann der Schaden unter Umständen sehr hoch sein. Die Sicherheit eines Sprecherverifikationssystems wird daher durch zwei Fehlerraten charakterisiert:
1. für die falsche Zurückweisung berechtigter und dem System bekannter Personen und
2. für die falsche Akzeptanz unberechtigter Personen, die das System zu identifizieren und kennen glaubt.

Ein funktionaler Zusammenhang zwischen beiden Fehlerraten ist durch die Entscheidungsschwelle gegeben. Abbildung 2.71 verdeutlicht diese Abhängigkeit in graphischer Form. Deutlich ist aus der Graphik zu erkennen, daß bei einer Erhöhung der Sicherheit gegen mißbräuchliche Benutzung des Systems automatisch die Zurückweisungsrate für Berechtigte ansteigt. Ebenso verhält es sich in umgekehrter Weise. Wird die Sicherheitsstufe des Systems niedriger gewählt, so wird damit automatisch auch die Akzeptanzschwelle des Systems

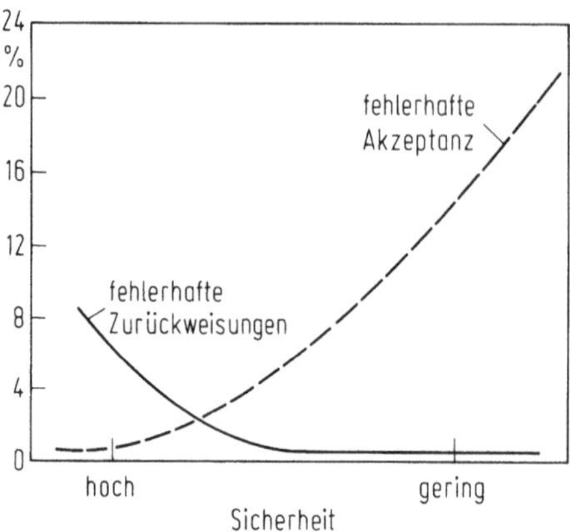

Abb. 2.71. Funktionaler Zusammenhang zwischen Fehlerrate und Entscheidungsschwelle

gegenüber unberechtigten Personen erhöht. Beim Einsatz eines Sprecherverifikationssystems muß daher stets ein Abwägen der optimalen Sicherheitsstufe stattfinden und es muß ein Kompromiß zwischen beiden Fehlerarten geschlossen werden.

Bei berechtigten Personen kann davon ausgegangen werden, daß diese ein kooperatives Verhalten zeigen. Unberechtigte Personen werden versuchen das System zu täuschen. Eine Art der Täuschung kann das Nachahmen einer Stimme sein. Eine zweite Möglichkeit besteht in der Verwendung von Tonträgern. Heutige marktübliche Sprecherverifikationssysteme schließen dies aus, da sie zusätzlich noch den Schalldruck messen, und der ist nicht nachahmbar.

Auch für ein Sprecherverifikationssystem ist die Benutzerakzeptanz von entscheidender Bedeutung (Abb. 2.72). Dies betrifft sowohl die Zurückwei-

Abb. 2.72. Sprecherverifikationssystem (Werkfoto Securitas Technology)

sungsrate, als auch die Belastung durch die Verifikationsprozedur selbst. Beide Gesichtspunkte sind abhängig von der Anwendung zu werten und dürfen nicht außer acht gelassen werden. Bei Systemen mit einem großen Benutzerkreis im kommerziellen Bereich wird der Bedienungskomfort eher im Vordergrund stehen. Hingegen wird bei höchsten Sicherheitsanforderungen wie z.B. in einem Kernforschungszentrum, das nur einem kleinen Kreis von Berechtigten zugänglich ist, die zudem hoch motiviert sind, der Benutzerkomfort nicht die entscheidende Rolle spielen. Sprecherverifikationssysteme, im allgemeinen Gebrauch auch als Stimmen- oder Spracherkennungssysteme bezeichnet, analysieren anhand eines oder mehrerer gesprochener Worte die Stimme und den Schalldruck von Personen und speichern das charakteristische Referenzmuster dieser Worte ebenfalls in digitaler Form ab.

Auch bei diesem biometrischen Verfahren ist der Zeitbedarf für das Identifizieren einer Person mit den heutigen technischen Verfahren noch nicht in Echtzeit zu bewerkstelligen, so daß auch hier eine Begrenzung auf Räume und Bereiche sinnvoll ist, die nur von wenigen Personen frequentiert werden und in denen die Sicherheitsanforderungen besonders hoch anzusetzen sind.

2.6.5 Unterschriftenvergleich

Charakteristische und einzigartige Merkmale sind in jeder Handschrift enthalten. Graphologen haben die Aufgabe und die Fähigkeit, Handschriften und Schriftbilder miteinander zu vergleichen und eine nachgeahmte Handschrift zu erkennen. Dies gilt auch für die Unterschrift einer Person. Obwohl sich eine Handschrift und damit auch die Unterschrift einer Person im Laufe eines Lebens geringfügig verändern kann, bleiben die wesentlichen Merkmale in ihr erhalten, so daß der Schreiber zu identifizieren ist. Diese Erkenntnis macht man sich auch bei der Zutrittskontrolle zunutze.

Systeme, die sich bei der Analysierung des Unterschriftsbildes auf Merkmale, wie den Federdruck oder die Federbeschleunigung beschränken, sind für automatisierte Zutrittskontrollanlagen nur bedingt geeignet, weil die typischen Charakteristika in einer wesentlich größeren Anzahl von Merkmalen enthalten sind. Von maßgeblicher Bedeutung für die Sicherheit ist hierbei auch, daß die Unterschrift während des Schreibvorganges geprüft wird. Eine sinnvolle Untersuchung beschränkt sich daher auch nicht nur auf das geschriebene Wort. Dieses kann nach entsprechender Übung durchaus nachgeahmt werden. Die Dynamik des Schreibens ist hingegen nahezu nicht nachahmbar.

Damit auch der Unterschriftsrhythmus korrekt erfaßt wird, muß die Messung während des Schreibvorganges erfolgen. Die Datenübernahme geschieht durch einen speziellen Schreibstift, der mit Sensoren versehen ist oder durch eine elektronische Schreibunterlage, in der die entsprechenden Meßfühler eingebaut sind.

Bei der Erfassung des Unterschriftzugs werden räumliche Merkmale ermittelt und zeitliche Vorgänge erfaßt. Die räumlichen Merkmale spiegeln die Geometrie und die Form der Unterschrift wieder. Sie schließen die Grundfläche und die Länge des nicht unterbrochenen Schriftzugs ein. Ebenso kann der wechselnde Schreibdruck erfaßt werden, wenn der Schreibstift oder die Schreibunterlage mit den entsprechenden Drucksensoren versehen ist. Die zeitlichen Vorgänge enthalten die Informationen über den Schwung und die Rhythmik des Schreibevorgangs.

Damit ist nahezu ausgeschlossen, daß das System überlistet wird. Die Unterschrift selbst kann zwar, wie schon angesprochen, nachgemacht, und ein Unterschriftszug kann eingeübt und nachgeahmt werden; jedoch ist die Schreibdynamik der schreibenden Person so gut wie nicht reproduzierbar.

Die bekanntesten Verfahren der Unterschriftenerkennung basieren auf:
- der Erkennung von eindimensionalen hochfrequenten Druckwellenmustern (100–150 kHz), die beim Schreiben mit einem beliebigen Stift auf einem Sensorblock entstehen;
- einer elektromagnetischen Bewegungsmessung auf einem Schreib-Board;
- einer piezoelektronischen Beschleunigungs- und Druckmessung auf einem Schreib-Board. Ein Spezialstift muß in bestimmter Weise gehalten werden. Die Haltevorgabe erfolgt durch eine Griffmulde;
- einer Messung des Auflagedruckes auf einem Schreib-Board. Es ist kein Spezialstift notwendig.

Damit das System die Unterschrift einer Person kennt, müssen zuerst die Daten des Unterschriftzugs erfaßt und die zugehörigen Merkmalsfaktoren gespeichert werden. Durch die Eingabe einer PIN oder mittels einer ID-Karte erkennt die Identifikationsmerkmal-Einheit, welche gespeicherten Unterschriftsdaten zu dieser Person gehören. Nach einem Vergleich der aktuell erfaßten Unterschriftsdaten mit den im System abgespeicherten Daten wird bei Übereinstimmung die Türe freigegeben. In Deutschland konnten sich Systeme mit Unterschriftenvergleich für die Zutrittskontrolle bisher nicht durchsetzen. Der Einsatztrend bei diesen Systemen liegt eindeutig mehr im Bankenbereich.

2.6.6 Augenhintergrunderkennung

Ein einzigartiges und individuelles Merkmal jedes Menschen ist die Gefäßstruktur der Netzhaut des Auges.

2.6.6.1 Blutgefäß-Muster auf der Netzhaut

Bereits im Jahre 1935 wurde die Erkenntnis, daß jede Person mit Hilfe von Netzhaut-Photographien des Auges eindeutig identifizierbar ist, von zwei amerikanischen Wissenschaftlern im New York State Journal of Medicine veröffentlicht. Das Identifizierungsmerkmal dabei ist das Muster der Netzhaut-Blutgefäße. Für das Gefäßsystem der Netzhaut gilt dieselbe Erkenntnis wie für den Fingerabdruck von Personen: jedes Muster ist individuell und nicht mit einem anderen identisch. Mit mathematischer Bestimmtheit kann aufgrund der Vielzahl und der vielfältigen Variationsmöglichkeiten von Netzhaut-Blutgefäßen gesagt werden, daß kein Netzhaut-Muster mit einem zweiten identisch sein kann. In mehreren 1000 untersuchten Fällen ist nicht ein einziger Fall von Übereinstimmung gefunden worden.

Durch die Faktoren Alter oder Krankheit können in verschiedener Weise die Größe der Blutgefäße verändert werden. Die Position und Stellung der Blutgefäße zueinander bleiben hingegen ein Leben lang gleich. Sie können auch nicht verändert, übertragen oder gänzlich beseitigt werden. Nach Ansicht von renommierten Wissenschaftlern ist auch eine komplette Augentransplantation in Zukunft praktisch nicht durchführbar, da die Retina ein Teil des Gehirns ist, das sich ja nach heutigen Erkenntnissen nicht verpflanzen läßt. In der Biometrie besteht Einigkeit darüber, daß die größte Wahrscheinlichkeit identischer Merkmale bei eineiigen Zwillingen vorliegen kann. Eine im Jahre 1955 erschienene Publikation von Dr. P. Tower bestätigte die Erkenntnisse von Dr. C. Simon und Dr. I. Goldstein, wonach die größten Unterschiede bei den untersuchten Zwillingen in den unterschiedlichen Netzhaut-Blutgefäß-Mustern auftraten.

Das Auge hat im entwicklungsgeschichtlichen und anatomischen Sinne als Außenstelle des Gehirns eine konstante biologische Umgebung. Man kann die räumlichen Informationen, die sich daraus ableiten lassen, aufgrund der einzigartigen Verteilung und des einzigartigen Musters der Netzhaut-Blutgefäße, sowie deren Unveränderbarkeit im Laufe eines Lebens, als in hohem Maße deterministisch einstufen. Diese Generierung deterministischer biometrischer Daten der Blutgefäßstruktur des Auges stellt sich beim Einsatz entsprechender biometrischer Geräte als problemlos und sicher dar. Nur schwere Krankheiten oder gewaltsame Einwirkungen und Beschädigungen der inneren Blutgefäße können zu einer Veränderung der Netzhaut-Blutgefäßestruktur führen. In diesen Fällen wird durch die Lichtabsorption der inneren Blutgefäße ein Hinweis darauf gegeben, daß eine pathologische Veränderung des Auges durch eine Verletzung oder eine Krankheit stattgefunden hat. Eine mehrfache Zurückweisung einer bisher problemlos erkannten und zugelassenen Person durch das Identifizierungssystem, sollte deshalb als Hinweis verstanden werden, daß eine Untersuchung durch einen Augenarzt vorgenommen werden sollte.

2.6.6.2 Infrarotstrahlen als Abtastmedium

Biometrische Augenhintergrund-Erkennungssysteme ähneln in ihrer Handhabung den uns allen bekannten Ferngläsern. Dem von vielen Laien vorgebrachten Argument – das Auge wird mit einem Laser abgetastet, dieser kann das Auge zerstören oder nachhaltig schädigen – kann nur durch entsprechende Aufklärung wirksam entgegen getreten werden.

Als Lichtquelle für die Augen-Kamera werden Gallium-Aluminium-Arsenid (GaAlAs)-Leuchtdioden verwendet. Diese sind auch in Geräten des täglichen Gebrauchs, wie zum Beispiel in Fernsteuerungen von Fernseh- und Videogeräten oder in optischen Rauchmeldern, im Einsatz. Diese Infrarot-Leuchtdioden (IRLED) dürfen nicht mit Infrarot-Laserdioden oder anderen Laserarten verwechselt werden. Die Ausgangsleistung dieser IRLED liegen um

Größenordnungen unter der, die als maximale Infrarot-Strahlungslast für das Auge festgesetzt sind. Das National Center for Devices und Radiological Health der US Food and Drug Administration hat in bezug auf die Infrarot-Strahlenbelastung des Auges die Grenzwerte in vier Bereichen festgelegt:
– Vermeidung von photochemischen Beschädigungen der Netzhaut,
– Vermeidung von thermischen Schädigungen der Netzhaut,
– Vermeidung von thermischen Schäden der Augenlinse und
– Vermeidung von thermischen Schäden der Hornhaut.

Der letztgenannte Grenzwert der Strahlung zur Verhütung von thermischen Schäden der Hornhaut ist bei heute marktgängigen Augenhintergrund-Erfassungssystemen nicht anwendbar, da die im Einsatz befindliche Infrarot-Strahlungsquelle nicht im Bereich über 1400 nm Wellenlänge abstrahlt. Die drei anderen erwähnten Grenzwerte beziehen sich auf Licht- und infrarotnahe Strahlung im Bereich zwischen 400 und 1400 nm. Für Strahlungen in diesem Bereich ist die Hornhaut des menschlichen Auges transparent. Es ist darauf zu achten, daß diese Sicherheitsgrenzwerte deutlich unterschritten werden. Dies betrifft nicht nur den Normalbetrieb; auch im Falle einer Fehlfunktion oder eines defekten Gerätes ist durch den Hersteller dafür zu sorgen, daß es zu keiner Überschreitung der Grenzwerte kommt.

Keine Aussage kann allerdings auf die Langzeiteinwirkungen gemacht werden. Nach den heutigen Erkenntnissen, Erfahrungen und Meinungen ist allerdings auch eine Langzeitschädigung so gut wie ausgeschlosssen.

2.6.6.3 Abtastvorgang

Abbildung 2.73 erläutert die prinzipielle Funktionsweise des Abtastvorgangs. Durch den rotierenden Spiegel wird der Abtastlichtstrahl kreisförmig auf die Netzhaut des Auges projeziert. Diese Abtastung findet in einem Kreis der hinteren Vertiefung der Netzhaut (gelber Fleck, höchste Empfindlichkeit) mit etwa 10° Auslenkung von der Mittelachse und 1,6° Strahlendurchmesser statt;

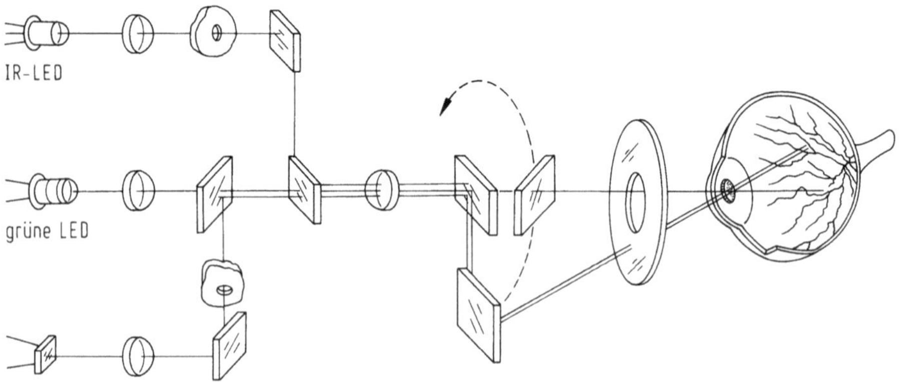

Abb. 2.73. Prinzip des Abtastvorganges der Retina

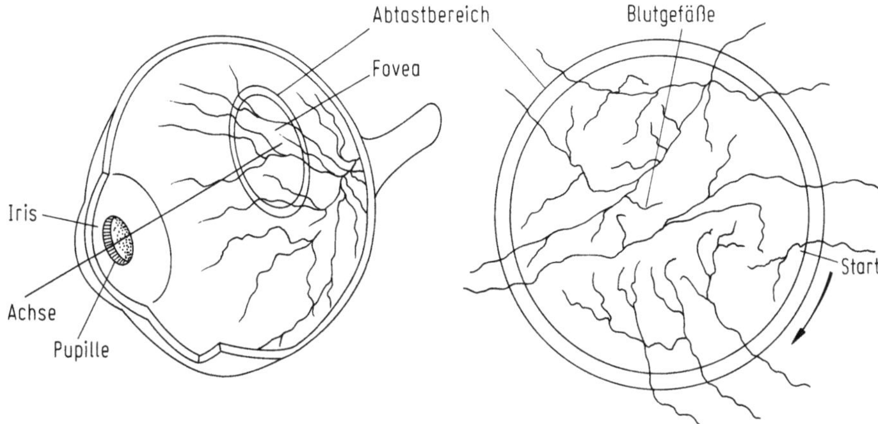

Abb. 2.74. Schnitt durch das Auge mit Abtastbereich der Netzhaut

Abb. 2.74 zeigt eine schematische Darstellung des Auges und die Abtastregion auf der Netzhaut. Die präzise Einstellung der Kamera auf die Augen wird mit Hilfe eines Fixiersystems erreicht. Dieses Fixiersystem veranlaßt den Benutzer, den Blick auf eine kreisförmige, optische Zielmarke zu richten. Bei exakter Zentrierung ist nur ein einziger Punkt sichtbar. Durch diesen Zentriervorgang wird die Kamera auf die Fovea, die das Zentrum der optischen Wahrnehmung bildet, fixiert. Der reflektierte Strahl kommt auf demselben Weg bis zu einem Beam-Splitter (Halbspiegel) zurück. Dieser trennt den zum Auge hinlaufenden Strahl von dem vom Auge zurücklaufenden Strahl. Dieser zurücklaufende Strahl wird auf einen Photosensor geführt, der das ankommende optische Signal in ein äquivalentes elektrisches Signal umwandelt. Bei dem Photosensor handelt es sich um einen Silizium-Photodetektor. Das elektrische Signal wird danach über eine Vorverstärkerstufe verstärkt. Über einen nachgeschalteten Tiefpaß werden unerwünschte Signalanteile ausgefiltert und das gefilterte Signal über einer logarithmischen Verstärkerstufe nochmals verstärkt. Dieser verdichtet das ankommende Signal so weit, daß die Dynamik, die aus einer Vielzahl verschiedener Lichtreflexionen unterschiedlicher Augen resultiert, im Auflösungsbereich des 12-Bit-ADC liegt. Danach wird das Analogsignal über einen Analog-Digital-Wandler in eine digitalisierte Form zur weiteren Verarbeitung umgewandelt (Abb. 2.75). Dieses digitalisierte Signal wird durch eine mathematische Prozedur weiter aufbereitet und in Form einer digitalen Augensignatur abgespeichert. Der mathematische Algorithmus eliminiert die

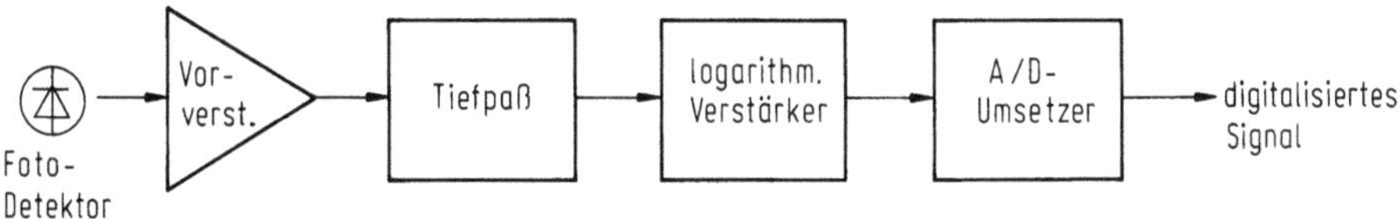

Abb. 2.75. Signalverarbeitung des aufgenommenen Abtastsignales der Retina

niederfrequenten Modulationen, die durch die Bewegung des Kopfes während des Abtastvorgangs oder durch geringe Abweichungen in der Kameraoptik entstehen können.

2.6.6.4 Netzhauterkennung in der Praxis

Wie bei allen biometrischen Systemen ist auch bei den Systemen der Netzhauterkennung dem eigentlichen Gebrauch des Systems ein Einspeichervorgang vorgelagert. Dies bedeutet im System muß ein Referenzmuster abgespeichert werden, das mit dem aktuell erfaßten Muster der Retina verglichen werden kann.

Einige Systeme lassen die Wahl zwischen zwei Betriebsarten zu. Bei der Betriebsart Prüfen vergleicht das System das aktuell erfaßte charakteristische Muster der Netzhaut mit den vom System erfaßten und im System abgespeicherten Signaturen. Diese Betriebsart wird vor allem dann gewählt, wenn nur wenige Personen Zutritt zu einem Raum oder einem System haben.

Die zweite Betriebsart erfüllt noch strengere Sicherheitsvorschriften und benutzt zur Auslösung des Identifikationsvorganges eine PIN. Durch die Eingabe dieser Kodenummer führt das System eine vergleichende Analyse des aktuell erfaßten Musters mit einem bestimmten, nur zu dieser PIN gehörenden Muster durch. Bei Übereinstimmung wird der Zutritt freigegeben. Bei heutigen Systemen ist die Wahrscheinlichkeit, daß eine unbefugte Person fälschlicherweise vom System akzeptiert wird, sehr gering. In der Betriebsart PIN liegt diese Schwelle in der Größenordnung von 1 zu 1 Mio. Werden bei der Identitätskontrolle beide Augen einer Person für die Verifikation herangezogen, so sinkt die Fehlerrate auf etwa 1 zu 1 Billion. Selbstverständlich spielt auch bei Systemen der Netzhauterkennung die Identifikationsschwelle eine bedeutende Rolle. Wie schon erwähnt, ist bei einer Identifikationsschwelle von 70 % statistisch gesehen eine Akzeptanz einer nicht berechtigten Person auf 1 Mio Fälle möglich. Diese Schwelle ist einstellbar und kann nach Höhe der Sicherheitsanforderungen an das System weiter heraufgesetzt werden. Die Wahrscheinlichkeit einer falschen Akzeptanz wird dadurch weiter erhöht.

Die Zeit für die Erfassung und Speicherung der Retinastruktur eines Auges nimmt die meiste Zeit in Anspruch. Im Schnitt muß hierbei mit einer Minute pro Auge gerechnet werden. Im Gegensatz dazu geschieht die Identitätsprüfung sehr schnell. In der Betriebsart PIN-Test werden hierfür weniger als 1,5 s benötigt.

Netzhauterkennungssysteme lassen sich sowohl als stand alone Systeme betreiben, als auch innerhalb einer größeren Zutrittskontrollanlage zur Absicherung besonders schützenswerter Räume und Bereiche betreiben. Abbildung 2.76 zeigt das Funktionsschema eines Augenhintergrunderkennungssystems. In der Betriebsart PIN-Test werden dabei 40 Byte (320 Bit) je Auge, in der Betriebsart Erkennen 72 Byte (576 Bit) je Auge abgespeichert.

Für die Akzeptanz eines Netzhauterkennungssystemes (Abb. 2.77) für die Zutrittskontrolle ist eine einfache Handhabung zwingend notwendig. Bei

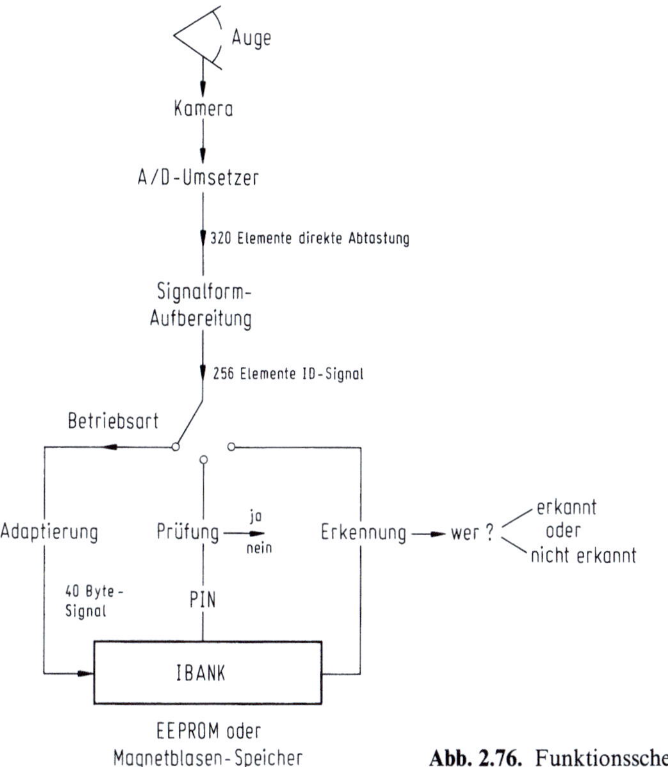

Abb. 2.76. Funktionsschema

Abb. 2.77. Augenhintergrunderkennungssystem (Werkfoto Nucletron)

diesem System genügt ein kurzer Blick in das Okular, ein Knopfdruck (SCAN), und das System führt selbständig und schnell eine biometrische Identitätsprüfung durch.

Die in jüngster Zeit laut gewordenen gesundheitlichen Vorbehalte bezüglich Hygiene und Nachweis von HIV-Viren in der Tränenflüssigkeit lassen den Schluß zu, daß es für den Anwender wichtig ist, Geräte einzusetzen, die einen direkten Kontakt der Augenumgebung mit dem Okular des Gerätes nicht notwendig machen. Wichtig ist auch, daß die Geräte beim Tragen von Sehhilfen, wie Brillen und Kontaktlinsen, einwandfrei arbeiten.

2.6.7 Bildvergleich

Der Bildvergleich ist ein Verfahren das bereits sehr alt ist. In seiner Ursprungsform wird es schon seit der Zeit angewandt, seit es photographische Abbildungen gibt. Sei es als Personalausweis, Reisepaß oder Firmenausweis, immer liegt derselbe Erkennungsprozeß zugrunde. Auf einem Ausweis wird das photografische Abbild der zugehörigen Person aufgebracht. Beim Passieren des Pförtners vergleicht dieser die Abbildung auf dem Ausweis mit der Person. Bei Übereinstimmung von Abbildung und Person gewährt der Pförtner den Zutritt. Der Nachteil dabei ist, daß diese Abbildungen sehr klein sind und nur ein eingehenderes und genaueres Betrachten einen tatsächlichen Vergleich zulassen würde. In den meisten Fällen wird bei dieser Sichtkontrolle einzig kontrolliert, ob die Person etwas hinhält was im weitläufigen Sinne als der von der Firma ausgegebene und bekannte Firmenausweis zu definieren ist. Bei einer entsprechenden Begehungsfrequenz eines Eingangs oder bei einer Schranke für eine PKW-Zufahrt, die zwischen 2 und 3 m vom Pförtnerhäuschen entfernt ist, müßte der Pförtner auch die Augen eines Adlers oder ein Fernglas haben, um die kleine, photographische Abbildung auf dem Ausweis noch zu erkennen. Aber vom Prinzip und bei richtiger Handhabung ist dies bereits der Vorläufer des halbautomatischen Portraitvergleichs.

Das Problem des Nichterkennens der Einzelheiten eines Bildes auf dem Firmenausweis wurde im Laufe der Zeit dadurch gelöst, daß zwei Kameras installiert wurden. Eine Kamera übertrug das Livebild der Person, die zweite das Photo auf dem Ausweis auf eine Monitoranlage beim Pförtner.

Selbstverständlich war nicht auszuschließen, daß der Ausweis nachträglich mit einem Bild einer dem Ausweis nicht zugehörigen Person versehen wurde und aufgrund des gefälschten Ausweis ein Zutritt gewährt wurde, der nicht statthaft war.

Seit es die Verfahren zur Digitalisierung eines von einer Kamera aufgenommenen Videobildes gibt und es mit technisch vertretbarem Aufwand zu realisieren ist, war es nur ein kurzer Schritt bis auch diese Technik in die Zutrittskontrolle Einzug gehalten hat. Vorteilhaft dabei wirkte sich auch der rapide Preisverfall und die zunehmende Leistungsfähigkeit der Personal-Computer und der darin enthaltenen Festplattenspeicherkapazitäten aus. Hochintegrierte Schaltungen und schnelle AD-Wandler, die ein Videobild in

Echtheit digitalisieren, lassen es heute zu, eine Karte in einen PC einzustecken, eine Kamera anzuschließen und das digitalisierte Bild auf der Festplatte des PC abzuspeichern. Dabei wird das von der Kamera aufgenommene analoge Bild in einzelne Bildpunkte zerlegt. Dies allein genügt jedoch nicht, da die Bildpunkte dann nur als Schwarz oder Weiß abgespeichert würden. Es ist daher noch notwendig, jeden einzelnen Bildpunkt in Graustufen zu zerlegen. Es ist einzusehen, daß die Darstellung feiner Konturen mit der Wahl feinerer geometrischer Rasterungen zunimmt. Ebenso können Feinheiten umso besser erkannt werden, je besser die Grauwertrasterungen sind.

Betrachtet man die heutige Fernsehnorm mit einem Halbbild von 312 Zeilen und zerlegt jede dieser Zeilen in ebensoviele Einzelpunkte und jeden Einzelbildpunkt in 8 Graustufen, so ergibt sich ein Speicherbedarf von fast 800 kByte für die Abspeicherung eines Bildes. Deshalb ist man gezwungen, einen Kompromiß zwischen Auflösung des Bildes und notwendigem Speicherplatz zu finden. Dieser Kompromiß darf jedoch nicht zu Lasten des Informationsgehaltes eines Bildes gehen, denn ansonsten könnte man auch bei dem althergebrachten Verfahren bleiben, bei dem der Pförtner das Bild nicht deutlich erkennen kann. Der Informationsgehalt des gespeicherten Bildes entscheidet über die Eindeutigkeit der Identifikation und der dafür benötigten Zeit. Ebenso läßt nur ein eindeutig erkennbares Bild ein ermüdungsfreies Arbeiten des Pförtners zu. Bezüglich Erkennbarkeit und Speicherbedarf bietet eine Auflösung von 256 Bit × 256 Bit × 8 Bit ein Optimum. Da auch bei dieser Auflösung der Speicherbedarf noch relativ hoch ist, wird durch eine Datenreduktion der Speicherbedarf auf etwa 12 kByte pro Bild reduziert. Es gibt auch Systeme, die eine Einstellung des Speicherbedarfs zulassen. In diesem Falle kann der Anwender selbst wählen, inwieweit er einen höheren Speicherbedarf und damit ein noch in den Einzelheiten deutlich erkennbareres Bild zuläßt.

Im Gegensatz zu den bisher dargestellten Verfahren handelt es sich beim Bild- oder Portraitvergleich einer Person um ein halbautomatisches biometrisches Verfahren. Der Unterschied liegt in der Tatsache, daß alle anderen biometrischen Verfahren den Vergleich der Identifikationsmerkmale selbständig vornehmen und eine Zutrittsentscheidung automatisch vom System getroffen wird. Beim Bildvergleich für eine effektive Zutrittskontrolle ist dies mit den heutigen technischen Mitteln und Verfahren noch nicht automatisch vom System durchführbar. Hierbei wird immer noch eine Person, ein Pförtner oder der Werkschutz benötigt, der die Übereinstimmung feststellt und danach manuell eine Türfreigabe erteilt oder verweigert.

Bei Zutrittskontrollanlagen, die mit Bildvergleich arbeiten, wird zunächst eine Überprüfung der Echtheitsmerkmale auf der ID-Karte in herkömmlicher Weise vorgenommen. Bei positivem Vergleich wird auf einem Monitor das Livebild der zutrittsbegehrenden Person abgebildet. Gleichzeitig sucht das System aus einer Datenbank das zu diesem Ausweis gehörende Abbild der Person heraus und bildet es ebenfalls auf dem Monitor ab. Es gibt Bildvergleichssysteme, die zwei getrennte Monitore für die Darstellung von gespeichertem Bild und Livebild der Person verwenden.

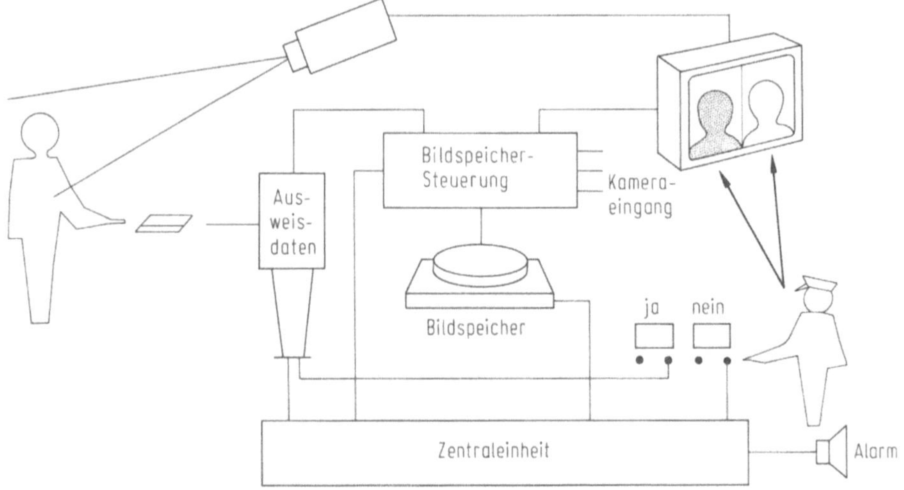

Abb. 2.78. Funktionale Darstellung des halbautomatischen Bildvergleichs

Systeme von anderen Herstellern benötigen nur einen Monitor, der das Livebild und das gespeicherte Bild der Person jeweils als Halbbild auf dem Monitor abbildet (Abb. 2.78). Abgesehen von den zusätzlichen Kosten für den zweiten Monitor ist es auch immer ein Platzproblem, in der Pförtnerloge zwei Monitore nebeneinander aufzustellen.

Bei der Wahl der Farbdarstellung spielt der Preis eine wesentliche Rolle. Farbkameras und Farbmonitore sind wesentlich feiner, bieten aber für diesen Einsatzzweck keine entscheidenden Vorteile, da die Bilder zwar schöner anzusehen, die wichtigen Einzelheiten jedoch nicht besser zu erkennen sind als auf einem Schwarz-Weiß-Monitor.

Entscheidend bei Bildvergleichssystemen ist, daß sich die Kontrollmonitore und ein Bedienfeld mit mindestens zwei Tasten – Freigabe ja oder nein – zum Pförtner oder in die Zentrale des Werkschutzpersonals absetzen lassen. Abbildung 2.79 zeigt das Blockschaltbild eines Bildvergleichssystems. Anlagen, die die Bilder auf den PC-Bildschirm der Zutrittskontrollanlage aufschalten und über die PC-Tastatur eine Freigabe erteilen, haben den Nachteil, daß dieser PC in der Regel nicht in der Empfangsloge steht und daher ein zweiter vernetzter PC notwendig ist. Einen zweiten PC nur für den Zweck des

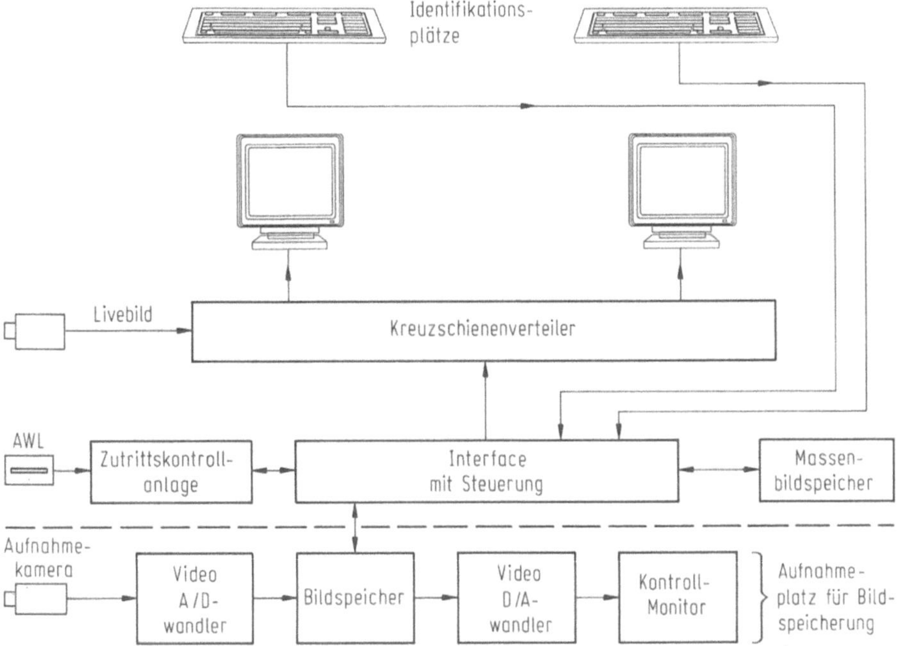

Abb. 2.79. Prinzipschaltbild eines Bildvergleichsystems

Portraitvergleichs über ein Netzwerk anzuschalten ist von den zusätzlichen Kosten nur dann empfehlenswert, wenn zumindest das Netzwerk schon vorhanden ist.

Wichtig bei den Überlegungen für den Einsatz eines Portraitvergleichssystems ist auch noch der Zeitbedarf für einen kompletten Prüfvorgang. Es sind dabei folgende Schritte der Reihe nach durchzuführen:
– ID-Karte in der Identifikationsmerkmal-Erfassungseinheit erfassen.
– Prüfung der Berechtigung   0,5 s
– Aufschaltung der Türkamera
– Livebild auf Monitor   0,5 s
– Aktivierung des Bildspeichers
– Aufschaltung gespeichertes Bild auf Monitor   0,5 s
– Bildvergleich durch Person   3–6 s
– Türfreigabe   0,5 s

Dies ergibt einen Gesamtzeitbedarf von etwa 5–8 s für einen Identifikationsvorgang, wobei auch beachtet werden muß, daß Pförtner oder Werkschutzpersonal den Kontrollmonitor nicht ständig im Auge haben. Ein sinnvoller Zusatz wäre dabei ein akustisches Signal, das dem Bedienenden einen Vergleichsvorgang ankündigt. Der Einsatz dieser Systeme wird sich daher auf die Fälle beschränken, in denen keine hohe Begehungsfrequenz vorhanden ist oder in denen die Sicherheitsstufe sehr hoch anzusetzen ist.

2.6.8 Vergleich biometrischer Verfahren

Die Verwendung von biometrischen Systemen und deren Einsatz für die
Zutrittskontrolle ist von Kriterien abhängig, die für alle biometrischen
Anlagen gleichermaßen gelten. Es sind dies:
- Verifikationszeit
  Zeit, die für die Verifikation des biometrischen Merkmales einschließlich der
  zugehörigen Maßnahmen, wie z. B. Fingerauflegen, vom System benötigt
  wird.
- Prüfzeit
  Zeitspanne, die bis zur Türentriegelung vergeht und alle notwendigen
  Maßnahmen und Aktivitäten, wie z. B. PIN-Eingabe und Verifikation,
  beinhaltet
- Durchsatzzeit
  Zeitspanne, die notwendig ist bis ein erneuter Prüfvorgang durch eine
  weitere Person gestartet werden kann. In dieser Zeit sind auch die
  Minimalzeiten für das Öffnen und Schließen der Türe, sowie das Durchge-
  hen eines Berechtigten, berücksichtigt.
- Genauigkeit und Sicherheit des Verifikationsvorganges
- Allgemeine Benutzerakzeptanz
- Benutzerkomfort
- Vorbehalte und Ängste vor gesundheitlichen Schädigungen durch un-
  genügende Aufklärung und nicht ausreichende Kenntnisse der Systemfunk-
  tionen
- Größe und Funktionalität der Systeme
- Anpassung an das Sicherheitsbedürfnis
- Flexibilität des Systems und Einbindungsmöglichkeiten in PC-gestützte
  größere Anlagen
- Preis-Leistungsverhältnis

Sehr wichtig bei biometrischen Systemen ist die Fehlerrate, die in zwei
Bewertungsmaßstäben angegeben werden muß:
- Akzeptanz einer nicht berechtigten Person und die
- Zurückweisung einer berechtigten Person.

Selbstverständlich muß bei einer Zutrittskontrollanlage größerer Wert darauf
gelegt werden, daß unberechtigte Personen vom System nicht akzeptiert und
ein Zutritt verweigert wird. Doch bei der Einstellung der Sicherheitsschwelle
sollte auch sehr wohl berücksichtigt werden, daß berechtigte Personen, die
häufig vom System abgewiesen werden, sehr bald das Vertrauen in die sichere
und zuverlässige Funktion der Anlage verlieren, was dazu führt, daß die
Akzeptanz gegenüber dem System merklich sinken wird.
   Wesentlich beim Einsatz eines biometrischen Zutrittskontrollsystems ist
auch der Zeitbedarf für einen kompletten Vorgang bis zur Türfreigabe. Es darf
dabei nicht übersehen werden, daß die meisten Hersteller nur die Zeiten für den
eigentlichen Verifikationsvorgang ihrer Systeme angeben. Tabelle 2.4 gibt

Tabelle 2.4. Zeiten und Speicherbedarf bei biometrischen Verfahren

Verfahren	Zeitaufwand für die Ersterfassung (s)	Zeitbedarf für Verifikation (s)	Durchsatz- zeit (s)	Speicher- bedarf (Byte)
Handdaten	< 30 – 60	1 – 3	3 – 5	9
Fingerprint	15 – 45	0,6 – 3	4 – 6	180 – 2000
Sprache	15 – 20	1 – 5	5 – 7	24 000
Retina	60 – 120	< 1,5 – 2	3 – 4	40
Portrait	10 – 50	3 – 6	5 – 8	16 000 – 32 000
Unterschrift	5 – 30	< 1,5 – 3,5	6 – 12	50 – 4000

einen Überblick über Zeiten und den Speicherbedarf für die Referenzmuster- speicherung.

Selbstverständlich handelt es sich bei diesen angegebenen Werten lediglich um Richtwerte, die im Einzelfall unter- oder deutlich überschritten werden können.

2.7 Identifikationsmerkmal-Erfassungseinheit

Identifikationsmerkmal-Erfassungseinheiten (Kartenleser, Tastaturen) sind funktionale Einheiten einer Zutrittskontrollanlage, die in der Lage sind, die Identifikationsmerkmale der Identifikationsmerkmalträger (ID-Karten, Ken- nungsgeber, Personen) zu erfassen und diese zur weiteren Auswertung und Beurteilung an die Zutrittskontrollzentrale weiterzuleiten.

2.7.1 Tastatur

Die einfachste und kostengünstigste Möglichkeit der Identifizierung ist die Eingabe eines Geheimkodes über eine Tastatur. Diese Methode ist verständli- cherweise ein sehr leicht zu überwindendes Zutrittskontrollsystem, da es lediglich die Kenntnis einer Zahlenkombination und die richtige Eingabe derselben voraussetzt, um eine Türe scheinbar berechtigt zu öffnen.

2.7.1.1 Türbezogener Kode

Es ist grundsätzlich sehr schwierig bei einer größeren Anzahl von berechtigten Personen, die alle dieselbe Ziffernfolge für die Öffnung einer Tür benutzen müssen, diese Kombination geheim zu halten. Dies ist offensichtlich darauf zurückzuführen, daß bei einem relativ großen, über Geheimdaten verfügenden Personenkreis sich immer wieder einzelne aus diesem Kreis dazu verleiten lassen, mit eben diesen Daten (hier der Geheimziffernfolge) bedenkenlos umzugehen und eine Weitergabe – nach dem Motto: „auf einen mehr oder weniger kommt es nicht an" – leichtfertig riskieren. Zum anderen gibt es vielfältige Möglichkeiten die Ziffernfolge in Erfahrung zu bringen. Die einfachste und problemloseste Methode ist, einer den Berechtigungskode eingebenden Person heimlich über die Schulter zu schauen und sich auf diese Weise in den Besitz der Ziffernfolge zu bringen. Eine weitere bekannte Methode wurde auf vielfältige Weise bei den Bankgeld-Ausgabeautomaten vorexerziert. Der Einsatz eines Zutrittskontrollsystems, das nur mit einer Tastatur arbeitet und für alle Personen denselben Kode an einer Tür erfordert, wird sich daher auf die Bereiche beschränken, an die nur sehr geringe Sicherheitsanforderungen gestellt werden und für die nur ein grundsätzliches Begehen durch jedermann eingeschränkt werden soll.

Die Eingabe des Ziffernkodes erfolgt über eine Tastatur, die neben der Tür an der Wand angebracht ist. Die der Reihe nach eingetasteten Ziffern werden im System zu einer Ziffernfolge zusammengesetzt und von der Auswerteelektronik auf Übereinstimmung mit der im System eingespeicherten Ziffernfolge überprüft. Bei Übereinstimmung der gespeicherten Kennzahl mit der eingetasteten Kennzahl wird dann vom System über ein Relais oder einen elektronischen Schalter der Türöffnermagnet für eine bestimmte Zeit aktiviert, so daß die Türe geöffnet werden kann. Fällt die Überprüfung negativ aus, so unterbleibt die Aktivierung des Türöffners und eine Alarmeinrichtung wird ausgelöst. Die Abb. 2.80 gibt das Prinzipschaltbild dieser Anordnung wieder. Beim Eintasten einer falschen Zahl oder dem Nichteinhalten der richtigen Reihenfolge des mehrstelligen gespeicherten Kodes wird die Tastatur verriegelt. Dieser Sperrzustand kann nur durch die Eingabe eines frei programmierbaren Löschkodes wieder aufgehoben werden. Der Nachteil liegt auf der Hand. Da nicht alle Personen diesen Löschkode wissen, muß bei versehentlich falschem Eintasten jedesmal eine der Personen gerufen werden, die den Löschkode kennen und das System erneut scharf machen. Eine Verbesserung bieten Tastatursysteme, die bei der ersten falschen Eingabe nicht sofort in den Alarm- und Sperrzustand übergehen, sondern bei denen durch die Vorgabe einer maximal möglichen Anzahl von Fehleingaben dieser Nachteil behoben

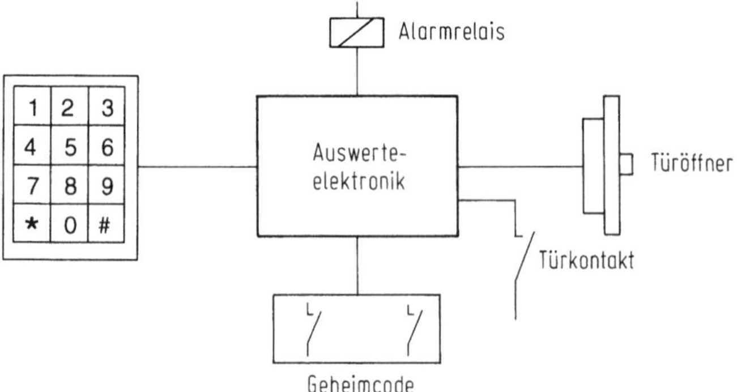

Abb. 2.80. Prinzipschaltbild eines Türkodesystems

ist. Dies bedeutet in der Praxis, daß über interne Kodierschalter die Anzahl der möglichen Falscheingaben im System hardwaremäßig voreingestellt wird. Tritt eine fehlerbehaftete Eingabe auf, die nicht zum Öffner der Tür führt, so wird ein Zählerbaustein dekrementiert. Danach erfolgt eine Prüfung des Zählerstandes. Ist der Zählerstand noch ungleich 0, so kann eine erneute Eingabe erfolgen. Hat der Bediener die voreingestellte Versuchszahl erreicht, so ist der Zähler in diesem Fall auf 0 und die Prüfung positiv. Erst jetzt wird das System bis zur Eingabe des Löschkodes gesperrt und ein Alarm ausgelöst. Selbstverständlich wird der Zähler nach einer positiven Überprüfung der eingetasteten Ziffernfolge automatisch wieder auf die maximal mögliche Zahl der Eingaben gesetzt, so daß für alle Personen, die gleiche Anzahl der Versuche Gültigkeit hat. Der Gedächtniskode der Apparatur kann ebenso manuell mit Hilfe von Kodierschaltern hardwaremäßig im System eingestellt und jederzeit verändert werden.

Da an dieser Tür alle Personen denselben Kode benutzen müssen, handelt es sich nicht um einen personenbezogenen, sondern um einen türbezogenen Kode. Eine persönliche Identifizierung einzelner Personen durch das System ist nicht möglich. Auch individuelle Protokollierungen, welche Personen sich zu welchen Zeiten im abgesicherten Raum aufgehalten haben, kann vom System nicht vorgenommen werden. Die einzige Entscheidung, die das System trifft ist die Überprüfung des eingetasteten Kodes mit der im System voreingestellten Ziffernfolge. Nur anhand dieses Kriterium trifft das System seine Entscheidung.

Bei diesen Systemen genügt es zwei verschiedene Geheimkodes einzustellen. Der eigentliche Türkode und der Löschkode werden in der Regel mit Kodierschaltern oder Dip-Fix-Schaltern hardwaremäßig voreingestellt und sind vom Betreiber jederzeit änderbar. Der Bedrohungskode muß nicht extra eingestellt werden, da er aus dem eingestellten Türkode ableitbar ist. Da das System lediglich drei Kodefolgen kennen und verwalten muß, ist kein Speicher erforderlich.

2.7.1.2 Personenbezogener Kode

Anders verhält es sich bei Tastatursystemen, die für jede Person an der Tür einen anderen Kode zulassen. Durch die Eingabe des PIN-Kodes (personal identification number), der für jede Person unterschiedlich ist, erkennt das Tastatursystem zum einen, ob der eingetastete Kode im System bekannt und berechtigt ist und zudem, welcher Person dieser Kode zugeordnet ist.

Diese Personenzuordnung wird in den meisten Fällen verhindern, daß allzu leichtfertig mit der geheimen Zahlenfolge umgegangen wird. Denn selbst, wenn die betreffende Person beweisen kann, daß sie zu der unberechtigten Begehungszeit überhaupt nicht im Haus war, so kann unter gewissen Umständen doch davon ausgegangen werden, daß durch einen leichtfertigen Umgang mit dem Kode es erst für eine andere Person möglich war, diesen in Erfahrung zu bringen.

Abb. 2.81. Tastatursystem mit seitlichem Ausspähschutz
(Werkfoto Fritz Fuss)

Durch diese personenbezogene Zuordnung des Kodes können selbstverständlich auch die Begehungszeit und die dem Kode normalerweise zugehörige Person ermittelt werden, die einen Raum betreten hat.

Eine rein hardwaremäßige Zuordnung der einzelnen Kodes zu den betreffenden Personen ist ab einer gewissen Personenanzahl nicht mehr kostengünstig zu realisieren. Deshalb wird die Kodezuordnung über die Tastatur vorgenommen und die gewählten Ziffernfolgen in einem Speicher im System abgelegt. Ein Ein-Chip-Mikroprozessor ist für diese Aufgaben prädestiniert.

2.7.1.3 Ausspähschutz

Eine zusätzliche Sicherheit bietet ein Ausspähschutz, mit dem das Tastenfeld zusätzlich ausgestattet werden kann. Durch die spezielle Konstruktion des Tastenfeldes in Verbindung mit dem Ausspähschutz kann nur der direkt vor der Tastatur stehende Bediener die momentane Belegung der einzelnen Tasten erkennen. Eine hinter oder neben dem Bediener stehende Person kann den eingetasteten Kode nicht einsehen. Abbildung 2.81 stellt ein Tastatursystem mit seitlichem Ausspähschutz vor.

2.7.1.4 Bedrohungsalarm

Alle Arten von Tastatursystemen ermöglichen die Eingabe eines Bedrohungskodes, der zwar die Türe öffnet, aber gleichzeitig einen stillen Alarm absetzt.

Dies hat den Vorteil, daß eine unter Zwang oder persönlicher Bedrohung stattfindende Türöffnung beim Bedrohenden kein Mißtrauen auslöst, da die Tür ja anstandslos aufgeht, der Bedrohte aber in der Lage ist auf seine mißliche Situation aufmerksam zu machen und auf diese Weise Hilfe anzufordern.

2.7.1.5 Ziffernverwürfelung

Den Nachteil, daß unberechtigte Personen die Ziffernfolge in Erfahrung bringen können, indem sie die Tastatur mit Hilfsmitteln entsprechend präparie-

Abb. 2.82. Tastatursystem mit Ziffernverwürfelung (Werkfoto Siemens)

ren oder bei längerem Gebrauch der Tastatur lediglich auf die Abnutzungsspuren der Tasten achten, haben diverse Hersteller von Türkodesystemen Rechnung getragen, die diese Nachteile minimieren. Systeme, die eine Verwürfelung der Tastatur vornehmen, verhindern das leichte Erkennen anhand der Gebrauchsspuren und lassen es auch nicht zu, eine entsprechend präparierte Tastatur nach einer richtigen Eingabe einfach abzulesen.

Die Tastatur dieser speziellen Zutrittskontrolleinheiten unterscheiden sich in zwei wesentlichen Punkten von den in der Regel gebräuchlichen PIN-Tastaturen. Die einzelnen Tasten sind nicht mehr fest einer bestimmten Ziffer zugeordnet. Beim Bedienen der Tastatur wird jede Taste durch eine zusätzliche Elektronik mittels einer Leuchtziffer einer zufälligen Ziffer zugeordnet (Abb. 2.82). Nach der Kodeeingabe erlöschen die Ziffern wieder und die Tastenzuordnung wird verworfen. Bei einem neuerlichen Bedienen der Tastatur erscheinen die Ziffern auf einem völlig anderen Tastenplatz der Tastatur.

Die Belegung der Tasten wird durch einen Zufallsgenerator gesteuert. Es sind über 3 Mio verschiedene Tastaturbilder möglich.

Es ist somit ausgeschlossen, selbst bei einem längeren Einsatz der Tastatur anhand einzelner abgenutzter Tasten zu erkennen, welche Kodefolge zum Freischalten dieser Tür notwendig ist.

Natürlich sind auch Tastatursysteme mit Ziffernverwürfelung mit einem Ausspähschutz ausgestattet. Bei einem System wird dies durch die Anordnung der Leuchtziffern erreicht, die nur in einem sehr geringen seitlichen Winkel noch ablesbar sind. Ebenso bieten sie die Möglichkeit, einen stillen Bedrohungsalarm abzusetzen.

2.7.2 Leseeinheiten

Außer bei berührungslos arbeitenden Systemen wird die Identifikationskarte immer in eine Identifikationsmerkmal-Erfassungseinheit eingeführt. Diese Ausweisleseeinheit erkennt die Echtheitsmerkmale der ID-Karte und gibt die eingelesenen Informationen und Daten an eine Steuereinheit weiter. Die

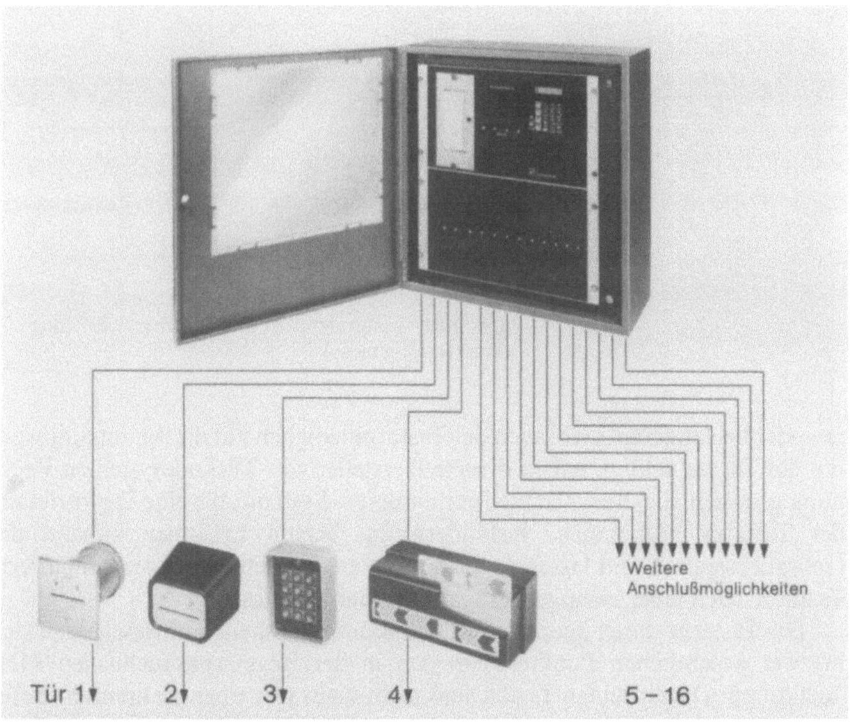

Abb. 2.83. Zutrittskontrollzentrale (Werkfoto Fritz Fuss)

Leseeinheit wird im allgemeinen Sprachgebrauch als Leser oder Ausweisleser bezeichnet. Im Leser ist ein Lesekopf, bei einem Magnetleser ein Magnetkopf, eingebaut, der die auf dem Magnetstreifen gespeicherten Daten lesen kann.

Bei berührungslos arbeitenden Systemen tritt anstelle des Lesekopfes ein Sensor. Dieser Sensor nimmt die Kenndaten der ID-Karten und Kennungsgeber auf und leitet diese ebenfalls an die Steuereinheit weiter. Lesemodul und Sensoren sind normalerweise von der Steuereinheit abgesetzt, sie können aber auch in einer hardwaremäßigen Einheit zusammengefaßt sein.

Abbildung 2.83 stellt eine Zentrale vor, an die bis zu 16 Leser und Tastaturen oder Kombinationen aus beiden anschließbar sind. Abbildung 2.84 ist ein Photo einer Steuereinheit, an die bis zu vier Leser für die Steuerung von zwei Türen anschließbar sind. Abbildung 2.85 präsentiert einen intelligenten Leser. Hierbei bilden die Steuereinheit und der Leser eine Hardware-Einheit.

2.7.2.1 Aufbau der Lesestation

Leseeinheiten werden in den unterschiedlichsten Ausführungen und vielfältigen Varianten angeboten. Von der technischen Konzeption her, muß eine Leseeinheit so gestaltet sein, daß die Anforderungen an die Sicherheit und den

Abb. 2.84. Zutrittskontrollsteuereinheit für zwei Türen (Werkfoto Fritz Fuss)

Abb. 2.85. Intelligente Lese-Einheit (Werkfoto Benzing)

Bedienkomfort optimal erfüllt sind. Ein modularer Aufbau läßt es zu, daß sich das System den jeweiligen Anforderungen und Ausbaustufen optimal anpassen läßt. Diese Modulbauweise läßt dem Betreiber auch die Möglichkeit, bei notwendigen Erweiterungen die erforderlichen zusätzlichen Einheiten einzubauen oder durch einen Austausch der Module vorzunehmen. Damit ist gewährleistet, daß eine Zutrittskontrollanlage den jeweiligen Bedürfnissen angepaßt werden kann.

Leser werden in den unterschiedlichsten Ausführungen angeboten. Bei allen nicht intelligenten Lesern beinhaltet die Elektronik lediglich Teile, die zur Erfassung und Übermittlung der Informationen notwendig sind. Abbildung 2.86 bietet eine Auswahl von Lesern in den unterschiedlichsten Varianten an.

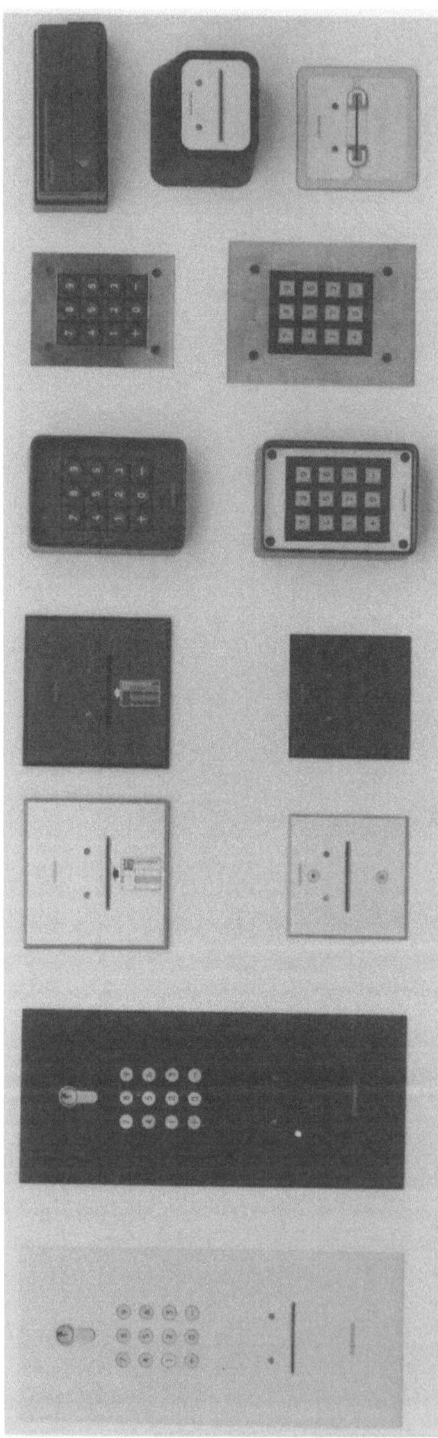

Abb. 2.86. Identifikationsmerkmal-Erfassungseinheiten (Werkfoto Siemens)

Abb. 2.87. Funktionaler Aufbau eines Einstecklesers (Werkfoto Fritz Fuss)

Abb. 2.88. Einsteck-Aufputzleser (Werkfoto Siemes)

2.7.2.2 Einsteckleser

Bei Einstecklesern wird die Identifikationskarte manuell bis zum Anschlag in einen Einführungsschlitz eingeschoben und wieder herausgezogen.

Einsteckleser enthalten keine beweglichen Teile für den Transport der ID-Karte (Abb. 2.87). Eine eventuelle Nachjustage der Transportmechanik entfällt. Der Vorteil der hohen Verfügbarkeit aufgrund fehlender beweglicher Teile wird durch die Maßgabe eines sorgfältigeren Handlings bei Magnetkartenlesern erkauft. Die Einschiebegeschwindigkeit bei Magnetkartenlesern muß nahezu konstant sein. Lesefehler treten vor allem dann auf, wenn dies nicht beachtet wird. Vielfach wird der Fehler gemacht, daß die Karte nur eingesteckt und danach gewartet wird, was denn nun passiert.

Abhilfe kann hierbei nur geschaffen werden, wenn man dem Personenkreis, der die Anlage benutzen soll, die Handhabung sorgfältig erklärt und auf mögliche Fehlerquellen durch unachtsames Umgehen hinweist. Die Erfahrung hat gezeigt, daß in den meisten Fällen nicht die Anlage die Probleme bereitet, sondern der Umgang mit ihr. Bei eventuell zu erwartenden Akzeptanzproblemen durch die Mitarbeiter ist entweder der Einsatz eines Magnetkarten-Motoreinzugslesers oder das Ausweichen auf eine der anderen Kodierungsarten, bei denen dieses Problem nicht auftritt, anzuraten. Abbildung 2.88 zeigt eine mögliche Ausführungsform eines Aufputz-Einstecklesers.

Abb. 2.89. Induktiv-Einsteckleser (Werkfoto Benzing)

Bei ID-Karten mit Induktivkodierung, kapazitiver Kodierung, Infrarotkodierung und Chip-Karten ist ein Motoreinzugsleser nicht zwingend erforderlich; in diesen Fällen genügt der normale Einsteckleser, da die Kodierung im Ruhezustand der ID-Karten gelesen wird.

Abbildung 2.89 stellt zwei Ausführungsformen von Induktivkarten-Einstecklesern vor.

2.7.2.3 Motoreinzugsleser

Die Nachteile der Einstecklesereinheit für ID-Karten mit Magnetkodierung werden umgangen, wenn die Leseeinheit mit einem Motor für den ID-Karteneinzug ausgestattet ist. Der Bediener muß lediglich die Karte soweit einführen, daß die Einzugsmechanik greifen kann. Dann wird der Einzugvorgang von dem eingebauten Motor übernommen und die Karte selbständig eingezogen und wieder ausgeführt. Der Vorteil liegt darin, daß die Identifikationskarte mit konstanter Geschwindigkeit an dem Magnetkopf vorbeigezogen wird und Lesefehler, die aufgrund zittriger Hände, zu schnellem oder zu langsamen Einführen auftreten, ausgeschlossen sind.

Abbildung 2.90 erläutert das Innenleben eines Motorlesers, Abb. 2.91 enthält einen Magnetkartenmotorleser in Unterputzausführung.

Abb. 2.90. Motor-Einzugsleser
(Werkfoto Fritz Fuss)

Abb. 2.91. Motoreinzugleser in Unterputzausführung (Werkfoto Fritz Fuss)

2.7.2.4 Motoreinzugsleser mit Karteneinbehalt

Für spezielle Einsatzzwecke stehen Leseeinheiten mit Karteneinbehalt zur
Verfügung. Die Identifikationskarte wird bei dieser Ausführung unter gewissen
vorzugebenden Umständen einbehalten.

Der Haupteinsatzbereich liegt im Banken- und Hochsicherheitsbereich.
Nicht gültige ID-Karten (Eurochequekarten) oder der mehrmalige Versuch,
eine Zone zu betreten, für die keine Erlaubnis oder keine zeitliche Berechtigung
vorliegt, können zum Einbehalt der Karte führen. Lesestationen mit Karteneinbehalt sind mit einem Kartenablagefach ausgerüstet. Dieses Ablagefach ist
mit einem Sicherheitsschloß versehen und somit nicht für jedermann zugäng-

lich. Damit ist gewährleistet, daß nur befugte Personen die von der Anlage einbehaltenen Karten wieder aus dem Ablagefach herausnehmen können.

Der Einbehalt kann auch für bestimmte Kartennummern selbst vorgegeben werden, so daß es auch möglich ist, versehentlich oder wissentlich „vergessene" ID-Karten, zum Beispiel von Besuchern oder Zeitarbeitern, einzubehalten, wenn ihre Nutzungsdauer abgelaufen ist und trotzdem der Versuch unternommen wird, sie zu benutzen. Auch defekte, vom System nicht lesbare oder nicht zu dieser Anlage gehörige ID-Karten können in das Ablagefach transportiert werden.

Motoreinzugsleser mit Karteneinbehalt eignen sich auch besonders dafür, ID-Karten einzubehalten, die nur zu einer einmaligen Benutzung (z. B. Firmenparkplatz) oder mit zeitlich begrenzter Berechtigung (z. B. Besucherausweise) ausgegeben werden. Bei einer Besucherregelung kann der Letzt-Ausgang beim Pförtner mit einem Einbehaltsleser ausgestattet sein; eine Benutzung dieses Lesers kann automatisch zum Einbehalt der Besucherkarte führen. Der Pförtner wird entlastet und ist nicht mehr damit beschäftigt, darauf zu achten, daß ein abgehender Besucher nicht vergißt seinen Besucherausweis auch tatsächlich abzugeben.

Der höhere Preis des Motoreinzugslesers mit Karteneinbehalt ist dem größeren technischen Aufwand, dem zusätzlichen Ablagefach und den sich daraus ergebenden Vorteilen geschuldet.

2.7.2.5 Durchzugsleser

Bei Durchzugslesern muß die Identifikationskarte von Hand durch eine Führungsschiene gezogen werden. Durch diesen Vorgang wird die ID-Karte am Lesekopf vorbeigeführt. Auch beim Durchzugsleser wird die Durchzugsgeschwindigkeit vom Benutzer bestimmt; sie muß innerhalb gewisser Grenzen liegen. Auch Durchzugsleser erfordern eine gewisse Sorgfalt, die beim Motoreinzugsleser von der Leseeinheit selbständig vorgenommen wird. Durch die variablen Durchzugsgeschwindigkeiten, die auftreten können, ist zur Synchronisation ein variabler Lesetakt notwendig. Dieser wird entweder aus einer gesonderten Taktspur auf der ID-Karte oder aus den Ausweisdaten selbst gewonnen. Die Abb. 2.92, 2.93 und 2.94 stellen Ausführungsvarianten von Durchzugslesern vor. Ist eine bestimmte Durchzugsrichtung der ID-Karte einzuhalten, so wird dies anhand eines Richtungspfeils auf dem Leser angezeigt (Abb. 2.95).

Auf der ID-Karte können auch Richtungsdaten aufgebracht sein. Damit wird es möglich, die ID-Karte in beliebiger Richtung durchzuziehen. Unter Zuhilfenahme dieser Richtungsdaten werden die eigentlichen Informationen geordnet und unabhängig von der Durchzugsrichtung erkannt. Fehlen diese Richtungsdaten, so wird mit einer Leuchtanzeige und einem akustischen Signal angezeigt, daß die Karte nicht gelesen werden konnte, weil die Durchzugsrichtung nicht stimmt.

Durchzugsleser haben keinen motorischen Antrieb und arbeiten daher nahe zu wartungsfrei. Leseköpfe sind hermetisch kapselbar; deshalb eignen

Abb. 2.92. Magnetkarten-Durchzugleser (Werkfoto Identa)

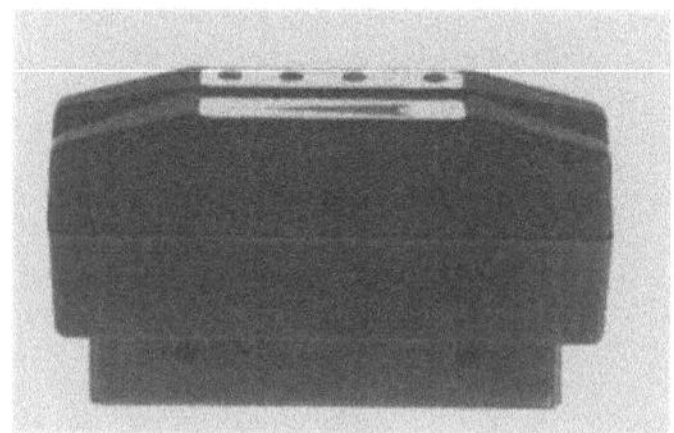

Abb. 2.93. Infrarot-Durchzugleser (Werkfoto Interflex)

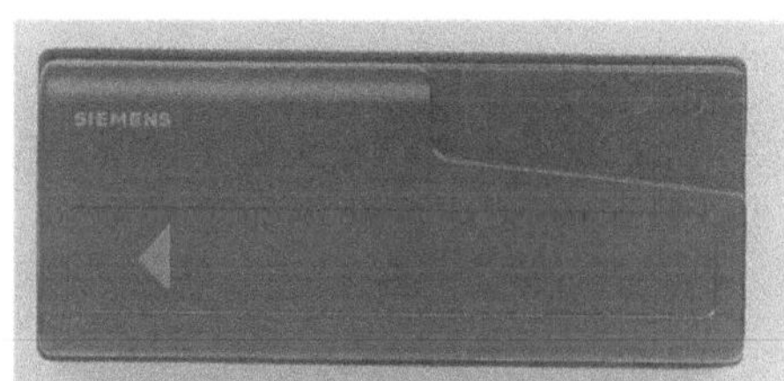

Abb. 2.94. Wiegandkarten-Durchzugleser (Werkfoto Siemens)

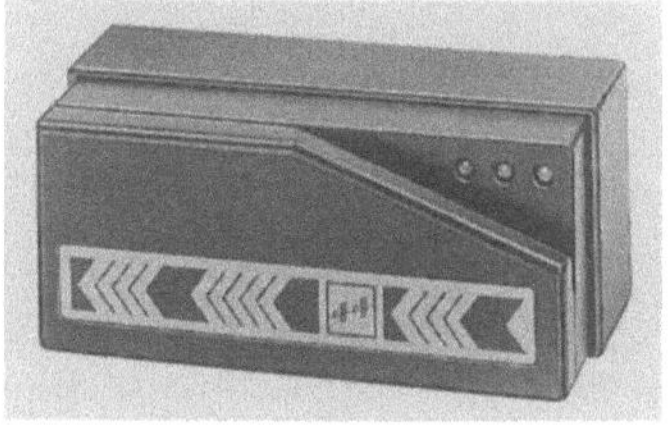

Abb. 2.95. Anzeige der Durchzugsrichtung (Werkfoto Fritz Fuss)

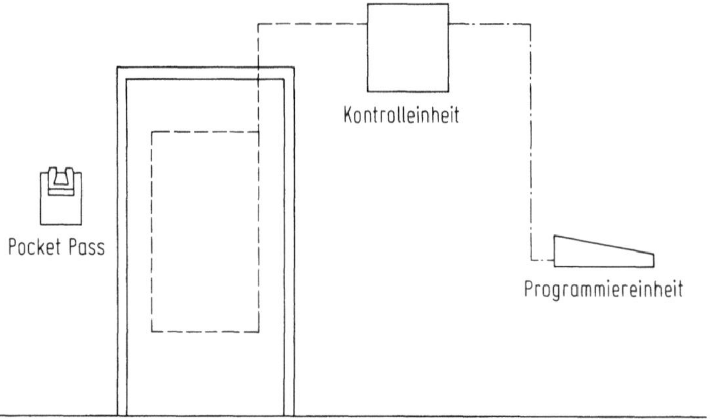

Abb. 2.96. Berührungsloser Sensor am Beispiel einer Türblattmontage

sich Durchzugsleser auch vor allem für den Einsatz in rauhen Umgebungsbedingungen. Nachteilig beim Durchzugsleser sind die Abriebspuren der Ausweiskarte, die im Laufe der Zeit auftreten und die ID-Karte unansehlich
machen. Diese wird dadurch umgangen, daß bei einigen Erfassungseinheiten
die ID-Karte zwischen Rollen geführt wird.

2.7.2.6 Sensoren

Identifikationsmerkmal-Erfassungseinheiten von berührungslosen Systemen
arbeiten mit Sensoren. Diese Sensoren sind üblicherweise nicht in die
Leseeinheit integriert, sondern können in einiger Entfernung von derselben
unauffällig an Wänden oder Türen montiert sein. Bei einigen Prinzipien der
berührungslosen Erfassung können die Sensoren (z. B. Induktionsschleife)
auch in die Wand einbetoniert oder in das Türblatt eingelassen werden.
Abbildung 2.96 zeigt das Beispiel einer Türblattmontage.

Wird die ID-Karte oder der Kennungsgeber in die Nähe des Sensors
gebracht, so übernimmt der Sensor die Informationen und leitet diese an die
Steuereinheit weiter. Die Steuereinheit übernimmt die Auswertung und
Bewertung.

2.7.3 Kombination von Leseeinheiten und Tastatur

Bei höheren Sicherheitsanforderungen wird unter Umständen die Überprüfung der auf einer Identifikationskarte oder einem Kennungsgeber enthaltenen
Echtheitsmerkmale nicht für ausreichend erachtet. In diesen Fällen läßt sich
eine weitere Erhöhung der Sicherheit bei Zutrittskontrollanlagen erreichen,
indem zusätzlich noch eine PIN-Eingabe über eine Zusatztastatur erforderlich
ist. Die Länge dieser Ziffernfolge ist von System zu System unterschiedlich und

Abb. 2.97. Identifikationsmerkmal-Erfassungsterminal mit Tastatur
zur PIN-Eingabe (Werkfoto Interflex)

kann vier- bis achtstellig sein. Weniger als vier Stellen machen wegen der
geringen Kombinationshäufigkeit keinen Sinn, während sich mehr als acht
Stellen einer beliebigen Ziffernfolge merken zu müssen, den meisten Menschen
schwerfällt.

Das Eintippen der geheimen Ziffernfolge erfolgt über ein in die Lesestation
eingebautes oder ein, von ihr abgesetztes Tastenfeld. Bei vielen Zutrittskon-
trollanlagen wird erst durch das Eintasten dieser richtigen Ziffernfolge die ID-
Kartenleseeinheit aktiviert, andere erwarten die PIN-Eingabe erst nach dem
Lesen einer berechtigten ID-Karte. Es gibt Anlagen, die mit einer blinkenden
Anzeige signalisieren, daß sie die Eingabe einer PIN erwarten, bei anderen
Systemen ist die Eingabe einer PIN daran zu erkennen, daß die Leseeinheit
keine Lesebereitschaft anzeigt.

Eine Freigabe der Tür erfolgt nur dann, wenn beide Kriterien, Korrektheit
der eingetasteten PIN und Gültigkeit der auf der ID-Karte enthaltenen
Kodeinformationen, erfüllt sind.

Abbildung 2.97 stellt einen Identifikationsmerkmal-Erfassungsterminal
mit Tastatur zur Eingabe der PIN vor. Abbildung 2.98 gibt eine abgesetzte
Identifikationsmerkmal-Erfassungseinheit mit auf der Frontplatte integrierten
Tastenfeld wieder, die für die Unterputzmontage an der Wand neben der Tür
geeignet ist.

Die persönliche Identifikations-Nummer darf nur für einen einzigen ID-
Ausweis gültig und auch nur dem Karteninhaber selbst bekannt sein. Sie wird
gelegentlich auch als geistiger Kode bezeichnet.

Abb. 2.98. Identifikationsmerkmal-Erfassungseinheit mit integrierter Tastatur für UP-Montage (Werkfoto Siemens)

Eine unbefugte Begehung mit einer verlorenen oder entwendeten ID-Karte ist auch dann ohne die Kenntnis der PIN nicht möglich, wenn der Verlust der Karte vom Karteninhaber noch nicht bemerkt wurde und sie sich noch im System als gültig befindet.

Die in der Zutrittskontrollanlage im Speicher hinterlegte PIN kann durch den Systembetreuer verändert werden, wenn dazu ein Anlaß besteht. Ein denkbarer Fall kann sein, wenn der PIN-Inhaber seine persönliche Ziffernfolge vergessen hat oder der berechtigte Verdacht besteht, daß eine weitere Person Kenntnis dieser PIN hat.

Es gibt, auch bei diesen kombinierten Systemen diverse Methoden und Maßnahmen das Probieren von PINs zu erschweren. Einige Anlagen lassen die erneute Eingabe einer PIN erst nach einer festeingestellten oder in der Anlage voreinstellbaren Zeit zu. Bei anderen Anlagen wird durch das mehrmalige Eintippen einer falschen PIN ein Alarm ausgelöst. Wiederum andere verlangen die Eingabe der kompletten PIN innerhalb eines gewissen Zeitrahmens. Wird innerhalb einer festgelegten Zeit nicht die nächste Taste betätigt, so sind die vorhergehenden Eingaben ungültig und müssen wiederholt werden.

Über diese Zusatztastatur kann auch unbemerkt ein Bedrohungskode eingetastet werden, der einen stillen Alarm auslöst. Die Tür kann dann regulär geöffnet werden, der Bedrohende erhält an der Leseeinrichtung jedoch keinerlei Hinweis auf eine Alarmauslösung. Es können aufgrund dieses stillen Alarms sofort alle notwendigen Maßnahmen eingeleitet werden.

2.8 Zutrittskontrollzentralen

Zutrittskontrollzentralen empfangen die Informationen von den Identifikationsmerkmal-Erfassungseinheiten. Anhand dieser gelesenen Kodeinformationen und dem Vergleich mit den gespeicherten Echtheitsmerkmalen, Zutrittsberechtigungsdaten, Zeit- und Begehungsprofilen, Ausweisgültigkeit usw.
werden die Freigaben der Zutritte gesteuert. Eine weitere Aufgabe leistungsfähiger Zutrittskontrollzentralen ist die Speicherung aller Ereignisdaten und
deren Weiterleitung an die entsprechenden Ausgabeeinrichtungen, wie Anzeigeeinrichtungen und Drucker.

2.8.1 Stand-alone Einheiten

Eine Stand-alone Zutrittskontrollzentrale ist eine von einem übergeordneten
System völlig unabhängig arbeitende und selbständig funktionsfähige Zutrittskontrolleinheit, die mit minimal zwei Identifikationsmerkmal-Erfassungseinheiten, z. B. Ausweisleser für Türinnen- und Türaußenseite, ausgerüstet sind.

Diese autarken Anlagen werden eingesetzt, wenn nur ein einzelner Durchgang zu sichern oder die Entfernung von einer zentralen Steuereinheit örtlich
weit von dieser abgelegen ist, keine Verbindung zur selben geschaffen und auf
eine zentrale Steuerung und Auswertung verzichtet werden kann. Dies ist unter
Umständen dann der Fall, wenn der Firmenparkplatz nicht unmittelbar an
das Firmengelände anschließt, durch eine öffentliche Straße oder durch ein
nicht zur Firma gehörendes Grundstück getrennt ist und eine Kabelverlegung
nur unter großem technischen Aufwand und hohen Kosten zu bewerkstelligen
ist. Abbildung 2.99 zeigt eine Zutrittskontrollzentrale, die die komplette
Zutrittsüberwachung und Steuerung einer Türe vornimmt. Im Regelfall
können zwei Identifikationsmerkmal-Erfassungseinheiten angeschlossen werden, so daß bei einer Außen- und Innenmontage neben einer Tür, eine Zu- und
Abgangskontrolle mit einer Einheit realisierbar ist.

Die verfügbaren Stand-alone-Einheiten lassen entweder eine einfache
Gruppenidentifikation zu oder ermöglichen eine Einzelidentifikation.

Bei der Gruppenidentifikation enthalten die ID-Karten entweder nur die
Firmenkennung oder noch zusätzlich einen Zonenkode. Wird nur die Firmen-
kennung geprüft, erhalten die Angehörigen des Unternehmens mit einer
gültigen Ausweiskarte bei jeder Stand-alone-Lesestation Zutritt. Ein zusätz-
licher Zonenkode erlaubt es innerhalb eines Unternehmens verschiedene
Raumzonen zu bilden. Zutritt zu einer bestimmten Zone ist nur mit den ID-
Karten möglich, die den Zonenkode für diesen Bereich enthalten. Die
Protokollierung von Bewegungsdaten ist bei stand-alone-Lesestationen dieser
Art wenig sinnvoll, da die Zuordnung zum ID-Karteninhaber nicht realisier-
bar ist.

Minimal verfügt eine Lesestation über einen Datenspeicher für die
Ausweisnummern. Dabei kann nach zwei unterschiedlichen Verfahren gearbei-

Abb. 2.99. Zutrittskontrollzentrale für eine Tür (Werkfoto Fritz Fuss)

tet werden. Abhängig davon, ob in diesen Datenspeicher die Nummern gültiger oder ungültiger ID-Karten eingegeben werden müssen, spricht man von einem Positiv- oder Negativ-Verfahren. Beim Negativ-Verfahren befinden sich im Ursprungszustand der Einheit keine ID-Kartennummer im Speicher. Alle zu dieser Anlage gehörenden ID-Karten sind berechtigt. Ein Eintrag einer ID-Kartennummer in die Sperrliste führt dazu, daß diese ID-Karte ihre Gültigkeit verliert. Da sich keinerlei Zuordnung von ID-Kartennummer zur Berechtigung einer Zone im System selbst vorgeben lassen, muß diese in kodierter Form auf der ID-Karte selbst enthalten sein. Der Vorteil eines nach dem Negativ-Verfahren arbeitenden Systems ist der geringe Versorgungsaufwand.

Beim Positiv-Verfahren hingegen sind im Speicher des Gerätes die ID-Kartennummern hinterlegt, die Gültigkeit haben. Ausweisnummern die gesperrt werden sollen, müssen aus dem Datenspeicher gelöscht werden. Eine Löschung bewirkt, daß die Anlage bei einer Prüfung diese ID-Kartennummer nicht mehr findet; und deshalb wird kein Zutritt erlaubt. Da der Platz im Datenspeicher durch die Löschung frei geworden ist, kann an dieser Stelle eine neue Ausweisnummer berechtigt werden. Somit geht kein wertvoller Speicherplatz verloren. Abbildung 2.100 verdeutlicht die beiden Verfahren.

Es sind auch Anlagen im Einsatz, die beim Positiv-Verfahren zusätzlich zur ID-Kartennummer eine Versionsnummer im Datenspeicher abspeichern. In diesem Falle muß nicht die komplette Ausweisnummer gelöscht und eine neue

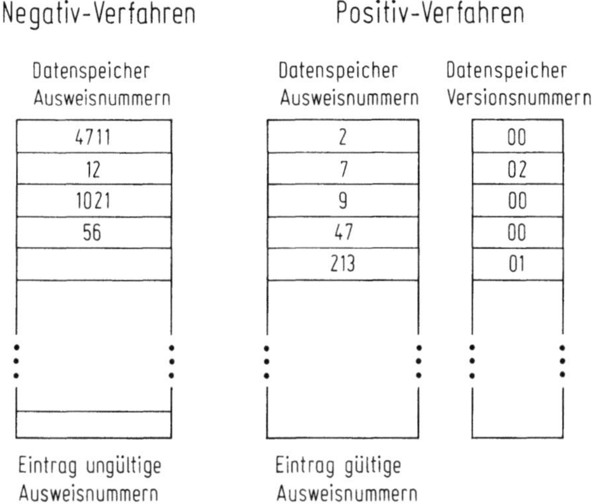

Abb. 2.100. Datenspeicher beim Positiv-Negativ-Verfahren

vergeben werden, sondern es genügt die Vergabe und der Eintrag einer neuen Versionsnummer. Selbstverständlich muß auch die neue ID-Karte diese neue Versionsnummer in kodierter Form enthalten.

Wesentlich mehr Sicherheit bietet eine Einzelidentifikation, wie sie heute auch bei stand-alone-Einheiten Standard ist. Die hierbei eingesetzten Lesestationen zeichnen sich durch eine hohe Intelligenz aus. Erst in diesem Fall kann man von einer Zentraleinheit in gebräuchlichem Sinne sprechen. Diese Geräte enthalten:
- einen Mikroprozessor,
- einen ROM mit Firmware,
- einen EEPROM für Systemdaten,
- einen RAM als Datenspeicher,
- eine batteriegepufferte Echtzeituhr und
- eine aufwendige Steuerungselektronik.

Die Anzahl der Personen, die über eine stand-alone-Leseeinheit zu verwalten sind, ist durch den maximalen Speicherausbau vorgegeben. Einzelne Geräte lassen die Verwaltung bis zu mehreren tausend Personen zu.

Die eingebaute Echtzeituhr erlaubt eine zeitliche Kontrolle der Zutritte und eine zeitbezogene Protokollierung für jede ID-Kartennummer. Normalerweise werden alle auf der ID-Karte enthaltenen Echtheitsmerkmale, wie Firmenkennung, Ausweisnummer, Versionsnummer, Prüfbit usw., geprüft. Bei neueren Systemen ist der Zonen- und Zeitbereichskode nicht mehr auf der ID-Karte selbst in kodierter Form enthalten, sondern wird im System im Datenspeicher abgelegt und von diesem verwaltet.

Ein an die Lesestationen anschließbarer Drucker erlaubt die Protokollierung aller Anlagedaten und Buchungsdaten.

Im allgemeinen sind auch mehrere Signalein- und Signalausgänge vorhanden. Neben einem Tührrahmenkontakt sind auch andere Meldeeinrichtungen anschließbar. Über die Ausgänge löst die Anlage dann einen Alarm oder Sabotagealarm aus, sobald das entsprechende Signal anliegt.

Für erhöhte Sicherheitsanforderungen stehen Lesestationen mit eingebauter Tastatur zur Verfügung. Über diese Tastatur wird dann zusätzlich die PIN eingegeben und ausgewertet. Vorteilhaft bei stand-alone-Anlagen ist
– der geringe Installationsaufwand,
– der Wegfall der Datenleitungen zu einer übergeordneten Zentrale und
– die beliebige örtliche Plazierung.

Vielfach unterscheiden sich stand-alone-Geräte nur noch dadurch von vernetzbaren Geräten, daß sie keine Schnittstelle zur übergeordneten Zutrittskontrolleinheit haben, diese aber bei den meisten ohne Schwierigkeiten nachgerüstet werden kann.

2.8.1.1 Programmierung und Versorgung

Die Versorgung von stand-alone-Zutrittskontrollanlagen erfolgt entweder über das eingebaute Tastenfeld oder über ein Handprogrammiergerät, das an die Lesestation anschließbar ist.

Selbstverständlich ist eine Sicherheitsmaßnahme gegen mißbräuchliches Umprogrammieren vorgesehen. Daten können nur abgerufen, verändert oder neu eingegeben werden, wenn das Gerät durch die Eingabe eines Berechtigungskodes in den Versorgungszustand gebracht wurde. Das bei einigen Geräten erforderliche Handprogrammiergerät kann nur dann angeschaltet werden, wenn das Gehäuse der Lesestation zuvor mit einem Schlüssel geöffnet und zusätzlich der Berechtigungskode eingegeben wurde. Einige Hersteller verzichten auf die Eingabe eines Berechtigungskodes und erlauben die Programmierung nur dann, wenn die Person ihre Berechtigung durch einen besonderen Sicherheits- oder Masterausweis nachgewiesen hat.

Über das Tastenfeld können die Daten eingegeben, geändert, abgefragt und gelöscht werden. Ausweisnummern lassen sich schnell sperren, neue können ebenso rasch berechtigt werden. Alle Eingaben werden auf einem LCD-Display angezeigt und können jederzeit während der Eingabe abgerufen und kontrolliert werden.

Ein Druckeranschluß erlaubt es, einen Protokolldrucker anzuschließen und die Versorgungsdaten aufzulisten. Ebenso können natürlich jederzeit die Bewegungsdaten und Alarmdaten ausgedruckt werden.

Einige wenige Hersteller bieten heute schon die Möglichkeit, ihre stand-alone-Geräte über eine eingebaute serielle Schnittstelle mit einem Laptop zu verbinden und die Versorgung komfortabel über eine bedienerfreundliche Anwendersoftware vorzunehmen.

2.8.2 Zutrittskontrollzentralen mit zentraler Intelligenz

Bei Zutrittskontrollsystemen, die mehr als eine Tür überwachen und steuern, ist es durchaus denkbar alle Einzeltüren durch ein stand-alone-Gerät zu sichern. Nachteilig dabei ist, daß bei einer Änderung oder einer Neueingabe der Systemdaten unter Umständen jede Einzelzentrale mit diesen neuen oder geänderten Daten versorgt werden muß. Dies bedeutet, die Daten sind in allen Zentralen zu ändern für die sie wirksam sein sollen. Dies kann bei einer Vielzahl von Türen ein sehr zeitintensiver Vorgang sein.

Es ist in diesem Falle zweckmäßiger und kostengünstiger Zutrittskontrollzentralen einzusetzen, an die mehr als nur eine Identifikationsmerkmal-Erfassungseinheit anschließbar sind. Sie bieten folgende Vorteile:
- zentrale Eingabe und Versorgung der Systemdaten.

  Es ist nicht mehr notwendig zu jeder einzelnen Identifikationsmerkmal-Erfassungseinheit zu gehen, um dort Daten neu einzugeben oder zu verändern,
- zentrale Verfügbarkeit aller Daten,
- zentrale Protokollierung,
- zentrale Archivierung,
- zentrale Überwachung der Funktion der Identifikationsmerkmal-Erfassungseinheiten,
- zentrale Steuerung der Identifikationsmerkmal-Erfassungseinheiten.

Die Zutrittskontrollzentrale bewertet und überprüft dabei alle Informationen, die von den Identifikationsmerkmal-Erfassungseinheiten aufgenommen und direkt an die Zentrale übermittelt werden. Die Türsteuerung, einschließlich der zugehörigen Überwachungsmaßnahmen, werden von der Zentrale vorgenommen. In bezug auf das Funktionsprinzip besteht sehr viel Ähnlichkeit mit einer Zutrittskontrollzentrale für eine Eintüranlage. Da von dieser Zentrale aber eine bestimmte Anzahl von Türen zu kontrollieren ist, müssen sowohl die entsprechende Anzahl von Identifikationsmerkmal-Erfassungseinheiten – z. B. Sensoren, Ausweisleser, Tastgeräte oder Kombinationen von Tastgeräten und Ausweislesern –, als auch die Steuer- und Überwachungselemente für jede dieser Türen vorhanden sein. Bei dieser Zentralenart gibt es zwei unterschiedliche Varianten. Zutrittskontrollzentralen, die keinen Off-Line-Betrieb der Identifikationsmerkmal-Erfassungseinheiten zulassen und Anlagen, die einen eingeschränkten Off-Line-Betrieb erlauben.

2.8.2.1 Keine Off-Line-Fähigkeit

Zutrittskontrollzentralen, die nicht mit einer Off-Line-Fähigkeit ausgerüstet sind, haben den Nachteil, daß bei einem Ausfall der Zentrale keine der an ihr angeschlossenen Türen über die Identifikationsmerkmal-Erfassungseinheit geöffnet werden kann. Bis die Zutrittskontrollzentrale repariert und wieder funktionstüchtig ist, ist keine Zutrittskontrolle möglich.

Bei einem Leitungsbruch zwischen Zutrittskontrollzentrale und Identifikationsmerkmal-Erfassungseinheit tritt derselbe Effekt auf, allerdings nur für

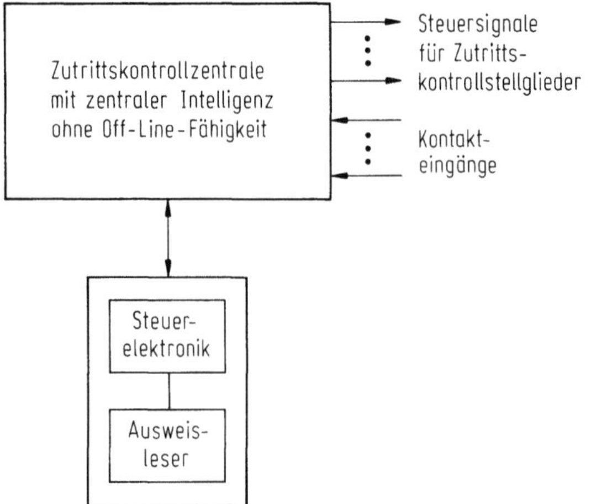

Abb. 2.101. Prinzip einer Zutrittskontrollzentrale ohne Off-Line-Fähigkeit

eine Tür. Bis zur Behebung des Fehlers ist an dieser Einzeltür ebenfalls keine Zutrittskontrolle möglich. Abbildung 2.101 erklärt das Prinzip einer Zutrittskontrollzentrale ohne Off-Line-Fähigkeit.

2.8.2.2 Eingeschränkte Off-Line-Fähigkeit

Den Nachteil, daß bei einem Ausfall der Zutrittskontrollzentrale das gesamte System nicht mehr funktionsfähig ist, umgehen Zutrittskontrollanlagen, die zumindest mit einer eingeschränkten Off-Line-Fähigkeit ausgestattet sind. Abbildung 2.102 erläutert das Prinzip einer Zutrittskontrollanlage an die Off-line-fähige teilintelligente Identifikationsmerkmal-Erfassungseinheiten angeschlossen sind. In der Identifikationsmerkmal-Erfassungseinheit ist nicht mehr nur die Steuerungselektronik für den Leser und die Schnittstellenelektronik für die Datenübermittlung eingebaut, sondern es ist zusätzlich eine minimale Intelligenz vor Ort, die eine Überprüfung von minimal Daten vornehmen kann, und die Steuer- und Überwachungselektronik für die Tür.

Die vom Ausweisleser gelesenen Echtheitsmerkmale werden zur Elektronik der Identifikationsmerkmal-Erfassungseinheit übertragen. Befindet sich die Anlage im On-Line-Zustand, so werden die Daten unmittelbar an die Zutrittskontrollzentrale übermittelt, in dieser ausgewertet und bewertet, und es wird ein Steuerkommando zur Elektronik der Identifikationserfassungs-Einheit zurückgeschickt. Dieses Kommando enthält eine positive oder negative Bewertung unter Berücksichtigung aller Kriterien. Bei positiver Berechtigung wird von der Identifikationsmerkmal-Erfassungseinheit das Zutrittskontrollstellglied freigegeben und die Türoffenzeit überwacht.

Alle Zutrittsrechte und Berechtigungen sind in der Zentrale gespeichert. Bei einem Zentralenausfall oder dem Ausfall einer Verbindung zwischen Zutritts-

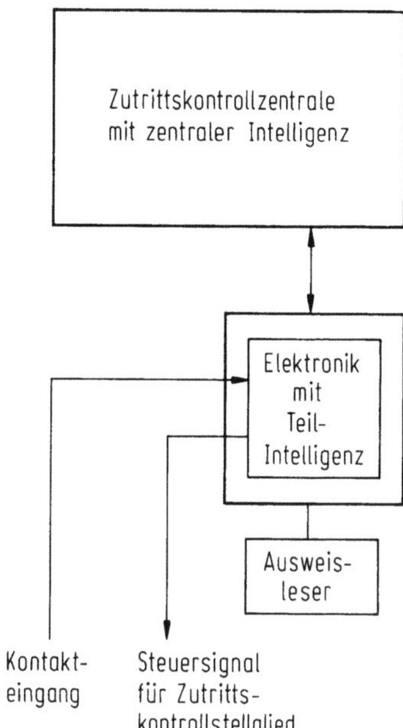

Abb. 2.102. Zutrittskontrollzentrale mit teilintelligenten Identifikationsmerkmal-Erfassungseinheiten

kontrollzentrale und Identifikationsmerkmal-Erfassungseinheit bleiben trotzdem alle Türen weiterhin funktionsfähig steuerbar. Allerdings wird in diesem Fall, bei Zentralenausfall an allen, bei Leitungsunterbrechung an dieser speziellen Tür, nur geprüft, ob die von der ID-Karte eingelesene Projektnummer mit der Anlagennummer übereinstimmt. Ist sie identisch, so wird der Zutritt von der Identifikationsmerkmal-Erfassungseinheit direkt gewährt.

Alle übrigen Zutrittsvorgaben, wie Ausweisnummer, Versionsnummer, räumliche und zeitliche Berechtigungen usw. können nicht überprüft werden, da diese ja nur in der Zentrale selbst verfügbar sind.

Dies bedeutet, daß jede Person, die eine ID-Karte mit der korrekten Projektnummer besitzt, zu jedem Zeitpunkt jeden Raum scheinbar berechtigt betreten darf. Auch abhandengekommene ID-Karten, die über eine Erhöhung der Projektnummer für die Anlage nicht mehr gültig sind, haben in diesem Fall wieder Zutritt.

Abhängig von der jeweiligen Anlage können im System noch Sperrlisten vorgegeben werden, die im Off-Line-Betrieb in der Identifikationsmerkmal-Erfassungseinheit vor Ort geführt sind, um damit speziellen Personen den Zutritt zu bestimmten Bereichen oder Räumen zu verwehren. Von Vorteil dabei ist lediglich, daß bei einem Zentralenausfall nicht sämtliche Türen verschlossen bleiben. Der Sicherheitsgrad wird aufgrund der eingeschränkten Prüfung herabgesetzt. Nach Rückkehr in den On-Line-Betrieb ist die volle Funktion wieder hergestellt. Für den eingeschränkten Betrieb wird gelegentlich auch der Begriff „Fail-Soft-Betrieb" verwendet.

Die Nachteile von Anlagen mit zentraler Intelligenz mit oder ohne eingeschränkter Off-Line-Fähigkeit führten dazu, daß immer mehr Zutrittskontrollzentralen mit intelligenten Identifikations-Erfassungseinheiten ausgerüstet werden und die Systeme die Intelligenz mehr und mehr dezentralisieren.

2.8.3 Zutrittskontrollzentralen mit dezentraler Intelligenz

Zutrittskontrollanlagen mit dezentralisierter Intelligenz bieten in jedem Fall die höchstmögliche Sicherheitsstufe und die schnellstmöglichen Reaktionszeiten. Bisher wurde eine Betrachtung völlig außer acht gelassen. Wird die Entscheidung über eine Begehung von der Zentrale vorgenommen und sind an dieser Zentrale eine Vielzahl von Identifikationsmerkmal-Erfassungseinheiten angeschaltet, so können die Daten nicht alle auf einmal verarbeitet, sondern müssen in der Reihenfolge ihres Eingangs ausgewertet und bewertet werden. Nehmen wir den Fall, daß an einer Zutrittskontrollzentrale mit zentraler Intelligenz im On-Line-Betrieb alle 16 angeschlossenen Leser gleichzeitig betätigt werden. Die Echtheitsmerkmale werden von den Lesern gleichzeitig gelesen und zur Übermittlung an die Zentrale bereitgestellt. Die Zentrale holt jedoch nicht alle Datentelegramme auf einmal ab, sondern peilt der Reihe nach einen nach dem anderen Leser an und läßt sich die Datentelegramme übermitteln. Trotz der hohen Verarbeitungsgeschwindigkeit wird es eine endliche Zeit x in Anspruch nehmen, bis alle Telegramme aufgenommen, bewertet und ein Steuerkommando zurückgegeben wird und die Türen aufgehen. Diese Zeit wird mit zunehmender Leseranzahl immer größer werden.

Von einer akzeptablen Zutrittskontrollanlage erwartet man jedoch mit Recht, daß diese eine Reaktionszeit von nahezu Echtzeitverhalten ausweist. Dies ist bei Zeiten der Fall, die im Bereich von kleiner als 1 s liegen. Es ist nicht zumutbar, länger warten zu müssen, bis die Anlage eine Entscheidung getroffen hat.

Deshalb ist ein zunehmender Trend dahingehend zu erkennen, daß nicht mehr die Zutrittskontrollzentrale eine Entscheidung trifft, sondern diese Entscheidung in der Identifikationsmerkmal-Erfassungseinheit vor Ort getroffen wird, auch dann, wenn die Anlage im On-Line-Betrieb arbeitet (Abb. 2.103). Dazu ist es natürlich auch notwendig, eine Identifikationsmerkmal-Erfassungseinheit einzusetzen, die über dieselbe Intelligenz verfügt, wie die Zentrale selbst (Abb. 2.104).

Die übergeordnete Zentraleinheit dient dabei fast ausschließlich der komfortablen Dateneingabe, Datensammlung und Datenauswertung mit Ausgabe auf den Drucker (Abb. 2.105).

Da alle Entscheidungen vor Ort durch die intelligente Identifikationsmerkmal-Erfassungseinheit selbständig getroffen werden, ist ein voller Off-Line-Betrieb möglich. Lediglich für einige besondere Funktionen der Zutrittskontrolle, wie Anwesenheitskontrolle mit Bereichsummeldung und Antipassback, ist die übergeordnete Zentraleinheit weiterhin notwendig, es sei denn die Einheiten vor Ort sind so intelligent, daß sie auch untereinander kommunizieren und relevante Daten austauschen können.

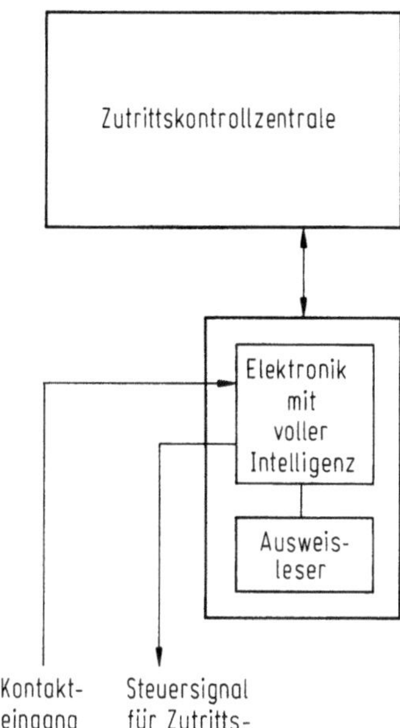

Abb. 2.103. Zutrittskontrollanlage mit dezentralisierter Intelligenz und intelligenten Identifikationsmerkmal-Erfassungseinheiten

Abb. 2.104. Intelligente Identifikationsmerkmal-Erfassungseinheit (Werkfoto Identa)

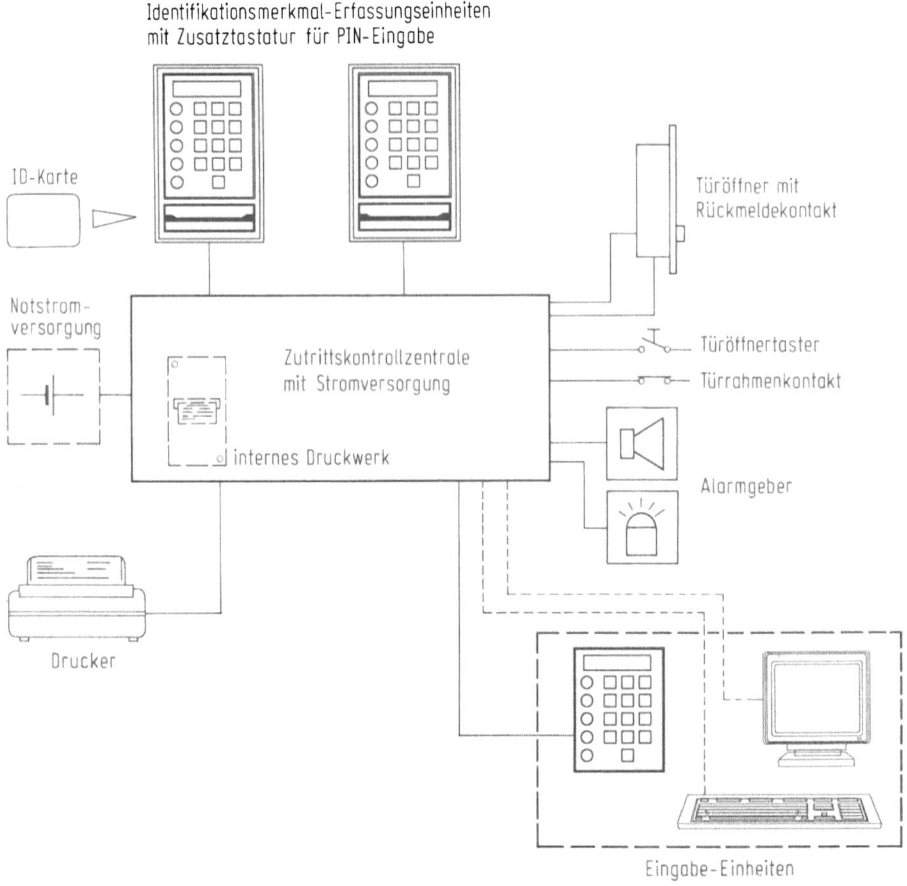

Abb. 2.105. Ein- und Ausgabe-Einheiten einer Zutrittskontrollzentrale

2.8.4 Komplexe Zutrittskontrollanlagen mit Rechnersteuerung

Der Begriff „Intelligenz vor Ort" ist längst ein festgefügter Bestandteil der Zutrittskontrolltechnik. Intelligenz vor Ort bedeutet, daß sich die Zutrittskontrolle in vielen kleinen und leistungsfähigen Zutrittskontrollzentralen vor Ort an den einzelnen Türen abspielt. Die Eingabe, das Verteilen, das Sammeln und das Auswerten der Daten geschieht auf einer Zentraleinheit, die über die Leistungsfähigkeit eines Mini-Rechners verfügt, ausreichend Massenspeicher für die Datenarchivierung zur Verfügung stellt, den Anschluß von peripheren Eingabe- (Tastatur) und Ausgabeeinheiten (Monitor, Drucker) zuläßt und über ein komfortables und bedienerfreundliches Anwenderprogramm zu bedienen ist.

Sieht man von den Zutrittskontrollzentralen ab, die sich im Laufe der Zeit von den Hard- und Software-Gegebenheiten immer mehr den Personal-Computern angenähert haben und vom Prinzip her eigene kleine PC's sind, lag der Schritt nahe, gleich einen gängigen Personal-Computer einzusetzen.

Betrachtet man die Anforderungen an eine Zutrittskontrollanlage, so ist zu erkennen, daß die Auswahl der Rechnerhardware, des auf dem Rechner ablaufenden Betriebssystems, die Wahl der Anwendersoftware Zutrittskontrolle und die Peripheriehardware von entscheidender Bedeutung für die Funktion der gesamten Anlage sind. Zudem muß die Anpassung an die anwenderspezifischen Besonderheiten gewährleistet sein.

Es sollte darauf geachtet werden, daß die intelligenten Identifikationsmerkmal-Erfassungseinheiten vor Ort die Entscheidungen – Zutritt ja/nein – treffen, damit Reaktionszeiten von unter 1 s sichergestellt sind und Warteschlangen vermieden werden. Es sollte bei der Planung auch ins Kalkül gezogen werden, daß Zutrittskontrollanlagen ständig erweitert und ausgebaut werden. Dies kann sowohl ein einem beständigen Wachstum des Unternehmens, als auch in einem zunehmend steigenden Sicherheitsbedürfnis – unter Umständen nur für einzelne Bereiche – liegen.

Der Einsatz von standardisierter Hard- und Software bewahren den Betreiber einer Zutrittskontrollanlage vor unausgereiften und störanfälligen Sonderentwicklungen und erlaubt ihm, seine Anlage jederzeit zu erweitern und auszubauen, ohne die bereits installierten Anlageteile auf den Müll werfen zu müssen.

Personal-Computer unter DOS oder UNIX System V und Workstations unter UNIX System V (SINIX und XENIX) sind eingeführte und vielfach bewährte Systeme, die zudem einen ständigen Support durch weltweit operierende Hersteller gewährleisten. Betrachtet man die Systemgrößen und die Anforderungen, so wird man feststellen, daß DOS oder UNIX die ideale Basis für den Einsatz einer derartigen Anwendung sind.

2.8.4.1 PC-Systeme

Der am häufigsten eingesetzte Rechnertyp für kleine bis mittlere Zutrittskontrollanlagen ist der Personal-Computer. Abbildung 2.106 präsentiert eine typische Anlagenkonfiguration einer Zutrittskontrollanlage mit einem Personal-Computer als zentrale Bedien- und Steuereinheit. In aller Regel werden heute IBM oder IBM-kompatible Personal-Computer auch für die Zwecke der Zutrittskontrolle eingesetzt. Dies liegt nicht nur an dem hohen Bekanntheitsgrad dieser Hardware und des Betriebssystems DOS, sondern auch an den ständigen Leistungssteigerungen und dem enormen Preisverfall der Rechnerhardware.

Personal-Computer verfügen standardmäßig über zwei genormte Schnittstellen. Eine parallele Schnittstelle (Centronics) und eine serielle Schnittstelle (V 24/RS 232). Da sich die parallele Schnittstelle aufgrund der überbrückbaren Entfernungen nicht für einen Anschluß der Identifikationsmerkmal-Erfassungseinheiten und die serielle RS 232-Schnittstelle nur bedingt eignet, erfolgt

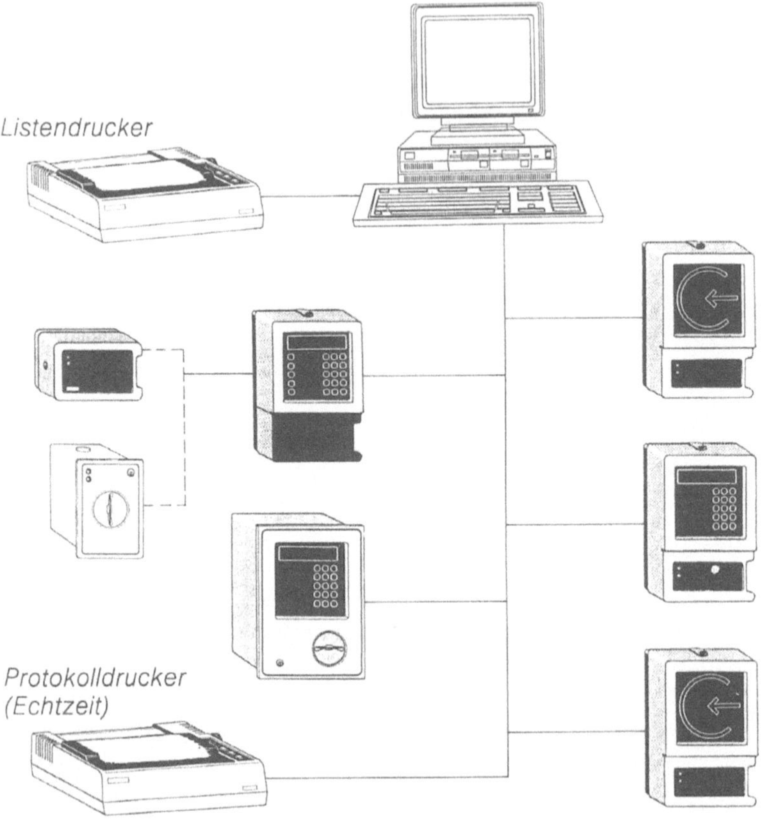

Abb. 2.106. Konfiguration mit Personal-Computer

Abb. 2.107. RS 485-Schnittstellen-Einsteckkarte für PC

der Anschluß der intelligenten Identifikationsmerkmal-Erfassungseinheiten über eine weitere genormte Schnittstelle. Die RS-485-Schnittstelle vereint eine hohe Übertragungsgeschwindigkeit mit großen überbrückbaren Entfernungen. Da diese RS-485-Schnittstelle kein PC-Standard ist, muß diese in Form einer Erweiterungskarte in einen freien Slot des PC gesteckt werden. Abbildung 2.107 stellt eine Erweiterungskarte mit RS-485-Schnittstelle vor.

2.8.4.1.1 Betriebssystem DOS

In der Personal-Computer-Welt ist das Betriebssystem DOS zu einem Standard geworden, an dem man nicht mehr vorbei kommt. Inwieweit das Betriebssystem OS/2 in der Lage sein wird, das Betriebssystem DOS abzulösen oder neben diesem als zweiter Standard zu existieren, wird nicht in der Zutrittskontrollwelt entschieden. Die ständige Weiterentwicklung, die Pflege und die Herausgabe neuer Release-Stände mit erweiterten und verbesserten Funktionen und Leistungsmerkmalen sind zudem die Garantie dafür, daß man bei dieser Wahl keinen Exoten aussucht.

Mit dem DOS-Release 5.x steht eine Version zur Verfügung, die durch die Multitasking-Fähigkeit sehr gut für Zutrittskontrollanlagen eingesetzt werden kann. Der Vorteil der Multitasking-Fähigkeit ist, daß mehr als eine Anwendung für den Benutzer scheinbar gleichzeitig ablaufen kann. Im Bereich der Zutrittskontrolltechnik bedeutet dies vor allem, daß es möglich ist, in der Eingabe-Ebene des Anwenderprogramms Zutrittskontrolle zu arbeiten und der Rechner weiterhin seine On-Line-Verbindung zu den intelligenten Identifikationsmerkmal-Erfassungseinheiten aufrechterhält. Bei DOS-Versionen kleiner als 4.x war diese Multitaskingfähigkeit nicht gegeben, so daß während der Zeit, in der in der Eingabe-Ebene gearbeitet wurde, keine Verbindung zu den Untereinheiten bestand. Einige Hersteller umgingen diesen Mißstand dadurch, daß sie zwischen Betriebssystem und Anwenderprogramm eine weitere Betriebsebene geladen haben, die den Personal-Computer multitaskingfähig machte.

Die Konsequenz des Singletask-Betriebs war die fehlende Multiuser-Fähigkeit. Gerade bei mittleren Anlagen trat dieser Mißstand immer dann deutlich in Erscheinung, wenn es erforderlich war, einen oder mehrere weitere Bedienplätze anzuschließen. War der Hauptrechner in der Personalabteilung aufgestellt, die im System die Pflege der Personenstammsätze vornahm, ein zweiter Bedienplatz in der Werkschutzabteilung, der die Zutrittsrechte vergab und verwaltete, und ein dritter Bedienplatz an der Eingangspforte erforderlich, damit der Pförtner eine Besucherverwaltung vornehmen konnte, so war diese Erweiterung von Single-User-Betrieb auf Multi-User-Betrieb nur durch den Einsatz geeigneter Netzwerk Soft- und Hardware möglich. Diese steht zwar zur Verfügung, ist jedoch sehr kostenintensiv und wird daher nur dort eingesetzt, wo das Netzwerk entweder schon vorhanden oder zumindest fest eingeplant ist. Abbildung 2.108 enthält die erforderlichen Hardwarekomponenten, um aus einem Einplatzsystem ein Mehrplatzsystem zu machen.

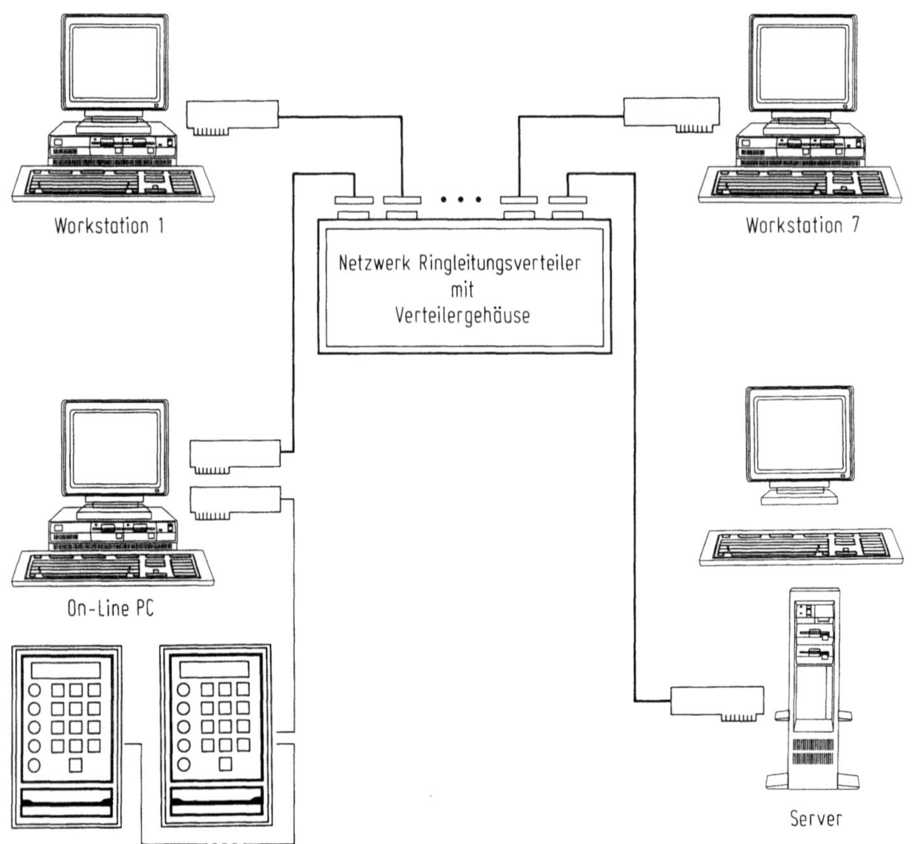

Abb. 2.108. Mehrplatzsystem in Netzwerk-Konfiguration

Trotzdem unterliegen Personal-Computer und die PC-Betriebssysteme gewissen Restriktionen, wenn sie für die Zutrittskontrolle eingesetzt werden. Deutlich treten hierbei ab einer gewissen Anlagengröße die Grenzen zutage. Allerdings verwischen auch diese Grenzen immer mehr in Richtung Workstation.

Ein großer Vorteil der Personal-Computer ist der graphikfähige Bildschirm. Es lassen sich ergonomisch anspruchsvolle Bedienoberflächen schaffen, die menuegesteuert ein schnelles und einfaches Erlernen und Arbeiten mit der Anwendersoftware Zutrittskontrolle ermöglichen.

Durch die zunehmende Leistungsfähigkeit der Mikroprozessoren mit Prozessortaktzyklen, die standardmäßig bis weit über 30 MHz liegen, stehen auch in der PC-Technik Rechnerhardware und Rechnerleistungen zur Verfügung, die sich optimal für die Zutrittskontrolltechnik einsetzen lassen. Voraussetzung dafür ist, daß für die Zutrittskontrollanlage der geeignete Rechnertyp zum Einsatz kommt.

Einen Personal-Computer mit einem 286er-Mikroprozessor, der mit einer Taktfrequenz von 8 oder 12 MHz ausgerüstet ist und über einen Speicherausbau von 1 Mbyte verfügt, eine Zutrittskontrollanlage zu mehreren 10000 Personen verwalten zu lassen, ist nach derzeitigen technischen Erkenntnissen nicht möglich. Werden hingegen ein 386- oder besser 486-Rechnertyp mit Taktfrequenzen ab 25 MHz und Hauptspeichergrößen ab 4 MB eingesetzt, so scheint dies nicht mehr gänzlich unmöglich zu sein. Im Moment sind Zutrittskontrollanlagen mit einer Vielzahl von Peripherie- und großen Datenbeständen noch eine Domäne der UNIX-Maschinen. Eine genaue Grenze zu definieren, ist nicht möglich, da die Leistungsfähigkeit der Personal-Computer auch in den nächsten Jahren weiter steigen wird. Es empfiehlt sich – dies als grobe Orientierung – einen 286- oder 386SX-Rechner bei kleinem bis mittlerem Datenbestand und etwa 30 bis 40 angeschlossenen und durchschnittlich frequentierten intelligenten Identifikationsmarkmal-Erfassungseinheiten zur Verwaltung bis etwa 2000 Personen einzusetzen. Würden weniger Identifikationsmerkmal-Erfassungseinheiten an die Anlage angeschlossen, so kann als obere Verwaltungsgrenze 5000 Personen angesehen werden. Allerdings bietet sich hierbei schon der Einsatz eines 486-Rechners an.

2.8.4.1.2 Betriebssystem UNIX

Das Betriebssystem UNIX war lange Zeit den Mini- und Mikro-Computern vorbehalten. Erst in den letzten Jahren wurde UNIX auf die PC-Welt implementiert.

Die beiden entscheidenden Vorteile von UNIX, Multiuser- und Multitasking-Fähigkeit wurden durch die DOS-Versionen 4.x und das neuere 5.x etwas zurückgedrängt. Ob sich das Betriebssystem UNIX in der PC-Welt für die Belange der Zutrittskontrolltechnik entscheidend durchsetzen wird, bleibt im Moment noch abzuwarten. Denkbar ist dies für kombinierte Anwendungen.

2.8.4.2 Großrechner- und Host-Systeme

In leistungsstarken Zutrittskontrollanlagen werden multiuserfähige, relationale Datenbanken zur Verwaltung der Stammsatz- und Berechtigungsdaten eingesetzt. Diese bieten den Vorteil einer menügeführten Benutzerführung mit den zugehörigen Plausibilitätskontrollen bei den Eingaben. Unter dem Betriebssystem UNIX stehen mehrere markterprobte Datenbanken zur Auswahl. Eine Kenntnis des eigentlichen Betriebssystems UNIX ist bei den Anwendern der Zutrittskontrollsoftware nicht mehr notwendig. Durch die Multiuser-Fähigkeit ist eine Erweiterung auf einen zweiten oder mehr Bedienplätze und der Anschluß mehrerer Drucker unproblematisch.

Im folgenden Beispiel soll eine typische Zutrittskontrollanlagen-Konfiguration aufgezeigt werden, die für einen Einsatz eines Mini-Computers unter dem Betriebssystem UNIX prädestiniert ist.

Die weiträumig verteilten Produktions- Entwicklungs- und Verwaltungsgebäude eines Industriebetriebes mit etwa 8000 Beschäftigten sollen durch eine Zutrittskontrollanlage gesichert werden. Dabei kann das Firmengelände durch fünf Werkstore betreten und durch zwei Schranken befahren werden. Die Stammdateneingabe, Verwaltung und Pflege wird von der Personalabteilung vorgenommen. Die Vergabe der Zutrittsrechte wird von der Werkschutzabteilung verwaltet. An jedem Eingang zum Firmengelände sitzt ein Pförtner, der über die Anlage eine Besucherverwaltung vornehmen kann. Außerdem können die Pförtner einen Teil der Stammdatensätze der Mitarbeiter einsehen, um sich zu vergewissern, daß ein Mitarbeiter tatsächlich zum Unternehmen gehört, der das Firmengelände betreten will und vorgibt, seine ID-Karte vergessen zu haben. Über die Anlage werden 9 Bereiche mit unterschiedlich eingestuften Sicherheitsbedürfnissen gesichert. Durch die Anlage werden 320 Zutrittskontrollstellglieder gesteuert. An jedem Bedienplatz ist ein Drucker angeschlossen, über den die unterschiedlichsten Listen ausgedruckt werden können. Zudem werden in den Hochsicherheitsbereichen Forschung, Entwicklung und Rechenzentrum alle Bewegungen kontrolliert und einschließlich der Zeit- und Zonenverletzungen auf dem Bedienplatz in der Werkschutzzentrale angezeigt sowie auf einem Drucker protokolliert.

Bei dieser Systemkonfiguration sind folgende Besonderheiten vorhanden. Es erfolgen Mehrfachzugriffe von bis zu 7 Benutzern gleichzeitig. Bei den Zugriffen können die unterschiedlichsten Funktionen ablaufen. Während die Personalabteilung in den Personalstammsätzen arbeitet und neueingestellte Mitarbeiter eingibt, können an den Pforten Besucherausweise aus- und die Besucherdaten in das System eingegeben oder die Angaben der Personen überprüft werden, die ihre ID-Karte vergessen haben. In der Werkschutzabteilung muß gleichzeitig ein Alarmhinweis auflaufen können, wenn versucht wird, den Hochsicherheitsbereich mit einer ID-Karte zu betreten, obwohl keine Berechtigung vorliegt. Die Anlage muß auch in der Lage sein, Zutrittskontrollbesonderheiten, wie Bereichsummeldungen, ständig anzuzeigen. Sollen alle diese Funktionen quasi gleichzeitig ablaufen und die Systemreaktionszeiten in einem akzeptablen Zeitrahmen liegen, so ist dieser typische Multiuser- und Multitaskingbetrieb nur mit einem leistungsfähigen und schnellen Rechner zu bewältigen.

2.8.5 Türsteuerung

Elektronische Zutrittskontrollanlagen geben nach Prüfung der Echtheitsmerkmale und der Begehungsprofile automatisch die Verriegelung von Türen, Drehkreuzen, Schranken, Schleusen, usw. für eine einstellbare Zeitspanne frei. Da sich die Lesestationen in der Regel in der unmittelbaren Nähe des überwachten Durchganges befinden, liefern diese auch das Steuersignal zur Entriegelung des Zutrittskonstrollstellgliedes.

Eine Schranke, die einen Durchgang sperrt, wird durch das anliegende Steuersignal geöffnet. Bei Türen, die durch Zutrittskontrollanlagen überwacht werden, erfolgt diese Entriegelung mittels eines elektromechanischen oder elektronischen Türöffners. Der Türöffnerstromkreis kann dabei wahlweise als Ruhe- oder Arbeitsstromkreis ausgeführt sein.

2.8.5.1 Türöffner mit Ruhestromkontakt

Die Spule eines Türöffners mit Ruhestromkontakt ist im Ruhezustand vom Strom durchflossen. Dieses dauernde Bestromen der Elektrospule sorgt dafür, daß der Magnet angezogen ist und das Sperrelement der Türe geschlossen gehalten wird. Zum Öffnen der Türe wird der Stromkreis für eine bestimmte Zeitspanne unterbrochen, der Magnet fällt ab und die Türe wird freigegeben.

Nachteilig bei diesen Türöffnern mit Ruhestromkontakt ist das automatische Offenstehen der Türen bei einem Ausfall der Stromversorgung, wobei ein wissentlich herbeigeführter oder erzwungener Stromausfall gravierendere Auswirkungen haben kann als ein zufällig auftretender. In beiden Fällen können unbefugte Personen gesicherte und geschützte Bereiche und Räume betreten, was nicht erwünscht ist. Dieser Nachteil kann dadurch umgangen werden, daß der Türöffnerstromkreis notstromversorgt wird.

Von Vorteil, ja sogar erwünscht, ist das sofortige Entriegeln der Türen im Fall einer Katastrophe, damit alle gefährdeten Personen schnell und unverzüglich die Räume verlassen können. Kommt es durch einen Brand zu einem Ausfall der Stromversorgung und der Notstromversorgung, so bewirkt dies die sofortige Freigabe aller gesicherten Türen. Ist die Notstromversorgung nicht betroffen, so muß im Katastrophenfall durch andere geeignete Maßnahmen dafür Sorge getragen werden, daß die Türen von innen manuell entriegelt werden können. Im Einzelfall muß mit dem Anlagenbetreiber abgestimmt werden, welches Konzept für seine speziellen Bedürfnisse geeigneter ist.

2.8.5.2 Türöffner mit Arbeitsstromkontakt

Bei einem Türöffner mit Arbeitsstromkreis ist der Durchgang gesperrt, solange die Spule nicht bestromt ist. Soll der Durchgang freigegeben werden, so muß der Türöffner durch die Zutrittskontrollanlage bestromt werden. In diesem Falle zieht der Türöffnermagnet an und gibt die Schließmechanik frei. Bei Ausfall der Stromversorgung bleiben die Durchgänge versperrt. Ist eine Funktion der Anlage auch bei Stromausfall erwünscht, so ist eine Notstromversorgung unerläßlich. Die Entriegelung der Türen kann durch Abschalten der Spannungsversorgung bei dieser Ausführungsart nicht geöffnet werden. In der Regel wird diese Ausführungsart der Türöffner gewählt, da eine dauernde Bestromung des Türöffners die Energiebilanz für eine Notstromversorgung der gesamten Anlage erheblich verschlechtert. Zudem wird in den meisten Fällen von der Zutrittskontrollanlage nur der Zutritt gesichert, während das Verlassen des Raumes mit einem Türöffnertaster oder der Bedienung der Türklinke selbst ermöglicht wird.

Bei Türen in Hochsicherheitsbereichen mit Ein- und Ausgangsüberwachung muß in jedem Fall durch entsprechende Maßnahmen dafür gesorgt werden, daß die Türen im Notfall von Hand entriegelt und geöffnet werden können. Abbildung 2.109 zeigt einen elektromechanischen Türöffner. Deutlich ist hierbei auch der Rückmeldekontakt zu erkennen, der Auskunft über den offenen oder geschlossenen Zustand der Türe gibt.

2.8.5.3 Elektronischer Türöffner

In den weitaus häufigsten Fällen kommen bei der Zutrittskontrolle elektromechanische Türöffner als Zutrittskontrollstellglieder zum Einsatz, da überwiegend Türen überwacht werden. Die Ansteuerung erfolgt über eine 12 oder 24 V Spannungsversorgung. Der Stromverbrauch liegt für die Dauer der gesamten Bestromungszeit beim Türöffner mit Arbeitsstromprinzip bei etwa 180 bis 200 Milliampere (mA). Der Energiebedarf des Zutrittskonstrollstellgliedes ist ein wesentlicher Faktor bei der Auslegung der Akku-Kapazität der Notstromversorgung.

Ein noch weitaus gewichtigerer Aspekt ist die Sabotagesicherheit der Türöffnerzuleitung. Diese Leitungen sind eine nicht zu übersehende Schwachstelle des Zutrittskontrollsystemes. Gelingt es diese Leitung freizulegen, dies ist in einer Vielzahl von Fällen nicht sonderlich schwierig, so kann durch Anlegen einer geeigneten Spannung aus einer Fremdspannungsquelle beim Türöffner mit Arbeitsstromprinzip die Türe ohne Schwierigkeiten freigeschaltet werden. Noch einfacher ist es bei einem Türöffner, der nach dem Ruhestromprinzip arbeitet. Hierbei genügt ein Durchtrennen der Stromzuleitung, um die Türe zu öffnen. Nur in den wenigsten Fällen wird diese Zuleitung auf Sabotage überwacht.

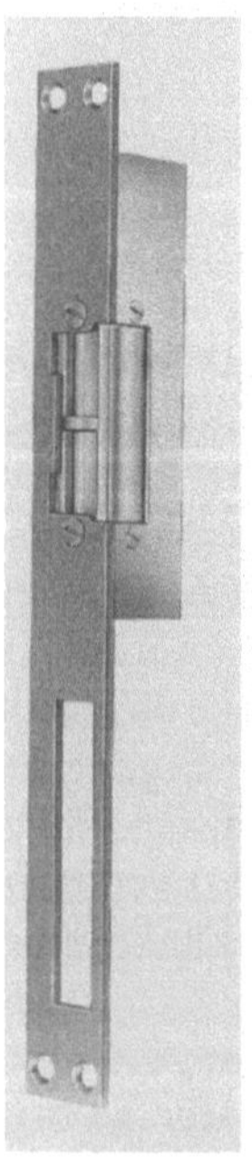

Abb. 2.109. Elektromechanischer Türöffner mit Rückmeldegerät (Werkfoto Fritz Fuss)

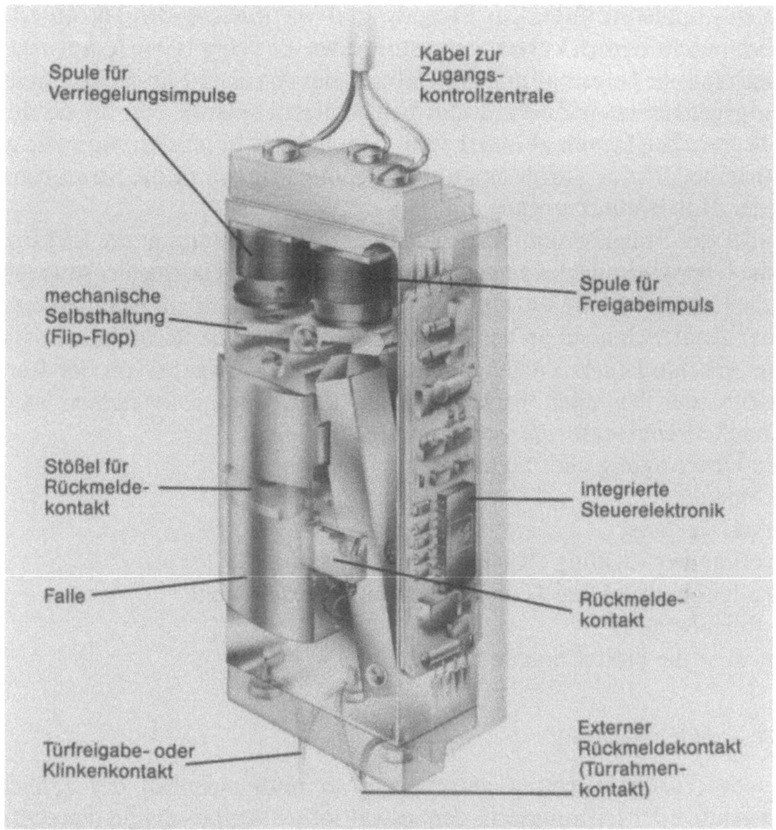

Abb. 2.110. Elektronischer Türöffner (Werkfoto Fritz Fuss)

Ein elektronischer Türöffner unterbindet diesen Nachteil (Abb. 2.110). In elektronischen Türöffnern ist ein eigener Mikroprozessor eingebaut, der alle Steuerungsaufgaben übernimmt. Die Verbindung zur Zutrittskontrollsteuereinheit erfolgt über eine Drei-Draht-Verbindung. Zwei dieser Drähte werden für die Stromversorgung des Türöffners und der zugehörigen Elektronik benötigt, über den verbleibenden dritten Leitungsweg wird ein bidirektionaler Datenverkehr zwischen dem elektronischen Türöffner und der Steuereinheit abgewickelt.

Die Freigabe der Tür wird somit nicht nur durch die Aussage „Bestromung ja/nein" gesteuert, sondern mittels Befehle über kodierte Datensignale an die Elektronik des Türöffners übermittelt. Ein wichtiger Aspekt dabei ist die Überwachung dieser Datenleitung auf Sabotage. Die beiden anderen Leitungen zu überwachen, macht wenig Sinn, da eine Sabotage dieser Zuleitungen zwar nicht auszuschließen ist, es einem Täter aber nicht gelingt, die Türe dadurch freizuschalten. Vom elektromechanischen Prinzip her, handelt es sich um einen Impulstüröffner. Zur Freigabe und Verriegelung der Türöffnerfalle ist dabei nur ein zeitlich kurzer Stromstoß, etwa 0,1 s lang 100 mA, notwendig. Die mechanische Selbsthaltung fällt dabei in der Art eines Flip-Flop, jeweils in den entgegengesetzten Zustand und behält diesen solange bei, bis sie durch einen neuerlichen Impuls aktiviert wird. Durch dieses Impulsstromprinzip geht der Strombedarf des Türöffners nur noch unwesentlich in die Stromberechnung der Notstromversorgung ein.

Außer der Freigabe und Verriegelung der Türe übernimmt die Elektronik auch die Überwachung des eingebauten mechanischen Rückmelde- sowie eines zusätzlich anschließbaren externen Kontakts. Dies kann ein Magnetkontakt sein, der zusätzlich noch an der Tür angebracht ist. Eine Besonderheit ist der direkte Anschluß eines Türfreigabetasters für eine Freigabe von der Rauminnenseite, der bei allen herkömmlichen Zutrittskontrollsystemen an die Steuereinheit angeschlossen werden muß.

Die Übertragung aller Signale:
- Türfreigabe,
- Türverriegelung,
- Türoffenüberwachung (Rückmeldekontakt intern),
- Türoffenüberwachung (Türrahmenkontakt extern) und
- Türfreigabetaster

erfolgt über die bidirektionale Datenleitung.

2.8.5.4 Türüberwachung

Wird von Türüberwachung gesprochen, so muß zwischen der zeitlichen Überwachung der Öffnungszeit, dem gewaltsamen Aufbruch und dem Öffnen der Türe unter Umgehung der Identifikationsmerkmal-Erfassungseinheiten unterschieden werden. Eine Tür kann unter Umgehung der Zutrittskontrollanlage
- mit einem passenden Schlüssel für den Schließzylinder oder
- mittels einer im Innenraum an der Tür angebrachten Türklinke
geöffnet werden.

Sind an einer Türe außen und innen Identifikationsmerkmal-Erfassungseinheiten angebracht, so ist jedes Öffnen dieser Türe, sofern es unter Umgehung der Identifikationsmerkmal-Erfassungseinheiten ausgeübt wird, als unberechtigtes Öffnen zu werten. Die einzige Ausnahme darf hierbei ein Katastrophenfall sein. Wird bei einer Tür hingegen nur der Zutritt von außen durch eine Zutrittskontrollanlage überwacht, so können diese Türen von innen wahlweise mit einem Türöffnertaster oder der Türklinke geöffnet werden. In der Regel wird dies im Innenbereich ein Türöffnertaster sein, da sein elektrisches Signal als berechtigtes Öffnen von der Zutrittskontrollsteuereinheit ausgewertet werden kann. Die Auswertung einer rein mechanisch arbeitenden Türklinke hingegen ist ohne zusätzlichen Aufwand nicht realisierbar. Dies gilt auch für den Schließzylinder. Es gibt allerdings auf dem Markt auch Schließzylinder, die einen eingebauten Kontakt haben, der auf die Zutrittskontrollanlage aufgeschaltet und von dieser als berechtigtes Türöffnen gewertet wird. Das Problem hierbei ist, daß es einfacher ist, sich einen Nachschlüssel als eine ID-Karte machen zu lassen; aus diesem Grund ist davon abzuraten.

2.8.5.4.1 Bestromungszeit des Zutrittskontrollstellglieds

Hat die Identifikationsmerkmal-Erfassungseinheit nach positiver Prüfung der Identifikationsmerkmale eine Tür über das Zutrittskontrollstellglied freigegeben, so kann die Tür berechtigt geöffnet werden. Dieses Öffnen der Tür ist zeitlich solange möglich, wie am Zutrittskontrollstellglied das entsprechende elektrische Signal anliegt oder seinen Freigabezustand (elektronischer Türöffner) nicht verändert. Zutrittskontrollanlagen lassen eine Einstellung dieser Zeit zu, so daß die Anlage den baulichen Gegebenheiten angepaßt werden kann. Üblicherweise ist die Identifikationsmerkmal-Erfassungseinheit direkt neben der Tür angebracht, so daß eine Bestromungszeit von einigen Sekunden ausreichend ist, um die Türe in Ruhe zu erreichen und zu öffnen. Unter Umständen muß die Identifikationsmerkmal-Erfassungseinheit einige Meter entfernt von der Tür angebracht werden, z. B. dann, wenn es sich um eine Glastürenfront handelt und die Identifikationsmerkmal-Erfassungseinheit in einer Standsäule, die vor den Türen in einiger Entfernung aufgestellt ist, eingebaut ist. In diesem Fall muß die Bestromungszeit des Zutrittskontrollstellgliedes zeitlich länger gewählt sein, da ja noch einige Schritte bis zur Türe gemacht werden müssen. Zutrittskontrollanlagen lassen eine Einstellung dieser Bestromungszeit im Bereich von 1 s (Schrankensteuerung) bis zu einer Größenordnung von etwa 100 s zu.

2.8.5.4.2 Türoffenzeitüberwachung

Die Dauer vom berechtigten Öffnen einer Tür bis zu dem Zeitpunkt zu dem sie wieder geschlossen wird, bezeichnet man als Türoffenzeit. Dieses Offenstehen der Tür muß selbstverständlich zeitlich begrenzt sein, und die Zeitdauer muß überwacht werden, da es ansonsten möglich ist, daß sie nicht nur von der Person passiert wird, die gerade ihre Berechtigung für den Zutritt nachgewiesen hat. Zudem wäre es ohne Überwachung nach einem einmaligen berechtigten Öffnen relativ einfach, einen Keil zwischen den Türrahmen und das Türblatt zu schieben, so daß die Türe dauernd offensteht. Die Türoffenzeit wird daher von den Zutrittskontrollanlagen überwacht; sie ist abhängig von den Anlagen zeitlich zwischen 1 und 100 s einstellbar.

Die Voraussetzung für diese zeitliche Überwachung ist allerdings ein Kontakt, der an der Tür angebracht ist und beim Öffnen der Tür eine Meldung an die Zutrittskontrollanlage liefert, die einen Zähler aktiviert. Im einfachsten Fall kann dies der Rückmeldekontakt des Türöffners sein. Denkbar ist auch ein Magnetkontakt der zusätzlich an der Tür angebracht ist.

Wird die voreingestellte Türoffenzeit überschritten, dies ist der Fall, wenn der interne Zähler abgelaufen ist und immer noch das Signal Türoffen vom Türkontakt anliegt, so wird dies von den Zutrittskontrollanlagen erkannt und

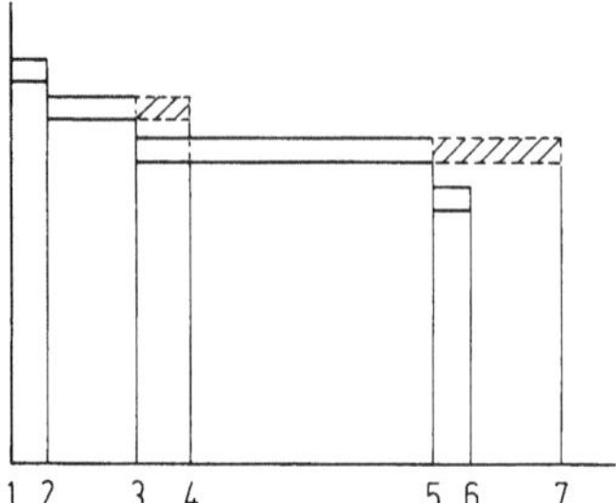

Abb. 2.111. Zeitlicher Ablauf der Vorgänge beim Schließen der Tür innerhalb der Türoffenzeit. *1* positive Identifikation, *1–2* Freigabeverzögerungszeit, *2* Beginn Bestromung des Türöffners, *3* Türöffnung mit Meldung der Türoffenkontakte und Auslösen des internen Zählers; Rückstellung der Bestromung des Zutrittskontrollstellgliedes, *4* Zeitpunkt maximaler Bestromung des Türöffners, wenn Tür vorher nicht geöffnet wird, automatische Rückschaltung in den Ruhezustand, *5* Tür geschlossen, Rückmeldekontakt inaktiv, interner Zähler wird rückgesetzt, *5–6* Ausschaltverzögerungszeit, *6* Beginn für neuerlichen Identifikationsvorgang, *7* Zeitpunkt maximaler Türoffenzeitüberwachung

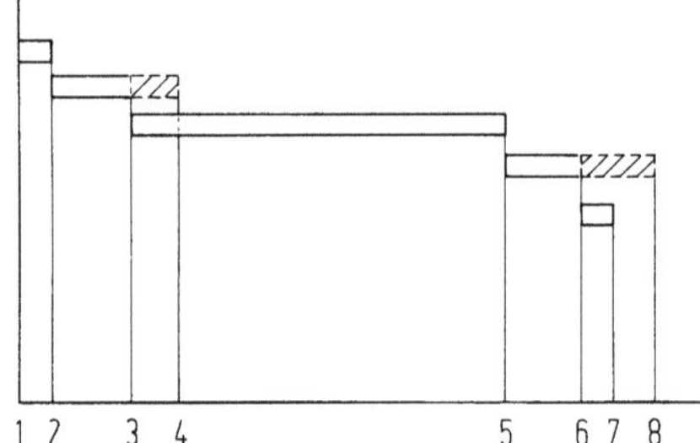

Abb. 2.112. Zeitlicher Ablauf der Vorgänge bei Überschreitung der Türoffenzeit mit Schließung der Tür innerhalb der Vorwarnzeit. *1* positive Identifikation, *1–2* Freigabeverzögerungszeit, *2* Beginn Bestromung des Türöffners, *3* Türöffnung mit Meldung der Türoffenkontakte und Auslösen des internen Zählers, Rückstellung der Bestromung des Zutrittskontrollstellgliedes, *4* Zeitpunkt maximaler Bestromung des Türöffners, wenn Tür vorher nicht geöffnet wird, automatische Rückschaltung in Ruhezustand, *5* Ablauf Türoffenzeitüberwachung, Start Vorwarnzeit mit optischem oder akustischem Hinweis für Berechtigten Tür wieder zu schließen, *5–8* Vorwarnzeit, *6* Tür geschlossen; Rückmeldekontakt inaktiv, interner Zähler wird rückgesetzt, *6–7* Ausschaltverzögerungszeit, *7* Beginn für neuerlichen Identifizierungsvorgang, *8* Zeitpunkt maximaler Vorwarnzeit

eine Reaktion eingeleitet. Dies kann eine Ausgabe auf dem Drucker mit Kartennummer, Türnummer, Zeit der berechtigten Öffnung und der Meldung „Türoffenzeit überschritten" oder „Tür zu lange auf" sein. In empfindlichen Bereichen und Räumen ist auch die Kopplung mit einem optischen oder akustischen Signal denkbar, das lautstark auf diesen Mißstand hinweist. Anlagenabhängig kann der eigentliche Alarm entweder sofort oder nach einem kurzen Hinweissignal, die Türe wieder zu schließen, erfolgen. Abbildung 2.111 beschreibt die zeitlichen Abläufe beim Schließen der Türe innerhalb der eingestellten Türoffenzeit, Abb. 2.112 zeigt die zeitlichen Abläufe und Vorgän-

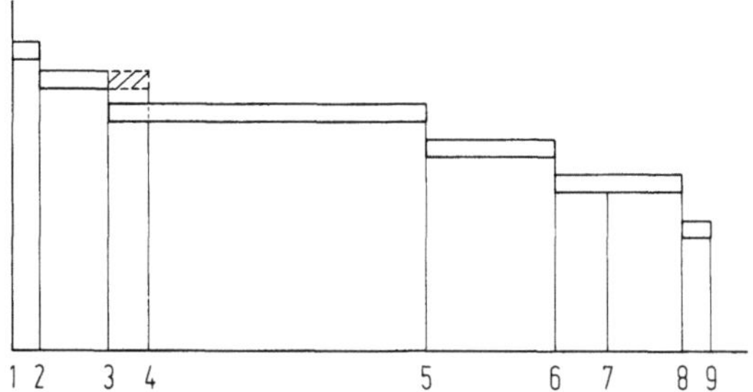

Abb. 2.113. Zeitlicher Ablauf der Vorgänge bei Überschreitung der Türoffenzeit und Vorwarnzeit. *1* positive Identifikation, *1–2* Freigabeverzögerungszeit, *2* Beginn Bestromung des Türöffners, *3* Türöffnung mit Meldung der Türoffenkontakte und Auslösen des internen Zählers, Rückstellung der Bestromung des Zutrittskontrollstellgliedes, *4* Zeitpunkt maximaler Bestromung des Türöffners, wenn Tür vorher nicht geöffnet wird , automatische Rückschaltung in Ruhezustand, *5* Ablauf Türoffenzeitüberwachung, Start Vorwarnzeit mit optischem oder akustischem Hinweis für Berechtigten Tür wieder zu schließen, *5–6* Vorwarnzeit, *6* Ablauf Vorwarnzeit, Beginn Alarmierung, *6–8* Alarmierungs- und Interventionszeit, *7* Tür geschlossen, kein Einfluß auf Alarmablauf, *8* Alarmende, *8–9* Ausschaltverzögerungszeit, *9* Beginn für neuerlichen Identifikationsvorgang, *8* Zeitpunkt maximaler Vorwarnzeit

ge, wenn die Tür innerhalb der eingestellten Türoffenzeit nicht wieder geschlossen wird.

Abbildung 2.113 illustriert die zeitlichen Abläufe und Vorgänge, wenn Türoffenzeit und die Vorwarnzeit abgelaufen sind und die Türe nicht geschlossen wurde.

Nach dem Auslösen des Identifizierungsvorganges durch den Identifikationsmerkmalträger bis zum Zeitpunkt der Bestromungszeit des Zutrittskontrollstellglieds ist eine bestimmte Zeit notwendig, innerhalb derer die Zutrittskontrollanlage über die berechtigte Begehung entscheidet. Diese Reaktionszeit liegt bei heutigen Zutrittskontrollanlagen unter 1 s (Tabelle 2.5).
Über den im Türöffner eingebauten Rückmeldekontakt wird der Türzustand auf/zu angezeigt. Dieser läßt sich bei verschiedenen Türöffnertypen auch manuell betätigen. Durch ein Eindrücken dieses mechanischen Rückmeldekontakts wird der Zutrittskontrollanlage signalisiert: „Tür zu". Wird der Rückmeldekontakt von Hand bei weiterhin geöffneter Türe betätigt, so wird

Tabelle 2.5. Steuerung- und Überwachungszciten einer Türe

Bezeichnung	Zeitdauer in s
Freigabeverzögerungszeit	0,5
Bestromungszeit	1–99
Türoffenzeit	1–99
Warnzeit	1–30
Alarmdauer	1–120
Ausschaltverzögerungszeit	0,5

der Steuereinheit der „Tür-zu"-Zustand vorgetäuscht. Es erfolgt keine Alarmierung.

Ein eindeutiges Schließen der Tür kann daher entweder über einen zusätzlich an geeigneter Stelle der Tür angebrachten Magnetkontakt oder über eine gemeinsame Auswertung von Rückmeldekontakt und zusätzlichem Magnetkontakt vorgenommen werden. Eine wirksame Zutrittskontrollanlage muß diese Manipulation erkennen, da zudem der technische Aufwand nicht sehr groß ist.

2.8.5.4.3 Türaufbruch

Zutrittskontrollanlagen unterscheiden nicht zwischen einem echten Türaufbruch (Aushebeln des Türblatts) und einem Öffnen der Tür unter Umgehung der Identifikationsmerkmal-Erfassungseinheit (z. B. Aufschließen mit einem Schlüssel). Dies ist auch nicht zwingend notwendig, da es sich in jedem Fall um den Versuch handelt, einen besonders gesicherten Bereich oder Raum unter Umgehung der Zutrittskontrollanlage zu betreten. Es widerspricht der Philosophie eines Zutrittskontrollsystems, wenn nicht bei jeder Begehung exakt festgehalten wird, welche Personen zu welchen Zeiten die Räume betreten haben. Dies gilt auch für besondere Vertrauenspersonen oder den Chef selbst, die zusätzlich zu ihrer ID-Karte über einen Schlüssel verfügen. Jedes durch einen Berechtigten mit Hilfe eines regulär ausgegebenen Schlüssels vorgenommene Öffnen einer Tür, die durch ein Zutrittskontrollsystem gesichert ist, muß einen Alarm auslösen, mindestens jedoch ein Protokoll über das unter Umgehung der Zutrittskontrollanlage ausgehende Öffnen hervorbringen.

Eine Tür läßt sich auch über eine Einbruchmeldeanlage auf gewaltsames Öffnen hin überwachen.

2.8.6 Personenvereinzelung

Das berechtigte Öffnen einer Tür gibt keinerlei Auskunft darüber, wieviele Personen durch den geöffneten Durchgang gehen. Dies wird in der Regel nur eine einzelne Person sein. Muß in Hochsicherheitsbereichen unterbunden werden, daß bei einem einmalig berechtigten Öffnen mehrere Personen gleichzeitig einen Durchgang passieren, sind besondere Maßnahmen für eine Personenvereinzelung zu treffen.

2.8.6.1 Drehtüren

An den Grundstücksgrenzen werden mechanisch stabile und hermetisch abgeriegelte Drehtüranlagen eingesetzt, die eine Personenvereinzelung durch ihre besondere Bauweise vornehmen. Wird die Drehtüranlage durch die Zutrittskontrollanlage betätigt, so lassen sich die drehbaren mechanischen Flügel genau um eine Viertelumdrehung bewegen, so daß eine Person durchgehen kann. Drehtüranlagen können auch für den Eingangsbereich von

Abb. 2.114. Ausführungsbeispiele von Drehtüren

Abb. 2.115. Karuselldrehtür (Werkfoto Gallenschütz)

Gebäuden eingesetzt werden. Abbildung 2.114 stellt einige Ausführungsformen vor, wie Sicherheits-Drehtüre, Karuselldrehtür und Rundschiebetür, Abb. 2.115 enthält das Photo einer Karuselldrehtür.

Problematisch ist, daß der Platz zwischen den Flügeln einer Drehtüranlage so ausgelegt sein muß, daß er für schlanke und korpulente Personen gleichermaßen bequem ausreicht. Dieser notwendige Toleranzspielraum ermöglicht es unter Umständen zwei schlanken Personen, sich in den Zwischenraum zu quetschen und, wenn auch auf unbequeme Weise gemeinsam durchgehen zu können. Eine Zwangsvereinzelung ist daher mit diesen Drehtüranlagen nicht zu erreichen.

Drehtüranlagen haben Kontakteingänge, mit denen eine Links-Rechts-Steuerung des rotierenden Drehflügelteils vorgenommen wird. Sind an beiden Seiten der Drehtüranlage Identifikationsmerkmal-Erfassungseinheiten angebracht, so wird abhängig davon, ob der Außen- oder Innenleser betätigt wurde, über die Zutrittskontrollanlage die Drehrichtungsfreigabe aktiviert und die entsprechende Sperre freigegeben. Häufig verzichtet man auf den Innenleser und gibt die Drehtüranlage in Richtung nach außen drehend immer frei. Abbildung 2.116 gibt eine Drehtüranlage wieder, die an der Grundstückgrenze eines Firmengeländes aufgestellt ist.

Abb. 2.116. Drehtüranlage als
Personaleingang

2.8.6.2 Drehkreuze

Drehkreuzgesicherte Eingangsbereiche kommen sowohl im Außenbereich, als
auch im Innenbereich zur Anwendung. Sie sind zusätzlich von einem Pförtner
durch Sichtkontakt oder durch eine Kameraanlage zu bewachen, da sie ohne
Schwierigkeiten leicht umgangen werden können. Dieses Umgehen der
Drehkreuze kann durch Unterkriechen oder Überklettern geschehen. Abbildung 2.117 zeigt eine Drehkreuzanlage im Außenbereich zur Sicherung eines
Einganges an der Grenze des Firmengeländes, Abb. 2.118 eine mechanisch
etwas andere Form für die Innenbereichs-Sicherung.

Abb. 2.117. Drehkreuzanlage
(Werkfoto Gallenschütz)

Abb. 2.118. Drehkreuz im Innenbereich (Werkfoto Gallenschütz)

2.8.6.3 Schleusen

Sowohl bei Drehtüren als auch bei Drehkreuzen ist eine Personenvereinzelung, wie sie in Hochsicherheitsbereichen erforderlich sein kann, nicht zu erreichen. Eine Zwangsvereinzelung kann nur durch Personen-Schleusen erreicht werden. Nur Schleusenanlagen garantieren, daß nicht mehr als eine Person gleichzeitig den Durchgang passieren kann. Abbildung 2.119 stellt einige typische Ausführungsformen von mechanischen Schleusen vor. Diese Schleusen können durch im Innenraum eingebaute, ergonomisch geformte Schikaneteile verhindern, daß sich mehr als eine Person innerhalb der Schleusenkammer befinden kann. Der Nachteil ist, daß Gegenstände wie Aktenkoffer oder Geräte nicht ohne weiteres mitgenommen werden können. Außerdem regiert das starr ausgelegte System nicht auf unterschiedliche Körperumfänge, so daß unter Umständen sehr korpulente Personen nicht in der Lage sind, die

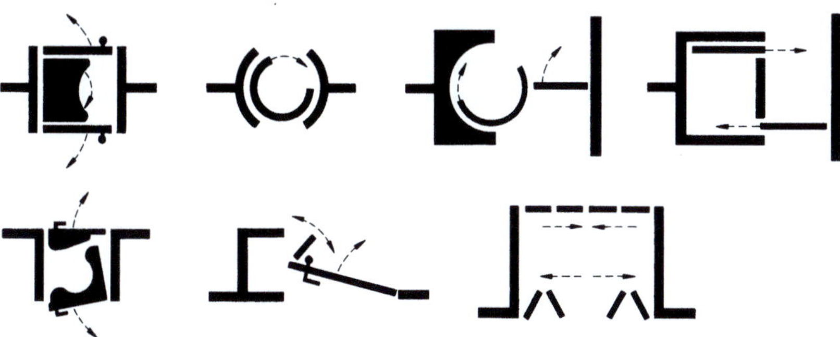

Abb. 2.119. Typische Ausführungsformen von mechanischen Schleusen

Abb. 2.120. Einzelpersonenschleuse (Werkfoto Gallenschütz)

Schikane der Schleuse zu passieren. Die Abb. 2.120 und 2.121 zeigen mechanische Schleusen im Einsatz.

In Abb. 2.122 ist eine Falltürschleuse dargestellt, die zwischen den beiden Türen genügend Platz für den Transport größerer Gegenstände läßt. Zu einer Personenvereinzelungsanlage wird dieses Zweitürsystem allerdings erst durch diverse zusätzliche Maßnahmen und Geräte, wie Lichtschranke, Bewegungsmelder und Videokameras. Eine Besonderheit ist die Kombination von Schleuse und Bildvergleich. Durch den Bildvergleich wird zusätzlich das originäre Merkmal der eintretenden Person überprüft. Die Vorgehensweise ist wie folgt:

Eine Person bucht an der Identifikationsmerkmal-Erfassungseinheit 1; daraufhin öffnet sich die Tür 1 automatisch. Nachdem die Person durch die Lichtschranke den Schleusenraum betreten hat, schließt sich die Tür 1 wieder. Die Identifikationsmerkmal-Erfassungsheinheiten 1 und 3 sind für weitere Buchungen gesperrt. Eine Buchung an der innen angebrachten Identifikationsmerkmal-Erfassungseinheit 2 löst den Bildvergleichsvorgang aus. Über der Kamera 1 wird das Livebild der Person zum Pförtner übertragen. Mit Hilfe der Kamera 2 kann der Pförtner kontrollieren, ob sich tatsächlich nur eine einzelne Person innerhalb des Schleusenbereiches befindet. Nach einem positiven Bildvergleich gibt der Pförtner die Tür 2 frei. Die Person kann den Innenbereich der Schleuse verlassen und den Sicherheitsbereich betreten. Der Bewegungsmelder wird aufgeschaltet und gibt Alarm, sofern sich unentdeckte Personen im Schleusenbereich befinden sollten. Ist dies nicht der Fall, so

Abb. 2.121. Schleusengruppe (Werkfoto Gallenschütz)

Abb. 2.122. Falltürschleuse mit Schleusensteuerung

werden die Identifikationsmerkmal-Erfassungseinheiten 1 und 2 für weitere Buchungen freigegeben.

Bei der Konzipierung von Personenvereinzelungsanlagen im Innenbereich, wie z. B. von Drehtüren, Drehkreuzen und Schleusen darf nicht vergessen werden, Rettungswege anzulegen und Fluchttüren einzubauen. Aus Gründen der Sicherheit müssen sich diese Fluchttüren von innen mechanisch mit alarmüberwachten Panikverschlüssen öffnen lassen. Im Falle einer Katastrophe oder Notmaßnahme muß sich die Personen-Zwangsvereinzelung umgehen lassen.

Welche Schleusenart auch immer zum Einsatz kommt, zu beachten ist, daß sie
- mechanisch stabil ist,
- auf Gewalteinwirkung überwacht wird,
- der Türbereich von einer Kamera überwachbar ist,
- eine Gegensprechanlage zur Pförtnerloge vorhanden ist,
- alarmüberwachte Fluchtmöglichkeiten nach den gesetzlichen Bestimmungen gegeben sind und
- ein Rettungszugang von außen für Hilfskräfte vorhanden ist.

Aufgrund der hohen Anschaffungskosten für Schleusen wird man sich genau überlegen müssen, ob sich eine solche Investition lohnt, d. h. der finanzielle Aufwand und der eigentliche Anlaß für die Installation sollten in einem vernünftigen Verhältnis zueinander stehen.

2.8.7 Schaltausgänge und Steuereingänge

Damit eine Zutrittskontrollzentrale mit den peripheren Geräten kommunizieren und zusammenarbeiten kann, sind diverse Schnittstellen, Schaltausgänge und digitale Eingänge erforderlich:
- Schnittstelle zum Drucker (serielle V24/RS 232 oder parallel Centronics),
- Schnittstelle zu Identifikationsmerkmals-Erfassungseinheiten und übergeordneten PC (2- oder 4-Draht Party-Line RS-485),
- Alarmausgang,
- Sabotageausgang,
- Stellausgang für Zutrittskontrollstellglied,
- Tür-Rückmeldekontakteingang,
- Türrahmenkontakteingang,
- Alarmeingänge,
- Sabotageeingänge.

Bei intelligenten Identifikationsmerkmal-Erfassungseinheiten, die voll stand-alone-fähig arbeiten können, sind ein Großteil dieser Ein- und Ausgänge ebenso vorhanden. Abbildung 2.123 zeigt die Anschlußbelegung einer Identifikationsmerkmal-Erfassungseinheit.

2.8.7.1 Schaltausgänge

Die Schaltausgänge für die Zutrittskontrollstellglieder können je nach Ausführung in der Identifikationsmerkmal-Erfassungseinheit oder in der Zentrale selbst vorhanden sein. Ein Türöffner wird entweder über die interne Spannungsversorgung des Geräts mitversorgt oder potentialgetrennt über ein Relais mit einer zusätzlichen externen Spannungsversorgung aufgeschaltet. Eine externe Spannungsquelle ist nur dann erforderlich, wenn die Spannungs-

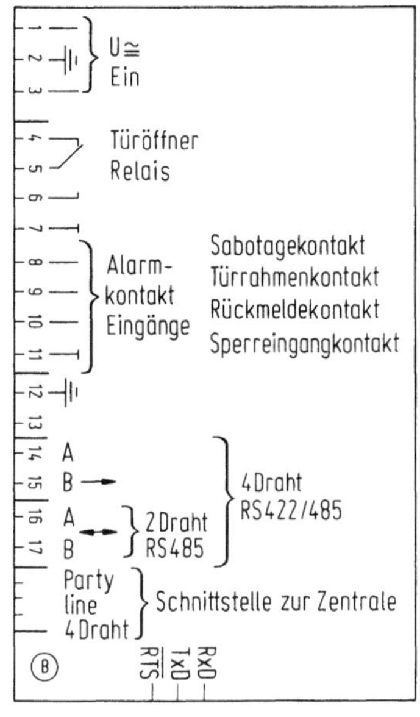

Abb. 2.123. Anschlußbelegung einer Identifikationsmerkmal-Erfassungseinheit

höhe oder der von der Einheit lieferbare Strom zum Schalten des Türöffnermagneten nicht ausreicht. Bei der Wahl eines Türöffners ist daher die interne Spannung und die maximale Strombelastung zu berücksichtigen. Werden die Zutrittskontrollstellglieder mit der internen Spannung versorgt, so ist diese Spannung bei einem Stromausfall unter Umständen bei einigen Identifikationsmerkmal-Erfassungseinheiten nicht mehr verfügbar. In der Regel ist jedoch über die Notstromversorgung auch die Funktion des Türöffners nicht beeinträchtigt; denn es ist kaum hilfreich, wenn die intelligente Identifikationsmerkmal-Erfassungseinheit weiter funktionsfähig ist und ihre Entscheidungen vor Ort trifft, die Tür aber nicht aufgeht, weil der Türöffner nicht notstromversorgt ist.

2.8.7.2 Alarmausgänge

Bei Abweichungen vom ordnungsgemäßen Ablauf sowie bei Manipulationen an den Gehäusen von Zentralen und Identifikationsmerkmal-Erfassungseinheiten werden Alarme ausgelöst und abgesetzt. Abhängig vom Anzeigeort unterscheidet man zwischen Alarmanzeigen durch
- optische und akustische Signalgeber, die in der Identifikationsmerkmal-Erfassungseinheit eingebaut sind;
- optische und akustische Alarmgeber, die über die Alarmausgänge aktiviert werden;
- Meldungsübermittlungen über eine Datenleitung zur Zentrale oder übergeordnetem Rechner.

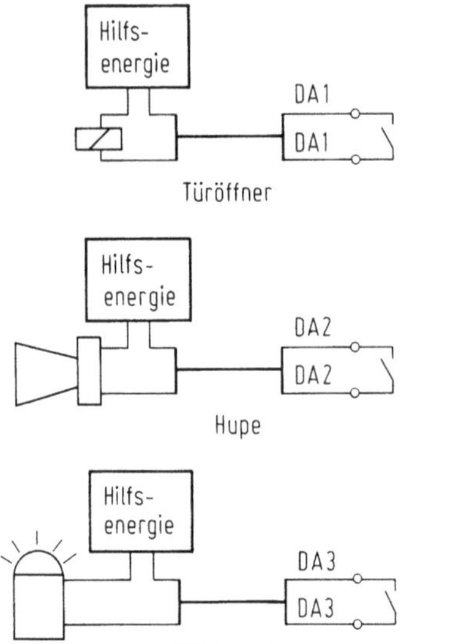

Abb. 2.124. Schaltausgänge

Alarmanzeigen können lokal oder zentral erfolgen. Man unterscheidet des weiteren zwischen einfachem und schwerwiegendem Alarm. Ein einfacher Alarm liegt vor, wenn die Türoffenzeit überschritten ist. Dieser Alarm ist nur kurzzeitig wirksam. Wird die Tür oder das Gehäuse der Zentrale oder einer Identifikationsmerkmal-Erfassungseinheit aufgebrochen, so bleibt dieser Alarm hingegen solange bestehen, bis er durch eine autorisierte Person quittiert und rückgesetzt wird. Es ist daher mindestens ein Sammelalarmausgang vorhanden, der bei allen eben genannten Aktionen auftritt. Einige Geräte sind in der Lage, unterschiedliche Alarmausgänge zu aktivieren.

Alarmausgänge lassen den Anschluß von optischen oder akustischen Signalgebern zu. Der Alarmausgang kann potentialgebunden oder galvanisch potentialgetrennt von der Identifikationsmerkmal-Erfassungseinheit ausgeführt sein. Die Potentialtrennung kann durch ein Relais oder einen Optokoppler vorgenommen sein. Im Falle einer Potentialtrennung sind für die Alarmgeber gesonderte Spannungsversorgungen erforderlich. Bei der Auswahl der Alarmgeber ist die Spannungs- und Strombelastbarkeit des Alarmausganges zu berücksichtigen. Relaiskontakte können als Arbeits- oder Wechselkontakte ausgeführt sein. Abbildung 2.124 stellt Anschaltvarianten vor.

2.8.7.3 Digitale Eingänge

Für die Funktionsüberwachung des Türöffners und zur Überwachung von Türen werden digitale Eingänge benötigt, die den Anschluß der entsprechenden Signalgeber zulassen und deren Signale von der Zutrittskontrollanlage ausgewertet werden. Wird bei einer Zutrittskontrolle nur eine Eingangsüberprüfung vorgenommen, dies bedeutet einen Leser im Außenbereich, so kann auf der Innenseite der Tür ein Türöffnertaster angebracht sein, der das

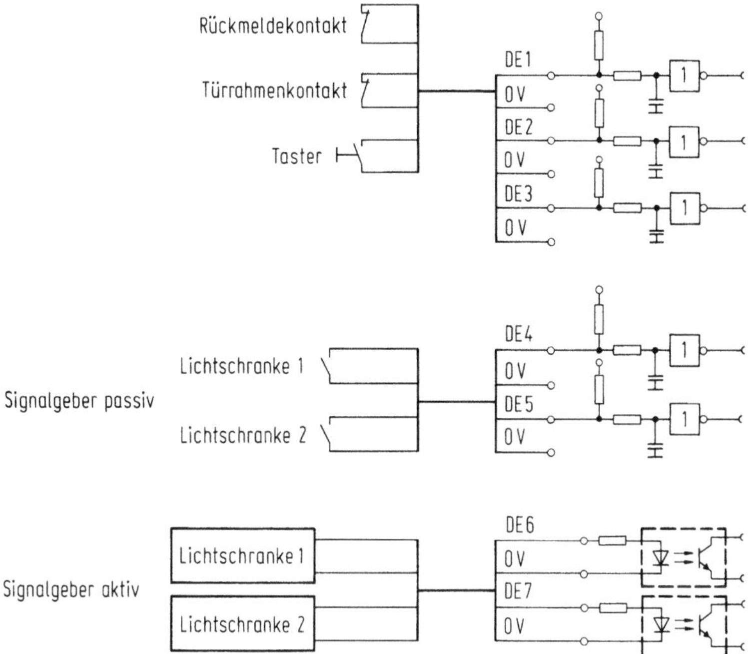

Abb. 2.125. Digitale Eingänge

berechtigte Öffnen der Tür von der Innenseite her zuläßt. Ein Öffnen der Tür
über den an der Anlage angeschlossenen Türöffnertaster wird als berechtigte
Türöffnung von der Zutrittskontrollanlage betrachtet, wenn im Innenbereich
keine Identifikationsmerkmal-Erfassungseinheit angebracht ist.

Üblicherweise können auch passive oder aktive Signalgeber, wie Rückmeldekontakt, Magnetkontakt, Lichtschranke oder Bewegungsmelder angeschlossen werden. Rückmelde- und Magnetkontakt können auch als hintereinander geschaltete Ruhekontakte aufgeschaltet werden.

Auch das Anschließen von mehreren Magnetkontakten als Fenster- oder
Türüberwachung ist bei einigen Einbruchmeldeanlagen möglich. In diesem
Falle erfolgt eine Alarmauslösung von dieser Alarmschleife, sobald mindestens
einer der Ruhekontakte angesprochen hat. Abbildung 2.125 zeigt Anschaltvarianten.

2.8.8 Betriebs- und Funktionsanzeige

Betriebs- und Funktionsanzeigen können auf recht unterschiedliche Arten
ausgeführt sein. Das Anzeigesignal kann entweder nur optisch, mit Hilfe von
verschiedenfarbigen Leuchtdioden, oder nur akustisch, mittels eingebautem
Piezosummer, oder aber eine Kombination aus optischer und akustischer
Anzeige sein. Das akustische Signal wird vielfach lediglich als Quittiersignal

oder als zusätzliches Hinweissignal genutzt, wenn bei der Bedienung oder der Buchung durch den Anwender etwas falsch gemacht wurde. Rein optisch hingegen ist die Betriebsanzeige, wobei diverse Identifikationsmerkmal-Erfassungseinheiten noch zwischen Betriebsbereitschaft mit regulärer Stromversorgung und Notstromversorgung über Akkumulatoren durch unterschiedliche Anzeigen aufmerksam machen. Allerdings ist dies nicht ein unbedingtes Muß, da nur die Funktion selbst von Interesse ist und die Anzeige der Betriebsbereitschaft allein genügt. Ob der Leser dabei über die normale Stromversorgung oder die Notstromversorgung bedient wird, ist für den Zutrittsbegehrenden nicht von Interesse. In den meisten Fällen wird die Betriebsbereitschaft durch eine gelbe Leuchtdiode angezeigt. Eine Unterscheidung zwischen berechtigter Buchung mit Freigabe der Tür und abgewiesener unberechtigter Buchung wird häufig mit einer Zweifarben-Leuchtdiode vorgenommen. Der Zustand Buchung in Ordnung und „Freigabe der Tür" wird durch grünes Aufleuchten der Diode signalisiert, während der nichtberechtigte Versuch durch diese Tür zu gehen, durch rotes Aufleuchten der Diode angezeigt wird. Fehlerhafte Buchungen durch falsches Stecken oder Ziehen der ID-Karte, durch nicht vom System erkennbare Karten und nicht lesbare Kodeformate können durch ein mehrfaches Blinken der roten Leuchtdiode angezeigt und eventuell zusätzlich durch ein akustisches Signal unterstützt werden. Es gibt jedoch auch Identifikationsmerkmal-Erfassungseinheiten, die grundsätzlich jeden Buchungsvorgang zusätzlich durch das akustische Signal quittieren.

Wichtig für den Anwender sind die Anzeige der Betriebsbereitschaft, die Anzeige der berechtigten Türöffnung und das Abweisen der Buchung, wobei die Gründe der Abweisung „nicht berechtigt" oder Fehler beim Buchungsversuch als zwei unterschiedliche, durch den Bediener erkennbaren Zustände angezeigt werden müssen. Sinnvoll ist auch die Ergänzung eines Buchungsfehlers durch ein akustisches Signal. Auch läßt sich eine grundsätzliche akustische Unterstützung der Leuchtdiodenzustände realisieren. Bei berechtigter Buchung kann die optische Anzeige der grünen Leuchtdiode durch ein kurzes akustisches Signal ergänzt werden. Die Abweisung und das Aufleuchten der roten Leuchtdiode kann durch einen länger anhaltenden Summerton unterstützt werden. Ein fehlerhafter Buchungsversuch und das Blinken der roten Leuchtdiode wird sinnvollerweise dadurch ergänzt und besser wahrgenommen, daß die akustische Anzeige mehrfach ertönt.

Bei der Kombination von Leser und Tastatur ist es bei vielen Systemen so, daß erst die richtige Eingabe der PIN dazu führt, daß die Leseeinheit in den Betriebszustand bereitgeht und daß die Bereitschaftsanzeige aufleuchtet. Ein Stecken der ID-Karte ohne diese PIN-Eingabe führt zu keiner Reaktion des Lesers und zu keinerlei Anzeige. Bei Zutrittskontrollanlagen, die eine Bedienung in umgekehrter Reihenfolge verlangen – zuerst Lesen der ID-Karte und bei Berechtigung das Eintasten der PIN – verhält es sich anders: die Bereitschaftsanzeige leuchtet immer, und auch die Funktion des Lesers ist stets gewährleistet.

Bei berührungslos arbeitenden Zutrittskontrollanlagen sind die Sensoren überwiegend unsichtbar in die Wand eingebaut. Aus diesem Grund erfolgt eine

Funktionsanzeige durch optische oder akustische Signale für den Benutzer selbst nicht. Ein eventuell wahrnehmbares Signal kann das Anziehen des Türöffners sein, wenn die Magnetspule bestromt wird.

2.8.9 Datenübertragung

Bei Zutrittskontrollanlagen erfolgt eine Datenübertragung in mannigfaltiger Weise. Der Leser selbst gibt die von der ID-Karte oder dem Kennungsgeber gelesenen Echtheitsmerkmale an die Controllereinheit oder die Zentrale weiter. Diese quittieren die Übergabe dieser Daten an die Leseeinheit. Danach ist die Leseeinheit wieder zur Aufnahme neuer Daten bereit. Arbeitet die Identifikationsmerkmal-Erfassungseinheit im stand-alone-Betrieb, so werden diese Echtheitsmerkmale von ihr überprüft und die Tür-Freigabesteuerung übernommen.

Ist die einzelne Identifikationsmerkmal-Erfassungseinheit nur ein kleiner Teil einer komplexen Zutrittskontrollanlage, so wird die zentrale Versorgung und Steuerung aller angeschlossenen Einbruchmeldeanlagen durch einen Personal-Computer oder einen Großrechner vorgenommen. Die Daten werden dabei über eine serielle Schnittstelle, vorwiegend RS 485-Schnittstelle oder, bei kleineren Anlagen, RS 232-Schnittstelle, vom Rechner zu den IME's und ebenso in umgekehrter Richtung gesendet. Dieser Datenaustausch erfolgt in Form von Daten-Telegrammen.

2.8.9.1 Telegrammaufbau

Datentelegramme bestehen aus mehreren aufeinanderfolgenden einzelnen Zeichen. Als Quittungssignal für den Leser kann jedoch auch ein einzelnes Zeichen übertragen werden. Das erste Zeichen des Daten-Telegramms, das übertragen wird, kennzeichnet den Beginn. Hierfür wird üblicherweise das Sonderzeichen STX (start of text) verwendet. Damit unterschiedliche Datentelegramme voneinander abgegrenzt und ausgewertet werden können, folgt dem Sonderzeichen STX eine Daten-Telegrammkennung. Auf diese Telegrammkennung kann ein Richtungskennzeichen folgen. Dies ist vor allem dann wichtig, wenn ID-Karten richtungsunabhängig in eine Leseeinheit eingesteckt werden können. ID-Karten, die richtungsunabhängig von einem Durchzugsleser gelesen werden können, müssen diese Richtungskennung enthalten. Sie wird an die auswertende Einheit mitübertragen und diese ist anhand dieser Richtungskennung in der Lage, die Informationen unabhängig von der eigentlichen Leserichtung immer korrekt zuzuordnen. Danach folgt die eigentliche Dateninformation. Unter Daten-Telegramminformation versteht man u. a.:
- Echtheitsmerkmale der ID-Karte oder des Kennungsgebers,
- eingetastete Zifferfolge über eine Tastatur,
- Signal, das anzeigt, daß die Türe nicht innerhalb der festgesetzten Zeit wieder geschlossen wurde,

- Fehlermeldungen,
- Zustandsmeldungen und
- Alarmmeldungen

Die Daten-Telegrammkennung nimmt eine Zuordnung der im Daten-Telegramm enthaltenen Informationen vor. Den Abschluß eines Daten-Telegramms bildet das Sonderzeichen ETX (end of text).

Daten-Telegramme, die von der Zentraleinheit zum Leser übermittelt werden, können entweder aus einem rein hardwaremäßig verdrahteten Quittierzeichen oder aus einem Einzelzeichen, das zwischen die Sonderzeichen STX und ETX eingefügt ist, bestehen. Die übertragenen Einzelzeichen können eine Information oder ein Sonderzeichen sein. Die Tabelle 2.6 gibt Aufschluß über einige Arten von Informationen und den zugehörigen Sonderzeichen.

Auf den Übertragungswegen können Bits durch Störungen verfälscht werden und zu Fehlinterpretationen durch die Empfangseinheit führen. Deshalb ist es außerordentlich wichtig, daß verfälschte Zeichen von der Controllereinheit erkannt werden können und diese eine nochmalige Übertragung des Daten-Telegrammes veranlaßt. Bei Zutrittskontrollanlagen werden für die Erkennung derartiger Übertragungsfehler zwei Methoden eingesetzt. Bei der Blockparitätsprüfung wird unter Einbeziehung aller Steuerzeichen die Quersumme des zu übertragenden Datenblocks gebildet und der binäre Zustand wird über den gesamten Informationsblock auf gerade oder ungerade Parität ergänzt. Die gebräuchlichere Methode der Zeichenparitätssicherung geschieht auf dieselbe Art, wobei allerdings jedes einzelne Zeichen durch ein zusätzliches Prüfbit ergänzt wird. Diese Ergänzung durch das Prüfbit erfolgt so, daß die Summe der gleichartigen binären Zustände eine gerade oder eine ungerade Zahl ergibt. Anhand eines Beispieles soll dies verdeutlicht werden. Betrachten wir den Buchstaben A, er wird nach dem ISO-7-bit-Kode als Binärmuster so dargestellt:

64	32	16	8	4	2	1
1	**0**	**0**	**0**	**0**	**0**	**1**

Folglich ist die Summe der mit dem binären Zustand logisch 1 gekennzeichneten Zustände gleich 2. Bei einer ungeraden Paritätsprüfung muß diese Summe,

Tabelle 2.6. Telegrammarten

Informationsart	Sonderzeichen
Berechtigter Zutritt	ACK
keine Berechtigung	JAK
ID-Karte einziehen	BEL
wiederholen des Lesevorganges	CAN
Leser für Eingabe sperren	RS
Leser für Eingabe freigeben	DC

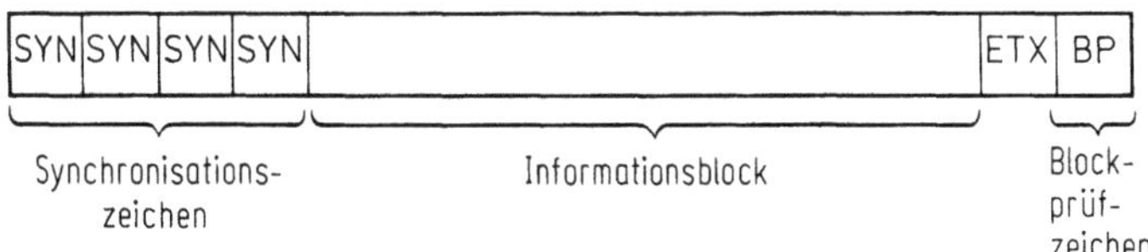

Abb. 2.126. Übertragungsblock beim Synchronverfahren

die eine gerade Zahl ergibt, auf eine ungerade Zahl ergänzt werden. Folglich ist das Paritätsbit auch durch den Zustand logisch 1 zu kennzeichnen. Damit ergibt sich dann die ungerade Parität von 3. Der Vorteil der Zeichenparitätsprüfung liegt darin, daß jedes einzelne Zeichen und nicht nur der gesamte Informationsblock überprüft wird.

Einzelne Zutrittskontrollanlagen führen zusätzlich zu dieser Paritätsprüfung eine Zweifachübertragung des Daten-Telegramms durch. Die Controllereinheit erkennt das Daten-Telegramm nur dann als richtig an, wenn sowohl die Paritätsprüfung als auch die Übereinstimmung der beiden Daten-Telegramme vorhanden ist. Durch dieses Verfahren wird eine noch höhere Sicherheit bei der Datenübertragung erzielt.

Für die Empfangsseite ist für die zeitliche Dauer der Datenübertragung ein Gleichlauf mit der sendenden Seite erforderlich. Dieser Gleichlauf kann durch zwei verschiedene technische Verfahren erreicht werden. Das bei Zutrittskontrollanlagen nur vereinzelt verwendete Synchronverfahren stellt während der Datenübertragung innerhalb eines festen Zeitrasters einen Gleichlauf her. Der Empfänger wird durch den Sender synchronisiert, wobei innerhalb jedes einzelnen Taktzyklus' jeweils ein Zeichen gesendet, empfangen und richtig zugeordnet wird. Zu diesem Zweck werden Synchronisierzeichen vor jeder Übertragung gesendet. Abbildung 2.126 erleichtert den Aufbau eines Übertragungsblocks beim Synchronisierverfahren.

Beim Asynchron- oder Start-Stop-Bit-Verfahren wird jedem Zeichen ein Start-bit vorangestellt. Dieses hat die Länge eines Einheitsschritts. Abgeschlossen wird die Übertragung durch einen oder zwei Stop-bits. Das Stop-bit kann 1 bis $1^1/_2$ mal so lang sein wie das Start-bit. Unter Betrachtung des ISO-7-Bit-Kodes mit Zeichenparitätsprüfung und der Annahme, daß das Stop-bit genau einen Einheitsschritt lang gewählt ist, sind für die Übertragung demnach 10 Bits notwendig. Abbildung 2.127 stellt die Anzahl der Schritte dar.

Für die Art des Datenflusses zwischen den Hardwareeinheiten von Zutrittskontrollanlagen kommen 2 Betriebsarten zum Einsatz. Abbil-

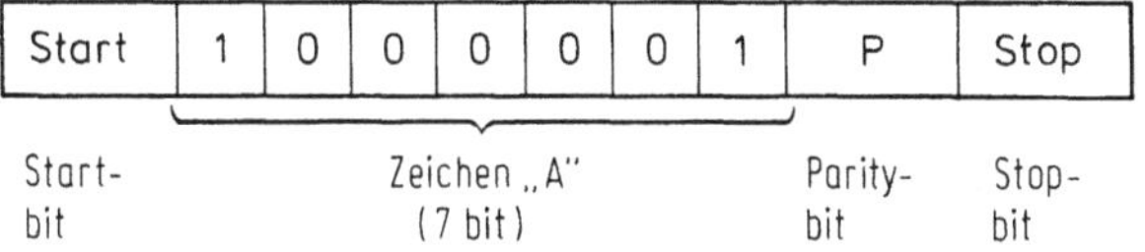

Abb. 2.127. Schrittanzahl bei der Zeichenübertragung

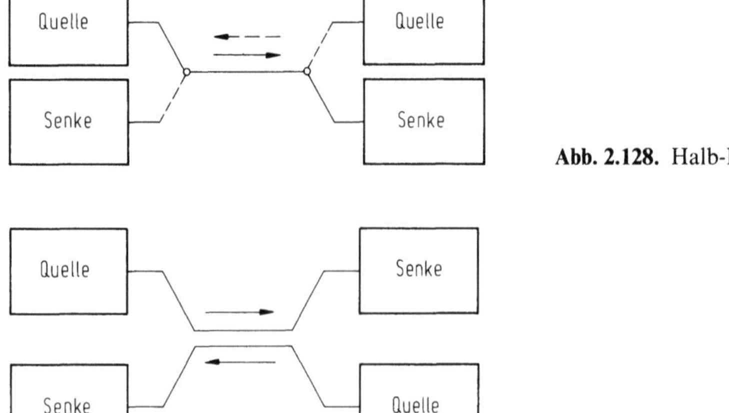

Abb. 2.128. Halb-Duplex-Betrieb

Abb. 2.129. Voll-Duplex-Betrieb

dung 2.128 erklärt das Prinzip des Halbduplex-Betriebs. Die Übertragung des Daten-Telegramms erfolgt dabei wechselweise über eine Leitung in beide Richtungen. Da immer nur eine Einheit senden kann, während die andere auf Empfang stehen muß, ist es unerläßlich, eine Priorität festzulegen. Wollen beide Einheiten mit dem Senden beginnen, so hat immer die Einheit mit der höherwertigen Priorität den Vorrang. Erst wenn diese ihre Nachricht abgesetzt hat und keine weiteren Daten mehr zum Senden anstehen, kann die Einheit mit der nachrangigen Priorität ihre Daten absetzen. Bei Zutrittskontrollanlagen hat die Controllereinheit normalerweise den Vorrang zum Senden. Die Lesestationen können daher jederzeit mit Nachrichten und Kommandos von der Zentraleinheit versorgt werden. Auf diese Weise wird dafür gesorgt, daß die Leseeinheiten immer mit den neuesten Informationen vorrangig versorgt sind. Wird die Datenübertragung einer Leseeinheit zum Controller durch diesen unterbrochen, so nimmt die Leseeinheit den Datentransfer erneut auf und wiederholt die Übertragung der unterbrochenen Daten, sobald der Controller seine Informationen übertragen hat und erneut bereit ist, Daten zu empfangen.

Abbildung 2.129 stellt eine weitere Betriebsart vor, wie sie bei der Datenübertragung von Zutrittskontrollanlagen häufig angewendet wird. Beim Vollduplex-Betrieb erfolgt die Datenübertragung zur gleichen Zeit in beide Richtungen. Hierbei entfällt die Festlegung einer Vorrangigkeit. Sowohl die Leseeinheit als auch der Controller können gleichzeitig Daten senden und empfangen. Im Gegensatz zum Halbduplex-Betrieb sind beim Vollduplex-Betrieb zwei getrennte Leitungspaare notwendig.

2.8.10 Schnittstellen

Zutrittskontrollanlagen, bei denen die einzelnen Controller und intelligenten Lesestationen über einen Personal-Computer versorgt und bedient werden, sind heute fast ausschließlich über eine RS 485-Schnittstelle angeschlossen. Eine Ausnahme bilden hierbei kleine Anlagen, die auch über eine RS 232-Schnittstelle an den PC angekoppelt sein können. Durch die RS 485-Schnittstelle können Entfernungen bis zu 1500 m ohne Probleme überbrückt werden. Sind größere Entfernungen notwendig, so bietet es sich an, die Leseeinheiten über zwei oder mehr Ringleitungen zu koppeln oder die Leitungslänge durch entsprechende Verstärker (repeater) zu verlängern. Auf diese Weise lassen sich Entfernungen von mehreren Kilometern ohne Probleme überbrücken.

Bei noch größeren Entfernungen zwischen der Zentraleinheit und den Controllern oder intelligenten Leseeinheiten erfolgt der Anschluß über eine RS 232-Schnittstelle mit nachgeschaltetem Modem. Hierbei kommen zwei Arten von Modems zum Einsatz:
- Standleitungsmodems und
- Postwahlleitungsmodems

2.8.10.1 Standleitungsbetrieb

Der Betrieb über gemietete Fernmeldeleitungen der deutschen Bundespost oder eigene, durch die Post zugelassene, verlegte Fernmeldenetze läßt den Anschluß von Zutrittskontrollkomponenten über sehr große Entfernungen, z. B. zu Betriebsaußenstellen, zu. Abbildung 2.130 zeigt eine typische Anlagen-Konfiguration, die über die RS 485-Schnittstelle die In-house-Lösung realisiert und über den Schnittstellenvervielfacher die Standleitungs-Modems aufschal-

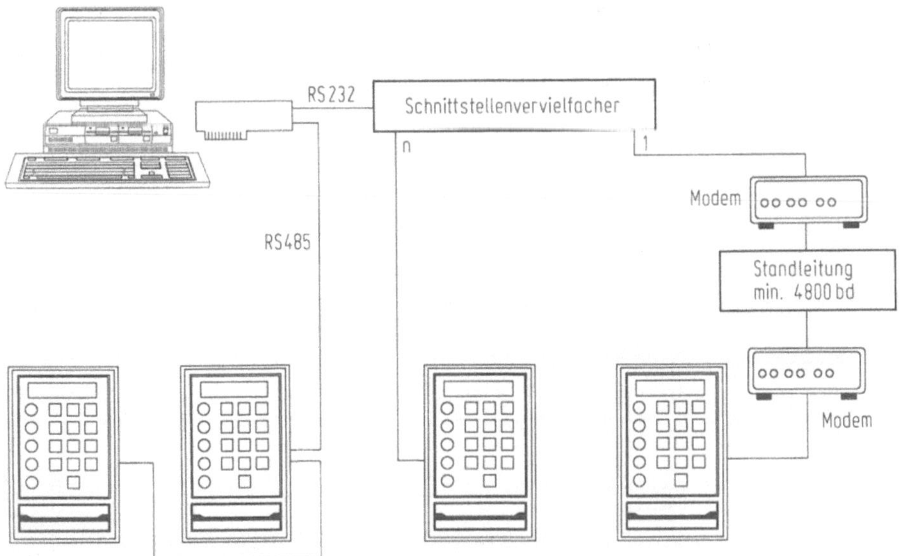

Abb. 2.130. Anlagenkonfiguration mit Standleitungs-Modem

tet. Hierbei ist die Leitung ständig mit dem Modem verschaltet und die Modems können jederzeit mit ihrer Datenübertragung beginnen.

2.8.10.2 Betrieb über Postwählleitungen

Der Vorteil der ständigen Verfügbarkeit der Standleitung muß mit dem relativ hohen Mietpreis der Post erkauft werden. Vielfach ist es jedoch nicht notwendig, die Verbindung zwischen Leseeinheit und Zentraleinheit ständig verfügbar und aufrecht zu erhalten. In diesen Fällen ist es weitaus preisgünstiger, die Dienste der Post nur zu den Zeiten in Anspruch zu nehmen, in denen eine Datenübertragung zwischen Zentraleinheit und Außenstelle erforderlich ist. Zu den übrigen Zeiten kann diese Postwahlleitung als normale Telefonleitung genutzt werden.

Werden neue oder geänderte Daten in der Zentraleinheit versorgt oder müssen Daten von der Außenstelle abgerufen werden, so wird mittels eines Postwahl-Modems über eine vorhandene Fernsprechleitung die Verbindung zur Außenstelle aufgebaut und die Daten übertragen. In diesem Falle müssen außer den Grundgebühren nur die tatsächlich anfallenden Telefongebühren an die Post entrichtet werden. Außerdem kann die Leitung in der übrigen Zeit noch als normale Telefonleitung für die Übermittlung von Gesprächen genutzt werden. Diese Möglichkeit bringt allerdings das Problem mit sich, daß der Übermittlungsapparat in dem Augenblick, wo eine Verbindung zustande kommen soll, blockiert ist. Wird hierbei eine sofortige Verfügbarkeit vom Anwender gefordert, so darf er diese Telefonleitung eben nicht auch noch

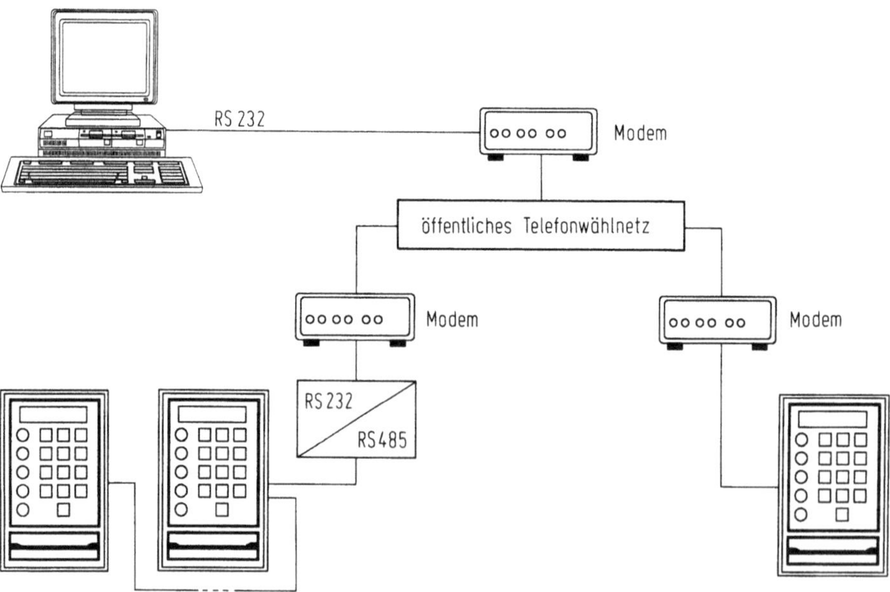

Abb. 2.131. Zutrittskontrollanlage mit Datenübertragung über öffentliches Postwahlnetz

für andere Zwecke nutzen und muß die Leitung ständig für die Zutrittskontrollanlage frei halten.

Die Anwahl der Außenstellen, inklusive des Wählvorganges werden von den Zutrittskontrollanlagen automatisch zu vorzugebenden Zeiten vorgenommen oder können auch manuell im Bedarfsfall gestartet werden. Üblicherweise genügt es einmal innerhalb von 24 h Daten von der Außenstelle abzuholen oder die Versorgungsdaten der Außenstelle zu aktualisieren. Wird diese Datenübertragung nachts vorgenommen, kann der günstige Nachttarif genutzt werden, und der Normalbetrieb der Zutrittskontrollanlage unterliegt keinerlei Einschränkungen. Ein manuelles Auslösen der Datenübertragung kann dann erforderlich werden, wenn eine ID-Karte verloren wurde und diese Karte an der Außenstelle sofort gesperrt werden muß, damit kein Unbefugter Zutritt erlangt. Abbildung 2.131 zeigt eine Zutrittskontrollanlage, die eine Datenübertragung zu zwei außenliegenden Betriebsstellen über Postwahlleitungs-Modems vornimmt.

2.8.11 Stromversorgung und Notstrombetrieb

Die Hardware-Komponenten von Zutrittskontrollanlagen benötigen zum Betrieb die unterschiedlichsten Spannungen. Normalerweise sind sie mit einem Netzteil ausgerüstet, das an die Netzspannungsversorgung von 220 V Wechselstrom angeschlossen werden kann und alle zum Betrieb erforderlichen Spannungen erzeugt. Es gibt jedoch auch Ausführungen von Identifikationsmerkmal-Erfassungseinheiten, die mit einer Niederspannung von 12 oder 24 V versorgt werden.

Periphere Geräte, die ebenfalls eine Spannungsversorgung benötigen, sind der Leser, der Türöffnermagnet, eventuell vorhandene örtliche Alarmgeber und Protokolldrucker. Sind die Leser im Außenbereich angebracht, ist zusätzlich eine Spannungsquelle für die Heizung erforderlich. Werden die Türöffnermagneten für das Netzteil der Controllereinheit versorgt, ist darauf zu achten, daß ein Typ gewählt wird, der sowohl von der Spannungshöhe als auch vom lieferbaren Strom her paßt. Teilweise werden die Türöffnermagneten auch durch die Spannung eines zusätzlichen Netzteiles versorgt. Im allgemeinen werden örtliche Alarmgeber von einer gesonderten Spannungsquelle bedient. Protokolldrucker werden heute fast ausschließlich an die Netzspannung angeschlossen. Eine Ausnahme bilden nur in die Controllereinheit eingebaute Kleindrucker, die ihre erforderlichen Spannungen aus dem Netzteil der Controllereinheit direkt beziehen.

Bei einem Stromausfall ist es notwendig, daß die Zutrittskontrollanlage autark vor Ort weiter funktionsfähig bleibt. Deshalb ist eine Notstromversorgung unerläßlich. Hierbei bieten sich 2 Varianten an. Jede Hardware-Komponente ist mit einem eigenen Akkumulator versehen. Als Akkumulatoren werden spezielle Bleiakkumulatoren oder Nickel-Cadmium-Akkumulatoren eingesetzt. Über eine elektronische Schaltung wird der Akku automatisch bei einem Ausfall der 220 V Netzspannung aufgeschaltet. Die Controllereinheit überwacht den Akku und liefert sowohl den Ladungserhaltungsstrom als auch den Ladestrom selbst bei einem längeren Akkubetrieb, sobald die Netzspannung wieder verfügbar ist. Der Nachteil dabei ist, daß die Akkus in regelmäßigen Abständen überprüft und von Zeit zu Zeit gegen neue getauscht werden müssen. Als Alternative und durchaus praktikabel könnte der Besitz einer sich an zentraler Stelle befindlichen Batteriebank sein, die die Einzelakkus zu ersetzen hätte. Größere Betriebe haben diese in der Regel sowieso für die Notstrombeleuchtung.

Eine weitere Variante ist der Anschluß an eine zentrale Notstromversorgung, die bei einem Ausfall der Netzspannung die Stromversorgung übernimmt. Dabei kann entweder die 220 V Netzspannung bei einem Stromausfall über ein Dieselaggregat oder über eine Batteriebank erzeugt werden. Die maximale Dauer für die der Zutrittskontrollbetrieb weiter aufrechterhalten wird, ist von der Kapazität des Akkumulators und dem zum Betrieb der Zutrittskontrollanlage erforderlichen Strom abhängig. Während die Stromaufnahme durch die Controllereinheit nahezu als konstant bezeichnet werden kann, steigt die Stromaufnahme merklich an, wenn der Türöffnermagnet anzieht. Dies geschieht nur im Falle eines berechtigten Zutritts. Ist der Türöffnermagnet hingegen in Ruhestellung, wird kein Strom entnommen. Die Anzugszeit des Türöffnermagneten ist im Controller einstellbar und wird durch die Freigabezeit bestimmt. Allerdings sind diese Freigabezeiten meistens vom Betreiber so großzügig gewählt, daß eine berechtigte Person in aller Ruhe die Türe öffnen kann. Ist die Türe geöffnet, so fällt die Bestromung des Türöffnermagneten wieder ab.

Aus der Strombelastung durch die Controllereinheit mit angeschlossenem Leser und der Stromentnahme durch den Türöffnermagneten läßt sich bei vorgegebener Kapazität des Akkus die Anzahl der möglichen Buchungen errechnen, wobei man in diesem Falle vom worst case der maximal möglichen Bestromungszeit (im Controller eingestellte Freigabezeit) des Zutrittskontrollstellglieds ausgeht.

Damit der Betriebsablauf während eines Netzausfalles weiter gewährleistet ist, muß die Notstromversorgung im Minimum den zum Betrieb der intelligenten Identifikationsmerkmal-Erfassungseinheiten und der Türöffnermagneten notwendigen Strom weiter liefern.

2.8.12 Gehäuseausführungen

Identifikationsmerkmal-Erfassungseinheiten werden von den Herstellern in den unterschiedlichsten Gehäuseausführungen und Designs, dem jeweiligen Verwendungszweck angepaßt, angeboten. Sie können sowohl im Freien als auch in geschlossenen Räumen eingesetzt werden. Abhängig vom jeweiligen Einsatzfall können sie als
- Aufputzversion,
- Unterputzversion,

– Einbauversion,
– Standsäulenversion (Abb. 2.132)
vom Betreiber für seine Bedürfnisse und Belange optimal gewählt werden.

Bei der Gehäuseausführung ist zu beachten, daß sie den jeweils gültigen Sicherheitsvorschriften entspricht. Sie müssen stabil sein und dürfen keine von außen zugänglichen Verschraubungen aufweisen. Bilden die Leseeinheit und der Controller eine Einheit, so läßt sich das Gehäuse nur über ein Sicherheitsschloß öffnen. Ein Öffnen des Gehäuses wird über einen Sabotagekontakt ausgewertet, der entweder direkt an der Zutrittskontrollanlage einen Alarm auslöst oder auf eine Einbruchmeldeanlage geschaltet ist und von dieser einen Alarm abgibt.

Wird die Zutrittskontrollanlage nachträglich in einem Gebäude installiert, so werden des einfacheren Montageaufwands wegen häufig Aufputzversionen gewählt. Hierbei genügt es die Identifikationsmerkmal-Erfassungseinheiten an geeigneter Stelle an der Wand zu verschrauben. In all den Fällen, in denen ein Aufputzgehäuse als störend empfunden wird oder in denen bereits bei der Gebäude-Planung die Zutrittskontrollanlage mitberücksichtigt wurde, kann eine Unterputzversion gewählt werden. An der entsprechenden Stelle ist dann lediglich die Frontplatte der Leseeinrichtung mit dem Einschubschlitz sichtbar.

Bei Zutrittskontrollanlagen, deren Leseeinrichtungen absetzbar sind, sollte die Auswerteeinheit aus Sicherheitsgründen grundsätzlich in einem gesicherten Raum installiert werden. Dies hat den Vorteil, daß dann zwar die Leseeinrichtung selbst unter Umständen sabotiert werden kann, die Controllereinheit selbst aber nicht zugänglich ist.

Abb. 2.132. Standsäulenversion für Parkplatz-Zufahrt

Bei einer durchgehenden Glasfront im Eingangsbereich ist es sehr schwierig, Leseeinheiten in Auf- oder Unterputzmontage anzubringen. In diesen Fällen bietet es sich an, die Leseeinheiten in Standsäulen vor der Glastür aufzustellen. Die Gebäude bestehen aus Stahlblech oder temperaturbeständigem und schlagfestem Kunststoff. Stahlblechgehäuse haben den Vorteil, daß sie die eingebaute Elektronik gegen eine Beeinflussung durch magnetische oder elektrische Felder schützen. Bei Gehäusen aus Kunststoff kann dieser Schutz durch innenseitiges Aufdampfen einer Metallschicht oder Einbringen einer Metallschicht erfolgen.

Beim Einsatz im Außenbereich werden erhöhte Anforderungen an die Einheiten bezüglich Temperatur und Betauung gestellt. Sie müssen den jeweiligen Witterungsverhältnissen angepaßt sein. Zudem müssen sie in der Regel mindestens spritzwassergeschützt sein. Gerade vor Parkplatzeinfahrten ist dies zwingend notwendig. Eine Heizung, die sich im Bedarfsfall bei niedrigen Temperaturen automatisch einschaltet oder ein Lüfter, der sich ab einer bestimmten höheren Temperatur zuschaltet, ermöglichen den Einsatz der Leseeinheiten auch im Freien. Mit diesen Zusatzeinrichtungen können die Leseeinheiten auch im Freien über einen Temperaturbereich zwischen etwa $-25\,°C$ und $+70\,°C$ betrieben werden. Außerdem verhindert eine Heizung eine Betauung der Leseeinheit. Diverse Hersteller schützen ihre Leseeinheiten durch eine schwenkbare Abdeckhaube. Diese ist aus Plexiglas und schützt den Einschubschlitz des Lesers gegen Spritzwasser, Regen und Schnee.

2.9 Software Zutrittskontrolle und Programmfunktionen

Die enormen Möglichkeiten, die eine Zutrittskontrollanlage heute bietet, werden weitestgehend durch die Software bestimmt. Bei Zutrittskontrollzentralen und Identifikationsmerkmal-Erfassungseinheiten sind in der Firmenware sowohl das Betriebssystem als auch die zugehörigen Dienstprogramme enthalten. Bei übergeordneten PC- oder Rechnereinheiten setzt das Anwenderprogramm „Zutrittskontrolle" auf einem auf dem Rechnertyp ablaufenden Betriebssystem auf.

2.9.1 Anwenderprogramm Zutrittskontrolle

Das Anwenderprogramm Zutrittskontrolle steuert die Datenübergabe und Datenübernahme der angeschlossenen Zutrittskontrollzentralen und Identifikationsmerkmal-Erfassungseinheiten. Es verwaltet weiterhin die Personalstammsätze, die Zeit- und Zonenberechtigungen und die Systemparameter. Es archiviert System-, Ereignis-, Bewegungs- und Alarmdaten und läßt eine komfortable Auswertung dieser Daten in Form von Listen zu.

Befehle und Eingaben werden in Bildschirmmasken häufig im Klartext eingegeben, wobei die Benutzerführung menügesteuert erfolgt. Zu jeder Zeit und aus jedem Menüpunkt heraus kann ein erklärender Hilfe-Text angefordert werden, der die zu tätigenden Eingaben unterstützt.

Da die Software-Pakete „Zutrittskontrolle" in ihrem Aufbau und den grundlegenden Funktionen alle ähnlich und lediglich in den Feinheiten sehr unterschiedlich sind, sollen an dieser Stelle nur die wichtigsten Funktionen erläutert werden.

2.9.1.1 Personenstammdaten

Für jede Ausweisnummer, die einer ID-Karte zugeordnet ist, wird ein Personalstammdatensatz angelegt. In diesem Personalstammsatz werden alle personenbezogenen Daten der Person festgehalten, an die die ID-Karte mit dieser Ausweisnummer vergeben wird.

In Tabelle 2.7 sind mögliche Informationen, die im Personalstammsatz für eine Person enthalten sein können aufgelistet. Es wird eine Unterscheidung der einzelnen Feldeinträge nach Muß- und Kannfeldern sowie nach Systemeinträgen vorgenommen. Die Feldinhalte von Mußfeldern sind auszufüllen, damit die Zutrittskontrollanlage ordnungsgemäß funktionieren kann. Der Eintrag in die Kannfelder ist freiwillig und wird nur dann benötigt, wenn bestimmte Systemfunktionen, wie Listenerstellung, Suchen nach bestimmten Suchkriterien usw., gewünscht sind. Einträge in die Systemfelder werden von der Anlage selbständig vorgenommen und haben informativen Charakter.

Die Registrierung der zuletzt benutzten Identifikationsmerkmal-Erfassungseinheit mit Angabe der Zeit läßt auf einen Blick erkennen, an welchem Kontrollpunkt die ID-Karte das letzte Mal benutzt wurde. Die Angabe im Personalstammsatz, wann und durch welchen Berechtigten die letzte Änderung

Tabelle 2.7. Informationen im Personenstammsatz

Eintrag	Stellen-anzahl	Muß-feld	Kann-feld	System-eintrag
Name, Vorname	20–30	*		
Personalnummer	12	*		
Abteilung	8–10		*	
Bereich/Arbeitsgruppe	8–12		*	
Kostenstelle	6–8		*	
Ausweisnummer	4–5	*		
Versionsnummer	2	*		
Ausweis-Gültigkeit	Datum	*		
Berechtigungsvergabe	2–16	*		
Ausweis-/allg. Status	2	*		
Letztes Freigabe-Datum	Datum			*
Letzte Freigabe-Zeit	Uhrzeit			*
Letzte Freigabe-Türnummer	3–4			*
Letztes Änderungs-Datum	Datum			*
Letzte Änderungs-Zeit	Uhrzeit			*
Letzte Änderung durch	1–8			*

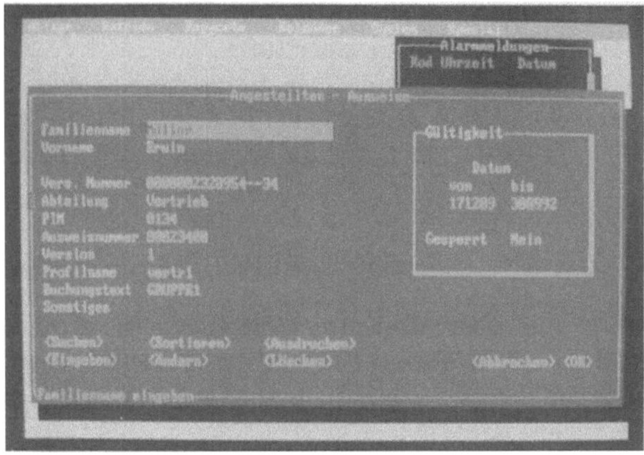

Abb. 2.133. Softwaremaske Personalstammsatz (Werkforo Inform)

der Daten durchgeführt wurde, macht nachvollziehbar, ob und durch wen Änderungen oder gar Manipulationen am System durchgeführt worden sind. Abbildung 2.133 zeigt die Software-Eingabemaske eines Personalstammsatzes.

Einige Software-Pakete lassen auch den Eintrag weiterer persönlicher Daten des Karteninhabers in das System zu. Bei diesen Einträgen handelt es sich grundsätzlich um Kannfelder mit informativem Charakter:

Information	Stellenanzahl
Geschlecht m/w	1
Nationalität	1
Familienstand	2
Kinderzahl	2
Religion	2
Beruf	12–18
KFZ-Kennzeichen	10–12
Telefon	12–14
Straße	8–16
Wohnort (PLZ)	14–16
Geburtsort	12–14
Geburtsdatum	Datum
Eintrittsdatum	Datum
Austrittsdatum	Datum

2.9.1.2 Zutrittsregelungen

Bevor eine Zuordnung der Zutrittsrechte zu den einzelnen Mitarbeitern stattfinden kann, müssen diese definiert werden. Ein Zutrittsrecht ergibt sich aus 3 Gegebenheiten:

Größere zu schützende Areale werden in verschiedene Bereiche aufgeteilt, die als Raumzonen bezeichnet werden. Eine Raumzone muß nicht auf einen einzelnen Raum beschränkt sein, sondern kann mehrere Räume oder auch ein ganzes Gebäude umfassen. Diese Raumzonen können unterschiedlichen Sicherheitszonen zugeordnet oder selbst Sicherheitszonen sein. Eine Unterteilung dieser Sicherheitszonen nach denkbaren Kriterien geht aus Tabelle 2.8 hervor.

2.9.1.2.1 Begehungsprofile

Begehungsprofile werden mit einem eindeutigen Namen beschrieben. Sie enthalten Angaben über den Raum- oder den Bereich und die Zeiten, zu denen diese betreten werden dürfen. In diesen Begehungsprofilen werden Identifikationsmerkmal-Erfassungseinheiten den Bereichen zugeordnet. Danach folgt

Tabelle 2.8. Einteilung nach Sicherheitskategorien

Sicherheitszone	Charakteristik der Zonen	Örtliche Bereiche
0	Allgemein zugänglicher öffentlicher Bereich	Straße, Vorplätze, Eingangsbereich bis zur Eingangstüre
1	Zutritt für Mitarbeiter ohne Kontrolle, Besucher angemeldet, Unbekannte überwacht	Grundstück, Mitarbeiterparkplatz, Besucherparkplatz, Kantine, Sitzungsräume
2	Zutritt nur für Mitarbeiter, Besucher in Begleitung	Arbeitsräume, Büros, Labors, Fabrikhallen, Lager Präsentationsräume Besprechungszimmer
3	Zutritt für bestimmte Mitarbeiter, Dritte in Begleitung, bekannt und mit konkretem Auftrag	Technische Räume, Energiezentrale, Elektroräume, Räume mit beschränktem Risiko
4	Zutritt für ausgewählte Mitarbeiter, Dritte in Begleitung, bekannt und mit konkretem Auftrag	Rechenzentren, Forschungs- und Entwicklungslabors, Tresorräume, Archive, Chef- und Vorstandsetagen, Räume mit hohem Risiko

die Festlegung an welchen Tagen und zu welchen Zeiten diese Raumzone betreten werden darf. In der Praxis kann dies so aussehen:

Bereich: **1**   Beschreibung: **Rechenzentrum**

Leser-Nr.:   **3, 4**

gültig am	Mo	Di	Mi	Do	Fr	Sa	So	Fe	von	bis
	J	**J**	**J**	**J**	**J**	**N**	**N**	**N**	**07:00**	**22:00**
	N	**N**	**N**	**N**	**N**	**J**	**N**	**N**	**08:00**	**18:00**

Die Einträge haben folgende Bedeutung. Das Rechenzentrum ist zum Bereich 1 erklärt und wird durch eine Tür mit Innen- und Außenleser (Leser-Nr.: 3 und 4) betreten und verlassen. Die Berechtigung zum Betreten des Rechenzentrums gilt von Montag bis Freitag von 7 bis 22 Uhr und an den Samstagen von 8 bis 18 Uhr.

Für den Fall, daß eine Personengruppe das Rechenzentrum auch zu anderen Zeiten betreten muß, wird ein weiteres Begehungsprofil zu vergeben. Dieses kann so definiert sein:

Bereich: **2**   Beschreibung: **Rechenzentrum**

Leser-Nr.:   **3, 4**

gültig am	Mo	Di	Mi	Do	Fr	Sa	So	Fe	von	bis
	J	**J**	**J**	**J**	**J**	**N**	**N**	**N**	**00:00**	**23:59**

Allen Personen, denen dieses Begehungsprofil zugeordnet wird, dürfen den Raum des Rechenzentrums an allen Tagen, außer samstags, sonntags und an Feiertagen rund um die Uhr betreten.

2.9.1.2.2 Zuordnung der Begehungsprofile zu den Personen

Nach der Festlegung aller erforderlichen Begehungsprofile müssen diese den einzelnen Mitarbeitern oder Personengruppen (Abteilungen) zugeordnet werden. Dabei können durchaus einer Person mehrere Berechtigungsprofile zugeordnet werden, wenn dies notwendig ist. Eine Zuordnung kann dabei wie folgt aussehen:

Generalberechtigung: **Nein**

Profil: **1, 4, 16** (alternativ Klartext)

PIN-Kode: **123456**

Die Angabe „Generalberechtigung ja" würde aussagen, daß dieser Mitarbeiter an allen Tagen zu jeder Zeit durch jede Türe in jeden Bereich gehen kann. Dies wäre unter Umständen für einen Vertreter der Geschäftsleitung denkbar. Normalerweise werden den Mitarbeitern aber bestimmte ausgewählte Berechtigungsprofile zugeordnet. Dem Mitarbeiter im gewählten Beispiel sind die Profile 1, 4 und 16 zugeordnet.

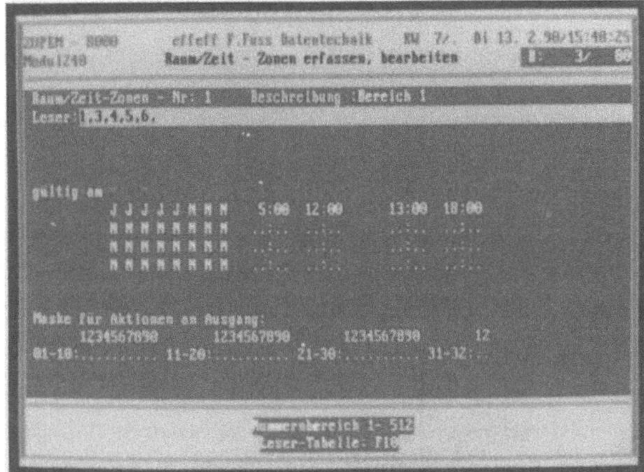

Abb. 2.134. Begehungsprofil (Werkfoto Fritz Fuss)

Dabei ist das Profil 1 das Rechenzentrum. Sind zusätzlich zu den Leseeinheiten noch Tastaturen für eine PIN-Eingabe angebracht, so ist die darunterliegende PIN zu verwenden. Abbildung 2.134 stellt eine Software-Eingabemaske vor, in der die Festlegung der Raum-Zeitzonen (Begehungsprofile) vorgenommen wird.

2.9.1.3 Jahreskalender und Feiertagsfestlegung

Samstage, Sonn- und Feiertage, Betriebsschließungs- und Betriebsurlaubstage sind arbeitsfreie Tage, an denen kein normaler Werksbetrieb stattfindet, sondern üblicherweise nicht gearbeitet wird. Diese Tage müssen der Zutrittskontrollanlage bekannt sein, und es muß sichergestellt werden, daß an diesen Tagen alle normalerweise geltenden Berechtigungsprofile keine Gültigkeit haben.

Immer wiederkehrende Feiertage werden von der Software automatisch vorgegeben. Gelegentlich ist es jedoch ortsbezogen notwendig, weitere Feiertage zu vergeben oder einen Feiertag, der in dieser Region keiner ist, im System als normalen Arbeitstag einzutragen. Außerdem werden hier auch Betriebsschließungstage und Betriebsurlaubstage vergeben, an denen auch die allgemein gültigen Begehungsprofile nicht gelten dürfen.

2.9.1.4 Türbeschreibung und Türparameter

Dem PC-System müssen verständlicherweise alle Identifikationsmerkmal-Erfassungseinheiten, die zugehörigen Türen und Türparameter bekannt sein. Dazu wird eine Lesernummer oder Türnummer vergeben und die physikalische Adresse der Identifikationsmerkmal-Erfassungseinheit zugeordnet.

Als weitere türbezogene Parameter lassen sich folgende Werte vorgeben:
- Freigabezeit des Zutrittkontrollstellglieds,
- Türoffenzeitüberwachung,

- Anzahl der Fehlversuche,
- Dauerfreigabe,
- Dauerverriegelung,
- Türkode,
- Stellenanzahl,
- Türkodefolge,
- Eintastzeit für Tür- oder PIN-Kode und
- Bereichswechselkontrolle

2.9.1.5 Fehler- und Alarmmeldungsdefinitionen

Es wird vorgegeben, welche Alarm- und Fehlermeldungen, die an den Türen verursacht werden, an den PC weiterzuleiten sind. Im Falle einer Alarmmeldung erscheint auf dem Bildschirm ein Alarmfenster mit den zugehörigen, frei versorgbaren Meldungstexten. Alarmmeldungen müssen von einem Berechtigten quittiert werden. Anhand eines Alarmzählers ist zu erkennen, wieviele Alarmmeldungen im System aufgelaufen sind.

Abbildung 2.135 zeigt Fehler- und Alarmmeldungen, die bei einer Zutrittskontrollanlage auftreten können.

2.9.1.6 Automatikfunktionen

Für einzelne Begehungsprofile können Besonderheiten vorgegeben werden, die zu bestimmten Zeiten automatisch zu- oder abgeschaltet werden. Dies kann z. B. die Zuschaltung einer PIN-Kode-Eingabe sein. Im normalen Tagesbetrieb können die Sicherheitsanforderungen als erfüllt gelten, wenn der Zutritt in bestimmte Räume ausschließlich durch die Erfassung der Echtheitsmerkmale einer ID-Karte gewährt wird. Nachts kann eine Zuschaltung der PIN erfolgen, damit in Zeiten geringerer Personalanwesenheitszeiten, die Sicherheitsschwelle erhöht wird.

Profil:	Freigabezone	Sperrzone	PIN-Zuschaltung
Entwicklungslabor	_:_ bis _:_	_:_ bis _:_	**19:___ bis 07:30**

Einzelne Profile können zu bestimmten Zeiten auch vollständig freigegeben oder gesperrt werden.

2.9.1.7 Logbücher

Von der Zutrittskontrollanlage werden alle Daten und Informationen gespeichert. Diese Ereignisdaten können jederzeit abgerufen, am Bildschirm angezeigt, auf einen Drucker ausgedruckt und ausgewertet werden. Es stehen folgende Ereignisdaten zur Verfügung:
- *Änderungsdaten*. Sie geben Auskunft über alle Änderungen der Systemdaten und Zutrittsberechtigungsdaten;

Kode	Beschreibung	Verursacher
0	FREIGABE	Buchung
1	Falsche Versionsnummer	Buchung
2	Keine Zone zugeordnet	Buchung
3	kein passender Zeitbereich	Buchung
4	Keine Tür zugeordnet	Buchung
5	Projektnummer ist falsch	Buchung
6	Ausweis unbekannt	Buchung
7	Falscher Türkode	Buchung
8	Falscher Sonderkode	Buchung
9	Bereichswechsel-Fehler	Buchung
10	BEDROHUNGSKODE	Buchung
11	Karte ungültig	Buchung
12	Gesperrt nach Bildvergleich	Buchung
13	Sperrzeitfehler	Buchung
128	Steuergerät offline	Türfehlermeldung
129	Steuergerät online	Türfehlermeldung
130	Tür zu lange offen	Türfehlermeldung
131	Tür wieder geschlossen	Türfehlermeldung
132	Sabotagekontakt angesprochen	Türfehlermeldung
133	Sabotagekontakt ok.	Türfehlermeldung
134	Freigabezeit abgelaufen	Türfehlermeldung
136	Türöffner-Taster innen betägigt	Türfehlermeldung
137	Türöffner-Taster außen betätigt	Türfehlermeldung
138	Serviceschalter auf EIN	Türfehlermeldung
139	Serviceschalter auf AUS	Türfehlermeldung
140	Anzahl Fehlversuche überschritten	Türfehlermeldung
141	Tür ohne Karte geöffnet	Türfehlermeldung
142	Tür absolut frei	Türfehlermeldung
143	Tür im Normalbetrieb	Türfehlermeldung
144	Tür gesperrt	Türfehlermeldung
145	Tür mit Türkode	Türfehlermeldung
146	Batterie leer	Türfehlermeldung
147	Leser fehlerhaft	Türfehlermeldung
148	Leser in Ordnung	Türfehlermeldung
149	Türnummer unbekannt	Türfehlermeldung
160	Tur mit Türkode geöffnet	Türfehlermeldung
161	Falscher Türkode	Türfehlermeldung
162	Türen des Terminals verriegelt	Türfehlermeldung
163	Türen des Terminals Normalbetrieb	Türfehlermeldung
164	Türen des Terminals geöffnet	Türfehlermeldung
165	Türen des Terminals Normalbetrieb	Türfehlermeldung
166	Externer Kontakt EIN	Türfehlermeldung
167	Externer Kontakt AUS	Türfehlermeldung
168	Sabotagekontakt angesprochen	Türfehlermeldung
169	Sabotagekontakt ok	Türfehlermeldung
170	Fehler Vier-Augen-Prinzip	Türfehlermeldung
171	Terminal online	Türfehlermeldung
172	Terminal offline	Türfehlermeldung

Abb. 2.135. Fehler- und Alarmmeldungen

- *Bewegungsdaten*. Es werden alle Informationen über berechtigte Zutritte festgehalten;
- *Alarmdaten*. Es werden alle unzulässigen Zustände der Zutrittskontrollanlage oder manuell eingegebene Informationen für den direkten Hilferuf von Personen festgehalten;
- *Ereignisdaten*. Ereignisdaten sind alle Informationen über Alarmdaten, Änderungsdaten, Bewegungsdaten und Störungsdaten;
- *Störungsdaten*. Es werden alle Abweichungen von einem vorgegebenen Sollzustand festgehalten.

2.9.1.7.1 System-Logbuch

Im System-Logbuch werden alle Aktionen der Personen festgehalten, die Eingaben am Personal-Computer vornehmen. Die Ereignisse, die im System-Logbuch festzuhalten sind, können definiert und ausgewählt werden:

SIPORT OS   01/02/92   13:47   System-Logbuch

Datum	Uhrzeit	Berechtigter	Ereignis
29/01/92	13:27	Schulz	Anmeldung System-Logbuch
29/01/92	13:31	Schulz	Karte „123456" gelöscht
29/01/92	13:33	Schulz	System-Logbuch verlassen
31/01/92	08:35	Mair	Leser-Definition geändert
31/01/92	08:41	Mair	Berechtigungsprofil geändert
31/01/92	08:42	Mair	DOS aufgerufen
01/02/92	13:47	Huber	Anmeldung System-Logbuch

2.9.1.7.2 Zutritts-Logbuch

Im Zutritts-Logbuch werden alle berechtigten Zutritte zu Räumen, Zonen und Bereichen gespeichert. Es kann im Zutritts-Logbuch gezielt nach bestimmten Kriterien sortiert und gesucht werden.

Datum	Uhrzeit	Leser	Aufstellungsort	Karten-Nr.
30/01/92	07:00	2	Hauptpforte	123456
30/01/92	07:01	2	Hauptpforte	471100
30/01/92	07:03	5	DV-Raum	123456
30/01/92	07:05	8	Entwicklungslabor 1	381212
30/01/92	07:05	3	Lager	565656
30/01/92	07:06	9	Pforte 2	678678

2.9.1.7.3 Alarm-Logbuch

Im Alarm-Logbuch werden alle Alarm-Ereignisse festgehalten. Diese Alarme können definiert werden. Beim Auftreten eines definierten Alarms wird dieser sofort weitergeleitet und in einem Bildschirmfenster sichtbar gemacht.

Datum	Uhrzeit	Leser	Beschreibung
29/01/92	12:39	2	Türe aufgebrochen
30/01/92	08:42	8	Sabotage
30/01/92	10:07	6	Türe ohne Karte geöffnet
30/01/92	14:59	12	Leser antwortet nicht
31/01/92	17:54	1	Ausweis unbekannt
01/02/92	06:58	1	Stiller Alarm
01/02/92	07:00	3	Falscher PIN-Kode
01/02/92	07:45	6	Falsche Versionsnummer
01/02/92	08:01	2	Tür zu lange offen
01/02/92	08:36	14	Karte ungültig

2.9.1.8 Zugangsberechtigungen

In der Zutrittskontrollanlage werden personenbezogene Daten gespeichert, die dem Datenschutz unterliegen. Es darf daher auch aus diesem Grund nicht möglich sein, daß unberechtigte Personen Zugang zum System haben und sich diese Daten abrufen können. Doch nicht nur aus Datenschutzgründen ist es unerläßlich, daß die Systemzugriffe über spezielle Paßwörter und Zugangsberechtigungen geschützt sind. Es soll damit auch verhindert werden, daß nicht berechtigte Personen in das Systemgeschehen eingreifen und Systemrelevante Daten und Zuordnungen verändern und manipulieren können.

Der Zugang zur Software ist daher nur über spezielle Paßwörter möglich. Diese Paßwörter und Berechtigungsstufen werden in einem speziellen Software-Modul festgelegt.

In diesem Modul wird nicht nur das Paßwort selbst hinterlegt, sondern auch welche Aktionen der Berechtigte mit diesem Paßwort innerhalb des Systems vornehmen darf und kann. Ist in der Pförtnerloge ein Zweit-PC aufgestellt, mit dem eine Besucherverwaltung vorgenommen werden kann, so wird auch der Pförtner nur über sein spezielles Paßwort Zugang zum System erlangen. Allerdings wird die Festlegung so sein, daß der Pförtner lediglich die für die Verwaltung und Eingabe von Besuchern zulässigen Bildschirmmasken erreicht. Nicht erlaubt wird dieser Zugangsberechtigung sein, systemrelevante Daten, z. B. Eingabe neuer Personaldaten, Ausgabe neuer Ausweise, Änderungen von Begehungsprofilen usw., einzugeben. Auch sollte diesem Paßwort nur gestattet sein, Besucherlisten auf dem Monitor und einem angeschlossenen Drucker auszugeben. Eine Paßwort- und Berechtigungsvorgabe kann wie auf S. 260 beschrieben aussehen.

Betrachtet man die Vergabemaske, so darf der Berechtigte mit der Berechtigungsstufe 1, die Daten in allen dargestellten Software-Modulen sowohl ansehen als auch modifizieren (ändern). Die Paßwörter selbst werden nicht sichtbar dargestellt, so daß auch verhindert wird, daß sich ein Berechtigter, der die Erlaubnis hat, Paßwörter zu vergeben oder zu ändern, diese ansehen, ablesen und benutzen kann. In jedem Falle ist es sinnvoll einen Superuser zu bestimmen, der im System alles darf. Hierbei kann es sich nur um eine absolute

	Paßwörter und Berechtigungsstufen							
Nr. Paßwort	Berechtigungsstufe/-zuordnung							
	Modul a	× × × m	Modul a	× × × m	Modul a	× × × m	Modul a	× × × m
1	(∗)	(∗)	(∗)	(∗)	(∗)	(∗)	(∗)	(∗)
2	( )	( )	(∗)	( )	( )	(∗)	( )	( )
3	( )	(∗)	( )	(∗)	( )	( )	( )	(∗)

Vertrauensperson handeln. Man kann auch eine Zweiteilung des Paßworts vornehmen, so daß nur zwei Personen gleichzeitig in alle wichtigen Systemfunktionen gelangen.

2.10 Zutrittskontrollsysteme

Zutrittskontrollsysteme umfassen alle für eine Zutrittskontrolle notwendigen baulichen, apparativen und organisatorischen Gegebenheiten und Maßnahmen. Abbildung 2.136 verdeutlicht die Sicherungskette einer Zutrittskontrolle und die Verflechtung von Mensch, System und Maßnahmen.

Die Einstellung der Betroffenen reicht von Begeisterung bis zur totalen Ablehnung eines derartigen Systems. Je mehr der Begriff Kontrolle in den Vordergrund gerückt wird, desto stärker werden Eingriffe in den Betriebsablauf und Einschränkungen der persönlichen Bewegungsfreiheit befürchtet. Trotz aller Vorbehalte werden elektronische Zutrittskontrollanlagen in immer stärkerem Maße eingesetzt. Die Palette reicht vom Kleinanwender, der nur den Zugang zu seinem DV-Raum durch eine stand-alone Einheit absichert, bis hin zu einer umfangreichen und komplexen Zutrittskontrollanlage mit diversen Zusatzfunktionen, wie Anwesenheitszeiterfassung, Kantinendaten- und Tankdatenerfassung und Wächterrundgangskontrolle.

Ein wirksames Zutrittssicherungskonzept muß auch in der Gesamtheit eines Sicherungskonzeptes gesehen werden. Es genügt nicht einen Maschendraht rund um das Firmengelände zu ziehen und an einigen Stellen gesicherte Begehungsmöglichkeiten zu schaffen. Die Sicherung durch Drehkreuze und Schranken macht nur dann einen Sinn, wenn diese Zutrittssicherung nicht dadurch umgangen werden kann, daß Intruder einige Meter neben der gesicherten Stelle ungehindert über den Zaun steigen können. Erst eine Freigeländeüberwachung in Verbindung mit Überwachungskameras bietet die Garantie, das Gelände nur durch gesicherte Kontrollpunkte zu betreten. Sinnvoll erscheint es auch, Kontrollpunkte so weit in die Gebäude hinein zu verlagern, daß die Mitarbeiter vor den Witterungsverhältnissen geschützt sind. Soll an den Geländegrenzen und an der Außenhaut von Gebäuden die

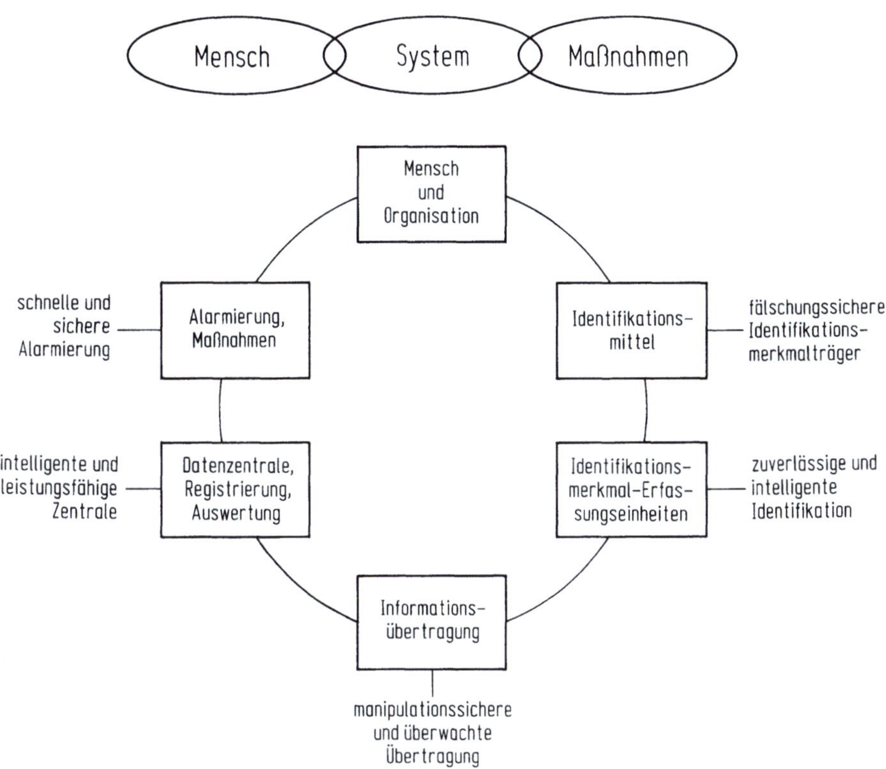

Abb. 2.136. Sicherungskette eines Zutrittskontrollsystems

Zutrittssicherung bereits wirken, so ist durch bauliche Maßnahmen (Überdachung, Vordächer u. a.) der Schutz der Mitarbeiter zu sichern. Vor allem bei größeren Arealen und Gebäudekomplexen ist es wegen der hohen Kosten notwendig, die Sicherungs- und Kontrollpunkte auf wenige Stellen zu begrenzen. Allerdings ist hierbei die Begehungsfrequenz zu berücksichtigen. So wäre einerseits eine einzige Tür für einen Betrieb mit 500 Mitarbeitern, die obendrein alle zwischen 7 und 8 h durch diesen Flaschenhals geschleust werden müssen, genauso unsinnig wie der Einbau mehrerer Türen in einem Gebäudekomplex in dem nur wenige Menschen arbeiten. Optimal ist ein ausreichend dimensionierter Kontrollpunkt, den alle Mitarbeiter passieren müssen, um zu ihrem Arbeitsplatz zu gelangen. Abbildung 2.137 ist eine Bewertungshilfe, mit der abgeschätzt werden kann, wieviele Personen innerhalb einer bestimmten Zeitspanne durch die Sicherungspunkte das Gebäude betreten können. Da die durchschnittliche Durchgangszeit sehr stark von der Art des Zutrittmediums abhängig ist, sind diese Gegebenheiten in jedem Falle mit zu berücksichtigen. Eine Drehtüre oder ein Drehkreuz erlaubt unter Einbeziehung des Lesens und Auswertens einer ID-Karte Durchgangszeiten von etwa 3 bis 6 s. Eine Personenschleuse, kombiniert mit einem halbautomatischen Portraitvergleich,

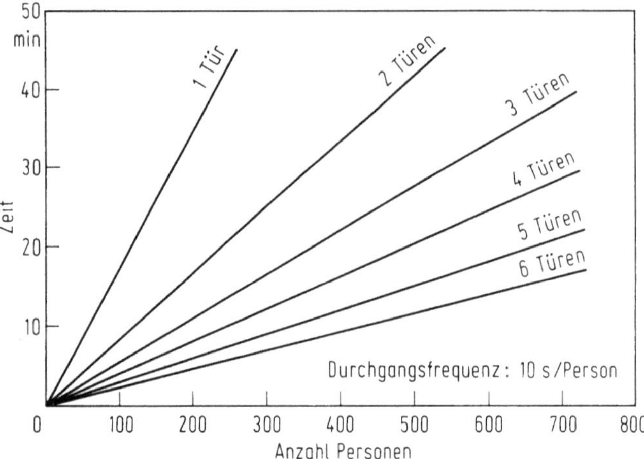

Abb. 2.137. Durchgangsfrequenz in Abhängigkeit von der Anzahl der Kontrollpunkte

benötigt für den Identifikations- und Verifikationsvorgang zwischen 30 und 40 s.

Grundsätzlich gilt, je sicherer und perfekter eine Zutrittssicherung geplant und ausgeführt wird, desto teurer wird sie und umso zeitaufwendiger gestaltet sich die Begehung.

2.10.1 Planungsgrundsätze

Die Voraussetzung für den sinnvollen Einsatz einer Zutrittskontrollanlage ist die Festlegung, was gesichert werden soll, in welchem Umfang dies zu geschehen hat und wo Kontrollen wirklich sinnvoll sind. Der Sinn dieser Festlegung ist, den momentanen und zukünftigen Bedarf zu ermitteln, damit gewährleistet ist, daß nicht mit Kanonen auf Spatzen geschossen wird, d. h. das Zutrittskontrollsystem, einschließlich der Zutrittskontrollanlage, sollte exakt den tatsächlichen Gegebenheiten und Bedürfnissen angepaßt werden.

Fehler, die sich bereits in der Planungsphase in ein Konzept einschleichen, sind nur sehr schwer auszumerzen, wenn sie erst während der Realisierungsphase oder nach der Fertigstellung erkannt werden. Der Planer muß die technischen Möglichkeiten unter Berücksichtigung der baulichen und organisatorischen Gegebenheiten optimal den Bedürfnissen und Ängsten des Anwenders anpassen. Da diese Bedürfnisse und Ängste jedoch oft über realistische Einschätzungen möglicher Gefahren hinausgehen, besteht die Aufgabe eines Planers darin nicht nur aufklärend zu wirken, sondern unter Umständen eine Schutzanalyse durchzuführen, die das Sicherheitsrisiko auf das Maß zurückschraubt, das wirklich vorhanden ist. Jedes renommierte Planungsbüro wird dies tun. Trotzdem kann es nicht schaden, wenn sich der Anwender selbst, obwohl er möglicherweise nur über geringe Kenntnisse

verfügt und sich deshalb mit der Thematik nicht tiefergehend auseinandersetzen möchte, sich umfassend über die technischen Möglichkeiten zu informieren. Alle renommierten Anbieter von Sicherheitssystemen sind bereit, sich und
ihre Systeme den Kunden zu präsentieren und ausführliche Informationsgespräche zu führen.

Diese Schutzzieldefinition kann bei Zutrittskontrollsystemen oftmals eine
langwierige Prozedur sein. Sie ist sehr eng mit den baulichen Voraussetzungen
verknüpft. Unter Umständen müssen Türen geschlossen oder zusätzliche
Türen eingeplant, Wände versetzt und Raumzuordnungen angepaßt werden.
Hierbei gilt der Grundsatz, je früher in der Planungsphase ein Zutrittskontrollsystem eingeplant und der Planer als Berater herzugezogen wird, desto
effektiver läßt sich ein Schutzkonzept verwirklichen, das genau auf diese
Belange zugeschnitten ist. Nachträgliche Einbauten führen fast immer zu
Kompromißentscheidungen. Dies bedeutet aber nicht, daß nicht auch ein
Kompromiß so gewählt sein kann, daß er das Sicherheitsbedürfnis optimal
unterstützt.

Es gelten folgende Grundsätze:
- *Die Schutzziele sind nach den Risiken zu bestimmen.*
Die Voraussetzung eines Sicherheitskonzeptes ist die Ermittlung der Gefährdungssituation. Daraus leitet sich die Definition der Schutzziele ab.
- *Frühzeitigkeit der Sicherheitsplanung.*
Die Sicherheitsvorgaben müssen bereits bei der Planung, z. B. vom Architekten, berücksichtigt werden. Nur dadurch fügen sich alle Schutzmaßnahmen
nahtlos in das Gesamtkonzept ein.
- *Prävention.*
Es muß das vorrangige Ziel sein, präventive Maßnahmen zu ergreifen, so
daß Schäden erst gar nicht entstehen können. Die notwendige Zeit für
Interventionsmaßnahmen bestimmen daher den Umfang der Sicherungsmaßnahmen entscheidend mit.
- *Vollständigkeit.*
Alle Maßnahmen müssen aufeinander abgestimmt sein. Einzelne Sicherungsmaßnahmen, z. B. Zutrittskontrolle, dürfen nicht für sich allein
betrachtet werden, sondern sind in der Gesamtheit des Sicherungskonzeptes
zu sehen. Eine wirksame Sicherung beginnt an den Grundstücksgrenzen mit
einer Freigeländesicherung und Videoüberwachung, geht über ein Zutrittskontrollsystem und eine Alarmmeldeanlage bis hin zur Festlegung der
Maßnahmen im Falle einer Intrusion. Dabei sind Widersprüche in den
Maßnahmen von vornherein zu vermeiden.
- *Akzeptanz.*
Die Maßnahmen müssen von den Betroffenen als zumutbar und notwendig
angesehen werden. Im Falle einer Kontrolle ist dies immer schwierig. Die
kontrollierenden Maßnahmen müssen daher auf das unbedingt erforderliche Maß beschränkt sein.
- *Autarke Gestaltung.*
Sicherheitsrelevante Bereiche sind autark zu gestalten, damit sie von
allgemein zugänglichen Bereichen isoliert gehalten werden können.

– *Konsistenz.*
Alle Maßnahmen – technische, organisatorische und personelle – sind aufeinander abzustimmen. Dies vermeidet Widersprüche im Sicherungskonzept.
– *Zukünftige Entwicklungen und Maßnahmen.*
Der technische Fortschritt ist auch bei Zutrittskontrollanlagen nicht aufzuhalten; er ist ein dynamischer Prozeß, ebenso wie das ständig zunehmende Sicherheitsbedürfnis. Es ist daher notwendig, zukünftige Entwicklungen bereits in der Planung zu berücksichtigen, soweit dies notwendig, erkennbar oder abschätzbar ist.
– *Wirtschaftlichkeit.*
Bei einer Kostenbetrachtung sind nicht nur die Erstanschaffungskosten zu betrachten. Auch die Folgekosten für Personal, Wartung und eventuelle Erweiterungen sind von ausschlaggebender Bedeutung.

Bereits in der Planungsphase werden, unabhängig von der eingesetzten Anlage, die Weichen für die Funktionalität des Zutrittskontrollsystems und des gesamten Sicherheitskonzepts gestellt. Dabei kann unter Berücksichtigung der individuellen Wünsche des Betreibers, ein wirksames Schutzkonzept aufgestellt werden, das die definierten Schutzziele optimal erfüllt. Wobei nochmals darauf hingewiesen werden soll, daß es ratsam ist, eine rechtzeitige Prüfung durchzuführen, ob die erwähnten individuellen Wünsche wirklich angemessen sind.

Erste Kontakte mit Interessenten kommen auf zweierlei Arten zustande.

Anfragen aufgrund von:
– Fachartikeln,
– Inseraten,
– Werbung,
– Ausstellungen und Präsentationen sowie
– Referenzen.

Akquisition aufgrund von:
– Ausschreibungen,
– Kundenbetreuung,
– Marktkenntnissen und
– Marktanalysen.

Ist der Erstkontakt zum Kunden hergestellt, wird in vielen Fällen der Anbieter zum Berater. Die Gründe hierfür sind vielfältig:
– fehlende oder ungenügende Sachkenntnis des Kunden
– Fehlen des geeigneten Fachpersonals beim Kunden und
– finanzielle Erwägungen.

Übernimmt ein Anbieter die Rolle des Beraters, so muß er sich seiner Verantwortung bewußt sein. Dem Kunden ist nicht damit geholfen, wenn man ihm möglichst schnell eine Anlage aufschwatzt, nur um den Verkaufsumsatz zu heben. Die Beraterrolle setzt eine große Erfahrung, sehr gutes technisches Wissen und genaue Produktkenntnisse voraus. Eine ausführliche Beratung kann sehr schnell in eine planerische Rolle übergehen, die sehr viel Zeit in Anspruch nimmt. Ab diesem Zeitpunkt muß sich auch der Kunde darüber im Klaren sein, daß eine über das normale Maß hinausgehende Beratung und Planung Zeit und Geld kostet. Auch ein mit der Planung beauftragtes Ingenieurbüro kostet Geld. Wird an dieser Stelle gespart, so erhält der Kunde oftmals nicht eine an seinen Bedürfnissen und Spezifikationen ausgerichtete Anlage, sondern ein rein anbieterorientiertes System. Fachfirmen sind in der Lage, nicht nur zu verkaufen, sondern auch die Schutzanalyse, Beratung und Planung so durchzuführen, daß der Kunde in den besten Händen ist.

Eine weitere vielfach genutzte Alternative ist, ein Ingenieurbüro mit der Installation einer Anlage zu beauftragen. Dieses ist dann, angefangen von der Planung und Beratung, über Durchführungsüberwachung bis hin zur Abnahme der Anlage, voll verantwortlich. Obwohl sich viele Unternehmen dieser Art auf dem Markt anbieten, sind nur wenige fachlich in der Lage und qualifiziert genug, dies auch im Bereich der Sicherheitstechnik zu tun.

Der Kunde sollte sich daher nicht scheuen, ein gewisses Grundwissen zu erwerben, sich vielfältig zu informieren, alle ihm zugänglichen Informationsquellen zu nutzen und sich in allen Phasen der Planung aktiv an der Ausgestaltung seiner Zutrittskontrollanlage zu beteiligen. Da er über technische Detailkenntnisse i. allg. nicht verfügt, kann er hierbei auf die Beratung durch Planung- und Ingenierbüros oder renommierte Herstellerfirmen zurückgreifen.

2.10.2 Tangierende rechtliche Bereiche

Viele Mitarbeiter von Unternehmen haben Probleme mit dem Begriff Zutrittskontrolle. Kontrolle! – Wer will schon ständig von einer technischen Anlage überwacht und kontrolliert werden? Dabei vergessen diese Personen, daß die eigentliche Funktion einer Zutrittskontrollanlage die einer Zutrittssicherung ist, da sie die Sicherung eines Zutrittes *vor* einer unberechtigten Begehung ausüben soll. Niemand hat etwas dagegen, wenn jemand sein Haus oder seine Privatwohnung gegen ein unbefugtes Betreten sichern will; dies ist eine Selbstverständlichkeit. Kein vernünftiger Mensch läßt seine Wohnungs- oder Haustür offenstehen oder hängt den passenden Schlüssel gut sichtbar neben der Tür auf.

Das Bewußtsein, daß auch Firmengelände, Firmengebäude und Firmenräume schützenswerte Objekte sind, die gegen ein Betreten durch Unbefugte gesichert werden müssen, setzt sich erst langsam bei den Mitarbeitern durch. Daß dieser Schutz dabei nicht nur für das Unternehmen, sondern auch den einzelnen Mitarbeitern zugute kommt, steht der Angst gegenüber durch ein computergestütztes Zutrittskontrollsystem in der Bewegungsfreiheit eingeschränkt zu werden und immer und überall kontrollierbar zu sein.

2.10.2.1 Sorgfaltspflicht des Arbeitgebers

Jedem Arbeitgeber obliegt eine Sorgfaltspflicht gegenüber den in seinem Unternehmen Beschäftigten.

Der §37 (1) der UVV VBG1 besagt hierzu:

> Der Unternehmer hat dafür zu sorgen, daß unbefugte Dritte Betriebsteile nicht betreten, wenn dadurch eine Gefahr für Versicherte entsteht.

Hieraus ergibt sich die Notwendigkeit, daß unbefugte Personen weder in das Unternehmen noch in einzelne Räume des Unternehmens gelangen dürfen, da von jedem Unbefugten eine Gefahr ausgehen kann und die dort tätigen Arbeitnehmer gefährdet werden könnten.

Hierbei hilft eine Zutrittssicherungsanlage, die es verhindert, daß unbefugte Personen Bereiche und Räume betreten können. Allerdings muß diese Zutrittssicherungsanlage auch mit der Funktion ausgestattet sein, nachträglich die verschiedenen Zutritte, insbesondere der unzulässigen Versuche, zu kontrollieren.

2.10.2.2 Datenschutzgesetz

Wird eine Zutrittskontrollanlage installiert, die personenbezogene Daten speichert und auswertbar macht, so sind die Belange des Datenschutzes zu berücksichtigen. Hier wird §6 des Bundesdatenschutzgesetzes (BDSG) tangiert.

§6, Absatz 1 BDSG besagt:

> Wer im Rahmen des §1, Absatz 2 oder im Auftrag der dort genannte Personen oder Stellen personenbezogene Daten verarbeitet, hat die technischen und organisatorischen Maßnahmen zu treffen, die erforderlich sind, um Ausführungen der Vorschriften des Gesetzes, insbesondere die in der Anlage zu diesem Gesetz genannten Anforderungen zu gewährleisten.
>
> Erforderlich sind Maßnahmen nur, wenn ihr Aufwand in einem angemessenen Verhältnis zu dem angestrebten Schutzzwecke steht.

Anlage zu §6, Absatz 1, Satz 1 (Auszug)
Werden personenbezogene Daten automatisch verarbeitet, sind zur Ausführung der Vorschriften dieses Gesetzes Maßnahmen zu treffen, die nach der Art der zu
schützenden personenbezogenen Daten geeignet sind,

1. Unbefugten den Zugang zu Datenverarbeitungsanlagen, mit denen personenbezogene Daten verarbeitet werden, zu verwehren.
2. Personen, die bei der Verarbeitung personenbezogener Daten tätig sind, daran zu hindern, daß sie Datenträger unbefugt entfernen.

2.10.2.3 Mitbestimmungsrecht des Betriebsrates

Die Installation einer Zutrittssicherungsanlage, die lediglich in der Art eines Schlüssels wirkt und keinerlei Speicherung von personenbezogenen Daten und zeitlichen Protokollierungen der Begehungen vornimmt, die einen Hinweis darauf zulassen, welche Personen den Raum betreten haben, unterliegt noch nicht dem Mitbestimmungsrecht des Betriebsrates. Dennoch ist es erfahrungsgemäß empfehlenswert den Betriebs- oder Personalrat über den Einbau einer derartigen Anlage zu unterrichten und ein Einvernehmen mit diesem zu erzielen; obwohl das Recht eines Betriebsrates auf Mitsprache erst dann beginnt, wenn durch die Anlage Begehungsdaten mit zeitlicher Zuordnung gespeichert werden und in irgendeiner Form eine Zuordnung zur Person gegeben ist. Im Extremfall wäre für einzelne Personen das Bewegungsbild eines Tages nachvollziehbar.

Die Formulierung „im Einvernehmen" weist auf einen zu erzielenden Konsens in Gestalt einer Vereinbarung hin, die sowohl den Befürfnissen der Mitarbeiter gerecht wird als auch die zweckdienlichen Belange der Firmenleitung berücksichtigt. Die in Einklang gebrachten Vorstellungen und Forderungen sollten in Form einer Betriebsvereinbarung schriftlich fixiert werden. In ihr kann alles vereinbart werden, was nicht gegen geltende Gesetze oder gegen die guten Sitten verstößt. Bei den geltenden Gesetzen wirken hierbei das Betriebs- bzw. das Personalvertretungsgesetz (BetrVG bzw. PersVG) in seiner jeweils gültigen Form.

Der Betriebs- oder Personalrat ist eine von der Gesamtheit der Mitarbeiter eines Unternehmens gewählte Arbeitnehmervertretung, die die Wahrung ihrer Rechte und Pflichten, wie sie im BetrVG und PersVG geregelt sind, wahrnimmt. Beide Gesetze haben in allen Unternehmensformen Gültigkeit, sofern in diesem mehr als 5 Mitarbeiter über 18 Jahren beschäftigt sind. Im öffentlichen Dienst wird die Funktion des Betriebsrats vom Personalrat übernommen. Es gelten dabei für den Komplex der Zutrittskontrolle keinerlei praktische Unterschiede.

Das BetrVG regelt im § 87, Abschn. 1, Ziff. 6 die Mitbestimmungsrechte des Betriebsrats. Die unterschiedliche Auslegung dieses Paragraphen führen zu den meisten Unstimmigkeiten zwischen Unternehmensleitung und Betriebsrat bei der Einführung einer Zutrittskontrolle.

Der § 87 Abs. 1 Nr. 6 des BetrVG lautet:

Der Betriebsrat hat ein Mitbestimmungsrecht bei der Einführung und Anwendung von technischen Einrichtungen, die dazu bestimmt sind, das Verhalten oder die Leistung der Arbeitnehmer zu überwachen.

Der Schwerpunkt liegt dabei eindeutig auf dem Wort überwachen. Für die Einführung einer Zutrittskontrollanlage ist dabei von Bedeutung, daß es sich um eine technische Einrichtung handelt, mit der unter bestimmten Voraussetzungen das Verhalten der Mitarbeiter überwachbar wird.

Eine Zutrittskontrollanlage, die lediglich Zutrittsrechte verwaltet, ohne eine personenbezogene zeitliche Protokollierung der Begehungen vorzunehmen, fällt streng genommen nicht unter diesen Paragraphen. Anders verhält es sich, wenn die Speicherung der Bewegungsdaten von der Anlage vorgenommen wird und diese Bewegungsdaten ausgedruckt und ausgewertet werden können. Es ist dabei nicht unbedingt die Tatsache ausschlaggebend, daß sie ausgewertet werden, sondern allein die Tatsache ist entscheidend, daß sie ausgewertet werden könnten. In diesem Falle wird die Unternehmensleitung durch die Anlage in die Lage versetzt, das Verhalten der Mitarbeiter zu überwachen.

Welche Zutrittskontrollanlage auch immer installiert werden soll, in jedem Falle ist es vorteilhaft, dies in Absprache mit dem Betriebs- oder Personalrat zu planen und zu tun, wobei die Betonung auf dem Wort Planung liegt. Je früher die betriebliche Interessenvertretung in die Verantwortung eingebunden wird, desto weniger Probleme gibt es in der Einführungsphase. Kein vernünftiger Betriebs- oder Personalrat wird sich gegen die Einführung einer Zutrittskontrollanlage wehren, wenn er den Sinn und Zweck einer derartigen Anlage verstanden hat. Dieser Zweck ist nicht darin zu sehen, über umfangreiche Listenausdrucke nachzuvollziehen, wie sich einzelne Mitarbeiter während eines Tages bewegen, vielmehr soll verhindert werden, daß weder Mitarbeiter noch betriebsfremde Personen Türen passieren und in Bereiche und Räume gelangen können, in denen sie nichts zu suchen haben. Dem häufig vorgebrachten Argument, daß eine Zutrittssicherungsanlage, die Bewegungsfreiheit der Mitarbeiter einschränkt und informelle und soziale Kontakte unterbindet, kann wirksam durch die Einrichtung von Zonen begegnet werden, in denen diese sozialen Kontakte stattfinden können und die von allen Mitarbeitern betreten werden dürfen. Ob diese sozialen Kontakte auch während der Arbeitszeit und nicht nur in den Pausen stattfinden müssen, ist nicht Gegenstand der Erörterung in diesem Buch.

Im Falle einer Sabotage, eines Diebstahls oder eines ähnlich gelagerten Delikts kann es für den einzelnen Mitarbeiter auch durchaus hilfreich sein, wenn er durch die Zutrittskontrollanlage beweisen kann, daß er als Täter nicht in Frage kommen kann, da er sich zum fraglichen Zeitpunkt nicht in diesem Raum aufgehalten hat oder von Haus aus ausscheidet, da er keine Berechtigung für diesen Raum hat.

Der Begriff Zutrittskontrollanlage sollte daher lieber im alltäglichen Sprachgebrauch durch den Begriff Zutrittssicherungsanlage ersetzt werden, da diese Anlage in erster Linie dem Zweck dienen soll, Bereiche und Räume vor einer Begehung durch Unbefugte zu sichern. Daß anhand der meisten Anlagen auch nachvollzogen, sprich kontrolliert werden kann, wer sich in den Räumen aufgehalten hat, ist durch die technischen Möglichkeiten eine Tatsache, die nicht übersehen werden kann. Es liegt an beiden Seiten, diese Kontrolle auf die Fälle zu beschränken, die bei einem klassischen Ermittlungsverfahren die ermittelnden Behörden bei der Ausfindigmachung eines Täters unterstützen können.

In der Praxis zeigt sich immer wieder, daß bei einseitigem Vorgehen der Geschäftsführung, bei Verzicht also, den Betriebs- oder Personalrat zu informieren und in den Entscheidungsprozeß miteinzubeziehen, sofort Mißtrauen aufkommt, das unter Umständen zu einer völligen Blockadehaltung führen kann. Darunter leidet das Betriebsklima und der Entscheidungs- und Abstimmungsprozeß wird erheblich verzögert. Eine bereits getätigte Investition kann sich im nachhinein als Fehlinvestition herausstellen.

Je früher, je besser, je klarer und je offener die Informationen seitens des Arbeitgebers ausfallen, desto geringer werden die sich in faulen Kompromissen wiederspiegelnden Reibungsverluste sein.

Ziel muß es sein, eine gemeinsame Betriebsvereinbarung auszuarbeiten, mit der beide Seiten leben können und die die eigentliche Funktion einer Zutrittskontrollanlage dahingehend beschränkt, daß sie zu einer Zutrittssicherungsanlage wird, deren Kontrollfunktionen im berechtigten Ausnahmefall abgerufen und ausgewertet werden können. Ein denkbarer Lösungsansatz wäre, um ungewollte Listenausdrucke zu verhindern, die Zweiteilung eines Paßwortes. Der eine Teil ist dabei nur einem Mitglied des Betriebsrates bekannt; nur mit seiner Zustimmung und in seinem Beisein können diese Listen von der Zutrittskontrollanlage abgerufen werden.

2.11 Ausblick

Zutrittskontrollanlagen werden durch immer neuere Techniken und Verfahren immer ausgereifter und unüberwindlicher werden. Betrachtet man die steigende Anzahl der Delikte, so ist dies auch zwingens notwendig. Der Trend geht eindeutig in mechanisch kleine, voll intelligente und leistungsfähige Identifikationsmerkmal-Erfassungseinheiten, die alle notwengigen Daten in ihrem Arbeitsspeicher vor Ort haben und völlig autark arbeiten. Sie sind untereinander vernetzbar und können für besondere Funktionen der Zutrittskontrolle, wie die Bereichswechselkontrolle untereinander kommunizieren und Daten austauschen. Ein übergeordneter Personal-Computer hat einzig die Aufgabe, als bedienerfreundliche Versorgungsstation, Datensammler und komfortable Auswerteeinheit zu dienen.

Bei den ID-Karten ist zu erwarten, daß sich die Chipkarte, aufgrund ihrer vielfältigen Möglichkeiten und enormen Sicherheit in zunehmendem Maße durchsetzen wird. Dabei werden die steigenden Einsatzzahlen den heute noch sehr hohen Preis der Chipkarte und der Chipkartenleser auf ein Niveau bringen, der einen massenhaften Einsatz rechtfertigt. Bei den biometrischen Systemen ist zu prognostizieren, daß auch hierbei die Geräte und Verfahren immer ausgereifter werden und die Reaktionszeiten sich den herkömmlichen Techniken immer mehr annähern werden. Ob biometrische Systeme weiter eine Domäne der Hoch- und Höchstsicherheitsbereiche bleiben werden, ist allerdings nicht nur eine Frage der ausgereiften Technik und der Reaktionszeiten, sondern auch eine Frage des Preises.

Durch die Öffnung des europäischen Binnenmarktes wird nicht nur für die Sicherheitstechnik allgemein, sondern auch für die Zutrittskontrolle ein sehr großer Wirtschaftsraum verwirklicht. Dabei ist absehbar, daß den schon bestehendenden Richtlinien ein gesamteuropäisches verbindliches Vorschriftenwerk für die Sicherheitstechnik folgen wird.

2.12 Literatur

1. Schöfer FW (1984) Die Lesestation bei Zutrittskontrollsystemen, Protector-Spezial 4, Zürich
2. Nyffenegger J (1986) Anforderungen an ein ZK-System, Protector 4, Zürich
3. Schöfer FW (1986) Stimme als Schlüssel, W&S 8–9, Kriminalistik Verlag, Heidelberg
4. Droux R, Juillard HP (1987) Praxis-Beispiel Zutrittskontrolle, KES, 2
5. Gorontzky U (1987) Die Netzhaut als optimaler Fingerabdruck, W&S 7, Kriminalistik Verlag, Heidelberg
6. Graf U (1987) Umfassende Zutrittskontrolle, Protector 11, Zürich
7. Aarberg HH (1989) Die sichere Badge-Magnetspur, Protector 5, Zürich
8. Walz G (1989) Wirksamer Schutz für Bankomaten, SM 10 (Sicherheitsmarkt)
9. Walz G (1990) Sicherheit beim Geldholen, W&S 3, Kriminalistik Verlag, Heidelberg
10. Droux R (1990) Weshalb ein elektronisches Zutrittskontrollsystem? Protector-Spezial 6, Zürich
11. Stürmann P (1990) Voraussetzungen für den Einsatz von Zutrittskontrollsystemen, Protector-Spezial 6, Zürich
12. Adamski B (1990) Elemente des Zutrittskontrollsystems, Protector-Spezial 6, Zürich
13. Stürmann P (1990) Übersicht biometrische Zugangskontrollsysteme, Protector-Spezial 6, Zürich
14. Roth H (1990) Betriebssysteme DOS und UNIX für Zugangskontrolle und Zeiterfassung, Protector-Spezial 6, Zürich
15. Unruh H (1990) Neue Normung für Zugangskontrollanlagen, Protector-Spezial 6, Zürich
16. Zeißler H (1990) Technik im Dienste des Menschen, W&S-Spezial, Kriminalistik Verlag, Heidelberg
17. Bautz W (1990) Zutrittskontrolle – Erfassungstechnologie nach Maß, W&S-Spezial, Kriminalistik Verlag, Heidelberg
18. Hall SW (1990) Schlüssel zum sicheren Betrieb, W&S-Spezial, Kriminalistik Verlag, Heidelberg
19. Aubin D (1990) "Off-Limits" für Unbefugte, W&S-Spezial, Kriminalistik Verlag, Heidelberg
20. Roth H (1990) Entwicklungstendenzen, W&S-Spezial, Kriminalistik Verlag, Heidelberg
21. Lahm JR (1990) Zugangskontrolle mit Sonderfunktionen, W&S-Spezial, Kriminalistik Verlag, Heidelberg
22. Koril S (1990) Zutrittskontrolle – ein Wachstumsmarkt, W&S-Spezial, Kriminalistik Verlag, Heidelberg
23. Laser D (1990) Sesam höre mich – Sesam öffne dich, W&S-Spezial, Kriminalistik Verlag, Heidelberg
24. Beutler K (1990) Sicherung oder Kontrolle, W&S-Spezial, Kriminalistik Verlag, Heidelberg
25. Krapf O (1990) Mechanische Barrieren, W&S-Spezial, Kriminalistik Verlag, Heidelberg
26. Gallenschütz T (1990) Es kommt uns darauf an, W&S-Spezial, Kriminalistik Verlag, Heidelberg
27. Walz G (1990) Eintrittskarte erforderlich, mm (Maschinenmarkt) 7, Vogel Verlag, Würzburg
28. Pressdee B (1990) Ein Fingerabdruck kann viele Türen öffnen, W&S 11, Kriminalistik Verlag, Heidelberg
29. Walz G (1990) Komfortabel und sicher – das neue Kodiergerät für Magnetkarten, Alarm 20, 11, München
30. Reinert U (1991) Zusatzsicherheit mit der dritten Dimension, Protector-Spezial 11, Zürich
31. Walz G (1991) Alles im Griff, IC-Wissen 11, Vogel Verlag, Würzburg
32. Walz G (1991) Vorsicht ist besser als Nachsicht, gi 12 (Geldinstitut)

3 Einbruch- und Überfallmeldetechnik

3.1 Einführung

Einbruch und Diebstahl, Sabotage und Spionage machen den Firmenmanagern und Sicherheitsbeauftragten zunehmend Sorgen. Die über lange Zeit verbreitete Einstellung des sorglosen Wegschauens und der „Mir-kann-das-nicht-passieren"-Mentalität ist wohl endgültig vorbei. Aber nicht nur Firmen zeigen eine wachsende Bereitschaft, Sicherheitsvorkehrungen zu treffen, auch der Durchschnittsbürger investiert mehr denn je in sicherheitstechnische Einrichtungen. Gefragt sind hochwertige Türschlösser, Sicherheitsbeschläge, Tresore, aber nicht minder auch elektronisch gesteuerte Alarmanlagen.

Mechanische Sicherungen allein genügen nicht, denn jedes Hindernis, und sei es noch so stabil, läßt sich mit handelsüblichen Mitteln und Werkzeugen überwinden. Elektronische Sensoren hingegen können einen Angriff erkennen und melden, bevor der Angreifer sein Ziel erreicht bzw. größeren Schaden angerichtet hat.

Die Täter suchen heute vermehrt nach ungesicherten Objekten, die schnelle und gefahrlose Beutezüge versprechen. Nachdem Banken und Juweliergeschäfte – auch durch Auflagen der Versicherungen – allgemein als gut gesichert gelten, kommen immer neue Zielgruppen an die Reihe. Viele Firmen und Privatpersonen werden daher noch folgenreiche Erfahrungen mit der Kriminalität machen. Erschreckend ist die zunehmende Bereitschaft, bei Einbrüchen und Überfällen mit brutaler Gewalt vorzugehen und Menschenleben zu gefährden.

Ziel der Einbruch- und Überfallmeldetechnik ist es, in Abstimmung mit baulichen und organisatorischen Maßnahmen die Chancen eines Angreifers zu minimieren, sein Risiko zu maximieren und ein hohes Maß an Abschreckung zu erreichen, um so Leben und Sachwerte zu schützen.

Die zu erwartenden Gewinne ermutigen die Angreifer, bei der Auswahl der Angriffsmittel großzügig zu investieren. Während sich Gelegenheitstäter auf leicht entwendbare Gegenstände und Bargeld beschränken, droht schlimmeres Unheil von Intelligenztätern und organisierten Banden. Diese Tätergruppe wagt sich auch an gut gesicherte Objekte, da hier besonders hohe Beute zu erwarten ist. Eine fachgerecht geplante, richtig installierte und gepflegte Alarmanlage muß auch den Sabotage- und Überlistungsversuchen solcher Spezialisten standhalten. Es ist also nicht alles damit getan, nur modernste

Technik einzusetzen, sondern es kommt darauf an, Anlagen und Systeme ständig so zu modernisieren, daß sie den immer ausgefeilteren Manipulationsversuchen widerstehen können.

Für jeden Anwendungsfall und für die verschiedensten Sicherheitsbedürfnisse gibt es passende Meldesysteme. In diesem Kapitel werden die marktüblichen Einbruch- und Überfallmelder, die verschiedenen Zentralensysteme sowie die Möglichkeiten der Scharfschaltung und Alarmorganisation dargestellt. Besonders ausführlich werden die verschiedenen Melder und Sensoren mit ihren Vor- und Nachteilen und ihren variantenreichen Anwendungsapplikationen behandelt. Bei den handelsüblichen Meldezentralen werden die unterschiedlichen Technologien und ihre Philosophie beleuchtet. Die wichtigen Funktionen von Kompaktzentralen für den Privatbereich werden genauso behandelt wie die Leistungsmerkmale und Eigenschaften von Großzentralen. Ausführliche Projektierungsbeispiele für unterschiedliche Anwendergruppen sollen dem Leser für die Lösung von Sicherungsaufgaben praktische Hinweise geben.

Wer sich mit Einbruch- und Überfallmeldetechnik beschäftigt, wird schnell feststellen, daß von den unterschiedlichsten Institutionen zu diesem Thema Normen und Richtlinien erstellt werden. Da hier weitgehende Anpassungen im Zuge des europäischen Einigungsprozesses zu erwarten sind, werden diese Normen und Richtlinien absichtlich nicht näher behandelt.

3.2 Begriffserklärungen

Techniker sind es gewohnt, sich untereinander mit genau definierten Fachbegriffen zu verständigen. So hat sich, wie auf anderen Gebieten auch, eine regelrechte Fachsprache für Alarm- und Sicherungstechnik gebildet. Diese Fachsprache wird gleichermaßen durch normengebende Vereinigungen und Verbände, wie auch durch die marktführenden Firmen selbst geprägt. Wollte man alle Begriffe dieser Fachsprache erläutern oder gar eindeutig definieren, so könnte man damit ein ganzes Buch füllen. Ein solches Vorhaben würde durch das Verhalten vieler Hersteller- und Errichterfirmen erschwert, da sie dazu neigen, firmengebundene Ausdrücke zu benutzen und zu verbreiten. Aber selbst die maßgeblichen Normen- und Richtliniengeber sind sich nicht immer in der Definition und im Gebrauch von Fachbegriffen einig. Noch schlimmer sieht es in der Praxis aus. Gerade die gestandenen Fachleute haben zum Teil Schwierigkeiten, sich von veralteten und nicht eindeutigen Begriffen zu trennen und neue Fachbegriffe nicht nur zu akzeptieren, sondern auch zu nutzen. Beispielhaft sei hier der Begriff „Alarmanlage" genannt. War dieser Begriff lange Zeit üblich, so ist er heute unter Fachleuten als Umgangssprache verpönt. Man spricht gemäß gängigen Normen von Überfall- und Einbruchmeldeanlagen. Mit Alarmanlagen sind allgemein eher weniger taugliche Importgeräte und Billiginstallationen gemeint. Doch neuerdings scheint der Begriff „Alarmanlage" eine Renaissance zu erleben, vielleicht ein Einfluß der europäischen Einigung und Resultat gemeinsamer Normenarbeit.

Im folgenden sind in alphabetischer Reihenfolge einige wichtige Fachbegriffe erläutert, die für die Beschreibung von Alarmanlagen und deren Funktionen wichtig sind. Die Erläuterungen erheben nicht den Anspruch einer genauen, allgemeingültigen Definition der Begriffe, vielmehr sollen sie dem Leser bei der Lektüre dieses Kapitels sowie von Vorschriften und Richtlinien zumindest sinngemäß weiterhelfen.

Alarm

Auslösung der Einbruch- und Überfallmeldeanlage. Entsprechend ihrer Bedeutung können Alarme in Prioritätsstufen eingeteilt werden. Man unterscheidet Alarme mit externer Alarmierung und mit interner Alarmierung. Bei einem Externalarm erfolgt die Alarmierung durch optische und akustische Signalgeber (Blitzleuchte und Sirenen) und/oder durch stille Alarmweiterleitung zu hilfeleistenden Stellen, während bei einem Internalarm lediglich der Betreiber der Anlage durch optische und/oder akustische Anzeigeeinrichtungen informiert wird.

Alarmierungseinrichtung (Alarmgeber, Alarmierungsmittel)

Man unterscheidet den örtlichen (lokalen) Alarm und den stillen Alarm mit Alarmweiterleitung zu einer hilfeleistenden Stelle. Beim örtlichen Alarm werden als Alarmierungseinrichtungen Sirenen und Blitzleuchten zur Abschreckung des Angreifers sowie zur Information der Öffentlichkeit verwendet. Beim stillen Alarm werden elektronische (Alarmierungs-)Einrichtungen verwendet, die über die Fernsprechleitung oder andere Übertragungswege die Alarmauslösung an Dritte weitermelden, ohne daß der Angreifer hiervon etwas merkt.

Alarmzentrale (Einbruch- und/oder Überfallmelderzentrale,
Intrusionsmelderzentrale)

Die Alarmzentrale ist das Gehirn einer Alarmanlage. In der Fachsprache der Profis wird dieser Begriff aus der Umgangssprache kaum verwendet, da neben Einbruchalarmen auch andere Alarme (z. B. Feuer, Füllstand, Temperatur etc.) gemeint sein könnten. Man spricht deshalb von Einbruch- bzw. Überfallmelderzentralen. Manchmal ist auch der Begriff Intrusionsmelderzentrale zu finden. In der Zentrale laufen alle Informationen von den Alarmsensoren (Meldern) und sonstigen peripheren Einrichtungen der gesamten Anlage zusammen. Die Informationen werden analysiert und bewertet. Je nach Betriebszustand und technischer Ausrüstung erfolgt als Reaktion auf Informationen von den Alarmsensoren die Ansteuerung verschiedenster Alarmierungsmittel. Kombinierte Einbruch- und Überfallmeldeanlagen mit einer gemeinsamen Zentrale sind möglich und üblich.

Anwesenheitsüberwachung

Unter Anwesenheitsüberwachung versteht man nicht etwa eine Überwachungseinrichtung, die dazu dient, die Anwesenheit eines Eindringlings festzustellen. Vielmehr ist hiermit eine Überwachungsvariante gemeint, die hauptsächlich dem Personenschutz dient. Ein Teil der Einbruchmeldeanlage bleibt auch bei Anwesenheit des Betreibers eingeschaltet, so daß dieser nicht von einem Eindringling (im Schlaf) überrascht werden kann. Bei eingeschalteter Anwesenheitsüberwachung werden im Alarmfall die internen Alarmgeber der Anlage angesteuert. Die Auslösung externer Alarmierungsmittel ist nach den einschlägigen Bestimmungen und Richtlinien in Deutschland nicht üblich, da die Gefahr von versehentlich durch den Betreiber ausgelösten Alarmen zu groß ist.

Außenhautüberwachung

Überwachung der Einstiegsmöglichkeiten eines Gebäudes oder eines Gebäudeteiles. In erster Linie sind hiermit alle Türen, Fenster und sonstige Öffnungen gemeint. Je nach mechanischer Beschaffenheit und Sicherheitsrisiko müssen auch Wände, Decken und Böden oder Teile davon (z. B. Glasbausteine) in die Außenhautüberwachung einbezogen werden. Man spricht dann von Flächen- bzw. Durchbruchüberwachung. Qualitativ unterscheidet man hier die Durchstiegüberwachung und die aufwendigere Durchgriffüberwachung.

Einbruchmeldeanlage (EMA)

Einbruchmeldeanlagen dienen der Überwachung von Gebäuden oder Teilen von Gebäuden auf unbefugtes Einwirken von Personen. Unter Einwirkung von Personen ist hier das Durchdringen der Außenhaut des Gebäudes, das unbefugte Eindringen in Räume des Gebäudes, das unbefugte Öffnen (z. B. Aufbrechen) von besonderen Objekten innerhalb des Gebäudes (z. B. Panzerschränke in Juweliergeschäften, Vitrinen in Museen) sowie die unbefugte Wegnahme von Einzelgegenständen (z. B. Schmuckstücke, Gemälde) aus dem Gebäude gemeint.

Einbruchmelder (Alarmsensoren)

Von Einbruchmeldern werden physikalische Kenngrößen zur Erzeugung von Signalen an die (Alarm-)Zentrale aufgenommen und weitergeleitet. Es gibt Melder, die direkt vom Angreifer veränderte physikalische Größen auswerten z. B. Änderungen des Infrarotbildes im Überwachungsbereich), oder die indirekt auf einen Angreifer schließen lassen (z. B. Öffnungsmelder beim Aufbruch einer Tür). Es werden Melder mit Eigenstrombedarf (z. B. Bewegungsmelder, Körperschallmelder) und Melder ohne Eigenstrombedarf (z. B. Magnetkontakte, Alarmdraht-Tapete) unterschieden. Man spricht auch von „nicht-automatischen" und von „automatischen" Sensoren. Melder mit Eigenstrombedarf beziehen ihre Betriebsspannung entweder aus der Meldeleitung (z. B. einige passive Glasbruchmelder) oder aus einer eigens für die Betriebsspannung vorzusehenden Versorgungsleitung. Einbruchmelder sind so auszuwählen und zu installieren, daß sie ihre Überwachungsaufgabe bestmöglich erfüllen können und den Umgebungsbedingungen angepaßt gewählt werden.

Einbruchmelderzentrale

(s. „Alarmzentrale" für Einbruchmelder)

Fallenüberwachung

Schwerpunktmäßige Überwachung von Bereichen, die ein Angreifer (Intruder) mit großer Wahrscheinlichkeit betritt (Kontaktfallen, Schranken, Bewegungsmelder).

Fehlalarm

In der Umgangssprache werden mit Fehlalarm alle Alarmauslösungen bezeichnet, die nicht auf einen tatsächlich stattgefundenen Einbruch oder Überfall oder anderes Einwirken von Tätern zurückzuführen sind. Der Fachmann spricht von Falschalarmen:
- Falschalarm durch Fehlbedienung (z. B. externe Scharfschaltung, obwohl sich noch jemand im zu überwachenden Bereich befindet);
- technisch bedingter Falschalarm (Defekt der Alarmanlage);
- Täuschungsalarm (Alarm, der durch den bestimmungsgemäßen Betrieb eines Melders ausgelöst wurde, der tatsächlich aber nicht auf einen Angriff zurückzuführen ist; beispielsweise falsch gelagerte Waren, die nachts ohne Fremdeinwirkung umfallen und dadurch einen Bewegungsmelder auslösen).

Intrusions-Meldetechnik

(Melde-)technische Anlagen, die je nach Sicherheitsbedürfnis und Risiko einen Angriff (eine „Intrusion") melden, verhindern oder zumindest erschweren. Intrusions-Meldeanlagen können aus Freigelände-Überwachungssystemen, Video-Überwachungsanlagen, Zutrittskontrolleinrichtungen sowie aus Überfall- und Einbruchmeldeanlagen bzw. deren Kombination bestehen.

Meldebereich

Sinnvolle Aufteilung eines Sicherungsbereiches zur Herkunftskennzeichnung von Alarmen. Ein Meldebereich kann nur zu einem Sicherungsbereich gehören. Ein Meldebereich kann aus einer oder mehreren Meldergruppen bestehen.

Meldergruppe

Zusammenfassung von Meldern zu einer Gruppe mit eigener Anzeige an der Zentrale. Die Art und Zahl von Meldern, die zu einer Meldergruppe zusammengefaßt werden, hängt von der gewünschten Funktion der Gruppe (z. B. Einbruchmeldergruppe, Überfallmeldergruppe), von der Überwachungsaufgabe der Melder (z. B. Raumüberwachung, Öffnungsüberwachung), von der Art Melder (automatische und nicht-automatische Melder) sowie von den zu überwachenden Räumlichkeiten ab.

Objektüberwachung (Einzelobjektüberwachung)

Gezielte Überwachung von ausgesuchten Gegenständen (z. B. Bilder, Figuren) oder einzelnen Objekten (z. B. Wertbehältnisse, Vitrinen).

Raumüberwachung

Überwachung von (Innen-)Räumen oder von Raumteilen auf unberechtigtes
Eindringen. Es werden überwiegend Bewegungsmelder eingesetzt. Sie detektieren durch Auswertung verschiedener physikalischer Kenngrößen die Bewegungen von Personen.

Sabotageüberwachung

Sicherheitstechnische Vorkehrungen, die dazu dienen, solche Manipulationen
an Anlagenteilen oder am Leitungsnetz der Anlage zu erkennen, die dazu
dienen könnten, den ordnungsgemäßen Betrieb der Anlage zu gefährden.
Meldekontakte und Einrichtungen, die speziell für die Sabotageüberwachung
vorgesehen sind, werden in Sabotagemeldergruppen zusammengefaßt. Beispielsweise werden Deckelkontakte, Bohrschutzelemente (feiner Flächen-
schutz), Abreißkontakte und Kontakte von Verdrehschutzeinrichtungen überwacht. Ein Sabotagealarm sollte für den Betreiber nicht rücksetzbar sein, da in
jedem Fall eine Inspektion durch einen Fachmann angeraten ist.

Scharfschalteinrichtung

Einrichtungen, die die Ansteuerung von Alarmierungseinrichtungen im Falle
einer Meldung freigeben. Einfache Scharfschalteinrichtungen sind Schlüsselschalter und Kodetestaturen. Höherwertige Scharfschalteinrichtungen arbeiten elektromechanisch (z. B. Blockschloß). Bei richtiger Anwendung elektromechanischer Einrichtungen wird die Zwangsläufigkeit der Anlage hergestellt.
Das Falschalarmrisiko durch Fehlbedienung ist minimiert. Bei hohem Sicherheitsrisiko werden mehrere Scharfschaltelemente zusammengeschaltet (z. B.
Blockschloß mit zusätzlicher Kodeeingabe und/oder Sperrzeituhr).

Scharfschalten

Man unterscheidet die interne und die externe Scharfschaltung. Bei der
internen Scharfschaltung werden die Einbruchmeldergruppen oder ein Teil
davon im Alarmfall auf die internen Alarmierungsmittel durchgeschaltet
(Anwesenheitssicherung), während bei externer Scharfschaltung alle Ein-
bruch- und Sabotagemeldergruppen zu den externen Alarmierungsmitteln
geschaltet sind. Bei kleinen Anlagen bezieht sich die Scharfschaltung auf die
gesamte Anlage, während bei größeren Anlagen eine Scharfschaltung von
getrennten Sicherungsbereichen üblich ist.

Sicherungsbereich

In sich abgeschlossener Teil einer Intrusionsmeldeanlage. Ein Sicherungsbereich verfügt über eigene Scharfschalteinrichtungen und kann unabhängig
oder in logischer Abhängigkeit zu anderen Bereichen scharfgeschaltet werden.
Eine Alarmanlage kann aus einem oder mehreren Sicherungsbereichen bestehen. Ein Sicherungsbereich kann mehrere Meldebereiche umfassen.

Überfallmeldeanlage (ÜMA)

Dienen Personen zum direkten Hilferuf (Notruf) bei Überfällen. Der Hilferuf wird durch Auslösung eines Überfallmelders erzeugt. Überfallmeldeanlagen kennen keinen Unterschied in der Betriebsart (scharf und unscharf). Überfallalarm kann immer und unabhängig von Schaltzuständen ausgelöst werden. Im Bankenbereich führt eine Auslösung der Überfallmeldeanlage zur Aktivierung der Überfallkameras.

Überfallmelder

Überfallmelder dienen der manuellen Alarmauslösung im Gefahrenfall. Am gebräuchlichsten sind versteckt installierte Überfalltaster und Fußkontaktschienen. Im Bankenbereich werden auch sog. Geldscheinkontakte verwendet. Überfallmelder sind so konzipiert, daß ihre Betätigung mit einer bleibenden Formveränderung verbunden ist (z. B. Pappscheibe über dem eigentlichen Betätigungsknopf).

Überfallmelderzentrale

Zentrale einer Überfallmeldeanlage. Meistens werden keine reinen Überfallmelderzentralen, sondern kombinierte Einbruch- und Überfallmelderzentralen eingesetzt (s. „Alarmzentrale"). Die Überfallmelder werden zu Überfallmeldergruppen zusammengefaßt. In den meisten Fällen lassen sich ausgelöste Überfallmeldergruppen aufgrund von Forderungen der Polizei nicht durch den Betreiber zurücksetzen.

Überwachungsbereich (Erfassungsbereich)

Bereich, der von einem automatischen (Intrusions-)Melder erfaßt oder von einer Person überwacht wird. In der Praxis wird dieser Begriff meistens im Zusammenhang mit dem tatsächlichen Erfassungsbereich von Bewegungsmeldern verwendet.

Widerstandszeitwert (Widerstandswert)

Meßbarer Zeitaufwand, der notwendig ist, um ein mechanisches Hindernis mit definierten Hilfsmitteln zu überwinden. Sind mehrere Hindernisse nacheinander zu überwinden, so wird der Widerstandszeitwert durch Addition der Einzelwerte ermittelt. Ziel einer Alarmanlage ist es, einen Angriff so frühzeitig zu melden, daß hilfeleistende Kräfte den Alarmort erreichen, bevor der Angreifer sein Ziel erreicht hat und größeren Schaden anrichten kann. Technische Überwachungsmaßnahmen und der Widerstandswert mechanischer Hindernisse müssen also auf die möglichen Interventionsmaßnahmen und die erforderliche Interventionszeit abgestimmt sein.

Zwangsläufigkeit

Durch elektrische und mechanische Maßnahmen wird erreicht, daß ein Sicherungsbereich einer Einbruchmeldeanlage erst dann scharfgeschaltet werden kann, wenn

- alle Zugänge zu dem Bereich verriegelt sind,
- keine Störung von der Alarmzentrale registriert wird und
- sich alle Meldergruppen des Sicherungsbereiches im Ruhezustand (nicht im Alarmzustand) befinden.

Die Zwangsläufigkeit wird durch bauliche Maßnahmen (Sperrschlösser, Schließbarkeit von Außentüren nur von innen), sowie durch elektrische Maßnahmen (z. B. Verschlußüberwachung) und den Einsatz elektromechanischer Scharfschalteinrichtungen (Blockschloß) gewährleistet. Das Blockschloß läßt sich erst dann scharfschalten, wenn die Einbruchmeldezentrale die Schließbereitschaft signalisiert. Umgekehrt ist der Zutritt in einen Sicherungsbereich (zwangsläufig) erst nach Rücknahme der Scharfschaltung möglich.

3.3 Sicherungsebenen

Hat sich erst ein Angreifer über illegale Wege Zutritt auf ein Gelände oder in bestimmte Bereiche eines Geländes oder Gebäudes verschafft, bleibt neben baulichen und administrativen Maßnahmen letztendlich nur eine elektronische Überwachung der gefährdeten Bereiche. Eine Zutrittskontrollanlage nutzt nämlich dann wenig, wenn der Intruder nicht die offizielle Zugangstür des Bereichs benutzt, sondern durch Fenster oder sogar Mauern versucht, sich gewaltsam Zutritt zu verschaffen. Auch der Einsatz von Freigelände-Überwachungssystemen ist nicht für jedes Sicherungsproblem geeignet. Zwar kann man mit derartigen Systemen einen Angriff schon an der Grundstücksgrenze detektieren, doch nicht jedes Gebäude steht auf einem genügend großen, überwachbaren Gelände. Ein Ladenlokal in der Innenstadt kann nicht mit einem Freigelände-Überwachungssystem ausgerüstet werden; und zwar nicht nur deshalb, weil das Grundstück und die sonstigen Gegebenheiten hierfür nicht geeignet sind, sondern auch weil die ständig besetzte Stelle fehlt, die die Alarmverifizierung und -verfolgung wahrnehmen könnte.

Doch selbst wenn ein Areal mit einem gut funktionierenden Freigelände-Überwachungssystem ausgestattet ist, reicht dieser Schutz nicht aus, jeden Angriffsversuch wahrzunehmen. Zum einen sind Perimeterüberwachungen überwindbar, zum anderen könnte sich ein Täter während des Tagesbetriebs, z. B. als Besucher getarnt, auf das Firmengelände schleichen und dann nachts sein Vorhaben beenden, ohne daß er bemerkt würde.

Bei der Einbruchmeldetechnik unterscheidet man verschiedene Sicherungsebenen. Man kennt die Außenhautüberwachung, die Raumüberwachung und die Objektüberwachung. Nicht zuletzt muß noch die Überfallmeldetechnik genannt werden.

3.4 Außenhaut- und Flächenüberwachung

Unter Außenhautüberwachung versteht man die meldetechnische Überwachung eines Gebäudes oder auch eines besonders gefährdeten Teils eines Gebäudes. Qualitativ werden Art und Umfang einer Außenhautüberwachung stark vom Sicherheitsbedürfnis des Betreibers sowie von den einschlägigen Vorschriften und Richtlinien geprägt. Eine Außenhautüberwachung für ein Privathaus wird in der Regel weniger aufwendig ausgelegt sein als etwa eine Überwachung für ein Juweliergeschäft.

Während man bei einem Einfamilienhaus die Außenhautüberwachung auf Türen und Fenster beschränken wird, müssen bei einem Juweliergeschäft auch Schaufenster, Wände, ggf. Decken und Böden gegen unerwünschte Eindringlinge gesichert werden. Man unterscheidet:
- *Öffnungsüberwachung.* Überwachung auf unbefugtes Öffnen/Aufhebeln von Türen, Fenstern und sonstigen Öffnungen
- *Verschlußüberwachung.* Feststellen des verschlossenen Zustandes von Fenstern, Türen und sonstigen Öffnungen. Eine nicht geöffnete Tür muß nämlich nicht verschlossen (abgeschlossen) sein.
- *Durchbruchüberwachung.* Überwachung von Flächen, z. B. Wänden, Glasflächen auf gewaltsamen Durchbruch. Qualitativ unterscheidet man hier noch zwischen Durchstieg- und Durchgriffüberwachung.

3.4.1 Öffnungsüberwachung

Die Öffnungsüberwachung von Türen und Fenstern wird fast ausschließlich mit berührungslos arbeitenden Magnetkontakten realisiert. Am feststehenden Teil des Rahmens wird der eigentliche Magnetkontakt (Reedkontakt) befestigt, am beweglichen Teil ein Magnet.

Der Reedkontakt besteht aus einem evakuierten oder mit Schutzgas gefüllten Glasröhrchen. In dieses sind zwei federnde Zungen so eingeschmolzen, daß sich ihre Enden mit geringem Abstand gegenüberstehen. Unter dem Einfluß eines Magnetfeldes bewegen sich die ferromagnetischen Zungen aufeinander zu, der Kontakt wird geschlossen.

Im geschlossenen Zustand von Türen und Fenstern befindet sich der Magnet in der Nähe des Reedkontakts und hält ihn geschlossen. Ein Öffnen der Tür bzw. des Fensters bewirkt ein Entfernen des Magneten vom Reedkontakt, der Kontakt öffnet sich und meldet dies an die Zentrale. Besteht die Gefahr, daß die Tür oder das Fenster auf der Bandseite aufgehebelt werden könnte, ohne daß dies zwangsläufig zu einer Öffnungsmeldung des Magnetkontaktes führt, dann kann es notwendig sein, daß ein zweiter Kontakt auf der Bandseite angebracht werden muß.

Magnetkontakte sind in unterschiedlichsten Ausführungen und Bauformen erhältlich. Meistens sind Magnet und Reedkontakt in gleichartigen, komplett vergossenen Plastikgehäusen untergebracht (s. Abb. 3.1). Je nach

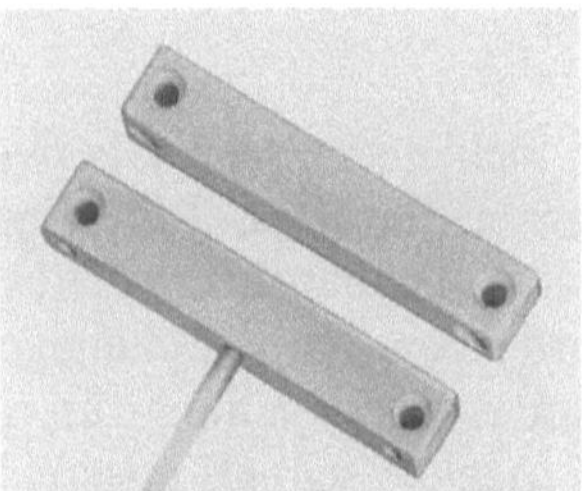

Abb. 3.1. Beispiel eines Aufbaumagnetkontaktes, hier mit Kreuzloch für verschiedene Montagemethoden (Werkfoto Fritz Fuss GmbH)

Form des Plastikgehäuses eignen sich diese Kontakte zur sichtbaren Aufbaumontage oder als verdeckt montierbare Einlaßkontakte. Es gibt einfache Ausführungen für leichte Holz- und Plastikrahmen sowie schwere Ausführungen für Metalltüren und ähnliche Öffnungen. Besonders schwere Ausführungen werden für Metalltore und Rolltore gefertigt. Hier wird der Reedkontakt in ein stabiles Aluminiumgehäuse eingegossen (Rolltorkontakt). Das Zuleitungskabel ist durch einen Stahlpanzerschlauch gegen mechanische Beschädigungen geschützt (Abb. 3.2).

Rolltore und Außenrolläden sollten aber nur dann mit Magnetkontakten überwacht werden, wenn sie arretierbar sind. Der arretierte Zustand sollte durch geeignete Verschlußmelder überprüft werden. Ab 1,50 bis 2 m Breite des zu überwachenden Tores empfiehlt sich der Einsatz von mindestens zwei Kontakten, da ansonsten das Tor auf der dem Kontakt gegenüberliegenden Seite aufgehebelt werden könnte, ohne daß dies von der Intrusionsmeldeanlage erkannt wird. Gleichfalls muß bei mehrflügeligen Toren/Türen und Fenstern für jeden Flügel ein eigener Kontakt vorgesehen werden.

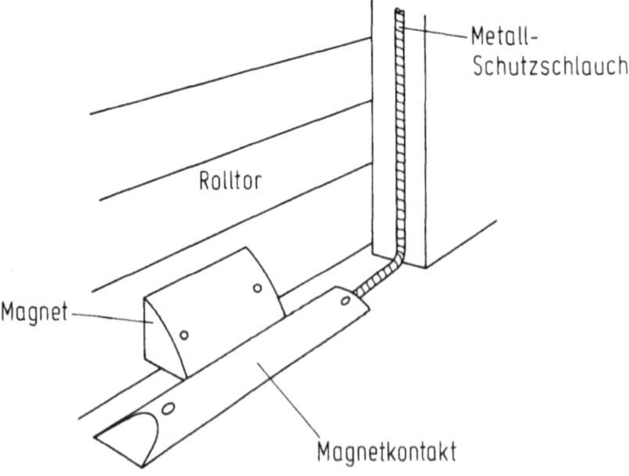

Abb. 3.2. Montagebeispiel eines Rolltormagnetkontaktes an einem Rolltor. Das Gehäuse des Kontaktes ist mechanischen Beanspruchungen gewachsen

Bei der Montage von Magnetkontakten ist grundsätzlich darauf zu achten, daß eine Beeinflussung des Reedkontakts durch bewußt von außen angelegte Fremdfelder praktisch nicht möglich ist. Bei hohem Sicherheitsrisiko sowie bei offensichtlicher Gefahr der Beeinflussung müssen daher sog. „fremdfeldgeschützte" Magnetkontakte eingesetzt werden. Ein Reedkontakt ist dann gegen Fremdfelder geschützt, wenn sein Gehäuse für Magnetfelder undurchlässig ist, oder, wie heute meist üblich, wenn ein sog. Doppel-Reedkontakt Verwendung findet. Beim Doppel-Reedkontakt arbeitet ein Reedkontakt als Öffnungsmelder, während der andere ausschließlich zum Aufspüren von Fremdfeldern dient. Es können ausschließlich besonders ausgemessene Magnete eingesetzt werden, damit eine fehlerfreie Funktion gewährleistet ist. Besonders wichtig ist die korrekte Montage, da beim Doppel-Reedkontakt ein auf wenige Millimeter genauer Soll-Abstand zwischen Magnet und Reedkontakt eingehalten werden muß.

Auf eisenhaltigen Materialien dürfen Magnetkontakte ausschließlich unter Verwendung von Abstandshaltern (z. B. Plastikscheiben) montiert werden, damit der Magnet nicht durch den magnetischen Fluß im Eisen regelrecht entladen wird. Nach unbestimmter Zeit kann er dann seine Aufgabe nicht mehr (sicher) erfüllen. Noch schlimmer ist der Magnetisierungseffekt: Das Eisen rund um den Reedkontakt wird so stark magnetisiert, daß ein Aufbruch der zu überwachenden Öffnung zu keinerlei Meldung führt, da der Reedkontakt nicht mehr abfallen kann. Aus diesem Grund darf bei eisenhaltigen Materialien auch keine Einlaßmontage von Magnetkontakten erfolgen. Weiterhin darf für die Montage von Magnetkontakten ausschließlich nur nicht-ferromagnetisches Material (Schrauben) Verwendung finden.

Im Normalfall werden Reedkontakt und Magnet so angeordnet, daß jede Öffnungsart (auch Aufbruchversuche auf der Bandseite von Türen und Fenstern sowie der gekippte Zustand von Fenstern) zur Meldung führen. Ausnahmen können bei Privathäusern gemacht werden. Hier können auf Wunsch des Betreibers Anordnungen gewählt werden, die eine Kippstellung von Fenstern zulassen, ohne daß eine Meldung erzeugt wird (Montage auf dem unten liegenden Fensterrahmen). Bei einer solchen Konfiguration muß aber sichergestellt sein, daß in den zu überwachenden Räumen keine Bewegungsmelder montiert werden, da ein gekipptes Fenster Zugluft erzeugen und damit zu unerwünschten Meldungen von Bewegungsmeldern führen kann. Außerdem muß sichergestellt sein, daß sich die zuständige Versicherung sowie alle anderen beteiligten Stellen (z. B. Polizei) mit dieser Kompromißlösung einverstanden erklären. Bei hohem Sicherheitsrisiko müssen an einer Tür bzw. an einem Fenster ggf. zwei Magnetkontakte angebracht werden, damit in jedem Fall bei einem Aufbruch eine Meldung erzeugt wird.

Vereinzelt gibt es Fälle, wo sich aufgrund großer Stellungs- und Lagetoleranzen kein Magnetkontakt einsetzen läßt. Zwar wäre eine Verbesserung der mechanischen Eigenschaften der zu überwachenden Öffnung in jedem Fall die empfehlenswertere Lösung, man kann sich aber auch mit einem Federkontakt helfen. Wie in Abb. 3.3 dargestellt, wird über einen federnden Hebel ein elektromechanisch arbeitender Kontakt betätigt. Die Hauptvorteile von

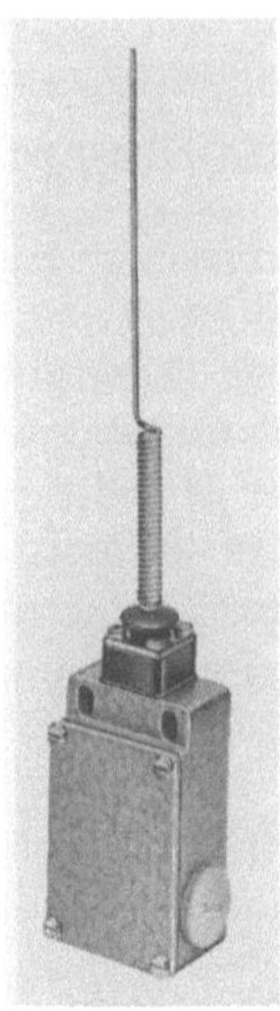

Abb. 3.3. Federkontakte werden bei großen Stellungs- und Lagetoleranzen als Öffnungsmelder verwendet (Werkfoto Fritz Fuss GmbH)

Magnetkontakten weisen solche Kontakte allerdings nicht auf. Sie arbeiten nicht verschließfrei, können durch Oxidation und Korrosion zu Falschalarmen führen und sind leicht sabotierbar. Die Magnetkontakte haben sich als Standardmelder in der Einbruchmeldetechnik etabliert; dennoch dürfen einige Nachteile nicht unerwähnt bleiben:

Durch starke Erschütterungen (z. B. bei massiven Türen) kann es zu einem haarfeinen, unsichtbaren Bruch des Glasröhrchens kommen. Die empfindlichen ferromagnetischen Zungen oxidieren und gewährleisten dann keinen definierten ohmschen Widerstand im geschlossenen Zustand. Eine eindeutige Anzeige des geöffneten Zustandes ist nicht mehr gewährleistet. Irgendwann wird ein derart geschädigter Kontakt eine Öffnung melden, auch wenn eine solche tatsächlich nicht stattgefunden hat. Ein derartiger Fall kann einen Service-Techniker vor kaum lösbare Probleme stellen, da solch ein Fehler meßtechnisch kaum nachweisbar ist (undefinierter Zustand).

Ein anderes Problem liegt in der äußerst geringen Kontaktbelastbarkeit eines Reedkontaktes. An sich liegt zwar der dauernd über den Reedkontakt fließende Überwachungsstrom weit unter der zulässigen Belastbarkeit, jedoch können die tatsächlich auftretenden Ströme, z. B. im Moment des Anschaltens des Leitungsnetzes oder durch induzierte Stromspitzen von gestörten Leitungsnetzen, ein Mehrfaches des zulässigen Wertes betragen. Der Reedkontakt kann schlimmstenfalls regelrecht verschweißen (verkleben). Eine Öffnungsmeldung ist dann nicht mehr möglich.

3.4.2 Verschlußüberwachung

In der Regel gehört zu einer fachgerecht geplanten und ausgeführten Außenhautüberwachung die Überwachung sämtlicher Öffnungen auf Verschluß.
Größtenteils werden sogenannte Riegelkontakte (Schließblechkontakte) verwendet. Bei Türen wird der Riegelkontakt von dem in das Schließblech
reingefahrenen Riegel eines mechanischen Schlosses betätigt. Der Riegelkontakt sollte erst dann ansprechen, wenn die Verriegelung des überwachten
Verschlußsystems im vollen Umfang erfolgt ist. Vorzugsweise sollte bei Türen,
die mit mehreren Schlössern ausgerüstet sind, darauf Wert gelegt werden, alle
diese Schlösser auf Verschluß zu überwachen. Bei der Verschlußüberwachung
von mehrflügeligen Türen sollte auch der Zustand von Stangenriegeln oder
ähnlichen Konstruktionen einbezogen werden.

Bei der Montage von Riegelkontakten ist die einwandfreie Funktion auch
unter Beachtung der Toleranzen von Türen und Toren unter besonderer
Berücksichtigung verschiedenster Umwelteinflüsse (Temperaturunterschiede,
Wind) sicherzustellen. Außerdem muß darauf geachtet werden, daß ihre
Funktion nicht durch äußere Einflüsse, insbesondere durch Schmutz und
Feuchtigkeit, beeinträchtigt wird.

Wurden bis vor kurzem fast ausschließlich Riegelkontakte verwendet, bei
denen ein Mikroschalter durch einen einfachen Hebelmechanismus betätigt
wird (Abb. 3.4), so haben sich heute magnetisch arbeitende Kontakte durchgesetzt. Bei dieser Bauform wurde der Mikroschalter durch einen kleinen
Reedkontakt ersetzt. Der Reedkontakt wird durch einen kleinen Ringmagne-
ten geschaltet. Eine ausgeklügelte Mechanik (Kinematik) erlaubt auch den
Einsatz an Türen mit hohen Toleranzen. Durch den Einsatz des Reedkontakts
sind Oxidations- und Korrosionserscheinungen nicht mehr zu befürchten.
Völlig berührungslos arbeitende Riegelkontakte tauchen heute in Einzelfällen
schon auf, doch hat sich bisher kein System durchsetzen können.

Abb. 3.4. Beispiel für einen Riegelkontakt mit Mikroschalter
(Werkfoto Zettler GmbH)

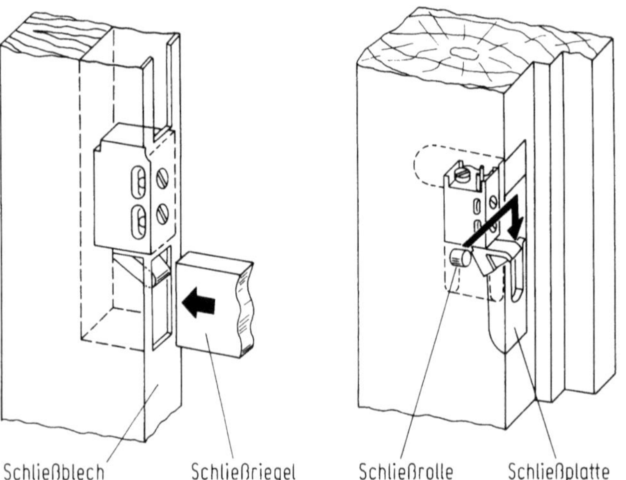

Abb. 3.5. Montagebeispiele für Riegelkontakte bei der Verschlußüberwachung

Besondere Kompromisse werden bei der Verschlußüberwachung von Fenstern gemacht. Oftmals sind die Verschlußeinrichtungen derart unzugänglich, daß eine sinnvolle Montage (Abb. 3.5) von Verschlußmeldern nicht möglich ist. Hier hilft man sich mit einem einfachen Trick; man setzt Aufdruckbolzen oder Aufwurffedern ein. Diese sorgen durch einfache mechanische Einwirkung dafür, daß ein nicht verschlossenes Fenster offen gedrückt wird und somit der Öffnungsmelder (Magnetkontakt) des Fensters anspricht. Eine derartige Konstruktion kann natürlich nur an leichtgängigen Fenstern funktionsfähig installiert werden.

Vereinzelt werden Verschlußüberwachungskontakte für Fenster angeboten, die speziell für diese Aufgabe konstruiert wurden. Selbst bei Dreh-Kippfenstern garantieren diese in die Fensterbeschläge integrierten Melder eine einwandfreie Verschlußüberwachung.

Wurden früher Verschlußmelder, manchmal sogar gemischt mit Öffnungsmeldern, zu Einbruchmeldergruppen zusammengefaßt, so ist dies heute nicht mehr üblich. Die Verschlußmelder bilden sog. Verschlußmeldergruppen. Diese haben ausschließlich die Funktion, den verschossenen Zustand aller überwachten Öffnungen anzuzeigen, nicht jedoch Alarme auszulösen. Diese Maßnahme empfiehlt sich zur Reduzierung von Falschalarmen, da wackelige Türen und korrodierte Kontakte von Verschlußmeldern dann keine Alarme erzeugen können.

3.4.3 Durchbruchüberwachung

Nicht jede Öffnung in der Außenhaut läßt sich – zumindest aus der Sicht des Nutzers – auch tatsächlich öffnen. Hier sind z. B. Lichtkuppeln oder Lüftungskanäle gemeint. Für einen Angreifer hingegen sind solche Stellen einfach zu überwindende Hindernisse, die regelrecht dazu verführen, einen Einbruch zu wagen. Besonders gefährdet sind weiterhin alle Glasflächen. Sie leisten einem Angreifer in aller Regel nicht nur wenig Widerstand, sondern sie verleiten geradezu durch den offenen Blick auf die begehrlichen Gegenstände zum Angriff. Doch auch augenscheinlich stabile Wände und Flächen können einem Angriff mit schwerem Werkzeug nur kurze Zeit standhalten.

Für die Überwachungsaufgaben bei der Außenhaut- und Flächenüberwachung kommen daher die unterschiedlichsten Melder zur Anwendung.

3.4.3.1 Fadenzugkontakte

Sie eignen sich zur Überwachung von Gebäudeöffnungen (z. B. Lichtkuppeln) auf Durchstieg. Die zu überwachende Öffnung wird mit einem Faden bzw. einem feinen Draht überspannt. Bei größeren Öffnungen wird der Spanndraht über Umlenkrollen geführt. Mehr als zwei Umlenkstellen sollten vermieden werden, da sonst die Gefahr einer Überlistung zu groß wird. Ein Abstand von 100 mm zwischen den Spanndrähten ist ausreichend. Mit Hilfe eines kleinen Spannschlosses wird der Faden mit einem Ende derart in einen Schalter gespannt, daß jeder Zug und jede Entlastung zu einer Auslösung des Schaltkontakts führen muß.

3.4.3.2 Infrarot-Lichtschranke

Die Infrarot-Lichtschranke ist ein automatischer Melder, der eine unsichtbare Schranke aufgebaut hat. Ein Infrarot-Empfänger überwacht ständig das von einem Infrarot-Sender gebündelt ausgestrahlte Signal. Unterbrechungen oder Änderungen gegenüber dem Referenzsignal werden im Empfänger als Meldung ausgewertet. Die erzielbare Reichweite moderner Infrarot-Schranken liegt bei bis zu 200 m. Eine Kombination mehrerer Lichtschranken (Abb. 3.6) kann als Durchstiegüberwachung z. B. bei Fensterfronten oder Lichtkuppelbändern eingesetzt werden. Der Abstand zwischen den einzelnen Infrarotstrah-

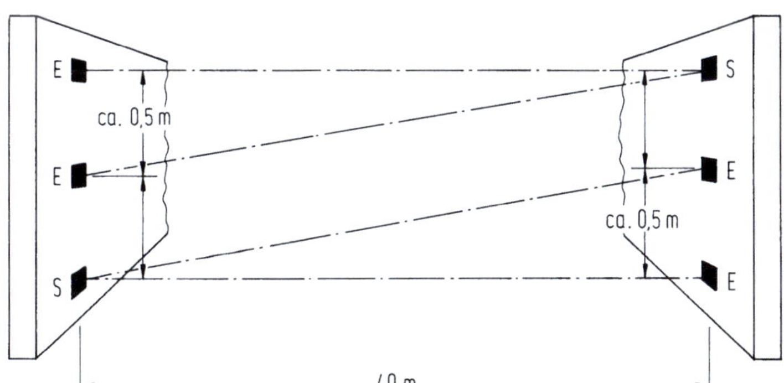

Abb. 3.6. Projektierungsbeispiel für eine Infrarot-Lichtschranke. Bei diesem Beispiel wurden zwei Sender und vier Empfänger gewählt, ein Sender belichtet also jeweils zwei Empfänger

len darf max. 300 mm betragen. Sender und Empfänger müssen erschütterungsfrei installiert werden. Außerdem dürfen Lichtschranken keiner direkten Sonnenbestrahlung ausgesetzt werden. Von außerhalb des Sicherungsbereiches sollten die Montageorte von Sendern und Empfängern nicht erkennbar sein. Die Verwendung von Reflexionslichtschranken ist nicht erlaubt, da die Überwindungssicherheit nicht gegeben ist.

3.4.3.3 Passiv-Infrarot-Durchstiegsmelder

Sie werden hinter Fensterfronten (Abb. 3.7), Bleiverglasungen und unter Oberlichtern und Glaskuppeln (Abb. 3.8) montiert. Gleichfalls können sie hinter Türen, Toren, Rolltoren und ähnlichen Öffnungen eingesetzt werden. Passiv-Infrarot-Durchstiegsmelder eignen sich zur Durchstiegüberwachung von nahezu beliebigen Öffnungen und Flächen.

Passiv-Infrarotmelder werten innerhalb ihres Erfassungsbereichs Änderungen der Strahlungsintensität im unsichtbaren Infrarotbereich aus und erzeugen eine Meldung, falls die Intensitätsänderung und die Änderungsgeschwindigkeit bestimmte Schwellwerte überschreitet. Eine Überschreitung dieser Alarmschwelle wird durch das Eindringen einer Person in den Erfassungsbereich hervorgerufen. Eine genaue Beschreibung der Funktionen von Passiv-Infrarotmeldern folgt in Kap. 3.5 Raum- und Fallenüberwachung.

Obwohl eine automatische Nachführung der Schwellwerte erfolgt, müssen beim Einsatz von Passiv-Infrarot-Durchstiegsmeldern einige wichtige Randbedingungen eingehalten werden, damit Falschalarme vermieden werden. Wegen ihrer Empfindlichkeit gegen Zugluft dürfen sie nur in zugluftarmen Bereichen eingesetzt werden. Ihr Erfassungsbereich muß eindeutig durch Wände, Böden

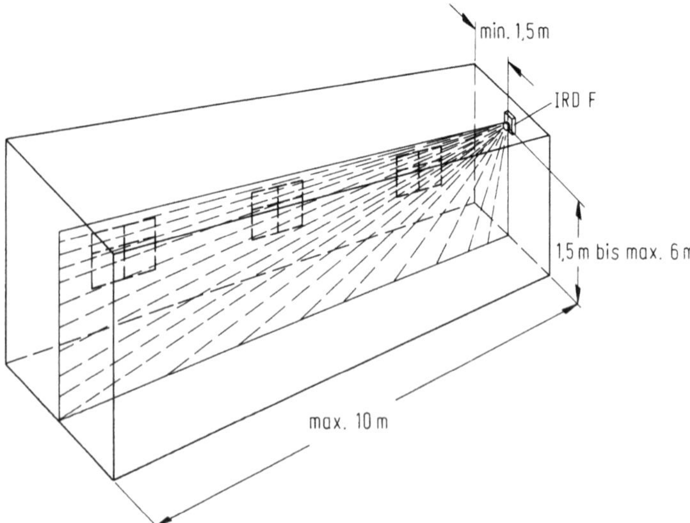

Abb. 3.7. Absicherung einer Fensterfront durch Einsatz eines Passiv-Infrarot-Durchstiegsmelders

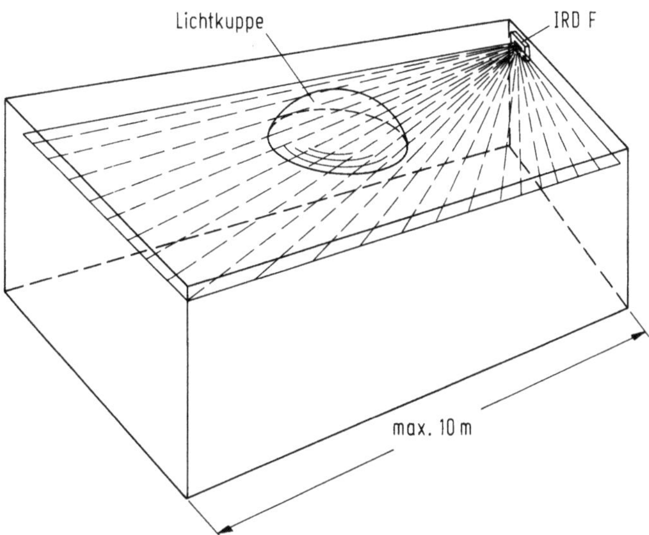

Abb. 3.8. Absicherung einer Lichtkuppel mit einem Passiv-Infrarot-Durchstiegsmelder

oder andere Bezugsflächen begrenzt sein, da sonst die automatische Nachführung der Alarmschwelle nicht einwandfrei arbeiten kann. In ihrem Erfassungsbereich dürfen sich keine Heizkörper befinden, da diese durch schnelle Temperaturänderungen zu Falschalarmen führen können. Eine direkte Bestrahlung mit Sonnenlicht muß vermieden werden. Bei der Projektierung muß bedacht werden, daß im praktischen Betrieb stets ein von Fremdgegenständen freigehaltener Erfassungsbereich sichergestellt sein muß. Besonders in Bereichen mit ständig wechselnden Gütern (z. B. Lagern) wird sonst die Wirkung des Melders unzulässig eingeschränkt. Im Vergleich zur Lichtschrankenlösung hat der Passiv-Infrarot-Durchstiegsmelder nämlich den großen Nachteil, daß er Abschattungen im Erfassungsbereich nicht anzeigen kann. Der Betreiber wird also nicht automatisch auf Überwachungslücken aufmerksam gemacht.

3.4.3.4 Erschütterungsmelder (Vibrationskontakt)

Früher als Standardmelder für vielfältige Überwachungsapplikationen eingesetzt, findet man Erschütterungsmelder heute nur noch selten vor. Ihr Anwendungsspektrum reicht von Glas (auch Strukturglas, Verbundglas und mit Folien beklebtes Glas), Holz und Metallflächen bis zu Glasbausteinen und ähnlichen Materialien.

Die klassische Bauvariante von Erschütterungsmeldern besteht aus einer vorgespannten Blattfeder, die mit einem Ende fest eingespannt ist, während auf dem anderen Ende ein Gewicht und ein Kontakt angebracht sind. Der Kontaktdruck und damit auch die Empfindlichkeit des Melders sind durch eine Einstellschraube veränderbar. Bei Erschütterungen kommt das System in Schwingung, der Kontakt öffnet sich. Während die typische Kontaktöffnungszeit bei nur etwa 0,1 bis 2 ms liegt, kann die gesamte Schwingungsdauer bis zu 25 ms betragen.

Andere Ausführungsvarianten von Erschütterungsmeldern sind mit Druckfederkontakten ausgerüstet. Auch hier läßt sich die Empfindlichkeit über eine Einstellschraube justieren. Wieder andere Systeme arbeiten mit einer auf vergoldeten Kontakten ruhenden, aber innerhalb des Gehäuses frei beweglichen Metallkugel.

Zuletzt muß noch der elektronische Erschütterungsmelder genannt werden. Ein piezoelektronischer Wandler (eine Art Mikrofon) nimmt die Erschütterungen der überwachten Fläche auf. Er setzt diese in elektrische Signale um, und eine nachgeschaltete Auswerteelektronik erzeugt die Meldung für die Alarmzentrale. Eine Leuchtdiode zeigt die Alarmauslösung am Melder an (Alarmspeicher). Eine besonders selektive Auswertung der Signale kann nicht realisiert werden, da durch das breite Anwendungsspektrum auch ein breites Signalspektrum zur Alarmauslösung führen soll.

Es gelten daher bei der Außenhautüberwachung für alle Bauformen von Erschütterungsmeldern einige Grundregeln, die unbedingt beachtet werden müssen, damit Falschalarme auf ein Minimum beschränkt bleiben:
- Erschütterungen durch „normale" Umgebungsbedingungen (z. B. vorbeifahrende Lastwagen) müssen ausgeschlossen sein,
- kein Einsatz von Erschütterungsmeldern zur Überwachung von Fenstern und Türen im Handbereich (ausgenommen echte Zwei-Scheiben-Fenster)
- kein Einsatz von (mechanischen) Erschütterungsmeldern unter widrigen Umgebungsbedingungen (Feuchtigkeit, Schmutz etc.), da Korrosionsgefahr für die Kontakte besteht, und
- Verwendung nur auf mechanisch stabilen und klapperfrei montierten Flächen (z. B. keinen schlecht schließenden Türen).

Die Montage von Erschütterungsmeldern sollte derart erfolgen, daß eine Lösung des Melders vom Untergrund (besonders bei Klebung) auch für den Laien sofort erkennbar ist. Im abgelösten Zustand kann der Melder nämlich keine Alarme erzeugen; eine automatische Störungsmeldung zur Zentrale ist nicht gegeben. Das Überwachungssystem wäre nicht mehr geschlossen.

3.4.3.5 Körperschallmelder

Bei der Außenhautüberwachung können Körperschallmelder zur Durchbruchüberwachung von massiven Wänden, Decken und Böden eingesetzt werden. Am häufigsten findet man Körperschallmelder daher, wie in Abb. 3.9 dargestellt, bei Geldinstituten zur Durchbruchüberwachung von Tresor- und Panzerräumen. Sie werden auch in Museen (z. B. Überwachung der Schatzkammer) und bei militärischen Objekten verwendet.

Der besondere Vorteil von Körperschallmeldern liegt in der frühzeitigen Meldung von Durchbruchversuchen. In der Regel wird nämlich der Alarm ausgelöst, bevor der Angreifer das mechanische Hindernis überwunden hat. Der Körperschallmelder wertet nämlich die typischen, durch einen Angriff

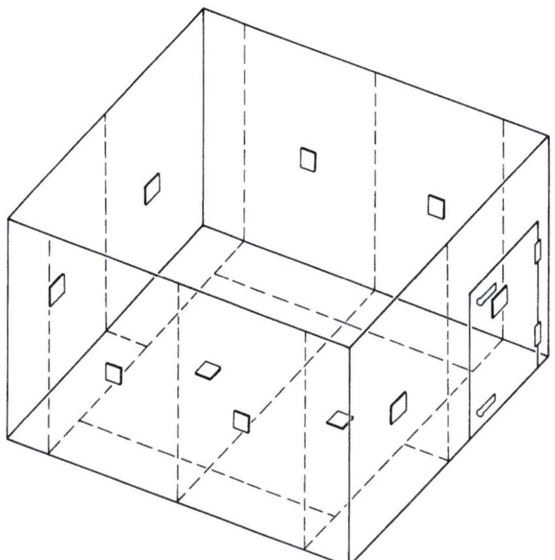

Abb. 3.9. Überwachung eines Tresor-Raumes mit Körperschallmeldern. Nicht eingezeichnet sind die Melder an der Decke des Raums

verursachten Körperschallgeräusche (Schwingungen) aus. Ein piezoelektronischer Wandler setzt die mechanischen Schwingungen in elektrische Signale um. Ein nachgeschalteter selektiver Verstärker sowie eine digitale Auswerteschaltung filtern kurzzeitige Schallschwingungen aus, während typische Geräusche, die durch Bohren, Hämmern oder Meißeln verursacht werden, zur Meldung führen. Ein Angriff mit Explosivstoffen wird über einen getrennten Auswertekanal, der speziell die zwar kurze, aber hohe Amplitude auswertet, gemeldet.

Um zu gewährleisten, daß der Körperschallmelder die Schwingungen aufnehmen kann, muß dieser möglichst fest mit der zu überwachenden Fläche verbunden werden. Für die fachgerechte Montage stehen Montageplatten, Einbaudosen und weiteres Zubehör zur Verfügung.

Flächen, die von außen für jedermann frei zugänglich sind, sollten nicht mit Körperschallmeldern überwacht werden, da die Gefahr mutwillig oder versehentlich ausgelöster Falschmeldungen zu groß ist. Werden von Körperschallmeldern überwachte Flächen durch Umgebungseinflüsse (z. B. U-Bahn, Lastwagen, Lüftungs- und Klimaanlagen) beeinflußt, muß die Empfindlichkeit der einzelnen Melder soweit reduziert werden, daß Falschmeldungen vermieden werden. Gleichzeitig muß die Melderzahl erhöht werden, damit eine lückenlose Überwachung der Flächen gewährleistet bleibt.

Vor der Montage von Körperschallmeldern sollten Probeversuche Aufschluß geben, ob ein ausreichendes Schallübertragungsverhalten gegeben ist. Das Schallübertragungsverhalten hängt vom Material der zu überwachenden Fläche (Beton, Stein etc.) sowie vom Aufbau (Sandwich-Bauweise, Dehnungsfugen) ab.

Körperschallmelder, die zur Überwachung der Panzertüren von Tresorräumen eingesetzt werden, müssen direkt von innen auf den Türfüllungskern, nicht jedoch auf Abdeckungen montiert werden. Die Montagestelle muß weiterhin möglichst weit vom Verschlußmechanismus entfernt gewählt werden. Tresortüren neuerer Bauart sind für den Einbau von Körperschallmeldern vorbereitet, bei älteren Türen können Platz- und Montageprobleme auftreten, die sich manchmal nur durch umfangreiche Arbeiten an der Tresortür beheben lassen.

Oftmals werden Körperschallmelder an schwer zugänglichen oder zumindest an nicht einfach einsehbaren Stellen montiert. Aus diesem Grund verfügen Körperschallmelder nicht über eine eingebaute Leuchtdiode mit Alarmspeicher-Funktion. Vielmehr ist es üblich, die Melder auf einem Anzeige- und Prüftableau zusammenzuschalten. Hier wird jeder einzelne Melder mit einer Leuchtdiode angezeigt. Eine Prüftaste ermöglicht es dem Betreiber außerdem, von diesem Tableau aus eine Fernprüfung der Körperschallmelder vorzunehmen. Ein oftmals in das Gehäuse des Melders integrierter Prüfgeber wird auf der zu überwachenden Fläche installiert und erzeugt auf Anforderung ein Körperschallsignal, welches im Detektionsbereich des Melders liegt. Auf diese Weise wird also nicht nur die Funktion des Melders, sondern auch der feste Sitz des Melders auf der zu überwachenden Fläche geprüft.

3.4.3.6 Alarmdrahtbespannung, Alarmdrahttapeten

Eine Alternative zur Flächenüberwachung mit Körperschallmeldern ist die Absicherung mit Hilfe von Alarmdrahtbespannungen. Bei großen Flächen (z. B. Wänden) wird man auf vorbereitete Mittel wie etwa Alarmdrahttapeten oder Alarmdrahtbespannungen auf Textilstoffen zurückgreifen. Sie müssen so aufgeklebt bzw. befestigt werden, daß ein Entfernen ohne Alarmauslösung nicht möglich ist. Sämtliche Alarmdrähte müssen einzeln auf einer Anschlußleiste (Abb. 3.10) aufgelegt und an die Meldeleitung angeschlossen werden (Abb. 3.11).

Die gezielte Überwachung sonstiger Flächen (z. B. Durchbruchüberwachung von Türen) wird man durch die objektspezifische, handwerklich aufwendig zu erstellende Drahtbespannung lösen. Alarmdrahtbespannungen können unter Zuhilfenahme von Sperrholz- oder Hartfaserplatten realisiert werden. Es werden Drähte (z. B. YV 1 * 0,5 mm) doppelt und mäanderförmig

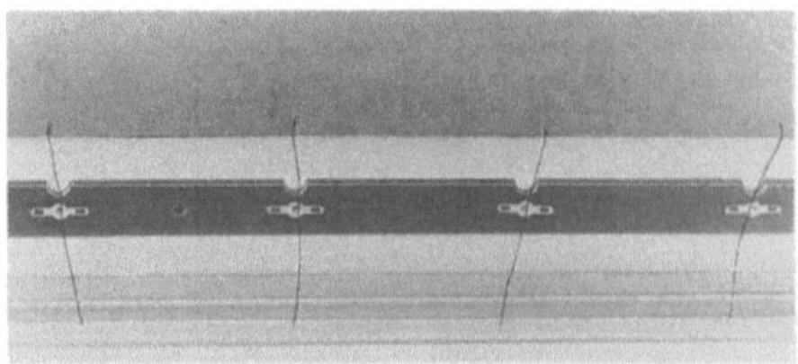

Abb. 3.10. Beispiel einer Anschlußleiste für Alarmdrahttapete. Die einzelnen Drähte der Tapete müssen aufgelegt und verdrahtet werden (Werkfoto Fritz Fuss GmbH)

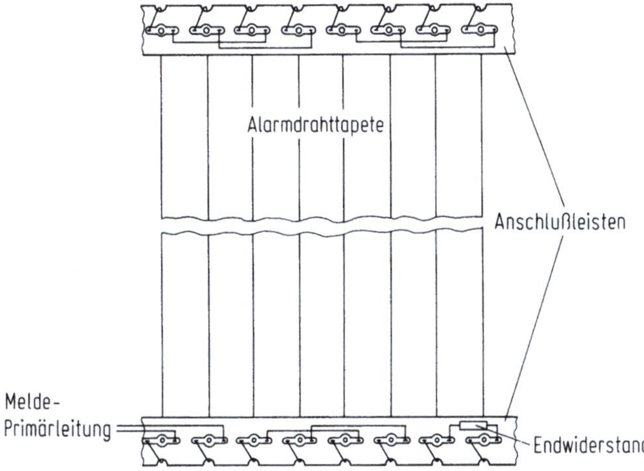

Abb. 3.11. Schaltbeispiel für die Anschlußleisten einer Alarmdrahttapete

auf einer Platte verlegt und dauerhaft befestigt. Dann wird eine zweite Platte als
Schutz gegen mechanische Beschädigungen, Feuchtigkeit etc. darüber geklebt.
Bei Verwendung von Hartholzplatten oder bei der Überwachung von massiven
Holztüren werden Nuten in das Holz gefräst, und dort wird der Alarmdraht
eingelegt und befestigt. Die überwachten Platten werden dann mit der zu
überwachenden Fläche verklebt oder verschraubt. Ein Abheben der Platten
wird ggf. durch zusätzlich angebrachte Magnetkontakte detektiert.

Bei sämtlichen Drahtbespannungen und Alarmdrahttapeten sollten folgende Maximalabstände beachtet werden: 100 mm bei Überwachung auf Durchstieg, 40 mm bei Überwachung auf Durchgriff und 15 mm bei Überwachung
auf Durchgriff, wenn die Verwendung von Hilfswerkzeugen zu befürchten ist.

Bei der Installation von Alarmdrahtbespannungen muß auf einen trockenen Untergrund geachtet werden. Besonders die Wände von Neubauten
müssen gut ausgetrocknet sein. Alarmdrahtbespannungen sollten zu (einer)
eigenen Meldergruppe(n) zusammengefaßt werden. Diese Meldergruppe(n)
sollte(n) so geschaltet sein, daß auch im unscharfen Zustand Internalarm
ausgelöst wird, wenn die Drahtbespannung zerstört wird.

3.4.3.7 Kapazitiv-Feldänderungsmelder

Größtenteils werden Kapazitiv-Feldänderungsmelder bei der Objektüberwachung verwendet. Durch den Einsatz geeigneter Elektroden können aber auch
begrenzte Flächen überwacht werden. Beim Kapazitiv-Melder handelt es sich
um einen automatischen Melder, der die Kapazität einer Elektrode oder eines
leitfähigen Objektes gegen Erde mißt und bestimmte Änderungen dieser
Kapazität als Alarmkriterium auswertet. Die Änderung der Kapazität erfolgt
durch Einbringen von Gegenständen oder Personen in den Bereich der
Elektroden oder Entfernen aus dem Elektrodenbereich.

Die feldmäßige Flächenüberwachung zeichnet sich durch äußerst hohe Detektionsempfindlichkeit aus. Sie wird daher vor allem bei besonders sicherheitsempfindlichen Anwendungen vorgenommen. Grundsätzlich können nur elektrisch leitende Flächen überwacht werden. Nichtleitende Flächen können durch Aluminiumfolien oder Blechplatten leitfähig und somit überwachbar gemacht werden. Bei der Projektierung einer feldmäßigen Überwachung müssen unbedingt die vom jeweiligen Hersteller vorgegebenen physikalischen Grenzwerte beachtet werden (zulässige Kapazitätswerte).

Bei der Montage ist zu beachten, daß alle leitenden Gegenstände (z. B. Regale), die sich im näheren Bereich des Überwachungsfeldes befinden, mit der Erde verbunden werden. Die eigentliche Überwachungselektrode allerdings muß gut gegen Erde isoliert installiert werden. Die Auswerteeinheit wird über Koaxkabel an die zu überwachende Elektrode angeschlossen. Die Auswerteeinheit sollte dabei möglichst nahe bei der Elektrode montiert werden. Die Länge des Koaxkabels hat nämlich einen entscheidenden Einfluß auf das Auswerteverhalten des Melders.

3.4.3.8 Folien aus Metallstreifen

Früher als Standardmelder zur Durchstiegüberwachung von großen Glasflächen und Schaufenstern eingesetzt, findet man Folien aus Metallstreifen (Abb. 3.12) heute immer seltener. Zur Durchbruchüberwachung von Glasflächen eignen sie sich nach heutigen Maßstäben nur bedingt, da eine Unterbrechung der Folie bei einer Zerstörung der Glasfläche nicht mit Sicherheit erfolgt. Folienstreifen sind hingegen zur Durchstiegüberwachung von Türen, Toren und Leichtbauwänden geeignet. Es wird ein schmaler metallischer Folienstreifen auf die zu überwachende Fläche aufgeklebt. Bei einer Zerstörung der überwachten Fläche reißt der feine Metallstreifen und löst Alarm aus. Die Meldungswahrscheinlichkeit hängt von der Art der Verlegung des Folienstreifens ab. Bei Türen, Toren und Leichtbauwänden sollten Abstände zwischen den Folien von 100 bis zu 150 mm eingehalten werden. Bei der Überwachung von Glasflächen muß das Bruchverhalten der verwendeten Glassorte bekannt sein. Mechanisch vorgespanntes Glas läßt sich mit geringeren Folienabständen überwachen als etwa Einfachglasscheiben. Verbundsi-

Abb. 3.12. Folie aus Metallstreifen mit zugehörigen Anschlußklemmen
(Werkfoto Fritz Fuss GmbH)

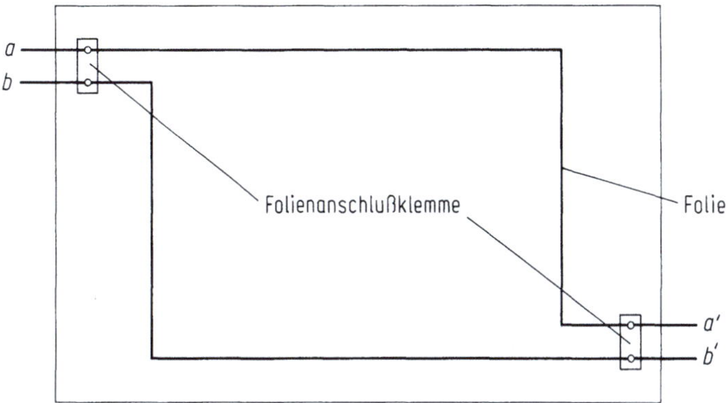

Abb. 3.13. Projektierungsbeispiel für eine Überwachung mit Hilfe der Metallstreifen-Folie

cherheitsgläser, Drahtglas und lichtdurchlässige Kunststoffe können mit Folienstreifen nicht überwacht werden. Als Anhaltspunkt gilt, daß bei der Scheibenüberwachung keinesfalls Folienabstände größer als 1 m gewählt werden sollten. Besonders bei der Überwachung von Glasscheiben wirkt sich die Anfälligkeit von Folienstreifen gegen mechanische Beschädigungen, etwa beim Putzen der Scheibe oder beim Dekorieren des Schaufensters, nachteilig aus. Bei der Glasüberwachung kann man sich gegen solche Beschädigungen nur durch den Einsatz einer Zweitscheibe schützen. Schutzlacke sind nicht erlaubt, weil dadurch die Folie auch im Angriffsfall vor dem Zerreißen geschützt werden kann. Außerdem dürfen die Folienstreifen nicht mit anderen Folien überklebt werden. Bei sonstigen Flächen können geeignete Abdeckungen aufgebracht werden.

Die Montage von Folienstreifen sollte ausschließlich unter Verwendung von zugehörigen Folienanschlußklemmen und Übergangsstücken erfolgen, damit eine dauerhafte Verbindung gewährleistet ist. Vorzugsweise werden die Folienanschlußklemmen diagonal oder an den gegenüberliegenden Seiten der überwachten Fläche angeordnet (Abb. 3.13).

3.4.3.9 Alarmverglasungen

Eignen sich die meisten Alarmmelder zur Nachrüstung vorhandener Räumlichkeiten, so können Alarmverglasungen nur bei Neubauten oder in Verbindung mit einer Total-Erneuerung der zu überwachenden Glasflächen Verwendung finden. Alarmverglasungen bestehen aus Verbundsicherheitsglas (VSG) mit Alarmdrahteinlage oder aus Einscheiben-Sicherheitsglas (ESG) mit Alarmschleife (Alarmspinne). Während bei VSG-Scheiben der Alarmdraht mäanderförmig über die ganze Glasfläche verläuft, zerfällt das vorgespannte ESG bei einem Angriff in viele kleine Teile und zerstört dabei die in einer Ecke des Glases aufgebrachte Alarmschleife (Abb. 3.14). In der Praxis haben sich gerade diese ESG-Scheiben mit Alarmspinne bewährt. Im Gegensatz zu den VSG-Scheiben verursachen hier durch Temperaturänderungen hervorgerufene

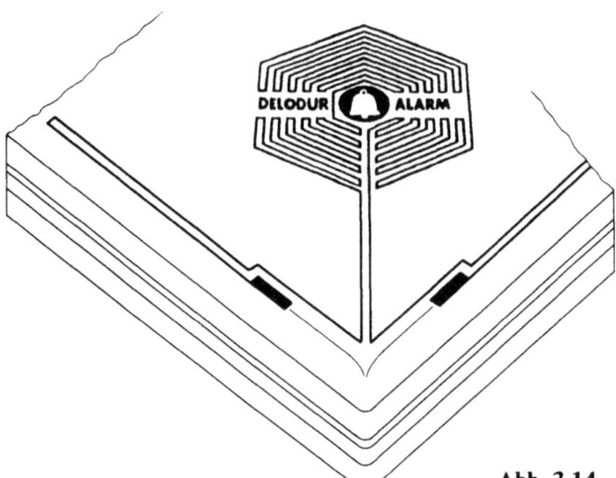

Abb. 3.14. Alarmschleife einer VSG-Scheibe

Widerstandsschwankungen keine Probleme. Werden nämlich mehrere VSG-Alarmscheiben auf einer Meldeleitung zusammengefaßt, können die Widerstandsschwankungen so groß werden, daß die Alarmzentrale Alarm auslöst, obwohl gar kein Bruch des Alarmdrahtes vorliegt. Scheiben mit Alarmschleife haben für Hochfrequenzfelder (etwa Taxi-Funk) keine solche Antennenwirkung wie die langen Alarmdrähte einer VSG-Scheibe. Besonders bei VSG-Scheiben müssen daher gegen die unerwünschten, zu Falschalarmen führenden Hochfrequenzeinflüsse oft besondere Filter- und Entstörmaßnahmen ergriffen werden.

Die Montage von Alarmverglasungen muß mit besonderer Sorgfalt vorgenommen werden. Der Einbau von Alarmgläsern muß so erfolgen, daß eine Demontage von außen in jedem Fall zu einer Meldung führt. Beim Einsetzen der Scheiben in den Rahmen muß vermieden werden, daß die empfindlichen Anschlußdrähte der Scheibe beschädigt werden. Die Anschlußdrähte müssen zugentlastet montiert werden, da eine Beschädigung die gesamte Scheibe unbrauchbar machen würde. Vorzugsweise werden die Scheiben derart eingebaut, daß sich die Anschlußstellen im oberen Teil der Verglasung befinden, damit diese vor Schmutz-, Schwitz- und Reinigungswasser geschützt sind. Die Anschlußstellen an der Verglasung werden mit Dichtstoffen und Schrumpfschlauch isoliert und geschützt.

Wenn der Aufwand einer Totalerneuerung der zu schützenden Glasfront unvertretbar hoch ist, kann man die vorhandenen Glasflächen auch mit einer durchsichtigen Kunststoffolie mit Alarmdrahteinlage nachrüsten. Solche Folien bieten neben der Meldefunktion den Vorteil, daß sie durch ihr zähes Verhalten einen kompletten Glasbruch verhindern und somit einen zusätzlichen mechanischen Schutz gewährleisten. Da die blasenfreie Montage einer solchen Folie äußerst schwierig ist, kann sie nur von Spezialfirmen aufgebracht werden. Außerdem muß die Folie so aufgeklebt und befestigt werden, daß ein Entfernen ohne Zerstörung von Alarmdrähten nicht möglich ist.

3.4.3.10 Passive Glasbruchmelder

Gehörten passive Glasbruchmelder lange Zeit zu den Standardmeldern bei der Glasüberwachung, so werden sie heute nur noch für untergeordnete Aufgaben oder als zusätzliches Meldekriterium eingesetzt, da sie nur geringen Sicherheitsansprüchen genügen. Ihr Ansprechverhalten bei einem vorsichtigen Angriff auf die Glasfläche war zwar schon länger umstritten, doch haben erst Manipulationstechniken von Profis endgültig dazu geführt, daß das Vertrauen in diesen Meldertyp rapide verloren gegangen ist.

Passive Glasbruchmelder arbeiten mit einem piezoelektronischen Wandler, der die Schwingungen auf einer Scheibe aufnimmt. Der dem Piezoelement nachgeschaltete selektive Verstärker wertet die beim Glasbruch entstehenden Schwingungen im Ultraschallbereich als Alarmkriterium. Die integrierte Leuchtdiode zeigt den Auslösezustand des Melders an.

Passive Glasbruchmelder dürfen ausschließlich mit dem vom Hersteller angegebenen Kleber auf der Scheibe befestigt werden, nur dann ist nämlich die Aufnahme der Ultraschallschwingung von der Scheibe bei gleichzeitig fester und dauerhafter Klebestelle gewährleistet. Die Montage und die Kabelzuführung sollte derart erfolgen, daß eine Lösung des Melders von der Scheibe zu einer optisch leicht erkennbaren Lageänderung führt, da die handelsüblichen Melder über keine Klebestellenüberwachung verfügen (Abb. 3.15). Bei fachgerechter Montage haben die Melder einen Wirkradius von 1,50 bis 2 m. Größere Scheiben können entsprechend mit mehreren Melder überwacht werden, ohne daß sich diese gegenseitig beeinflussen.

Auf Einfachglasscheiben sollen passive Glasbruchmelder zumindest im Handbereich nicht eingesetzt werden, da hier die Gefahr mutwillig ausgelöster Alarme durch Dritte zu hoch ist. Im Handbereich sind passive Glasbruchmelder daher nur auf Doppelverglasungen (Isolierglas und Doppelfenster) einsetzbar. Zur Überwachung von Verbundgläsern, Panzergläsern oder von mit Folien beklebten Gläsern sowie von glasartigen Kunststoffen sind passive Glasbruchmelder nicht geeignet.

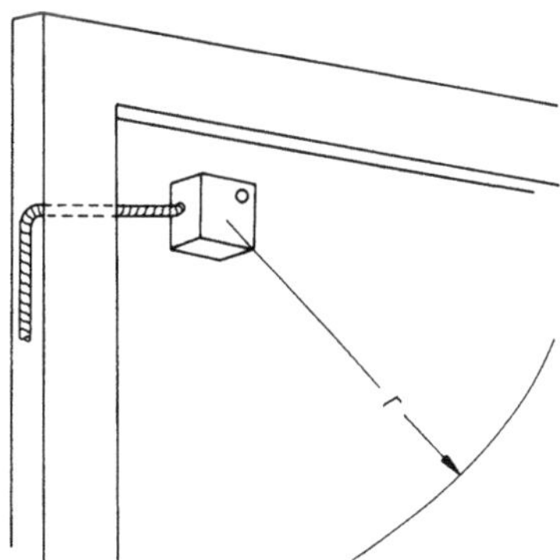

Abb. 3.15. Montagebeispiel für einen Passiven Glasbruchmelder

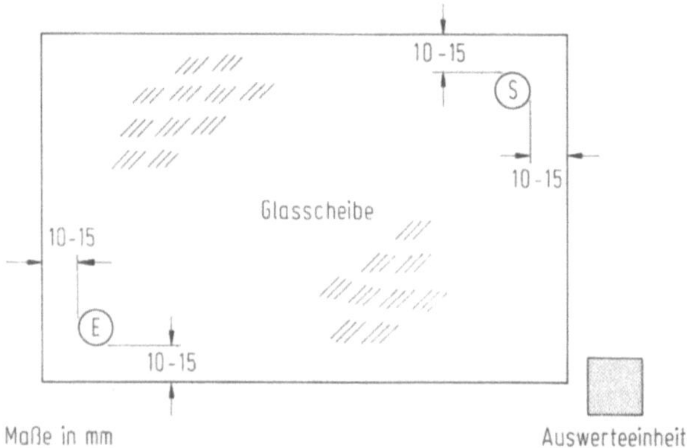

Abb. 3.16. Montagebeispiel für einen Aktiven Glasbruchmelder. Die Auswerteeinheit befindet sich in der Nähe der überwachten Scheibe

3.4.3.11 Aktive Glasbruchmelder

Die Anwendungsapplikationen von aktiven Glasbruchmeldern sind wesentlich vielseitiger, als die der passiven Glasbruchmelder.

Mit Hilfe aktiver Glasbruchmelder kann man nahezu alle Glassorten überwachen, lediglich bei Verbundsicherheitsglas und mit Folien beklebten Gläsern muß man vor der Montage mit geeigneten Meßgeräten prüfen, ob eine Überwachung möglich ist. Nicht überwacht werden können glasartige Kunststoffe. Aktive Glasbruchmelder bestehen aus einem Sender und einem Empfänger. Bei den meisten handelsüblichen Meldern befindet sich die Auswertelektronik abgesetzt von den eigentlichen Sensoren. Die Auswerteinheit enthält eine LED-Anzeige zur Auslösekennung. Je ein Sender und Empfänger werden in gegenüberliegenden Ecken auf die Scheibe geklebt (Montagebeispiel s. Abb. 3.16). Im Gegensatz zu passiven Glasbruchmeldern, die die Schwingungen des brechenden Glases aufnehmen und auswerten, koppeln aktive Glasbruchmelder mit dem aufgeklebten Schwingungserzeuger (Sender) definierte Schwingungen auf die Glasscheibe. Der Empfänger nimmt die über das Glas fortgeleiteten Schwingungen auf. In der Auswerteinheit werden die beiden Signale verglichen und bewertet. Dadurch können Veränderungen im körperschalleitenden Medium Glas detektiert werden, so daß beispielsweise Sabotageversuche oder auch kleinste Sprünge im Glas gemeldet werden, ohne daß der Melder jedoch auf mutwillige Auslöseversuche anspricht.

Die Sicherheitsbranche hat große Erwartungen in die Technik aktiver Scheibenüberwachung gesetzt, zumal passive Glasbruchmelder an Bedeutung verloren haben. Es hat sich jedoch gezeigt, daß der Einsatz von aktiven Glasbruchmeldern in der Praxis zu vielfältigen Problemen führt. Letztendlich sind die Ursachen für die unerwartet hohe Falschalarmquote derzeit nur ungenügend bekannt. Ein Großteil der Probleme wird auf unsauber montierte Scheiben zurückgeführt. Bei Temperaturunterschieden entstehen veränderliche akustische Brücken zum Rahmen, so daß also die Übertragungseigenschaften nicht gleichbleibend sind, sondern sich sprunghaft ändern können. Mindestens bei Sensoren mit größeren Abmessungen ist auch das Problem der mechanischen Spannungsbildung an der Klebefläche bekannt. Hier spielen die unterschiedlichen Wärmedehnungen von Glas, Kleber, Sensoren und Sensorgehäusen eine Rolle. Es bleibt also abzuwarten, ob weiterentwickelte Melder mit derartigen Effekten besser zurecht kommen.

3.4.3.12 Akustische Glasbruchmelder

Akustische Glasbruchmelder dienen zur Überwachung von großen und kleinen Fenstern, Mehrscheibenfenstern, Glastüren und anderen angreifbaren Glasflächen. Sie können daher auch bei der Objektüberwachung von Glasvitrinen eingesetzt werden. Die Glasdicke darf zwischen ca. 3 und 12 mm betragen. Der typische Überwachungsbereich liegt bei ca. 15 qm Glasfläche.

Während herkömmliche akustische Glasbruchmelder lediglich das typische Geräusch brechenden Glases analysieren, bewerten neuartige Melder zwei voneinander abhängige Stufen mit verschiedenen, aber typischen Charakteristiken. Wenn eine Glasscheibe zerbrochen wird, erzeugt der Bruch eine kurzfristige Schallwelle mit hauptsächlich niederfrequenten Anteilen. Kurz darauf, wenn die Bruchstücke auf den Boden fallen, wird eine zweite Schallwelle mit hauptsächlich hochfrequenten Anteilen erzeugt. Alarm wird nur dann ausgelöst, wenn die Charakteristiken der beiden Schallwellen in der richtigen Reihenfolge und im richtigen Abstand erkannt werden. Derartig aufwendig gestaltete Melder unterscheiden eindeutig zwischen brechendem Glas innerhalb des Überwachungsbereichs und sonstigen, innerhalb des Gebäudes, erfaßten Geräuschen, wie Verkehrslärm, Telefonklingeln und anderen Umgebungsgeräuschen.

Die Montage akustischer Glasbruchmelder erfolgt an Wänden oder Decken. Die rote Auslöseanzeige auf der Frontplatte signalisiert die Alarmauslösung. Die Anzeige bleibt bis zur Rückstellung erhalten (Alarmspeicher). Hochwertige Melder benötigen keine Einstellung auf die Umgebungsbedingungen vor Ort. Natürlich verfügen die Meldergehäuse über einen Sabotagekontakt, der jede Öffnung des Melders anzeigt.

Als Zubehör wird ein spezielles Testgerät angeboten, das die charakteristischen Geräusche einer brechenden Scheibe nachbildet und somit die Funktionsprüfung des Melders erlaubt.

3.5 Raum- und Fallenüberwachung

Oftmals ist eine komplette Außenhautüberwachung zu aufwendig oder zu teuer. In solchen Fällen wird man auf die Überwachung von Räumen oder bestimmten Teilbereichen zurückgreifen. Spätestens also, wenn ein Intruder in den Überwachungsbereich eines Melders der Raum- oder Fallenüberwachung kommt, wird eine Meldung erzeugt. In den meisten Fällen werden zu diesem Zweck Bewegungsmelder eingesetzt, es lassen sich aber auch andere Melder durchaus sinnvoll verwenden.

Von Raumüberwachung spricht man dann, wenn der Überwachungsbereich der Melder so gewählt ist, daß eine (nahezu) lückenlose Überwachung gegeben ist, während bei der Fallenüberwachung eine schwerpunktmäßige Überwachung von Bereichen erfolgt, die ein Täter mit großer Wahrscheinlichkeit betreten wird.

Eine Raum- oder Fallenüberwachung ist überall dort angebracht, wo
- eine lückenlose Außenhautüberwachung nicht realisiert werden kann,
- die Gefahr besteht, daß ein Profi-Täter die Außenhautüberwachung unerkannt überwinden könnte (zusätzliche Sicherheit),
- die Möglichkeit nicht auszuschließen ist, daß sich ein Täter einschließen lassen könnte und daher von der Außenhautüberwachung frühestens dann detektiert würde, wenn er nach vollendeter Tat den gesicherten Bereich verlassen möchte. Im Zweifelsfall würde der Täter unbehelligt entkommen, bevor hilfeleistende Kräfte eingreifen könnten.

Außerdem gilt fast ausnahmslos die Grundregel, daß die Einbruchmelderzentrale aus Gründen der Sabotagesicherheit im Überwachungsbereich eines Bewegungsmelders installiert werden soll. Nur in besonderen Fällen wird man andere Überwachungsformen (z. B. Kapazitivmelder) für die Zentrale wählen.

3.5.1 Passiv-Infrarot-Bewegungsmelder

In den letzten 15 Jahren haben sich Passiv-Infrarot-Bewegungsmelder zum bedeutendsten Raumüberwachungsprinzip entwickelt. An dieser Stelle sollen daher die Funktionsweise und die verschiedenen Melderprinzipien ausführlich beschrieben werden. Die Aufgabe von Passiv-Infrarot-Bewegungsmeldern besteht darin, die von einem Eindringling abgestrahlte Wärmeenergie im Infrarotbereich zu erkennen und als Alarmkriterium an die Zentrale zu melden. Dies ist keine leichte Aufgabe, denn der Melder muß auch auf größere Entfernungen (bis zu 50 m) kleine Temperaturunterschiede sicher erkennen können, und das, obwohl sich die menschliche Wärmestrahlung nicht gleichmäßig über den ganzen Körper verteilt, sondern je nach Körperteil und Art der Bekleidung variiert. Auch die Temperaturverhältnisse innerhalb des Erfassungsbereiches spielen eine wichtige Rolle. Hier kann gleichfalls mit keinem homogenen Bild gerechnet werden. Es kann z. B. die Wärmestrahlung des Bodens höher sein, als die der Wände. Ferner ist von Bedeutung, ob weitere Wärmequellen, wie Heizungen, Scheinwerfer oder Computeranlagen und andere elektrische Geräte, das Wärmebild beeinflussen. Schnelle und langsame Temperaturschwankungen, verursacht durch Lüftungsanlagen, Sonneneinstrahlung und andere Einflüsse, können auftreten. Es gilt, möglichst alle Umgebungsänderungen von den typisch durch einen Menschen verursachten Wärmeänderungen zu selektieren, damit das Risiko nicht erwünschter Alarme auf ein Minimum beschränkt bleibt.

Abb. 3.17. Beispiel für einen Passiv-Infrarot- Bewegungsmelder. Deutlich zu erkennen ist die Fresnell-Linsen-
optik des Melders (Werkfoto Fritz Fuss GmbH)

Der eigentliche Sensor besteht aus einem pyroelektrischen Element,
welches Änderungen der Wärmeenergie in elektrische Signale umsetzt. Die
heute am meisten eingesetzten Sensoren sind pyroelektrische Dualsensoren. Sie
haben einen nutzbaren optischen Öffnungswinkel von ca. 120°. Die im
Erfassungsbereich des Melders vorhandene Infrarotstrahlung wird durch eine
Optik gebündelt und auf die beiden Sensorelemente des Dualsensors projiziert.
Der Dualsensor erzeugt dann ein auswertbares elektrisches Signal, wenn eine
Veränderung der Wärmeenergie auftritt, z.B. wenn sich ein Mensch im
Erfassungsbereich bewegt. Gleichzeitige und gleichmäßige Veränderungen der
Infrarotenergie, etwa bedingt durch Umwelteinflüsse, führen zu keinem Signal
am Dualsensor, da beide Sensorelemente gleichzeitig angesprochen werden
und sich ihre unterschiedlich polarisierten Signale gegenseitig aufheben.
Die Ausführung der Melderoptik hat einen entscheidenden Einfluß auf die
Qualität des Melders. Je größer die Energie- und Streuverluste innerhalb der
Optik sind, umso schlechter sind die Detektionseigenschaften des Melders und
umso größer wird das Falschalarmrisiko. Grundsätzlich gibt es zwei Systeme,
die die Fresnellinsen-Optik (Abb. 3.17) und die Spiegeloptik. Im Gegensatz zur
Spiegeloptik, welche die erfaßte Infrarotenergie direkt gebundelt auf den
Dualsensor reflektiert, muß die Infrarotstrahlung die Linsenoptik erst durch-
dringen, bevor sie im Brennpunkt der Linse den pyroelektrischen Sensor
erreicht. Trotz Verwendung ausgesuchter Materialien sind die Energie- und
Streuverluste innerhalb der Fresnellinse höher als bei der Spiegeloptik. Des
weiteren kann durch die Spiegeloptik eine bessere Ausnutzung des optischen
Öffnungswinkels des Sensors erreicht werden. Die verwertbaren elektrischen
Signale am Sensor sind dementsprechend größer, als bei der Linsenoptik.

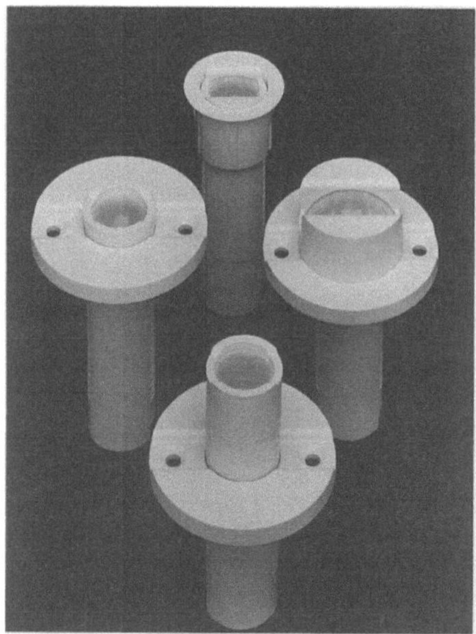

Abb. 3.18. Verschiedene Ausführungen von Passiv-Infrarot-Bewegungsmeldern für Unterputz-Montage. Die Melderdurchmesser betragen gerade 15 mm bei einer Länge von 70 mm (Werkfoto Visonic Ltd.)

Trotzdem findet man die beiden Systeme in scharfer Konkurrenz. Der Hauptvorteil der Fresnellinsen-Optik liegt in den niedrigen Herstellungskosten. Melder mit Spiegeloptik müssen deshalb in aller Regel teuer angeboten werden. Die Technologie der Fresnellinse erlaubt zudem besonders kleine Ausführungen der Melderoptik, so daß kleinste, unauffällige Melder konstruiert werden können (Abb. 3.18).

Die Melderoptik bündelt nicht nur die Wärmeenergie des Raums, sondern bewirkt auch eine fächerartige Aufteilung des Überwachungsbereiches in wärmeempfindliche und unempfindliche Sektoren. Je schärfer die Grenzen dieser Sektoren ausgebildet sind, um so besser können Änderungen innerhalb des Erfassungsbereiches ausgewertet werden. In diesem Punkt zeigen sich bei den verschiedenen Systemen und Herstellern erhebliche Qualitätsunterschiede. Werden nämlich einerseits bei einfacheren Systemen optische Verfahren verwendet, deren Brennweite für alle Entfernungszonen (also Nah-, Mittel- und Fernzonen) nahezu gleich bleibt, wurden andererseits aufwendige Melder entwickelt, die für jede Entfernungszone mit entsprechend angepaßter Brennweite arbeiten. Durch diese Maßnahme entsteht am Sensor stets ein scharfes, gut auswertbares Bild; die Ansprechempfindlichkeit wird erhöht und gleichzeitig die Empfindlichkeit gegenüber Umwelteinflüssen gemindert. Die Formgebung der optischen Einrichtung gestaltet sich bei Meldern mit Spiegeloptik als wesentlich flexibler und genauer, als bei Meldern die mit der Fresnellinsen-Optik arbeiten.

Große Qualitätsunterschiede kann man auch bei der Auslegung der Auswertelektronik beobachten. Einfache Melder haben eine einfache Analogschaltung mit Filterfunktion. Bei Überschreiten bestimmter Schwellwerte wird die Alarmmeldung ausgelöst. Hochwertigere Melder arbeiten mit einer automatischen Alarmschwellenanpassung. Bei länger anhaltenden Störungen wird die Alarmschwelle verschoben, ohne daß die Alarmauswertung beeinträchtigt wird. Grundsätzlich werden Infrarotmelder durch mehr oder weniger aufwendige Maßnahmen und Filtertechniken vor Störeinflüssen geschützt. Thermische Störungen können weitgehend durch eine optimale Abstimmung von Optik, Sensor und Filterschaltungen eleminiert werden. Die Einzelteile eines hochwertigen Melders mit Spiegeloptik sind in Abb. 3.19 dargestellt.

Besonders erwähnenswert ist die für Melder der höchsten Risikoklasse entwickelte Alarmmustererkennung. Neben der analogen Ausfilterung von Störsignalen arbeitet in diesen Meldern ein Mikroprozessor, der alle Funktionen des Melders überwacht und der die aus dem Erfassungsbereich des Melders empfangenen Signalmuster mit den typischen Signalverläufen einer Intrusion vergleicht. Alarm wird nur dann ausgelöst, wenn das empfangene Signalmuster einem abgespeicherten Alarmmuster entspricht. Elektrische Rauschsignale, Hochfrequenzstörungen und Luftturbulenzen ergeben andere Signalverläufe, als wie sie von einem Eindringling hervorgerufen werden.

Natürlich verfügen Infrarot-Bewegungsmelder über Sabotagekontakte. Jede Öffnung des Meldergehäuses wird an die Zentrale gemeldet. Aufwendige-

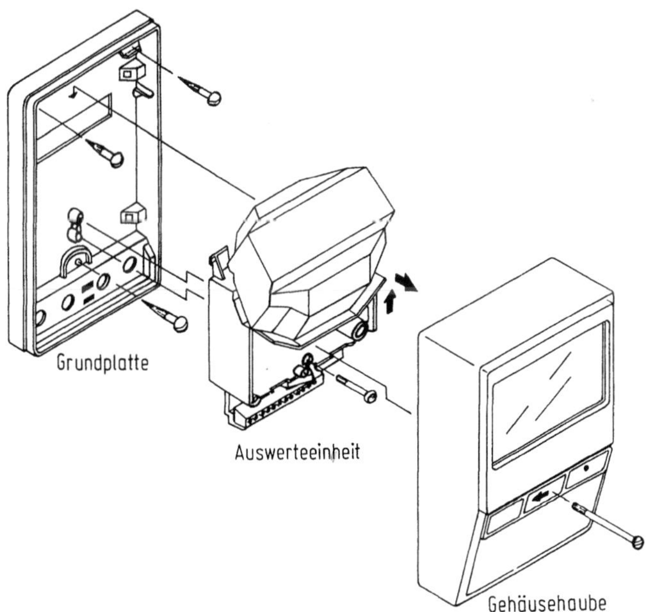

Abb. 3.19. Die Einzelteile eines hochwertigen Passiv-Infrarot-Bewegungsmelders mit Spiegeloptik (nach Unterlagen der Firma Alarmcom Leutron GmbH)

re Melder führen außerdem selbsttätig Funktionstests durch und melden jede nennenswerte Abweichung vom Sollzustand. Bei besonders hohen Sicherheitsanforderungen werden Infrarotmelder mit aktiver Überwachung des Detektionsfensters eingesetzt. Sequentiell oder auf Anforderung überprüfen solche Melder die Folie des Detektionsfensters auf Durchlässigkeit. Außerdem erfolgt hierdurch die Prüfung der gesamten Elektronik auf einwandfreie Funktion.

Die eingebaute Leuchtdiode kann mehrere Funktionen erfüllen. Standardmäßig dient sie dem Betreiber als „Gehtestanzeige", d.h. der Betreiber kann durch Abschreiten des zu überwachenden Bereiches die Funktion und den tatsächlichen Überwachungsbereich des Melders testen. Jede Auslösung des Melders führt zu einer kurzen Anzeige der Leuchtdiode. Im normalen Tagesbetrieb sollte diese Anzeige allerdings abgeschaltet bleiben, damit ein Angreifer den Erfassungsbereich in Vorbereitung zu einem Einbruch nicht austesten kann. Die Fernsteuerung der Gehtestanzeige erfolgt von der Zentrale der Einbruchmeldeanlage.

Eine andere Funktion der Leuchtdiode ist der Alarmspeicher. Bei scharfgeschalteter Anlage bleibt die Leuchtdiode auch nach einer Alarmauslösung dunkel. Ein Angreifer bemerkt also die Auslösung nicht. Nach dem Unscharfschalten leuchtet die Leuchtdiode des ausgelösten Melders dauernd (Alarmspeicherfunktion), bis der Alarm an der Zentrale zurückgestellt ist. Einige Meldertypen verfügen außerdem über eine „Erstalarmanzeige". Diese kann man dann einsetzen, wenn in einer Meldergruppe mehrere Bewegungsmelder zusammengefaßt werden. Bei einer Alarmauslösung sperrt der ausgelöste Melder automatisch die Alarmspeicher der anderen Melder. Noch aufwendiger ist die vollständige Alarmspeicherfunktion aller Melder. Jeder im scharfen Zustand ausgelöste Melder setzt den Alarmspeicher, der zuerst ausgelöste Melder wird aber durch eine blinkende Leuchtdiode besonders gekennzeichnet. Die meisten Meldertypen werden in zwei Ausführungen angeboten, nämlich als Melder für die flächendeckende Überwachung von Räumen und als Langstreckenmelder für die Überwachung von Fluren. Der Erfassungsbereich eines Universalmelders ist in Abb. 3.20 dargestellt. Die typischen Reichwerten von Raummeldern liegen zwischen 10 und 20 m. Meist wird ein Öffnungswinkel von etwas unter 90° gewählt, da in der Mehrzahl aller Fälle eine Eckmontage der Melder erfolgt. Projektierungsbeispiele für derartige Melder sind den Abb. 3.21 und 3.22 zu entnehmen. Im Gegensatz zu diesen Raummeldern arbeiten Langstreckenmelder mit Öffnungswinkeln von nur wenigen Grad, verfügen aber über einen Erfassungsbereich der bis zu 50 m Entfernung reicht (Abb. 3.23). Ein Projektierungsbeispiel zeigt Abb. 3.24. Einige Hersteller bieten die Melder auch mit Wechseloptik an. Durch Auswechseln der Fresnellinse oder Verändern der Spiegeloptik können dann mit einem Meldertyp unterschiedlichste Überwachungsbereiche realisiert werden. Einige Meldertypen sind auch für die Unter-Putz-Montage geeignet. Eine besondere Bauform ist der sogenannte Deckenmelder, also ein Passiv-Infrarot-Bewegungsmelder für die Deckenmontage (Abb. 3.25). Mit solchen Meldern können bis zu 175 m² Raumfläche überwacht werden. Sie sind besonders für die Überwachung von Großraumbüros und Ladenflächen mit

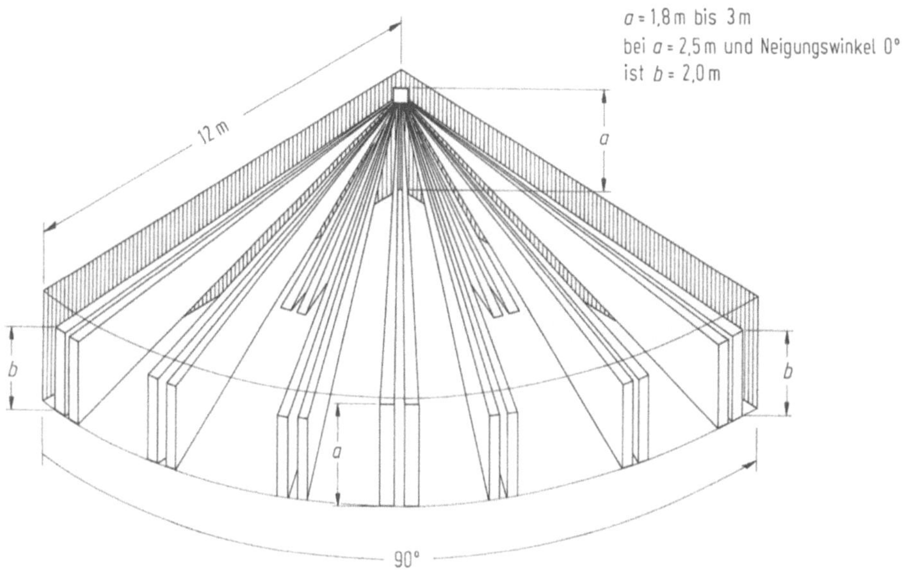

Abb. 3.20. Typischer Erfassungsbereich eines universellen Passiv-Infrarot-Bewegungsmelders (nach Unterlagen der Firma Aritech GmbH)

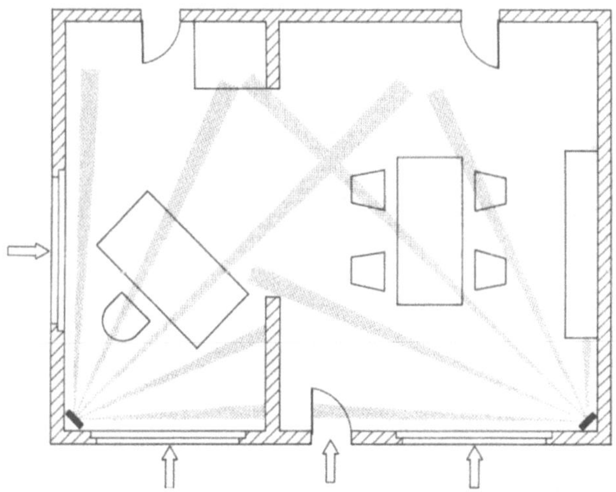

Abb. 3.21. Projektierungsbeispiel von Passiv-Infrarot-Bewegungsmeldern für die Raumüberwachung von Büroräumen

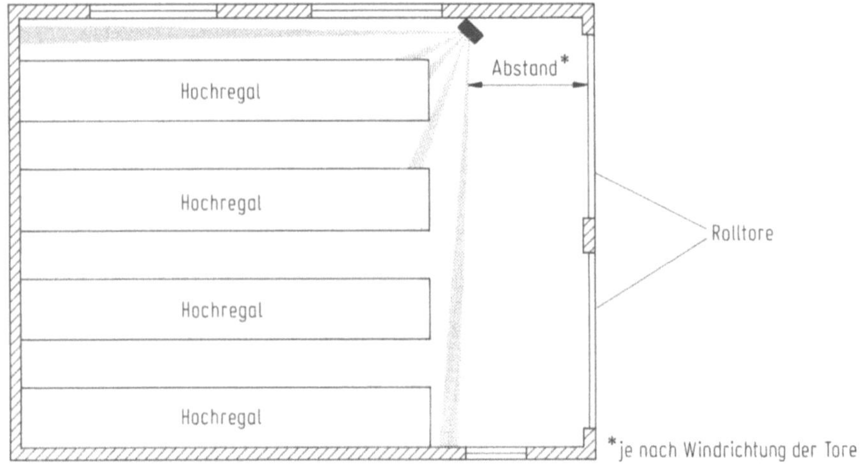

Abb. 3.22. Projektierungsbeispiel eines Passiv-Infrarot-Bewegungsmelders zur schwerpunktmäßigen Überwachung in einem Lager

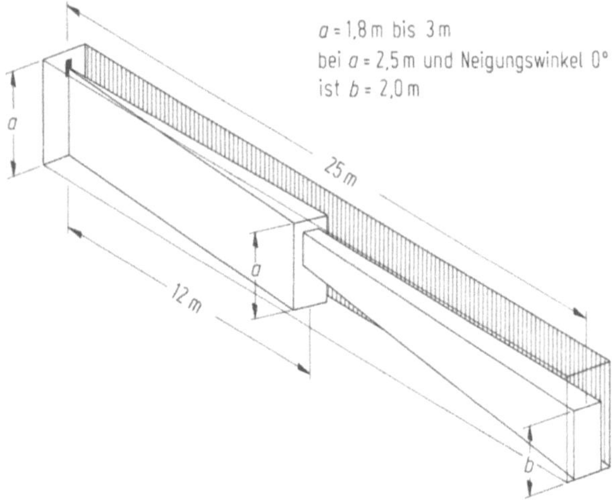

Abb. 3.23. Erfassungsbereich einer besonders für lange Strecken ausgelegten Version eines Passiv-Infrarot-Bewegungsmelders

flexibler Einrichtung geeignet, da Abschattungen durch Gegenstände kaum zur Einschränkung des Überwachungsbereichs führen. Ist die vollständige Überwachung eines Bereiches (z. B. Raums) mit einem Melder nicht möglich, es können selbstverständlich mehrere Melder mit überlappenden Überwachungsbereichen installiert werden.

Im Überwachungsbereich von Bewegungsmeldern dürfen sich keine Gegenstände befinden, die durch irgendwelche Einflüsse in Bewegung geraten können (Schilder, Ausstellungsgegenstände, Maschinen). Trotz der vielfältigen Schutzmaßnahmen bei Passiv-Infrarot-Bewegungsmeldern sollte man bei

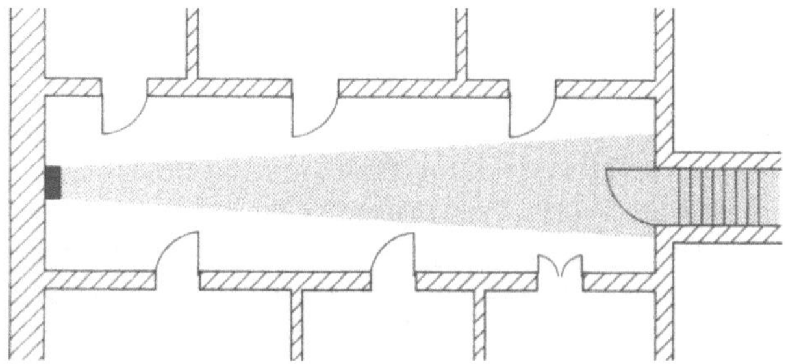

Abb. 3.24. Projektierungsbeispiel für einen Langstreckenmelder in einem Flur

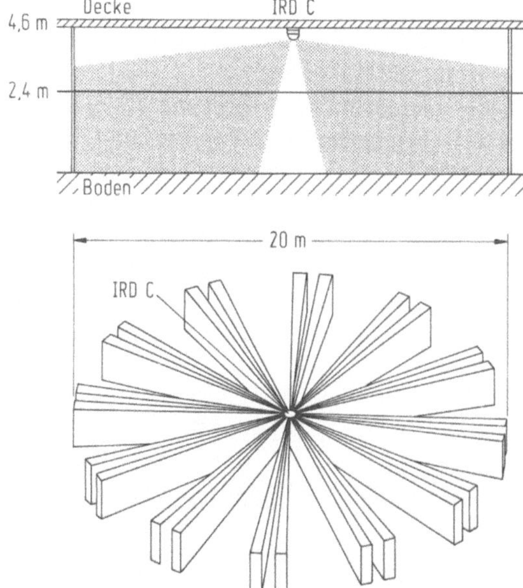

Abb. 3.25. Erfassungsbereich und Projektierungsbeispiel eines Passiv-Infrarot-Bewegungs-melders für Deckenmontage

der Projektierung möglichst einige Grundregeln beachten, damit Falsch-alarme möglichst vermieden werden:

In Räumen mit Fußbodenheizung sollten möglichst keine Infrarotmelder vorgesehen werden, da hier Probleme auftreten können. Außerdem dürfen sie keiner Zugluft (Belüftungsanlagen, undichte Tore etc.) sowie direkter oder indirekter Einwirkung von Lichtquellen ausgesetzt werden (Sonne, Auto-scheinwerfer). Infrarotmelder sollten daher nicht auf Außenfenster, verglaste Außentüren und Außentore gerichtet werden; zumindest müssen die Erfassungszonen in diesen Bereichen abgedeckt werden. Besonders empfindlich reagieren Infrarotmelder auf sich ändernde Wärmequellen (Nachtspeicher-heizung, Einschalten von Glühlampen, offener Kamin).

Vorzugsweise werden Infrarotmelder bei der Raumüberwachung eingesetzt. Sie können aber auch als Fallenmelder, z. B. in lange Gänge oder als schwerpunktmäßige Sicherung von bestimmten Bereichen, z. B. in einer Lagerhalle, Verwendung finden. Melder mit einem flächenartigen Erfassungsbereich finden auch bei der Durchbruchüberwachung Anwendungsmöglichkeiten.

Einige Meldertypen verfügen über eine gesondert einschaltbare, rot leuchtende Zonenanzeige. Mit Hilfe einer derartigen Anzeige kann der Verlauf der infrarotempfindlichen Zonen ohne zusätzliche Hilfsmittel eingestellt und überprüft werden.

3.5.2 Infrarot-Lichtschranken

Infrarot-Lichtschranken können zur fallenmäßigen Überwachung von Fluren und Gängen eingesetzt werden. Eine Raumüberwachung ist schon allein aus Kostengründen nicht möglich. Bei Lichtschranken führt die Unterbrechung der gedachten Verbindungslinie zwischen einem Sender und einem Empfänger zur Alarmauslösung. Um sich vor Sabotageversuchen zu schützen, wird der Infrarotstrahl moduliert oder digital kodiert. Als Fallenmelder eingesetzt, sollten sie in einer Höhe von ca. 50 bis 60 cm über Boden installiert werden. Bei der Montage ist zu beachten, daß die Gehäuse durch geeignete Maßnahmen vor versehentlichen Beschädigungen geschützt werden. Der Empfänger der Lichtschranke muß so ausgerichtet sein, daß eine direkte Sonnenbestrahlung vermieden wird (Übersteuerungseffekt).

Eine wirtschaftlich vertretbare Anwendung finden Lichtschranken bei der Fallenüberwachung heute nur noch in wenigen Sonderfällen (z. B. langgezogene Lagerhallen) sowie in Bereichen, in denen der Einsatz von Bewegungsmeldern auf Grund der Umgebungsbedingungen nicht möglich ist.

3.5.3 Ultraschall-Bewegungsmelder

Ultraschall-Bewegungsmelder werden zur volumetrischen Überwachung von Innenräumen oder von Raumabschnitten eingesetzt. Der Überwachungsbereich hat eine eiförmige Gestalt. Die maximale Reichweite moderner Ultraschall-Bewegungsmelder liegt bei 10 bis 15 m (Abb. 3.26). Die tatsächlich erzielbare Reichweite hängt allerdings nicht nur von den technischen Möglichkeiten des Melders, sondern vor allem von der Art, Ausstattung und Einrichtung des zu überwachenden Raums ab. Ultraschall wird nämlich von Teppichen, Gardinen und anderen schallschluckenden Gegenständen und Materialien absorbiert, so daß die Reichweite des Melders abnimmt. Die Detektionsempfindlichkeit und damit auch die Reichweite lassen sich einstellen. Vorzugsweise werden Ultraschall-Bewegungsmelder dort verwendet, wo umgebungsbedingte Temperaturschwankungen oder direkte Sonnenbestrahlung den Einsatz von Passiv-Infrarot-Bewegungsmeldern verbieten.

Abb. 3.26. Typischer Erfassungsbereich eines Ultraschallbewegungsmelders

Ein piezoelektronischer Wandler strahlt ständig ein stabiles, für das menschliche Ohr nicht hörbares Ultraschallsignal (Frequenz ca. 25 kHz) ab. Bewegt sich nun ein Mensch im Bereich sieser Ultraschallquelle, so verursacht er eine Frequenzänderung der von ihm reflektierten Ultraschallwellen (Dopplereffekt). Der gemeinsam mit dem Sender in einem Gehäuse untergebrachte Empfänger überprüft ständig den von Türen, Wänden und Gegenständen reflektierten Ultraschall und wertet Frequenzänderungen durch Bewegungen im Erfassungsbereich aus. Die Auslegung und Arbeitsweise der Auswertelektronik ist, ähnlich wie bei den Infrarotmeldern, ein wichtiges Qualitätsmerkmal. Besonders raffiniert ist z. B. die bei einigen Produkten angewendete „balancierte Signalverarbeitungsschaltung", die Frequenzverschiebungen nach oben und nach unten differenzieren kann. Einfach aufgebaute Melder verfügen lediglich über eine analog aufgebaute Filterschaltung. Das Überschreiten voreingestellter Alarmschwellen wird als Alarmkriterium gewertet. Aufwendigere Auswertschaltungen arbeiten hingegen mikroprozessorgesteuert, das heißt, dem analogen Filter- und Verstärkerteil ist eine intelligente Signalverarbeitungsschaltung nachgeschaltet. Diese Schaltung ist geeignet, Bewegungen innerhalb des Erfassungsbereiches der Melders differenziert zu bewerten. Hierdurch entsteht die außerordentlich hohe Detektionssicherheit solcher Melder über einen extrem großen Bewegungsgeschwindigkeitsbereich. Gleichzeitig kann die Elektronik schwingende Störsignale (etwa das Pendel einer Uhr) sowie Störgeräusche und Täuschungssignale erkennen und ausfiltern. Die Signalverarbeitungsschaltung führt eine Geschwindigkeitsanalyse durch und berechnet die zur Detektion verfügbare Zeit. Dadurch kann im Nahbereich des Melders eine sichere, von der Bewegungsgeschwindigkeit des Eindringlings nahezu unabhängige Erfassung erreicht werden. Gleichfalls ermöglicht die intelligente Auswertung die Erkennung von Abdeckversuchen des Melders innerhalb einer Abdeckungszone von ca. 2 m und trägt so wesentlich zur Sabotagesicherheit des Melders bei.

Je nach Meldertyp und Anschaltung kann die eingebaute Leuchtdiode mit den gleichen Funktionen, wie diese beim Infrarotmelder beschrieben sind, betrieben werden. Einige Melder sind sogar mit zwei Leuchtdioden ausgestattet, was eine wesentliche Hilfe bei der Einstellung des Erfassungsbereiches sowie bei der Beurteilung der Umgebungsbedingungen bedeutet.

Der Einsatz mehrerer Ultraschallmelder in einem Raum ist nicht ganz so unproblematisch, wie bei Passiv-Infrarot-Bewegungsmeldern. Ohne besondere Vorkehrungen würden sich die Melder gegenseitig stören. Mehreres Ultraschallmelder dürfen deshalb nur dann in einem Raum installiert werden, wenn ihre Sender synchronisiert sind oder so stabil auf unterschiedlichen Frequenzen arbeiten, daß eine gegenseitige Beeinflussung nicht gegeben ist. Bei der Projektierung muß außerdem beachtet werden, daß sich keine Zugluft im Erfassungsbereich von Ultraschall-Bewegungsmeldern bilden kann (Lüftungen, Warmluft-Heizung etc.). Ultraschall benutzt nämlich die Luft als Übertragungsmedium, d.h., durch Luftbewegungen können somit Alarmkriterien vorgetäuscht werden. Ultraschallmelder sind nur bedingt für Bereiche mit wechselnden Gütern oder Einrichtungen geeignet, da Ultraschall absorbierende Materialien den Erfassungsbereich des Melders unzulässig verändern können. Vor dem Einsatz von Ultraschallmeldern sollte man sich vergewissern, daß sich keine Tiere (insbesondere Hunde) im Bereich der Melder aufhalten werden. Sie können nämlich allergisch auf die Ultraschallsignale reagieren. Es gibt auch Menschen, die zwar den Ultraschall nicht direkt hören können, die aber die im Raum vorhandene Ultraschallenergie als unangenehmen Druck in den Ohren spüren. In solchen Fällen dürfen keine Ultraschallmelder installiert werden, oder es müssen solche Meldertypen verwendet werden, bei denen im unscharfen Zustand der Alarmanlage der Ultraschallsender abgeschaltet ist (Tag/Nacht-Schaltung).

3.5.4 Mikrowellen-Bewegungsmelder

Im ersten Ansatz ähneln sich die Funktionsweisen von Ultraschall-Bewegungsmeldern und Mikrowellen-Bewegungsmeldern. Bei beiden Meldertypen wird der Dopplereffekt genutzt, um Bewegungen zu erkennen, nur daß bei dem einen Melder ein Ultraschallfeld aufgebaut wird, während der Mikrowellen-Bewegungsmelder ein Hochfrequenzfeld im Gigahertz-Bereich erzeugt. Beide Meldertypen realisieren optimal die dreidimensionale Überwachung eines Bereichs. Im Gegensatz hierzu muß man sich bei Infrarot-Bewegungsmeldern mit der Einrichtung von Entfernungszonen helfen. Ähnlich wie bei Ultraschallmeldern dürfen mehrere Mikrowellenmelder nur dann in einem Raum betrieben werden, wenn sie über unterschiedliche Sendefrequenzen verfügen. Es gibt sogar Meldertypen, die sich automatisch auf eine andere Frequenz einstellen, wenn mehrere Melder in einem Bereich betrieben werden. Die erzielbaren Reichweiten gängiger Mikrowellen-Bewegungsmelder liegen zwischen etwa 10 und 30 m. Die eingebaute Leuchtdiode hat ähnliche Funktionen wie bei anderen Bewegungsmeldern auch. Im Detektionsverhalten allerdings unterscheiden sich Mikrowellen-Bewegungsmelder stark von anderen Bewegungsmeldern. Luftturbulenzen, Lichteinwirkung oder starke Schallquellen können dem Mikrowellen-Bewegungsmelder nichts anhaben, obgleich er einen Intruder mit hoher Sicherheit entdeckt. Dafür reagieren Mikrowellenmelder empfindlich auf eingeschaltete Leuchtstofflampen im Überwachungsbereich.

In diesen Lampen werden Gase im 100 Hz-Rhythmus ionisiert und irritieren damit den Mikrowellenmelder. Selbst speziell gegen diesen Effekt entwickelte 100 Hz-Sperrfilter bringen nur bedingte Besserung.

Kann man diesen Effekt noch schlimmstenfalls durch eine elektrische Zwangsabschaltung der Leuchtstofflampen zusammen mit der Scharfschaltung der Alarmanlage in den Griff bekommen, so macht eine unangenehme Eigenschaft von Mikrowellen den Einsatz solcher Melder oftmals unmöglich bzw. ist nur routinierten Fachleuten möglich. Hochfrequenz allgemein hat nämlich die Eigenschaft, nichtmetallische Materialien, wie z. B. Glasflächen, Holz- und Leichtbauwände, zu durchdringen. Bewegte Gegenstände (besonders Metall, Autos, Fahrzeuge) aber auch Menschen außerhalb der überwachten Räume können daher Falschalarme verursachen. Selbst Wasser in Abflußrohren aus Plastik kann zu unerwünschten Meldungen führen. Mikrowellen-Bewegungsmelder müssen daher so montiert und eingestellt werden, daß derart störende Beeinflussungen ausgeschlossen sind. Dies ist keine leichte Aufgabe, denn die tatsächliche Ausbreitung eines Hochfrequenzfeldes kann man nicht vorherbestimmen, sondern allenfalls aufgrund gemachter Erfahrungen erahnen. Und wie soll man ohne gründliche Prüfung wissen, ob hinter einer harmlosen Wandverkleidung ein störendes Abflußrohr verläuft? Außerdem dürfen sich im Überwachungsbereich des Melders keine größeren Metallflächen befinden, da es an diesen Flächen zu unkontrollierbaren Reflexionserscheinungen kommen kann. Besonders kritisch sind Flächen mit plangeschliffener Oberfläche. Diese vielfältige Problematik hat dazu geführt, daß Mikrowellen-Bewegungsmelder keine große Vorbereitung in der Einbruchmeldetechnik gefunden haben, zumal sie auch noch in aller Regel teurer als etwa Infrarot- oder Ultraschallmelder sind. Trotzdem zeichnen sie sich – richtig eingesetzt – durch eine hervorragende Detektionssicherheit aus. Mikrowellen-Bewegungsmelder, die außerdem noch über einen elektronischen Abdeckschutz verfügen, sind daher besonders für Bereiche mit hohem Sicherheitsrisiko geeignet.

3.5.5 Dual-Bewegungsmelder

Die Empfindlichkeit der unterschiedlichen Meldertypen auf bestimmte Umwelteinflüsse hat dazu geführt, daß einige Firmen Melder entwickelt haben, die zwei Detektionsprinzipien in einem Melder vereinen. So werden Melder mit einer Kombination aus Ultraschall- und Infrarotteil genauso angeboten wie eine Kombination aus Mikrowellen- und Infrarottechnologie. Die Wirkbereiche der beiden unterschiedlichen Auswertkanäle müssen dabei so gewählt werden, daß eine möglichst große Deckung erzielt wird. Ausschließlich in diesem „Deckungsbereich" kann ein derartiger Melder Bewegungen detektieren, denn nur wenn beide Auswertkanäle innerhalb eines Zeitfensters (fast gleichzeitig) ein Alarmkriterium erkennen, kann der Melder eine Alarmmeldung erzeugen. In der Tat können auf diese Weise eine Vielzahl von Störeinflüssen unterdrückt werden.

Jedoch leidet die Detektionssicherheit solcher Melder stark. Ein Angreifer muß nämlich lediglich darauf achten, daß bei seinen Bewegungen innerhalb des Erfassungsbereiches eines solchen Melders immer nur ein Auswertkanal ausgelöst wird. Dies wird ihm schon deswegen relativ leicht gelingen, da bedingt durch die unterschiedlichen Detektionsprinzipien der eine Kanal (Ultraschall oder Mikrowelle) am empfindlichsten auf solche Bewegungen reagiert, die auf den Melder zu (oder von ihm weg) gerichtet sind, während der andere Kanal (Infrarot) besonders für Querbewegungen sensibel ist. In Bereichen mit hohem Sicherheitsrisiko lassen sich Dualmelder daher nur bedingt einsetzen. Es ist empfehlenswerter, bei ungünstigen Umgebungsbedingungen (z. B. Lagerhallen) zwei Melder unterschiedlicher Detektionsprinzipien zu installieren und diese zentralenseitig logisch so zu verknüpfen, daß eine Meldung nur dann ausgelöst wird, wenn beide Melder innerhalb eines Zeitfensters ansprechen. In diesem Fall können nämlich beide Melder so montiert werden, daß die Bewegungsrichtung des Eindringlings in der empfindlichen Richtung des Melders liegt.

3.6 Objektüberwachung

Bei der Objektüberwachung erfolgt die direkte Überwachung einzelner Gegenstände, z. B.:
- Wertbehältnisse und Tresore (Banken, Handel, Militär),
- Vitrinen (Museen, Galerien, Schmuckgeschäfte) oder
- Bilder und Skulpturen (Museen, Galerien, Kirchen).

Eine Objektüberwachung wird immer dann vorgenommen, wenn es sich um besonders begehrliche, wertvolle und schwer zu ersetzende Gegenstände handelt. Die Objektüberwachung ermöglicht gleichzeitig die gezielte Überwachung von Einzelgegenständen auch während des normalen Tagesbetriebes, eine Forderung die oftmals in Museen gestellt wird.

3.6.1 Überwachung von Vitrinen

Die Überwachung von Vitrinen stellt selbst den Fachmann vor keine leichte Aufgabe. Zwar kann aus einer ganzen Palette von möglichen Meldern gewählt werden, betrachtet man jedoch sämtliche Aspekte, die sich aus sicherheitstechnischen Voraussetzungen und ästhetischen Gesichtspunkten ergeben, ohne dabei die entstehenden Kosten aus dem Auge zu verlieren, so wird man oftmals Kompromißlösungen nicht vermeiden können. Die notwendigen Sicherungsmaßnahmen werden u. a. durch folgende Kriterien entscheidend geprägt:
- Art und mechanischer Aufbau der Vitrine,
- Art und Größe der zu überwachenden Exponate in der Vitrine,
- Wert der Exponate (materiall und ideell) und
- Überwachung auch bei Tage und während des Publikumsverkehrs.

Grundsätzlich betrachtet, stellt eine Vitrine einen eigenen Raum dar, der gesichert werden soll. Man wird sich also zunächst Gedanken über die Öffnungs- und Verschlußüberwachung der Vitrine machen müssen. Schaufenstervitrinen haben in der Regel Zugangstüren, die man konventionell mit Magnet- und Riegelkontakten überwachen kann. Bei kleineren Rundumvitrinen hingegen gibt es manchmal gar keine Öffnungsmöglichkeit. Man kann die Exponate nur durch Abheben des Glasgehäuses erreichen. Die Arretierung des Glasgehäuses erfolgt – wenn überhaupt – auf sehr unterschiedliche Weise, so daß keine allgemeinen Aussagen zu Möglichkeiten der Verschlußüberwachung gemacht werden können. Hingegen kann man das Abheben des Glasgehäuses relativ einfach mittels Magnetkontakt(en) detektieren. Grundsätzlich sollten nur Magnetkontakte mit zusätzlicher Fremdfeldsicherung Verwendung finden.

Schwierig gestaltet sich die Durchbruchüberwachung der Vitrinenaußenhaut. Bevor überhaupt über die Einsatzmöglichkeiten verschiedener Sensorsysteme diskutiert werden kann, muß man sich über die Art und Größe der Exponante informieren, damit die Überwachungsmaßnahmen entsprechend abgestimmt werden können. Handelt es sich nämlich um größere Einzelexponate wie z.B. Skulpturen oder Vasen, dann genügt eine einfache Durchgriffüberwachung. Werden hingegen kleine Gegenstände wie etwa Schmuckstücke oder Edelsteine ausgestellt, muß man damit rechnen, daß selbst kleine Öffnungen in der Außenhaut ausreichen, um Gegenstände aus der Vitrine zu entfernen. Man wird dann, in Abstimmung mit dem sonstigen Sicherungskonzept, eine sehr engmaschige und empfindliche Außenhautsicherung vornehmen müssen. Unter Außenhaut versteht man nicht nur die Wände, sondern auch die Decke und den Boden bzw. den Sockel der Vitrine. Am schwierigsten ist die Überwachung der Glasflächen. Relativ problemlos lassen sich passive Glasbruchmelder einsetzen. Diese dürfen jedoch in der Regel nicht direkt in die Ecke einer Glasscheibe geklebt werden; es muß vielmehr ein Abstand von eingen Zentimetern eingehalten werden. Dies aber, und das trifft vor allem auf kleinere Glasscheiben zu, stört erheblich den optischen Eindruck der Vitrine. Ein anderer Nachteil besteht in der relativen Unempfindlichkeit passiver Glasbruchmelder. Er kann deshalb nur bei Exponaten mit geringerem Wert und relativ großen Abmessungen eingesetzt werden. Für eine Überwachung auf Durchgriff mit Hilfswerkzeugen ist er nicht geeignet. Gleichfalls nicht geeignet ist er für die Überwachung von Panzerglas und ähnlichen massiven Scheiben. Gerade aber bei wertvollen Exponaten wird man derartige Scheiben zum Schutz gegen Blitzangriffe auswählen. Hier könnte allenfalls der aktive Glasbruchmelder Verwendung finden. Er bemerkt selbst vorsichtige Angriffe auf die Vitrinenscheibe. Das Problem des optisch schlechten Eindrucks trifft allerdings für den aktiven Glasbruchmelder noch mehr zu, da dieser aus jeweils zwei Sensoren besteht, und beide müssen auf die Scheibe geklebt werden. Bei den Scheiben muß darauf geachtet werden, daß an den Stoßstellen keine undefinierten akustischen Brücken entstehen, die die Funktion der Melder beeinträchtigen könnten. Jede Scheibe muß mit einem eigenen Glasbruchmelder überwacht werden.

Als weitere Möglichkeit für die Absicherung von Glasvitrinen kann noch der akustische Glasbruchmelder genannt werden. Er reagiert ausschließlich auf äußere Einflüsse, ist also auch ein passiver Melder. Im Gegensatz jedoch zum passiven analysiert der akustische Glasbruchmelder nicht die Schwingungen auf der Scheibe, sondern den Raumschall innerhalb der Vitrine. Die charakteristischen Geräusche beim Glasbruch werden als Alarmkriterium ausgewertet. Als besonderer Vorteil bei der Vitrinensicherung muß die unauffällige, für den Betrachter der Vitrine unsichtbare Montagemöglichkeit solcher Melder genannt werden.

Günstiger ist es, wenn bereits bei der Anschaffung der Vitrinen Scheiben mit Alarmdrahteinlage bevorzugt werden. Der feine Alarmdraht ist für den Betrachter kaum bemerkbar. Je nach Sicherheitsbedürfnis sollten die Drahtabstände zwischen 10 und 40 mm betragen. Bei besonders großen Exponaten reicht auch ein Abstand von 100 mm zwischen den Alarmdrähten. Bestehen Decke und Boden der Vitrine nicht aus Glas, so müssen hier selbstverständlich andere Meldeverfahren vorgesehen werden. Denkbar wäre z. B. die Bespannung mit Alarmdrähten. Die Abstände der Alarmdrähte richten sich wie bei den Scheiben nach den ausgestellten Exponaten.

Eine preiswerte und doch effektive Überwachung der Vitrinenaußenhaut kann auch durch den Einsatz von elektronischen Erschütterungsmeldern realisiert werden. Jede Scheibe sowie Decke und Boden sollten mit einem eigenen Melder versehen werden. Je nach eingestellter Empfindlichkeit der Melder kann es allerdings zu Problemen während des Tagesbetriebs kommen, da durch den Publikumsverkehr unerwünschte Alarme ausgelöst werden könnten.

In großen Schaufenstervitrinen kann man auch Infrarotbarrieren hinter der Scheibe, also innerhalb der Vitrine aufbauen. Solche Infrarotbarrieren können als Passiv-Infrarot-Bewegungsmelder oder auch als Lichtschranken-Barriere realisiert werden. Kommen alle genannten Varianten nicht in Betracht, so bleibt noch die Möglichkeit der Raumüberwachung der Vitrine. Infrarot-Bewegungsmelder sind allenfalls für große Schaufenstervitrinen geeignet, hingegen lassen sich Ultraschallmelder mit gutem Erfolg einsetzen.

Wie in Abb. 3.27 dargestellt, lassen sich Ultraschallmelder unauffällig montieren. Jede Änderung des Ultraschallfeldes innerhalb einer Vitrine kann als Alarmkriterium ausgewertet werden. Der Versuch, die Vitrine zu öffnen oder mit Hilfe von Spezialwerkzeugen Gegenstände aus der Vitrine zu entfernen, führt zur Alarmauslösung. Obwohl in einigen vorliegenden Gutachten anerkannt wird, daß die Ultraschall-Energie auch für empfindliche Exponate nicht schädlich ist, sind diesbezügliche Bedenken nicht restlos ausgeräumt; einige Museen lehnen daher nach wie vor den Einsatz von Ultraschall-Technologie strikt ab. Aus diesem Grund wurden vielfache Möglichkeiten zur Vitrinenüberwachung probiert und realisiert, durchsetzen konnte sich letztendlich bis heute keine Technologie.

Aus Amerika sind Systeme bekannt, bei denen der Ultraschall-Sender außerhalb und der Empfänger innerhalb der Vitrine montiert sind. Wird eine so überwachte Vitrine geöffnet, so gelangt das Ultraschall-Signal zum Emp-

Abb. 3.27. Absicherung einer Vitrine mit Ultraschall. Im Boden sind lediglich die beiden Öffnungen der Ultraschallwandler zu erkennen (Werkfoto Hörmann GmbH)

fängermikrofon, die Meldung wird ausgelöst. Andere Hersteller haben sich mit verschiedenen Varianten von Feldänderungsmeldern beschäftigt. Wieder andere Systeme arbeiten mit einem leichten Überdruck in der Vitrine. Jede Öffnung in der Außenhaut der Vitrine führt zu einem auswertbaren Druckabfall.

Zusammenfassend kann man sagen, daß die Überwachung von Vitrinen stets eine projektspezifische Lösung verlangt. Nur mit viel Geschick und Fachwissen läßt sich eine funktionierende und bezahlbare Vitrinenüberwachung realisieren.

3.6.2 Überwachung von Bildern

In Museen ist die zuverlässige Überwachung von aufgehängten Gemälden, Teppichen, Masken, Waffen und ähnlichen Gegenständen bei Tag und Nacht gefordert. Man unterscheidet zwischen einer reinen Diebstahlüberwachung (Wegnahmeüberwachung) sowie der weitergehenden Überwachung auf Berührung und Beschädigung.

Für die Realisierung einer einfachen Wegnahmeüberwachung von aufgehängten Exponaten kommen im einfachsten Fall Magnetkontakte zum Einsatz. Während der Reedkontakt hinter dem Exponat (unsichtbar) in die Wand eingelassen wird, muß der Magnet am Exponat befestigt werden. Oftmals wird die Befestigung des Magneten am Exponat untersagt, so daß

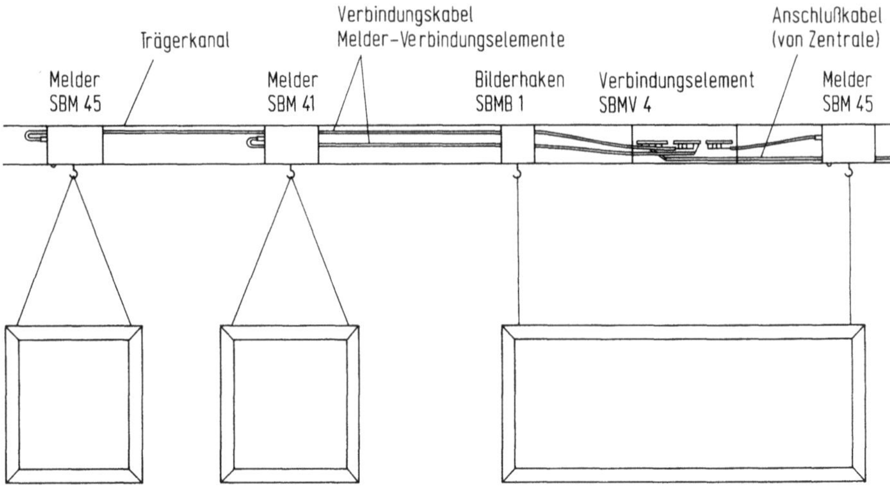

Abb. 3.28. Beispiel für die Absicherung von Bildern

andere Melder eingesetzt werden müssen. Es gibt sog. Tastmelder, die hinter
dem Exponat montiert werden und ständig einen leichten mechanischen Druck
auf das Exponat ausüben. Wird das Exponat entfernt, fehlt der notwendige
Gegendruck und der Alarm wird ausgelöst. Besonders geeignet für Ausstellungen mit wechselnden Exponaten sind Systeme mit Profilschienen. Die Ausstellungsgegenstände werden über dünne Drahtseile an die Haken der in die
Profilschiene eingeschobenen Melder aufgehängt. Die Aluminium-Profilschie-
ne wird in einer der Architektur angepaßten Höhe auf oder unter Putz an den
Ausstellungswänden befestigt. Die Melder können einfach innerhalb der
Profilschiene verschoben und daher an beliebiger Stelle plaziert werden. Eine
Anpassung an geänderte Ausstellungswünsche ist jederzeit möglich. Es gibt
zwei Meldertypen, den elektromechanischen Melder und den elektronischen
Melder mit Piezo-Sensor. Der elektromechanische Melder löst nur dann Alarm
aus, wenn das Bild entfernt wird, der elektronische Melder hingegen reagiert
auf Zug-, Druck- oder Schubbewegungen schon von einigen tausendstel
Millimetern. Die Alarmschwelle läßt sich am Melder stufenlos einstellen. Der
Melder verfügt über eine fernsteuerbare Alarmanzeige. Die Sabotagesicherheit
für beide Meldertypen wird durch Deckelschalter sowie durch Abhebekontak-
te an der Profilschiene erreicht. Für Zwei- und Mehrpunktaufhängung können
zusätzlich zu einem Melder Blindhaken ohne Überwachungsfunktion eingesetzt werden. Je nach Montageart der Melder (Einzelmontage oder eingebaut
in Profilschiene) können Exponate mit einem Aufhängegewicht von bis zu
100 kg überwacht werden. Verschiedene Anwendungen werden in Abb. 3.28
vorgestellt.

3.6.3 Überwachung von Panzerschränken und Wertbehältnissen

Es haben sich drei Sicherungsmethoden zur Überwachung von Panzerschränken etabliert, nämlich Feldänderungsmelder, Körperschallmelder und Flächenüberwachung.

3.6.3.1 Körperschallmelder

In der Mehrzahl der Fälle werden heute Körperschallmelder eingesetzt, während Feldänderungsmelder hauptsächlich bei besonders hohem Sicherheitsrisiko verwendet werden, da sie eine äußerst hohe Detektions- und Überwindungssicherheit aufweisen.

Körperschallmelder eignen sich u. a. zur Detektion von Angriffen auf Objekte aus Stahl oder Beton sowie Panzerschränke mit kunststoffverstärkten Schutzbeschichtungen. Sie sind nicht, oder allenfalls bedingt zur Überwachung von Wertschränken, mehrwandigen Stahlschränken, Einmauerschränken, Einsatzschränken und Datensicherheitsschränken geeignet. Die durch den Angriff auf das überwachte Objekt erzeugten mechanischen Schwingungen werden durch den piezoelektroschen Wandler im Körperschallmelder in elektrische Signale umgewandelt und zu einer Auswertelektronik weitergeleitet und dort als Meldung ausgewertet. Der Körperschallmelder muß dabei ein breites Spektrum von Signalen, die durch die unterschiedlichen Einbruchwerkzeuge hervorgerufen werden, detektieren können. Zu unterscheiden sind thermische und mechanische Werkzeuge sowie Sprengstoffe. Während thermische Angriffe allenfalls kleine Signale erzeugen, können bei mechanischen Werkzeugen Signale mit großer Amplitude registriert werden. Bei einer Sprengung muß mit einer hohen, aber allenfalls kurzzeitig auftretenden Amplitude gerechnet werden. Gleichzeitig müssen umgebungsbedingte Störgeräusche ausgefiltert werden. Das akustische Störumfeld wird erzeugt durch Reinigungsarbeiten und Verkehr, durch Schallquellen im Ultraschall- und Hörbereich sowie durch Bedien- und Arbeitsgeräusche (Schlüssellaffette, Geldnotentransportmechanismus, Geldkassetten). Der Körperschall-Sensor wird daher möglichst gegen Luftschall gedämpft und die Auswertelektronik verfügt über geeignete Filterschaltungen, damit bei hoher Detektionssicherheit Störgeräusche weitgehendst ausgefiltert werden. Moderne Körperschallmelder verfügen über anwendungsbezogene Einstellmöglichkeiten für die Ansprechempfindlichkeit und die Ansprechzeit.

Bei der Überwachung von Panzerschränken und Wertbehältnissen ist zu beachten, daß zwischen Tür und Korpus keine homogene Verbindung für die Körperschallübertragung besteht. Grundsätzlich sollen daher sowohl die Tür als auch der Mantel mit je einem Melder ausgerüstet werden (Abb. 3.29). Bei mehrflügeligen Türen sollte auf jeden Türflügel ein Melder montiert werden. Die Körperschallmelder werden vorzugsweise innerhalb des Tresors montiert, damit Sabotageversuche ausgeschlossen sind. Natürlich ist das Gehäuse von Körperschallmeldern mit einem Deckelkontakt ausgerüstet und als Sonderzubehör bieten einige Hersteller sogar einen gesonderten Abreißkontakt an,

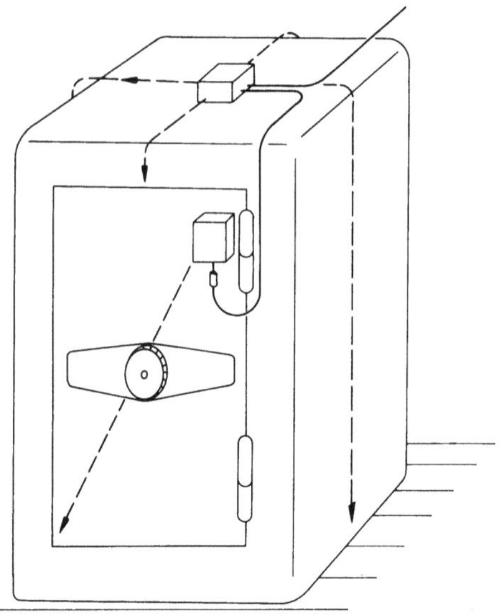

Abb. 3.29. Beispiel für die Absicherung eines Panzerschrankes unter Verwendung von Körperschallmeldern. Anders als hier dargestellt sollten die Körperschallmelder vorzugsweise innerhalb des Behältnisses untergebracht werden

trotzdem ist der sicherste Montageort in jedem Fall innerhalb des Wertbehältnisses. Für die Kabelzuführung darf aus Sicherheitsgründen ein Loch von max. 10 mm Durchmesser gebohrt werden. Bei moderneren Konstruktionen kann dieses Unterfangen allerdings unmöglich sein. Hier muß die Bohrung entweder schon werksseitig vorgesehen sein, oder man muß den Kompromiß eingehen, die Körperschallmelder doch außen zu montieren. Natürlich muß ein derartig überwachter Tresor auch mit einer Öffnungs- und Verschlußüberwachung gesichert werden, da Körperschallmelder gewaltfreie Öffnungsversuche, etwa mit Hilfe eines Nachschlüssels, nicht melden können. Als Maßnahme gegen Falschalarme müssen bei Tag-Nacht-Tresoranlagen die Innenräume des Kassettenaufnahmeschrankes mit schalldämmenden Materialien ausgekleidet werden. Außerdem sollte eine akustische Entkopplung des Fallschachtes vom Kassettenaufnahmeschrank vorgenommen werden.

3.6.3.2 Kapazitiv-Feldänderungsmelder

Andere Anwendungsapplikationen können mit Feldänderungsmeldern realisiert werden. Zwar können Feldänderungsmelder nicht zur Überwachung von Geldschrankeinheiten für Geldautomaten und nicht für Kassettenaufnahmeschränke bei Tag-Nacht-Tresoranlagen verwendet werden, doch sonst eignen sie sich zur Überwachung nahezu beliebiger Panzerschränke, Wertschränke, Stahlschränke und Datensicherungsschränke. Weniger geeignet sind sie zur

Überwachung von Einmauerschränken und Einsatzschränken, da die erforderlichen Maßnahmen, besonders bei nachträglichen Sicherungswünschen, zu kompliziert sind. Bei geschickter Anordnung der erforderlichen Überwachungsselektroden sind Feldänderungsmelder gleichfalls geeignet, einzelne Gegenstände (auch innerhalb einer Vitrine) wie auch Bilder zu überwachen. Selbst ganze Regalwände oder sogar die Alarmzentrale selber können in den Überwachungsumfang einbezogen werden.

Beim Feldänderungsmelder handelt es sich um einen automatischen Melder, der die (elektrische) Kapazität eines Objektes gegen Erde mißt. Zur Messung der Kapazität wird ein elektromagnetisches Feld an das zu überwachende Objekt und gegen Erde angelegt. Eine Veränderung dieser Kapazität um eine vorgegebene Mindestgröße pro Zeiteinheit wird als Meldungskriterium gewertet. Ursache hierfür können das Einbringen von Gegenständen oder Personen in den Feldraum oder das Entfernen von Gegenständen aus dem Feldraum sein. Hierdurch wird die Dielektrizitätskonstante und damit die Kapazität geändert. Noch deutlichere Änderungen werden beim Einbringen eines Ableiters gegen Erde (etwa durch Anfassen) verursacht. Die Bezugserde wird durch Folien oder Metallplatten erstellt. Außerdem müssen alle größeren, leitenden Gegenstände im Bereich von etwa 2 m um das überwachte Objekt in die Erdungsmaßnahmen einbezogen werden. Die zu überwachenden Objekte müssen mindestens mit einem Abstand von 25 mm gegenüber Wand, Boden und Decke isoliert aufgestellt und gegen Verschieben mechanisch gesichert werden. Objekte aus nichtleitenden Materialien können durch Aus- oder Verkleiden mit Metallfolie ebenfalls überwacht werden. An eine Auswerteinheit können mehrere Objekte angeschlossen werden.

Die Objekte müssen untereinander leitend verbunden werden. Man muß stets beachten, daß die Leitungswege zwischen Objekt(en) und Auswerteinheit kurz gehalten werden, da die erforderliche Koaxialleitung einen nennenswerten Einfluß auf die Gesamtkapazität hat und damit das Gesamtsystem empfindlicher auf äußere Einflüsse, wie z. B. Hochfrequenzfelder, reagiert. Schwierig wird es, wenn die Auswerteinheit mit in die Überwachung durch das elektrische Feld einbezogen wird. Bei der Inbetriebnahme muß die Auswerteinheit nämlich genau auf die projektspezifisch tatsächlich vorhandene Kapazität abgeglichen werden. Während des Abgleichvorgangs muß sich der Servicetechniker also in das elektrische Feld begeben und verändert dadurch seinerseits die Kapazität. Eine Öffnungs- und Verschlußüberwachung kann bei der feldmäßigen Überwachung aus technischen Gründen nicht vorgenommen werden, deshalb sollte zusätzlich zum Feldänderungsmelder ein Bewegungsmelder vorgesehen werden.

3.6.3.3 Flächenüberwachung

Als letzte Möglichkeit bei der Objektüberwachung von Panzerschränken ist die Flächenüberwachung zu nennen. Bei der Flächenüberwachung handelt es sich um eine Drahtbespannung, bei der der Maximalabstand zwischen den Alarmdrähten 100 mm beträgt. Bei hohem Sicherheitsrisiko müssen geringere

Abstände gewählt werden. Die Flächenüberwachung eignet sich zur Objektüberwachung beliebiger Panzer- und Wertschränke. Sie ist auch uneingeschränkt zur Überwachung von Einmauer- und Einsatzschränken verwendbar. Zu unterscheiden sind Flächenüberwachungen, die sich innerhalb des Behältnisses befinden und Flächen überwachungen, die außerhalb des Behältnisses montiert sind.

In jedem Fall ist die Flächenüberwachung außerhalb des Behältnisses vorzuziehen, da eine Meldung schon unmittelbar bei Beginn eines Angriffes erzeugt wird, während sie bei einer Flächenüberwachung innerhalb des Behältnisses erst nach dem ersten Durchbruch erfolgt. Aus diesem Grund sollte der Panzerschrank zusätzlich in den Erfassungsbereich eines Bewegungsmelders gebracht werden, damit ein Angriff bereits vor dem ersten Durchbruch detektiert werden kann. Zudem läßt sich eine Flächenüberwachung innerhalb des Behältnisses in der Praxis kaum realisieren, vereinzelt findet man jedoch Panzerschränke mit bereits werksseitig integrierter Flächenüberwachung. Ähnliche Probleme wird man mit der Nachrüstung einer Flächenüberwachung außerhalb des Behältnisses haben. Die Drahtbespannung darf nämlich für einen Angreifer nicht direkt zugänglich und damit sabotierbar sein. Aus diesem Grund erfolgt bei freistehenden Panzerschränken die Überwachung durch bespannte Umschränke, die eigens für die Überwachungsaufgabe um den Panzerschrank gebaut werden. Je nach Überwachungsvariante müssen entweder die Panzerschranktür oder die Tür des Umschrankes auf Öffnen und Verschluß überwacht werden.

3.6.4 Überwachung von Einzelgegenständen

Einzelgegenstände wie Vasen, Skulpturen, Figuren etc. werden in der Regel auf Wegnahme (Abheben) überwacht. Hierzu sind besonders Optoschalter oder die preiswerten Stiftkontakte (Falzkontakte) geeignet. Bei der Abhebeüberwachung von Gegenständen sollte die Position des Gegenstands durch geeignete Maßnahmen fixiert werden, damit versehentlich ausgelöste Alarme möglichst vermieden werden.

Besonders wertvolle Exponate kann man auch in das Überwachungsfeld eines Feldänderungsmelders stellen. In diesem Fall muß allerdings gewährleistet sein, daß ein genügend großer Bereich um dieses Exponat für Besucher gesperrt bleibt.

Ganze Raumteile kann man in Museen auch während des Tagesbetriebs mittels Lichtschranken oder Infrarot-Durchstiegsmeldern auf Betreten überwachen. Der Bereich muß natürlich für den Besucher durch Ketten oder andere geeignete Maßnahmen eindeutig gesperrt werden.

Bei kleinem Sicherheitsbedürfnis kann man dort, wo keine Überwachung während des Tagesbetriebs gefordert wird, eine Objektüberwachung auch dadurch realisieren, daß man das gefährdete Objekt bewußt in den Erfassungsbereich eines Bewegungsmelders bringt (Schwerpunktmäßige Überwachung).

3.7 Überfallmeldetechnik

Überfallmelder ermöglichen die manuelle Auslösung eines Alarms im Fall akuter Gefahr, z. B. bei Bedrohung, Geiselnahme und Überfall. Die Auslösung eines Überfallmelders führt unabhängig vom Schaltzustand der Alarmanlage immer zu einem Externalarm. Einbruchmeldeanlagen können mit Überfallmeldern ergänzt werden. Meldergruppen, die Überfallmeldungen entgegennehmen, müssen dann allerdings ständig scharfgeschaltet sein. Alarmanlagen, die ausschließlich der Überfallmeldung dienen, nennt man auch Überfallmeldeanlagen. Überfallmelder sind in der Regel so konstriiert, daß nach einer Auslösung erkennbar bleibt, welcher von mehreren möglichen Meldern ausgelöst wurde (bleibende Formveränderung). Für die unterschiedlichen Anwendungsfälle gibt es verschiedene Ausführungen und Varianten.

3.7.1 Überfall-Handmelder

Überfall-Handmelder (Überfalltaster) können fast überall montiert werden. Sie werden durch das Drücken eines Alarmknopfes manuell ausgelöst. Bei den meisten Überfalltastern befindet sich über dem eigentlichen Alarmknopf eine dünne Pappscheibe, deren Durchstoßen die geforderte bleibende Formveränderung gewährleistet. Bei anderen Ausführungen rastet der Knopf ein und kann nur durch Service-Personal wieder in die Ursprungsstellung gebracht werden. Diese Variante hat allerdings den Nachteil, daß keine Folgealarme (Alarmwiederholung) ausgelöst werden können. Im Privatbereich sollten Handmelder schwerpunktmäßig im Schlafzimmer und im Flur installiert werden. Sie sollten so angebracht werden, daß ein Angreifer die Betätigung möglichst nicht wahrnehmen kann. Sie dienen hier gleichermaßen der manuellen Alarmauslösung im Bedrohungsfall wie der externen Alarmauslösung bei intern scharfgeschalteter Einbruchüberwachung. Im Gewerbe- und Industriebereich dienen Handmelder der Sicherung besonders gefährdeter Personen (z. B. Führungskräfte) und begehrlicher Waren (z. B. Juweliergeschäft). Bei Kreditinstituten werden Überfallmelder an allen Arbeitsplätzen eingesetzt, wo mit Bargeld gehandelt wird. Sie werden außerdem schwerpunktmäßig in besonders gefährdeten Bereichen, z. B. im Tresorraum sowie in Bereichen mit Einblick auf besonders gefährdete Bereiche, installiert. Für betriebsfremde Personen sollen Überfallmelder nicht erkennbar sein, deshalb werden Handmelder oftmals versteckt unter Schreibtischplatten und Theken angebracht. Es muß darauf geachtet werden, daß solche Schreibtische und Theken fest mit dem Boden verankert sind, damit sichergestellt ist, daß das Zuleitungskabel nicht durch Verrücken beschädigt werden kann. Überfalltaster sollten so angeordnet werden, daß der Angreifer ihre Betätigung nicht bemerkt.

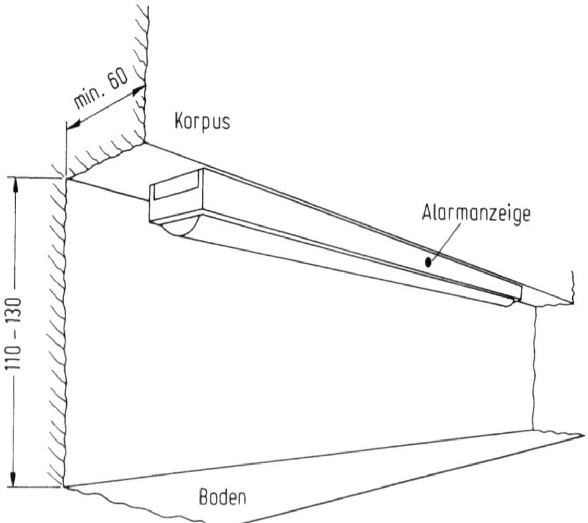

Abb. 3.30. Montagebeispiel für einen Überfall-Fußmelder (nach Unterlagen der Firma Alarmcom Leutron GmbH)

3.7.2 Überfall-Fußmelder

Überfall-Fußmelder (Fußkontaktschienen) werden hauptsächlich in den Kassenboxen von Geldinstituten und unter Ladentheken von Juweliergeschäften und ähnlichen Gewerbebetrieben angebracht. Fußmelder ermöglichen selbst direkt bedrohten Personen eine unauffällige Alarmauslösung. In Reihe montiert, bieten sie den Vorteil der lückenlosen Erreichbarkeit auch bei langgezogenen Theken. Überfall-Fußmelder verfügen über eine Auslöseanzeige. Je nach Hersteller ist diese Anzeige rein mechanisch oder auch elektrisch realisiert. In jedem Fall ist gewährleistet, daß die Auslöseanzeige ausschließlich durch autorisiertes Fachpersonal in den Ruhezustand gestellt werden kann. Wie auch in Abb. 3.30 gezeigt, werden Fußkontaktschienen meistens derart montiert, daß sie nur mit der Fußspitze von unten nach oben ausgelöst werden können. Hierdurch sollen versehentliche Alarmauslösungen durch das Personal reduziert werden.

3.7.3 Überfall-Geldscheinkontakte

Geldscheinkontakte bieten wohl die unauffälligste Möglichkeit, einen Überfallalarm auszulösen. Sie werden in der Geldmulde am Kassenschalter montiert. Wird der letzte Geldschein entnommen, erfolgt automatisch die Alarmauslösung. Es muß also immer mindestens ein Geldschein in der Mulde verbleiben. Geldscheinkontakte können als elektromechanisch arbeitende Melder konstruiert oder mit einem elektronischen Optoschalter ausgerüstet sein. Bei Geldscheinkontakten besteht verstärkt die Gefahr vermehrter versehentlicher

Alarmauslösungen. Das Personal sollte daher in regelmäßigen Abständen geschult werden.

3.7.4 Überfall-Handsender

Überfall-Handsender (Funkhilferuf) dienen gefährdeten Personen als Überfallmelder unabhängig von festen Installationsorten. Ein Überfall-Handsender hat etwa die Größe einer Zigarettenschachtel. Gemäß den Postvorschriften arbeiten Überfall-Handsender nur mit sehr geringer Leistung; ihre max. Reichweite bleibt daher auf max. 500 m begrenzt. Die tatsächlich erzielbare Reichweite hängt von der Betriebsfrequenz des Senders (40 MHz oder 400 MHz) sowie von den örtlichen Verhältnissen ab. Im Freien wird man nämlich größere Reichweiten erzielen als etwa in einem Werksbereich mit Beton- und Stahlhallen. Hier kann der tatsächliche Funktionsradius durchaus kleiner als 50 m sein. Die Funksignale von Handsendern sind einzeln verschlüsselt, die Zentrale kann daher jede Meldung unterscheiden. Eine Beeinflussung durch fremde Signale, die nicht als Melder-Kode identifiziert werden können, ist damit nahezu ausgeschlossen. Auch Störungen durch Radio-, Fernseh- und andere Geräte treten nicht auf. Nicht auszuschließen sind Störungen durch fremde Funkdienste, wie etwa Autotelefone oder Amateurfunkgeräte. Zwar führen solche Störungen nicht unbedingt zu Falschalarmen, die Meldebereitschaft der Anlage kann jedoch gestört sein (Zustopfeffekt des Empfängers). Aufgrund des unsicheren Übertragungsmediums Funk sollten Handsender daher nur dort eingesetzt werden, wo eine drahtgebundene Installation tatsächlich nicht denselben Zweck erfüllen kann. Die einwandfreie Funktion von Überfall-Handsendern ist nur dann gewährleistet, wenn die Batterien des Gerätes regelmäßig überprüft werden.

3.7.5 Überfallmeldungen aus Geistigen Schalteinrichtungen

Bei einfachen Alarmanlagen werden Geistige Schalteinrichtungen in Form einer Kodetastatur zur Scharf-/Unscharfschaltung der Anlage benutzt. Der Betreiber kann die Anlage oder Teile der Anlage durch Eingabe einer geheimen, meist sechsstelligen Kodenummer scharf- bzw. unscharf schalten. Einige dieser Kodesysteme bieten zwar die Möglichkeit, durch Eingabe einer anderen Kodenummer auch die Anlage unscharf zu schalten, jedoch wird bei Eingabe dieser zweiten Kodenummer gleichzeitig ein stiller Überfallalarm abgesetzt. Durch diese Variante soll einem bedrängten Betreiber (Erpressung, Geiselnahme) die Möglichkeit gegeben werden, unbemerkt und still hilfeleistende Stellen auf seine Lage aufmerksam zu machen. Ein lauter externer Alarm soll keinesfalls ausgelöst werden, da hierdurch eine unbeherrschbare Paniksituation entstehen kann.

Die Scharf-/Unscharfschaltung von Alarmanlagen alleinig über eine Kodetastatur vorzunehmen, ist nicht überall üblich bzw. erlaubt. Zwar ist diese

Methode z. B. in den USA und in den Niederlanden weit verbreitet, in Deutschland hingegen wird eine Geistige Schalteinrichtung in aller Regel nur in Verbindung mit elektromechanischen Schalteinrichtungen (Blockschloß, Sperrelement) verwendet. Hier hat die Geistige Schalteinrichtung die Aufgabe, die Unscharfschaltung der Anlage (oder eines Bereichs) über die elektromechanische Scharfschalteinrichtung zu blockieren, bevor nicht der richtige Kode eingegeben wurde. Auch hier hat also der Betreiber die Möglichkeit, im Bedrohungsfall einen stillen Überfallalarm abzusetzen, ohne daß der Angreifer dies registriert. Man unterscheidet zwei Methoden für die Überfallalarm-Auslösung. Entweder muß lediglich an Stelle der letzten Ziffer eine alternative oder aber eine zusätzliche Zahl eingegeben werden.

3.7.6 Überfallmeldungen aus Banknotenautomaten

Automatische Kassentresore (AKT), auch beschäftigtenbediente Banknoten-automaten (BBA) genannt, dienen den Banken als Instrument, Raubüberfälle für den Täter so uninteressant zu machen, daß er von einem evtl. geplanten Vorhaben Abstand nimmt. Zusammengefaßt läßt sich ihre Funktion so beschreiben: Der BBA gibt innerhalb einer voreingestellten Zeit (z. B. 10 min) nur einen begrenzten Bargeldbetrag (z. B. 5000,— DM) zur Auszahlung frei. Höhere Geldbeträge können auch die Angestellten der Bank nicht entnehmen, ohne Alarm auszulösen. Überhaupt hat der Bankangestellte (Kassierer) keinen Zugriff auf Bargeld, außer über den BBA. Im Prinzip bestehen BBA's aus einem PC, einer Geldschrankeinheit und einem Ausgabemechanismus für die Geldscheine. Der Kassierer kann aus dem BBA ausschließlich durch Eingabe der erforderlichen Buchungsdaten am EDV-Terminal des BBA Geld entneh-men. Im Bedrohungsfall hat er – bei entsprechend ausgerüsteten Automaten – die Möglichkeit, gleichzeitig mit der Eingabe der Buchungsdaten einen Alarmkode einzutippen. Der BBA gibt die Überfallmeldung zur Alarmzentrale weiter, der Überfallalarm ist ausgelöst.

In der Praxis sind mit der Anschaltung des BBA an die Alarmanlage allerdings einige Probleme verbunden, die hier nur stichwortartig genannt werden können: z. B. die Auslöseanzeige (bleibende Formveränderung), die Spannungsversorgung des Überfallmeldeteils im BBA sowie die Forderung, daß BBA's nach Dienstschluß von der Netzversorgung getrennt werden sollen. Des weiteren muß sichergestellt sein, daß bei einer Wartung des BBA kein versehentlicher Überfallalarm ausgelöst wird. Nicht zuletzt muß der BBA über einen „Übungsmodus" verfügen, damit die Bediener in regelmäßigen Abstän-den den Ernstfall üben können, ohne allerdings tatsächlich einen Alarm auszulösen.

3.7.7 Überfallkameras

Überfallkameras (Optische Raumüberwachungsanlagen, ORÜA) dienen zur
Prävention von Überfällen und zur Fahndungsunterstützung nach Überfällen.
Durch die sichtbare Installation der Kameras wird nachweislich der Anreiz zu
einer Straftat reduziert. Darum sind Überfallkameras eine ausgezeichnete
Präventivmaßnahme, und zwar nicht nur für die Kreditwirtschaft, sondern
auch für alle Branchen mit Überfallgefährdung; denn nichts fürchten potentielle Überfalltäter mehr als ihr eigenes Fahndungsfoto. Überfallkameras sind
vollautomatische, betriebssichere Fotokameras mit Fernauslösung. Bei Überfall wird eine meistens auf 3 min Zeitdauer begrenzte Aufnahmeserie gestartet.
Die Auslösung erfolgt in der Regel durch die Überfallmeldeanlage, kann aber
auch durch Drucktasten und Geldscheinkontakte angestoßen werden. Die
Kameraelektronik steuert den motorischen Filmtransport entsprechend der
voreingestellten Auslösezeit sowie die Anzahl der Bilder pro Sekunde und die
Belichtungszeit. In manchen Fällen möchte man verdächtige Vorgänge oder
Personen aufnehmen, ohne gleich eine ganze Aufnahmeserie auszulösen. Für
diesen Zweck und zur Erstellung von Probeaufnahmen können Einzelbildtasten betätigt werden. Um Fehlbedienungen zu vermeiden, sollten sich die
Einzelbildtasten eindeutig von Überfalltastern und Überfallmeldeanlagen
unterscheiden. Eine Bildvorratsanzeige ist für den Anwender von großem
Nutzen, da er frühzeitig auf den notwendigen Wechsel des Films aufmerksam
gemacht wird. Beim Filmmaterial ist es vorteilhaft, randperforierte Standard-
filme in Sonderlänge zu verwenden. Solche Filme können in Tageslicht-
Wechselmagazinen jederzeit und schnell gewechselt werden. Der Filmtransport
erfolgt bei Standardfilmen mit Randperforation über Zackenrollen, während
bei anderen Systemen, die mit Sonderfilmen ohne Perforation arbeiten, der
Filmtransport mittels Andruckwalzen vorgenommen wird. Bei solchen preis-
günstigeren Systemen besteht die Gefahr, daß Bildüberlappungen einen Teil
der Aufnahmen unbrauchbar machen. Außerdem können Filme ohne Randperforation nicht in jedem Fotolabor entwickelt werden.
   Als vorteilhaft muß bei der Verwendung von unperforiertem Filmmaterial
seine gute Platzausnutzung genannt werden. Eine nützliche Option ist die von
manchen Herstellern angebotene Dateneinblendung in das Bild. Je nach
System können Datum, Uhrzeit, individueller Kamerakode und die laufende
Bildnummer eingeblendet werden. Hierdurch wird eine spätere Auswertung
erleichtert. Die Kamera sollte in einem schalldichten Gehäuse untergebracht
sein, damit ein Täter nicht durch die Laufgeräusche beunruhigt wird. Der
Standort der Kamera(s) sollte so gewählt werden, daß ein Aufnahmebereich
erfaßt wird, den ein Täter aller Wahrscheinlichkeit nach mit dem Gesicht zur
Kamera durchlaufen wird, so daß für die Fahndung geeignete Fotos entstehen.
Für die Montage an den unterschiedlichsten Standorten stehen Wand-,
Decken- und Zwischendeckenhalter zur Verfügung. Abbildung 3.31 zeigt die
Montagemöglichkeiten.
   Verschiedene Wechselobjektive gewährleisten für jeden Einsatzfall den
richtigen Aufnahmewinkel. Für die verschiedenen Kameratypen werden Filme

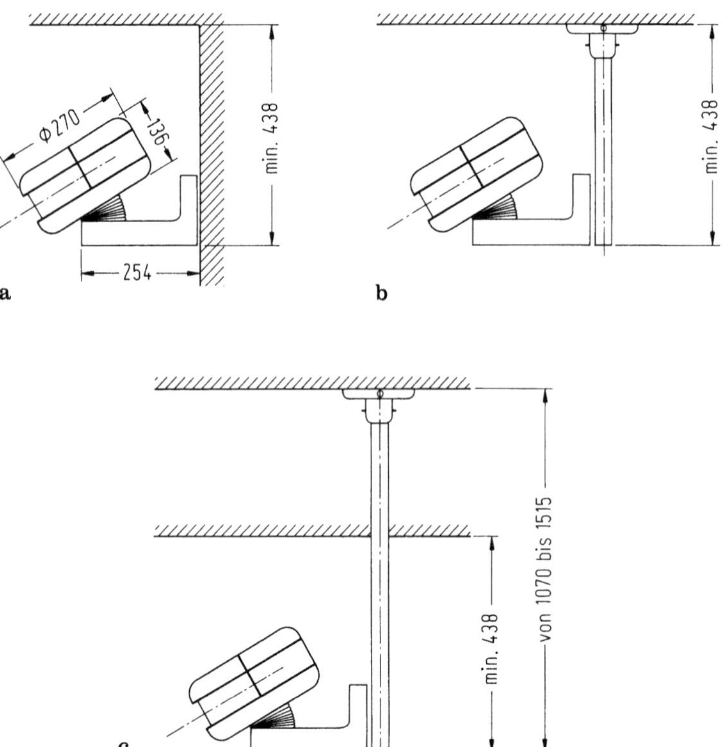

Abb. 3.31. Die verschiedenen Montagemöglichkeiten einer Überfallkamera. **a** Wandhalter, **b** Deckenhalter, **c** Zwischendeckenhalter (nach Unterlagen der Firma Robot GmbH)

mit einer Länge zwischen etwa 15 und 60 m angeboten, so daß mit einem Film bis zu 2000 Aufnahmen geschossen werden können. Selbstverständlich könnte man diese fotografischen Überfallkameras auch durch Videokameras ersetzen und im Fall eines Überfalls den Vorgang auf einem Videorecorder mitschneiden. Diese Vorgehensweise ist z. B. in Österreich durchaus üblich, in Deutschland jedoch nicht erlaubt, da Fotoaufnahmen eine wesentlich bessere Schärfe und Auflösung bieten und daher für Fahndungsfotos und Auswertung von Einzelheiten wesentlich besser geeignet sind. Für die Polizeiarbeit wichtige Details, wie z. B. Tatwaffe, Kleidung, Gesicht etc., werden in allen Einzelheiten deutlich erkennbar und können ggf. als Ausschnittsvergrößerung dargestellt werden.

3.8 Alarmierung und Alarmweiterleitung

Hat ein Alarmmelder erst einmal Alarm ausgelöst, muß die Alarmzentrale diese Meldung entgegennehmen und weiterleiten, damit hilfeleistende Kräfte über die Alarmauslösung informiert werden und entsprechende Maßnahmen einleiten können, bevor größerer Schaden entsteht. Es gibt unterschiedliche Alarmierungsmittel und Weiterleitungsverfahren. Grundsätzlich unterscheidet man zwischen Internalarmierung und Externalalarm. Ein Externalarm kann über örtliche Alarmierungsmittel (Sirenen und Blitzleuchten) „laut" erfolgen, oder er kann durch verschiedene Verfahren „still" an hilfeleistende Stellen geleitet werden. Auch die Kombination beider Verfahren ist möglich.

3.8.1 Internalarmgeber

Fast alle handelsüblichen Alarmzentralen verfügen heute über einen integrierten Internalarmgeber. Der eingebaute Summer oder Piezosignalgeber signalisiert dem Betreiber die Auslösung eines Alarms. Das Internalarm-Signal kann auch an entfernte Internalarmgeber und an abgesetzte Bedienteile der Zentrale weitergegeben werden. Für die Internalarmierung gibt es unterschiedlichste Anwendungsfälle. Betrachtet man Alarmanlagen, die der Abwesenheitssicherung dienen, die also nur dann eingeschaltet werden, wenn sich keine Personen mehr im Bereich der Anlage aufhalten (z. B. Ladenlokal), so wird der Internalarm während des normalen Tagesbetriebes dann ausgelöst, wenn eine Sabotagemeldergruppe Alarm meldet (z. B. Öffnen eines Verteilers) oder wenn eine „24-Stunden"-Meldergruppe ein Alarmkriterium feststellt (z. B. Alarmglasscheiben). In größeren Geschäften (z. B. Kaufhäusern) oder in Lagerbetrieben kann die Internalarmfunktion zur Überwachung von Notausgangstüren während der Betriebszeit genutzt werden. Wenn solche Türen, die oftmals ausschließlich im Gefahrenfall benutzt werden, dennoch tagsüber geöffnet werden, liegt der Verdacht nahe, daß dies unberechtigt geschehen ist. Natürlich muß sichergestellt sein, daß der Alarm auch bemerkt wird. Die Alarmzentrale, ein abgesetztes Bedienfeld der Zentrale oder ein Anzeigetableau mit Internsignalgeber müssen also an einer besetzten Stelle (z. B. Pförtner) montiert sein. Außerdem kann direkt an der Tür eine kleine Sirene angebracht werden, damit auch das Personal vor Ort auf die unberechtigte Öffnung aufmerksam gemacht wird.

Im Privatbereich wird die Internalarmierung oftmals auch als Anwesenheitssicherung angewendet. Sie dient hier eher zum Schutz von Leben als von Sachwerten. Der Betreiber hat bei dieser Variante die Möglichkeit, intern scharf zu schalten. Die Internscharfschaltung erfolgt entweder direkt an der Alarmzentrale (z. B. über Kodenummer), an einem abgesetzten Bedienfeld oder über einen Schlüsselschalter. Nicht alle Meldergruppen der Anlage werden eingeschaltet, sondern nur diejenigen, die den Betreiber vor Angriffen von außen schützen, seine Bewegungsfreiheit aber nicht einschränken. In der Regel sind dies die Meldergruppen der Außenhautüberwachung. Im Bedrohungsfall kann der Betreiber durch Auslösung eines Überfallmelders einen externen Alarm erzeugen und somit hilfeleistende Kräfte informieren. Bei der Anwesenheitssicherung ist es nämlich nicht üblich, jeden Alarm als Externalarm zu werten, da die Gefahr versehentlich ausgelöster Alarme (z. B. Öffnen eines überwachten Fensters) viel zu groß ist.

Kommen wir aber noch einmal zu dem Beispiel der Lagerhalle zurück. In großen Lagerbetrieben von Kaufhäusern oder Speditionen werden heute immense Werte gelagert. Aus diesem Grund betreiben solche Betriebe oftmals eine eigene, ständig mit Wachpersonal besetzte Stelle. Hier wird auf jeden Alarm sofort reagiert, die Wachleute werden umgehend vor Ort die Ursache des Alarms ergründen. Als interne Alarmierungsmittel können je nach Größe und Anforderung des Betriebs unterschiedliche Varianten gewählt werden:

Die kostengünstigste Methode liegt in der Alarmzentrale selbst. Je nach Zentralentyp wird mindestens die auslösende Meldergruppe angezeigt, so daß die Wachmannschaft anhand von Einsatzkarten einer Kartei den Alarmort feststellen kann. Bei höherwertigen Zentralen werden der Alarmort und die Alarmart – zum Teil sogar meldergenau – alphanumerisch am Bedienfeld der Zentrale oder an einem abgesetzten Bedienfeld angezeigt. Diese Informationen sind zwar für das Wachpersonal hilfreich, für eine schnelle und effektive Reaktion, besonders in unübersichtlichen Bereichen, aber nicht immer ausreichend. Selbst auf einem großzügig ausgelegten Grundrißtableau können nicht alle Einzelheiten dargestellt werden, besonders fehlen jedoch Hinweise zur Einsatztaktik an sich. Eine Meldung aus dem Chemie- und Gefahrengutlager muß nämlich aufgrund der daraus für das Wachpersonal entstehenden Gefahren ganz anders verfolgt werden als etwa die Einbruchmeldung aus der Schmuckabteilung. An dieser Stelle haben sich rechnergestützte Informationssysteme bewährt. Im Alarmfall werden dem Wachpersonal neben dem Grundriß mit genauer Anzeige des Alarmortes alle wichtigen Einsatzinformationen am Bildschirm und auf Wunsch auch über Drucker ausgegeben, so daß immer die richtige Maßnahme vorgegeben ist.

Eine derartige Alarmorganisation ist überall dort angebracht, wo größere und unübersichtliche Bereiche überwacht werden. Neben Lagerbetrieben kann man die rechnergestützte Alarmbearbeitung heute bei vielen Industrie- und Gewerbebetrieben aller Art finden. Die Systeme bieten etwa einem Pförtner die Möglichkeit, externe Hilfskräfte (Polizei, Wachdienst) gezielt zum Angriffsort zu lenken, oder sie dienen dem betriebseigenen Werkschutzpersonal als effektives Hilfsmittel für gezielte Reaktionen. Üblich ist es außerdem, nicht nur die Einbruchmeldungen, sondern auch Brandmeldungen und andere Gefahrenmeldungen mit Hilfe eines solchen Rechnersystems zu bearbeiten und zu organisieren.

3.8.2 Örtliche Alarmierungsmittel

Internalarme und rechnergestützte Alarmorganisation haben nur dort einen Sinn, wo aufsichtsführende Personen vor Ort verfügbar sind. Ganz anders muß bei der Abwesenheitssicherung vorgegangen werden. Unter Abwesenheitssicherung versteht man die Überwachung von Gebäuden, Geschäften und Betrieben zu einer Zeit, in der sich dort keine Personen aufhalten. So kann z. B. ein Juwelier, der abends sein Geschäft abschließt, seinen „elektronischen Wachhund" in Alarmbereitschaft versetzen und mit dem sicheren Gefühl nach

Abb. 3.32. Sirene im Schutzgehäuse mit aufgesetzter Blitzleuchte (Werkfoto Fritz Fuss GmbH)

Hause gehen, daß dieser im Ernstfall seiner Pflicht nachkommen und bei Einbruch ein Sirenengeheul anstimmen und Blitzleuchten aktivieren wird. Solche akustischen und optischen Alarmgeber haben die Aufgabe, einen Angreifer durch lautstarken Lärm zu vertreiben, die Nachbarschaft auf den Einbruch aufmerksam zu machen und durch Lichtsignale herbeieilenden Polizeistreifen als weithin sichtbare Orientierungshilfe zu dienen. Abbildung 3.32 zeigt eine kombinierte, also akustische und optische Alarmierungseinheit.

Standardmäßig werden heute zwei elektronische Sirenen und eine Blitzleuchte vorgesehen. Das Alarmsignal der Sirenen muß sich von normalen Umweltgeräuschen, die etwa von Pausensignalanlagen einer Schule oder Werksirenen stammen, in Art und Lautstärke absetzen, damit es unverkennbar identifiziert werden kann.

Die meisten Sirenen verfügen über einen Druckkammerlautsprecher, der den von einem elektronischen Tongenerator erzeugten Warnton abstrahlt. Der Wirkungsgrad solcher Sirenen ist sehr hoch; folglich können die Sirenen problemlos über die Strom-/Notstromversorgung der Alarmzentrale betrieben werden, ohne daß letztere unnötig stark zu belasten.

In einigen Fällen wird die Lautstärke der elektronischen Sirene nicht ausreichen. Hier kann man auf Motorsirenen zurückgreifen. Motorsirenen erzeugen auch bei abgelegenen Objekten einen in weiter Entfernung hörbaren Warnton (Abb. 3.33). Der Ton einer Motorsirene wird durch die schnell drehende Bewegung mechanischer Teile erzeugt. Verschleiß und Störanfälligkeit sind daher erheblich größer als bei der elektronischen Sirene. Zudem haben Motorsirenen einen erheblichen Energiebedarf; sie können daher in aller Regel nicht über die Stromversorgung der Alarmzentrale gespeist werden, sondern werden direkt mit der Netzspannung betrieben.

Abb. 3.33. Eine Motorsirene hört man auch in weiter Entfernung (Werkfoto Fritz Fuss GmbH)

Ähnliche Überlegungen gelten für Blitzleuchten. Bei einem Netzausfall werden sie genau wie die akustischen Alarmgeber über die Notstrombatterie der Alarmzentrale betrieben. Lediglich besonders helle Blitz- oder Blinkleuchten arbeiten mit Netzspannung. Alle mit Netzspannung arbeitenden Alarmierungsmittel sollten ausschließlich als zusätzliche Alarmgeber angeschaltet werden, damit auch bei (einem mit Absicht herbeigeführten) Netzausfall eine Alarmierung noch möglich ist.

Akustische und optische Signalgeber werden im Freien montiert, damit sie weithin hörbar bzw. sichtbar sind. Der Installationsort im Freien verlangt einen ausreichenden Witterungsschutz sowie einen zulässigen Betriebstemperaturbereich zwischen $-20\,°C$ und $+40\,°C$. Während Blitzleuchten in der Regel aus wasserdichten, lichtdurchlässigen Kunststoffgehäusen bestehen, werden Sirenen durch korrosionsgeschützte Stahlblechgehäuse vor Wind und Nässe geschützt. Der Alarmton wird durch Schutzlamellen abgestrahlt. Die Stahlblechgehäuse sollen nicht nur dem Witterungsschutz dienen, sondern sie sollen vor allem auch in Sabotageabsicht geplante Angriffe abwehren. Der Gedanke, die gesamte Alarmanlage durch Zerstörung der externen Alarmgeber zu überlisten, liegt auf der Hand. Weil die Stahlblechgehäuse einem Angriff naturgemäß nur begrenzte Zeit standhalten können, müssen sie zusätzlich überwacht werden. Öffnungskontakte melden das gewaltsame Öffnen des Gehäuses, während Abreißkontakte das Entfernen des Gehäuses vom Montageort detektieren. Ausschäumversuche mit Montageschaum können je nach Bauart durch spezielle Meldetechniken frühzeitig erkannt werden, so daß noch eine akustische Alarmierung gewährleistet ist. Das Zuleitungskabel zur Sirene wird ständig überwacht, so daß das Durchtrennen eines Sirenenkabels dazu führt, daß die verbleibenden Alarmgeber aktiviert werden. Einige Sirenen verfügen sogar über eine integrierte Notstrombatterie, so daß sie selbst im abgerissenen Zustand und mit durchtrenntem Zuleitungskabel weiter alarmieren können.

Die Montageorte für die beiden Sirenen sollten so gewählt werden, daß keine optische Verbindung zwischen ihnen besteht. Natürlich sollten sie an möglichst schwer erreichbarer Stelle montiert werden, um dadurch Angriffe zu erschweren und den Angreifer zu zwingen, mit auffälligen Hilfsmitteln (z. B. Leiter) zu hantieren. Die Blitzleuchte wird meistens auf oder unter eines der Sirenenschutzgehäuse montiert. Sie sollte in jedem Fall möglichst weithin sichtbar angebracht werden. Die Zuleitungskabel zu den örtlichen Alarmgebern müssen unter Putz verlegt werden, damit Angriffe auf die Leitung ausgeschlossen werden können. Noch besser ist es, die Zuleitungskabel direkt durch Bohrungen im Mauerwerk von hinten in die Schutzgehäuse der Alarmgeber einzuziehen. Ist das in Einzelfällen nicht möglich, muß stabiles Stahlpanzerrohr für den mechanischen Schutz der Leitungen sorgen. Einfache Elektro-Installationsrohre bieten keinen ausreichenden Schutz.

In aller Regel werden die externen akustischen Signalgeber aus Lärmschutzgründen zeitlich begrenzt (3 min) angesteuert, während die Blitzleuchte(n) solange eingeschaltet bleiben dürfen, bis der Alarm vom Betreiber an der Alarmzentrale quittiert wird.

Zusätzlich zu den außen angebrachten Alarmierungsmitteln ist es sinnvoll, innerhalb der gesicherten Räume weitere akustische Signalgeber vorzusehen. Diese dienen dazu, einen Angreifer durch das lautstarke Geräusch zu verunsichern und dadurch sein weiteres Vorgehen zu stoppen. Genügend lautstarke Sirenen sind zudem auch außerhalb der Räume zu hören.

Als Ergänzung zu den genannten Alarmierungseinrichtungen können außerdem ohnehin vorhandene Innen- und Außenbeleuchtungen im Alarmfall eingeschaltet werden, damit ein Angreifer nicht ungesehen in der Dunkelheit arbeiten und entkommen kann. Hilfeleistende Kräfte werden zudem vor Überraschungen im Dunkeln bewahrt.

3.8.3 Automatische Wähl- und Ansagegeräte

Selbst eine aufwendig und durchdacht aufgebaute örtliche Alarmierung weist große Schwächen auf, wenn man sämtliche Überlistungs- und Sabotagemöglichkeiten beleuchtet. Es gibt viele Möglichkeiten, diese Alarmgeber unschädlich zu machen. Auf ihre Beschreibung soll an dieser Stelle verzichtet werden, um dunklen Gestalten nicht noch eine Anleitung für gezielte Sabotageangriffe zu geben. Tatsache ist, daß die örtliche Alarmierung das schwächste Glied einer Alarmanlage ist. Nicht nur, daß sie einem Täter Angriffspunkte liefert, sondern es hat sich außerdem erwiesen, daß die anonyme Öffentlichkeit kaum auf derartige Alarmsignale reagiert. In ihrer nächtlichen Ruhe gestörte Mitbürger führen nur allzu gerne die Alarmauslösung auf einen Fehler der Anlage zurück und kümmern sich nicht weiter darum. Sie werden in ihrem gleichgültigen Verhalten durch die häufig auftretenden Fehlalarme unzureichend gebauter und betriebener Anlagen obendrein noch bestärkt. Und wenn dann noch nach geraumer Zeit die Sirenen schweigen, gibt es offenbar keinen Grund, das zu tun, was sich der Eigentümer der Anlage eigentlich erhofft hatte, nämlich aktiv zu werden.

Das Problem solcher Anlagen liegt also im Mangel einer gesicherten und vernünftigen Alarmverfolgung, wie sie etwa bei größeren Betrieben durch den Werkschutz vorgenommen wird. Um also die Alarmverfolgung sicher und effektiv zu gestalten, sollte die Möglichkeit der stillen Alarmweiterleitung in Betracht gezogen werden.

Bei Überfallmeldungen ist dies nicht nur eine Überlegung wert, sondern muß als absolut notwendig erachtet werden. Gleichgültig, ob im privaten Bereich oder bei einer Bank, ein lautstarker akustischer Alarm kann einen Täter in eine Paniksituation versetzen, die ihn möglicherweise völlig unkontrollierte Handlungen ausführen läßt. So kann eine Situation entstehen, in der die Gefährdung von Menschenleben geradezu heraufbeschworen wird. Deshalb muß bei Überfallmeldungen in jedem Fall auf eine örtliche laute Alarmierung verzichtet werden.

Automatische Wähl- und Ansagegeräte (AWAG) bieten hier die Möglichkeit einer stillen Alarmierung. Im Alarmfall wird automatisch ein vorher aufgesprochener Alarmtext an vorprogrammierte Telefonnummern weitergeleitet. Das AWAG stellt selbständig die Telefonverbindung zu den Teilnehmern her. Es wertet bei der Anwahl den Freiton aus. Für die unterschiedlichen Freitonverfahren Europas werden entsprechende Auswertvarianten angeboten. Fehlt der Freiton oder wird Besetztton empfangen, unterbricht das Gerät den Verbindungsaufbau und versucht, den nächsten programmierten Teilnehmer zu erreichen. Dieser Vorgang kann mehrmals wiederholt werden.

Einige Ausführungen können mit einer Quittiertonauswertung ausgerüstet werden. Während AWAG's ohne Quittiertonauswertung lediglich auf das Sprachsignal der sich meldenden Person reagieren, erwarten derart ausgerüstete Geräte einen genau definierten Quittierton. Dieser wird von einem sogenannten Quittiersender, der von der angerufenen Person an die Sprechmuschel des Telefons gehalten wird, erzeugt. Bei fehlendem Quittierton wird der nächste Teilnehmer angerufen.

Zwar kann man mit diesen immer noch weit verbreiteten AWAG's auf unkomplizierte Weise eine stille Alarmierung realisieren, da lediglich eine Telefonleitung und natürlich das Gerät benötigt werden, doch ist die Sicherheit der Alarmübertragung in Frage zu stellen. Nicht nur, daß die Telefonleitung an sich ein unsicheres Übertragungsmedium darstellt, die größere Gefahr liegt bei der angerufenen Stelle selbst. Meistens werden nämlich schon allein aus Kostengründen keine professionell arbeitenden Stellen angewählt; vielmehr versucht etwa der Firmenchef seine eigene Privatnummer und die Nummern anderer Personen seines Vertrauens anzuwählen. Doch wie es der Zufall will, ist im Alarmfall keine der Personen zu Hause und somit wird nicht sofort auf den Alarm reagiert.

Wird das Dienstleistungsangebot von Service-Leistungen oder von Wach- und Schutzdiensten in Anspruch genommen, so ist sichergestellt, daß der Alarm auch fachgerecht verfolgt wird. Hilfeleistende Maßnahmen werden eingeleitet, bevor größerer Schaden entstehen kann. Das Personal des Wachdienstes wird nämlich sofort gemäß den vereinbarten Weisungen des Auftraggebers intervenieren. Viele solcher Dienstleistungsunternehmen wie auch die Polizei sehen diese Art der Alarmierung heute allerdings nicht mehr gerne oder lehnen sie sogar strikt ab. Neben der heute technisch schon fast überholten, wenngleich immer noch verbreiteten Alarmweiterleitung mit Hilfe der Wähl- und Ansagegeräte haben sich nämlich digital arbeitende Übertragungsgeräte durchgesetzt und bewährt.

3.8.4 Automatische Wähl- und Übertragungsgeräte

Genau wie die Wähl- und Ansagegeräte bauen Automatische Wähl- und Übertragungsgeräte selbständig eine Verbindung über die Telefonleitung auf. Anders als bei den Ansagegeräten können jedoch nicht beliebige Teilnehmer angerufen werden, vielmehr werden speziell für diese Übertragungsgeräte geeignete Zentralstationen verständigt (Abb. 3.34). Solche Zentralstationen (Empfangsstationen) können in Service-Leitstellen, bei Wach- und Schutzdiensten oder auch bei der Polizei aufgebaut sein. Teilweise gibt es auch größere Betriebe, die auch überregional verteilte Zweigstellen zu einer in Eigenregie betriebenen Leitstelle aufschalten.

Die handelsüblichen Wähl- und Übertragungsgeräte können bis zu acht unterschiedliche Meldungen absetzen. Auf diese Weise kann nicht nur eine Sammel-Alarmmeldung weitergeleitet werden, sondern eine differenzierte Übertragung von Einbruch-, Überfall- und Störmeldungen ist möglich. Auch andere Gefahrenmeldungen wie etwa Brandmeldungen oder Hilferufe für Wach- und Servicedinste lassen sich übertragen. Bei hochwertigen Wähl- und Übertragungsgeräten sind nicht nur Reservenummern, die im Fall einer Besetztsituation angerufen werden gespeichert, vielmehr können je nach Alarmkriterium unterschiedliche Rufnummern und somit unterschiedliche Zentralstationen angewählt werden. So wird etwa die Alarmmeldung zu einem Wach- und Schutzdienst übertragen, während technische Meldungen und Störungen zu einer gesonderten Service- und Wartungsabteilung weitergeleitet werden.

Jeder Übertragungsvorgang setzt sich aus einer Identifizierungsnummer des anwählenden Geräts und einem Status-Kode zusammen. Die Zentralsta-

Abb. 3.34. Prinzip der Alarmweiterleitung mittels eines automatischen Wähl- und Übertragungsgerätes

tion identifiziert das anrufende Gerät und wertet den übertragenen Status-Kode aus. Entsprechende Anzeigeeinrichtungen an der Zentralstation geben dem Bedienpersonal dann Auskunft über die Identifizierungsnummer und den Status-Kode des anrufenden Gerätes. Und es wird, im Gegensatz zum Anruf eines Wähl- und Ansagegerätes, jede Meldung automatisch auf einem Registrierdrucker mit Datum und Uhrzeit protokolliert, so daß später der Ablauf rekonstruiert werden kann.

In der Regel wird die Meldung jedoch nicht nur an der Zentralstation angezeigt, sondern es ist üblich, einen Leitrechner anzuschalten. Dieser Leitrechner übernimmt durch Datenaustausch mit der Zentralstation alle relevanten Meldungsdaten und stellt dann im Alarmfall in Sekundenschnelle den genauen Alarmort, die Art des Alarms sowie die zu ergreifenden Maßnahmen unverschlüsselt auf dem Bildschirm dar. Selbst die Anzeige und der Ausdruck von zugehörigen Lageplänen ist möglich, so daß die Alarmverfolgung ohne Zeitverzug gesichert eingeleitet werden kann.

Die zu ergreifenden Maßnahmen können aus einem mit dem Auftraggeber abgestimmten Dienstleistungspaket bestehen. Im Alarmfall müssen nicht nur die zuständigen Stellen informiert werden, vielmehr kann auch Wachpersonal vor Ort geschickt werden und dort so lange die Bewachung des Objektes vornehmen, bis etwaige Schäden zumindest notdürftig behoben sind.

Mit Hilfe eines Leitrechners können jedoch nicht nur Meldungen der anrufenden Wählgeräte ausgewertet werden, sondern es ist auch möglich, ausgebliebene Meldungen, also solche, die gezielt erwartet werden, automatisch zur Anzeige zu bringen. Das können zum Beispiel Scharf-/Unscharfmeldungen der Alarmanlage oder auch programmierte Testmeldungen der Wähl- und Übertragungsgeräte sein.

Aus technischen Gründen kann eine Telefonleitung nicht ständig überwacht werden. Es gibt also keine Möglichkeit, ständig zu prüfen, ob der Übertragungsweg zur Zentralstation auch gesichert funktioniert. Deshalb kann am Wähl- und Übertragungsgerät eine regelmäßig wiederkehrende Testmeldung programmiert werden. Auf diese Weise kann wenigstens in Zeitabständen die Funktion des Wählgeräts und auch des Übertragungswegs geprüft werden. Bleibt die Testmeldung aus, müssen Maßnahmen ergriffen werden.

Ähnlich ist der Ablauf bei den Scharf-/Unscharfmeldungen. Mit dem Betreiber der aufgeschalteten Einbruchmeldeanlage werden jeweils Zeitfenster vereinbart, wann normalerweise die Scharf- bzw. Unscharfschaltung erfolgt. Wird die Anlage dann außerhalb dieses Zeitfensters, etwa mitten in der Nacht, unscharf geschaltet, so muß der Wachdienst davon ausgehen, daß etwas nicht in Ordnung ist. Umgekehrt, wird die Anlage nicht bis zum verabredeten Zeitpunkt unscharf geschaltet, bzw. kommt die Unscharfmeldung nicht bei der Zentralstation an, so ist das gleichfalls ein Grund, Maßnahmen zu ergreifen.

Aufwendigere Systeme sind sogar für eine echte Zwei-Wege-Kommunikation ausgelegt. Das Wähl- und Übertragungsgerät kann in diesem Fall von der Zentralstation aus angewählt und dazu veranlaßt werden, den aktuellen Status-Kode zu übertragen. Selbst Steuerfunktionen, wie z. B. das Fernschalten von Lichtquellen ist möglich.

Telefonwählgeräte können an vorhandenen Fernsprechanschlüssen, auch in Nebenstellenanlagen, betrieben werden. Es muß jedoch sichergestellt werden, daß sie absoluten Betriebsvorrang vor dem Telefonapparat haben. Beim Betrieb in einer Nebenstellenanlage muß die uneingeschränkte Funktion des Gerätes auch beim Ausfall der Anlage gegeben sein. Am sichersten ist die Bereitstellung eines separaten Hauptanschlusses. Dieser sollte nicht in das Telefonbuch eingetragen werden. Soweit technisch in dem Telefonnetz möglich, sollte dieser Hauptanschluß so geschaltet sein, daß er über eine Sperre für ankommende Anrufe verfügt.

Die Anschlußdose der Telefonleitung sollte entweder mit dem sabotageüberwachten Gehäuse des Wählgeräts überbaut werden, oder mit einem separaten, stabilen Gehäuse gesichert werden.

Besonders gefährdet ist die nicht überwachbare Telefonleitung selbst. Es muß daher darauf geachtet werden, daß die Leitung unzugänglich, am besten unterirdisch in das zu sichernde Objekt, eingeführt wird. Auch eventuelle Anschlußverteiler sollten innerhalb des Sicherungsbereiches liegen, damit ein Angreifer keine Chance hat, in Vorbereitung zu einem Einbruch die Telefonleitung zu kappen.

3.8.5 Alarmübertragung über Daten- und Fernwirkleitungen

Nicht nur das öffentlich zugängliche Telefonnetz kann als Medium für die Weiterleitung von Alarm- und Störmeldungen aus Einbruch- und Überfallmeldungen genutzt werden. Betreiben z. B. Großbetriebe der Energiewirtschaft ein eigenes, privates Fernwirknetz, so können auch Alarmmeldungen in dieses Netz eingespeist und von der Leitzentrale bearbeitet werden. Ob die Fernwirkleitung überwacht werden kann und welche Sicherheit der Alarmübertragung und -bearbeitung gegeben ist, liegt dann allerdings allein in der Verantwortung des Netz- und Leitstellenbetreibers.

Auch bestehende Datennetze können als Übertragungsmedium für Alarmmeldungen dienen. Hat eine Bank etwa sämtliche Zweigstellen datentechnisch vernetzt, so kann man durch Schaffung einer entsprechenden Schnittstelle auch die Alarmmeldungen und andere relevante „Daten", wie z. B. Scharf- und Unscharfmeldungen, über dieses Datennetz zu ständig besetzten Stellen übertragen. Diese ständig besetzten Stellen müssen dann natürlich in bezug auf Ausrüstung ind Organisation, ähnlich wie ein Wachdienst, fähig sein, die Alarmmeldungen auch bearbeiten zu können. Nicht zu vergessen ist hier, daß eine solche Stelle selbst Angriffspunkt sein kann, wenn Profi-Täter einen Einbruch planen.

Nicht nur private Daten- oder Fernwirknetze können genutzt werden, auch von der Post zur Verfügung gestellte Datenleitungen sind durchaus zur Alarmübertragung geeignet. Besonders der in Deutschland bekannte TEMEX-Dienst bietet vielerlei Anwendungsmöglichkeiten. Der Name TEMEX ist abgeleitet aus dem englischen Begriff „Telemetry Exchange". Anders als bei Telefonwählgeräten kann es zu keiner Besetztsituation kommen, obwohl das TEMEX-Verfahren das vorhandene Fernsprechnetz mitbenutzt. Telefonieren und Datenübertragung können nämlich gleichzeitig und ohne gegenseitige Beeinflussung erfolgen. Die Datenübertragung erfolgt bei TE-MEX über eine logisch, nicht physikalisch, fest eingerichtete Verbindung, die datentechnisch ständig überwacht wird. Fehler im Übertragungsweg werden erkannt und gemeldet. Es bleibt allerdings noch abzuwarten, inwieweit sich derartige Verfahren in der Praxis auch langfristig durchsetzen können, denn der technische Aufwand ist für den Anbieter solcher Leistungen mit enorm hohen Kosten verbunden.

Für sämtliche Verfahren gelten die bei den Telefonwählgeräten gemachten Anmerkungen bezüglich der Kabelanschlüsse.

3.8.6 Überwachte Standleitungen

Mindestens in den westlichen Bundesländern Deutschlands werden bei hohem Sicherheitsrisiko fest geschaltete Standleitungen zur Alarmweiterleitung verwendet. Solche Leitungen können ständig elektronisch überwacht werden, so daß ein Sabotageversuch an einer Standleitung sofort zu einer Alarmmeldung führt. Allerdings sind ständig überwachte Leitungen mit hohen Kosten verbunden. Zum einen muß an die Post eine Mietgebühr für die Bereitstellung der Leitung abgeführt werden, zum anderen müssen die notwendigen technischen Einrichtungen für die Überwachung und für die Alarmübertragung finanziert werden.

Meistens werden Standleitungen bei Alarmanlagen, die direkt bei Leitstellen der Polizei aufgeschaltet sind, verwendet. In Deutschland unterliegt die Genehmigung zum Anschluß an eine Zentrale der Polizei strengen Richtlinien und wird nur in Ausnahmefällen erteilt. Voraussetzungen sind u. a. ein besonders hohes Sicherheitsrisiko und der Nachweis eines „öffentlichen Interesses". Nicht zuletzt müssen scharfe technische Auflagen erfüllt werden, wenn die notwendige Abnahme durch die Polizei erfolgreich sein soll.

3.8.7 Gestaffelte Alarmierung

Es ist durchaus überlich und sinnvoll, mehrere der bis hier genannten Alarmierungsmethoden zu kombinieren. Dabei werden nicht unbedingt gleichzeitig alle zur Verfügung stehenden Alarmierungsmittel angesteuert. Vielmehr kann man eine gestaffelte Alarmierung vornehmen. Betrachten wir zum Beispiel die Alarmierung mittels Wähl- und Übertragungsgerät. Trotz ausgefeilter Technik und Reservenummern kann es vorkommen, daß die Alarmweiterleitung über die Telefonleitung nicht erfolgreich ist. Für diesen Fall können nach mehreren vergeblichen Anwahlversuchen die örtlichen Alarmierungsmittel angesteuert werden. Es wird also das nächst schwächere zur Verfügung stehende Alarmierungsmittel als Ausweich angesteuert.

3.9 Scharfschalteinrichtungen

Jede Alarmanlage muß bedient werden. Viele der notwendigen Bedienfunktionen kann der Betreiber am Bedienfeld der Alarmzentrale vornehmen. So kann er interne Meldergruppen abschalten oder in ihrer Funktion umschalten. Er hat Funktionstasten für die die Einschaltung der Testanzeigen von Bewegungsmeldern sowie Rückstelltasten zur Quittierung von Alarmen. Bei einigen Systemen wird sogar die Scharf-/Unscharfschaltung mit Hilfe einer in das Bedienfeld der Zentrale integrierten Kodetastatur vorgenommen. Eine elektrische Verzögerungsschaltung ermöglicht dem Betreiber das Verlassen des gesicherten Bereichs innerhalb der voraingestellten Verzögerungszeit. Beim Betreten des Bereichs hat der Betreiber ebenfalls Zeit, die Anlage durch Eingabe der richtigen Kodezahl unscharf zu schalten. Tut er das nicht, so erfolgt nach Ablauf der Verzögerungszeit der Externalarm. Ein Summer kann auch Wunsch den Betreiber an die Bedienung der Zentrale erinnern (Voralarm). Allerdings wird auf diese Weise auch ein Angreifer vorgewarnt. Zwar ist diese Scharfschaltvariante schon aus Kostengründen in einigen Ländern, besonders bei Anlagen für den unteren Risikobereich, weit verbreitet, in Deutschland wird sie jedoch aufgrund der fehlenden Zwangsläufigkeit selten verwendet.

Die Scharfschaltung von Alarmanlagen oder von Bereichen einer Anlage erfolgt zweckmäßigerweise von außerhalb des zu sichernden Bereiches oder wenigstens durch von der Zentrale abgesetzte Einrichtungen.

3.9.1 Schlüsselschalter und Kontaktschlösser

Die einfachste und preiswerteste Scharfschaltmöglichkeit ist die Verwendung von Schlüsselschaltern. Dies sind elektrische Schalter, die ausschließlich unter Verwendung des zugehörigen Kreuzbartschlüssels betätigt werden können. Aufgrund ihrer geringen Sabotagesicherheit sowie der nicht gegebenen Zwangsläufigkeit lassen sich solche Schlüsselschalter allerdings nur für einfache Sicherungsaufgaben verwenden. Ihre großen Vorteile liegen neben dem geringen Preis in den vielfältigen und kostengünstigen Montagemöglichkeiten. Bei der Installation einer Alarmanlage z. B. in einem Ladenlokal genügt es, den Schlüsselschalter von innen auf die Ladentür zu schrauben, an der passenden Stelle eine genügend große Bohrung vorzunehmen, durch die dann von außen mit dem Kreuzbartschlüssel die Scharfschaltung der Anlage angebracht werden kann. Eine kleine Rosette sorgt für den optisch sauberen Abschluß der Bohrung.

Etwas höheren Sicherheitsansprüchen genügen sogenannte Kontaktschlösser. Auch hier wird ein elektrischer Kontakt mit einem passenden Schlüssel betätigt. In das Kontaktschloß wird allerdings ein handelsüblicher Profilzylinder eingebaut, der nur mit dem zugehörigen Sicherheitsschlüssel geschlossen werden kann (Abb. 3.35). Die Gehäuse von Kontaktschlössern werden durch

Abb. 3.35. Kontaktschloß für Profilzylinder. Die beiden Leuchtdioden geben Auskunft über den Schaltzustand der Anlage (Werkfoto Fritz Fuss GmbH)

Deckelkontakte und elektrischen Bohrschutz gegen Überlistungsversuche geschützt. Es gibt sie in Unter-Putz-Ausführung und als Auf-Putz-Version. Die integrierten Leuchtdioden informieren den Betreiber je nach Beschaltung über den jeweiligen Betriebszustand der Anlage.

Häufig wird eine Schaltmöglichkeit der Alarmanlage von mehreren Stellen aus gewünscht. Hier beweisen Kontaktschlösser auch in Verbindung mit weniger aufwendigen Zentralen ihre Vielseitigkeit. So ist es z. B. möglich, die Alarmanlage an der Haupteingangstür und/oder an den Nebeneingängen zu bedienen (Wechsel- oder Impulsschaltung). Besonders bei der Überwachung von Privathäusern wird diese Funktion oft gefordert, damit der Anwender etwa an der Haustür und gleichermaßen am Nebeneingang zur Garage die Scharfschaltung vornehmen kann. In Verbindung mit geeigneten Türöffnersystemen läßt sich sogar eine gewisse Zwangsläufigkeit erreichen, indem man nämlich den Türöffner erst dann freischaltet, wenn die Alarmanlage unscharf geschaltet ist. Hierdurch wird die Gefahr vom Betreiber versehentlich ausgelöster Alarme reduziert.

3.9.2 Kodetastaturen

Anstelle von Schlüsselschaltern können auch Kodetastaturen für die Scharf-/Unscharfschaltung von Alarmanlagen eingesetzt werden (Abb. 3.36). Gegenüber Schlüsselschaltern haben sie den großen Vorteil, daß kein Schlüssel verloren gehen kann. Ein Angreifer hat selbst mit einem Nachschlüssel keine Chance, da der geheime Kode nur dem Betreiber bekannt ist. Zudem kann die Kodezahl jederzeit geändert werden. Außerdem hat der Betreiber – zumindest bei den meisten Tastatursystemen – im Bedrohungsfall die Möglichkeit, durch Eingabe einer besonderen Kodenummer gleichzeitig mit der Unscharfschaltung einen stillen Überfallalarm abzusetzen.

Abb. 3.36. Eine Kodetastatur kann zum Scharfschalten der Alarmanlage dienen. Die Abbildung zeigt eine Unterputz-Version (Werkfoto Fritz Fuss GmbH)

Der Angreifer merkt davon nichts. Kodetastaturen können außerhalb des zu sichernden Bereiches montiert werden. Zusammen mit Türöffnern kann auf diese Weise eine eingeschränkte Zwangsläufigkeit erreicht werden. Bei einer anderen Anwendungsvariante wird die Kodetastatur in der Nähe der Zugangstür, aber innerhalb der gesicherten Räume montiert. Nach dem Betreten hat der Betreiber nur kurze Zeit, den richtigen Kode einzutippen, andernfalls wird Alarm ausgelöst.

3.9.3 Blockschlösser

Die letzte begehbare Tür (Letzttür, Haupt-Zugangstür) hat für die Scharfschaltung von Alarmanlagen besondere Bedeutung. Hier kann zusätzlich zum vorhandenen Schloß das Blockschloß eingebaut werden. Beim Abschließen des Blockschlosses werden ein elektrischer Kontakt und ein mechanischer Riegel gleichzeitig betätigt. Der Kontakt schaltet die Anlage scharf bzw. unscharf. Für den Betrieb einer Alarmanlage sind Blockschlösser besonders zweckmäßig und sicher. Sie können nämlich erst dann verschlossen werden, wenn die Alarmzentrale die „Scharfschaltbereitschaft" meldet. Eine Alarmanlage ist nur dann scharfschaltbereit, wenn alle überwachten Türen und Fenster verschlossen sind, sich alle Melder im Ruhezustand befinden und keine Alarme oder Störungen anstehen. Der Blockmagnet im Blockschloß gibt den Abschließvorgang nur dann frei, wenn die Alarmzentrale das Freigabesignal liefert. Anderenfalls wird das Blockschloß durch den Blockmagneten blokkiert, es läßt sich nicht abschließen. Umgekehrt ist der Betreiber gezwungen, die Alarmanlage vor dem Betreten des gesicherten Bereichs unscharf zu schalten, da das Blockschloß die Zugangstür ja auch mechanisch verriegelt.

Das Gehäuse und der Schließriegel sind aus Stahl gefertigt und gewährleisten so die mechanische Sicherheit gegen gewaltsame Angriffe. Ein Ausführungsbeispiel für ein Blockschloß zeigt Abb. 3.37.

Abb. 3.37. Ausführung eines Blockschlosses, hier für Doppelbartschlüssel (Werkfoto Fritz Fuss GmbH)

Eine elektronische Sabotageüberwachung ist selbstverständlich. Entweder ist zumindest ein Bohrschutz in Form einer feinmaschigen Flächenüberwachung des Gehäuses vorgesehen, oder das Blockschloß wird durch eine Art Körperschallmelder, der in das Schloß integriert ist, überwacht. Große Qualitätsunterschiede gibt es bei der Ausführung des Innenlebens von Blockschlössern. Während bei hochwertigen Blockschlössern metallische Werkstoffe für die komplizierte Mechanik verwendet werden, findet man in den weniger teuren Ausführungen größtenteils Plastikteile vor. Neuere Ausführungen arbeiten intern ohne elektromechanische Kontakte. Anstatt der korrosionsgefährdeten Mikroschalter wird eine berührungslose elektronische Umschaltung vorgenommen. Die Auswertelektronik befindet sich betrennt vom Blockschloß in einem eigens dafür vorgesehenen Gehäuse (Abb. 3.38).

Abb. 3.38. Geöffnete Auswertelektronik eines kontaktlosen Blockschlosses (Werkfoto Fritz Fuss GmbH)

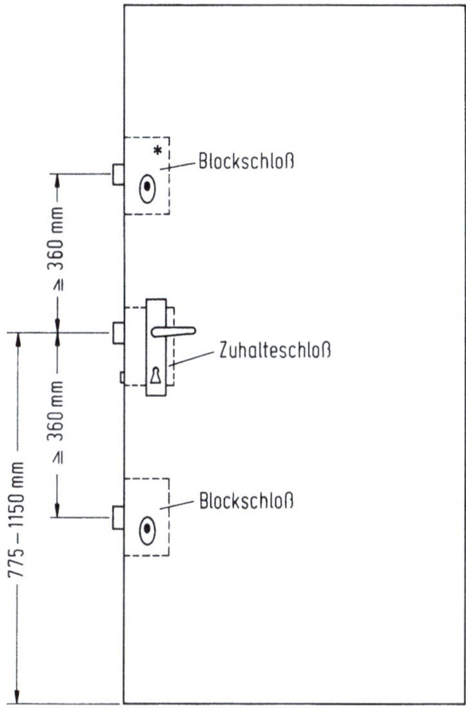

Abb. 3.39. Montagebeispiele für ein Blockschloß

Die Montage von Blockschlössern ist aufwendig und zeitraubend. Meistens müssen Fachhandwerker, wie Schlosser oder Schreiner, den Einbau vornehmen. Das Zuleitungskabel wird möglichst verdeckt bis zu den Türscharnieren geführt und von dort über einen flexiblen Übergang aus Stahlpanzerschlauch auf den Türrahmen verlegt. Hierdurch wird der mechanische Schutz des Kabels gewährleistet. Das Kabel muß nun innerhalb der Tür bis zum Blockschloß geführt werden. Ein Montagebeispiel ist aus Abb. 3.39 zu ersehen.

Als Besonderheit müssen an dieser Stelle die sog. schnurlosen Blockschlösser genannt werden. Solche Blockschlösser werden über elektrische Kontakte am Schließriegel des Schlosses und auf der Gegenseite im Türrahmen mit der Zentrale oder einer zugehörigen Auswerteinheit verbunden. Zwar spart man auf diese Weise die aufwendige Verlegung der Zuleitungskabels innerhalb der Tür, jedoch müssen derartige Schlösser äußerst präzise montiert werden, damit eine einwandfreie Kontaktierung gewährleistet ist.

3.9.4 Geistige Schalteinrichtungen

Bei besonders hohem Sicherheitsrisiko werden spezielle Blockschlösser eingesetzt, die zusätzlich über eine Aufschließsperre verfügen. Wie beim einfachen

Abb. 3.40. Geistige Schalteinrichtung mit abgesetzter Auswertelektronik
(Werkfoto Zettler GmbH)

Blockschloß gibt der Blockmagnet den Abschließvorgang nur dann frei, wenn
die Alarmzentrale die Schließbereitschaft signalisiert. Anders beim Unscharfschalten: während das Blockschloß ohne Aufschließsperre jederzeit unscharf
geschaltet werden kann, muß das Blockschloß mit Aufschließsperre erst durch
Eingabe einer speziellen Kodenummer freigegeben werden. Bevor also die Tür
aufgeschlossen werden kann, muß eine Geistige Schalteinrichtung betätigt
werden. Erst wenn die richtige mehrstellige Zahl eingetastet wurde, gibt der
Blockmagnet den Aufschließvorgang frei. Wurde ein Alarm ausgelöst, so wird
die Aufschließsperre automatisch von der Zentrale aufgehoben, d. h., die Tür
kann von beauftragten Personen ohne Kenntnis der Kodezahl geöffnet werden
(z. B. vom Wachpersonal). Über die Kodetastatur kann je nach Ausführung im
Gefahrenfall (Geiselnahme) unbemerkt ein stiller Überfallalarm abgesetzt
werden. Die Eingabeeinrichtung (Kode-Tastenfeld) der Geistigen Schalteinrichtung wird außerhalb des gesicherten Bereichs in der Nähe der Blockschloß-
tür installiert. Die Montage sollte derart erfolgen, daß ggf. ein Witterungsschutz berücksichtigt wird und andere Personen die Kodeeingabe nicht
einsehen können. Meistens sind Eingabeeinheit und Auswerteinheit einer
Geistigen Schalteinrichtung in getrennten Gehäusen untergebracht
(Abb. 3.40).

3.9.5 Zeitgesteuerte Schalteinrichtungen

Zeitgesteuerte Schalteinrichtungen werden in der Regel nicht dazu verwendet,
Alarmanlagen automatisch zu bestimmten Zeiten scharf und unscharf zu
schalten. Zwar findet man vereinzelt derartige Anwendungen, jedoch gibt es
nur wenige sinnvolle Einsatzfälle, da eine über das ganze Jahr und ohne

Ausnahmen gültige Zeitenregelung kaum irgendwo vorkommt. Jede Ausnahme kann aber bei einer ausschließlich zeitgesteuerten Scharf- und Unscharfschaltung zur unerwünschten Alarmauslösung durch den Betreiber selbst führen. In Verbindung mit Blockschlössern allerdings haben zeitgesteuerte Schalteinrichtungen durchaus ihre Berechtigung. Hier werden sie als sogenannte Sperrzeitschaltuhren verwendet. Sie geben die Aufschließsperre des Blockschlosses nur zu ganz bestimmten Uhrzeiten frei, also z. B. morgens zwischen 8 und 9 Uhr. Das würde bedeuten, daß dann beispielsweise im Bankenbreich Geiselnahmen außerhalb der üblichen Öffnungszeiten – mit dem Ziel, sich Zugang zum Tresorraum zu verschaffen – keinen Zweck hätten.

3.9.6 Intelligente Blockschlösser

Werden für konventionelle Blockschlösser bei hohem Sicherheitsbedürfnis zusätzlich geistige oder auch zeitgesteuerte Schalteinrichtungen benötigt, so ist dies bei intelligenten Blockschlössern nicht mehr notwendig. Solche Blockschlösser verfügen nämlich über eine integrierte Kodeeinrichtung. So gibt es Varianten, bei denen durch impulsweise Betätigung des Schlüssels Zahlenkombinationen eingegeben werden können. Die Zahlen werden auf einer Anzeige am Schloß dargestellt. Erst im Anschluß an die Eingabe der richtigen Zahlenkombination läßt sich ein solches Schloß aufschließen.

Noch wesentlich weiter gehen die Funktionen von intelligenten Blockschlössern mit integrierten Zutrittskontrollfunktionen. Diese Schlösser lassen sich durch Kodeeingabe und/oder elektronische Spezialschlüssel betätigen (Abb. 3.41). Schlüssel wie Kode können einfach und jederzeit durch den

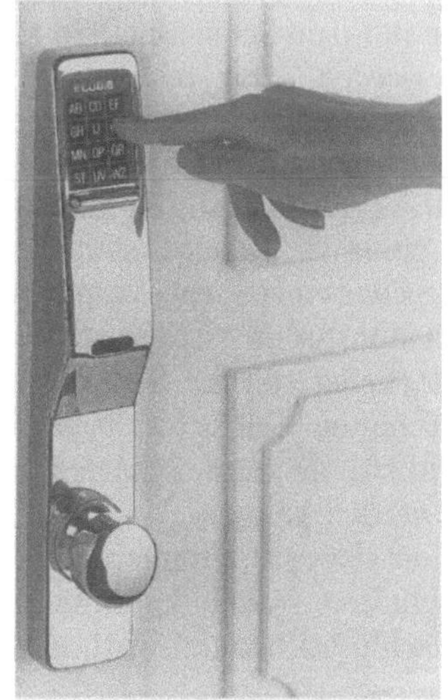

Abb. 3.41. Intelligentes Blockschloß mit integrierter Geistiger Schalteinrichtung. Selbst Zutrittskontrollfunktionen können mit solchen Schlössern realisiert werden (Werkfoto CODIC)

Betreiber umgestellt werden. Neben der eigentlichen Aufgabe als Blockschloß zu dienen, bieten diese Schlösser die Möglichkeit, komplette Schließanlagen schrittweise und ohne teuere Grundstruktur aufzubauen. Aber auch die Zutrittskontrollfunktionen können sich sehen lassen. Es können mehrere 1000 individuelle Zutrittsberechtigungen vergeben und unterschiedliche Zeitzonen gebildet werden, so daß selbst komplexe Zutrittskontrollaufgaben gelöst werden können.

Im Gegensatz zu den anderen Blockschloßtypen können derartige Schlösser an bestehenden Türen jederzeit nachgerüstet werden, da keine nachträglichen Schloßtaschen erstellt werden müssen. Der Zylinder des vorhandenen Schlosses wird einfach gegen einen Schloßadapter ausgetauscht und über das vorhandene Schloß werden von beiden Seiten spezielle Beschläge aufgesetzt, die über die notwendige Elektromechanik verfügen. Neben dieser verblüffend einfachen Montagemöglichkeit wird der Widerstandswert des vorhandenen Schlosses durch den hochwertigen Sicherheitsbeschlag wesentlich erhöht.

Kann bei allen anderen zuvor beschriebenen Blockschloßtypen lediglich an einer Tür, der Letzttür, scharfgeschaltet werden, so kann mit Hilfe dieser Schlösser an jeder beliebigen Tür des gesicherten Bereichs geschaltet werden. Diese Lösungsvariante ist den sogenannten Motorblockschlössern in vielerlei Hinsicht überlegen. Zwar kann man auch mit Hilfe solcher Motorblockschlösser von mehreren Stellen aus scharf- und unscharf schalten, jedoch muß im Sinne der Zwangsläufigkeit vorher sichergestellt sein, daß die zusätzlich vorhandenen mechanischen Schlösser verriegelt sind. Durch diese Vorgabe wird der vermeintliche Vorteil von Motorblockschlössern fast vollständig zunichte gemacht; sie müssen nämlich wie konventionelle Blockschlösser zusätzlich zu den vorhandenen mechanischen Schlössern montiert werden. Zwar schließen sämtliche Riegel, bewegt durch einen motorischen Antrieb, zu gleicher Zeit, unabhängig davon, welches von mehreren Schlössern betätigt wird; aber, wie gesagt, die mechanischen Schlösser müssen vor Ort und vorher abgeschlossen werden. Die hier beschriebenen intelligenten Blockschlösser weisen diesen Nachteil nicht auf, da gleichzeitig mit dem Scharfschalten auch tatsächlich eine Verriegelungsfunktion erfüllt werden kann, nämlich dann, wenn selbstverriegelnde mechanische Schlösser eingesetzt werden. Bei einer solchen Konfiguration ist das Gesamtsystem immer scharfschaltbereit, an welcher Türe auch immer geschaltet werden soll. Vorraussetzung ist natürlich, daß alle weiteren Scharfschaltbedingungen im gesamten Bereich erfüllt sind.

Oftmals wird gefordert, daß zwar alle Mitarbeiter einer Firma verpflichtet werden sollen, die Alarmanlage scharf zu schalten, wenn sie als letzte das Firmengelände verlassen, aber nicht jeder Mitarbeiter soll die Berechtigung erhalten, die Anlage auch wieder unscharf zu schalten. Selbst hier bietet das intelligente Blockschloß eine Lösungsmöglichkeit, da zum Schärfen und Entschärfen unterschiedliche Kodes vergeben werden können.

Besonders im privaten Bereich ist die Funktion „Rücksetzen intern scharf" von Interesse. Eine eventuell intern scharf geschaltete Anlage kann nämlich unscharf geschaltet werden, sobald der Spezialschlüssel benutzt wird, gleichgültig an welcher Tür.

Selbstverständlich bietet ein solch aufwendiges Schloßsystem auch die Möglichkeit, ähnlich wie bei der Geistigen Schalteinrichtung einen stillen, unauffällig ausgelösten Überfallalarm abzusetzen. Es wird eine spezieller Kode verwendet, der zwar wie gewohnt die Tür öffnet, gleichzeitig aber den Überfallalarm erzeugt.

Damit sind die möglichen Funktionen dieses Systems noch nicht erschöpft. Es würde den Rahmen dieser Darstellung sprengen, noch die mögliche Kindersicherung, die Ausgangssperrfunktion, den Permanentzutritt und sämtliche Zeitfunktionen zu beschreiben. Möglichen Anwendungsapplikationen sind kaum Grenzen gesetzt.

3.10 Zentralentechnik

In einer Alarmzentrale laufen sämtliche Signale der peripheren Einrichtungen zusammen; sie werden dort analysiert, registriert und als Alarmsignal an die internen und externen Alarmierungsmittel weitergeleitet. Außerdem überwacht die Zentrale ständig das Leitungsnetz der gesamten Anlage. Alle Leitungen zu den Alarmierungsmitteln, den Meldergruppen und den Scharfschalteinrichtungen werden derart überwacht, daß Manipulationsversuche erkannt und gemeldet werden. Zusätzlich übernimmt die Zentrale die Auswertung der Sabotagekontakte und sonstiger Manipulationssicherungen der Melder, Verteiler, Scharfschalteinrichtungen und Alarmierungsmittel. Sie ist zuständig für die logische Steuerung der Scharfschalteinrichtungen auf richtigen Ablauf der Schaltvorgänge und ihrer Voraussetzungen (Zwangsläufigkeit). Nicht zuletzt versorgt sie die Melder, Schalteinrichtungen und Alarmierungsmittel mit Energie, und zwar bei Netz- und bei Notstrombetrieb.

Zentralen verfügen über Bedien- und Anzeigefelder. Die Art der Bedienoberfläche und die mehr oder weniger übersichtliche Anordnung aller Anzeigen sind für den Bediener ein wichtiges Kriterium. Gerade bei komplexen Anlagen ist die Bedienbarkeit der Anlage oftmals nicht im erwünschten Rahmen gegeben, da die Bedienoberfläche nicht auf den Anwender zugeschnitten ist, sondern lediglich so ausgelegt wurde, daß alle bestehenden Normen und Richtlinien erfüllt werden. Dem Entwickler stellt sich hier keine leichte Aufgabe. Er muß neben der Erfüllung der Normen und Richtlinien bestimmte elektrische Funktionen umsetzen und bei gleichzeitig relativ kleinen Fertigungsstückzahlen auf günstige Herstellungskosten achten, denn auf dem Markt für Sicherungstechnik herrscht ein harter Wettbewerb. Höherwertige Produkte verfügen neben verschiedenfarbigen Leuchtdioden über eine Klartextanzeige in Form eines LCD-Displays. Diese geben dem Anwender zum Teil meldergenau Auskunft über die Art eines Alarms oder einer Störung, über den Ort der Auslösung und ggf. auch über die zu ergreifenden Maßnahmen.

Prüftasten geben dem Bediener die Möglichkeit, die wichtigsten Anzeigen und Funktionen der Zentrale zu testen. Auch die normalerweise dunkelgesteuerte Gehtestanzeige von Bewegungsmeldern läßt sich über eine Funktionstaste an der Zentrale einschalten. Solange diese Funktion eingeschaltet ist, kann der Betreiber oder auch ein Servicetechniker die Funktion der Bewegungsmelder durch Abgehen der Erfassungsbereiche der Melder testen.

Andere Tasten dienen der Quittierung und Rückstellung von Alarmen. Ein Alarm muß quittiert werden, damit beim nächsten Scharfschaltversuch die Scharfschaltbereitschaft der Zentrale gegeben ist. Ein nicht quittierter Alarm, und damit ein evtl. gar nicht bemerkter Alarm, geht nämlich in die Zwangsläufigkeit der Zentrale oder des zugehörigen Sicherungsbereiches ein. Der Bereich läßt sich erst dann wieder scharfschalten, wenn der Alarm quittiert wurde und keine weiteren Alarme anstehen. Eine Schließbereitschaftstaste ermöglicht dem Bediener hier den Überblick. Alle unbearbeiteten und anstehenden Alarme werden meldergruppengenau angezeigt.

Jede Alarmzentrale sollte zumindest über einen Alarmzähler verfügen. Bei jeder Alarmauslösung schaltet der Zähler eine Zahl höher. Zum einen dient ein solcher Zähler dem Nachweis, daß die Zentrale tatsächlich einen Alarm ausgelöst hatte, denn der letzte Zählerstand sollte mit Angabe der Ursachen im Betriebsbuch der Anlage vermerkt sein, zum anderen spiegelt der Zählerstand über die Zeit betrachtet auch die Güte der gesamten Anlage wider. Aufwendigere Zentralen verfügen nicht nur über einen solchen einfachen Alarmzähler, sondern sie beinhalten auch ein elektronisches Logbuch. Hier werden in einem Ringspeicher alle wichtigen Vorgänge mit Datum und Uhrzeit dokumentiert. Wichtige Vorgänge sind z. B. alle Scharf- und Unscharfmeldungen, die Alarm-, Sabotage- und Störmeldungen sowie die Bedienvorgänge am Bedienfeld der Zentrale. Im Bedarfsfall läßt sich das Logbuch über die LCD-Anzeige der Zentrale auslesen oder über einen Drucker auf Papier dokumentieren.

Zentralen für komplexe Sicherungsaufgaben sind außerdem mit Datenschnittstellen vielerlei Art ausgerüstet. Neben Schnittstellen für Registrier- und Dokumentationsdrucker können zum Zwecke einer schnellen und effektiven Alarmorganisation Rechnersysteme angeschlossen werden. Bei einigen Systemen erfolgt nicht nur die Ausgabe von Alarminformationen am Rechnerterminal, vielmehr ist auch die Bedienung wichtiger Zentralenfunktionen vom Rechner aus möglich. Bei Großsystemen wird sogar derart verfahren, daß mehrere Zentralen über gesicherte Datenleitungen mit einer Hauptzentrale vernetzt werden und dort dann an einen gemeinsamen Rechner gekoppelt sind.

Für jede Anlagengröße und für die unterschiedlichen Sicherungsbedürfnisse gibt es die passende Alarmzentrale. Die wichtigsten Merkmale moderner Zentralen sind hier in Form einer Checkliste zusammengefaßt. Anhand dieser Checkliste können die Zentralen der unterschiedlichen Hersteller verglichen und beurteilt werden. Sicherlich müssen neben dieser allgemeinen Liste auch projektspezifische Anforderungen beachtet werden, die hier nicht als besondere Leistungsmerkmale angeführt werden können. Wichtige Leistungsmerkmale sind u. a.:

- Anzahl der auswertbaren Meldergruppen,
- Programmiermöglichkeiten für die Meldergruppen (Einbruch, Sabotage, Überfall, Verschluß etc.),

- Meldergruppen-Abhängigkeiten (z. B. erst dann Alarmauslösung, wenn zwei Meldergruppen innerhalb eines Zeitfensters ausgelöst wurden),
- Zeitfunktionen (z. B. Alarmverzögerung),
- Einzelmelderadressierung (meldergenaue Anzeige),
- Anzahl der möglichen Sicherungsbereiche (anschließbare Zahl von Blockschlössern und anderen Scharfschalteinrichtungen),
- Verknüpfungsmöglichkeiten der Sicherungsbereiche (abhängige Bereiche, übergeordnete Bereiche etc.),
- Zeitfunktionen (Scharfschaltverzögerung, Sperrzeitfunktionen),
- Alarmzähler,
- elektronisches Logbuch,
- Datenschnittstellen für Drucker, Rechner etc.,
- Netzwerkfähigkeit mehrer Zentralen,
- programmierbare Klartextanzeige,
- Strom-/Notstromversorgung und
- Alarmierungsmöglichkeiten (auch gestaffelte Alarmierung).

Nicht jede Alarmzentrale muß über alle hier genannten Leistungseigenschaften verfügen. Im Privathaus nützt es z. B. wenig, wenn die Zentrale eine Datenschnittstelle zum Anschluß eines Rechners besitzt. Oder: das Juweliergeschäft benötigt nicht unbedingt eine Zentrale, mit der mehrere Sicherungsbereiche gebildet werden können. Bei der Auswahl der Zentrale sind also besonders die projektspezifisch geforderten Merkmale von Bedeutung. In jedem Fall muß die Zentrale so ausgelegt sein, daß die für das jeweilige Projekt gültigen Vorschriften und Richtlinien erfüllt werden und die Anforderungen des späteren Nutzers berücksichtigt sind. Ob im Einzelfall tatsächlich etwa ein elektronisches Logbuch nötig ist, bleibt letztendlich der Entscheidung des Interessenten überlassen. Und den Komfort einer LCD-Klartextanzeige will sich nicht unbedingt jeder leisten, auch wenn die Vorteile auf der Hand liegen.

Neben diesen, i. allg. in den Katalogen der Hersteller beschriebenen Leistungsmerkmalen gibt es aber noch weitere Qualitätsunterschiede, die nicht sofort erkennbar sind. Hauptsächlich zu nennen sind hier:
- Maßnahmen gegen Stör- und Überspannungen aus dem Leitungsnetz (EMV-Verträglichkeit),
- Ausfallstrategie bei Störungen von Baugruppen der Zentrale,
- Auswertetechnik bei der Überwachung der Meldergruppen,
- Sabotagesicherheit auch bei Angriffen durch Spezialisten,
- Qualitätssicherungsmaßnahmen bei der Fertigung,
- Langfristige Lieferfähigkeit für Ersatzteile und
- Servicefreundlichkeit.

Überfall- und Einbruchmelderzentralen werden in unterschiedlichster Ausstattung und Größenordnung angeboten. Für typische Ausführungen folgen nun einige Kurzbeschreibungen marktgängiger Typen. Dabei kann im Rahmen dieser Darstellung nur eine grobe Übersicht über das große Angebot der Herstellerfirmen gegeben werden.

3.10.1 Kleinzentralen

Klein- und Kompaktzentralen werden nicht nur für einfache Anwendungen im Privatbereich eingesetzt, vielmehr reicht ihre Leistungsfähigkeit auch zur Absicherung kleiner Ladenlokale, oder sie werden als Überfallmelderzentralen in kleinen Bankfilialen verwendet. Die max. anschließbaren Meldergruppen liegen zwischen 2 und 8, meist programmierbaren Eingängen. Solche Kompaktzentralen verfügen über eine Netz-/Notstromversorgung und können mit Akkus zwischen 1,2 bis 20 Ah bestückt werden, so daß auch bei einem Netzausfall die Funktion weiter gewährleistet ist. Abbildung 3.42 zeigt ein Beispiel für eine solche Kleinzentrale. Für den Einsatz im Privatbereich, aber auch bei kleingewerblichen Anwendungen, können Alarmverzögerungen und Scharfschaltverzögerungen programmiert werden, so daß auch Scharfschaltvarianten ohne Blockschloß möglich sind.

Alarme werden durch Leuchtdioden mit Speicherfunktion angezeigt, aber natürlich erst dann, wenn die Anlage wieder unscharf geschaltet wurde, so daß ein Angreifer bei scharfer Anlage keine Veränderung an der Zentrale feststellen kann.

Gerade in diesem unteren Segment für Alarmzentralen findet man eine Vielzahl von Billigimporten etwa aus Italien und aus den USA. Bei solchen Geräten ist schon deshalb Vorsicht geboten, weil sie oftmals den bestehenden elektrischen Sicherheitsvorschriften nicht genügen (z. B. VDE); außerdem ist nicht selten eine schlechte Fertigungsqualität zu beklagen.

Abb. 3.42. Kleinzentrale in konventioneller Technik für acht Meldergruppen (Werkfoto Zettler GmbH)

3.10.2 Mehrbereichszentralen

Unter Mehrbereichszentralen sind solche Zentralen zu verstehen, die gleichzeitig mehrere Sicherungsbereiche überwachen können, die also über eine entsprechende Steuerlogik für die Scharfschalt- und Alarmierungseinrichtungen aller Sicherungsbereiche verfügen und somit flexible Anwendungen erlauben. Gut ausgestattete Mehrbereichszentralen verfügen über eindeutige Bedien- und Anzeigenfelder, die alle Zustandsänderungen, Alarme und Störungen auch für den Laien in übersichtlicher Form darstellen (Abb. 3.43). Hinweise in Klartext in Form einer alphanumerischen LCD-Anzeige gehören bei einigen Typen schon zur Standardausrüstung (Abb. 3.44).

Die Möglichkeiten solcher Zentralen sind damit bei weitem noch nicht ausgeschöpft. So können für regelmäßig benötigte Änderungsfunktionen Schaltvorgänge, wie z. B. die blockweise Umschaltung der Funktionen von Meldergruppen, über Eingänge der Zentrale oder über das Bedienfeld aktiviert werden. Auch bei der Alarmierung können diverse Varianten programmiert werden. Internalarm, Externalarm, Voralarm mit oder ohne Erkundungszeit und gestaffelte Alarmierung sind nur einige Sichwörter, die Aufschluß über die Flexibilität moderner Zentralen geben. Für den Betreiber ausschlaggebend ist die Bedienbarkeit solcher Technik. Abbildung 3.45 zeigt die Bedienoberfläche einer modernen Mehrbereichszentrale.

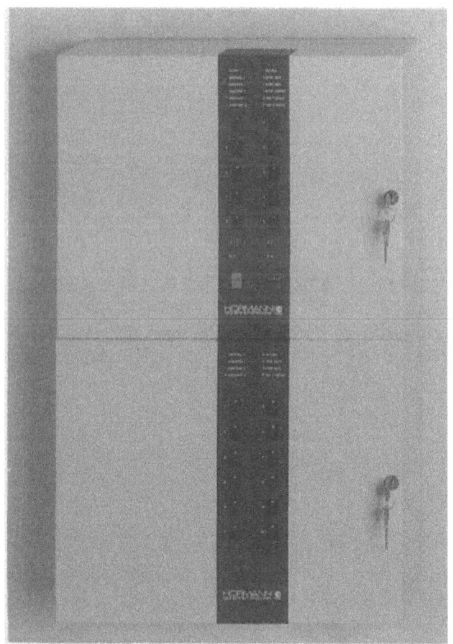

Abb. 3.43. Mehrbereichszentrale in konventioneller Technik. Das Zusatzgehäuse dient als Ausbau um 12 Meldergruppen. Der Grundausbau ist für 10 programmierbare Meldergruppen ausgelegt (Werkfoto Hörmann GmbH)

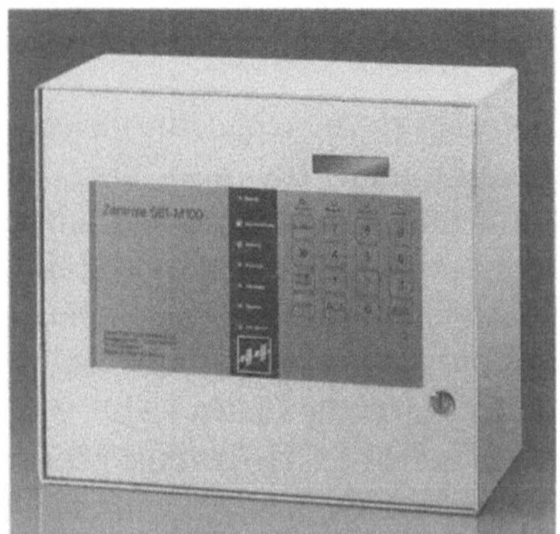

Abb. 3.44. Mehrbereichszentrale mit moderner Bedienoberfläche. Das Anzeigedisplay unterstützt den Berechtigten bei allen Bedienvorgängen (Werkfoto Fritz Fuss GmbH)

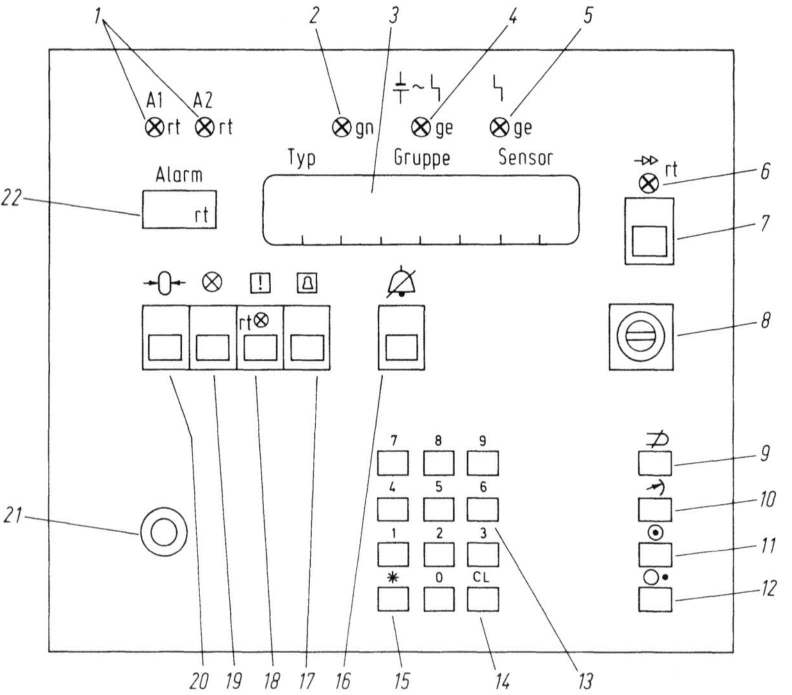

Abb. 3.45. Bedienoberfläche einer modernen Mehrbereichszentrale. Alarminformationen und Bedienhilfen werden in Klartext angezeigt. *1* Anzeige Übertragungseinrichtung, *2* Anzeige Betrieb, *3* Anzeigefeld, *4* Anzeige Netz/Batt. Störung, *5* Anzeige Systemstörung, *6* Anzeige für weitere Meldung(en), *7* Taste Fortschaltung, *8* Schlüsselschalter, *9* Funktionstasten System prüfen, *10* Messen, *11* EIN, *12* AUS, *13* Eingabetastatur, *14* Löschen, *15* Übernehmen, *16* Abstelltaste (für Summer), *17* Scharfschaltbereitschaft prüfen, *18* Melder prüfen, *19* Anzeige prüfen, *20* System rückstellen, *21* Instandhaltungs-Plombe, *22* Alarmanzeige (Siemens AG)

Neben den üblichen Alarmierungsausgängen können auch individuell benutzbare Steuerausgänge vorhanden sein, z. B. zur Ansteuerung von Überfallkameras, Beleuchtungen, Türöffnern, Aufzügen oder Tresorverschlüssen.

An dieser Stelle muß auf eine Besonderheit hingewiesen werden, nämlich auf die unterschiedlichen Verfahren der Hersteller bei der Überwachung der Meldeleitungen sowie auf die Möglichkeiten zur Realisierung der notwendigen Kabelnetze. Konventionelle Auswerteverfahren nutzen die sog. Differentialschaltung. Bei dieser Schaltung wird in einer Meßbrücke der Gesamtwiderstand der Meldeleitung auf einen Sollwert (z. B. 10 kΩ) abgeglichen. Jede nennenswerte Änderung weist auf Manipulationsversuche an der Leitung hin und führt zur Alarmauslösung. Bei dieser klassischen Überwachungsschaltung kann allerdings lediglich die Auslösung einer Meldergruppe festgestellt werden, es ist nicht möglich, einzelne Melder einer Meldergruppe anzuzeigen. Die Auslösung eines Alarmmelders verursacht die Öffnung des normalerweise geschlossenen Alarmkontakts des Melders. Die Meldeleitung ist über diesen Alarmkontakt geschaltet, so daß im Alarmfall ein nahezu unendlich hoher Widerstand auf der Meldeleitung entsteht, unabhängig davon, welcher Melder ausgelöst wurde.

Eine Meldereinzelanzeige dagegen kann bei solchen Systemen vorgenommen werden, wo die Überwachung und Auswertung der Meldeleitung mittels Analog-/Digitalwandlern realisiert ist. Mit Hilfe einer intelligenten, mikroprozessor-gesteuerten Auswertschaltung können hier einzelne Melder durch einfache Zuordnung einer bestimmten Widerstandskombination identifiziert und angezeigt werden. Im Alarmfall öffnet der Alarmkontakt nämlich nicht einfach die Meldeleitung, vielmehr wird ein genau definierter Widerstand geschaltet. Jeder Melder hat seinen spezifisch zugeordneten Alarm-Widerstand und kann somit von der Auswertelektronik identifiziert werden. Nebenbei bemerkt, hat diese Methode noch weitere Vorteile, so z. B. die Möglichkeit, daß sich die Zentrale ohne Abgleichmaßnahmen auf fast beliebige Gesamtwiderstandswerte der Meldeleitung selbsttätig einmessen kann. Die Meßwerte werden gespeichert und sind über das Bedien- und Anzeigefeld abrufbar. Auf diese Weise kann ein Service-Techniker Fehler im Leitungsnetz feststellen, auch wenn diese schleichend und langsam eintreten.

Als letzte Möglichkeit muß noch die digitale Übertragung von Alarminformationen genannt werden. Diese High-Tech-Methode nutzt nämlich keine Analogsignale auf der Meldeleitung, sondern es werden digital verschlüsselte Alarminformationen übertragen (Abb. 3.46). Die Auslösung eines Melders erzeugt hier ein spezifisches Datentelegramm, welches in der Zentrale entschlüsselt und ausgewertet wird. Zu unterscheiden sind in diesem Zusammenhang u. a. solche Systeme, die lediglich eine einfache Datenleitung zwischen Melder und Zentrale nutzen, sowie Systeme, die hierarchisch aufgebaute Strukturen erlauben (Abb. 3.47) und nicht zuletzt Systeme, die eine Ringleitung (Loop) verwenden (Abb. 3.48). Ist das Loop-System für einen bidirektionalen Datenverkehr ausgelegt, so wird es im Hinblick auf Sabotage- und Ausfallsicherheit den anderen Systemen weit überlegen sein. Am angreifbarsten sind wohl die hierarchisch aufgebauten Lösungen, da hier der Ausfall einer

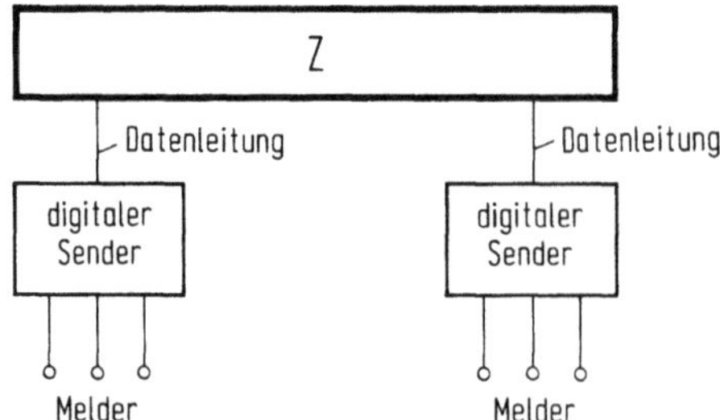

Abb. 3.46. Prinzipieller Aufbau einer Alarmanlage mit digitalen Meldeleitungen

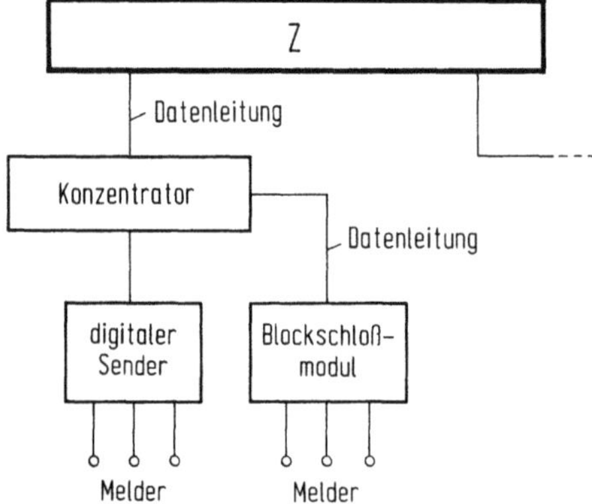

Abb. 3.47. Bei ausbaufähigen Systemen werden Datenkonzentratoren zwischengeschaltet. Hierdurch wird eine flexible Architektur solcher Systeme bei gleichzeitig optimiertem Leitungsnetz ermöglicht

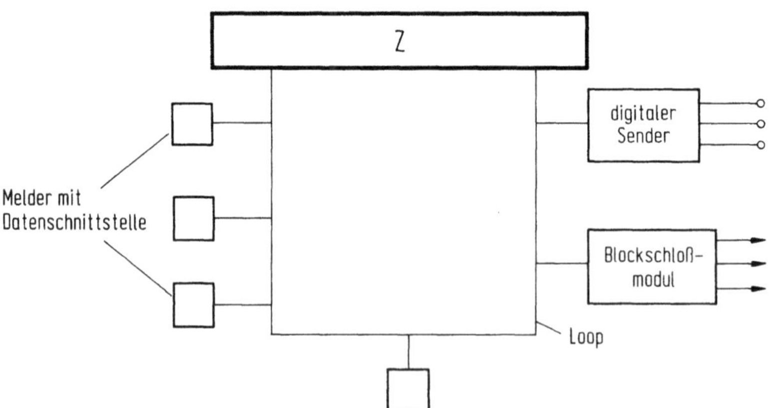

Abb. 3.48. Loop-Systeme mit bidirektionaler Datenübertragung bieten die höchste Sabotage- und Ausfallsicherheit

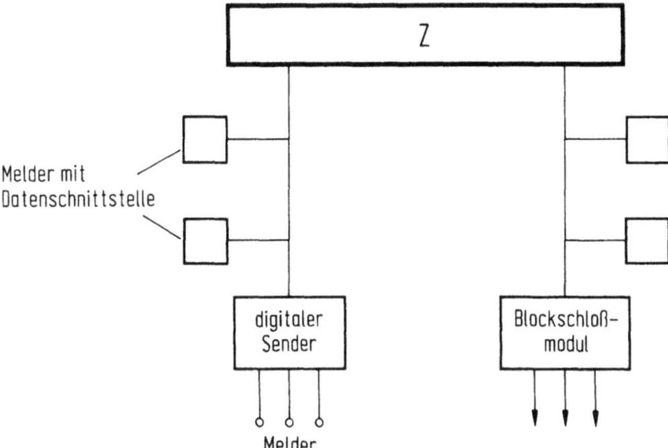

Abb. 3.49. Nicht nur Meldeleitungen lassen sich digital gestalten, auch Steuer- und Scharf-
schaltfunktionen können adernsparend ausgelegt werden. Intelligente Melder können auch
ohne externe Datensender an die BUS-Leitung angeschlossen werden

einzigen Ader dazu führen kann, daß eine Vielzahl von Meldern lahmgelegt
wird, auch wenn die Zentrale eine Ausfallmeldung ausgibt. Dennoch ist für die
Zeitdauer der Leitungsstörung in dem betroffenen Bereich absolut keine
Überwachung mehr gegeben. Bis zur Fehlerbeseitigung müssen umfangreiche
administrative Maßnahmen (Bewachung) die Sicherheitslücke schließen.

Die Möglichkeiten der Digitaltechnik werden bei solchen – oftmals als
BUS-Zentralen bezeichneten – Systemen noch weiter ausgeschöpft. Denn auch
die Scharfschaltleitungen und die Logiksignale für den Betrieb von Blockschlössern werden über eine gemeinsame, zusammen mit den Meldern genutzte, Leitung übertragen (Abb. 3.49). Selbst Fremdsteuerungen sind über
die „BUS-Leitung" möglich. Einige Hersteller haben für ihr System intelligente
Melder und andere periphere Einrichtungen entwickelt. Diese sind so konstruiert, daß sie direkt an die digitale Übertragungsleitung angeschlossen
werden können. Andere Hersteller nutzen separate Sendebausteine, die in der
Nähe konventioneller Melder montiert werden und die die Alarmrelais der
Melder überwachen. Im Alarmfall erzeugt dann der Sendebaustein das
zugehörige Datentelegramm. Natürlich gibt es auch Mischungen aus beiden
Möglichkeiten, denn es ist kaum möglich, einen Magnetkontakt mit integrierter Digitalelektronik zu fertigen. Hier wird man bei separaten Sendebausteinen
bleiben müssen. Abbildung 3.50 zeigt verschiedene Komponenten eines BUS-
Systems.

3.10.3 Großzentralen

Die Technologie von Großzentralen unterscheidet sich häufig nicht von kleinen
und mittleren Mehrbereichszentralen. Zwar können Großzentralen einige
hundert, manchmal sogar mehrere tausend Meldergruppen aufnehmen und

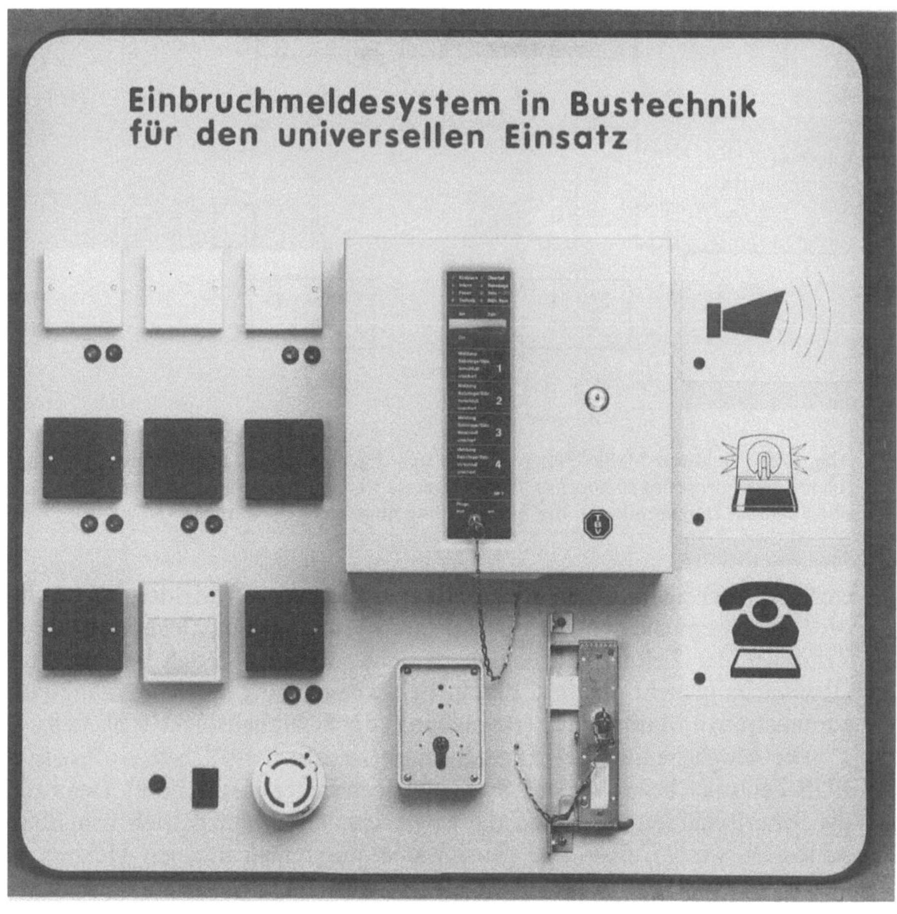

Abb. 3.50. Die Komponenten eines Systems für BUS-Technik (Werkfoto TBV GmbH)

verarbeiten, es werden aber oftmals Standardbaugruppen eingesetzt, die baugleich auch in kleineren Zentralen betrieben werden. Lediglich die Aufnahmefähigkeit der Zentrale ist für eine Vielzahl verschiedenster Standardbaugruppen ausgelegt. Rechnet man alle Mikroprozessoren der unterschiedlichen Baugruppen zusammen, so kommt man schnell auf 30 und mehr Prozessoren. Man könnte bei solchen Zentralen also ohne Übertreibung von einer Multi-Prozessor-Steuereinheit sprechen. Gerade bei Großzentralen kann man ohne eine Vielzahl von Datenschnittstellen heute nicht mehr auskommen. Es werden Schnittstellen für Bedienfelder benötigt, damit das Wachpersonal auch von mehreren Bedienplätzen eine Alarmbearbeitung vornehmen kann. Desgleichen werden Druckerschnittstellen vorgesehen, damit dezentral, also auch weit von der Zentrale entfernt, Alarminformationen vorhanden sind. Ausgänge für Tableaus müssen schaltbar sein, damit sofort und auf einen Blick der Alarmort ermittelt werden kann. Oftmals sind die zu überwachenden Bereiche derart unübersichtlich und groß, daß Lageplantableaus vor Ort (also z. B. in den einzelnen Gebäuden eines Areals) angesteuert werden. Die Ansteuerung solcher abgesetzter Tableaus kann auch in adernsparender Technik, also über Datenschnittstellen, erfolgen. Nicht zuletzt muß an Schnittstellen für die rechnergestützte Alarmbearbeitung gedacht werden, denn ohne solche Maßnahmen läßt sich ein Großsystem nicht beherrschen.

3.10.4 Vernetzbare Zentralen und Systeme

Bietet die Technik von Bus-Zentralen schon eine Vielzahl von Möglichkeiten und Vorteilen, so können mit vernetzbaren Systemen noch komplexere Sicherungsaufgaben elegant gelöst werden. Vernetzbare Systeme bieten die Möglichkeit, selbständig arbeitende Einbruch- und Überfallmelderzentralen unterschiedlichster Größenordnung zusammenzufassen, ohne daß ein eigens dafür ausgelegtes, teures Großsystem eingesetzt werden muß. Dezentral angeordnete, autark arbeitende Zentralen ermöglichen somit die Sicherung weitläufiger Areale, ohne daß ein teueres Leitungsnetz und ein kaum beherrschbares Großsystem notwendig sind. Die dezentrale Anordnung von Zentralen bieten den entscheidenden Vorteil verteilter Intelligenz. Selbst bei Ausfall einer Subzentrale bleibt das Gesamtsystem an sich voll funktionsfähig. Umgekehrt bleiben die autarken Subzentralen funktionsbereit, selbst wenn der übergeordnete Netzteilnehmer ausfallen sollte.

Natürlich muß der Datenverkehr zwischen den vernetzten Zentralen besonderen Sicherheitsansprüchen genügen, und zwar gleichermaßen im Hinblick auf Störungsfreiheit wie auf Sabotage- und Abhörsicherheit.

Vernetzbare Zentralensysteme sind äußerst flexibel in den Möglichkeiten des Ausbaus und der Erweiterung. Wesentliche Komponenten sind auch die anschaltbaren Anzeige- und Bedienteile. Hier werden sämtliche Meldungen aus dem Netz übersichtlich angezeigt und akustisch signalisiert. Für eine gezielte Alarmorganisation und Einsatzlenkung können je nach Anforderung Bedienfelder mit unterschiedlichen Aufgaben auch dezentral eingerichtet werden.

Die Realisierung der Vernetzung kann unterschiedlich gelöst sein. Einige Hersteller setzen auf hierarchisch aufgebaute Netzstrukturen, während andere Anbieter Ringnetze oder Kombinationen aus beiden Systemen bevorzugen. Mindestens unter Berücksichtigung möglicher Ausfallstrategien sowie unter dem Gesichtspunkt der Angreifbarkeit müssen Ringstrukturen als die empfehlenswertere Variante angesehen werden.

Selbstverständlich können bei derart aufwendig gestalteten Systemen nicht nur Einbruch-, sondern auch Brandmeldeanlagen und andere sicherheitstechnische Einrichtungen vernetzt werden. Der hervorstechende Vorteil liegt in der gemeinsamen, für alle Meldungen gleichartigen Bedienoberfläche der angeschlossenen Bedienfelder bzw. der übergeordneten Rechnersysteme.

3.11 Tableaus und abgesetzte Bedienfelder

Abgesetzte Bedienfelder und Tableaus dienen zur dezentralen Anzeige und Bedienung von Alarmanlagen. Nicht immer reicht die zentrale Information am Bedien- und Anzeigefeld der Zentrale aus. Besonders bei Mehrbereichszentralen werden abgesetzte Tableaus schon deshalb benötigt, da sich die Zentrale beim Versuch der Scharfschaltung eines abgesetzten Bereiches (zwangsläufig) in einem bereits überwachten, also scharf geschalteten Sicherungsbereich befindet. Der Schlüsselträger hat nun keine Chance mehr, sich über den Zustand seines Bereiches zu informieren, es sei denn, der Bereich ist mit einem eigenen Tableau ausgerüstet. Auf diesem Tableau kann sich der Schlüsselträger informieren, z. B. darüber, welches Fenster noch nicht verschlossen und somit die Ursache für die Blockierung der Scharfschaltung ist.

Umgekehrt geben Tableaus hilfeleistenden Kräften vor Ort im Falle einer Alarmauslösung Auskunft über den genauen Ort der Alarmauslösung. Manchmal fordert sogar die Polizei verbindlich, daß bei verzweigten Mehrbereichsanlagen Tableaus vorhanden sein müssen, damit eine Alarmortbestimmung auch ohne die für den Zentralenbereich verantwortliche Person (Schlüsselträger) überhaupt möglich ist.

Im Gegensatz zu Tableaus bei ständig besetzten Stellen, etwa beim Werkschutz, dürfen dezentral angeordnete Tableaus erst dann aktiviert werden, wenn der zugehörige Sicherungsbereich unscharf geschaltet wurde. Andernfalls hätten Intruder die Möglichkeit, anhand der Tableaus festzustellen, daß ein Alarm ausgelöst wurde, sie hätten somit Zeit, vor dem Eintreffen hilfestellender Kräfte unerkannt zu entkommen.

Meistens werden Tableaus projektspezifisch gefertigt. Schon allein die Anzahl der anzuzeigenden Meldergruppen variiert von Projekt zu Projekt. Es müssen aber nicht nur projektbezogen unterschiedlich viele Meldergruppen angezeigt werden, sondern es sollten weitere Informationen, die für die Darstellung auf einem Tableau von Interesse sind, übermittelt werden. Dies können z. B. die Schaltzustände der Sicherungsbereiche oder Test- und Störanzeigen sein. In der Praxis ist die schnelle, genauer Alarmortinformation am wichtigsten. Am übersichtlichsten ist hier die Form des sogenannten Lageplantableaus. Leuchtdioden zeigen anhand des schematisch dargestellten Grundrisses des Bereiches genau und ohne Zeitverzögerung den tatsächlichen Arlarmort an (Grundrißtableau). Weniger genau aber dennoch hilfreich sind sog. Bereichstableaus. Diese werden besonders bei Mehrbereichsanlagen benötigt, damit wenigstens der Zustand zugehöriger Sicherungsbereiche dargestellt werden kann.

Tableaus können in unterschiedlichsten Formen realisiert werden. Man kann einfache, handschriftlich etikettierte Gehäuse mit eingebauten Leuchtdioden verwenden, es können projektspezifisch hergestellte Grundrißtableaus eingesetzt werden oder, besonders bei Großanlagen üblich, sogenannte Baustein-Tableaus vorgesehen werden. Die Baustein-Tableaus erlauben durch ihren flexiblen Aufbau eine saubere und kostengünstige Anpassung an veränderliche Verhältnisse.

In vielen Fällen sind reine Anzeigetableaus nicht ausreichend. Zwar geben sie Auskunft über den Zustand der verschiedenen Meldergruppen, jedoch sind oftmals weitergehende Informationen gefragt oder gar Bedienfunktionen gewünscht. Kann ein Tableau nämlich lediglich Informationen über den Zustand der angeschlossenen Meldergruppen geben, haben von der Zentrale abgesetzte Bedienfelder weitergehende Funktionen. Je nach eingesetzter Technik können nämlich meldergenaue Informationen sowie Einsatzhinweise ausgegeben werden. Noch wichtiger sind in der Praxis allerdings die Bedienfunktionen. Würde nämlich bei einer Mehrbereichsanlage ein Alarm ausgelöst und der betreffende Bereich im Rahmen der Alarmverfolgung unscharf geschaltet, um die Alarmursache zu ergründen, so hätte man keine Möglichkeit, diesen Bereich erneut scharf zu schalten, ohne vorher den Zentralenbereich zu „entschärfen" und den betreffenden Alarm zurückzusetzen. Nicht so bei abgesetzten Bedienfeldern; hier besteht die Möglichkeit, Alarme zu verifizieren und zurückzustellen, ohne daß man in den Sicherungsbereich der Zentrale gelangen können muß.

Selbst im Privatbereich sind abgesetzte Anzeige- und Bedienfelder gefordert, da die Zentrale oftmals an unzugänglicher Stelle montiert wird, im Falle eines Alarms jedoch sofort die wichtigen Alarminformationen an zugänglicher Stelle gefragt sind.

Außerdem bieten Anzeige- und Bedienfelder die Möglichkeit, sich über den Verschlußzustand aller Türen und Fenster zu informieren, ohne daß man den Zentralenstandort selbst aufsuchen muß. Nicht zuletzt bieten auch dem Privatmann abgesetzte Bedienfelder die Möglichkeit, gezielt Bereiche der Anlage intern scharf zu schalten, ohne daß die Zentrale selbst bedient werden muß.

3.12 Projektierung von Einbruchmeldeanlagen

Die Projektierung von Alarmanlagen ist keine rein technische Aufgabe. Vielmehr muß, bevor ein technischer Lösungsansatz gemacht wird, eine Vielzahl von Schritten unternommen werden, damit das jeweilige Sicherungsproblem gelöst werden kann. Zuerst muß eine Verwundbarkeitsanalyse vorgenommen werden. Die Verwundbarkeitsanalyse umschließt die Offenlegung von Schwachstellen (z. B. mangelnde mechanische Sicherheit) unter Berücksichtigung der zu erwartenden Angriffsmethoden (Intrusionsannahmen) und unter Einbeziehung des bestehenden Ist-Zustandes. Nach Abschluß dieser Untersuchung werden grundsätzliche Lösungsmöglichkeiten diskutiert, es entsteht das sog. Schutzkonzept. Dieses Konzept sollte maßgeblich durch die gemeinsam zwischen Schutzbedürftigem und Berater erarbeitete Risikobewertung geprägt werden.

Besonders schwierig wird die Wirtschaftlichkeitsbetrachtung, denn bei Alarmanlagen läßt sich nicht, wie bei anderen Investitionsvorhaben üblich, ausrechnen, ob durch die Anschaffung der Anlage langfristig ein wirtschaftlicher Gewinn erwirtschaftet wird. Auch eine Kalkulation in Richtung Kostenersparnis (z. B. weniger Personalkosten) wird nur in Ausnahmefällen zum Ziel führen. Bewert- und vergleichbar sind indes die Vorstellungen und Preise verschiedener Anbieter.

Erst wenn alle diese Punkte geklärt sind, kann eine fachliche Projektierung im einzelnen vorgenommen werden. Gleichermaßen sind das erarbeitete Schutzkonzept und die technisch/physikalischen Eigenschaften der Meldetechnik zu berücksichtigen.

3.12.1 Auswahl der Melder

Wenn etwa in einem Schutzkonzept festgelegt wird, daß in bestimmten Bereichen eine schwerpunktmäßige Fallenüberwachung vorgenommen werden soll, ist vor Ort zu prüfen, welche Melder in diesem speziellen Fall eingesetzt werden können. Bei der Auswahl der Melder sowie bei der Festlegung der Melderstückzahl wird zweifellos das Schutzziel im Vordergrund stehen, trotzdem ist es unerläßlich, nur solche Melder einzusetzen, die bei den vorgegebenen Bedingungen auch funktionieren können. Es ist z. B. nicht fachgerecht, in einer zugigen Lagerhalle Passiv-Infrarot-Bewegungsmelder zu projektieren, wenn vorherzusehen ist, daß diese Melder bedingt durch die Zugluft Falschmeldungen erzeugen werden.

3.12.2 Bildung von Meldergruppen

Stehen Art und Anzahl der Melder fest, so werden die Melder in Meldergruppen zusammengefaßt. Ein Sicherungsbereich wird hierzu in Meldebereiche aufgeteilt. Ein Meldebereich wiederum besteht aus einer oder mehreren Meldergruppen. In einer Meldergruppe eines Bereichs werden nur solche Melder zusammengefaßt, die gleichartige Überwachungsaufgaben haben. Es wäre nämlich wenig hilfreich, etwa Alarmglasscheiben und Bewegungsmelder zusammenzufassen, denn Meldungen aus der Scheibenüberwachung sollen auch tagsüber zum Internalarm führen, müssen also ganz anders verarbeitet werden, als die Alarmmeldungen von Bewegungsmeldern, die ausschließlich bei extern scharfgeschalteter Anlage aktiv sein sollen. Grundsätzlich kann man folgende Betriebsarten bei Meldergruppen unterscheiden:
- Einbruchmeldergruppen erzeugen ausschließlich bei extern scharfgeschalteter Anlage Externalarme (Beispiel: Raumüberwachung durch Bewegungsmelder).
- Einbruchmeldergruppen mit 24 h-Überwachung erzeugen tagsüber Internalarme, bei scharfer Anlage Externalarme (Beispiel: Objektüberwachung von Vitrinen).
- Ständig scharfe Einbruchmeldergruppen erzeugen unabhängig vom Schaltzustand der Anlage immer Externalarm (nur für Sonderprojekte relevant).

- Sabotagemeldergruppen arbeiten wie Einbruchmeldergruppen mit 24 h-Überwachung. Im Unterschied hierzu lassen sich Sabotagemeldergruppen in der Regel aber nicht durch den Betreiber zurücksetzen (Beispiel: Öffnungskontakte von Bewegungsmeldern, Verteilern etc.). Die Scharfschaltung der Anlage (bzw. des Sicherungsbereiches) ist solange blockiert, bis ein Wartungsberechtigter die Alarmursache gekärt hat und die Zentrale von ihm zurückgestellt wurde.
- Überfallmeldergruppen haben eine ähnliche Funktion, wie ständig scharfe Einbruchmeldergruppen. Anders als bei diesen wird bei Überfallalarm kein interner akustischer Alarm ausgelöst. Überwiegend werden Überfallmeldergruppen so geschaltet, daß der Betreiber diese nicht zurücksetzen kann. An Überfallmeldergruppen werden ausschließlich Überfallmelder angeschlossen.
- Verschlußmeldergruppen dienen ausschließlich der Einhaltung der Zwangsläufigkeit. Sie erzeugen keine Alarme, sondern wirken lediglich auf die Scharfschaltblockierung (Zwangsläufigkeit). Ein Bereich läßt sich also erst dann scharfschalten, wenn alle zugehörigen Verschlußmeldergruppen in Ruhe sind.

Für Sonderanwendungen können weitere Betriebsarten interessant sein. Zu nennen sind hier Perimetermeldergruppen und Technische Meldergruppen. Ihre Funktion wird projektspezifisch variieren. Selbst Feuermeldegruppen können gebildet werden, allerdings darf dies nur dort realisiert werden, wo Vorschriften und Richtlinien die Zusammenschaltung von Einbruch- und Feuermeldern zulassen. In Deutschland ist das zumindest derzeit nicht erlaubt.

3.12.3 Bildung von Sicherungsbereichen

Sicherungsbereiche müssen überall dort gebildet werden, wo aus organisatorischen und/oder baulichen Gründen keine zentrale Scharfschalteinrichtung vorgesehen werden kann. Betrachten wir beispielhaft einen mittelständischen Gewerbebetrieb mit Büro- und Lagerräumen. Die Büroräume werden zu ganz anderen Zeiten genutzt, als die Lagerräume, in denen nämlich im Zwei-Schicht-Rhythmus gearbeitet wird. Werden also nachmittags die Büroräume verlassen, herrscht zu dieser Zeit in den Lagerhallen noch Hochbetrieb. Es ist also sinnvoll, den Bereich Büroräume getrennt vom Bereich Lagerhallen scharf und unscharf schalten zu können.

In der Praxis sieht diese (Sicherungs-)Bereichsbildung oftmals noch wesentlich komplizierter aus. So gibt es Forderungen, daß sich ein Teilbereich erst dann scharfschalten läßt, wenn vorher zwei andere Bereiche scharf geschaltet wurden. Es werden also sogenannte abhängige Sicherungsbereiche gebildet. Die Variationsmöglichkeiten sind vielfältig und oftmals gerade für den Laien verwirrend. Die Möglichkeiten der Bereichsbildung sind ein wichtiger Maßstab bei der Beurteilung der Leistungsfähigkeit moderner Einbruchmeldezentralen.

3.12.4 Strom-/Notstromversorgung

Die Strom-/Notstromversorgungen stellen die für alle Anlagenteile (Zentrale, Melder, Alarmgeber, Anzeigen und Tableaus) benötigte Betriebsspannung zur Verfügung. Bei Netzausfall wird unterbrechungsfrei auf Batteriebetrieb umgeschaltet. Die Stromversorgungen werden in die Alarmzentralen und/oder gesonderte Gehäuse bzw. Schränke eingebaut. Sie müssen neben der Spannungsversorgung der gesamten Anlage auch den Lade- und Erhaltungsstrom für die Notstromakkus liefern. Abbildung 3.51 zeigt ein Beispiel für ein Stromversorgungs-Modul.

Gerade die Batterien nehmen eine Menge Platz weg und kosten nicht wenig Geld. Außerdem bedingen Batterien mit einer großen Nennkapazität leistungsstarke, aufwendige Netz-/Ladeeinrichtungen. Aus diesem Grund legen die Hersteller von Zentralen, Meldern etc. Wert auf niedrigen Strombedarf ihrer Geräte.

Bei der Auslegung einer Strom-/Notstromversorgung sind mehrere Eckwerte ausschlaggebend und müssen anlagenspezifisch ermittelt werden. Es sind dies u. a.:
- Strombedarf der meldebereiten Anlage, also der Zentrale, der Melder und der sonstigen Einrichtungen,
- Strombedarf der Anlage, insbesondere der Alarmierungsmittel im Alarmfall.

Der Strombedarf der meldebereiten Anlage dient zur Berechnung der notwendigen Notstrombatterie. Je nach Anwendung und länderspezifischen Vorstellungen muß die Notstrombatterie für eine Überbrückungszeit zwischen 4 und 120 h ausgelegt werden.

Der Strombedarf der Anlage im Alarmfall ist ein Maß für die max. erforderliche Belastbarkeit der Stromversorgung. Neben den stromintensiven örtlichen Alarmierungsmitteln muß auch weiterhin der Ladestrom für eventuell entladene Batterien berücksichtigt sein.

Abb. 3.51. Strom-/Notstromversorgungseinheit einer Alarmanlage
(Werkfoto Fritz Fuss GmbH)

Hochwertige Netz-/Ladegeräte arbeiten daher mit zwei voneinander unabhängigen Zweigen. Ein Zweig liegert den Ladestrom für die Batterien, der andere dient zur Erzeugung der normalen Betriebssspannung.

Der Ladezweig von Stromversorgungen muß über eine besondere Regelung verfügen, damit ein Überlagen der Batterien vermieden wird.

3.12.5 Leitungsnetz und Verteiler

Die Projektierung des Leitungsnetzes von Einbruchmeldeanlagen erfordert ziemlichen Zeitaufwand. Jede Meldergruppe muß bis zur Zentrale durchgeschaltet werden. Aber die unterschiedlichen Melder benötigen weitere Melde- und Steuerkabel. Betrachtet man etwa einen Passiv- Infrarot-Melder, so gibt es Ausführungen mit bis zu 16 extern zu beschaltenden Klemmen. Natürlich muß bei solchen Meldern auch ein entsprechend dimensioniertes Leitungsnetz projektiert werden.

Ähnliche Überlegungen gelten besonders auch für Scharfschalteinrichtungen und Tableaus. Bei konventioneller Beschaltung muß für jede Tableauanzeige mindestens eine Ader vorgesehen werden. Besonders für vielteilige Tableaus hat sich an dieser Stelle eine adernsparende, serielle Datenübertragung bewährt.

Das Leitungsnetz von Systemen mit „BUS-Technik" sieht zweifellos wesentlich einfacher aus, als das konventioneller Anlagen. Allerdings stellen Datenleitungen in aller Regel höhere Ansprüche an die Qualität des Leitungsnetzes, wenn ein störungsfreier Betrieb gewünscht wird.

Standardmäßig werden für das Leitungsnetz von Einbruch- und Überfallmeldeanlagen Fernmeldekabel mit statischem Schirm vom Typ IY (St) Y... verwendet. Bei Näherungen an Starkstromkabel müssen besondere Vorsichtsmaßnahmen beachtet werden. Man muß auf vermeidbare Spannungsübertritte genauso achten wie auf möglicherweise auftretende Störungen der Funktionen der Alarmzentrale.

Wenn nicht ohnehin vom Lieferanten der Zentrale verbindlich vorgeschrieben, sollte in jedem Fall dieser Schirm mit einem zentralen Massepunkt in der Zentrale verbunden werden. Keinesfalls dürfen Brummschleifen entstehen, d.h., die Abschirmungen an den Enden der Leitungen müssen offen bleiben.

Vornehmlich werden die Leitungen unsichtbar, also unter Putz oder zusammen mit anderen Leitungen, verlegt, damit sie nicht als Leitungen der Alarmanlage erkennbar sind.

Leitungsverbindungen dürfen nur innerhalb von Verteilern vorgenommen werden. Die Verteiler sollten alle mit einem Deckelkontakt als Sabotageschutz ausgerüstet sein (Ausnahme: unteres Haushaltsrisiko).

Bei Anlagen mit großen Leitungslängen muß der Spannungsabfall auf der Leitung berücksichtigt werden. Der Spannungsabfall darf nur so groß werden, daß die zulässige Mindestspannung am Melder keinesfalls unterschritten wird. Dabei muß vom geringstmöglichen Wert der Strom-/Notstromversorgung, d.h. von der Entladeschlußspannung der Batterie, ausgegangen werden. Durch

Parallelschaltung mehrerer Adern bzw. Verwendung von Kabeln mit größeren Querschnitten kann der Spannungsabfall reduziert werden.

Verteiler werden innerhalb von Alarmanlagen zur Anschaltung von Meldern, Schalteinrichtungen, Alarmierungsmitteln und anderen peripheren Geräten an das fest verlegte Leitungsnetz benötigt. Außerdem dienen sie z. B. als Etagenverteiler zur Zusammenfassung mehrerer Leitungen zu einer Stammleitung, die weiter zur Zentrale geführt wird. Im Bereich der Zentrale befindet sich in der Regel ein Hauptverteiler. Hier werden die notwendigen Verschaltungen vorgenommen, bevor die eigentliche Elektronik der Zentrale angeschaltet werden kann.

Natürlich gibt es Verteiler in den unterschiedlichsten Bauformen und Größen. Die Palette reicht vom kleinen 8-poligen Auf- oder Unterputzverteiler bis zu ganzen Verteilerschränken mit vielpoligen Verteiler- und Rangierleisten.

3.13 Beispiele

3.13.1 Privathäuser

Beginnt man mit der Planung einer Alarmanlage, so muß man sich nicht nur Gedanken machen, was geschützt werden soll, vielmehr müssen vor allen anderen Überlegungen die möglichen Schwachstellen des Hauses untersucht werden. Leider gehen hier nur zu oft Laien vor und treffen aufgrund mangelnder Kenntnis zweifelhafte Entscheidungen. Die tatsächliche Lokalisierung von Schwachstellen setzt Erfahrung mit der Vorgehensweise von Einbrechern voraus. Manche auf den ersten Blick stabile mechanische Sicherung setzt nämlich einem Einbrecher tatsächlich kaum ernsthaften Widerstand entgegen. Es ist aber zu beobachten, daß der Durchschnittsbürger geneigt ist, sich ein Urteil über mögliche Vorgehensweisen von Einbrechern zu bilden, ohne daß tatsächlich Fachkenntnisse vorhanden sind. An dieser Stelle muß daher unbedingt auf Fachleute (Polizei, Fachberater der Errichterfirmen für mechanische und elektronische Sicherungsmaßnahmen) verwiesen werden. Die im folgenden genannten Punkte können lediglich als grobe Richtschnur gelten, um das Verständnis für die Vorgehensweise von Fachleuten zu wecken.

Beispiele für Schwachstellen bei Wohnhäusern:
- Die Haustür gehört zu den am häufigsten gewählten Angriffspunkten. Die Stabilität von Türblatt und Türfüllung müssen überprüft werden. Häufig sind hervorstehende Profilzylinder zu finden. Auch die Schloßabdeckung weist oftmals Mängel auf, so daß das Schloß mit wenigen Handgriffen von außen überwunden werden kann.
- Balkon- und Terrassentüren sowie Fenster gehören unbedingt zu angreifbaren Schwachstellen. Eine Verbesserung der mechanischen Sicherheit (z. B. abschließbare Beschläge) ist nur in Grenzen möglich. Selbst stabile Gitter erhöhen den Widerstandswert nur unerheblich. Auch von innen verriegelbare Rolläden können einem ernsthaften Angriff lediglich kurz standhalten.

- Kellertüren und Zugänge von der Garage sind zumeist schon deshalb besonders gefährdet, weil der Angreifer dort ungesehen, meist im Dunkeln arbeiten kann. Türfüllungen und Türblätter bieten oftmals Anlaß zu Besorgnis. Bei verglasten Türen helfen allenfalls Sicherheitsglas und stabile Eisengitter. Als zusätzliche Maßnahme haben sich an solchen Stellen automatische Lichteinschaltgeräte bewährt. Nichts schreckt „dunkle Gestalten" mehr, als bei taghheller Beleuchtung arbeiten zu müssen.
- Jede Öffnung, die groß genug ist, daß ein (Kinderkopf durchpassen könnte, stellt eine potentielle Schwachstelle dar.
- Durch vorsichtiges Abheben von Dachziegeln besteht für einen Angreifer eine geräuscharme Möglichkeit einzudringen. Bei Flachdächern sind Lichtkuppeln eine besonders gefährdete Einrichtung.
- Wände aus Glasbausteinen bieten kaum einen mechanischen Schutz. Sie können mit handelsüblichen Werkzeugen innerhalb weniger Minuten überwunden werden.

Wie bei anderen zu sichernden Objekten auch, ist die Außenhautüberwachung in Kombination mit einer Fallenüberwachung durch Bewegungsmelder in jedem Fall die beste Überwachungsmaßnahme. Sämtliche Türen, Fenster und andere Öffnungen werden mittels Magnet- und Riegelkontakten überwacht. Glasbruchmelder dienen zur Überwachung von Glasflächen, es sei denn die Zahl der Bewegungsmelder ist derart großzügig gewählt, daß ein Angreifer unmittelbar nach dem Durchsteigen einer Glasfläche detektiert werden kann. Durchbruch- bzw. Durchstiegsmelder sichern besonders gefährdete Flächen, wie z. B. Leichtbauwände und Glasbausteine.

Die Kombination zwischen Außenhaut- und Raumüberwachung bietet im Privatbereich einen doppelten Vorteil. Zum einen wird selbst ein Täter, der erfolgreich die Außenhautüberwachung überwunden haben könnte, spätestens durch einen Bewegungsmelder erkannt. Zum anderen besteht bei dieser Kombination die Möglichkeit der internen Scharfschaltung, was bei einer reinen Raumüberwachung sinnvoll kaum möglich wäre.

Die Zentrale sollte nicht zu klein bemessen werden. Zwar ist es kein technisches Problem, 20 oder mehr Melder in einer Meldergruppe zusammenzufassen, jedoch ist dann keine eindeutige Zuordnung von Meldebereichen mehr möglich. Gerade bei der Internscharfschaltung entstehen dann Sicherheitslücken, da dann nicht gezielt bestimmte begrenzte Bereiche zeitweise aus der Überwachung genommen werden können.

Die Zentrale darf nur in trockenen und sauberen Räumen installiert werden. Dabei ist der Standort so zu wählen, daß zufällige Besucher nicht den Montageort erkennen können. Als grundsätzliche Regel gilt, daß sich die Zentrale im Erfassungsbereich eines Bewegungsmelders befinden soll. Als Zentralenstandort hat sich das Schlafzimmer bewährt. Bei Internalarm hat der Betreiber sofort einen Überblick, wo der Alarm ausgelöst wurde. Wird die Zentrale in einem abgelegenen Raum montiert, so sollten an sinnvoller Stelle Paralleltableaus oder abgesetzte Bedien- und Anzeugenfelder der Zentrale vorgesehen werden.

Gerade im Privatbereich sollte die Scharfschaltung über Blockschlösser vorgenommen werden. Zwar mag ein Betreiber selbst Scharfschaltvarianten mit Verzögerungsschaltungen bedienen lernen, spätestens aber zur Urlaubszeit, also dann, wenn die Alarmanlage am dringendsten benötigt wird, gibt es Probleme mit Nachbarn oder Freunden, die während der Ferien die Aufsicht übernehmen sollen.

Die örtlichen Alarmgeber, also Sirenen und Blitzleuchte, sollten möglichst schwer erreichbar montiert werden. Bei eingeschossigen Häusern ist das kaum möglich, so daß man hier eventuell auf z. B. hinter Lüftungssteinen versteckte Alarmgeber zurückgreifen wird. Telefon-Wählgeräte stellen in jedem Fall die bessere Alarmierungsmethode dar, zumal hier auch stille Überfallmeldungen abgesetzt werden können.

3.13.2 Ladenlokale

Fast täglich hört man von dreisten Einbrüchen. Kaum ein Objekt scheint zu gering, als daß es nicht Ziel von Diebstählen und Überfällen sein könnte. Geräte der Unterhaltungselektronik, Schmuck, Antiquitäten und Bargeld sind dabei nur eine kleine Auswahl der erhofften Beute. Ein Teil der entwendeten Dinge läßt sich nur schwer oder gar nicht wiederbeschaffen. Die Versicherungen decken oftmals nur den rein materiellen Wert. Und bis zur vollständigen Abwicklung der Versicherungsforderung vergeht manchmal so viel Zeit, daß schon so mancher mittelständische Unternehmer aufgeben mußte.

Nun gibt es aber auch eine Reihe ausgefallener Dinge, die auf den ersten Blick nicht unbedingt als interessantes Beutegut zu erkennen, aber dennoch Ziel von nächtlichen Beutezügen sind, z. B. bestimmte Leervordrucke, die sich mit Hilfe handelsüblicher EDV-Drucker in „gültige" Papiere verwandeln lassen und dann einen immensen Schwarzmarktwert haben. Hier sind Profitäter am Werk, die ganz gezielt Produkte oder Dinge suchen, weil sie dafür über entsprechende Absatzwege verfügen. Vielfach findet man hier organisierte Banden, die mit Gewinnen in Millionenhöhe arbeiten.

Die Presse und somit auch die Öffentlichkeit erfahren nur selten von dieser Art von Diebstählen, zumal die Geschädigten oftmals auf Diskretion Wert legen. Die zu erwartenden Gewinne erlauben es den Banden, mit professionellen Mitteln vorzugehen. Hochwertiges technisches Gerät, Branchenkenntnisse und Insiderwissen sind dabei die Werkzeuge der organisierten Verbrechens.

Bei diesen Voraussetzungen müssen wirksame und auch solchen Spezialisten standhaltende Gegenmaßnahmen getroffen werden. Denkt man an Ladenlokale, so müssen je nach Branche beide Tätergruppen berücksichtigt werden: Der Gelegenheitstäter wird sich auf leicht entwendbare Wertgegenstände und Bargeld beschränken. Schlimmeres Unheil droht jedoch von den Profi-Tätern. Allein der Verlust bestimmter Leervordrucke kann Verluste in Millionenhöhe verursachen. Oftmals wird das Risiko von den Versicherungen so hoch eingestuft, daß die zu entrichtenden Prämien für mittelständische Unternehmen kaum tragbar sind. In Einzelfällen verweigern die Versicherungen sogar jeglichen Versicherungsschutz. Nicht zu vergessen ist in diesem Zusammenhang der Vandalismus, der u. U. eine Benutzung der Räume für Tage oder Wochen unmöglich macht. Die daraus folgenden Verluste sind weder meßbar und letztendlich auch nicht versicherbar.

Selbst ein tonnenschweres Wertbehältnis ist kein unüberwindbares Hindernis für einen vorbereiteten Einbruch. Der Einsatz moderner Einbruchmeldetechnik zwingt sich somit geradezu auf. Die zu installierende Anlage muß dem Sicherheitsrisiko des abzusichernden Geschäfts entsprechen. Nachstehend die grundsätzlichen Merkmale, die erfüllt werden sollten:

Alle Außentüren sind mittels Magnet- und Riegelkontakten auf Öffnen und Verschluß zu überwachen. In die Letztür ist darüber hinaus ein Blockschloß einzubauen. Alle anderen Türen sind mit Profilhalbzylindern oder mit Blindblechen auszurüsten, so daß die Zwangsläufigkeit gegeben ist. Ggf. muß zusätzlich zum Blockschloß eine geistige Schalteinrichtung vorgesehen werden.

Alle beweglichen Fenster sind mittels Magnetkontakt und Riegelkontakt (ggf. auch Aufdruckfedern) auf Öffnen und Verschluß zu überwachen.

Die Raumüberwachung erfolgt durch Bewegungsmelder. Speziell die Räume mit begehrlichen Dingen, evtl. vorhandene Wertbehältnisse, sowie die Alarmzentrale selbst, sollten sich im Überwachungsbereich von Bewegungsmeldern befinden. Der Zentralenstandort ist möglichst so zu wählen, daß sie sich auf einer beidseitig überwachten Innenwand befindet.

An Plätzen, an denen eine Personenbedrohung zu erwarten ist, sollten Überfalltaster installiert werden.

Die Alarmierung der anonymen Öffentlichkeit mit örtlichen Sirenen und Blitzleuchten allein reicht nicht aus. Im Alarmfall müssen nämlich unverzüglich wirksame Maßnahmen ergriffen werden. Daher sollte ein automatisches Wähl- und Übertragungsgerät eine ständig besetzte Stelle (Service-Leitstelle, Wachdienst) informieren, damit von dort sämtliche Maßnahmen koordiniert werden und größerer Schaden abgewendet wird. Bei Überfallalarm darf keinesfalls örtlich alarmiert werden.

3.13.3 Gewerbebetriebe und Fertigungshallen

Gewerbebetriebe, Lager- und Fertigungshallen werden immer öfter Ziel von Angriffen. Besonders bei Hallenbauweise der Betriebe hat der Projekteur mit einer Vielzahl von Sondereinflüssen zu rechnen. Manchmal sind die Umgebungsbedingungen für die einzusetzenden Melder derart ungeeignet, daß Meldesysteme aus der Perimeterüberwachung verwendet werden müssen. So werden z. B. Mikrowellen-Schranken zur Überwachung langer Gänge genutzt, oder es werden Sensorkabel für die großflächige Durchbruchüberwachung von gefährdeten Wänden eingesetzt.

Bei der Außenhautüberwachung muß oftmals mit besonderen Bedingungen gerechnet werden. Außentüren schließen mit großen Toleranzen, Kälte und Feuchtigkeit machen zu schaffen, und nicht zuletzt leiden die Anlagenteile durch den vielfach rauhen Arbeitsbetrieb mit schweren Werkzeugen und Geräten.

In vielen Fällen kann nur eine mit Schwierigkeiten und mit organisatorischen Maßnahmen verbundene vernünftige Aufteilung von Sicherungsbereichen realisiert werden. Manchmal sind sogar bauliche Maßnahmen unumgänglich, damit die Bereiche auch mechanisch einwandfrei getrennt sind und somit die Zwangsläufigkeit eingehalten ist.

3.13.4 Industriebetriebe

Industriebetriebe verfügen in der Regel über eigene Sicherheitsabteilungen. Diese wissen meistens selbst am besten, wo die Schwachpunkte im eigenen Betrieb liegen. Hier ist also meistens lediglich der technische Lösungsvorschlag gefragt, während das Sicherungskonzept an sich bereits feststeht.

Besonders bei der Absicherung innerhalb weitläufiger Gelände gilt es, einen Angriff möglichst frühzeitig zu erkennen, damit dem Wachpersonal und ggf. der Polizei genügend Zeit bleibt, auf den Angreifer zu reagieren, bevor dieser größeren Schaden verursacht. Industriebetriebe müssen hier mit verschiedenartigsten Intrudern rechnen: mit Gelegenheitstätern, Profis und Spezialisten; aber auch Saboteure und Industriespione müssen gleichermaßen aufgesürt werden.

Es wird kaum größere Betriebe geben, die mit einer einzigen Alarmzentrale zurecht kommen. Der Aufwand für das dafür notwendige Leitungsnetz wäre untragbar. Abgesehen davon würden nicht selten die aus technischen Gründen zulässigen Kabellängen überschritten.

In der Regel laufen alle Meldungen, und nicht nur die der Einbruchmeldeanlage, an einer zentralen Stelle des Werkschutzes auf. Hier wird, aufgeteilt auf mehrere Bearbeitungsplätze, die Alarmbearbeitung mit Hilfe rechnergesteuerter Systeme vorgenommen. Oftmals erfolgt auch die Verknüpfung mit videotechnischen Anlagen, so daß im Alarmfall eine Beobachtung des Bereiches mäglich ist.

3.13.5 Banken und Sparkassen

Für die Abwicklung von Geldgeschäften sind Alarmanlagen nicht unbedingt ein zwingend notwendiges Instrument. Aber Bargeld als anonymes Zahlungsmittel ist bei Rechtsbrechern äußerst beliebt. Um also an Bargeld zu kommen, scheuen dunkle Gestalten nicht vor Gewalt zurück. Es gilt daher besonders im Bankenbereich, Leben und Sachwerte gleichermaßen zu schützen. Neben dem Eigeninteresse wird die Geldwirtschaft aber auch durch gesetzliche Auflagen und durch Auflagen der Versicherung zum Einsatz sicherheitstechnischer Einrichtungen angehalten. Die Standardausrüstung zum Schutz der Bankangestellten umfaßt heute nicht nur Überfallmeldeanlagen und automatische Kameras, vielmehr gehören dazu je nach Risikogruppe, auch andere Ausrüstungen, wie etwa Zeitverschlußbehältnisse, Banknoten-Automaten und Tresoranlagen. Doch auch Tresoranlagen, und seien sie noch so stabil, können mit entsprechenden Werkzeugen innerhalb von Stunden, oder gar noch schneller, aufgebrochen werden. Der Vertrauensverlust bei der Kundschaft, der besonders durch aufgebrochene Kunden-Schließfächer entstehen würde, wird von den Banken gefürchtet. Es ist daher heute, auch aufgrund von Vorgaben der Versicherer, üblich, mindestens die Tresorräume mit hochwertiger Einbruchmeldetechnik auszurüsten. In der Mehrzahl aller Fälle werden die Wände, die Decke, der Boden sowie die Panzertür mittels Körperschallmeldern auf Durchbruch überwacht. Bei kleineren Zweigstellen, die nicht über eigene Tresoranlagen verfügen, werden zumindest die Panzergeldschränke als Einzelobjekte überwacht. Zum Schutz gegen vorbereitete Raubüberfälle können die Geschäftsräume der Bank mit Bewegungsmeldern überwacht werden. Durch diese Maßnahme werden die Bankangestellten vor bösen Überraschungen geschützt, wenn sie morgens die Geschäftsräume betreten. Denn ein Täter, der nachts mit der Absicht einsteigt, morgens die Bankangestellten unter Androhung von Gewalt zu zwingen, den Tresor zu öffnen, hat somit keine Chance mehr.

3.13.5.1 Sicherheit in Bankenfoyers

Kundenbediente Geldautomaten gehören heute zum selbstverständlichen Serviceangebot von Banken und Sparkassen. Ist der Geldautomat in einem Foyer der Bank untergebracht, kann der Kunde in Ruhe den gewünschten Geldbetrag entnehmen und einstecken, ohne sich der Gefahr einer Bedrängnis ausgesetzt zu sehen (Abb. 3.52). Es gehört zur Marketingstrategie vieler Geldinstitute, weitere Dienstleistungen in den Selbstbedienungsbereich (SB)

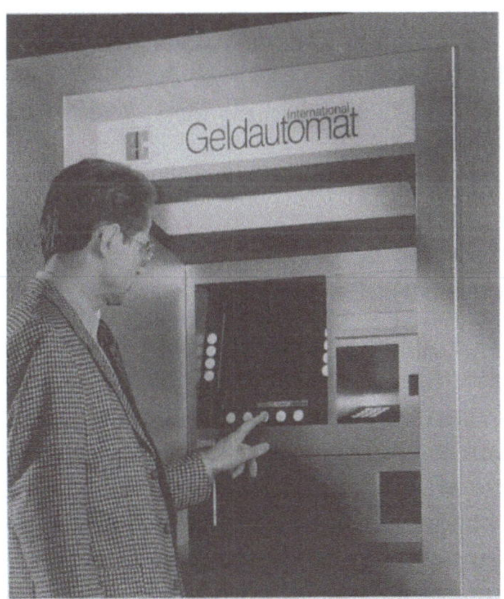

Abb. 3.52. Freistehende Geldautomaten werden aus Gründen der Diskretion und Fefährdung immer weniger installiert. Gefragt sind SB-Angebote in den Foyers der Banken (Werkfoto Siemens-Nixdorf AG)

der Foyers zu verlagern. Das Bankpersonal soll weitgehend von Routineaufgaben entlastet werden.

Das Foyer bietet Kunden und investitionsintensiven Systemen dann den wirksamsten Schutz, wenn eine elektronische Zutrittskontrolle den Personenzutritt regelt. Die Betätigung der Zutrittskontrolleinrichtungen muß für den Kunden einfach und problemlos sein. Eine hohe Verfügbarkeit aller Anlagenteile muß garantiert sein, damit das Dienstleistungsangebot jederzeit gesichert genutzt werden kann. Nach außen präsentiert sich die Zutrittskontrolle lediglich durch einen Kartenleser in der Nähe der Zugangstür zum Foyer. Mögliche Schlüssel für dieses elektronische Schloß sind Eurocheque-Karten, Kreditkarten und vereinzelt institutseigene Kundenkarten. Es darf also nur hinein, wer im Besitz einer zugelassenen Karte ist.

Die Berechtigungs-Informationen sind auf dem Magnetstreifen der Karten (Spur 2 und/oder 3) kodiert. Eine Prüfung der Informationen wird nach folgenden Kriterien vorgenommen:
- Branchen-Hauptschlüssel (jedem Besitzer einer Eurocheque-Karte und/oder Kreditkarte mit freigegebenem Branchen-Hauptschlüssel ist der Zutritt zum Foyer gestattet).
- Branchen-Hauptschlüssel und Verfalldatum (jedem Besitzer einer Eurocheque-Karte und/oder Kreditkarte mit freigegebenem Branchen-Hauptschlüssel und gültigem Verfalldatum ist der Zutritt zum Foyer gestattet).

Je nach Hersteller und System können mit der Zutrittskontrollanlage weitergehende Aufgaben erfüllt werden. Es bietet sich z. B. an, Kunden die Zufahrt zur hauseigenen Garage zu ermöglichen oder den Personaleingang mit einem Kartenleser auszustatten. Für diese Zwecke können weitere Informationen der Karte ausgewertet werden:
- Bankleitzahl/Routing-Nummer (es können Eurocheque-Karten-Inhaber von verschiedenen Banken berechtigt werden, so daß z. B. der Service eines kostenlosen Parkplatzes nicht nur auf den hauseigenen Kundenkreis beschänkt sein muß).
- Kontonummer (Die Prüfung der Kontonummer ermöglicht die Überwachung des Personaleingangs oder des Personalparkplatzes. Die freigegebenen Kontonummern werden im System gespeichert, so daß ein speziell ausgewählter Personenkreis berechtigt werden kann.)

An die im Außenbereich montierten Kartenleser werden erhöhte Anforderungen gestellt. Die Leser müssen wetterfest ausgelegt sein. Eine elektrische Heizeinrichtung sorgt für die störungsfreie Funktion der Leser auch bei niedrigen Außentemperaturen. Außerdem müssen Vorkehrungen gegen Vandalismus getroffen werden. So ist es z. B. üblich, innerhalb des Kartenlesers einen sogenannten Shutter zu verwenden. Ein Prüfmechanismus gibt den Einschubschlitz nur unter bestimmten Bedingungen frei und verhindert so die Blockierung des Kartenlesers mit kartenähnlichen Gegenständen. Mit Hilfe zweier Gabellichtschranken wird die Breite des eingeführten Gegenstandes überprüft. Zusätzlich wird die Anfangsinformation auf der Magnetspur ausgewertet. Der Einschubschlitz wird erst dann freigegeben, wenn beide

Kriterien als korrekt erkannt wurden. Andere Hersteller verzichten auf diesen Schutz mit der Begründung, daß auch ein aufwendiger Shutter nicht alle Angriffe abwehren kann. Es wird argumentiert, daß der Lesermechanismus mit wenigen Handgriffen gewechselt werden kann und damit innerhalb kürzester Zeit die Betriebsbereitschaft wieder gegeben ist. Wieder andere Systeme verfügen über einen nach hinten offenen Leseschacht. Eingebrachte Fremdgegenstände fallen nach hinten hinaus, während Flüssigkeiten einfach abfließen können.

Wie auch immer die Lösung aussieht, sobald die Kodierung der Karte überprüft und als berechtigt definiert ist, wird die Foyertür automatisch freigegeben. Es können sowohl herkömmliche Flügeltüren als auch elektrisch angetriebene Schiebetüren angesteuert werden. Der Kunde kann nun alleine oder mit einer Person seines Vertrauens as Foyer betreten. Je nach räumlichen Gegebenheiten, Kundenstruktur und Marketingkonzept der Bank können unterschiedliche Lösungsvarianten für die Gestaltung und Überwachung des Foyers gefunden werden.

In vielen Fällen wird aus Platzmangel der Windfang der Filiale als Aufstellung für den Geldausgabeautomaten gewählt. Während der Geschäftszeit wirkt der Kundenfluß in die Kassenhalle für den Benutzer des Foyers störend. Sicherheit und Diskretion sind nicht gegeben. Außerhalb der Geschäftszeit wird die Zutrittskontrolle aktiviert. Der Kunde kann nun über die Benutzung des Kartenlesers in das Foyer gelangen. Hier hat sich eine Lösung mit zwei Bewegungsmeldern bewährt. Sie ermöglicht eine automatische Sperre des weiteren Zugangs nach Eintritt einer Person in das Foyer, eine Überwachung der Bewegung innerhalb des Raums und schließlich die automatische Freigabe der Tür, wenn der Kunde das Foyer wieder verlassen möchte. Alternativ kann die Türfreigabe auch über einen Türöffnungstaster oder über eine Türklinke erfolgen. In jedem Fall ist gewährleistet, daß sich der Kunde alleine oder mit einer Person seines Vertrauens im Foyer aufhält (Abb. 3.53).

Eine Sicherheitsautomatik gibt den Zugang frei, wenn während einer Zeitspanne von ca. 2 min keinerlei Bewegung im Foyer registriert wird. Durch diese Funktion kann verhindert werden, daß ein Kunde bei einem unvorhersehbaren Ereignis (z. B. Ohnmacht, Herzanfall) ohne Versorgung bleibt, da hilfeleistenden Personen der Zugang versperrt ist.

Diese Einraum-Lösung hat jedoch den Nachteil, daß sich immer nur ein Kunde im Foyer aufhalten kann. Unter dem Gesichtspunkt der Sicherheit und Diskretion ist dies zwar gewünscht, bei der schnellen Nutzung des kompletten SB-Spektrums kann eine solche Lösung jedoch hinderlich sein. Bedient der eine Kunde gerade den Geldautomaten, so kann ein anderer Kunde eben nicht gleichzeitig das SB-Angebot im Foyer nutzen.

Größere Filialen mit großzügigeren Räumlichkeiten können die Zweiraumlösung (Abb. 3.54) anstreben. Der Geldautomatenbereich wird bei dieser Form vom übrigen SB-Bereich räumlich getrennt. Der Zugang zum Geldautomaten erfolgt durch eine zusätzliche Tür. Diskretion und Sicherheit sind optimal gegeben. Während sich im SB-Bereich mehrere Kunden gleichzeitig

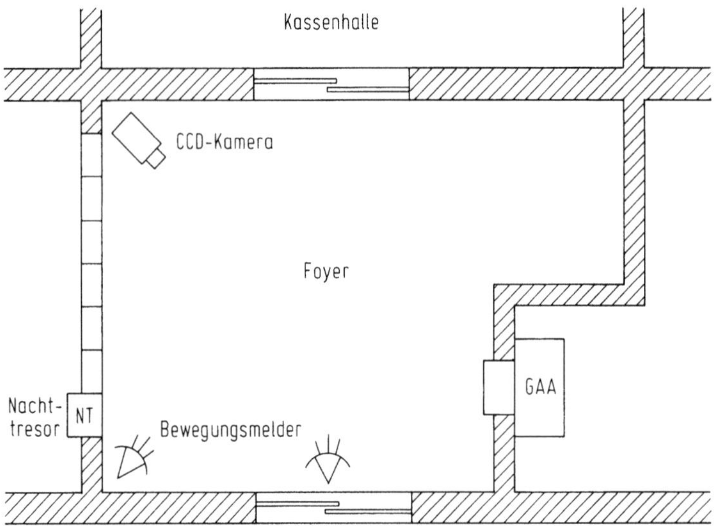

Abb. 3.53. Typische Einraum-Foyerlösung

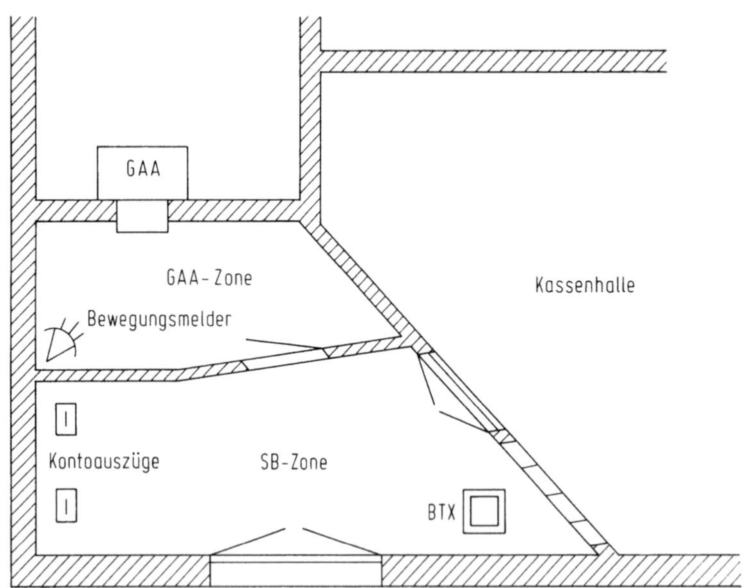

Abb. 3.54. Zweiraum-Foyerlösung

aufhalten können, wird der Zugang zum Geldautomatenbereich für weitere
Kunden gesperrt. Entsprechend dem Ziel, ein breitgefächertes Serviceangebot
im SB-Bereich zu gewährleisten und die Bankangestellten von Routineaufgaben möglichst zu entlasten, werden im Foyer mehrere Geräte aufgestellt, die
von einer entsprechenden Anzahl von Kunden gleichzeitig genutzt werden
können. Eine Personenvereinzelung kann bei einer solchen Lösung natürlich
nicht mehr vorgenommen werden. Zur Wahrung der Diskretion können
allenfalls Sichtschutzwände vorgesehen werden (Abb. 3.55).

Bei Neu- oder Umbauten kann die Bank für SB-Anwendungen Nebenräu-
me mit separater Außentür und abschließbarem Durchgang zur Schalterhalle
planen. Während der Geschäftszeit entfällt dann der störende Durchgangsver-
kehr in der Schalterhalle.

Das zeitliche Steuern von Zusatzfunktionen ist immer dann angebracht,
wenn der Geldautomat nicht rund um die Uhr eingeschaltet bleibt. Die
Zutrittskontrolle verwehrt während der Sperrzeiten jeden weiteren Zutritt zum
Foyer. Wird morgens der Geldautomat wieder aktiviert, muß gleichzeitig die
Zutrittskontrolle wieder starten. Eine integrierte Uhr mit Kalenderfunktion
übernimmt diese Aufgabe. Es können mehrere, sog. Zeitzonen programmiert
werden. Für die verschiedenen Leser können somit unterschiedliche Berechti-
gungsintervalle festgelegt werden. Während z. B. der Zutritt zum Foyer bis 2
Uhr erlaubt wird, bleibt die Benutzung der hauseigenen Tiefgarage auf die
normalen Geschäftszeiten begrenzt.

Die Systeme verfügen üblicherweise über eine Druckerschnittstelle. Die
Buchungen werden für den Fall, daß der angeschlossene Drucker einmal nicht
verfügbar ist, in einen elektronischen Ringspeicher geschrieben. Alle Bewegungsvorgänge werden mit Datum, Uhrzeit, Bankleitzahl und Kontonummer
protokolliert.

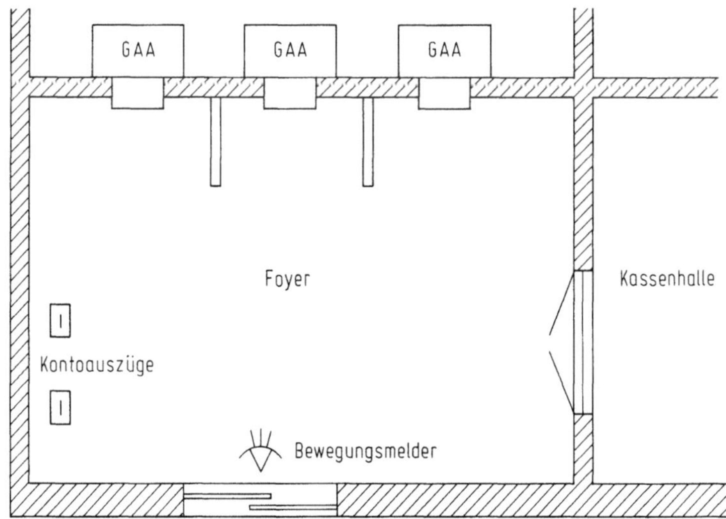

Abb. 3.55. Einraum-Foyerlösung ohne Personenvereinzelung

Potentialfreie Relaisausgänge bieten weitere Anschalt- und Steuermöglich-keiten.

So kann gleichzeitig mit der Leserbetätigung eine Videokamera aktiviert werden. Diese Kombination bietet zusätzliche Sicherheit, da das Geschehen im Foyer vom Moment des Betretens an aufgenommen wird. Es kann zwar nicht verhindert werden, daß jemand mit gültiger Eurocheque-Karte in das Foyer gelangt, dieses demoliert oder anderweitige Straftaten verübt, jedoch läßt sich der Täter mit Hilfe der Videoaufzeichnung leichter ermitteln. Die Experten sind sich noch nicht einig, ob die raumüberwachende Kamera möglichst verdeckt oder für jeden sichtbar angebracht werden soll. Glaubt man den Herstellern von Überfall-Fotokameras, so ist der abschreckende Effekt der sichtbaren Kameras als äußerst wirksam einzustufen. Man könnte diese Überlegung auf die Videoüberwachung übertragen. Andererseits kann eine offen montierte Kamera zu Sabotage oder sogar zum Diebstahl der Kamera verführen.

In jedem Fall sollte der Kunde durch eindeutige Hinweise darüber informiert werden, daß der Foyerraum aus Sicherheitsgründen (und zu seinem eigenen Schutz) ständig kameraüberwacht wird. Dieser Hinweis hat nach Auffassung der Kreditwirtschaft auch schon deshalb zu erfolgen, damit keine Rechtsnormen („Recht auf das eigene Bild") verletzt werden.

Die Videoüberwachung dient den Banken nicht immer nur zur Dokumen-tation von Vandalismus, sondern auch als Beweismittel für die ordnungsgemä-ße Abwicklung der Transaktionen am Geldautomaten und als Hilfsmittel für den Nachweis von Mamipulationen oder Betrügereien.

Hierzu hat sich eine Kombination aus drei Kameras bewährt. Die Funktion der ersten Kamera, der Raumüberwachungskamera, wurde bereits beschrie-ben. Sie wird beim Betreten des Foyers aktiviert. Die zweite und die dritte Kamera werden vorzugsweise verdeckt montiert (Abb. 3.56). Während die

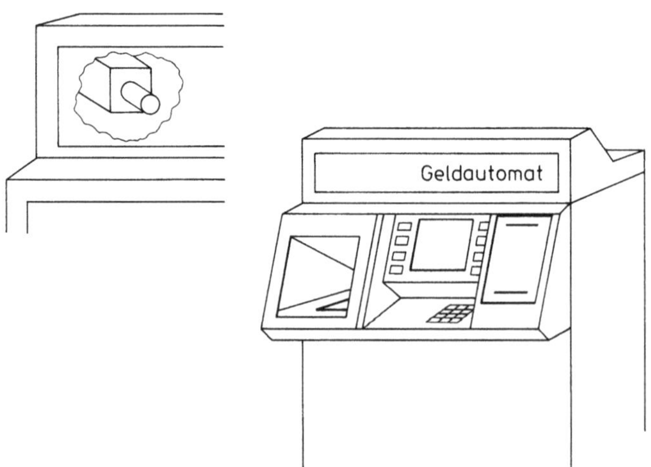

Abb. 3.56. Versteckte Kamera im Geldautomaten

zweite Kamera ein Portrait des Kunden aufnimmt, hat die dritte Kamera die Aufgabe, die Geldentnahme zu dokumentieren. Für Kamera 2 und 3 übernimmt der Geldautomat die Ereignissteuerung. Insbesondere muß bei der Ausrichtung und Steuerung aller Kameras darauf geachtet werden, daß die Diskretion gegenüber dem Kunden gewahrt bleibt. Es darf keinesfalls möglich sein, über die Auswertung der Videoaufzeichnung die geheime Kodenummer des Kunden zu erfahren.

Mit Hilfe einer derartigen Videoüberwachung können fast alle „Mißverständnisse" zwischen Kunden und Bank bzw. Sparkasse geklärt werden. Behauptet der Kunde, er habe den Geldautomaten nicht benutzt, so kann der (unberechtigte) Benutzer in den meisten Fällen vom Karteninhaber identifiziert werden. Die hohe Akzeptanz der Kundschaft bei der Benutzung von Geldausgabeautomaten erfordert die Beschickung der Automaten mit nennenswerten Geldbeträgen. Oftmals wird daher die Versicherung – neben der Forderung nach einer bestimmten mechanischen Güte – die Forderung nach einer elektronischen Überwachung des Automaten stellen. Hier ist eine werksseitig vorbereitete Flächenüberwachung zu erwägen. In der Praxis findet man solche Lösungen derzeit allerdings kaum. Üblich ist die Überwachung mit Körperschallmeldern.

Befindet sich der Geldautomat nicht innerhalb eines Sicherungsbereiches der Einbruchmeldeanlage, was bedeuten würde, daß man versuchen könnte, den Geldautomaten zu öffnen, ohne diesen Sicherungsbereich entschärft zu haben, so muß die Tür des Automaten mit einer elektromechanischen Schalteinrichtung ausgerüstet werden (Zwangsläufigkeit).

3.13.6 Museen und Ausstellungen

Museen und Ausstellungen sind äußerst gefährdete Einrichtungen. Sie beherbergen oftmals sehr begehrliche Gegenstände mit
- extrem hohem materiellen Wert und/oder
- extrem hohem ideellen Wert (Unikate).

Ein Teil der Gegenstände kann bedingt durch geringe mechanische Maße und leichtes Gewicht (Edelsteine, Goldschmuck etc.) zu einem Diebstahlversuch geradezu verführen. Solche Gegenstände lassen sich nämlich leicht entfernen, abtransportieren und auch versetzen.

Andere Gegenstände, z. B. Bilder, können Angriffsobjekte von politisch motivierten Tätern sein. Fast alle Exponate sind der Gefahr von Sabotageakten ausgesetzt.

Die Gefahr der Wegnahme von Gegenständen während der Öffnungszeit besteht u. a. durch:
- als Besucher getarnte Gelegenheitstäter,
- als Besucher getarnte Profitäter, die unter Einsatz von Spezialgerät einen Blitzangriff auf ausgewählte Gegenstände starten und sich der Ergreifung durch die Schnelligkeit des Vorgehens entziehen. Sie werden versuchen, das Weite zu suchen noch lange bevor hilfeleistende Kräfte erscheinen.

– Täter, die eine Geiselnahme von Besuchern oder Personal in ihre Kalkulation bewußt einbeziehen und die bereit sind, ein hohes Risiko einzugehen.

Die Begehrlichkeit der Gegenstände bedingt gerade außerhalb der Öffnungszeiten die Gefahr von Angriffen. Diese können gleichermaßen von Gelegenheitstätern wie von professionellen Banden ausgehen, wobei die Qualität eines Profi-Angriffs natürlich wesentlich höher und der Angriff somit ungleich gefährlicher ist. Für einen Profi-Täter ist eine unvollständige, nicht mehr dem Stand der Technik entsprechende Sicherungstechnik kein Hindernis, einen Angriff unbemerkt zu vollenden.

Strebt man ein vollständiges Sicherheitskonzept an, darf auch nicht ausgeschlossen werden, daß Angestellte des Museums selbst (vielleicht nur zur Unterstützung eines geplanten Angriffs in der Vorbereitungsphase) sowie Mitarbeiter von beauftragen Firmen (Dienstleister wie Reinigungspersonal, Servicetechniker) zum potentiellen Täterkreis gehören können. Mit Absicht herbeigeführte Ausnahmesituationen (z. B. gezielte Auslösung einer Gefahrenmeldung) und die dadurch ausgelöste Hektik können schon zur Vorbereitung für einen Angriff gehören.

Bei der Konzepterstellung müssen alle Stellen einbezogen werden, die Art und Umfang der Überwachungseinrichtungen prägen könnten. Die vorgegebenen Vorschriften und Richtlinien sind bei der Projektierung und Ausführung aller Maßnahmen zu beachten. Dies können z. B. sein:
– Auflagen der Versicherung bzw. des Versicherungsträgers,
– Übliche Normen (Stand der Technik),
– Vorschriften und Richtlinien der Polizei,
– Gesetze (Bauordnung etc.),
– Unfallverhütungsvorschriften,
– Auflagen des Verleihers bei Leihexponaten,
– Auflagen durch Denkmalschutz oder
– Auflagen des Museumsbetreibers etc.

Nicht zuletzt müssen natürlich die technischen Vorgaben und die Projektierungshinweise der Hersteller aller vorgesehener Produkte berücksichtigt werden. Besonderes Augenmerk muß man auch auf eine durchdachte Überfallmeldetechnik und die bei Überfällen zu ergreifenden Maßnahmen legen, damit auch bei solchen Angriffen größerer Schaden vermieden werden kann. Eine Videoüberwachung der Ausstellungsräume hat sich schon allein als abschreckende Maßnahme bewährt. Die Anlagen müssen regelmäßig gewartet werden, damit im Ernstfall auch die einwandfreie Funktion gewährleistet ist.

3.13.7. Militärische Einrichtungen

3.13.7.1 Einleitung

In der NATO ist Intrusionsmeldetechnik sowohl bei der Bundeswehr, als auch bei verbündeten Streitkräften im Einsatz. Dabei gelten beim Einbau von

Intrusionsmeldetechnik in Liegenschaften die jeweiligen Bestimmungen und Vorschriften des Bündnispartners. Bezüglich der Sicherheitsbestimmungen gelten für deutsche Firmen die deutschen Bestimmungen und nicht die der anderen Länder.

Die Situation in der Bundeswehr stellt sich wie folgt dar: Im Bereich der Bundeswehr gewinnt die Intrusionsmeldetechnik zunehmend an Bedeutung. Schon vor der Wiedervereinigung beschäftigten sich Dienststellen der Bundeswehr und des Bundesamtes für Wehrtechnik und Beschaffung intensiv mit Intrusionsmeldetechnik mit dem Ziel einen Leistungsrahmen für die zu verwendende Technik zu erstellen und, ausgelöst durch den Bundestaghaushaltsausschuß und Bundesrechnungshof, mit Hilfe des Einsatzes von Intrusionsmeldetechnik die Bewachungskosten zu senken.

Seit der Wiedervereinigung ist die Bundeswehr zunehmend gezwungen, Intrusionsmeldetechnik zu nutzen, da sich die Rahmenbedingungen verändert haben:
- Personalabbau auf insgesamt 370 000 Soldaten bis 1994, damit verbunden:
- Neustrukturierung der Bundeswehr insgesamt,
- Neugliederung der Teilstreitkräfte (Heer, Luftwaffe, Marine).

Die Folgen, die sich ergeben, sind:
- weniger soldatisches Personal steht auch für Bewachungsaufgaben zur Verfügung;
- trotz Personalabbau nimmt die Anzahl der zu bewachenden Objekte seit der Wiedervereinigung zu, da zahlreiche Munitionsdepots, Gerätelager und andere militärische Einrichtungen der ehemaligen Nationalen Volksarmee bis zur Entsorgung des Gerätes und der Munition bewacht werden müssen;
- die Zahl der zivilgewerblichen Wachen und damit die Personalkosten bei sinkendem Verteidigungshaushalt steigen.

Ziel durch Einsatz von Intrusionsmeldetechnik ist es, neben dem Einsparen kostenintensiven zivilgewerblichen Personals, die Wachbelastung der Soldaten zu senken, was gleichbedeutend mit der Senkung der Dienstzeitbelastung von Soldaten ist. In gleichem Maße soll durch den Einsatz von Intrusionsmelde technik die Wachwirksamkeit und der Schutz des Wachpersonals erhöht werden.

3.13.7.2 Bestimmungen, Richtlinien, Vorschriften

3.13.7.2.1 Allgemeine Bestimmungen

- DIN VDE 0833: Gefahrenmeldeanlagen für Brand, Einbruch und Überfall,
  * Teil 1: Allgemeine Festlegungen,
  * Teil 3: Festlegungen für Einbruch und Überfallmeldeanlagen.
- Verband der Sachversicherer e. V. (VdS): Richtlinien für Einbruchmeldeanlagen,
  * Allgemeine Anforderungen, Begriffe, Klassifizierung,
  * Einbruchmeldeanlagen der Klasse C.

3.13.7.2.2 Zentrale Dienstvorschriften (ZDv) und Richtlinien

- ZDv 2/30 – Sicherheit in der Bundeswehr.
- ZDv 10/6 – Wachdienst in der Bundeswehr – VS-NfD.
- Sicherheitshandbuch für die Durchführung von Bauaufgaben des Bundes im Zuständigkeitsbereich der Finanzbauverwaltungen (SHBau),
  Teil I: Richtlinien für Sicherheitsmaßnahmen bei der Durchführung von Bauaufgaben (RiSBau).
- Grundsätzliche militärische Infrastrukturforderungen (GMIF).

3.13.7.2.3 Spezielle von der Bundeswehr übernommene und geforderte Bestimmungen

- Bundesamt für Verfassungsschutz (BfV): Anforderungen an Gefahrenmeldeanlagen (GMA).
- Verwaltungsberufsgenossenschaft: Unfallverhütungsvorschrift – Kassen (UVV-Kassen).
- Richtlinie für Überfall- und Einbruchmeldeanlagen mit Anschluß an die Polizei.

3.13.7.3 Anforderungen/Vorausetzungen

Firmen, die Aufträge und Verträge für Planung, Einrichtung und Instandhaltung von Einbruchmeldeanlagen, Überfall- und Zutrittskontrollanlagen (gemäß GMIF-EMA noch „Zugangs …") durchführen, müssen:
- der Geheimschutzbetreuung des Bundesministers der Wirtschaft unterliegen;
- über überprüfte und ermächtigte Fachkräfte verfügen;
- eine anerkannte Fachfirma sein (Nachweis der Fachkunde);
- beim Verband der Sachversicherer zugelassen sein;
- die Bereitschaft zeigen, Wartung, Inspektion und Instandhaltung umfassend durchzuführen;
- die Bereitschaft zeigen, den technischen Betriebsdienst der Standortverwaltung in die notwendigen Unterlagen einzuweisen;
- einen regional ansässigen Instandhaltungsdienst besitzen, der die fristgemäßen Inspektionen und Wartungen durchführen kann und gemäß DIN 57833/VDE 0833 geforderte unverzügliche Instandhaltung durchführt, wenn vom Sollzustand der Einbruchmeldeanlage unzulässige Abweichungen festgestellt werden;
- einen Änderungsdienst besitzen, der die Dokumentation bei Änderungen an der errichteten Einbruchmeldeanlage durchführt und der entsprechenden Dienststelle der Bundeswehr zur Verfügung stellt.

3.13.7.4 Begriffserläuterungen

Grundsätzliche Militärische Infrastrukturforderung (GMIF)

Grundsätzliche Militärische Infrastrukturforderungen sind militärisch-technische Forderungen für Objekte und Anlagen der Bundeswehr, die in gleicher Art mehrfach gebaut werden sollen.

Militärische Infrastrukturforderung (MIF)

Militärische Infrastrukturforderungen sind objekt- bzw. anlagenspezifische Forderungen, für deren Aufstellung die entsprechenden GMIF verbindliche Grundlagen sind „Sicherheitshandbuch für die Durchführung von Bauaufgaben des Bundes im Bereich der Finanzbauverwaltungen" (SH-Bau) hier:

Teil I: Richtlinien für Sicherheitsmaßnahmen bei der Durchführung von Bauaufgaben (RiSBau)

Die bei der Planung und Bauausführung notwendigen Sicherheitsmaßnahmen werden in der RiSBau für schutzbedürftige Bauten festgelegt und geregelt.

Sie behandeln
- die Zusammenarbeit der beteiligten Dienststellen;
- die zu treffenden Sicherheitsmaßnahmen im Verkehr mit Außenstehenden, insbesondere Auftragnehmern.

3.13.7.5 Grundsätzliche militärische Infrastrukturforderungen (GMIF)

Jede der nachfolgend angesprochenen GMIF legt den Umfang der zu fordernden baulichen und technischen Absicherungsmaßnahmen fest. Jede GMIF gilt grundsätzlich für alle Liegenschaften der Bundeswehr (Neuanlagen, Altanlagen und Mietobjekte), in der entsprechende bauliche Maßnahmen durchgeführt werden und Technik eingesetzt wird.

Jede GMIF ist mit dem Bundesminister der Finanzen abgestimmt. Dies bedeutet eine Verkürzung des Zeitbedarfs von der Aufstellung einer Forderung durch den Bedarfsträger bis zur Auftragsvergabe.

Auf spezielle technische und bauliche Anforderungen der GMIF kann in diesem Kapitel aus Gründen des Geheimschutzes nicht eingegangen werden.

3.13.7.5.1 Bauliche Absicherung

Grundsätzliche Militärische Infrastruktur für bauliche Absicherungsmaßnahmen im Bereich der Bundeswehr (GMIF-BAbsichBw)

Die GMIF-BAbsichBw legt fest, welche Räume und/oder Anlagen baulich abzusichern sind. Sie definiert die jeweilige Absicherungsforderung und legt im Zusammenhang mit der entsprechenden baufachlichen Richtlinie (BFR) fest, wie diese Absicherungsforderungen durchzuführen sind.

Dabei ist sie Grundlage für die Erarbeitung materieller Absicherungsforderungen, für die materielle Absicherungsberatung und für das Aufstellen objektbezogener Militärischer Infrastrukturforderungen.

3.13.7.5.2 Einbruchmeldeanlagen

Grundsätzliche Militärische Infrastrukturforderung für den Einbau von Einbruchmeldeanlagen (EMA) in Objekten und Liegenschaften der Bundeswehr (GMIF-EMA)

Teil 1 Einbruchmeldeanlagen-Außenüberwachung (EMA-A)

Die GMIF-EMA-A legt den Leistungsrahmen fest, der bei Einsatz einer Außenüberwachungsanlage (Perimeter einschließlich Zentralen, Videotechnik und Zutrittskontrolle) anzulegen ist. Dabei werden sowohl technische Leistungsmerkmale (z. B. Detektionskriterien bei Perimeter) gefordert als auch Zuständigkeiten bezüglich der Systemauswahl, der Objektauswahl und organisatorischer Forderungen angesprochen.

Teil 2 Einbruchmeldeanlagen-Bauten (EMA-B)

Die GMIF-EMA-B definiert die Komponenten, die für eine Überwachungsform (z. B. Raumüberwachung, Objektüberwachung etc.) verwendet werden dürfen. Sie legt fest, welche Forderungen an die einzeln einzusetzenden Melder gestellt werden, und gibt spezielle bauliche Forderungen vor, die bei der Installation von EMA-B erfüllt werden müssen. Des weiteren werden die organisatorischen Forderungen dargelegt, die notwendig sind, um die wesentlichen Zielsetzungen:
- Erhöhung der Überwachungsgüte und die
- Entlastung des Wachpersonals
zu erreichen.
   Diese organisatorischen Forderungen beziehen sich auf die
- Geheimschutzbetreuung,
- fachliche Ausbildung des Bedienpersonals während der Inbetriebnahme als auch der Nutzungsphase,
- Dokumentation und
- Instandhaltung und Störungsbeseitigung.

3.13.7.5.3 Zutrittskontrollanlagen

Grundsätzliche Militärische Infrastrukturforderung (GMIF), Anforderungen an Zutrittskontrollanlagen (ZKA) für Gebäude und besondere Bereiche mit erhöhten Sicherheitsanforderungen in und außerhalb von Liegenschaften der Bundeswehr

Diese GMIF geht in den dargestellten Forderungen zunächst auf grundsätzliche organisatorische Voraussetzungen ein (Zielsetzung mit Einbau der Anlage). Sie beschreibt detailliert die Anforderungen an das Gesamtsystem (Zusammenspiel der Einzelkomponenten) und legt fest, welche technischen Details die einzelnen Komponenten erfüllen müssen (z. B. Anforderungen an Identifikationsmittel, Zutrittskontrollterminals, Zutrittskontrolleser, Energieversorgung, Zentrale). Des weiteren legt diese GMIF fest, welche flankierenden Maßnahmen im baulichen Bereich als auch während der Nutzung und des Betriebs getroffen werden müssen, um einen höchstmöglichen Sicherheitsstandard zu gewährleisten.

3.13.7.6. Weitergehende Bestimmungen/Richtlinien

Weitergehende Bestimmungen/Richtlinien wurden von der Bundeswehr, von Institutionen und Verbänden dort übernommen, wo technische Komponenten bereits intensiv geprüft und bezüglich des geforderten Sicherheitsstandards zugelassen sind. So wird für eingesetzte Komponenten die entsprechende VdS-Zulassungsnummer gefordert.

Des weiteren können die in BfV-Anforderungen zugelassenen Produkte grundsätzlich eingesetzt werden, da diese bezüglich ihres Sicherheitsstandards anerkannt sind.

Die allgemein üblichen Richtlinien wurden von der Bundeswehr weitestgehend übernommen. Zu beachten ist, daß die Bundeswehr im Bereich der Übertragungsanlagen für Gefahrenmeldeanlagen eine zusätzliche Klasse eingeführt hat, die sich von denen der VDE 0833 unterscheidet. Genaueres siehe: „Grundsätzliche Militärische Infrastrukturforderungen für den Einbau von Einbruchmeldeanlagen in Objekten und Liegenschaften der Bundeswehr (GMIF-EMA-B)"

3.13.7.7 Zuständigkeiten

Bei den Dienststellen, die sich mit Intrusionsmeldetechnik befassen, handelt es sich um militärisch geführte als auch zivil verwaltete Abteilungen. Im Bundesministerium für Verteidigung sind dies die Abteilungen Rüstung, Unterbringung/Liegenschafts- und Bauwesen.

Der Abteilung Rüstung nachgeordnet ist das Bundesamt für Wehrtechnik und Beschaffung (BWB). Das BWB mit seinen unterstellten Dienststellen hat Einfluß auf Entwicklung und Beschaffung allen Wehrmaterials.

Im Bereich der Intrusionsmeldetechnik führt das BWB Güteprüfungen mit dem Ziel durch, festzustellen, ob die von der Industrie entwickelten Produkte, die in der Bundeswehr eingesetzt werden sollen, den vertraglich vereinbarten oder formulierten Anforderungen entsprechen. Die grundsätzliche Genehmigung wird vom BWB aufgrund erfolgter Erprobungen erteilt. Der Abteilung Unterbringung/Liegenschafts- und Bauwesen sind die Wehrbereichskommandos (WBK) zugeordnet. Die WBK's, Sachgebiet Infrastruktur, übernehmen Lenkungs- und Kontrollfunktionen für einzelne Produkte. Sie legen die Notwendigkeit zum Einsatz von Intrusionsmeldetechnik fest und genehmigen dadurch die Ausführung von Einzelprojekten.

Zuständig für die Durchführung ist das Finanzbauamt, normalerweise in der Form einer Ausschreibung. Der Abteilung Verwaltung und Recht sind die Wehrbereichsverwaltungen und Standortverwaltungen unterstellt.

Die Wehrbereichsverwaltungen tätigen die Vertragsabschlüsse; die Standortverwaltungen sind für den Abschluß von Miet- und Wartungsverträgen verantwortlich.

Weiterhin befassen sich der Führungsstab der Streitkräfte (FüS) mit nachgeordnetem Amt für den militärischen Abschirmdienst und den untergliederten Dienststellen des militärischen Abschirmdienstes (MAD) mit Intrusionsmeldetechnik. Sie stellen die militärische Forderung, die sich aus dem gültigen Sicherheitskonzept ergibt. Die Dienststellen des MAD werden bei der Beschaffung von Intrusionsmeldetechnik beratend beteiligt. Bei jedem Wehrbereichskommando ist eine Dienststelle des MAD eingerichtet.

Die Führungsstäbe des Heeres (FüH), der Luftwaffe (FüL) und der Marine (FüM) befassen sich mit Intrusionsmeldetechnik, da sie die Gesamtverantwortung im Rahmen ihres jeweiligen Aufgabenbereiches tragen.

3.14 Ausblick

Drei Faktoren werden den Markt und die Produkte der Einbruch- und Überfallmeldetechnik in den nächsten Jahren prägen. Es sind dies die zu erwartenden Umbrüche im Vorschriften- und Richtlinienwesen im Zuge des europäischen Einigungsprozesses, die Öffnung des Binnenmarktes und die daraus resultierenden Änderungen des Marktes an sich und, nicht zuletzt, die fortschreitende Technologie bei der Entwicklung und Umsetzung verbesserter Meldeverfahren und Zentralentechniken.

Neuartige Melder mit verbesserten Leistungsmerkmalen werden Marktsegmente erobern. Hier ist etwa an Melder mit Lichtwellenleitern, Lasertechnologie, Aktiv-Infrarot, Induktivsysteme oder auch an videoartige Systeme zu denken. Welche Technologie tatsächlich in den nächsten Jahren auf den Markt kommt, ist selbstverständlich derzeit gut gehütetes Geheimnis der Entwicklungslabors.

Sicher ist auf alle Fälle, daß die Melder durch immer intelligentere Auswertverfahren und bessere physikalische Aufnehmer an Detektionssicherheit gewinnen werden und gleichzeitig in bezug auf Täuschungsgrößen oder EMV-Einflüsse weiter verbesserte Eigenschaften ausweisen werden. Sicher ist aber auch, daß genau diese High-Tech-Melder sich der neu aufkommenden Konkurrenz von Billigmeldern aus Europa, aber auch aus den USA stellen müssen. Noch nicht abzusehen sind die Einflüsse aus Osteuropa.

Die Zentralentechnik wird ähnlichen Einflüssen ausgesetzt sein. Können heute Zentralen abgestimmt auf die länderspezifischen Belange entwickelt und gefertigt werden, so ist in Zukunft die „Europa-Zentrale" gefragt, die sich für die jeweiligen Anforderungen programmieren läßt. Dadurch werden die Zentralen aufwendiger und teurer, ihre Projektierung und Inbetriebnahme aber bestimmt nicht einfacher, so daß nur noch gut ausgebildete Spezialisten damit werden umgehen können. Gleichzeitig muß allerdings mit einer Überschwemmung des Marktes mit z. T. minderwertigen Importprodukten gerechnet werden. Für den Anwender wird es daher immer schwerer werden, die Spreu vom Weizen zu trennen.

Digitale Meldeleitungen werden weitere Marktanteile erobern, vielleicht sogar in der Art, daß die eigentliche Auswertelektronik dann in der Zentrale zu finden ist, also nicht mehr eine Einheit mit dem physikalischen Sensor vor Ort bildet.

Die Freiheiten und Möglichkeiten der Vernetzung von Großsystemen werden weiter zunehmen. Es ist auch damit zu rechnen, daß gerade bei diesen Systemen eine Vermischung der verschiedenen Gefahrenmeldetechniken, u. a. der Einbruch- und der Brandmeldetechnik, stattfinden wird.

Inwieweit drahtlose Übertragungsverfahren, allen voran die Funksysteme, aus dem unteren Segment der Alarmanlagen auch bei professionellen Anwendungen Zugang finden werden, wird die Zukunft zeigen. In Deutschland beschäftigen sich inzwischen auch namhafte Hersteller und Errichter mit dieser Technik.

3.15 Literatur

1. Beer D, Hohl P (1991) Sicherheits-Jahrbuch 91/92, Verlag Graf und Neuhaus AG, Zürich
2. Holtmeier L (1990) Leitfaden für die Sicherheitsplanung in Kreditinstituten, R + V Allgemeine Versicherungs AG, Wiesbaden und Garny AG, Mörfelden-Walldorf
3. Rehborn K (1991) Foyerlösung – richtig gemacht! Zeitschrift für Wirtschaft, Kriminalität und Sicherheit Nr. 91/4, SecuMedia Verlags-GmbH, Ingelheim
4. Sadlowski M (1990) Handbuch der Bundeswehr, Bernard und Graefe Verlag, Koblenz
5. Siemens AG, München (1991) Handbuch Intrusionsschutz
6. Verband der Sachversicherer e.V., Köln: Richtlinien für Einbruchmeldeanlagen (in der jeweils gültigen Fassung)